增訂
汽車科技新知

黃靖雄、賴瑞海 編著

全華

附錄 A
複合動力汽車

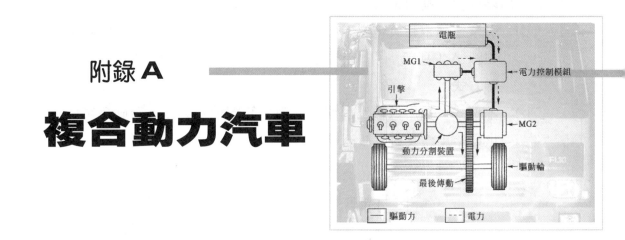

A.1　複合動力汽車

A.1.1　概述

一、複合動力汽車的定義

1. 聯合國在 2003 年對複合動力汽車的定義，係指至少擁有兩個以上的能量變換器(如汽油引擎與電動馬達)，及兩個以上車載狀態的能量儲存器(如汽油箱與高壓電瓶)的車輛。

2. 複合動力汽車(hybrid vehicle，HV)，也稱爲複合電動汽車(hybrid-electric vehicle，HEV)。HV 常稱爲油電混合車，油電中的油通常是採用汽油引擎，但也有採用柴油引擎、天然氣引擎等與電動馬達的組合。

二、複合動力系統的種類

1.　串聯式複合動力系統(series hybrid system)

⑴　引擎運轉帶動發電機，發電機發出的電力使馬達轉動以驅動車輪，如圖 A.1 所示。引擎至驅動輪是成串聯方式，即引擎與馬達是成串聯方式。

⑵　本型式可採用低輸出引擎在高效率範圍穩定運轉，帶動發電機，以供電給馬達及對電瓶充電。

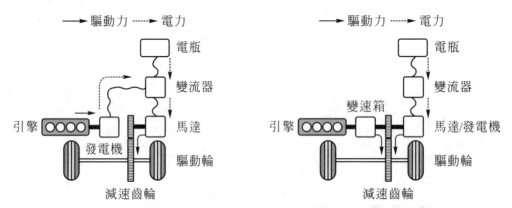

圖 A.1　串聯式複合動力系統(www.toyota.co.jp)　　圖 A.2　並聯式複合動力系統(www.toyota.co.jp)

2.　並聯式複合動力系統(parallel hybrid system)

⑴　引擎或馬達兩種驅動力是成並聯方式，如圖 A.2 所示。

⑵　當電瓶需要充電時，馬達是轉為發電機之作用，故無法同時做驅動車輪之用，為其缺點。

⑶　採用本型式的汽車廠有 Honda、Mercedes-Benz、BMW、Audi、VW 等。從數據上來看，並聯式的效能不如複聯式，但並聯式的結構簡單，變動少為其最大優點。原有汽車主要機件的配置幾乎不需要變動，就能把馬達裝在變速箱前或變速箱內。

3.　複聯式複合動力系統(series/parallel hybrid system)

⑴　係混用串聯式與並聯式兩種複合動力系統，以獲取兩種系統的最大利益。

(2) 本系統採用兩個馬達(實際上是一個馬達與一個發電機,因發電機是兼做起動馬達,故稱之)。依行車狀況,僅由馬達或引擎作驅動,或由馬達與引擎一起驅動車輪,如圖 A.3 所示。

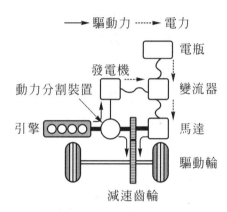

圖 A.3　複聯式複合動力系統(www.toyota.co.jp)

(3) 爲達最佳效率,必要時,當系統驅動車輪的同時,發電機發電以供馬達使用或對電瓶充電。

(4) 本型式主要爲爲豐田集團(Toyota、Lexus)所採用。Toyota 將本系統又稱爲全面型複合動力(full hybrid)系統。

四、複合動力汽車的優缺點

1. 優點

(1) 低油耗：Toyota Prius 比傳統引擎可省油50%。

(2) 低污染：大幅降低 CO_2 及其他有害物質,減少80％的排放污染。

(3) 高輸出：馬達與引擎一起合併輸出時,可得高輸出性能。

(4) 靜肅性佳：電動馬達噪音極小,電動模式行駛時非常安靜。

2. 缺點

(1) 價格仍偏高。

(2) 系統構造複雜,維修較困難。

A.1.2   Honda IMA 的構造與作用

一、概述

1. 本田汽車對 Hybrid 的設計理念，爲輕量與簡易設計。引擎是動力的主要來源，電動馬達只在油耗最多的起步及加速時輔助引擎，以減少燃油消耗。

2. Honda 汽車開發的 IMA(integrated motor assist) 系統，直譯爲整合式馬達輔助，應用在其各款複合動力汽車上，如 Insight、CR-Z、Civic Hybrid 等。

二、IMA 系統的組成與結構

1. IMA 系統的組成，如圖 A.4 所示，車輛前方只有電動馬達，其他的組件都放在車輛後方，如電瓶、智慧型動力單元(intelligent power unit，IPU)、動力驅動單元(power drive unit，PDU)即馬達驅動模組(motor drive module，MDM)等。

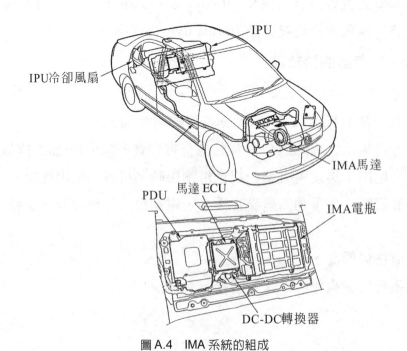

圖 A.4   IMA 系統的組成

2. IMA系統結構最特別之處，是位在相當於以前飛輪位置的電動馬達(兼發電機)，為厚度僅有 60 mm 的薄型輕量DC無電刷馬達，其轉子與引擎曲軸直接連結，如圖 A.5 所示。

3. 但馬達轉子與引擎曲軸直接連結，在純電動模式時，曲軸會跟著旋轉，因此必須在曲軸與馬達之間設置離合器。

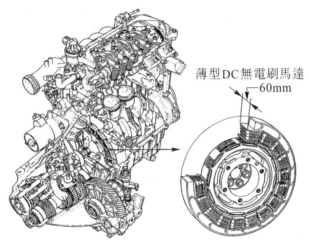

圖 A.5　電動馬達的安裝位置與結構

三、IMA 系統的作用

1. 以 Honda Insight 為例，採用 1.3L i-VTEC 引擎，為低油耗及低速起步具有強力動能的 i-DSI 引擎，搭配視駕駛狀況可使汽缸休止的可變汽缸管理(variable cylinder management，VCM)系統。如圖 A.6 所示，為 Hybrid 系統作用的示意圖。

起步	緩加速	低速巡行	加速	急加速	高速巡行	減速
引擎+馬達	引擎	馬達	引擎+馬達	引擎+馬達	引擎	
	所有汽缸停止作用					所有汽缸停止作用

圖 A.6　IMA 系統的作用(Hybrid and Alternative Fuel Vehicles，James D. Halderman Tony Martin)

2. 起步(standing start)

(1) 電動馬達從靜止開始旋轉,發出最大扭矩,以輔助汽油引擎動力,如圖 A.7 所示。

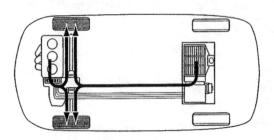 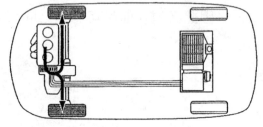

圖 A.7 引擎加上馬達的驅動力　　　　圖 A.8 只有引擎的驅動力

(2) 可產生強勁加速力,及減少燃油消耗。

3. 緩加速／高速巡行(gentle acceleration/high speed cruising):只以汽油引擎動力驅動,如圖 A.8 所示。

4. 低速巡行(low speed cruising)

(1) 汽油引擎四個汽缸會依狀況全部停止作用(四個汽缸的氣門都關閉,燃燒停止),只以電動馬達驅動行駛。

(2) 無汽油消耗,可改善全燃油效率(overall fuel efficiency)。

5. 急加速(rapid acceleration):電動馬達配合汽油引擎的驅動力,以提供強力加速作用。

6. 減速(deceleration):汽油引擎四個汽缸適時停止作用,並將減速或煞車時的部分動能轉為電力回充電瓶,如圖 A.9 所示。

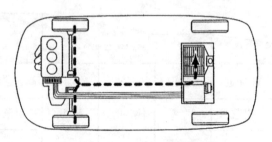

圖 A.9 動能回收轉換為電力

7. 停止(vehicle stationary)：汽油引擎、電動馬達都停止作用，但視條件狀況，汽油引擎可能會運轉。放開煞車踏板時，引擎自動起動。

A.2 插電式複合動力汽車

A.2.1 概述

1. 所謂插電式複合動力汽車(plug-in hybrid vehicle，PHV)，是指可利用家庭用電直接對電瓶再充電的汽車，就如同是一部電動汽車(electric vehicle，EV)般。PHV 是一種將 HV(hybrid vehicle)與 EV 合而為一的進化設計。

2. 插電式複合動力汽車
   (1) 其電瓶容量比 HV 大。
   (2) 利用外部電源如家庭用電(110V 或 220V)直接對電瓶充電，若利用夜間的離峰減價時段充電，費用更省；並可將移動式的汙染，轉移到設施完善、容易處理的固定式汙染。
   (3) 在電瓶充滿電的狀態下，目前的 PHV 能以電動模式(EV mode)行駛約 20～30 km(或更多，依不同結構或設計而定)，已具備電動汽車(EV 或稱 battery electric vehicle，BEV)的局部功能了。

A.2.2 Prius PHV

一、概況

1. Prius PHV 比一般的 Prius HV 的行駛距離更長(以純電動行駛距離而言)；短距離行駛完全不需要用到引擎動力，純粹以 EV mode 行駛，故更省油，CO_2 的排放更少；利用夜間的離峰減價時段充電，故費用更省；若是利用太陽能來充電，則更可大幅降低 CO_2 的排放。

2. 在電瓶充滿電的情形下，以 EV mode 可行駛 26.4 km(JC08 mode)，EV mode的最高時速可達 100 km/h。故 PHV ＝ EV mode ＋ HV mode，短距離行駛為 EV mode，長距離行駛為 HV mode。

二、Prius PHV 的組成與作用

1.　Prius PHV 的主要規格，如表 A.1 所示，電瓶是採用鋰離子電瓶(lithium-ion battery)，以取代原有的鎳金屬電瓶(nickel-metal battery)。其各主要機件及接線，如圖 A.10 所示。

表 A.1　Prius PHV 的主要規格(自動車工學 2012 年 4 月號)

	型式	2 ZR-EXE
引擎	排氣量(cc)	1797
	最高出力(kW[PS]/rpm)	73[99]/5200
	最大扭力(Nm[kgfm]/rpm)	142 [14.5] 4000
馬達	最高出力(kW[PS])	60 [82]
	最大扭力(Nm[kgfm])	207 [21.1]
引擎＋馬達	最高出力(kW[PS])	100 [136]
電瓶	種類／總電力量(kWh)	鋰離子／4.4

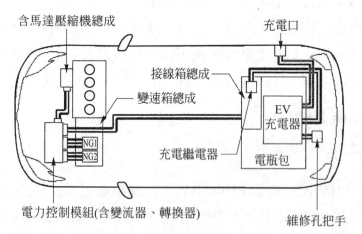

圖 A.10　Prius PHV 的各主要機件及接線(自動車工學 2012 年 4 月號)

2.　Prius PHV 的基本構造與原有的 Prius 相同，但加裝了一套插入式充電控制系統(plug-in charge control system)，故 PHV＝THS II＋插入式充電控制系統。插入式充電控制系統包括 EV 充電器、插入式充電控制電腦、充電口及充電電纜組等。

3. HV 電瓶包(battery pack)

(1) HV電瓶包的重量為80kg，體積為87L。HV電瓶包是由四個電池組(battery stack)、電瓶電壓感知器、接線箱總成、鋁架、兩個電瓶冷卻送風裝置及維修孔等構成。

(2) 一個電池組是由14個單電池(3.7V)組成，電壓為51.8V，故 HV 電瓶包的總電壓為207.2V(PCU內的升壓電路會將電壓升高到650V)，容量為4.4kWh。如圖 A.11 所示，為 Prius PHV 所搭載的電瓶包，兩個圓圈狀的裝置，即為電瓶冷卻送風裝置。而圖A.12所示，為四個電池組的組成。

(3) HV電瓶的使用，可由駕駛選擇在EV/HV間切換，如圖A.13所示。兩模式間的變換，依充電狀態(state of charge，SOC)而定，SOC管理的示意圖，如圖 A.14所示，EV 模式行駛電力不足時，會自動切換為 HV 模式。電瓶的 SOC 管理，是由電源管理控制電腦(power management control computer)控制。

圖 A.11　Prius PHV 所搭載的電瓶包(自動車工學 2012 年 4 月號)

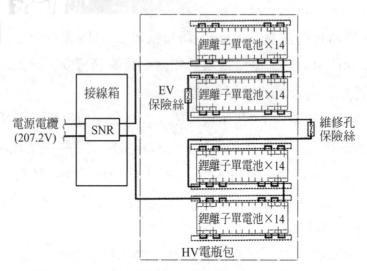

圖 A.12   四個電池組的組成(自動車工學 2012 年 4 月號)

圖 A.13   EV/HV 切換(自動車工學 2012 年 4 月號)

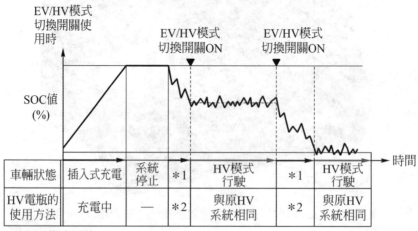

*1：EV模式行駛
*2：消耗插入式充電電力

圖 A.14   SOC 管理示意圖(自動車工學 2012 年 4 月號)

(4)　電瓶的冷卻，使用兩個多葉前彎式風扇(sirocco fan)，其空氣流動方式，如圖 A.15 所示。搭配控制的感知器，有 3×4 總計 12 個電瓶溫度感知器，及 4 個電瓶進氣溫度感知器。

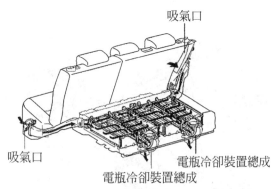

圖 A.15　電瓶的冷卻(自動車工學 2012 年 4 月號)

(5)　系統主繼電器(system main relay，SMR)是裝在接線箱總成內，其電路如圖 A.16 所示，其接線與作用，基本上與 Prius HV 相同。

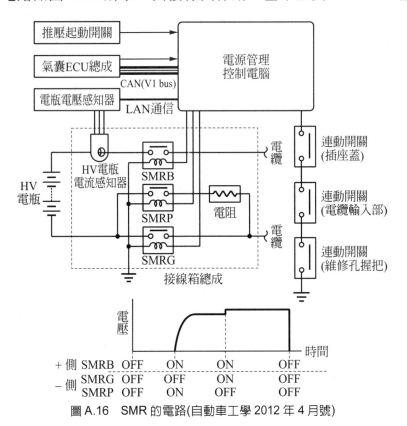

圖 A.16　SMR 的電路(自動車工學 2012 年 4 月號)

(6) 以家用電源對電瓶充電時，AC200V約需90分鐘，AC100V約需180分鐘。其設在駕駛側車門旁的充電插座，如圖A.17所示，上有LED照明燈。

圖 A.17　充電插座(自動車工學 2012 年 4 月號)

(7) EV充電器，即車載充電器，是搭載在電瓶包的下方，鋁合金外殼與獨立的冷卻風扇裝置，以確保其散熱性；並設有過電壓、過電流、過熱等保護系統。如圖 A.18 所示，為 EV 充電器的電路圖。

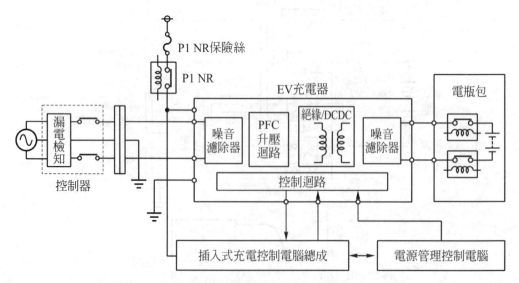

圖 A.18　EV 充電器的電路圖(自動車工學 2012 年 4 月號)

⑻　充電控制電腦(charge control computer)是裝在電瓶包內,從 EV 充電器來的作動狀態、輸出電流、輸出電壓、AC的輸入電壓,以及定時器的充電設定等,均由充電控制電腦來控制。

A.2.3　GM Chevrolet Volt PHV

1.　雪佛蘭Volt是一部插電式複合動力汽車,充一次電約可行駛 103 km。電力耗盡時,由發電機供應電能給馬達,而擁有 300 km以上的續航力。

2.　Volt採用一部 1.0 L 三缸渦輪增壓引擎,最大馬力71ps,以 1800 rpm 的定速帶動 53kW的發電機,對容量 16kWh(約是Prius PHV電瓶容量的四倍)的鋰離子電瓶充電。

3.　以AC220V對電瓶充電,約需3小時。其電動系統可產生 110kW(150ps) 的最大馬力,370Nm 的最大扭力,最高時速可達 161 km/h。

4.　雪佛蘭 Volt PHV,可稱作是一種增程式電動汽車(range extended electric vehicle,RE EV),也是屬於串聯式的複合動力汽車。

附錄 B

燃料電池與電動汽車

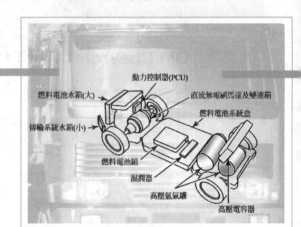

動力控制器(PCU)
燃料電池水箱(大)
直流無電刷馬達及變速箱
燃料電池系統盒
傳輸系統水箱(小)
燃料電池組
濕潤器
高壓氫氣罐
高壓電容器

B.1 燃料電池

一、概述

1. 所謂燃料電池(fuel cell，FC)，是以氫與空氣中的氧發生電化學反應，產生電流的裝置。

2. 燃料電池的原理是由一位英國威爾斯(Welsh)的物理學家威廉 葛洛夫(Willian Grove)在 1839 年所首先發現的；1950 年代，NASA 應用此原理以驅動太空探險車；時至今日，燃料電池用於家庭、車用或工業用，以達到零汙染之效果。

3. 燃料電池是水電解反應的逆反應。水電解與燃料電池皆屬於一種化學反應，水經由電解作用而產生氫氣與氧氣，其過程為：水＋電能→氫氣＋氧氣；若將實驗逆向反應，將氫氣與氧氣進行電化學反應，則產生電能與水，此為燃料電池的發電原理，亦即：氫氣＋氧氣→電能＋水，故可說燃料電池反應是水電解的逆反應。

4. "燃料電池"的稱呼,常被誤認為是電池的一種,但燃料電池不能儲存電力;事實上,燃料電池是一種處理能量轉換的化學裝置,能量是來自外部的燃料,經由化學能直接轉換成電能,因此燃料電池是一種發電機,而且是一種環保發電機。

5. 由於燃料電池係發出電力以驅動車輪,故與電動汽車(electric vehicle,EV)頗為相似,而與複合動力汽車(hybrid vehicle,HV)的作用也有許多同質性,真要區分的話,燃料電池車可算是介於HV與EV之間的汽車。

6. 採用燃料電池的汽車,稱為 fuel cell vehicle,簡稱 FCV;由於把燃料電池汽車也歸類成是電動汽車的一種,故又稱為 fuel cell electric vehicle,簡稱 FCEV。

二、燃料電池的特徵

1. 發電效率高:操作溫度低、小容量、部分負載等,都能得到高效率發電。

2. 綜合熱效率高:可進行汽電共生,適合使用者在身旁的現場發電。

3. 燃料來源的多樣性。

三、燃料電池的優缺點

1. 燃料電池的優點

   可歸納為零汙染、零噪音、高效率、免充電、燃料來源廣等五點。

   (1) 燃料電池為乾淨的能源來源

   ① 現今的汽、柴油引擎,燃燒效率再向上提升後,CO的排出量仍無法減至零,而 NO_x 等氣體也仍會排出。另目前正流行的油電混合車,因搭配的引擎會運轉,無法如燃料電池般的零污染氣體排出。

   ② 雖然 FCEV 直接排放的 CO_2 微乎其微,但以石化燃料製造氫氣的過程中,仍得計算其 CO_2 的排出量;亦即油箱至車輪(tank to wheels,T-t-W)的排放量為零,但油井至油箱(well to tank,W-t-T)仍會有少許的汙染發生。若以太陽能或風力發電來製造氫氣,則其汙染的影響會更低。

(2)　可防止地球暖化

　　　　燃料電池是利用氫反應而得到電力，副產物只有排出水而已，完全無其他的有害排出物，因無 CO_2 排出，故不會造成地球的暖化。

(3)　可避免受石化燃料變動的影響

　　　　原油有一天會枯竭，原油的價格會因政治或戰爭等原因而大幅波動，進而影響世界經濟的發展，以及社會的穩定，故如何取代石化能源，為目前當務之急。

2.　燃料電池的缺點

(1)　由於燃料電池組的電極使用白金，以及離子(ion)交換膜等，其最大缺點是價格高。

(2)　寒冷地區車輛起動性較差，及氫燃料箱容量大小等問題。

(3)　其他的技術難題，從氫的生產、儲運，及加氣站的佈建等。

四、氫的基本特性

1.　氫是一種無色、無味、無臭、無毒的可燃性氣體物質。氫氣為質量很輕的氣體，能源轉換效率高，其熱質為汽油的三倍，且蘊藏量豐富，佔宇宙含量的 75 ％。

2.　氫原子含有一個帶一單位正電荷的質子構成的核，和一個帶一單位負電荷並與這個核相連繫的電子。氫原子很活潑，可以彼此結合成對，形成分子式為 H_2 的雙原子氫分子。

3.　自然界中氫不會單獨存在，必須透過人工製造。氫氣取得的方式有很多種，可由簡單的水電解產生，再以適當的設備儲存；也可透過天然氣、液化石油氣、煤油等石化燃料，經過重組器產生氫氣，即經過重組反應製造氫氣【利用重組的化學方式製造氫氣時，同時會釋放出 CO_2，例如以天然氣製造氫氣時，每 4 個摩爾(mole)的氫氣，就會產生 1 個摩爾的 CO_2，這也就是說，即使是使用氫燃料，也不能算是完全零汙染的發電方式】。

4. 氫氣的密度低，即使外洩也不易累積濃度，若爆炸則產生的水亦可快速帶走熱量而避免延燒，相較於天然氣及液化石油氣，氫能的安全性較高。

五、燃料電池的種類及介紹

1. 燃料電池是一個通稱，因採用電解質(electrolyte)種類的不同，而有各種不同的燃料電池名稱。電解質是成熔融狀態或溶於水中，解離成陰、陽離子，能幫助導電者，稱為電解質。

(1) 固體高分子型燃料電池(polymer electrolyte fuel cell, PEFC)

① 又稱質子交換膜型燃料電池(proton exchange membrane fuel cell, PEMFC)：燃料為氫氣、甲醇。

② 其電解質子交換膜，薄膜的表面塗有可加速反應之觸媒(白金等)，薄膜兩側分別供應氫氣及氧氣，氫原子被分解成兩個質子與兩個電子，質子被氧吸引，再和經由外電路到達此處的電子形成水分子。

③ 此燃料電池的唯一液體是水，腐蝕問題小，且操作溫度介於80～100℃之間。低溫(80℃)的操作溫度，但發電效率卻有超過35％的趨勢。

④ 整體而言，PEMFC的反應溫度低、能量密度高、啟動快、安全性高，故適合做為汽車的動力來源，為 Toyota、Honda、GM 等汽車廠所採用，也適合小型發電設備。

(2) 固體氧化物型燃料電池(solid oxide fuel cell, SOFC)

① 可稱為陶瓷型燃料電池，電解質、電極材料都使用陶瓷，適用於極高的操作溫度。

② 燃料為氫氣、甲醇、原油、液化石油氣。不使用高價的貴金屬觸媒，是一種簡易型的燃料電池，用來取代傳統的電瓶。

③ 其電解質為氧化鋯，穩定度高，不需要觸媒，但操作溫度高，約1000℃。BMW、Renault等共同開發作為車用的輔助動力源(APU)。

④ 由於發電效率高，將來技術純熟時，適合取代火力發電等，作為中央集中型的發電廠。

(3) 直接甲醇型燃料電池(direct methanol fuel cell, DMFC)

① 可以使用甲醇作為燃料，是直接將甲醇導入單電池的陽極以引起反應。操作溫度約 70～90℃。

② 未來遇到手機、筆記型電腦等沒電時，不需要再耗時充電，只要直接補充輕巧又方便攜帶的甲醇燃料，即可馬上繼續發電使用。

(4) 溶融碳酸鹽型燃料電池(molten carbonate fuel cell, MCFC)

① 燃料為氫氣、甲醇、原油、液化石油氣。其電解質為碳酸鋰等鹼性碳酸鹽，不需要貴金屬當觸媒。

② 操作溫度高，約 600～700℃，非常適合中央集中型的發電廠。

(5) 磷酸型燃料電池(phosphoric acid fuel cell, PAFC)

① 燃料為氫氣、甲醇、天然氣。因其使用的電解質為濃度 100 % 之磷酸水溶液而得名。操作溫度約 150～220℃，觸媒為白金，也面臨成本高之問題。

② 已商業化生產，應用在大型發電機組上。

(6) 鹼性型燃料電池(alkaline fuel cell, AFC)

① 燃料為純氫。操作溫度約 60～90℃，發電效率高達 50～60 %，可採用的觸媒種類多，價格又便宜，如鎳、銀等。

② 但其電解質必須是液態，且易與 CO_2 結合成氫氧化鉀，導致發電性能衰退，也必須用高純度的氫，故無法成為適用的研發對象，現在只作為太空船或太空梭的燃料電池使用。

2. 上述六種燃料電池中，以前三種最有發展潛力。而固態氧化物型與溶融碳酸鹽型為高溫型燃料電池，其他四種為低溫型。高溫型與低溫型的最大差異，就是低溫型除了鹼性型外，其他都必須使用昂貴的鉑作為電極觸媒，而高溫型只需要使用很便宜的鎳就可獲得充分的性能。

3. 六種燃料電池的內容比較，如表 B.1 所示。

表 B.1　六種燃料電池的比較

	固體高分子型 PEFC	固體氧化物型 SOFC	直接甲醇型 DMFC	溶融碳酸鹽型 MCFC	磷酸型 PAFC	鹼性型 AFC
原燃料	天然氣、LPG、甲醇、輕油、煤油	天然氣、LPG、甲醇、輕油、煤油	甲醇	天然氣、LPG、甲醇、輕油、煤油	天然氣、LPG、甲醇、輕油、煤油	氫
操作溫度	80～100℃	700～1000℃	70～90℃	600～700℃	150～220℃	60～90℃
低／高溫型	低溫型	高溫型	低溫型	高溫型	低溫型	低溫型
發電效率	30～40 %	50～65 %	30～40 %	45～60 %	35～45 %	50～60 %
用途	行動設備、家庭、工業、汽車用	家庭、工業用	行動設備用	工業、產業、發電用	工業、發電用	太空船、太空梭用

六、燃料電池的構造與作用

1. 燃料電池的構造

   (1) 燃料電池是一種發電裝置，不像一般非充電電池用完電即丟棄，也不像可充電電池用完電後必須再充電。燃料電池正如其名，是繼續添加燃料以維持其電力，所需的燃料是"氫"，故燃料電池被歸類為新能源。燃料電池的基本構造，就是電池內具有陰、陽兩個電極，電極內分別充滿電解液，兩個電極間為具有滲透性的薄膜所構成，如圖 B.1 所示。

   (2) 燃料電池是由多顆的單電池(cell)堆疊而成，可以增加燃料電池的功率，產生更大瓦特數的電力。基本薄板狀燃料電池之構造，如圖 B.2 所示，注意，其陽極是負極，而陰極則是正極。

   (3) 利用奈米科技處理觸媒，可以增加觸媒的活性，且減少白金的用量以降低成本。當觸媒顆粒微粒化到奈米尺度時，可表現出大於普通觸媒一萬倍以上的催化能力，大幅提高燃料電池的發電效能。

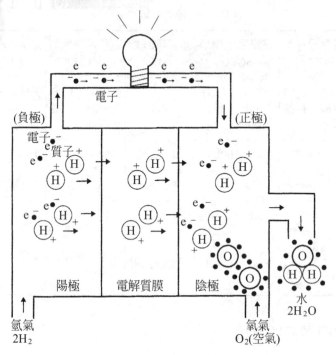

圖 B.1　燃料電池的構造與作用

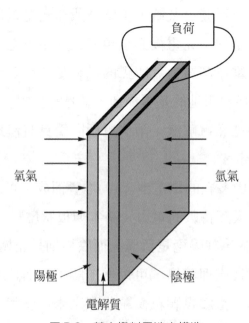

圖 B.2　基本燃料電池之構造

2. 燃料電池的作用原理

(1) 氫氣進入燃料電池的陽極(anode)，氧氣(或空氣)則由燃料電池的陰極(cathode)進入。經由催化劑(觸媒)的作用，使得陽極的氫原子分解成兩個氫質子(proton)與兩個電子(electron)，其中質子被氧「吸引」到薄膜(電解質膜)的另一邊；電子則經由外電路形成電流後，到達陰極。在陰極催化劑之作用下，氫質子、氧及電子發生反應，形成水分子，水是燃料電池唯一的排放物。其

$$陽極的反應式：2H_2 \rightarrow 4H^+ + 4e^-$$
$$陰極的反應式：O_2 + 4H^+ + 4e^- \rightarrow 2H_2O$$
$$全反應式：2H_2 + O_2 \rightarrow 2H_2O + Heat$$

(2) 燃料電池的發電過程，可簡單分成四個步驟：首先氫氣經由導流板(collector plate)引入來到陽極的觸媒，分解成氫離子與電子，氫離子經由內部的質子交換膜(proton exchange membrane)來到陰極與氧氣結合產生水，而電子則是經由外部導線形成迴路以產生電力。

七、燃料電池系統

燃料電池系統(fuel cell system)主要分成四大部分，即燃料電池發電本體(fuel cell main body)又稱燃料電池堆(fuel cell stack)(或稱燃料電池組)、燃料罐/箱(fuel cartridge/tank)、周邊設備(balance of plant, BOP)及能源管理系統(energy management system, EMS)等。如圖B.3所示，為本田的FCX燃料電池汽車之燃料電池系統組成，其中的濕潤器是為了維持質子交換膜的濕度。

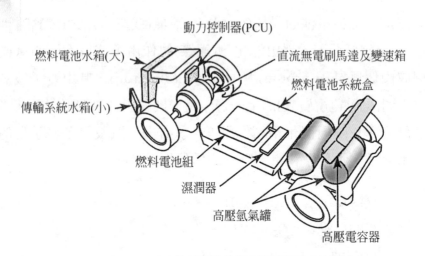

圖 B.3　FCX 燃料電池汽車之燃料電池系統組成

1.　燃料電池發電本體
  (1)　大多數的燃料電池發電本體，多是以石墨堆疊成電池堆為主要的構成元件。而微小型燃料電池發電本體，則可用平板式燃料電池模組，目前有 PCB 製程與石墨製程兩種。
  (2)　電池堆的結構，主要分成平板型與圓筒型兩種。
  (3)　燃料電池在進行發電時會發熱，因此必須有冷卻系統，有空冷、水冷或使用冷媒等方式。
  (4)　車用燃料電池是由數十至數百個單電池所串聯而成，每個單電池間有凹槽讓空氣及氫氣通過的分隔板，及每數個單電池間有冷卻板等，如圖 B.4 所示為其外箱。
2.　燃料罐：大型燃料電池以儲氫罐為主，微小型燃料電池則以甲醇燃料罐、純水罐為主要的構成元件。氫氣儲存技術是氫能使用的重要關鍵，目前儲氫的方式，包括以鋼瓶儲存氫氣的氣體儲氫，降低溫度使氫氣成為液態的液態儲氫，利用合金粉末與奈米材料吸附氫氣的金屬儲氫，以及奈米儲氫方式，後兩者不但體積儲氫密度高，而且安全性也高。

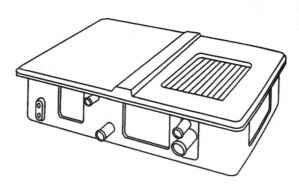

圖 B.4　車用燃料電池

3. 周邊設備：大型燃料電池以馬達壓縮機為主，微小型燃料電池則以風扇、泵為主要的構成元件。

4. 能源管理系統：主要的構成元件為電源轉換板(converter/inverter board)、負載控制板(E-load board)，可將產生的電力，轉換成系統使用所需的不同負載。

七、燃料電池的應用領域

　　燃料電池的應用領域非常廣泛，目前發展的主流應用產品，依燃料電池的發電量歸類，可分為可攜式電子產品、各種運輸工具及定置型發電機(家庭、學校或工廠用)等三大類。

B.2　電動汽車

B.2.1　概述

1. 本節所稱的電動汽車(electric vehicle，EV)，是指純電動車(battery electric vehicle，BEV)。EV 是所有電動汽車的統稱，BEV 則是目前電動汽車最新的發展型式之一。

2. 事實上，包含上一章的 HV，均可歸納為屬於 EV 的型式(部分 EV 行駛模式或全部 EV 行駛模式)。

(1)　複合動力汽車(hybrid electric vehicle，HV 或 HEV)：高速時以引擎為動力，低速時以馬達為動力(即 EV 行駛模式)。

(2)　插電式複合動力汽車(plug-in hybrid vehicle，PHV)：作用模式與 HV 相同，但純電動行駛里程更長。

(3)　增程式電動汽車(range extended electric vehicle，RE EV)：完全以馬達為動力來源，引擎只用於帶動發電機發電。

(4)　純電動汽車(battery electric vehicle，BEV)：完全以馬達為動力來源。

B.2.2　三菱 i MiEV

一、概要

1.　三菱 i MiEV(Mitsubishi innovative Electric Vehicle)是三菱汽車與日本各電力公司(如東京電力、九州電力等 6 個)，從 2006 年 11 月起共同開發，採用一個馬達與減速齒輪組合，驅動後輪的方式，其主要規格如表 B.2 所示。

2.　三菱 i MiEV 為純電瓶式汽車，即電動汽車(electric vehicle，EV)，其動力傳達(power train)機構，除鋰離子電瓶(lithium ion battery)本體外，另由直流/交流變換的變流器(inverter)、驅動後輪的馬達(永久磁鐵交流同步式)，以及利用家庭用電對電瓶充電的專用充電器等所組成，如圖 B.5 右圖所示。

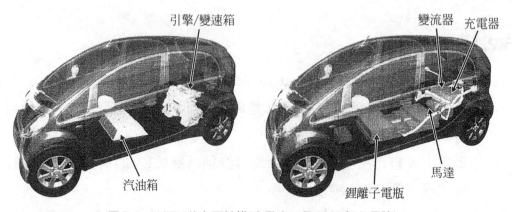

引擎/變速箱　　　　　　　　變流器　充電器

汽油箱　　　　鋰離子電瓶　　馬達

圖 B.5　i MiEV 的主要結構(自動車工學 2008 年 7 月號)

表 B.2　i MiEV 的主要規格(自動車工學 2008 年 7 月號)

型式		i MiEV
全長×全寬×全高		3395×1475×1600mm
車重		1080kg
乘員		4 名
最高速度		130km/h
充電行駛距離(10・15 mode)<目標>		130km→160km
充電時間(80％充電)	200V・15A(車載充電器)	5 小時→7 小時(全充電)
	100V・15A(車載充電器)	11 小時→14 小時(全充電)
	三相 200V・50kW(快速充電機)	20 分→約 30 分(80％充電)
馬達	種類	永久磁鐵交流同步式
	最高出力	47kW
	最大扭力	180Nm
	最高迴轉數	8500rpm
電瓶	種類	鋰離子
	總電壓	330V
	總電力	18kWh/20kWh
控制方式		變流器控制
驅動方式		後輪驅動

二、系統組成

1. i MiEV 車底板下方為鋰離子電瓶，單電池為 3.75V，每一個單電池都有一個堅固的金屬外殼。4 個單電池為一模組(module)，22 個模組連接成一總電壓為 330V 的電瓶包(battery pack)，如圖 B.6 所示。

採用耐衝擊性強的金屬外殼

單電池

電池模組

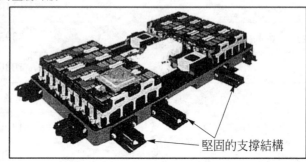

堅固的支撐結構

電瓶包

圖 B.6　i MiEV 的單電池、電池模組與電瓶包(自動車工學 2008 年 7 月號)

2. 電瓶的充電，可利用家庭的 100V 或 200V，臨時需要時，也可利用充電站的三相 200V 快速充電，所需時間如表 B.2 所示。

3. 變流器將電瓶的直流電轉換成交流電，供應給馬達；在充電時，將交流電轉換成直流電充入電瓶；以及在減速、煞車時，轉成直流電回充電瓶，如圖 B.7 右側所示(左側為冷卻水箱及家庭用充電器)為其安裝位置。與複合動力系統(hybrid system)的變流器一樣，在直流交流化及交流直流化間頻繁變換作用。如圖 B.8 所示，為變流器的外觀及其安裝箱。

4. 由於馬達與變流器在作用時會產生熱，故設有專用的冷卻機構，包括小型的冷卻水箱與水泵。

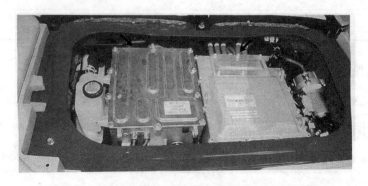

圖 B.7　i MiEV 的變流器(自動車工學 2008 年 7 月號)

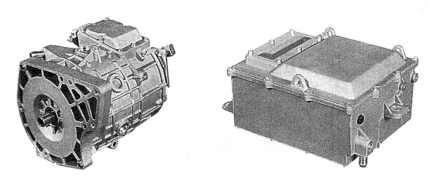

圖 B.8　i MiEV 變流器的外觀與安裝箱(自動車工學 2008 年 7 月號)

5.　冷卻機構的冷卻水溫度約只有 35℃，不足以供應暖氣所需，因此必須設置加熱器；而冷氣供應也必須採用電動的壓縮機，再加上煞車增壓器的真空也必須採用壓縮機(馬達)，電力消耗是一個很頭痛的問題。

B.2.3　速霸陸 R1e

1.　速霸陸的 R1e 只跟東京電力共同開發。其驅動方式及零組件配置位置，與 i MiEV 完全不相同，如圖 B.9 所示，R1e 是採用前輪驅動的方式，各零組件配置在各處。例如 16 個電池模組，6 個在前座椅下方，6 個在車後端下方，4 個在車後端上方，如圖 B.10 所示。

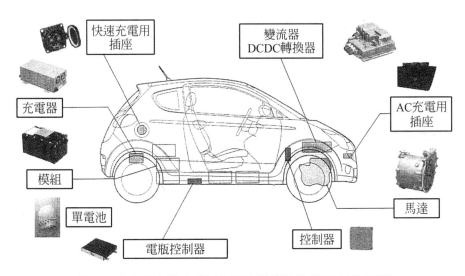

圖 B.9　R1e 零組件的配置位置(自動車工學 2008 年 7 月號)

圖 B.10　16 個電池模組的配置方式(自動車工學 2008 年 7 月號)

2.　馬達與變流器的外觀，如圖 B.11 所示。

圖 B.11　R1e 馬達與變流器的外觀(自動車工學 2008 年 7 月號)

3.　R1e 系統的組成零組件與 i MiEV 大致相同，其中與變流器(inverter)
　　並列的是 DC/DC 轉換器(converter)，是一種 DC 之間的電壓變換器。
　　不過通常整個總成各汽車廠都是以 inverter 作代表統稱。

4.　R1e 也是採用鋰離子電瓶，12 片薄片型(laminated)單電池層疊為一電
　　池模組，16 個電池模組的總電壓為 346V。

目錄

汽車原理(精裝本)(修訂版)

黃靖雄　編著

全華圖書股份有限公司

我們的宗旨

提供技術新知
帶動工業升級
為科技中文化
再創新猷

資訊蓬勃發展的今日
全華本著「全是精華」的出版理念
以專業化精神
提供優良科技圖書
滿足您求知的權利
更期以精益求精的完美品質
為科技領域更奉獻一份心力

為保護您的眼睛，本公司特別採用不反光的米色印書紙！！

編 輯 大 意

一、本書根據教育部民國七十二年一月二十八日台(72)參字第三四一一號令修正公
　布之「五年制工業專科學校課程標準暨設備標準，機械工程科、汽車原理課程
　綱要」編輯而成。供汽車組第一學年上下學期四學分；動力組第四學年下學期
　，一般機械組第五學年下學期三學分授課使用。

二、本書專業名詞與術語遵照教育部七十一年四月公布之機械工程名詞第三版，必
　要時將原文及俗名並列，以供參考。

三、為使我國汽車技術能跟上世界潮流，本書內容均取材自國外最新之汽車技術雜
　誌及圖書，與坊間汽車書籍有很大不同。

四、筆者建議任課老師能使用本書圖片製成之透明片，加以適當彩色，上課時使用
　ＯＨＰ教學，以提高教學效果。

五、只開三學分時，教學時數可能不足，任課老師可將各章要點加以講解，其餘部
　份讓學生自行閱讀。

六、本書各章所附習題，目的在啓發與複習，請任課老師依實際需要酌予增減，以
　發揮教學功能。

七、本書三版修正承蒙公路局中部汽車技術訓練中心幫工程司廖義卿先生，增添資
　料、校訂內容，使更切合教學需要，謹致由衷謝意。

八、本書之整理工作承吳錦宗君全力協助，謹致謝意。

九、本書付梓前雖經多次校對，但疏忽誤植之處在所難免，尚祈各位學者專家不吝
　指正。

編者　黃　靖　雄　謹識

相關叢書介紹

書號：0155601
書名：汽車感測器原理(修訂版)
編著：李書橋.林志堅
20K/288 頁/250 元

書號：06180
書名：車輛感測器原理與檢測
編著：蕭順清
16K/192 頁/240 元

書號：0556902
書名：電腦控制－現代汽油噴射引擎
　　　(第三版)
編著：黃靖雄.賴瑞海
16K/384 頁/420 元

書號：06096
書名：油氣雙燃料車－LPG 引誠鎖
編著：楊成宗.郭中屏
16K/248 頁/280 元

書號：0567701
書名：現代柴油引擎新科技裝置
　　　(第二版)
編著：黃靖雄.賴瑞海
16K/216 頁/320 元

書號：0311803
書名：汽車專業術語詞彙(修訂三版)
編著：趙志勇
20K/552 頁/480 元

◎上列書價若有變動，請以
　最新定價為準。

流程圖

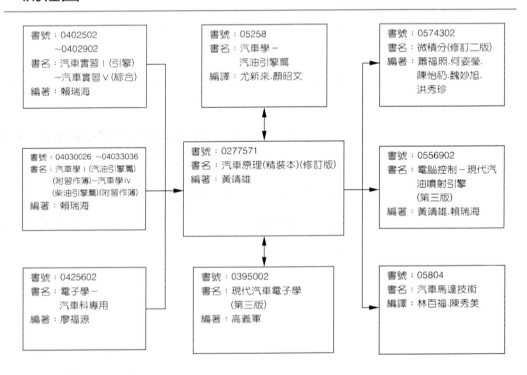

汽 車 原 理

目 錄

第一章 概 論

第 一 節 汽車之基本結構

1-1-1 概 說

汽車基本結構如圖 1-1，1 所示，可分為車身及底盤兩大部份。

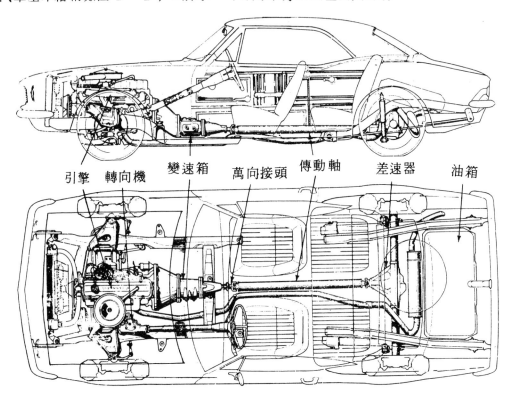

引擎 轉向機　變速箱　萬向接頭　傳動軸　差速器　油箱

圖 1-1，1　汽車的基本構造（ Automotive Mechanics 7th
Ed Fig 1-14 ）

1-1-2 車 身

車身如圖 1-1，2 所示，為乘坐人員及
裝載貨物之部份。而依用途不同可分為小型
乘人用車，大型乘人用車，貨車，曳引車，
拖車及特殊用途車等。

圖 1-1，2　車身（三級自動車シヤシ
上　圖 1-1 ）

1-1-3 底 盤

底盤部份包括產生動力的引擎裝置、傳動裝置、控制裝置及駕駛操縱裝置及懸吊裝置。如圖1－1，3所示

一、動力裝置　包括引擎及其附屬之燃料、點火、冷却、充電、潤滑、起動、排氣等裝置，如圖1－1，4所示。

二、傳動裝置　包括將動力自引擎傳送至車輪之各項機構。如離合器、變速箱、傳動軸、萬向接頭，最後傳動齒輪、差速齒輪、輪軸、車輪等，如圖1－1，5所示。

三、控制裝置　包括轉向系及煞車系使駕駛人能控制行車方向及煞、停車輛之設備，如圖1－1，6所示。

圖1－1，3　底盤（三級自動車シヤシ上圖1－1）

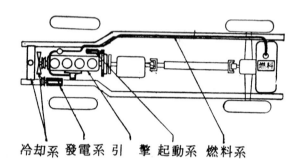

冷却系　發電系　引　擎　起動系　燃料系

圖1－1，4　動力裝置（自動車百科全書圖1－12）

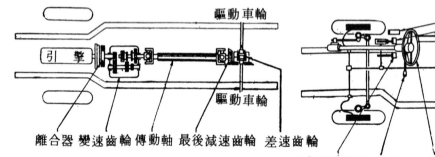

離合器　變速齒輪　傳動軸　最後減速齒輪　差速齒輪

圖1－1，5　傳動裝置（自動車百科全書　圖1－13）

四、駕駛操縱機構 包括方向盤、離合器踏板、油門踏板、煞車踏板、手煞車拉桿、阻風門拉鈕等，設於駕駛室內由駕駛人操作之裝置，如圖1－1，7所示。

五、懸吊裝置　因汽車行駛時由路面所傳

離合器踏板　變速桿　方向盤　煞車踏板　加速踏板

圖1－1，6　控制裝置（自動車百科全書　圖1－14）

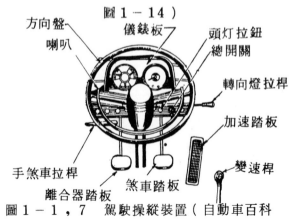

方向盤　喇叭　儀錶板　頭灯拉鈕　總開關　轉向燈拉桿　加速踏板　變速桿　手煞車拉桿　離合器踏板　煞車踏板

圖1－1，7　駕駛操縱裝置（自動車百科全書　圖1－15）

來之衝擊、顛簸等，均由底盤所吸收，爲求保護汽車各部零件免於受損，並使乘坐舒適起見，乃設有此裝置，如圖 1 — 1，8 所示。包括有避震彈簧、避震器、車輪等。

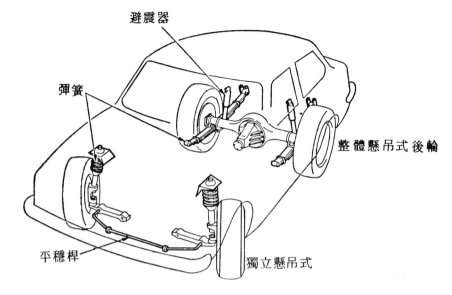

圖 1 — 1，8 汽車懸吊裝置（三級自動車シヤシ P.65 圖 1 — 1）

第 二 節 汽車之類別

1 - 2 - 1 概 述

汽車之種類繁多，分類困難，通常一般常用之分類方法有：一、依法規分類，二、依車輪數分類，三、依引擎與驅動輪位置分類，四、依使用燃料分類。

1 - 2 - 2 依法規分類

我國道路交通安全規則有關汽車所用名詞，釋義如下：

一、汽車：指行駛公路或市區道路上不依軌道或電力架線而以原動機行駛之車輛。

二、客車：指載乘人客四輪以上之汽車。

㈠大客車：座位在 10 座以上之客車或座位在 25 座以上之幼童專用車。其座位之計算包括駕駛人、幼童管理人及營業車上之服務員在內。（圖 1 — 2，1 ）

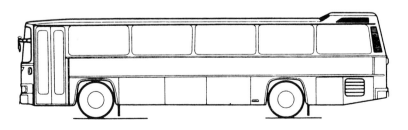

圖 1 — 2，1 大客車（自動車の檢查基準 P.32 ）

㈡小客車：座位在 9.座以下之客車或座位在24.座以下之幼童專用車。其座位之計算包括
　　駕駛人及幼童管理人在內。

三、貨車：指裝載貨物之汽車。

㈠大貨車：總重量逾 3,500 公斤之貨車。

㈡小貨車：總重量在 3,500 公斤以下之貨車。

四、客貨兩用車：指兼載人客及貨物之汽車。

㈠大客貨兩用車：總重量逾 3,500 公斤，並核定載人座位，或全部座位在10.座以上，並
　　核定載重量之汽車。

㈡小客貨兩用車：總重量在 3,500 公斤以下，並核定 載人座位及載重量，或全部座位在 9.
　　座以下，而又核定載人座位及載重量之汽車。

五、代用客車

㈠代用大客車：大貨車兼具代用客車者，為代用大客車，其載客人數包括駕駛人在內
　　不得 超過25人。

㈡代用小客車：小貨車兼供代用客者，為代用小客車，其載客人數包括駕駛人在內
　　不得超過9人。

六、特種車：指有特種設備供專門用途而異於一般用之車輛，包括吊車、油罐車、消防車
　　、救護車、警備車、憲警巡邏車、工程車、灑水車、郵車、垃圾車、清掃車、水肥車
　　、囚車、殯儀館運靈車及經交通部核定之其他車輛。如圖 1 - 2 ，2 所示

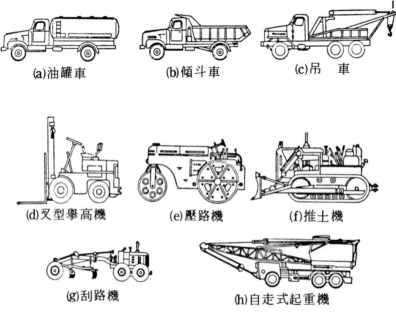

(a)油罐車　　　(b)傾斗車　　　(c)吊　車

(d)叉型擧高機　　(e)壓路機　　(f)推土機

(g)刮路機　　　(h)自走式起重機

圖 1 - 2 ，2　各種特種用途車（自動車の構造 P。19）

七、曳引車：指專供牽引其他車輛之汽車
　　。如圖 1－2，3 所示

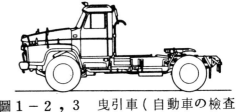

八、拖車：指由汽車牽引，其本身並無動
　　力之車輛。如圖 1－2，4 所示

圖 1－2，3　曳引車（自動車の檢查
基準 P.22）

九、全拖車：指具有前後輪，其前端附掛
　　於曳引車之拖車。

十、半拖車：指具有後輪，其前端
　　附掛於曳引車第五輪之拖車。

十一、拖架：指專供裝運 10 公尺以上
　　　超長物品並以物品本身連繫曳
　　　引車或汽車之架形拖車。

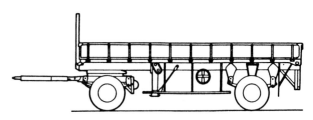

十二、聯結車：指汽車與拖車所組
　　　成之車輛。

圖 1－2，4　拖車（自動車の檢查基準 P.23）

十三、全聯結車：指一輛曳引車或一輛汽車與一輛或一輛以上全拖車所組成之車輛。如圖
　　　1－2，5 所示。

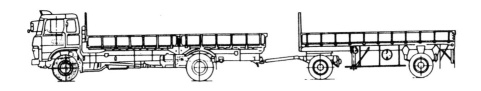

圖 1－2，5　全聯結車（自動車の檢查基準 P.43）

十四、半聯結車：指一輛曳引車與一輛半拖車所組成之車輛。如圖 1－2，6 所示

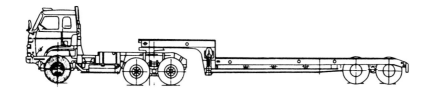

圖 1－2，6　半聯結車（自動車の檢查基準 P.42）

十五、機器腳踏車：指兩個車輪的機動車輛，又稱摩托車（ motor cycle ），不加裝邊
　　　車。

㈠重型機器脚踏車：汽缸總排汽量逾50.立方公分之機器脚踏車。

㈡輕型機器脚踏車：汽缸總排汽量在50.立方公分以下之機器脚踏車。

1-2-3 依車輪數分類

汽車依車輪數來分類可分為，二輪汽車（機車）、三輪汽車、四輪汽車、六輪汽車及多輪汽車等。如圖 1－2，7 所示

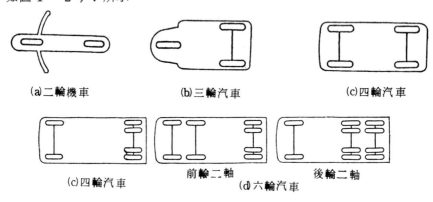

(a)二輪機車　　(b)三輪汽車　　(c)四輪汽車

(c)四輪汽車　前輪二軸　　後輪二軸

(d)六輪汽車

圖1－2，7　車輪數的分類

1-2-4 依引擎與驅動輪間之關係位置分類

一、前置引擎後輪驅動（front engine rear drive 簡稱 F．R 型）如圖 1－2，8 所示。

二、前置引擎前輪驅動（front engine front drive 簡稱 F．F 型）如圖 1－2，9 所示。

三、後置引擎後輪驅動（rear engine rear drive 簡稱 R．R 型）如圖 1－2，10 所示。

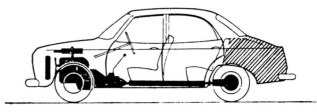

圖1－2，8　前置引擎後輪驅動（F．R 型）（自動車の設計　圖1，26（a））

圖1－2，9　前置引擎前輪驅動（F.F 型）（自動車の設計　圖 1，26（b））

圖1－2，10　後置引擎後輪驅動（R。R 型）（自動車の設計　圖 1，26（c））

四、前置引擎四輪驅動 （ front engine four－wheel drive簡稱４ＷＤ型）如圖１－
　２－１１ 所示。爲適應各種路況，使其引擎動力適當的分配在四個輪子上，以提高爬
　行牽引力，過去多作爲軍用車輛及工程車之用，現代之高性能商用車及轎車亦多採用。

五、中置引擎後輪驅動 （ mid engine

rear drive 簡稱M.R型 ） 如圖１－
２，１２所示。

1-2-5　依使用燃料分類

一、汽油（ gasoline ）引擎車 ：以汽油
　爲燃料之汽車即是。此種引擎之汽車
　，可供長期使用，其優點爲輕快和操
　作簡便，至目前爲止爲使用最多者。

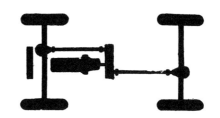

圖１－２，１１前置引擎四輪驅動(4WD型)
（ 自動車百科全書 圖１－39 ）

二、柴油（ diesel ）引擎車 ：以柴油爲
　燃料之汽車即是。此種汽車因其燃料
　價廉，較富經濟性，且其熱效率又高
　，最適合資源貧乏之國家使用，多用
　於長途行駛之大型卡車及公共汽車。

三、液化石油汽（ liquid petroleum gas
　）引擎汽車：以液化石油氣爲燃料
　之汽車即是。因其可用少量之燃料，

圖１－２，１２中置引擎後輪驅動(ＭＲ型)
（ 自動車百科全書 圖１－40 ）

產生較汽油更高的熱量和更大之馬力，經濟價值較高，且燃燒完全，適合都市行駛之
汽車使用。

四、電動汽車：以直流電源來轉動馬達，作爲汽車之動力，即爲電動汽車。因其須裝一甚
　重之電瓶，使汽車之性能低下，但其不排廢汽，且無噪音，爲最少公害之汽車。

第 三 節　汽車行駛原理、性能及規格表示法

1-3-1　行駛原理

一、汽車行駛時所受各種力對於行駛性能有很大的影響，如引擎發出之動力與行駛阻力等。我們必須先了解行駛阻力的性質，然後決定汽車應產生多少動力才能在安定速度下行駛。通常包括行駛阻力、行駛動力與出功之儲積等三大項。

二、**行駛阻力**：行駛中之汽車所受到之阻力，稱爲行駛阻力。由空氣阻力、滾動阻力、摩擦阻力、斜坡阻力、慣性阻力等綜合而成。

㈠空氣阻力：汽車係在空氣中穿行，空氣壓力對行駛之汽車產生的阻力阻止其前進，此種阻力稱爲空氣阻力。包括有三種：A．汽車正面之阻擋力，B．汽車表面與空氣之摩擦力，C．汽車後部形狀所產生的渦流阻力，如圖1－3，1所示。使用風洞測試，汽車之形狀對空氣阻力影響很大，通常空氣阻力係數以CD表示。

空氣阻力$Fa = 1/2 \times \rho \times CD \times A \times D^2$

式中ρ爲空氣密度，CD爲空氣阻力係數（一般小型車約0.3～0.5）A爲汽車前面投影面積，D爲空氣與汽車之相對速度

㈡滾動阻力：汽車輪胎與地面接觸時因摩擦產生之阻力稱爲滾動阻力。其大小與汽車重量及路面情況有直接影響。根據實驗結果，由路面所決定之係數爲F_1，如圖1－3，2所示。汽車行駛時因路面凹凸不平所加於彈簧及輪胎之衝擊力所決定之係數爲F_2。因車速增高後衝擊阻力已達不可忽視之程度故將其併入路面阻力內計算，合稱路面阻力。我們可由下列公式計算之。

滾動阻力（F）＝阻力係數（F_1）×汽車重量（W）

衝擊阻力（S）＝阻力係數（F_2）×汽車重量（W）

路面阻力＝滾動阻力（F）＋衝擊阻力（S）

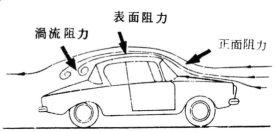

圖1－3，1　空氣阻力

（自動車百科全書　圖1－20）

路　　　面	F_1	路　　　面	F_1
鐵　　軌	0.00447	最良之碎石舖裝者	0.0201
良好之柏油	0.0067	普通之碎石舖裝者	0.0223～0.0268
中等之柏油	0.0098	經壓路機壓過之砂石　　　路	0.0254
低質之柏油	0.0129	小粒之圓石	0.0268
最佳之水泥	0.009	中粒之圓石	0.0580
磨損之水泥	0.012	大粒之圓石	0.107
低質之水泥	0.020	硬質之粘土	0.0445
木材舖裝者	0.0134	砂　　路	0.161
花崗岩舖製者	0.0156	砂　　地	0.250

圖1－3，2　汽車滾動阻力係數F_1之表

上式中 F_2 之值通常道路約爲0.007 左右，在非常平坦之道路此值則甚小。（圖1－3，3爲滾動阻力圖）

㈢摩擦阻力：自引擎以迄車輪間之傳動機件，如離合器、變速箱、差速器等裝置均有機械摩擦力存在，也是對引擎至驅動輪間有所妨害之阻力，故亦爲一種行駛阻力。我們以動力傳送係數來表示，其大小由車速決定，在高速時約爲90%，中低速約爲80～85 %左右，故所需之行駛動力可由下列公式計算。

行駛動力＝引擎動力×動力傳送係數

㈣斜坡阻力：當汽車爬坡時，汽車必須克服重力而上升，此種爲克服重力而產生之阻力，稱爲斜坡阻力，其大小與車重及斜坡坡度之正切成正比。（圖1－3，4斜坡阻力）

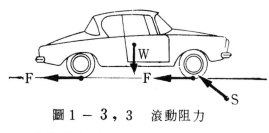

圖1－3，3　滾動阻力

（自動車百科全書　圖1－22）

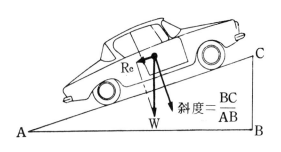

圖1－3，4　斜坡阻力

（自動車百科全書　圖1－24）

斜坡阻力（ R c ）＝重量（ W ）×斜坡度之正切（ tan ）

㈤慣性阻力：牛頓第一運動定律中謂運動中之物體如不受外力作用，則動者恒作等速運動稱爲慣性定律。汽車行駛時要使速率增加則必須克服慣性，此種阻力稱爲慣性阻力。其與車重及車速成正比。故當汽車之重量及速率甚大時，由現在速度變到次一較大速度，產生之阻力也甚大，故欲達到所希望速度之時間較長。另外自引擎以迄驅動輪所有傳動機件之旋轉部份亦產生此種阻力，所以汽車設計爲減少慣性阻力至最小，引擎、傳動裝置及其他汽車各部均需做最輕之設計。

三、行駛動力

依牛頓慣性定律，汽車在平地上行駛，本不需外力來推動。但實際上，因空氣有阻力，路面亦有阻力，皆爲妨害汽車行駛之外力，使汽車速度逐漸降低，終於停止。

故欲維持汽車定速行駛，引擎就必須克服這些阻力，不斷的將動力傳給驅動輪方可，此種克服阻力使汽車保持前進之力即稱驅動力（或稱推進力）。而引擎爲產生克服該阻力，所發出之動力即稱行駛動力。

$$行駛動力 = \frac{行駛阻力 \times 行駛距離}{行駛時間} = 行駛阻力 \times 行車速率$$

以一分鐘之時間將重4500公斤之物升高 1 公尺，所需的動力即爲 1 馬力以 P S 表之。

1 P S ＝ 4500 kg‧m／min 亦即

$$行駛動力（PS）=\frac{行駛阻力（kg）\times 速率（km／hr）\times 1000}{4500\times 60（kg\text{-}m／hr）}$$

四、出功之儲積

以定速在平地行駛之汽車，其所受之阻力為空氣阻力、滾動阻力、摩擦阻力之和。故欲維持定速時，引擎就必須供給動力，其大小可由上述阻力與車速之積表之。

但汽車行駛時，所受阻力很少為一定值，而汽車欲在定速下繼續行駛，則因行駛阻力之增加，引擎就必須將多餘之動力做追加之供給以克服該項增加之阻力。此種所做多餘功率之輸出即為出功之儲積。如圖1-3，5，其對汽車之性能有很重要之決定因素，其值愈大者汽車之安定性亦大，駕駛就容易。

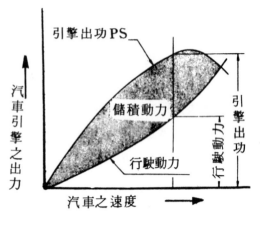

圖1-3，5　出功之儲積

1-3-2　行駛性能

一、汽車在設計上之要求，除能做到能高速行駛外，還需在各種天候、地形、載重等情況變化下能安全高速行駛才可；且需節省燃料。汽車為適應這些要求所須具有之能力稱為汽車之行駛性能（ running performance ）。通常包括有下列各性能：

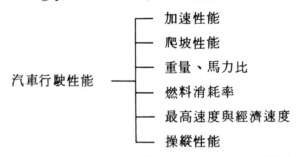

汽車行駛性能
- 加速性能
- 爬坡性能
- 重量、馬力比
- 燃料消耗率
- 最高速度與經濟速度
- 操縱性能

二、**加速性能**：一般在平坦路上，以0加速到40、60、80、100 km／hr 及40→60，60→80，80→100，100→120 km／hr 所需之時間（秒）表示。時間愈短，性能愈佳。

三、**爬坡性能**：汽車依規定坐滿人數或裝滿規定重量時，用第一檔爬坡，其所能爬上之最大坡度。其性能以 $\tan \theta$ 表示。θ 愈大表示其性能愈佳。

四、**重量、馬力比**

汽車出功之儲積，係由汽車重量所左右，而非僅由引擎最大出功。以引擎之馬力除汽車之重量，其值稱為重量馬力比。

$$重量馬力比 = \frac{汽車全車之重量}{引擎之最大馬力}$$

上式比值愈小，即表示負擔愈小，而出功之儲積就愈高，汽車之性能即愈佳。

五、燃料消耗率

汽車之燃料消耗率測試時是在試車道路上，車內載滿規定人數或重量，來測出其數值來。普通以每公升行多少公里（km／ℓ）表之，其數值愈大者，其經濟性亦愈高。

六、最高速度與經濟速度

在無多餘之出功儲積狀態下，在機械設計上所容許程度之出功情形下，汽車能駛出最高的速度即為最高速度。

汽車行駛時，如引擎工作良好，燃料消耗率最少，在此種最優良出功狀態下所行駛之速度稱之為經濟速度。

七、操縱性能

汽車操縱性能之良否，係由控制汽車進行方向、減速、停止等機能因素來決定的。其中以控制轉向最為重要，汽車所能轉過之最小迴轉半徑（minium turning radius）如圖1－3，6所示，愈小愈靈活。煞車距離必須符合圖1－3，7所示者方能安全。

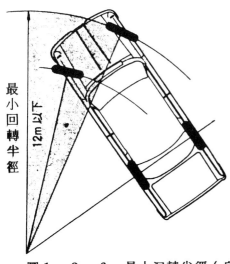

最小回轉半徑

12m以下

圖1－3，6　最小迴轉半徑（自
動車の檢查基準
P.46）

最高速度（km／h）	煞車時初速度（km／h）	停止距離（m）
80以上	50	22以下
35以上，80未滿	35	14以下
20以上，35未滿	20	5以下
20未滿	以最高速度	5以下

圖1－3，7　煞車距離表

八、汽車的震動及乘坐舒適度

乘客長時間乘坐汽車，感到不快及疲勞最主要原因在於汽車之震動及乘坐舒適度。兩者之關係業已由美國人強衞氏（Janeway）研究，並得到一結論，即設震動的頻率為F，其振幅為A公分，則其關係如下：

(一)頻率在 6 以下做緩慢之運動時：

$$A \times F^3 = 5.08 \text{ 以下時，為舒適}$$

狀態。

(二)頻率在 6 ～ 20 之間時：

$$A \times F^2 = 0.846 \text{ 以下時，為舒}$$

適狀態。

(三)頻率在 20 以上做高速運動時：

$$A \times F = 0.042 \text{ 以下時，為舒}$$

適狀態。

由上項研究之判斷可知，即震動愈緩慢，振幅亦設法使之減少，方可使人感到舒適。

九、行車性能曲線圖

(一)汽車行駛阻力與引擎的驅動力，畫在同一圖上，使汽車的動力性能看得更清楚。如圖 1 － 3，8 所示，圖中右側縱座標表示引擎之迴轉數，左側縱座標為驅動力及行駛阻力。橫座標為車速。

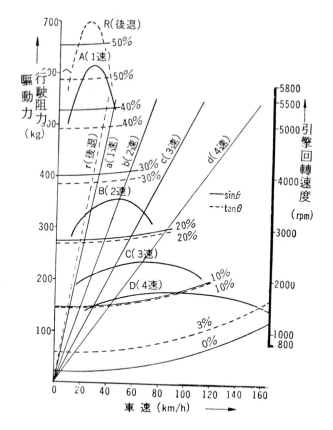

圖 1 － 3，8　行車性能曲線圖（自動車の構造）

(二)圖中 a、b、c、d 四條斜率為在不同排檔下，行車速度與引擎轉速之關係。

(三)圖中 A、B、C、D 四條曲線為在不同排檔下，汽車之驅動力。

(四)圖中 0 %，10 %，20 %，30 %，40 %，50 % 為在各種不同坡度下汽車之行駛阻力。

(五)由橫座標各車速與各斜線及曲線之交點向左、右側縱座標看，即可求出在各種車速下在各檔引擎之迴轉數、驅動力及行駛阻力。

1 - 3 - 3　汽車規格

汽車一般規格表中通常包括尺寸、重量、引擎主要性能、變速箱型式及變速比、最終減速速比、輪胎尺寸及鋼圈尺寸及型式、轉向機型式及齒輪比、懸吊裝置型式、煞車型式等。現將汽車重要規格說明如下：

一、全長：汽車前後方向之最大水平長度為全長，包括保險桿、燈具等附屬機件在內如圖 1 － 3，9 所示。

二、全寬：與汽車中心成直角之面測量不包括照後鏡等附屬機件在內之最大寬度，如圖 1 － 10 所示。

三、**全高**：從地面到車子最高點之垂直高度。輪胎氣壓依容許載重相對壓力調整。機器腳踏車爲包括照後鏡之高度。如圖 1 － 3 ， 9 (b) 及 1 － 3 ， 10 (a) ， (c) 所示。

四、**軸距**：前後車軸中心之水平距離。

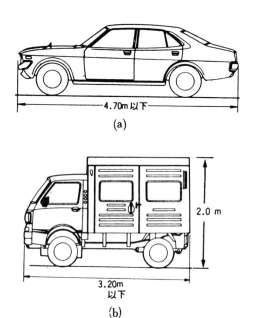

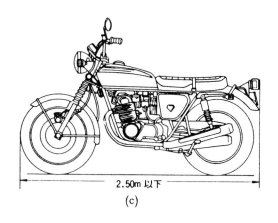

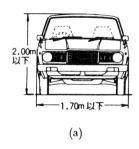

圖 1 － 3 ， 9　全長（自動車の檢查基
準）

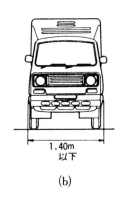

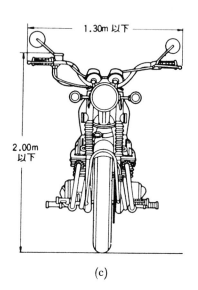

圖 1 － 3 ， 10 全高（自動車の檢查基準

五、裕隆飛鈴車系規格表：如圖1－3，11所示。

車　　　　種		YL-101 FB	YL-101 GTF	YL-101 GTF AUTO
尺寸及重量	全長mm	4455	←	←
	全寬mm	1680	←	←
	全高mm	1380	←	←
	軸距mm	2470		
	前輪距mm	1430		
	後輪距mm	1410		
	最低地上高mm	130		
	空車重量kg	1060	1070	1080
	乘坐人數	5	←	←
	車輛總重kg	1460	1470	1480
性　　能	最高速率 km／hr	190	←	180
	最小廻轉半徑 m	5.0		
	爬坡能力 tan θ	0.45		
引　　擎	型　式	四汽缸、四行程、水冷、單凸輪軸頂上式(SOHC)汽油引擎		
	總排氣量cc	1796		
	口徑×行程mm	82.7×83.6	←	←
	壓縮比	8.8：1		
	最大馬力 hp／rpm (SAE)	97／5200		
	最大扭力 kg-m／rpm (SAE)	14.9／3200	←	←
	點火系	無接點、高能電子點火		
燃油系統	型　式	雙管化油器、機械式汽油泵、自動控溫濾紙型空氣濾清器		
	油箱容量(公升)	55	←	←
潤滑系統		內齒輪式機油泵、加壓間骨全流式潤滑系		
冷却系統		離心式水泵、蠟柱式調溫器		
電氣系統		免保養電瓶12V-60AH、交流發電機12V-60A		
傳動系統		前輪傳動		
變速箱	型　式	同步嚙合	←	自動變速
		前5後1	←	前3後1
	變速比：1 st	3.333	←	2.826
	2 nd	1.955	←	1.543
	3 rd	1.286	←	1.000
	4 th	0.902		—
	5 th	0.733		—
	Rev	3.417		2.364
	最終齒速比	4.056		3.600
離合器		單片乾燥式膜片彈簧離合器		—
轉向系統	型　式	齒條及齒輪式、轉向減震器		
懸吊系統	前懸吊	獨立麥花臣支柱式		
		螺旋彈簧、液壓雙向避震器及防傾桿		
	後懸吊	獨立麥花臣支柱式		
		螺旋彈簧、液壓雙向避震器、平行桿、半徑桿及防傾桿		
煞車系統	脚煞車	前通風散熱碟式、後自動調整鼓式、液壓雙迴路交叉油路及8″大型真空輔助泵		
	手煞車	後輪機械式		
輪圈與輪胎	輪　圈	鋼圈	鋁合金鋼圈	
		5J×14	5½ JJ×14	
	輻射層鋼絲輪胎	175／70HR 14		

圖1－3，11　裕隆飛鈴YL－101車系規格表

習題一

一、是非題

(　　) 1.汽車轉彎半徑愈小，則離心力愈大，故宜避免急轉彎。

(　　) 2.每部汽車都有最省油的速度謂之"經濟速度"能維持在經濟速度下行駛，必定省油。

(　　) 3.行駛中之汽車，其車體會受到正面阻力，表面阻力及旋渦阻力。

(　　) 4.汽車燃料消耗量只與引擎排氣量大小有關，與汽車的重量無關。

二、選擇題

(　　) 1.第一輛蒸汽汽車為①朋馳②杜瑞兒③庫格納特　創造的。

(　　) 2.美國第一家汽車製造公司為①福特②奧次摩比爾③通用。

(　　) 3.柴油引擎推動之汽車於何年問世① 1980 ② 1924 ③ 1928 年。

(　　) 4.首先將迴轉活塞引擎使用於汽車上的為①別克②太子③奧次摩比爾。

(　　) 5.小貨車是指總重量在多少公斤以下之汽車① 1,500 ② 2,500 ③ 3,500　公斤。

(　　) 6.汽油引擎於何年開始採用噴射式燃料系① 1905 ② 1950 ③ 1955　年。

(　　) 7.最先發表電腦控制車的是①通用②豐田③朋馳　公司。

(　　) 8.汽車軸距愈短，在轉彎時①內外輪差愈小②迴轉半徑愈小③兩者均是。

(　　) 9.一馬力等於每分鐘做①4500②5320③6140　公斤-公尺的功。

(　　)10.以PS來表示馬力大小是什麼單位①國際制②公制③英制。

(　　)11.某汽車以50km/hr之速率行駛，汽車所受到行駛阻力為500公斤，則該車行駛動力為
①90.6PS②91.6PS③92.6PS。

三、填充題

1.汽車底盤包括有（　　　　　　　）、傳動裝置、控制裝置、（　　　　　　　）及駕駛操縱裝置。

2. 1900 年在美國底特律城產生了二個新觀念，即（　　　　　　）和（　　　　　　）。

3. 美國人福特在西元（　　　　　　　）年，提出 T 型車，採取大量生產方式，在 1913 年又發展一種（　　　　　）方法製造汽車。

4. 汽車行駛性能包括（　　　　　）、（　　　　　）、（　　　　　）等三大項

5. 汽車在坡道上行 50 公尺後，其高度升 5 公尺，設汽車總重為 1000 公斤，則其爬坡阻力為（　　　　　）公斤。

四、問答題

1. 汽車依引擎與驅動輪之關係位置可分為那幾種？

2. 汽車底盤部份包括那些裝置？

3. 何謂汽車機件互換性及大量生產？試說明之。

4. 汽車有那些行駛阻力？

5. 汽車行駛性能包含有那些性能？

第二章 汽車引擎簡介

第 一 節 引擎基本原理

2-1-1 熱機概要

一、利用物質所含的化學能，經燃燒過程變成熱能以產生機械動力的機器稱為熱機。

二、熱機之種類

　（一）內燃機　如圖2-1，1所示，直接利用燃燒生成物，以作為產生機械動力工作媒介的熱動力機，如汽油引擎、柴油引擎等。

　（二）外燃機　如圖2-1，2所示，燃料在汽缸外燃燒，利用其所產生之熱，使水或其他工質成為蒸汽，再將此蒸汽導入汽缸產生動力者，如蒸汽機。

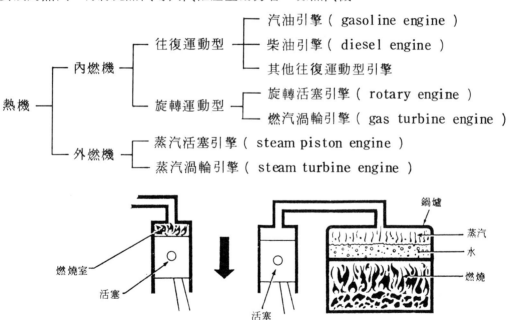

圖2-1，1　內燃機（principle of automotive vehicles Fig 6 ）　圖2-1，2　外燃機（principle of automotive vehicles Fig 6 ）

三、汽車最早是以蒸汽機為動力。後來內燃機發明後，逐漸取代蒸汽機成為汽車引擎之主流，直到今日仍是以內燃機為汽車之動力。

四、自從內燃機使用於汽車上，工程師們開始朝著引擎重量輕、體積小，高性能化為目標，不斷的加以改良。近年，對於排出廢氣控制的淨化裝置及節省燃料消耗率的對策，更爲各界注視之焦點。

2-1-2 往復活塞式引擎的基本構造和原理

一、基本構造如圖2-1，3所示。

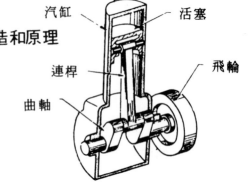

圖2-1，3　往復活塞式引擎基本構造（自動車百科全書）

二、曲軸因飛輪的作用，作等速運動，其速率是以每分鐘旋轉之次數（ r.p.m ）（ revolutions per minute 之簡寫）表之。

三、活塞在汽缸中做變速的往復運動，活塞與曲軸的運動關係如圖2-1，4所示。

㈠當曲軸銷在圖中(1)時，活塞頂面亦在最高位置 (a) 點，或距軸頸中心最遠位置，此位置稱爲活塞位移的上死點（ top dead center，簡稱T．D．C ），在此位置時活塞之瞬時速度爲零。

㈡當曲軸順轉，即軸銷中心自位置(1)以等速向(2)移動，活塞也自上死點向下移動，其速度自零逐漸加大。

㈢軸銷中心移至(2)時。活塞頂面移至 (b) 點，此時連桿中心線與曲軸臂中心線互成直角，活塞位移速度最大，經過此點下移時，活塞的速度即漸減。

㈣當曲軸銷中心在位置(3)時，活塞頂面也在其最低位置 (c) 點，或距軸頸中心最近之位置，

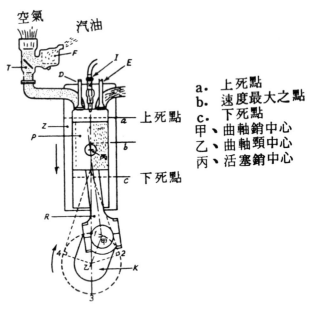

a. 上死點
b. 速度最大之點
c. 下死點
甲、曲軸銷中心
乙、曲軸頸中心
丙、活塞銷中心

圖2-1，4　活塞與曲軸運動關係

此位置稱爲活塞位移的下死點（ bottom dead center 簡稱B．D．C ），在下死點時活塞瞬時速度也是零。

㈤軸銷中心自位置(3)向位置(4)移動時，活塞自下死點轉而向上移動，速度也由零漸增，軸銷中心在位置(4)時。活塞頂面上升至 (b) 點，活塞位移速度又最大。當軸銷中心回到位置(1)時，曲軸共轉360度，活塞頂面亦回到上死點，活塞位移速度又再減至零。

㈥圖2-1，5所示，某引擎活塞自T．D．C移往B．D．C時活塞速度與曲軸轉角之

關係。此引擎之曲軸臂長5.08
cm，連桿中心距 20.32 cm，轉
速 3750 r.p.m。活塞自 B.
D.C返回T.D.C時，活
塞之速度亦循此曲線變化，惟
其方向相反，若曲軸臂長及連
桿中心距變更，此曲線亦隨之
改變。

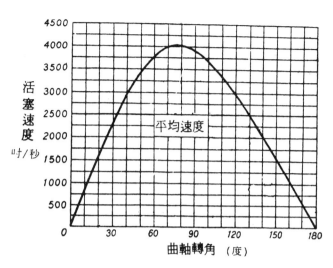

四、T.D.C與B.D.C間之
距離稱為活塞移動的衝程（
stroke ）或行程，其所包含
的容積稱為活塞位移容積或叫
排汽量，可由下列公式計算之
：

圖 2 − 1 , 5 　活塞速度和曲軸轉角之關係

$$P.D.V = \frac{\pi \times D^2 \times S \times N}{4}$$

π 為 3.1416

D為活塞直徑或汽缸直徑（以 cm 表之）

S為衝程（以 cm 表之）

N為汽缸數目

P.D.V為活塞位移容積（ piston displacement volume ）（以 cm^3 = cc.表之）

五、活塞移動一個行程，曲軸轉 180 度，即曲軸轉一轉活塞移動二個行程。一個行程等於兩
　　倍曲軸臂長。

六、在T.D.C和B.D.C時，往復運動各機件的慣性力之變化最大。

七、活塞在上死點時活塞頂面的汽缸容積，稱為汽缸的頂部空隙（ clearance space ） 或
　　稱燃燒室容積（ combustion chamber volume ） ，此容積即表示壓縮行程終了時混合
　　汽的容積。

八、活塞在下死點時，活塞頂面之汽缸容積稱為汽缸總容積（ totol cylinder volume ）

九、壓縮比（ compression ratio ）即汽缸總容積和燃燒室容積之比可由下列公式求之：

$$C.R = \frac{C.C.V + P.D.V}{C.C.V}$$

C.R：壓縮比

C.C.V：燃燒室容積

P.D.V：活塞位移容積

十、壓縮比高的引擎，每單位活塞位移容積所產生的動力較大。但壓縮比高的引擎，必須使用抗爆品質較佳之汽油。

十一、因活塞銷與連桿、及連桿與曲軸等，爲有相對運動之機件，其間有間隙，故活塞在上死點和下死點時，曲軸可轉動 $15 \sim 20^{0}$ 而活塞之位置却無顯著之移動，稱爲洛克位置。（Rock position）

2-1-3 內燃機之循環

一、循環的定義：

引擎在任何時間內，欲產生動力，必須經過一定之工作程序，且此程序週而復始，連續不斷，稱爲循環。循環之四個基本步驟：1.進汽。2.壓縮。3.動力。4.排汽。

二、引擎工作之四要素

空氣、燃料、壓縮、點火爲引擎工作之四大要素。

三、循環之種類：

㈠以工作循環分

1.四行程循環（four stroke cycle）活塞在汽缸中移動四個行程，即曲軸旋轉 720^{0} 才完成一次循環者。

2.二行程循環（two stroke cycle）活塞在汽缸中移動二個行程，即曲軸旋轉 360^{0}，就可以完成一次循環者稱之。

㈡以熱力循環分

1.奧圖循環（Otto cycle）在熱力學上稱等容循環。即在一定容積下，燃料燃燒，壓力上升而活塞沒有移動。一般汽油引擎利用此種循環。

2.笛塞爾循環（Diesel cycle）在熱力學上，稱爲等壓力循環。早期柴油引擎利用此種循環。柴油噴入汽缸，發生燃燒，而汽缸內之壓力保持一定，故稱之爲等壓循環。

3.混合循環（savathe cycle）又叫做等容等壓循環。一部份燃料在等容下燃燒，一部份是在等壓下燃燒，故稱之。現代汽車柴油引擎，就是利用此種循環。圖 2－1，6 爲各種燃燒方式循環的分類。

2-1-4 四行程汽油引擎

一、四行程汽油引擎的基本構造

四行程汽油引擎的基本構造如圖 2－1，7所示。汽油引擎要能正常工作，必須有引擎本體、燃料裝置、點火裝置、起動裝置、冷却裝置、潤滑裝置、排汽裝置，任一部份不良，引擎都無法正常工作。

㈠引擎本體

引擎本體分爲汽缸蓋及汽缸體二部份。汽缸體中有汽缸套，汽缸套周圍有水環繞（

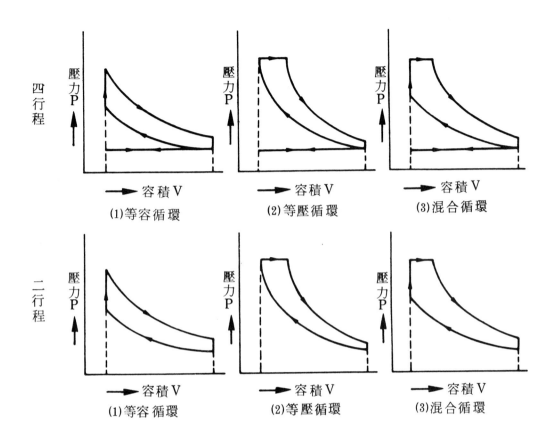

圖 2 - 1 , 6　　　　熱力循環的分類（ 三級ガソリン、エンジン　圖 1 - 1 ）

水冷式）；活塞在汽缸套內上、下運動，經連桿將動力傳到曲軸，將往復運動變成旋轉運動。汽缸蓋中裝有進、排汽門及搖臂等汽門機構（ Ｏ。Ｈ．Ｖ 型 ）。

㈡燃料裝置

　　　　將汽油和空氣配合成易燃的混合汽，並依引擎需要，適時、適量的送到各汽缸內之裝置。

㈢點火裝置

　　　　將電瓶或磁電機的低壓電變成高壓電，配合引擎工作狀況適時在火星塞產生火花，以點燃混合汽之裝置。

㈣冷却裝置

　　　　將汽油燃燒後除產生動力及排汽外多餘的熱量帶走，使引擎能長時間連續工作之裝置，有水冷式及氣冷式。

㈤潤滑裝置

　　　　引擎各部有往復運動或旋轉運動之機件，必須有機油供應，才能防止因摩擦造成損

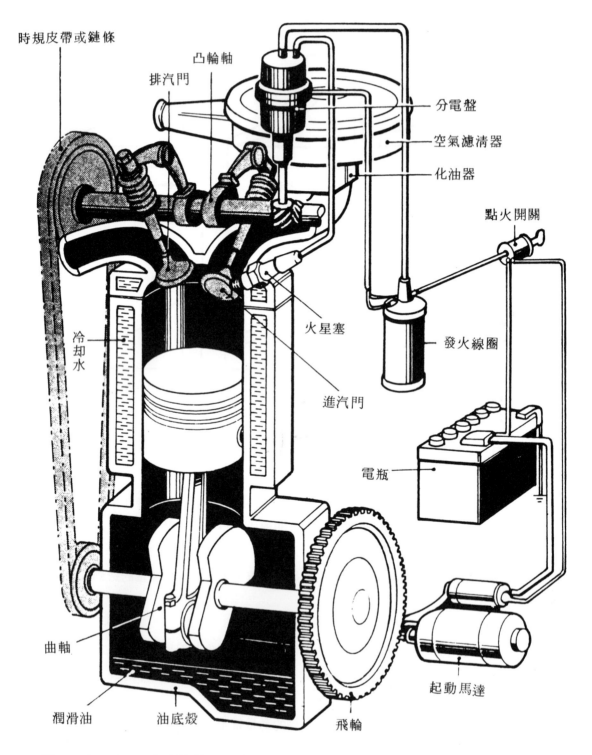

時規皮帶或鏈條

凸輪軸

排汽門

分電盤

空氣濾清器

化油器

點火開關

火星塞

發火線圈

進汽門

冷却水

電瓶

曲軸

起動馬達

潤滑油

油底殼

飛輪

圖 2－1，7　四行程汽油引擎的基本構造（自動車メカニズム　圖鑑 p.8 ）

壞，此項供應各部機件所需潤滑油之裝置即為潤滑裝置。

㈥排汽裝置

　　　將引擎廢汽在不產生爆音及降低溫度後安全排出之裝置。

㈦起動裝置

　　　引擎必須先搖轉，使循環工作能完成後才能運轉，此種裝置稱為起動裝置。

二、四行程汽油引擎的工作原理

㈠活塞在汽缸中移動四個行程，即曲軸轉720^0，才完成一次奧圖循環的引擎，稱為四行程循環引擎，亦稱為奧圖循環引擎。

㈡四個行程依照工作先後的次序，分為進汽、壓縮、動力、排汽等，但奧圖循環的每一個形態，並不完全在一個行程內發生。

1. 進汽行程（ intake stroke ）

　(1)如圖 2－1，8所示，進汽門開，活塞自上死點往下行，汽缸內產生真空，將空氣和汽油的混合汽吸入汽缸內。

　(2)實際上進汽門在上死點前約5^0～25^0時已打開，而在下死點後約36^0～90^0才完全關閉，此現象稱為進汽門的早開晚關或汽門正時。其目的在使適量而充分之混合汽進入汽缸中，以提高引擎之容積效率。

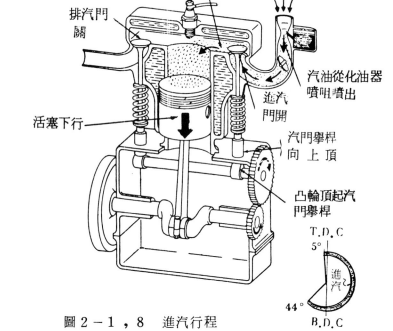

混合汽進入汽缸　空氣進入化油器
排汽門關
汽油從化油器噴咀噴出
活塞下行
進汽門開
汽門舉桿向上頂
凸輪頂起汽門舉桿
T.D.C
5^0
進汽
44^0
B.D.C

圖 2－1，8　進汽行程

(principle of automotive vehicles Fig 4)

2. 壓縮行程（ compression stroke ）

　(1)如圖 2－1，9所示。進、排汽門均關閉，活塞自下死點上行至上死點，將汽缸中的混合汽壓縮。

　(2)混合汽中之燃料，因壓縮而使溫度上升，能夠完全汽化。

　(3)在壓縮行程中，汽缸內混合汽之最大壓力，稱為壓縮壓力。

　(4)進入汽缸中之混合汽量愈多，壓縮壓力也愈大。

3. 動力行程（ power stroke ）

(1)如圖 2－1，10所示。進、排汽門均關閉，混合汽點火燃燒，爆發壓力迅速增大，將活塞從上死點推向下死點，產生動力。

(2)火花塞在上死點前將混合汽點燃，但真正有效動力行程，自活塞從上死點剛下行時開始。在排汽門開始開啓時即終止。

(3)動力行程時汽缸中最大之壓力，稱爲燃燒壓力。

(4)燃燒時汽缸中最高溫度可達 2480℃（ 4500°F ）左右。

4. 排汽行程（ exhaust stroke ）（ 圖 2－1，11 ）

(1)活塞自下死點向上行至上死點，排汽門打開，進汽門關閉，汽缸中之廢汽，被活塞壓出而排至大氣中。

(2)實際排汽過程如下：

　①從排汽門開啓至活塞抵下死點爲止，汽缸內的壓力大於大氣壓力，廢汽自汽缸中自動流出。

　②從活塞由下死點上行至進汽門剛開放時止，完全由活塞的移動，將廢汽排出。

　③從進汽門剛開啓時起到活塞行抵上死點止，由活塞的移動及排汽流動的慣性和新

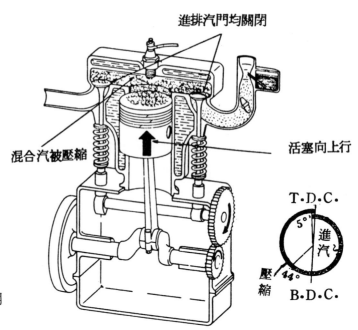

圖 2－1，9　壓縮行程

(principle of automotive vehicles Fig 4)

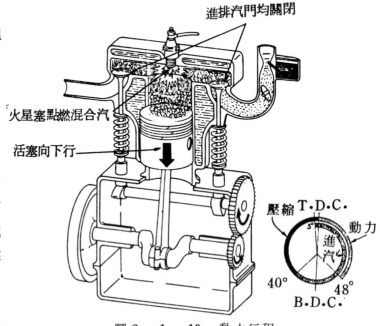

圖 2－1，10　動力行程

(principle of automotive vehicles Fig4)

鮮混合汽的侵入，
共同將廢汽排出。

④從活塞自上死點開
始下行起至排汽門
完全關閉為止，靠
排汽流動的慣性及
進入汽缸中的新鮮
混合汽，將殘留在
燃燒室中的廢汽清
掃出汽缸之外，稱
為掃汽作用。

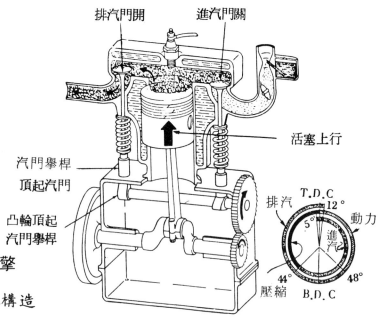

2-1-5　四行程柴油引擎

一、四行程柴油引擎的基本構造

(一)四行程柴油引擎的基本構　　圖2-1，11　排汽行程（ principle of automotive
　　造，如圖2-1，12所示　　　　　　　　vehicles Fig 4 ）
　　。包括有起動、燃料、排

汽、冷却、潤滑等裝置。其與四行程汽油引擎的不同在燃料系統。

(二)柴油引擎乃利用壓縮空氣時，所產生之高壓、高溫，使由噴油嘴噴入汽缸中之柴油着火
　　燃燒。

(三)柴油引擎和汽油引擎另外不同點是，柴油引擎沒有汽油引擎複雜的高壓電火花點火裝置
　　。

(四)除了以上二點不同外，其他裝置均與汽油引擎相類似。

二、四行程柴油引擎的工作原理

　　活塞亦如四行程汽油引擎，須在汽缸內上下運動各二次，亦即曲軸轉二轉（ $720°$ ），才
能完成一次工作循環。唯其進入汽缸為定量之純空氣，且利用壓縮空氣時所產生的高溫，將
噴入的燃料點火燃燒。

(一)進氣行程：進汽門開啓、排汽門關閉，活塞自上死點下行，將純粹的空氣吸入汽缸內。
　　進汽門約在上死點前 $10°$ ～ $30°$ 開放，下死點過後 $40°$ ～ $70°$ 關閉。因進氣無節氣門控
　　制（ 裝用眞空式調速器有節氣門）故進入汽缸中之空氣量，在低速及高速時之變化很少
　　。

(二)壓縮行程：過下死點後活塞上行，進汽門關閉，將已經進入汽缸中之空氣以15：1～
　　22：1之壓縮比壓縮，空氣壓力升高至30Kg／cm^2，溫度亦升高約至$550°$c 左右。柴油引

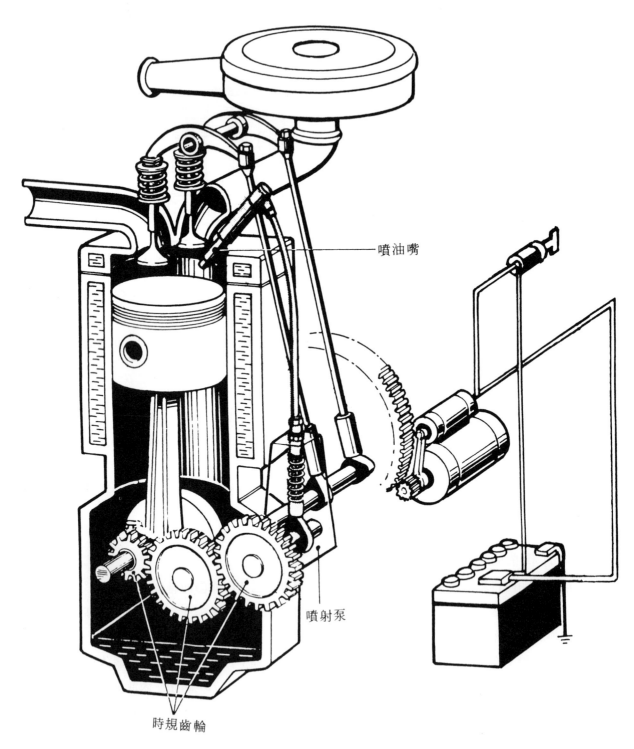

噴油嘴

噴射泵

時規齒輪

圖 2－1，12　柴油引擎的基本構造（自動車メカニズム　圖鑑 p.9 ）

擎之壓縮行程除了使在爆發時能產生較大之壓力外，更利用其所生之高溫來點燃柴油。

㈢動力行程：壓縮行程將近終了時，柴油自噴油嘴成霧狀噴入汽缸中與高溫空氣接觸而自動燃燒，燃燒後的熱就轉變成機械能，使活塞由上死點向下移動，此時噴油仍繼續一段時間，其燃燒最大壓力可達 50 ～ 75 Kg／cm^2 。

㈣排汽行程：排汽門於下死點前約 40^0 ～ 70^0 時開啓，廢汽以其本身較大氣高之壓力衝出汽缸外，動力行程即告結束。活塞經下死點後上行，繼續將廢汽排出，為求排除得乾淨，排汽門於上死點後 10^0 ～ 30^0 關閉而完成一次循環。

㈤圖 2－1，13所示為四行程柴油引擎的各行程之作用。

圖 2－1，14所示為四行程柴油引擎進、排汽門之正時圖。

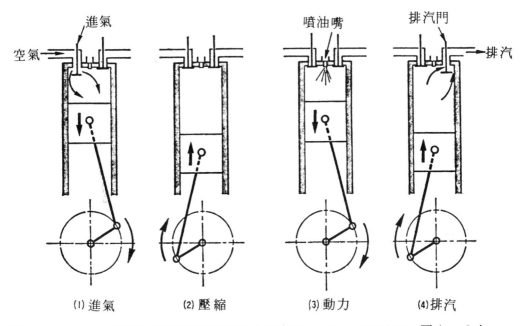

(1) 進氣　　　(2) 壓縮　　　(3) 動力　　　(4) 排汽

圖 2－1，13　四行程柴油引擎工作圖（三級ジーゼルエンジン　圖1－2）

圖 2－1，14　四行程柴油引擎
　　　　　　汽門開閉與曲軸
　　　　　　轉角的關係（三
　　　　　　級ジーゼルエン
　　　　　　ジン　圖1－3
　　　　　　）

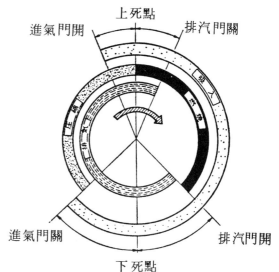

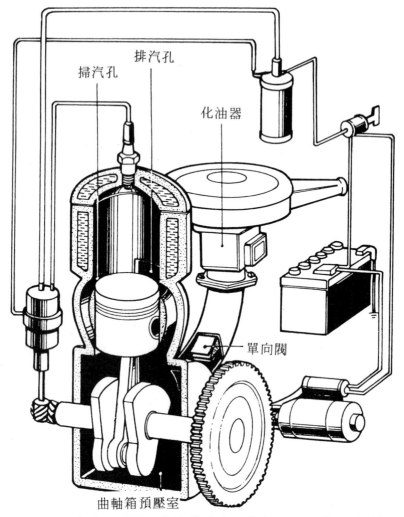

掃汽孔　排汽孔

化油器

單向閥

曲軸箱預壓室

圖2－1，15　二行程汽油引擎的基本構造（自動車メカニズム　圖鑑p.10　）

2-1-6　二行程汽油引擎

一、二行程汽油引擎的基本構造

　　圖2－1，15爲二行程汽油引擎的基本構造。活塞移動二個行程，即曲軸轉360°即可完成進汽、壓縮、動力、排汽四種形態之汽油引擎。此式引擎工作原理大致與奧圖循環相同。其與四行程引擎之不同在於進、排汽裝置，沒有汽門機構而用掃汽孔，其餘裝置均與四行程汽油引擎同。

二、二行程汽油引擎的工作原理（圖2－1，16）

　　㈠進汽形態分爲二個階段完成

　　　⑴自活塞由下死點上行將掃汽口封閉時起，至活塞行至上死點時止，因活塞向上移動曲軸箱容積增大，而產生眞空，活塞下緣打開進汽口後，混合汽進入曲軸箱中爲第一階

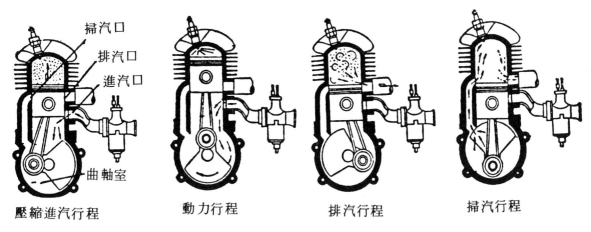

掃汽口
排汽口
進汽口
曲軸室

壓縮進汽行程　　　　動力行程　　　　排汽行程　　　　掃汽行程

圖 2 − 1，16　二行程汽油引擎的工作圖（日產技能修得書 E 0006）

段進汽。

(2)活塞從上死點轉而下行，活塞下緣關閉進汽口後，曲軸箱容積變小，其內的混合汽被活塞壓縮。至活塞上緣將掃汽口開啓時起，混合汽即自曲軸箱中經傳汽口進入汽缸中，直至活塞行抵下死點轉而上行，再將掃汽口封閉爲止，完成第二階段進汽形態。

㈡壓縮形態：自活塞由下死點上行將排汽口封閉後起至活塞行抵上死點時止，與第一階段進汽形態的大部份同時發生。

㈢動力形態：由活塞從上死點下行起至活塞將排汽口剛開啓爲止。

㈣排汽形態：自活塞下行將排汽口開啓時起，至活塞經下死點轉而上行再將排汽口封閉時止，可分爲下列二個階段完成。

　1.排汽口開而掃汽口未開期間，汽缸內的壓力比大氣壓力爲高，廢汽從汽缸中自動逸出。

　2.在掃汽口開放期內，新鮮混合汽進入汽缸中，亦將廢汽清掃出汽缸外。

㈤圖 2 − 1，17所示爲二行程汽油引擎各形態和曲軸轉角的關係圖。

2 - 1 - 7　二行程柴油引擎

一、活塞上下各移動一次即曲軸轉 360 度，就完成一個循環的柴油引擎即是。

二、二行程柴油引擎其排汽與進汽作用，係在活塞之下行行程與一部份上行行程中同時進行，此時燃燒後之廢汽，如果只靠本身

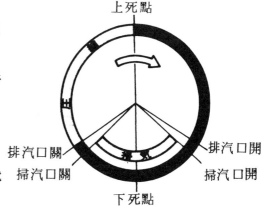

上死點

排汽口關　　　　　　　排汽口開
掃汽口關　　　　　　　掃汽口開

下死點

圖 2 − 1，17　二行程汽油引擎、進排汽孔正時圖（三級自動車ガソリン・エンジン　圖 1 −10）

之壓力排出，由於力量較弱，排汽不完全。因此二行程柴油引擎大都使用增壓器壓縮空氣，而將殘餘之廢汽吹出汽缸外，同時新鮮空氣充滿汽缸。

三、各行程工作情況如下：（如圖2－1，18所示）

　㈠進氣與壓縮行程：活塞在下死點，排汽門及進氣口開啓，增壓器將新鮮空氣送入汽缸中，趕出廢汽，並使汽缸充滿新鮮空氣。活塞上行，進氣口被遮閉而排汽門關閉，空氣便被壓縮，開始壓縮行程。

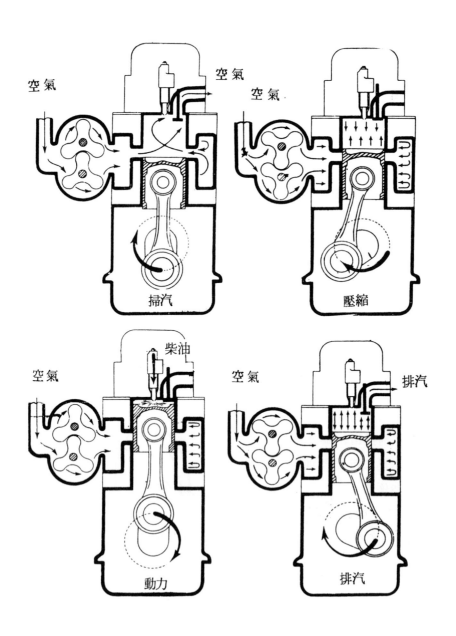

掃汽　　　　壓縮

動力　　　　排汽

圖2－1，18　二行程柴油引擎工作圖

㈡動力與排汽行程：活塞將達上死點時，柴油成霧狀噴入汽缸，柴油與高溫空氣接觸而自行燃燒，產生動力。活塞下行，接近下死點時，排汽門開啓，燃燒後之廢汽由其本身之壓力，排出汽缸完成一次循環。

2-1-8 汽油引擎與柴油引擎的比較

一、柴油引擎與汽油引擎之相異點

	汽 油 引 擎	柴 油 引 擎
㈠進　　　汽	混合汽	純空氣
㈡速 度 控 制	控制流入之混合汽量	控制噴油量
㈢點 火 方 法	用高壓電火花點火	用壓縮空氣高溫點火
㈣扭　　　矩	低速扭矩小	低速扭矩大
㈤熱　效　率	低（ 25～30％ ）（行程短，排汽溫度高約 $700^0 c$)	高（ 30～40％ ）（行程長、排汽溫度低約 $500^0 c$)
㈥燃料之霧化	使用化油器利用眞空及噴嘴，使汽油霧化。	使用高壓力及噴油嘴使柴油霧化。
㈦燃 料 特 性	不需粘性，着火點愈高愈好	需有粘性，着火點愈低愈好。
㈧壓 縮 比	低（ 6～11：1 ）	高（ 15～22：1 ）
㈨熱 力 循 環	等容燃燒循環	等容等壓混合燃燒循環
㈩引 擎 結 構	因燃燒壓力低，構造較輕巧	因燃燒壓力高，引擎構造堅固笨重

二、柴油引擎之優點

㈠熱效率高，通常爲 30～40％，汽油引擎爲 25～30％。

㈡柴油引擎的閃火點（ flash point ）高，使用和保養時的危險性少。

㈢燃料的消耗量少，約爲汽油引擎之 60％。

㈣在極寒冷的天氣，汽油引擎燃料的消耗率比正常溫度時增加約爲 1.5 倍。柴油引擎則僅增 15～20％。

㈤在攝氏零度下 20^0～40^0 的非常寒冷地區，無論是那一種引擎，在起動時都需要烤熱機油。柴油引擎因爲柴油的閃火點高，在烤熱時比較安全，且不會像汽油引擎般易發生混合汽過濃或過稀，不容易起動之毛病。

㈥汽油引擎因爆震的關係，通常汽缸直徑 160mm 以上的引擎製造很困難，但是柴油引擎已能製造 900mm 直徑的汽缸。

㈦沒有複雜的高壓點火系統，因此故障少。

㈧汽油引擎的高壓電會產生干擾無線電波，柴油引擎則不會。

㈨柴油引擎的柴油和空氣的混合比大，燃燒比較完全，廢汽中之 CO、HC 很少。

㈩二行程柴油引擎之特殊優點；因柴油引擎吸入汽缸中的爲純空氣，空氣隨廢汽排出時不會增加耗油率。且進入汽缸之空氣，通常不進入曲軸箱，因此曲軸箱可存放機油，潤滑良好。無二行程汽油引擎浪費油料及潤滑不良之缺點。

三、柴油引擎之缺點：

㈠燃燒產生的最高壓力約為汽油引擎的二倍。各部機件必須比較堅固，所以柴油引擎比同馬力的汽油引擎重，且運轉響聲也大。

㈡柴油引擎因壓縮壓力高，扭矩也大，故空轉時的震動較大。

㈢柴油引擎的平均有效壓力和最高轉數比汽油引擎低，因此同一排汽量的柴油引擎，所產生的馬力較汽油引擎少。

㈣噴射柴油的機件，必須非常精密，購買費用高；且需委託專門工廠和技術人員修理和調整。

㈤柴油引擎因為壓縮壓力高，起動馬達必須加大。

㈥柴油引擎因壓縮壓力高，引擎機件的材料品質要好，必須能耐壓耐磨，因此製造成本高，使柴油引擎價格昂貴。

第二節　迴轉活塞式引擎

2－2－1　概　　述

一往後活塞式引擎，因往復運動機件（活塞、汽門等）在改變運動方向時，有很大之慣性損失，使引擎平衡不良；又作用在活塞之力，經連桿傳到曲軸時，因分力之結果，使效率大為降低；引擎速率受到限制，加速性能無法大幅提高；而且引擎構造複雜，故障多，故使得往復引擎發展受到限制。

二目前裝在汽車上之迴轉引轉（俗稱萬克爾引擎）已克服了往復引擎的缺點，使內燃機發展又進入了一個新的里程，此種引擎是德國工程師萬克爾（Felix Wankel）於1957年完成了第一部單旋式（SIM）迴轉引擎（該引擎機座及轉子均在轉動，排汽量125立方公分，可產生28.6馬力）。

三直到1960年，德國NSU廠購買萬克爾之專利，經研究改良，由Walter Froede博士將單旋式SIM型改為行星式PLM型，將燃燒室外殼固定，其三角活塞運轉時，係循一個偏心的固定軌跡，為了要使機座靜止不動，不用包絡套，改用一偏心輪的輸出軸，迴轉活塞繞輸出軸之偏心輪旋轉，同時使偏心輪轉動，此種設計可以減少零件數量，使構造簡化，且加大有效壓縮比範圍，但冷卻及潤滑性較差。目前世界各國所研製之迴轉引擎均屬此類，此種引擎於1964年，首次裝在NSU牌汽車上。

2 − 2 − 2 迴轉活塞式引擎之基本構造

一、迴轉活塞式引擎有與往復式引擎之汽缸體相當之轉殼室（rotor housing），轉子殼上有冷卻水流通，及裝火星塞孔與排汽口；與往復活塞式引擎之活塞相當之轉子（rotor）為三角型，與活塞環相當之密封裝置有稜封及邊封；轉子中央有偏心軸（eccentric shaft），與往復式引擎之曲軸相當。轉子殼之兩端有端殼（side housing），上面有進汽口，如圖2-2-1所示。

二、迴轉活塞式引擎之附屬裝置與往復式汽油引擎相同，有燃料裝置、潤滑裝置、冷卻裝置、點火裝置、起動裝置等。

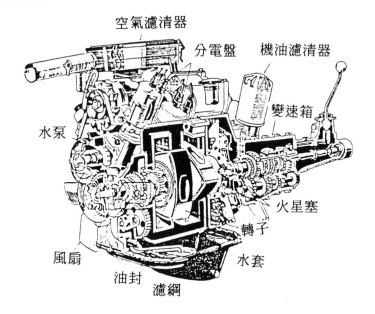

圖 2-2-1 迴轉活塞式引擎之構造 [註21]

2 − 2 − 3 迴轉活塞式引擎之工作原理

一、此式引擎　由一個迴轉的活塞在一個曲線形的汽缸中滾轉而成，使用零件很少，構造亦非常簡單。

二、汽缸內壁為輪曲線的一種，輪曲線為當一個滾轉圓板，沿另一個固定圓板的周邊作純粹滾動，而二者之間絕不發生滑動時，滾動圓板上任何一點的軌跡曲線即是。

三、工作原理如圖2-2-2所示：

1. 迴轉引擎的進汽、壓縮、動力和排汽四種形態有極明顯的劃分，和四行程往復式引擎完全相同。

2. 曲面三角形的迴轉活塞沿汽缸壁滾轉一周，每個活塞面產生一次動力，和六個汽缸之往復式四行程循環引擎曲軸轉一轉時之動力次數作用相同。

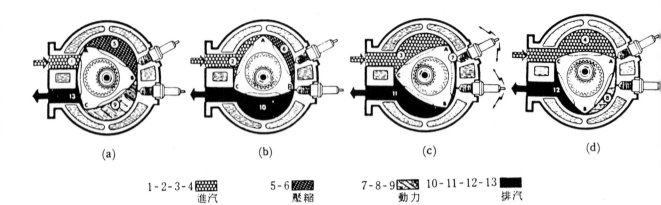

(a)　　　　　　　(b)　　　　　　　(c)　　　　　　　(d)

1-2-3-4 ▨▨ 　　5-6 ▨▨ 　　7-8-9 ▨ 10-11-12-13 ■
進汽　　　　　　壓縮　　　　　　動力　　　　　　排汽

圖 2-2-2　迴轉活塞式引擎的工作原理〔註22〕

3 進汽相：以活塞AC面為例，其進汽過程如下：

　(1)在圖2-2-2(a)時，進汽口和排汽口相通，活塞繼續轉動，AC面和汽缸壁間的空室逐漸增大，產生真空，開始吸進新鮮混合汽。

　(2)當轉至圖2-2-2(b)時，空室容積已增大，進入的混合汽量增多，此時進排汽口仍相通，少部分新鮮混合汽可能經排汽口流失，也可能將排汽管中殘留的一部分廢汽吸入空室②中。

　(3)再轉至圖2-2-2(c)時，稜邊C將進排汽口隔離，空室容積從圖2-2-2 (b)中之②增到圖(c)中之③，活塞繼續轉動，空室再增大至圖(d)中之④。

4. 壓縮相：以活塞AB面為例說明，其過程如下：

　(1)在圖2-2-2(a)中之⑤時，壓縮剛開始。

　(2)當轉至圖2-2-2(b)時，原在圖(a)中之空室⑤已被壓縮成圖(b)中空室⑥，混合汽被壓縮到相當程度。

　(3)再至圖2-2-2(c)時，空室再被壓縮至⑦，壓縮行程終了。

5. 動力相：以活塞AB面為例說明，其過程如下：

　(1)AB面在圖2-2-2(c)時，火星塞發火，將混合汽點燃，燃燒作用開始，汽體壓力作用在AB面上產生動力。

　(2)當在圖2-2-2(d)時，大部分混合汽已點燃作用在AB面上之壓力增大。

　(3)設圖2-2-2之AB面滾轉至圖2-2-2之BC面⑨之位置，此時混合汽已膨脹到相當程度，壓力也降低。

6. 排汽相：以活塞BC面為例說明之，其過程如下：

　(1)在圖2-2-2(a)中之⑨時，排汽即開始。

　(2)當轉至圖(b)中之⑩時，排汽口完全開啟，高壓的廢汽從空室⑩經排汽口散失於大氣中。

(3)再滾轉至圖(c)時，廢汽的壓力已減至大氣壓左右。

(4)假設BC面繼續滾轉至圖(d)中之⑫及圖(a)中之AC面空室⑬時，進排汽口又相通，一部份新鮮混合汽協助將廢汽掃清。此刻進排汽同時作用。

7. 無論迴轉活塞在何位置，三個活塞面中，總有一面受高壓燃燒汽體的壓力作用而產生動力，故進汽、壓縮及排汽所消耗的動力，皆可由迴轉活塞自行供給，不像往復式引擎，必須使用飛輪之慣性作用來儲存和供應動力。

8. 迴轉活塞式引擎之扭矩輸出情況如圖2-2-3所示。

9. 迴轉活塞式引擎與四行程往復式引擎一般性能之比較如表2-1-1所示。

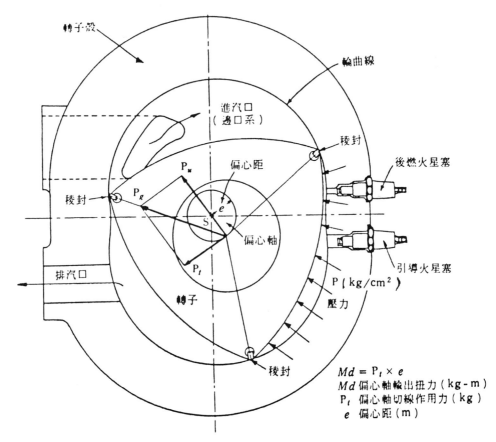

$$Md = P_t \times e$$

Md 偏心軸輸出扭力（kg-m）
P_t 偏心軸切線作用力（kg）
e 偏心距（m）

圖2-2-3 迴轉活塞式引擎扭力輸出情況[註23]

表2-1-1 迴轉活塞式引擎與四行程往復式引擎一般性能之比較

項　　　　　　目	迴　轉　式　引　擎	往　復　式　引　擎
壓　縮　比	8～12	7～9
壓縮壓力(kg/cm²)	9.8～10.5	7.5～8.5
單位排汽量功率(ps/cc)	0.11～0.13	0.04～0.05
單位排汽量重量(g/cc)	78.15～94.82	496～705
單位功率重量(kg/ps)	0.68～1.13	13.5～20.5
最經濟效率(%)	34～40	25～35

2－2－4 迴轉活塞式引擎之優點

一、迴轉活塞式引擎沒有上下往復運動，只有偏心軸穩定的旋轉，且當活塞面在任何位置均有一面受動力，故動力的產生是連貫的。

二、由於活塞在旋轉時直接控制進排汽口的開閉，因此不需汽門及其複雜的控制機構，也不會有排汽門過熱或局部高溫點的存在了。

三、綜合上述，迴轉活塞式引擎較四行程往復式引擎之優點如下：

　1.構造簡單，價格低廉，同馬力之引擎配件數僅為V-8引擎之半，因配件少，毛病自然少，保養費用亦相對減低。

　2.重量與體積極輕小，體積僅V-8之⅓。

　3.因無往復運動機件，引擎運轉極平穩。

　4.沒有局部高溫度，冷卻均勻，沒有汽門過熱現象，故可提高壓縮比及使用辛烷值較低的汽油也不易發生爆震，即使發生爆震，對引擎機件的危害也較小。

　5.轉速可以增加，而且轉速愈高性能愈佳。

　6.馬力加大容易，欲使馬力加大，可將引擎尺寸比例加大，或增加轉子數即可解決。

　7.在性能、速度、起步、加速、超車及耐用性方面之潛能，遠優於往復式引擎。

　8.熱效率高。

2－2－5　迴轉活塞式引擎尚待改進之處

一、耗油率較高，因燃燒時間短，故較不完全，使耗油量稍大(約多10%)，但迴轉活塞式引擎使用普通汽油，故在油費方面增加有限。

二、在起動及低速時，排出大量的碳氫化合物(為一般往復式引擎的二倍)，但加速時排出量即減少，且下降率甚顯著。因廢汽污染是一個很嚴重的問題，故迴轉活塞的引擎的工作人員都盡力在為減少廢汽排出而努力。一般均裝用熱反應器 (thermal reactor) 或觸媒反

應器 (catalytic convertor) 及後燃器 (after burner)。因迴轉活塞式引擎體積小，有足夠空間來安裝這些裝置。此外，迴轉活塞式引擎每個排汽口排出之永汽比往復式引擎多，排汽通道短，廢汽不易冷卻，點火較為遲延，使用之空氣汽油混合比較稀等原因，廢汽溫度較高，故後燃器之使用，對迴轉活塞式引擎極為有利，大部分情況下，不需再進行點火。

<h2 style="text-align:center">第三節 汽車引擎之分類</h2>

2－3－1 以動力發生裝置的構造分

汽車引擎依動力發生裝置構造的不同，可分為下列幾種：

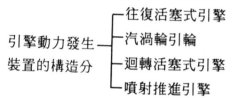

引擎動力發生
裝置的構造分
- 往復活塞式引擎
- 汽渦輪引輪
- 迴轉活塞式引擎
- 噴射推進引擎

2－3－2 往復活塞式引擎及其分類

在復活塞式引擎為現代內燃機的主流。活塞在汽缸中做往復的直線運動，經連桿、曲軸轉變為迴轉運動，構造複雜，效率低。汽車、船舶交通用引擎及發電、建設機械、農業機械所用之引擎，大部分為此式。往復活塞式引擎依點火方式、工作循環、熱力循環、汽缸排列、汽門排列、使用燃料、冷卻方式，又可分為很多不同形式。

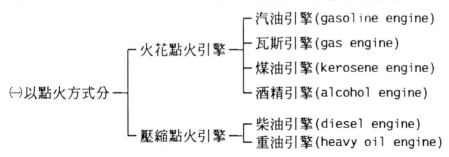

(一)以點火方式分
- 火花點火引擎
  - 汽油引擎(gasoline engine)
  - 瓦斯引擎(gas engine)
  - 煤油引擎(kerosene engine)
  - 酒精引擎(alcohol engine)
- 壓縮點火引擎
  - 柴油引擎(diesel engine)
  - 重油引擎(heavy oil engine)

(二)依工作循環分
- 四行程引擎(four-stroke engine)
- 二行程引擎(two-stroke engine)

(三)依熱力循環分
- 奧圖循環(Otto cycle)
- 狄塞爾循環(Diesil cycle)
- 混合循環(savathe cycle)

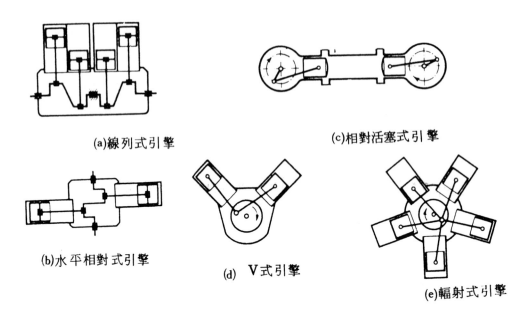

(a)線列式引擎　　　　　　　(c)相對活塞式引擎

(b)水平相對式引擎　　　(d) V式引擎

(e)輻射式引擎

圖2－3，1　按多汽缸排列而區分（Bosch Automotive Hand Book）

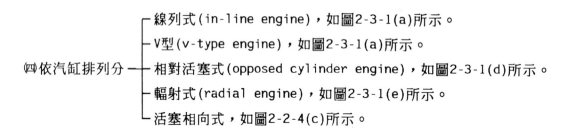

㈣依汽缸排列分 ─┬─ 線列式(in-line engine)，如圖2-3-1(a)所示。
　　　　　　　　├─ V型(v-type engine)，如圖2-3-1(a)所示。
　　　　　　　　├─ 相對活塞式(opposed cylinder engine)，如圖2-3-1(d)所示。
　　　　　　　　├─ 輻射式(radial engine)，如圖2-3-1(e)所示。
　　　　　　　　└─ 活塞相向式，如圖2-2-4(c)所示。

㈤依汽缸排列分 ─┬─ 立式。
　　　　　　　　├─ 橫式。
　　　　　　　　└─ 斜式。

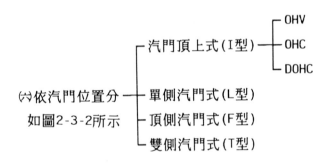

㈥依汽門位置分 ─┬─ 汽門頂上式(I型) ─┬─ OHV
如圖2-3-2所示　　│　　　　　　　　　├─ OHC
　　　　　　　　│　　　　　　　　　└─ DOHC
　　　　　　　　├─ 單側汽門式(L型)
　　　　　　　　├─ 頂側汽門式(F型)
　　　　　　　　└─ 雙側汽門式(T型)

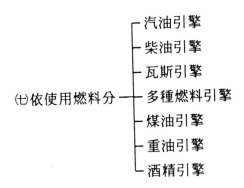

(七)依使用燃料分─┬ 汽油引擎
　　　　　　　　├ 柴油引擎
　　　　　　　　├ 瓦斯引擎
　　　　　　　　├ 多種燃料引擎
　　　　　　　　├ 煤油引擎
　　　　　　　　├ 重油引擎
　　　　　　　　└ 酒精引擎

(八)依冷卻方式分─┬ 水冷卻式，如圖2-1-15所示。
　　　　　　　　└ 空氣冷卻式，如圖2-1-24所示。

2-3-3　多汽缸引擎與單汽缸引擎之比較

(一)多汽缸之優點

　1.可以降低怠速轉速。

　2.動力連續輸出，動力可以重疊。

　3.機械平衡良好。

　4.每單位馬力之引擎重量可以減少。

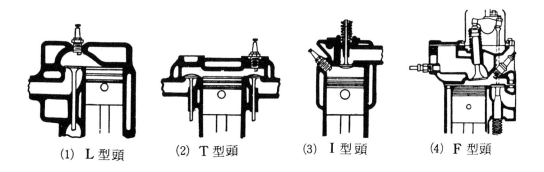

(1) L 型頭　　　(2) T 型頭　　　(3) I 型頭　　　(4) F 型頭

圖 2-3，2　汽門裝置方式分類

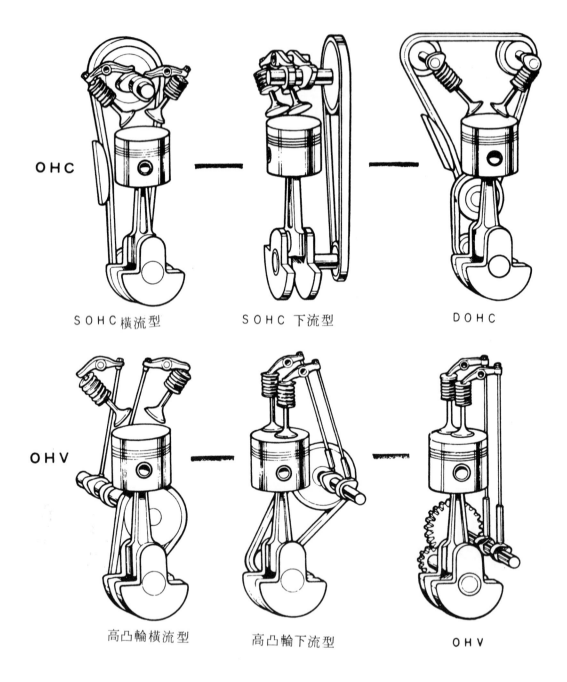

OHC

SOHC橫流型　　　SOHC下流型　　　DOHC

OHV

高凸輪橫流型　　　高凸輪下流型　　　OHV

圖 2 - 3 , 3　I型頭引擎的型式（自動車メカニズム　圖鑑 p.48 ）

5. 加減速較為靈敏。

6. 轉速可以較高。

7. 每單位汽缸排汽量所生之動力較大。

8. 不需使用大而笨重之飛輪。

㈡多汽缸之缺點

　1. 構造複雜。

　2. 保養困難。

　3. 製造價格較高。

2 - 3 - 4　動力重疊

　一缸之動力未完畢而另一缸之動力已開始，而有重疊者為動力重疊。若排汽門早開 48^{0}，則四行程引擎之動力重疊之計算方法如下：

$$180^{0} - 48^{0} = 132^{0}\ \textbf{實際動力行程度數}$$

$$720^{0} \div 8 = 90^{0}\ \text{八缸引擎之動力間隔}$$

$$132^{0} - 90^{0} = 42^{0}\ \text{動力重疊度數}$$

2 - 3 - 5　線列式和V式引擎的比較

㈠線列式較 V 式之優點

　1. 容易製造。

　2. 容易保養。

㈡V 式引擎的優點

　1. 引擎的總長度較小。

　2. 引擎的重量可以減輕。

　3. 引擎的平衡較佳。

　4. 混合汽可以更平均的分佈到各汽缸。

　5. 扭轉震動較小。

　6. 轉速較易增加，馬力可以增大。

第 四 節　引擎性能

2 - 4 - 1　引擎馬力

一、馬力是一匹馬或相當一匹馬所能做的功率，當引擎發展初期，人類就以其所能做的功率來與馬所能做的功率來比較，而得馬力（PS）之名詞。一馬力

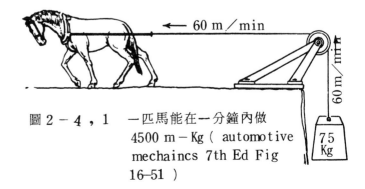

圖 2 - 4，1　一匹馬能在一分鐘內做 4500 m－Kg（ automotive mechaincs 7th Ed Fig 16－51 ）

即為每分鐘做4500公斤米功的功率。如圖 2 - 3 , 1 所示，即一匹馬在一分鐘內走 60 公尺，而拉動75公斤重物上升，此馬所做的功為4500公斤米，則其功率即為 1 馬力。

可由下列公式算之

$$功率（馬力）= \frac{功（公斤米）}{時間（分）}$$

$$= \frac{距離（米）\times 力（公斤）\times 1 馬力}{4500（公斤米／分）\times 時間（分）}$$

$$1 \, PS = 4,500 \, Kg - m／min$$

二、指示馬力(indicate horse power 簡寫 I．H．P)

㈠係試驗與實驗室中所用的馬力，其根據燃料燃燒時作用於活塞上之平均有效壓力與缸徑、行程、及動力次數來計算之，其公式如下：

$$I．H．P = \frac{P．S．A．R．N}{4500}$$

P：指示平均有效壓力用 $Kg／cm^2$ 表示

S：汽缸行程用 cm 表示

A：汽缸面積用 cm^2 表示

R：每分鐘動力行程數目，四行程用 $\frac{R．P．M}{2}$ ，二行程用 R．P．M 表之。

N：汽缸數目。

㈡指示馬力為摩擦馬力及制動馬力之和。

㈢指示馬力等於動力行程時，混合汽燃燒膨脹所生的馬力，減去壓縮行程時壓縮混合汽所消耗馬力之差。

三、制動馬力(brake horse power 簡寫 B．H．P)

㈠制動馬力通常為指示馬力與機械效率之積，為引擎飛輪對外作功及傳輸之馬力。本書所稱之引擎馬力皆係指引擎的制動馬力而言。

㈡制動馬力計算之公式：

$$B．H．P = \frac{P．S．A．R．N}{4500}$$

P：制動平均有效壓力用 $Kg／cm^2$ 表示。

S：汽缸行程用 cm 表示。

A：汽缸面積用 cm^2 表示。

R：每分鐘動力行程數目 $\frac{R．P．M}{2}$ ，二行程用 R．P．M 表之。

N：汽缸數目。

㈢廠家規定的制動馬力，是光引擎(bare engine)的性能，即指引擎不裝置空氣濾清器、消音器、不驅動發電機、風扇及其他附件，並使用標準燃料在標準狀況下測試時，引擎產生最大的制動馬力表之。但實際上可供使用的引擎馬力比廠家規格內所標示的制動馬力約小 7～10% 左右。

㈣圖 2－4，2 所示，轉數與制動馬力之關係，開始時制動馬力逐漸上升，到了某個轉數後其又降下來了。

㈤普通制動馬力係由馬力試驗機（engine dynamo meter）測試而得，普通測試馬力之方法計有下列二種：

1. 普羅尼制動機（Prony brake）爲較早使用的馬力試驗機，在引擎飛輪上裝一煞緊裝置以確定其實際可用之馬力，此法由法國人普羅尼氏發明如圖 2－4，3 所示，環形的煞緊裝置其內配有摩擦金屬，使其與飛輪密切配合，煞緊裝置經一壓力桿，擱於磅秤上，其計算公式如下：

$$B.H.P = \frac{R.L.W}{716}$$

   R 爲引擎的 r.p.m。

   L 爲飛輪中心至磅秤接點的距離用 m 表之。

   W 爲磅秤上指示重量，用 Kg 表之。

2. 馬力試驗機　使用此種方法較爲新式且正確，該儀器之原理爲吸收引擎的馬力，並應用各種儀錶指示出引擎之性能，有下列二種方法：

   (1)引擎馬力試驗機，其構造如圖 2－4，4 所示，係利用引擎驅動發電機發電，再加負荷來測試引擎的輸出力。。

   (2)底盤馬力試驗機（chassis dynamo

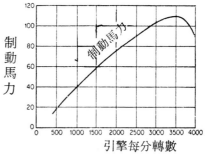

制動馬力

引擎每分轉數

圖 2－4，2　制動馬力與轉數的關係曲線圖

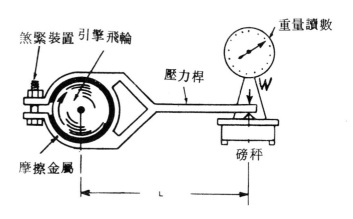

圖 2－4，3　普羅尼制動機構造圖

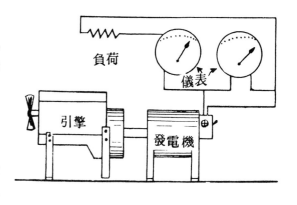

圖 2－4，4　馬力試驗機構造圖

meter ）其係利用液體摩
擦，因而產生阻力，此阻
力與車輪所受的阻力相同
，同時由空轉滾輪帶動發
電機亦利用電磁關係而將
儀錶指針移動。（圖2－
4，5）

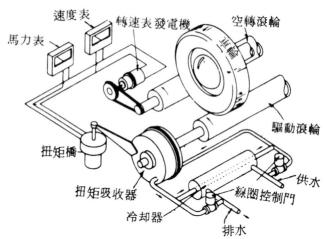

四、**摩擦馬力**(frictional horse power 簡稱 F . H . P)，為
引擎及其他傳動系統之摩擦而
損失之馬力，可由指示馬力和
底盤制動馬力之差求得。如圖
2－4，6所示

圖2－4，5　底盤馬力試驗機構造圖

2-4-2　引擎扭矩

一、引擎扭矩是指引擎曲軸發生旋轉之力矩
。如圖2－4，7所示為引擎扭矩曲線
。扭矩在中速時高，高速及低速時較低
，這是因為隨引擎轉速燃燒壓力變化的
緣故。

二、**制動馬力與扭矩的關係**

制動馬力為引擎作功的功率。扭矩則為
其所加於飛輪之力，若半徑為 r 之飛輪，其
端加以 F Kg 之力，則當飛輪旋轉一周所做的
功為 $2\pi r F$，如飛輪的 r．p．m，以 N
表之時，則飛輪於每分鐘所做的功為 $2\pi r FN$
，將其換算成馬力即為引擎的制動馬力，故
可由下列公式表之：

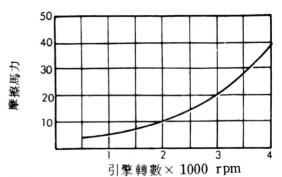

圖2－4，6　摩擦馬力與轉數的關係曲線圖

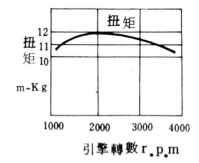

圖2－4，7　引擎扭矩曲線

$$制動馬力（P.S）= \frac{2\pi \cdot N \cdot r \cdot F}{75 \times 60} = \frac{N \cdot T}{716} \qquad \therefore T = \frac{716 \cdot P \cdot S}{N}$$

其中 T 為扭矩用 Kg－m 表之

N 為引擎轉數 r p m

三、圖2－4，8為引擎轉數與扭矩、摩擦馬力、制動馬力四者的關係，當制動馬力一定時
，則扭矩與引擎之轉速成反比，亦即曲軸轉數愈慢其扭矩也愈大。

2－4－3　燃料消耗率

一、作為引擎性能比較之因素時，耗油率以每
　　一制動馬力小時所消耗燃料的重量表示之
　　；但習慣上則以每公升或每加侖所行駛的
　　里程數為比較標準。

二、由圖2－4，9可知耗油率最小之點在最
　　大扭矩及最大馬力之間。

三、普通耗油率由流量錶在馬力試驗機上測得
　　，較不準確的數字可由路試求得。

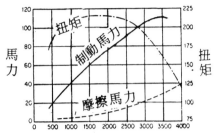

圖2－4，8　扭矩、摩擦馬力、制動馬
　　　　　　力與轉數的關係曲線圖

2－4－4　引擎效率

一、熱效率

　　㈠單位時間內引擎所產生機械
　　　功的熱值，和所消耗的燃料
　　　之熱值的比稱為熱效率，可
　　　由下列公式求之

$$\eta e = \frac{632 \cdot Ne}{He \cdot B}$$

　　　ηe　為制動熱效率

　　　He　為燃料之低熱值　kcal／Kg

　　　Ne　制動馬力

　　　B　　為引擎每小時之耗油量Kg／hr

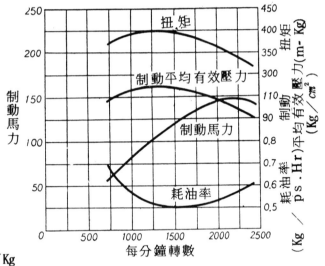

圖2－4，9　引擎性能因素與轉數的關係
　　　　　　曲線圖

　　㈡引擎的熱效率愈高，則耗油率愈小。

二、機械效率（ mechanical efficiency ）

　　㈠制動馬力和指示馬力之比，或制動平均有效壓力和指示平均有效壓力之比，稱為機械效
　　　率。

　　㈡機械效率愈大，則表示引擎的構造愈佳。

三、容積效率（ volumetric efficiency ）

　　㈠引擎在進汽行程期內，實際吸入汽缸中的空氣重量，和在大氣壓下，理論上汽缸可容納
　　　空氣重量之比稱為容積效率。

　　㈡容積效率先隨引擎的轉數而逐漸增大，至最大扭矩之轉速點或其附近後，則隨轉速之增
　　　快而逐漸減小。

四、制動平均有效壓力 brake mean effective pressure 簡寫B．M．E．P ）

　　㈠在動力行程時汽缸內的平均壓力，和壓縮行程時汽缸內的平均壓力之差，稱為指示平均

有效壓力（Ｉ．Ｍ．Ｅ．Ｐ）。

㈡指示平均有效壓力和機械效率的乘積，稱爲制動平均有效壓力。圖 2 － 4，9 所示爲其和引擎轉數的關係。

2 － 4 － 5 馬力與平均有效壓力

㈠大排汽量引擎的馬力大、小排汽量引擎馬力小，如用馬力值大小來表示引擎出功性能的優劣比較不客觀因此改以平均有效壓力來比較引擎出功性能的優劣較爲真實，平均有效壓力的單位爲kg/cm²。

㈡現在再回到Ｉ.HP與B.HP的公式：

1.　$\text{I.H.P} = \dfrac{\text{P.S.A.R.N}}{4500 \times 2}$　　　（四行程引擎）

2.　$\text{B.H.P} = \dfrac{\text{P.S.A.R.N}}{4500 \times 2}$　　　（四行程引擎）

㈢Ｉ.H.P或B.H.P其單位爲PS將上二式做個轉換即可得到平均有效壓力(如用指示馬力轉換則稱爲指示平均有效壓力，如用制動馬力轉換，則稱爲制動平均有效壓力)。

$$P = \frac{4500 \times 2 \times 100 \times PS}{\text{S.A.R.N}} = \frac{900000 \times PS}{\text{S.A.R.N}} = \frac{900000 \times PS}{\text{V.R.N}}$$

P：平均有效壓力，單位kg/cm²

S：汽缸引程，單位：cm

A：汽缸面積，單位：cm²

R：每分鐘動力行程數目，用R.P.M表示。

N：汽缸數目

V：每一缸行程容積cc

四、二行程引擎平均有效壓力則寫爲：

$$P = \frac{4500 \times 100 \times PS}{\text{S.A.R.N}} = \frac{450000 \times PS}{\text{S.A.R.N}} = \frac{450000 \times PS}{\text{V.R.N}}$$

習題二

一、是非題

(　　) 1.高壓縮比引擎，易造成空氣污染。

(　　) 2.汽缸中燃燒壓力達最高值時，活塞位置應在上死點。

(　　) 3.引擎轉數與馬力，扭矩皆成正比。

、(

二、填充題

1.引擎又稱（　　　　　）機，是一種利用燃料生成物，以產生（　　　　　）的機器。

2.活塞在上死點時，活塞頂面的汽缸容積稱為（　　　　　）。

3.壓縮比即（　　　　　）和（　　　　　）之比。

4.循環的基本步驟依序為：（　　　　　）、（　　　　　）、（　　　　　）、（　　　　　）。

5.引擎工作的四要素為：（　　　　　）、（　　　　　）、（　　　　　）、（　　　　　）。

6.現代汽車柴油引擎利用（　　　　　）循環，又叫做（　　　　　）循環。

三、問答題

1.試說明四行程柴油引擎的工作循環。

2.四行程引擎的汽門為何要早開晚關？

3.試說明四行程柴油引擎與四行程汽油引擎之最大不同點為何？

4.二行程柴油引擎之特殊優點為何？

5.Ｖ式排列引擎的優點有那些？

6.何謂制動馬力？又如何求之？

第三章　往復式引擎的本體結構及作用

第 一 節　汽缸體及蓋

3-1-1　汽缸體及蓋

一、引擎之汽缸體及汽缸蓋均用合金鑄鐵或鋁合金為材料鑄造而成，為引擎之骨架，用以支持汽缸，曲軸、凸輪軸等機件，並為曲軸箱之上半部及離合器殼之安裝架。

二、氣冷式引擎多用鋁合金鑄造，周圍有散熱片，以增加散熱面積。

三、水冷式引擎在汽缸　周圍有水套環繞，使冷却水在內循環，以維持引擎之工作溫度。

四、引擎之汽缸通常使用可換之缸套，汽缸套必須要為絕對正圓形，因活塞在內部以極快速度運動故必須耐磨，且導熱性良好。依其是否與冷却水接觸而分為乾式及濕式二種，如圖3－1，1所示。

五、新式汽車引擎，常將引擎外壁製成曲線且有凸筋之形狀，一方面可增加強度，另一方面可減小引擎的體積和重量，如圖3－1，2所示。

六、二行程汽油引擎普通在汽缸上挖有一個或數個汽口，如圖3－1，3所示。

七、二行程柴油引擎使用鑄鐵汽缸及濕式缸套，其上挖有進氣孔或掃汽孔，如圖3－1，4所示。

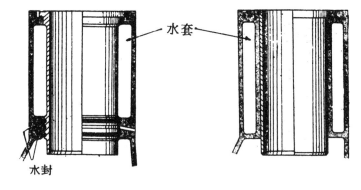

水套

水封

濕式汽缸套　　　　　乾式汽缸套

圖3－1，1　汽缸套之種類（自動車百科全書圖2－25）

3-1-2　燃燒室

一、燃燒室為了使混合汽燃燒效率的提高必須符合幾項要求。吸入的混合汽能在吸入及壓縮時產生渦流，縮短發火位置到混合汽體末端的距離，儘量使表面積與

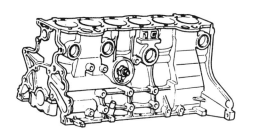

圖3－1，2　引擎體（自動車工學86'臨時增刊第53圖）

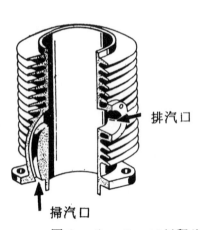

排汽口

掃汽口

圖 3 - 1 , 3 　 二行程汽油引擎之汽缸體

（自動車百科全書　圖 2 - 99 ， 2 - 101 ）

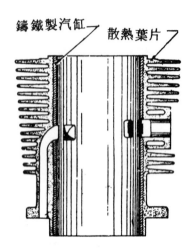

鑄鐵製汽缸

散熱葉片

容積比減小。

二、普通汽油引擎的燃燒室

㈠半球型燃燒室：

　表面積與容積之比最小，熱損失少，

　進、排汽之效率甚佳。多用於ＯＨＣ

　引擎，如圖 3 - 1 ， 5 (a) 所示。

㈡楔形型燃燒室

　進、排汽門排成一列，進、排汽效率

　佳，不易產生爆震，多用於ＯＨＶ或

　ＯＨＣ引擎，如圖 3 - 1 ， 5 (b) 所

　示。

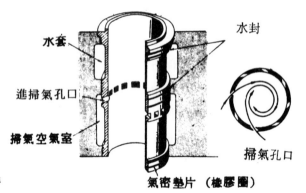

水套

水封

進掃氣孔口

掃氣空氣室

氣密墊片 （橡膠圈）

掃氣孔口

圖 3 - 1 ， 4 　 單流掃氣式汽缸套及氣流方向

（自動車百科全書　圖 2-206 ）

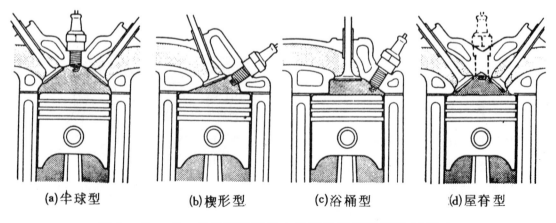

(a)半球型　　　　(b)楔形型　　　　(c)浴桶型　　　　(d)屋脊型

圖 3 - 1 ， 5 　 燃燒室的形狀（日產技能修得書 E 0033 ）

㈢浴桶型燃燒室

　　進、排汽門成一列垂直安置在汽缸蓋上，構造簡單多用於ＯＨＶ引擎，如圖３－１，
　　５（c）所示。

㈣屋脊型燃燒室

　　高壓縮比、高性能化引擎使用，其活塞頂部有凹陷，以防汽門碰撞活塞，此種對加強
　　混合汽渦流有很大幫助，如圖３－１，５（d）所示。

三、特殊引擎燃燒室—低公害引擎改良燃燒室

　　現代引擎為減少ＣＯ、ＨＣ及ＮＯ$_x$等有毒氣體之排出，故必須供給較稀薄的混合汽使其
能安定的燃燒，提高燃燒速度、縮短最高燃燒溫度的時間。因此現代新引擎在燃燒室上做了
許多改良。

㈠壓縮比的適當化　引擎的壓縮比適度的降低時，ＨＣ，ＮＯ$_x$的發生量會降低。故在不影
　　響引擎性能及經濟性之範圍內，可以降低壓縮比。

㈡燃燒室〝表面積與容積比〞（Ｓ／Ｖ比）之適當化　Ｓ／Ｖ比變小，靠近汽缸壁之殘留
　　氣體較少，因此排汽內的ＨＣ會減少。故Ｓ／Ｖ比應檢討引擎性能關係後才能決定。

㈢適當的汽門重疊時期　汽門重疊開啓時間增加時，排出的一部份氣體，會因自然渦流之
　　結果，而再流入燃燒室中，這與排氣再循環（ＥＧＲ）方法有相同之效果，可以降低最
　　高溫度，而使ＮＯ$_x$量減少。但是利用此法，減少ＮＯ$_x$的效果，在引擎低速迴轉時較佳，
　　且汽門的開閉時期與燃燒之良否有關。因此須調整到適當大小。

㈣變更燃燒室之形狀　使引擎排汽淨化的作用，係使用較稀之混合汽或使排汽再循環，但
　　混合汽過稀或大量的排汽再循環時，會使着火性變差，同時因燃燒速度變慢而使輸出馬
　　力降低，反而增加燃料消耗率。汽油引擎「使用較稀薄的混合汽」及「使用多量的排汽
　　再循環」仍能得到良好的燃燒效果，因此通常採用下列數種特殊燃燒室以達成之。

　1.增設副燃燒室

　　　圖３－１，６所示為設有副燃燒室之構造。裝有小進汽門的小容積副燃燒室，在此小
　　　副燃燒室中吸入容易點火的濃混合汽，而在主燃燒室中吸入較稀的混合汽，混合汽分
　　　別由獨立的燃料系統供應。整個燃燒過程為一種稀薄混合汽的成層給氣方式，稱為複
　　　合渦流控制燃燒ＣＶＣＣ（compound vortex controlled combustion）。副燃燒室
　　　中的混合汽由火星塞點火，燃燒火焰再噴入主燃燒室中，燃燒較稀的混合汽。此法可
　　　使較稀之混合汽得到確實良好的燃燒，不但可同時減少ＣＯ、ＨＣ及ＮＯ$_x$之發生量，
　　　且節省燃料。

　2.增設亂流產生洞

　　　圖３－１，７所示稱為在燃燒室中設亂流產生洞ＴＧＰ（turburance generating
　　　pot）之燃燒室構造，在火星塞電極附近設亂流產生洞。火星塞點火時，先點燃洞口
　　　附近或洞內之混合汽，點燃之混合汽產生火焰噴入主燃燒室中。因此使用較稀之混合

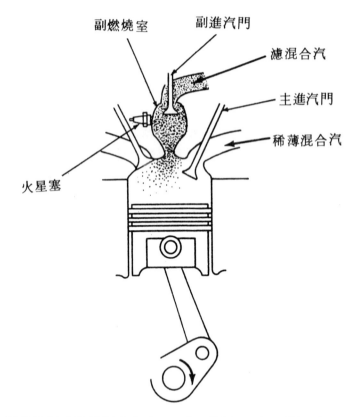

圖 3－1，6　副燃燒室式燃燒室（ Automotive Mehnanics Fig 11 － 12 ）

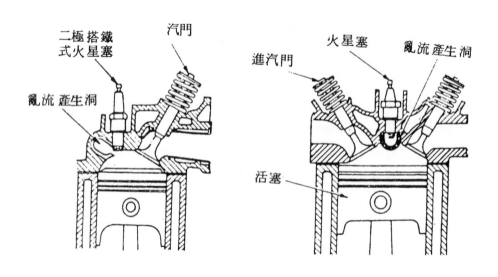

圖 3－1，7　設有亂流產生洞之燃燒室（ TOYOTA CO ）

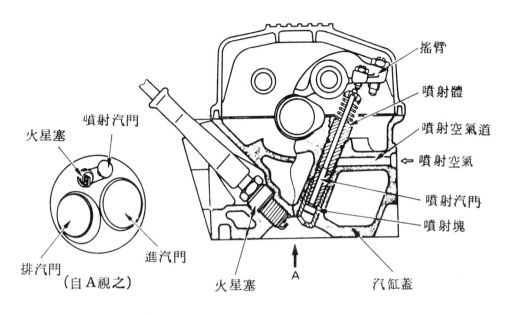

火星塞
噴射汽門
搖臂
噴射體
噴射空氣道
←噴射空氣
噴射汽門
噴射塊
排汽門
進汽門
（自A視之）
火星塞
汽缸蓋
A

圖 3－1，8　設副進汽門之燃燒室（MITSUBISHI CO）

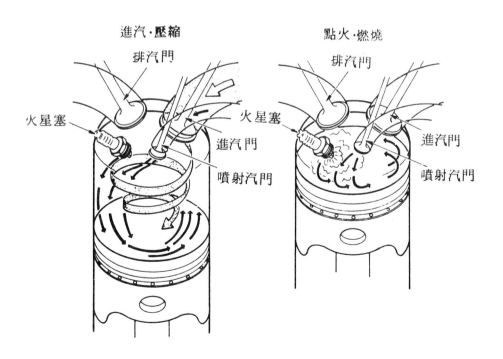

進汽・壓縮
排汽門
火星塞
進汽門
噴射汽門

點火・燃燒
排汽門
火星塞
進汽門
噴射汽門

圖 3－1，9　副進汽門之作用（MITSUBISI CO）

汽也可得良好的燃燒，使CO、HC及NO$_x$之發生量減少。

3. 設副進汽門 (噴射汽門)

圖3-1，8所示的燃燒室，除一般之進排汽門外，另外還設一支小型的噴射汽門 (jet valve)，能隨引擎運轉條件不同，由化油器供應噴出超稀薄的混合汽或空氣，由此噴流產生汽缸中混合汽的強渦流，如圖3-1，9所示。此強渦流能維持到壓縮行程末期，可以促進火星塞點火後火焰的傳播速度，使稀薄的混合汽亦能產生良好的燃燒。減少CO、HC及NO$_x$之發生量。

4. 設凸出壁

圖3-1，10所示，在燃燒室內設凸出壁，使吸入汽缸中之混合汽因凸出壁之作用而產生一定方向之流動而造成渦流，可以促進燃料的霧化及汽化，增進燃燒速度，因此可以減少CO、HC及NO$_x$之發生量。

5. 使用兩個火星塞

圖3-1，11所示為在燃燒室中，裝設兩個火星塞。兩個火星塞同時點火，可以縮短燃燒時間，提高燃燒速度。普通增加EGR量後火焰的傳播速度會降低，引擎運轉也變為不穩定，但使用兩個火星塞同時點火，雖然有多量的EGR仍可以得到與一般引擎一樣良好安定的燃燒，減少NO$_x$之發生量。

6. 擠壓效果

圖3-1，12所示，在活塞上死點設計一個擠壓部份 (squish area)，當活塞到達上死點時，混合汽被壓入燃燒室，使混合汽產生亂流，增快燃燒速度，此種效果稱為擠壓效果，可以促進燃燒減少HC及NO$_x$之發生量。

四、柴油引擎燃燒室

柴油引擎燃燒室的設計，亦為使柴油完全燃燒且不產生爆震，故燃燒室的形狀與噴油嘴噴油方式之關係有許多型式。

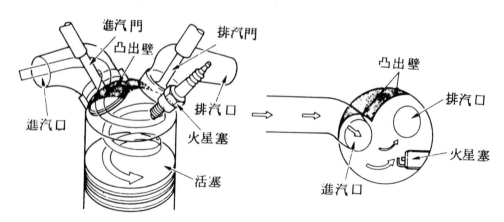

圖3-1，10　設凸出壁之燃燒室 (TOYOTA CO)

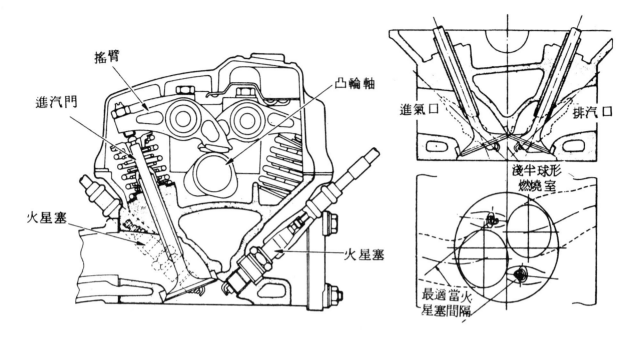

搖臂

進汽門

凸輪軸

火星塞

火星塞

進氣口

排汽口

淺半球形
燃燒室

最適當火
星塞間隔

圖 3 − 1 ，11　裝兩個火星塞之燃燒室（ NISSAN　CO ）

㈠展開式燃燒室

又叫做直接噴射式燃燒室，其形狀甚
為單純，因此表面積小，熱效率高，
柴油消耗量少，不需裝配預熱塞。使
用多孔形噴油嘴，噴射壓力高（ 約
$170 \sim 230\,Kg \diagup cm^2$ ），對燃料着火性
及噴射狀態反應敏感，須使用品質較
佳的柴油。為使燃料燃燒完全，常使
進氣產生渦流，及壓縮時使壓縮空氣
產生渦流，以減少有害氣體的發生量
，如圖 3 − 1 ，13所示•

㈡預燃燒室式燃燒室

在主燃燒室與預燃室間有一個或數個小孔
連接柴油先噴入預燃室中，一部份柴油先
燃燒，因而其內部壓力及溫度均上升，此
壓力將尚未完全燃燒的柴油噴入主燃燒室
中，和新鮮空氣混合完全燃燒。特徵是柴

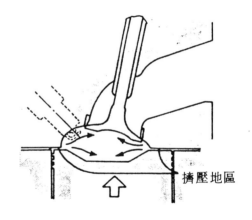

擠壓地區

圖 3 − 1 ，12　擠壓效果
　　　　　　　（ 日產技能修得書 ）

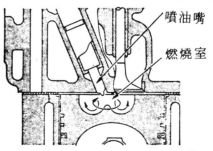

噴油嘴

燃燒室

圖 3 − 1 ，13　直接噴射式燃燒室（ 三級
　　　　　シーゼル．エンジン　圖
　　　　　2 − 4 ）

油的選擇範圍廣，噴射壓力較低（ 100～
120 Kg／cm²），汽缸蓋構造複雜，需使
用預熱塞幫助起動，燃燒室散熱面積較大故
柴油消耗率較高如圖3－1，14所示。

㈢渦流室式燃燒室

活塞上升時使渦流室中產生渦流，柴油噴
入易與空氣混合達成完全燃燒，此式採用
針型噴油嘴，噴射壓力較低，有一部份使
用預熱塞裝置。如圖3－1，15所示。

㈣空氣室式燃燒室

又稱熱能室式燃燒室，在空氣室與主燃燒
室中間用一個或數個小孔連通。在壓縮行
程，一部份壓縮空氣被壓入其內。噴油嘴
將柴油噴入主燃室中，着火燃燒後將活塞
向下推。在燃燒室中的壓力隨活塞下移而
降低，這時空氣室內的高壓空氣噴出，補
充燃燒所需的空氣量。並產生適當的渦流
，使燃燒完全。特徵為燃燒時響聲小，起
動容易，使用針型噴油嘴，噴射壓力也較
低，柴油消耗量較多，排汽溫度亦較高。
空氣室式與其他型式之最大不同，在於空
氣室內不噴入柴油而其他均有柴油噴入副
室中。如圖3－1，16所示。

第 二 節 往復與運轉機構

3-2-1 活塞及活塞環

一、活塞在汽缸中以很快速度作往復運動，且
承受爆發時之衝擊力及很大之溫度變化。
故須具備質輕、強度大、耐磨、導熱性佳、
膨脹係數小等特性。

二、活塞之材料

以往使用鑄鐵製成，現今均使用鋁合金製
造。

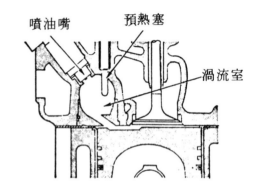

圖3－1，14　預燃燒室式燃燒室（三
級ジーゼル．エンジン
圖2－5）

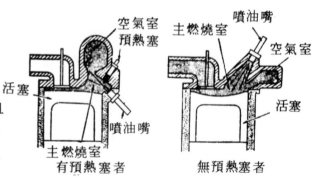

圖3－1，15　渦流室式燃燒室（三級
ジーゼル．エンジン
圖2－6）

圖3－1，16　空氣室式燃燒室（自動
車百科全書　圖2－196
－b）

現代引擎使用的鋁合金活塞，有銅系的丫合金及碳系之低膨脹係數合金兩大類，同時活塞表面均經過氧化處理，使活塞表面有一層氧化鋁，以提高吸油性能，減少磨損。

三、活塞之種類

(一)以形狀分

1. 正圓形 鑄鐵或合金鋼材料者，均鑄成此形。

2. 橢圓形 鋁合金材料之活塞均鑄成此形。即活塞銷孔方向之直徑較短，與銷孔成 90^0 方向之直徑較長，每 100 m m 約差 $0.1\sim0.2$ m m 左右，如圖 3－2，1 所示。活塞冷時僅一部份與汽缸接觸，溫度升高後接觸面積漸增，當引擎達正常工作溫度時，活塞即成正圓形。

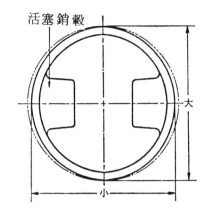

圖 3－2，1 橢圓活塞（三級自動車ガソリン.エンジン圖 Ⅳ －3 ）

（ a ）平頂　　（ b ）凸頂　　（ c ）凹頂

圖 3－2，2 各種活塞頂部形式

(二)以活塞頂部形狀分

1. 平頂式：圖 3－2，2 (a)所示，此式構造簡單，使用甚多。

2. 凸頂式：圖 3－2，2 (b)所示，高壓縮比引擎使用較多。

3. 凹頂式：圖 3－2，2 (c)所示，直接噴射式柴油引擎使用。

4. 複雜頂式：使混合汽渦動良好或容納汽門。

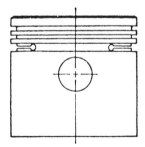

圖 3－2，3 實裙式活塞（二級ガソリン自動車圖 Ⅳ －1 ）

(三)以活塞裙部形狀分：

1. 全筒式；又稱實裙式：優點為堅固，且易控制油膜如圖 3－2，3 所示。

2. 拖鞋式：優點為較輕及磨損較少，如圖 3－2，4 所示。

3. 裂裙式：在活塞裙上開一熱槽，以減少向下傳導之熱量。在活塞裙上開膨脹槽及熱槽。膨脹槽能容納活塞裙部之膨脹，使其直徑不過分增大，計有下列數種型式。

①橫斷槽式（即熱槽）圖 3－2，5 所示。

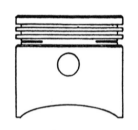

圖3-2，4　拖鞋式活塞（二級ガソリン　　圖3-2，5　橫斷槽式裙部
　　　　　自動車　圖Ⅳ-2）

(1)T型槽式　　　(2)斜槽式　　　　(3)直槽式　　(4)倒U型槽式

圖3-2，6　活塞裙膨脹槽的形式

　　②T型槽式：如圖3-2，6 (a) 所示。

　　③斜槽式：如圖3-2，6 (b) 所示。

　　④直槽式：如圖3-2，6 (c) 所示。

　　⑤倒U型槽式：如圖3-2，6 (d) 所示。

㈣特殊活塞

　　1.熱偶活塞：鋁合金在鑄造時，於活塞銷轂處鑲入特種合金鋼條即成爲熱偶活塞。如
　　圖3-2，7所示。

　　2.偏位活塞：活塞銷中心與活塞之中心不在同一直線上，每100 m m直徑約有1～2 m
　　m之偏移。

四、因連桿與曲軸間之角度關係使壓
　　縮和動力行程時，活塞受到的側
　　推力、動力行程時活塞受的壓力
　　較壓縮行程大的多，如圖3-2
　　，8所示，故活塞膨脹槽之面應
　　裝於壓縮衝擊面上。

五、活塞環：

　　活塞環依構造及功能之不同有下列三種：

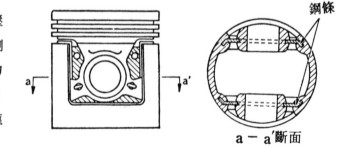

圖3-2，7　熱偶活塞之構造（二級ガソリン
　　　　　自動車　圖Ⅳ-4）

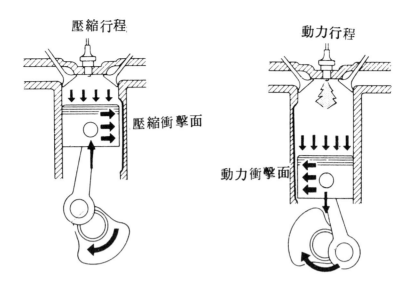

圖 3－2，8 活塞之衝擊面

活塞環種類 ┬ 壓縮環
　　　　　├ 油　環
　　　　　└ 膨脹環 (襯環)

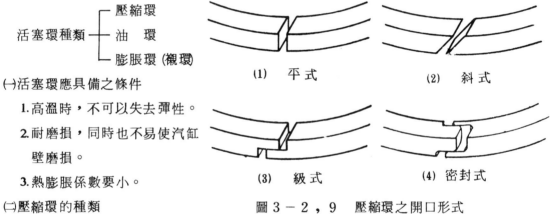

(1) 平　式　　　　(2) 斜　式

(3) 級　式　　　　(4) 密封式

圖 3－2，9 壓縮環之開口形式

(一)活塞環應具備之條件

　1.高溫時，不可以失去彈性。

　2.耐磨損，同時也不易使汽缸

　　壁磨損。

　3.熱膨脹係數要小。

(二)壓縮環的種類

　1.以開口形式分：如圖 3－2

　　，9所示。有平式、斜式、級式和封閉式。

　2.以斷面形狀分：如圖 3－2，10所示。有平面式（ plain type ）、斜面式（ taper

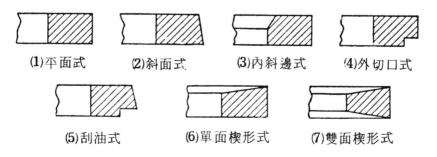

(1)平面式　　(2)斜面式　　(3)內斜邊式　　(4)外切口式

(5)刮油式　　(6)單面楔形式　　(7)雙面楔形式

圖 3－2，10 壓縮環斷面形狀（二級ガソリン自動車　圖 Ⅳ－6）

fase type ）、內斜邊式（ inner bevel type ）、外切口式（ outer cut type ）、刮
油式（ scraper type ）、單面楔形式（ one side keystone type ）、雙面楔形式（
two side keystone type ）。

㈢油環的種類

1.整體式：用合金鑄鐵鑄成，於環的中央開槽，依槽的形狀及斷面形狀可分爲下列數種

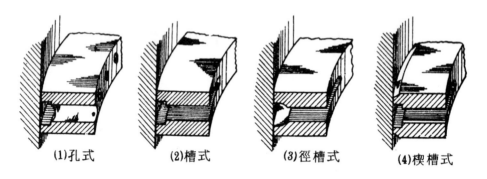

(1)孔式　　　　(2)槽式　　　　(3)徑槽式　　　　(4)楔槽式

圖 3 − 2 , 11　　整體式油環油槽之形狀

(1)依油槽形狀分：如
　　圖 3 − 2 , 11所示
　　。有孔式（ dril-
　　led type ）、槽
　　式（ slotted
　　type ）、徑槽式

(1)直切式　　　(2)斜切式㈠　　　(3)斜切式㈡

圖 3 − 2 , 12　　整體式油環之斷面形狀（二級 ガソリン
　　　　　　　　　　自動車　圖 Ⅳ − 7 ）

（ radius slotted type ）、楔槽式（ wedge slotted type ）。

(2)依斷面形狀分：如圖 3 − 2 , 12所示。有直切式、斜切式。

2.組合式油環：高速引擎，爲了有效控制汽缸壁之機油，常使用組合式油環，係由兩片
　　合金鋼片及鱗狀彈簧與張力環等組成，如圖 3 − 2 , 13。

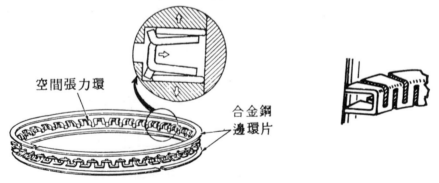

空間張力環

合金鋼
邊環片

圖 3 − 2 , 13　組合式油環（三級自動車　　圖 2 − 2 , 19　伸縮式油環
　　　　　　　　ガソリン . エンジン　圖
　　　　　　Ⅳ − 9 ）

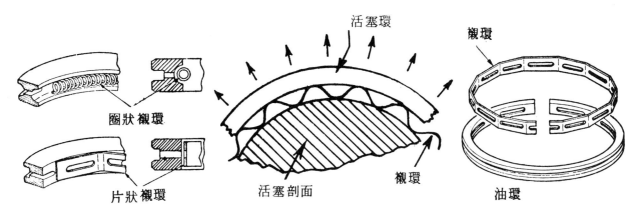

圖狀襯環

片狀襯環

活塞環

襯環

活塞剖面

襯環

油環

圖3－2，14　襯環之構造及作用（二級ガソリン自動車　圖 IV －8 ）

3.伸縮式油環：有些引擎直接使用如圖3－2，14所示，由合金鋼片製成之伸縮式油環。

㈣膨脹環

膨脹環又叫襯環，一般用在油環之內或第二道壓縮環之內，以增加環之張力。襯環種類有二，即片狀襯環與圈狀襯環，圖3－2，15所示為襯環之構造。

㈤活塞環之機油控制

1.進汽行程時：

如圖3－2，15所示。活塞下行，壓縮環停於環槽上方，留下少量之機油在汽缸壁上形成油膜，將多餘之機油刮除。以供壓縮行程時潤滑之用。機油由環下方進入環背與槽底之間，若環磨損而槽之間隙過大，或汽缸壁磨損而與活塞之間隙過大時，則進入環槽內之機油量很多，機油易進入燃燒室，使機油消耗量大增。

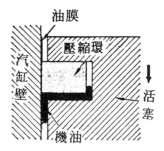

油膜

壓縮環

汽缸壁

活塞

機油

圖3－2，15　進汽行程時之作用（二級ガソリン自動車　圖 IV －10 ）

2.壓縮及動力行程時

在壓縮及動力行程，汽缸內汽體之壓力，使壓縮環壓向汽缸壁，而防止漏汽。如果壓縮環或汽缸壁磨損，而無法保持氣密時，則產生漏汽，使引擎無力。如圖3－2，16所示

3.排汽行程時

活塞上行，環在槽之下方，環需將附著於汽缸壁上之碳粒刮掉，使隨排汽而排除，或進入機油中。故機油使用一段時間後會變黑。如圖3－2，17所示。

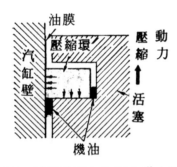

圖 3 - 2 , 16　壓縮行程之作用（動力行
程亦同）（二級ガソリン
自動車　圖Ⅳ -11）

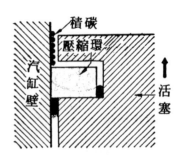

圖 3 - 2 , 17　排汽行程之作用（二級ガ
ソリン自動車　圖Ⅳ －
12）

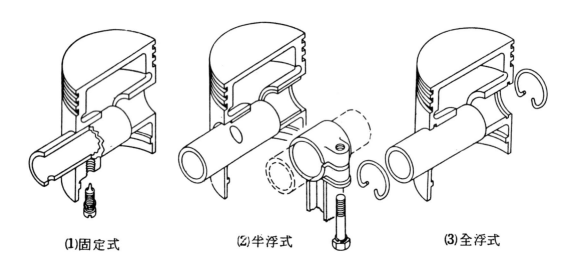

(1)固定式　　　　　　(2)半浮式　　　　　　(3)全浮式

圖 3 - 2 , 18　活塞銷之安裝方法

六、活塞銷

㈠連接活塞與連桿小端，普通用合金鋼管製成，表面並淬硬磨光，以增加耐磨性。

㈡活塞銷安裝方式：如圖 3 - 2 , 18 所示

1. 固定式　活塞銷用螺絲固定在活塞上，連桿小端上有銅套，可以滑動。

2. 半浮式　活塞銷固定在連桿上，活塞的銷孔與活塞銷可以相對運動。

3. 全浮式　活塞銷不與活塞及連桿相固定，而在二端以扣環扣住，防止活塞銷滑出。

3-2-2　連桿總成

一、構造如圖 3 - 2 , 19所示。係將活塞的動力傳到曲軸，同時將活塞的往復運動變成轉動。

連桿受活塞之衝力而上下震動及擺動。故通常使用鎳鉻合金鋼鍛製而成，斷面成 I 字型，以增加強度及減輕重量。

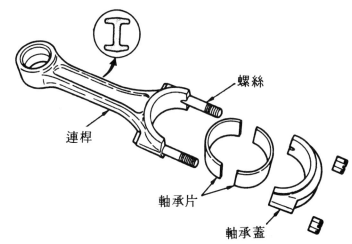

螺絲

連桿

軸承片

軸承蓋

圖 3 − 2 , 19　中垂式連桿（二級シーゼル自動車
　　　　　圖 2 − 21 ）

二、連桿小端與活塞銷連結,大端則分成二半用螺絲固定,內部包含二片軸承片。

三、連桿之類別

　㈠中垂式：如圖 3 − 2 , 19所示，此式使用最多。

　㈡偏接式：如圖 3 − 2 , 20所示。

　㈢斜角式：如圖 3 − 2 , 21所示，大部份使用於柴油引擎上。

四、二行程汽油引擎因採混合循環潤滑方式，故連桿大端使用滾柱式軸承。

3 - 2 - 3　曲軸總成

一、曲軸總成由曲軸（ crank-shaft ）、曲軸軸承（ crank-shaft bearing ）、軸承蓋（ crank-shaft cap ）、飛輪（ fly wheel ）、減震器（ torsional vibration damper）等構成。

二、曲軸為引擎之脊骨：它將各活塞及連桿的作用力，在此變成迴轉運動，而由飛輪輸出動力，普通均由鎳合金鋼鍛製成胚後；先將曲軸頸及曲軸柄車光，然後在非曲軸承處鍍銅

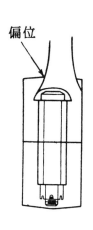

偏位

圖 3 − 2 , 20　偏位式連桿

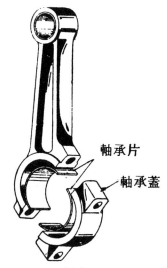

軸承片

軸承蓋

圖 3 − 2 , 21　斜角式連桿（自動車百科
　　　　　全書　圖 2 − 201 ）

後放入碳爐做表面滲碳處理，使軸頸表面變成一層薄而硬的表面，經磨光後做為軸承之摩擦面，以增其耐磨性且具有韌性。但曲軸亦有使用含銅的合金鋼製成毛胚，可減少製造成本。其內部鑽有油孔，及裝置平衡配重以抵消活塞及連桿總成的慣性作用，如圖3－2，22所示。

三、曲軸排列以最佳平衡而設計。曲軸排列不同則點火次序亦不同。

四、二行程汽油引擎因其連桿大端為整體式，故曲軸製成可分離式，如圖3－2，23所示。

五、二行程汽油引擎因混合汽須進入曲軸箱預壓，故曲軸箱必須完全氣密，多汽缸者其曲軸箱各自獨立，在主軸承外要使用氣密封圈，且各缸均個別完全氣密。

圖3－2，22　曲軸各部名稱（二級ガソリン自動車　圖Ⅳ－1）

六、飛　　輪

㈠功用　在動力行程時吸收並暫時儲存動能，而在進汽、壓縮、排汽時再將動能輸出，使引擎動力平衡轉速平穩，並做為離合器之主動件及起動引擎時之被動件，汽缸數愈少所需之飛輪愈重愈大，普通四缸引擎有40%的動能儲存，6缸引擎約有20%。

㈡構造　普通為鑄鐵磨光，齒環係加熱後鑲於飛輪上。點火正時記號亦有在飛輪上者。圖3－2，24為一般機械摩擦片式離合器所使用之飛輪。圖3－2，25所示為液體離合器所用之飛輪。

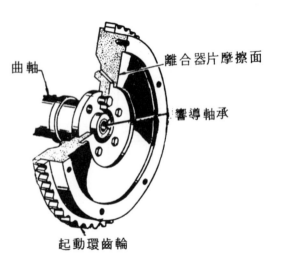

圖3－2，23　可分離式曲軸總成（自動車百科全書　圖2－103）

圖3－2，24　機械離合器用之飛輪（自動百科全書　圖2－53）

3-2-4　汽　　門

一、汽門工作情況

㈠速度　一部四行程引擎每小時60 km的速度行駛，汽門每小時要開閉約150,000次

㈡時間　汽車以普通速率行駛時，汽門打開及關閉的時間僅有短短的1／100秒，其

中開的時間佔⅓，關著的時間佔⅔。

㈢溫度　排汽門及汽門座忍受高達約 2200
　　°C的高溫，而仍能保持原來的硬度和形狀
　　。

㈣行程　汽車每行駛 4 km 之路程，汽門在
　　導管中移動總行程約有 1 km 遠。

㈤力量　每個汽門本身重約 150 克，卻須控
　　制約30匹馬力和約 500 Kg 的壓力而不漏汽
　　。

圖 3－2，25　液體離合器所使用之
飛輪

二、普通進汽門及座因承受之溫度較低，故通
　　常使用矽鉻合金鋼或奧斯田鐵鋼（ Asten-
　　itic Steel ）製成。

三、汽門的冷却

　　進汽門可由新鮮低溫混合汽冷却，排汽門所通過的為高溫度之燃燒氣體，故排汽門經常
　　在紅熱狀態。故一般重型引擎，常採用鈉冷却汽門，其係在汽門桿中間挖空，充以半滿
　　之金屬鈉（ metallic sodium ），汽門開閉時，鈉在裡面上下震動，可吸收大量熱，而
　　將熱經由汽門導管發散到冷却系中。

四、汽門導管

　　用鋼或特種合金鑄鐵製成，壓鑲在汽缸體或汽缸蓋，內徑與汽門桿精密配合以引導汽門
　　在固定位置上下移動。

五、汽門座

　　普通在汽缸翻砂鑄造時，加入鎳鉻，變成局部鑄鐵合金，使能耐熱、耐磨及衝擊。此外

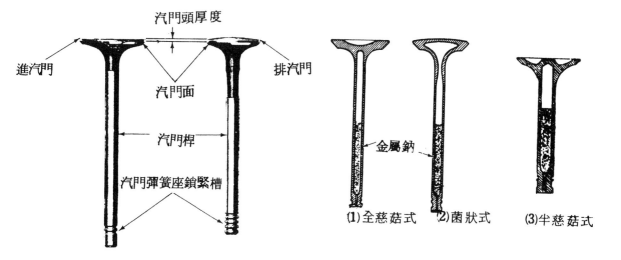

圖 3－2，26　汽門各部名稱　　　　　圖 3－2，27　汽門形狀及充鈉汽門

另有用鎳鉻合金鋼或奧斯田鐵以離心澆鑄法製成汽門座圈，再以冷縮法鑲到汽缸體上，
圖 3 - 2 , 26 為汽門各部名稱及構造。

六、汽門的類別

㈠菌狀式　如圖 3 - 2 , 27 ⑵ 所示。

㈡全慈菇式　如圖 3 - 2 , 27 ⑴ 所示。

㈢半慈菇式　如圖 3 - 2 , 27 ⑶ 所示。

七、汽門彈簧

汽門彈簧係用高級彈簧鋼絲繞成，二端磨平使壓力平均，其表面均塗上一層保護漆或加
以電鍍，大多數車子均使用一條彈簧，一端疏，一端較密，以避免產生諧震，使汽門無
法關閉，現多用一大一小的彈簧套在一起以減少諧震。

八、汽門彈簧座鎖扣

汽門桿與汽門彈簧座鎖扣之種類如圖 3 - 2 , 28 所示。

九、汽門與汽門座配合角度

通常進汽門為 $30°$ 或 $45°$，排汽門為 $45°$。有些車子將汽門磨成 $45°$，而座磨成 $46°$，
或汽門磨成 $44°$ 而座磨成 $45°$，使成線接觸，提高密封度。

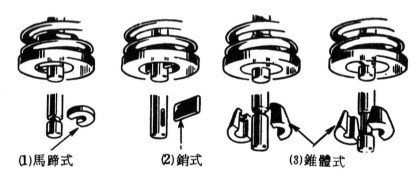

(1)馬蹄式　　　(2)銷式　　　(3)錐體式

圖 3 - 2 , 28　汽門彈簧座鎖扣之種類

3 - 2 - 5　汽門操作機構

一、凸輪軸總成　包括凸輪軸（ cam shaft ）、軸承、鏈輪（ chain sprocket ）、鏈
條（ chain ）。如圖 3 - 2 , 29 所示。

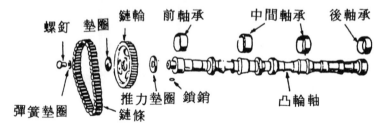

螺釘　墊圈　鏈輪　前軸承　中間軸承　後軸承

彈簧墊圈　　推力墊圈　鎖銷　凸輪軸　鏈條

圖 3 - 2 , 29　凸輪軸總成

二、正時機構活塞移動和汽門開閉及火花點火，其時間都須精確的配合，故曲軸和凸輪軸的轉動角度須精確配合且固定不變。其傳動方式分為正時鏈條（圖3－2，30）或正時皮帶（圖3－2，31）及正時齒輪（timing gear）（圖3－2，32）二種。正時鏈條或正時齒輪通常用合金鋼料製成，齒面並經淬硬磨光。但現今亦有用膠木（bake lite）、西羅龍（celoron）及其他酚脂材料（phenolic materials）塑造而成者，此類材料

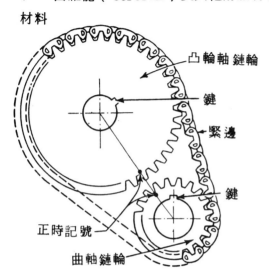

圖3－2，30㈠　正時鏈輪之正時記號

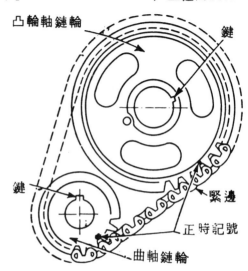

圖3－2，30㈡　正時鏈條與鏈輪之記號

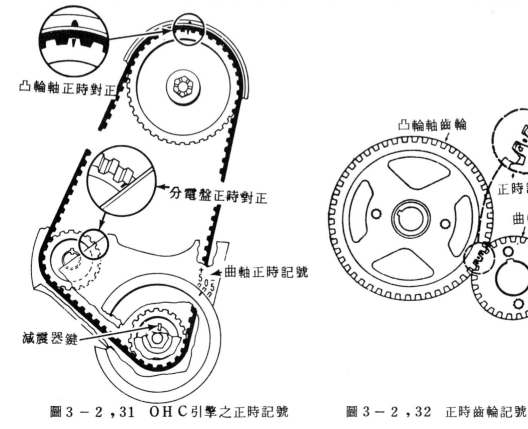

圖3－2，31　OHC引擎之正時記號

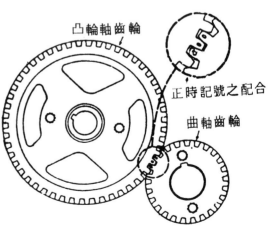

圖3－2，32　正時齒輪記號

重量輕而彈性極佳，在高速時可承受較大負荷，且操作時無響聲。現代OHC引擎使用附有齒之人造橡膠皮帶，能耐高溫，運轉無響聲。

三、引擎汽門之操作機構

(一)如圖3－2，33所示係由凸輪推動挺桿或稱舉桿，經推桿、搖臂再推動汽門。此式稱為O.H.V型引擎。

(二)如圖3－2，35所示，稱為O.H.C引擎，此外亦有用二根凸輪軸者，稱為D.O.H.C，此式汽門推動機構無舉桿及推桿，而直接由凸輪軸經過搖臂傳至汽門，或直接推動汽門，如圖3－2，34所示之D.O.H.C型。

(三)現代汽車逐漸採用多汽門化，來使得進汽充足、排汽完全，增進容積效率。圖3－2，36所示為一汽缸使用二個進汽門及兩個排汽門的構造及汽門裝置位置。其汽門操作機構有如圖3－2，37所示使用單凸輪軸直接操作搖臂式，亦有使用雙凸輪軸式如圖3－2，38所示，3－2，39所示

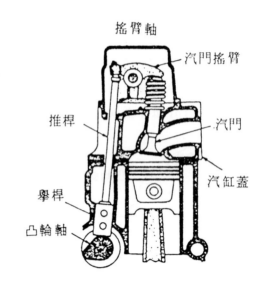

圖3－2，33　OHV型（日產技能修得書 E 0064）

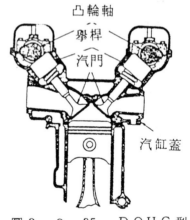

圖3－2，35　DOHC型

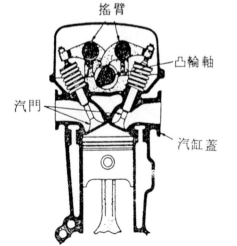
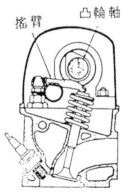
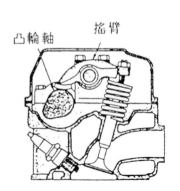

圖3-2，34　OHC型（日產技能修得書E 0065）

及使用引擎側凸輪軸經舉桿、推桿、搖臂操作式。

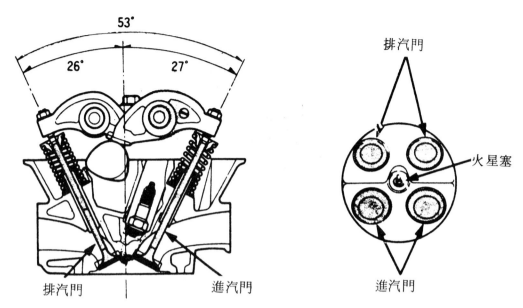

圖 3 - 2，36　中央火星塞式屋脊型燃燒室與汽門安裝角度　　　　（自動車工學）

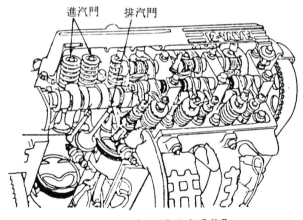

圖 3 - 2，37　四汽缸 12 只汽門引擎

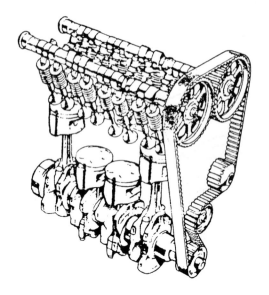

圖3-2，38　四汽缸16只汽門引擎

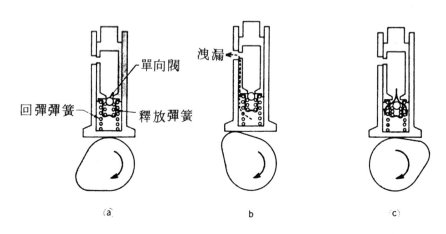

圖3－2，40　液壓舉桿的作用（日產技能修得書Ｅ0078）

㈣因為引擎熱時各機件均膨脹，為使熱時仍能密切配合，故在搖臂與汽門腳間有一空隙，
　　謂之汽門腳間隙。其最大缺點為引擎運轉時有響聲，且磨損亦大。為了改善其缺點，乃
　　在凸輪與基圓之二側設有一段很小的斜面，使汽門之開啟及閉合較緩，以減少磨損及響
　　聲。現代高級引擎為減少運轉時的響聲及經常調整汽門腳間隙的麻煩，使用液壓汽門舉
　　桿（ hydraulic type valve lifter ）如圖3－2，40所示。

㈤液壓汽門舉桿

　1.在凸輪未推動舉桿前，機油從潤滑油道經舉桿體及柱塞的油孔進入柱塞內，將柱塞下
　　部之油壓室充滿。

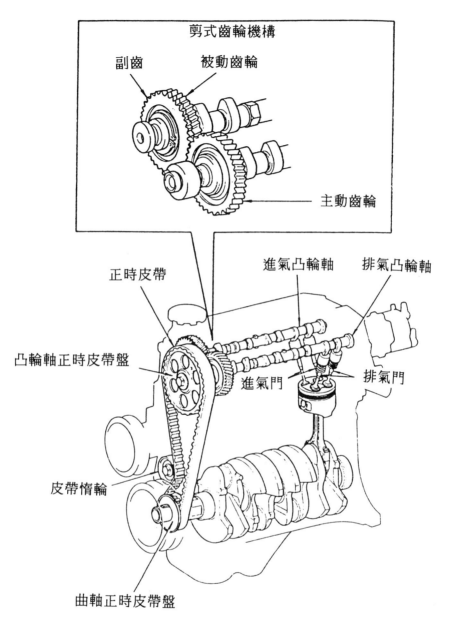

圖 3－2，39　　豐田(TOYOTA) 4 AF引擎汽門操作機構

2.凸輪往上推動舉桿時，油壓室內之油壓升高，將單向門關閉，使液壓舉桿總成成為一個整體件，將汽門推開。有部份機油自柱塞及舉桿體間漏出，維持潤滑。

3.凸輪由最高點往下行時，汽門彈簧將汽門關閉，同時亦將汽門舉桿往下推回，約至最低位置時，柱塞下面之彈簧往下壓，使其與凸輪密接，同時亦向上推柱塞，仍使與推桿或搖臂緊壓。此時油壓室內的油壓降低，單向門重開，使油壓室之機油得以補充。

㈥減壓汽門裝置

在柴油引擎上為了起動容易，乃在起動引擎時先將汽門打開，因無壓力曲軸轉速增快，然後將控制桿拉回原位,使引擎起動。

有減壓凸輪及偏心搖臂軸式,如圖3－
2,41所示。

四、汽門旋轉器

用來使汽門在開閉時能轉動一些角度之
裝置。

㈠汽門每次開閉時能轉動之好處:

1.汽門面與汽門座能保持清潔,防止積
碳或雜物堆存其間,使汽門閉合緊密

2.汽門頂部溫度分佈比較均勻。

3.汽門粘滯的故障較少。

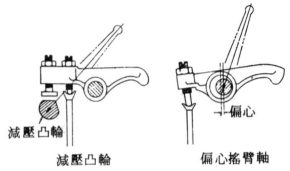

減壓凸輪　　　　　　　偏心搖臂軸

圖3－2,41　減壓汽門二種設計方式(自
動車百科全書　圖2－203)

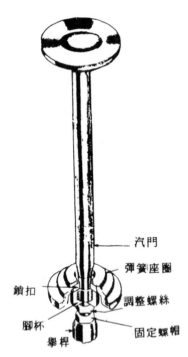

圖3－2,42　自由式汽門旋轉器

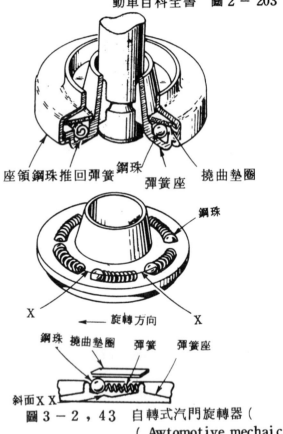

座領鋼珠推回彈簧　鋼珠　　撓曲墊圈
　　　　　　　　彈簧座

鋼珠

鋼珠　撓曲墊圈　　彈簧　　彈簧座

斜面XX

圖3－2,43　自轉式汽門旋轉器(
(Awtomotive mechaic
7th Ed Fig 14－16)

4.汽門使用壽命增長。

㈡汽門旋轉器種類:

1.自由式

如圖3－2,42所示;當舉桿調節螺絲推腳杯(tip cup)時,先經鎖扣將彈簧座向
上推,使汽門彈簧壓縮,然後腳杯的底部碰到汽門腳,再將汽門向上推,因此時彈簧
已不再壓住汽門,故汽門受到引擎的震動,而可以自由旋轉。

2.自轉式

　　如圖 3－2，40所示；當汽門舉桿調節螺絲向上推汽門腳時，汽門彈簧對座領的壓力增大，將撓曲墊圈壓成平直，再壓到每個鋼珠上，則鋼珠沿斜槽滾下，對彈簧座施反作用力，使彈簧座轉動若干度，彈簧座既由鎖扣鎖在汽門腳上，故汽門亦隨彈簧座轉動。當汽門關閉時，座領所受的壓力減小，彈簧再將鋼珠推回原位，以備下次再旋轉汽門。

3-2-6　引擎軸承

一、汽車引擎所使用的軸承，可分為下列數種：

　　㈠軸襯（bushing）如連桿小端使用者。

　　㈡平軸承（plain bearing）如連桿大端使用者。

　　㈢凸緣軸承（flanged bearing）如主軸承使用者。

　　㈣推力片（thrust plate）如凸輪軸上使用者。

二、平軸承多用精密軸承（precision bearing）以低碳鋼做背殼，背殼內面再襯以軸承合金，其厚度視軸徑大小而定。其構造如圖 3－2，44所示。

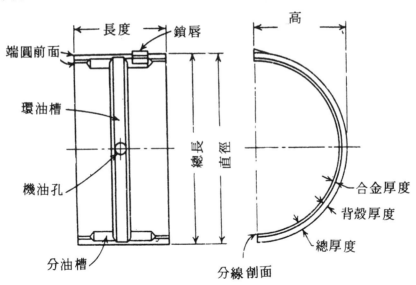

圖 3－2，44　精密平軸承

三、精密凸緣軸承，如圖 3－2，45所示，每一根曲軸均裝置一～三個以支承曲軸之軸向移動。

第 三 節　進排汽裝置

3-3-1　進排汽岐管

一、進汽岐管係將化油器送來的混合汽均勻分
配至各汽缸中，如圖3-3，1所示。

二、排汽岐管係將汽缸中燃燒後的廢汽滙集至
排汽管中，再經消音器排至大氣中，如圖
3-3，2所示。

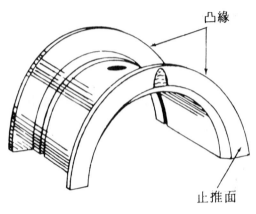

凸緣

止推面

圖3-2，45　曲軸凸緣推力軸承

三、欲使混合汽能均勻分配到各汽缸，進汽岐
管之斷面形狀、長度及彎曲度等必須依流體力學特性做精密設計。

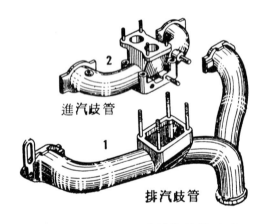

2

進汽岐管

1

排汽岐管

圖3-3，1　進排汽岐管總成

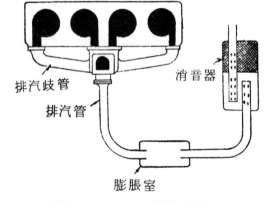

排汽岐管

排汽管

膨脹室

消音器

圖3-3，2　排汽系統總成

四、欲使排汽岐管作用良好，其內部必須
光滑且轉角處必須成流線形，以減少
排汽阻力。如圖3-3，4所示

五、為加速汽油的汽化，在進汽岐管下部
均利用加熱的方法促進汽化。加熱方
式有排汽加熱式及冷却水加熱式兩種
：

　㈠排汽加熱方式　如圖3-3，3所示
，將進排汽岐管裝在一起，並使用一
個熱控制閥（ heat control valve ）

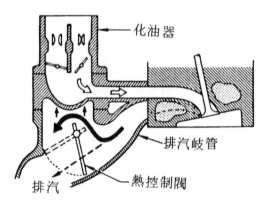

化油器

排汽岐管

熱控制閥

排汽

圖3-3，3　排汽加熱方式（日產技能修
得書 E 0160 ）

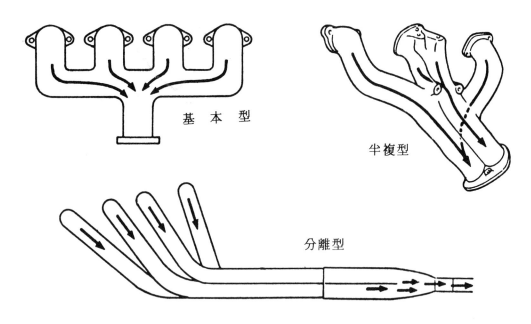

圖3－3，4 排汽岐管的型式（日產技能修得書E 0162 ）

簡稱節熱門。引擎冷時利用排汽熱使
　進汽岐管迅速變熱，增加汽油汽化。
㈡冷却水加熱方式　如圖3－3，5所
　示。利用冷却水在引擎中循環所吸收
　的熱來使進汽加熱。

3-3-2 消音器

一、消音器功用就是使排汽之壓力降低，
　並使其排洩時聲音減小，故其位置係
　在排汽管之末端或接近末端之處。
二、通常以鋼皮製成，內含有許多小孔的
　消音器及共鳴室。有些外面並包以玻
　璃纖維以吸收震動及噪音。有三種基
　本型式：
　㈠同心式　構造如圖3－3，6所示，
　　摩托車上使用此式者較多。
　㈡不同心式　構造如圖3－3，7所示
　　，一般大型車使用較多。
　㈢橢圓式　構造如圖3－3，8所示，

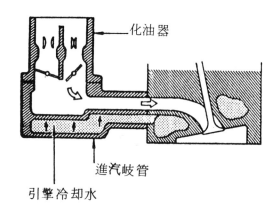

圖3－3，5　溫水加熱方式（日產技能
　　　　　修得書E 0161 ）

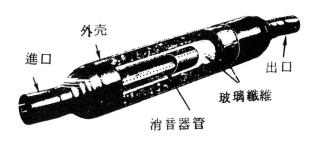

圖3－3，6　同心式圓筒型消音器

一般小型車使用較多。

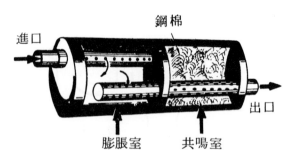

圖3－3，7　不同心式圓筒型消音器
　　　　　（自動車百科全書　圖
　　　　　　2－138　）

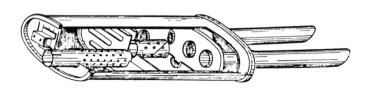

圖3－3，8　橢圓型消音器
（自動車整備〔Ⅱ〕）

3-3-3　發散控制系統

一、減少CO、HC的方法

㈠CO係燃料不完全燃燒的結果，因此要減
少CO排出量如圖3－3，9所示，採用
較稀之混合比即可。但太稀的混合比，點
火困難，且易發生漏火，而使HC增加並
使引擎馬力降低。

㈡HC係燃料不經過燃燒所排出之氣體成分
，其發生之傾向與CO相似，如圖3－3
，10所示，混合汽較濃時容易發生；但如
過度稀薄時亦容易發生；又使用引擎煞車
時大量發生，因此減速時之控制有特別注
意之必要。

㈢故減少CO、HC發生量的共同方法是使
用較稀的混合汽，使其安定的燃燒，其具
體改進方法如下：

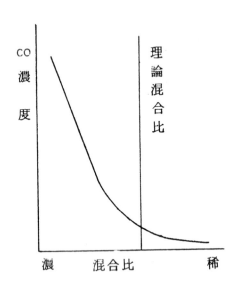

圖3－3，9　混合比與CO濃度

1. 改良化油器之構造，使能隨時供給良好的混合汽。

2. 採用電子控制式燃料噴射系統，使能經常控制混合比在最適當之狀況下。

3. 加熱進汽，使汽油容易汽化。

4. 改良進汽岐管的形狀，使分配到各汽缸之混合汽均勻。

5. 使吸入汽缸中之混合汽產生亂流，以促進燃燒。

6. 在減速時，不要讓節汽門急激關閉，以防止因空氣量不足而發生不完全燃燒。

7. 在減速時，使進汽岐管內導入空氣或混合汽，以維持容易燃燒之狀態，以防止不完全燃燒的產生。

8. 在減速時停止燃料的供給。

二、減少NOx 的方法

減少NOx 的產生如圖3－3，11所示，係在理論混合比附近濃度最大，燃燒效率愈高。也就是燃燒溫度愈高，特別於引擎加速時之產生量最多。因此減少CO、HC之原理與減少NOx 之原理互相矛盾，要有效減少NOx 的方法較難，且會影響引擎性能，一般採用下列幾種方法：

㈠供給較理論混合比為稀之混合汽，使其較安定完全的燃燒。

㈡將定量的不活性排出氣體再導入吸氣側，使最高燃燒溫度降低，以抑制NOx 之發生，此法稱排汽再循環（ exhaust gas recirculation 簡稱EGR ）。

㈢變更汽門正時，使具有如EGR之效果。

㈣使混合汽進入汽缸時能產生亂流，以提高燃燒速度，縮短最高溫度的時間。

㈤使用兩只火星塞同時點火，以提高燃燒速度，縮短最高溫度時間。

㈥改良燃燒室設計，如設副燃燒室、亂流產生洞等，以產生火焰噴流，提高燃燒速度，縮短最高溫度時間。

㈦觸媒反應器的使用，使排汽中NOx 之氧（O_2）轉入CO中而變成N_2及CO_2後排出。

三、圖3－3，12為低公害引擎控制裝置圖。圖3－3，13，3－3，14為淨化系統之例。

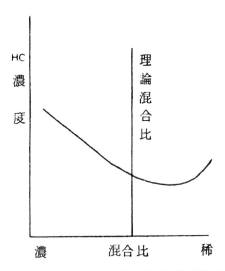

圖3－3，10　混合比與HC發生之關係

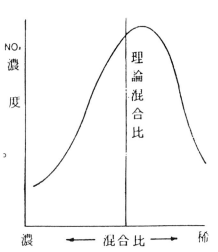

圖3－3，11　混合比與NOx 發生之關係

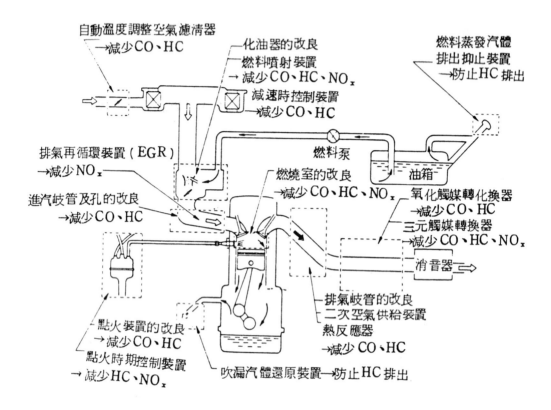

自動溫度調整空氣濾清器
→減少CO、HC

化油器的改良

燃料噴射裝置
→減少CO、HC、NO$_x$

減速時控制裝置
→減少CO、HC

燃料蒸發汽體
排出抑止裝置
→防止HC排出

排氣再循環裝置（EGR）
→減少NO$_x$

燃燒室的改良
→減少CO、HC、NO$_x$

燃料泵

油箱

進汽岐管及孔的改良
→減少CO、HC

氧化觸媒轉化換器
→減少CO、HC

三元觸媒轉換器
→減少CO、HC、NO$_x$

消音器

點火裝置的改良
→減少CO、HC

點火時期控制裝置
→減少HC、NO$_x$

排氣岐管的改良
二次空氣供給裝置
熱反應器
→減少CO、HC

吹漏汽體還原裝置→防止HC排出

圖 3－3，12　低公害引擎控制裝置（自動車排出ガス對策　圖Ⅲ－1）

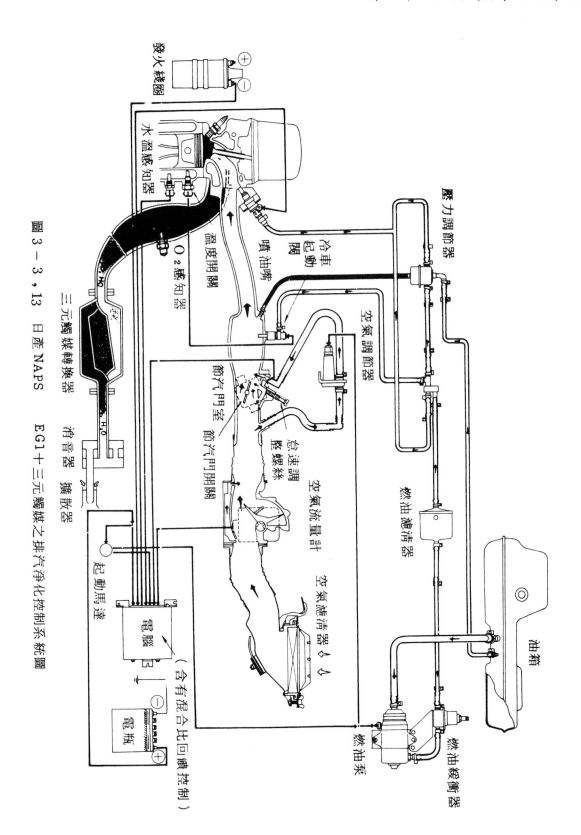

圖 3－3，13　日產 NAPS　　EG1十三元觸媒之排汽淨化控制系統圖

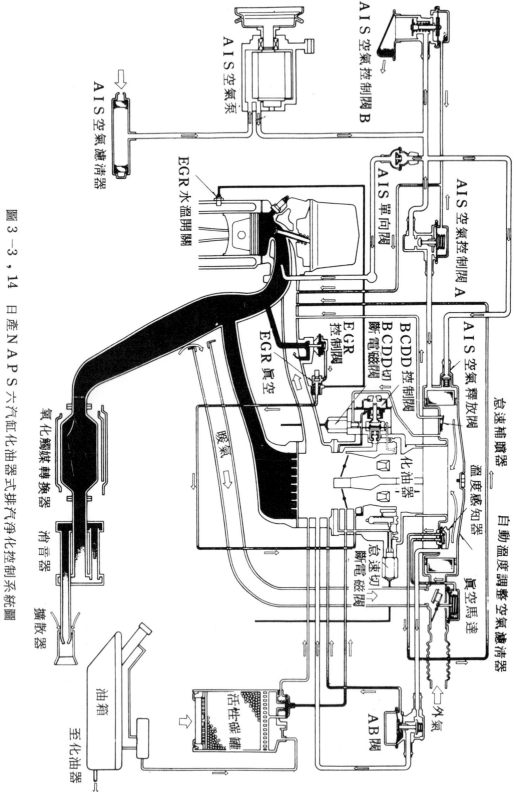

圖 3 −3，14　日產ＮＡＰＳ六汽缸化油器式排汽淨化控制系統圖

3-3-4 廢氣淨化之對策

一、新式汽車有三種發散控制系統：一為減少油箱及化油器浮筒室汽油蒸發損失之蒸發發散控制系統（evaporative emission control system），另二者為曲軸箱發散控制系統（crank case emission control system）及排汽發散控制系統（exhaust emission control system）。後二者係為使引擎曲軸箱及排汽中有害污氣降到安全限度之方法。關於曲軸箱發散系統，將在潤滑系中討論，蒸發發散控制系統將在燃料系中討論。

二、排汽發散控制系統

㈠混合汽不完全燃燒產生 CO、HC 及 NO_x。我們可將 HC 及 CO 在排出之前與 O_2 再行燃燒生成 CO_2 及 H_2O 或使用觸媒（catalytic）使其與氧再化合成無害之物質。

㈡二次空氣供給裝置

將空氣噴入排汽管中，使排汽中之 CO 及 HC 再進一步燃燒，是消除 CO 及 HC 最早使用之法；觸媒轉換器發明後仍繼續再使用，以提高觸媒轉換器之效果。二次空氣供給之方法有利用空氣泵的二次空氣噴射裝置（air injection system 簡稱 AIS）及利用排汽壓力脈動將空氣導入之裝置（exhaust air induce 簡稱 EAI）兩種。前者使用在六缸以上之引擎，後者使用在四缸以下之引擎。圖 3-3，15 為 AIS 之構造。

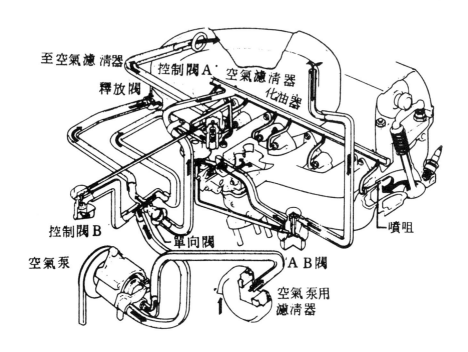

圖 3-3，15 二次空氣噴射系統構造（NISSAN CO）

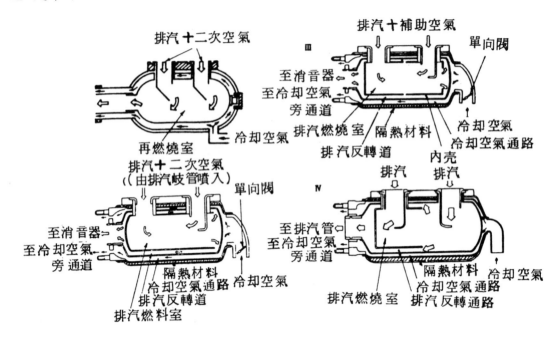

圖 3 - 3 , 16 　 熱反應器構造之變遷 (MAZDA CO)

(三)熱反應器 (thermal reactor)

熱反應器係將排汽岐管改良而成。在排汽岐管外面採用隔熱材料被覆,以隔絕內部熱量之傳出,除使HC及CO再氧化提高燃燒效率減少HC及CO排出量外,並可減少引擎室內熱的發散。排出汽體在熱反應器內滯留的時間及較長使有充分的時間燃燒,供應反應器之空氣,先經熱反應之周圍預熱,然後再噴入熱反應器內,可以提高燃燒效率。圖3-3,16為其構造之變遷。

(四)觸媒轉換器

1.氧化觸媒轉換器　在排汽管中裝置觸媒(凡協助其他物質使容易產生化學反應,而本身不產生變化之物質稱為觸媒),引擎排出之汽體通過觸媒時,其所含之HC及CO會迅速氧化變成H_2O及CO_2,可使排汽中所含之CO及HC減少。

2.三元觸媒轉換器　前述之氧化觸媒轉換器對NO_x之淨化毫無效果,NO_x必須使用還原反應,把NO_x中的O_2再轉入CO中,變成N_2和CO_2才能奏效。還原觸媒劑為鉑及銠(Rn)。同時能使

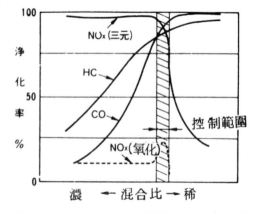

圖 3 - 3 , 17 　 三元觸媒轉換器控制範圍

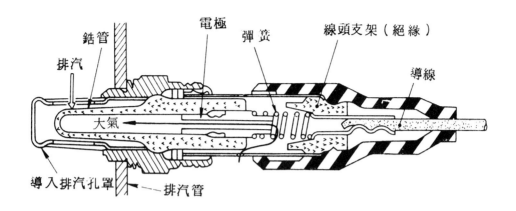

鋯管　　　電極　　彈簧　　線頭支架（絕緣）

排汽

導線

大氣

導入排汽孔罩　　排汽管

圖 3 - 3 ，18　含氧量感知器構造（Bosch CO）

CO、HC及NO$_x$淨化之轉換器稱爲三元觸媒轉換器。因爲三元觸媒轉換器只有在理論混合比附近之狹窄區域，如圖 3 - 3 ,17所示，才能發揮其淨化性能。故必須裝置含氧感知器及混合比回饋控制系統相配合，控制混合汽維持在理論混合比附近。含氧感知器其構造如圖 3 - 3 ,18所示。係利用空氣與排汽中之氧濃度的比，以產生電動勢（電壓）的一種電池。如圖 3 - 3 ,19所示，以理論混合比之混合汽燃燒後之排汽中所含氧濃度爲基準；混合汽較濃時，產生之電動勢極高，混合汽較稀時電動勢接近零。以此電壓之變化送到電子控制器，進而控制燃料的供應量，維持一定的混合比，使三元觸媒轉換器能發揮其淨化效能。

3. 雙層觸媒轉換器　未使用含氧感知器及混合比回饋系統之車輛，爲使轉換器充份發揮效能，使用雙層觸媒轉換器。前段爲三元觸媒轉換器，後段爲氧化觸媒轉換器，在二段之間供應二次空氣。圖 3 - 3 ,20爲雙層觸媒轉換器的構造。

4. 裝觸媒轉換器應注意事項

(1)絕對要使用無鉛汽油。

(2)引擎在轉動時，不可關閉發火開關。

(3)避免拔下高壓線試點火情況。

(4)確保點火系統功能正常，定期檢查點火系統。

(5)引擎發生燃燒溢流或不點火時，不可搖轉引擎60秒以上。

(6)汽車行駛時，觸媒轉換器溫度可達1000℃以上切不可將達到正常工作溫度的車輛停在易燃物上，以免引起火災。

(7)避免用推車的方法發動引擎。

(8)勿過度使用阻風門。

㈣排汽再循環裝置（EGR）

排汽再循環（ exhaust gas recirculation ），係將排汽的一部份再送入進汽系統與新鮮混合汽混合，以降低燃燒時之最高溫度，以減少NO_x 的發生量之方法。因排汽中含有多量的CO_2 惰性氣體，在燃燒時不發生作用，但能吸收大量的熱，使最高燃燒溫度降低。

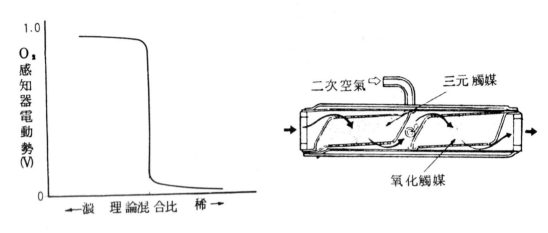

圖 3 - 3，19　含氧量感知器特性　　　圖 3 - 3，20　雙層觸媒轉換器

要使EGR能更有效的發揮其功能，減少NO_x 之發生量，確保引擎運轉性能，必須根據進汽溫度、冷却水溫、變速箱檔別及車子之運轉狀態，適當的控制進入進汽系統之EGR量。因引擎溫度低、怠速或負荷輕時，NO_x 的發生量很少不需引入EGR，以免影響引擎性能，因此EGR必須做很精密之控制。將EGR導入進汽系統的方法有送回節汽門的上方及節汽門的下方兩種。

1.EGR送到節汽門上方

圖 3 - 3，21所示，還流出口在節汽門與文氏管之間，構造簡單，EGR比率控制較易，為防止排汽溫度影響化油器其他部份，使用導熱性很小之膠木（ bakelite ） 材料。缺點為長期使用時，還流排汽中之碳會堆積在文氏管各噴油嘴、真空孔口處，使化油器混合比失常，現已不採用。

2.EGR送到節汽門下方

如圖 3 - 3，22所示，還流排汽送到進汽岐管，因控制閥之前後壓力差大，易生洩漏，控制機構較精密複雜，但不會造成化油器碳粒堆積之缺點，故使用較普遍。依控制方法可分真空式、排壓控制式及負荷比例式三種。

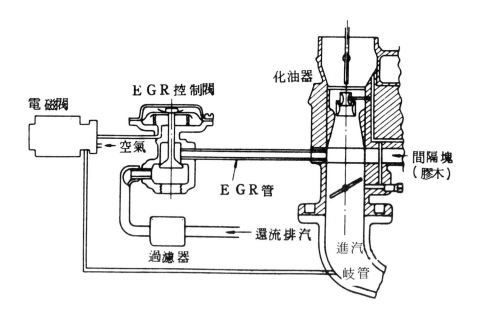

圖 3 - 3 ，21　　EGR送到節汽門上方

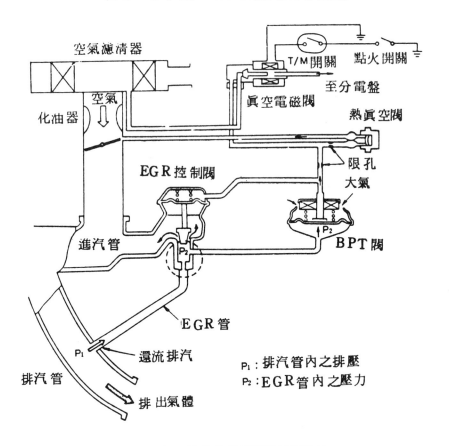

P₁：排汽管內之排壓
P₂：EGR管內之壓力

圖 3 - 3 ，22　　EGR送到節汽門下方

3-3-5 增壓器

一、近代許多汽車使用增壓系統，使混合汽或空氣以增壓充氣之方法增加容積效率提高引擎之輸出力。

二、增壓的方法有利用排汽驅動的渦輪增壓器（turbo charge）及使用引擎機械力驅動的鼓風增壓器（super charge）兩種。前者不需消耗動力，係利用排汽的剩餘能量，故可提高效率，為目前增壓進汽所使用。後者則需消耗引擎的動力，小型車較不適用。

三、排汽渦輪增壓系統

(一)圖3-3,23所示為排汽增壓裝置。其作用原理係利用排汽的熱與壓力推動渦輪轉動，渦輪與壓縮機軸同軸轉動，將化油器來的混合汽壓縮後送入進汽岐管，以高密度充入汽缸中，汽缸內的高密度混合汽於動力行程時能產生大動力。排出汽體導向排汽渦輪後排出，在進汽岐管的壓力到達設定壓力時，會使部份排汽直接排出，防止進汽壓力過高。

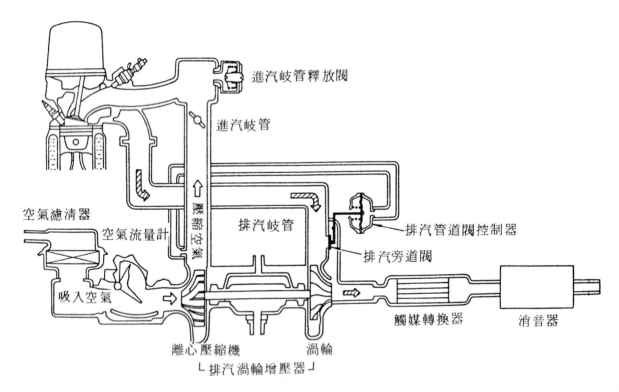

圖3-3，23　排汽增壓系統（日產技能修得書 E 0321）

(二)圖3-3,25所示為排汽渦輪之構造，排汽渦輪之最高轉速普通為8～10萬rpm，最高有達20萬rpm，且在 $900^\circ C$ 附近之高溫下工作，屬於高度技術的產品。渦輪為鑄鐵製向心輻射流式，壓縮機為鑄鐵製離心輻射流式，中間之殼室使用特殊有孔軸承，以支持渦輪與壓縮機軸；運轉時大量機油在軸承中循環，以維持軸能高速運轉。

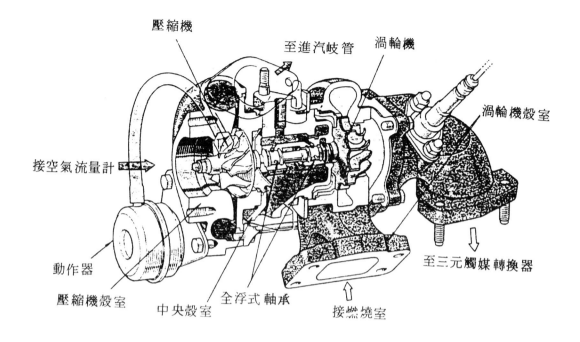

壓縮機

至進汽岐管　渦輪機

渦輪機殼室

接空氣流量計

動作器

壓縮機殼室

中央殼室　全浮式軸承

接燃燒室

至三元觸媒轉換器

圖3-3，25　渦輪增壓器的構造（カーテクノロジイ 31 p.139第1圖）

四、過輪增壓進汽引擎之保護裝置

㈠概述

使用排汽渦輪增壓進汽之引擎必須加以控制，否則易造成爆震，使引擎損壞。主要之控制為升壓的控制與火花的控制兩部分。

㈡升壓的控制

升壓控制的方法有兩種，一種是限制流到渦輪機之排汽量，或把被壓縮的空氣或混合汽排出一部分。

1.排汽旁道閥

圖3-3,24所示為排汽旁道閥及控制機構，排汽旁道閥由控制器操縱。控制器內有膜片及彈簧，一側通大氣，一側通進汽歧管，膜片彈簧之設定壓力為350±30mmHg。進汽歧管內之壓力低於規定時，旁道閥關閉。排汽全部經過渦輪機後流出；當進汽歧管內之壓力超過規定壓力時，膜片經槓桿使旁道閥打開，部分排汽從旁道閥流到排汽管。

2.進汽釋放閥

萬一排汽旁道閥故障無法打開時，會使進汽壓力超過規定。當壓力超過400mmHg($0.53kg.cm^2$)時，進汽釋放閥打開，一部分空氣排到大氣中(混合汽則流回增壓器入口)，以防止引擎爆震，保護引擎及渦輪增壓進汽設備。圖3-3-25所示為日產L20ET排放渦輪增壓進汽系統之裝置圖。

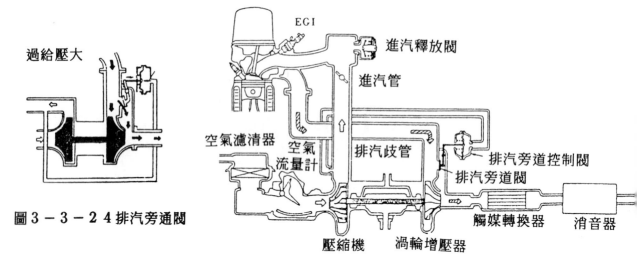

過給壓大

圖3-3-24排汽旁通閥

圖2-9，73　日產L-20ET增壓進汽系圖[註60]

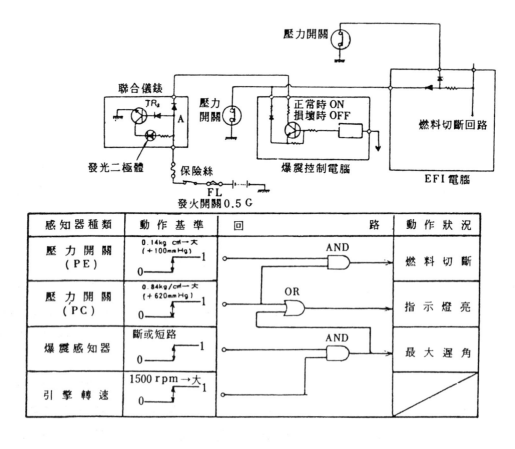

感知器種類	動作基準	回　　　　路	動作狀況
壓力開關 （PE）	0.14kg cm²→大 (+100mmHg) 1 0	AND	燃料切斷
壓力開關 （PC）	0.84kg/cm²→大 (+620mmHg) 1 0	OR	指示燈亮
爆震感知器	斷或短路 1 0	AND	最大遲角
引擎轉速	1500rpm→大 1 0		

圖3-3-26電子點火正時及燃料切斷控制系統(Toyota Co.)[註61]

㈢點火時間的控制

　　裝有渦輪增壓器之引擎在過給(over charge)時(即進汽量超過需要量)會產生爆震，發生爆震的結果會使引擎產生嚴重損壞，因此必須能確實避免爆震的發生。故裝置渦輪增壓器之引擎裝有爆震感知器，利用電子控制裝置來控制點火時間，當有爆震發生之可能時，使點火時間延遲。有些電子控制汽油噴射裝置之車子並能切斷燃料供應，圖2-3,26為電子點火正時及燃料切斷控制系統之例。

㈣警報裝置

　　裝置渦輪增壓器之引擎，當過度增壓或引擎機油的溫度不正常升高時，會使引擎造成嚴重損壞。為防止故障發生，必須裝置警報裝置，如圖3-3,27所示。不正常情形發生時，警告燈或峰鳴器即發出警告，駕駛人應立刻把車速降低，做必要的處理。

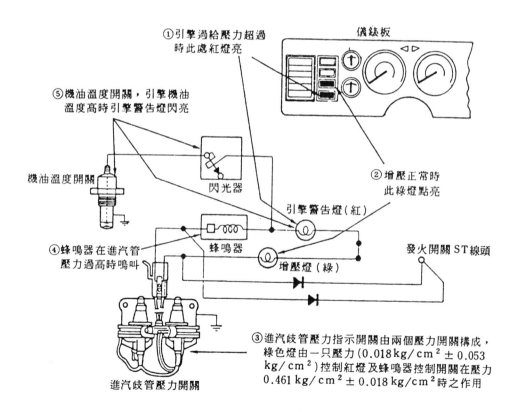

圖３－３－２７報警裝置[註62]

五、鼓風增壓器增壓系統

㈠排汽渦輪增壓器，雖然並不損失引擎的動力，但其在引擎低速時，因排汽衝力小，而無法達到增壓的效果。鼓風增壓器，因其內轉子的材料改用以輕金屬合金製成，僅僅消耗些微的引擎動力，且其在低速時即有增壓的作用，故現代高性能引擎又逐漸採用此式增壓器。

㈡其構造如圖 3－3，28所示，由鋁合金製成。其內亦用鋁合金製成一對中空的轉子。每個轉子有兩個葉瓣，轉子封閉在殼室內，並裝在軸上由引擎以皮帶驅動主動齒輪，二個轉子之驅動齒輪有正時記號，必須對正才能使二個轉子的葉瓣在任何情況下旋轉而不碰撞。葉瓣間之間隙極小，以防漏氣提高送風效率。驅動齒輪及軸承使用潤滑油來潤滑。

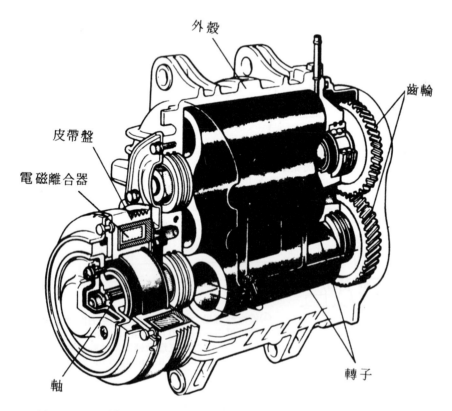

圖 3－3，28　鼓風增壓器的構造（自動車工學　臨時增刊第 5 圖）

㈢圖3－3，29所示為其作用。當主動齒輪轉一轉產生四次送風作用。鼓風機與引擎的轉速速比為 1.25：1。

㈣目前已有部份高性能引擎，同時使用鼓風增壓器與排汽渦輪增壓器。兼納兩者之優點使增壓進汽效果發揮到極至。

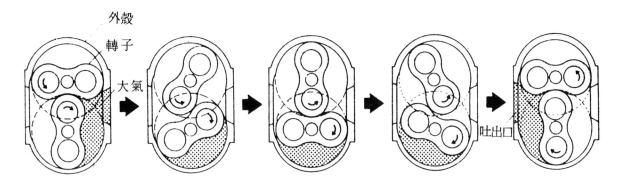

圖 3－3，29　鼓風增壓器的作用（自動車工學　臨時增刊第8圖）

習題三

一、是非題

（　　）1.E.G.R裝置可減少NO 排出，較改變汽門重疊開啟角度之效果為佳。

（　　）2.活塞銷不在活塞中央位置而有偏移，其目的是使引擎平穩。

（　　）3.展開式燃燒室，又叫直接噴射燃燒室，其形狀甚為單純，因表面積小，熱效率高，
柴油消耗量少，不需裝配預熱塞，使用多孔式噴油嘴。

（　　）4.汽門與汽門座配合角度，成線接觸，可提高密封性。

二、選擇題

（　　）1.目前汽缸蓋使用的材料是：①鋼②合金鋼③鋁合金。

（　　）2.柴油引擎不需裝配預熱塞的燃燒室型式為①展開室式②渦流室式③空氣室式。

（　　）3.目前所使用的活塞形狀大部份為①正圓②三角形③橢圓。

（　　）4.全浮式活塞銷之固定法是①以螺絲固定在活塞上②固定在連桿小端上③以扣環扣住
。

（　　）5.飛輪的功用①增加引擎轉數②使動力平穩③增加驅動力。

（　　）6.重型引擎排汽門內裝有鈉的目的是①增加強度②幫助散熱③減輕汽門的重量。

（　　）7.NO_x 在①理論混合比②混合比較稀時③混合比較濃時　的發生量最多。

三、填充題

1.汽缸套有（　　　　　　　）和（　　　　　　　）二種。

2.活塞在汽缸中做變速的（　　　　　　）運動。

3.活塞必須具備質輕強度大、（　　　　　　）、（　　　　　　）、（　　　　　　）等特性。

4.活塞銷安裝方式有（　　　　　）、（　　　　　）、（　　　　　）三種。

5.連桿的類別有（　　　　　）、（　　　　　）、（　　　　　）三種。

6.飛輪做為（　　　　　　）的主動件及（　　　　　　）的被動件。

7.汽門彈簧，一端疏，一端密是避免發生（　　　　　　）作用。

8.還原觸媒劑為（　　　　　）及（　　　　　）。

9.增壓器的種類有（　　　　　　）及（　　　　　　）兩種。

四、問答題

1. 現代新式引擎在燃燒室上有那些改良？

2. 柴油引擎燃燒室有那些型式？其特徵爲何？

3. 試述活塞環之機油控制？

4. 飛輪的功用爲何？

5. 何謂觸媒？汽車裝用觸媒轉換器有何用途？

6. 引擎爲何裝用增壓器？又增壓器如何作用？

第四章 燃料系統

第 一 節 燃料和空氣的混合比

一、一部汽油引擎，其空氣與燃料之比例需配合恰當，方能在汽缸裡完全燃燒，若燃料與相 對之空氣量的比例太多或太少皆無法使引擎發揮其效率。空氣燃油比是非常重要的，因為引擎在各情況之下皆需要正確的空氣燃油比例。也就是說引擎之馬力性能，是由進入汽缸之空氣－燃油混合的量來控制。

二、空氣燃油混合與馬力性能(參考圖4-1-1，
　　4-1-2，4-1-3)

　　㈠理論空氣－燃油比例

理論空氣－燃油比例它是一種混合比例，包含

讓燃料完全燃燒所需要之理論空氣量，通常汽油引擎之空氣－燃油比為15.16:1。惟裝有觸媒轉換器之汽油噴射引擎，為達最佳轉換效果空氣－燃油比為14.7:1。

　　㈡經濟空氣－燃油比例

經濟空氣－燃油比例是在一個設定馬力範圍內至少應有的燃料消耗量這個比例大於 理論比例為16-18:1。

　　㈢馬力空氣－燃油比例

馬力空氣－燃油比例是在一個設定的車速下提供最大馬力性能比例，這個比例小於 理論比例為12-13:1。

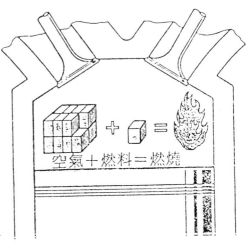

空氣＋燃料＝燃燒

圖4-1, 1

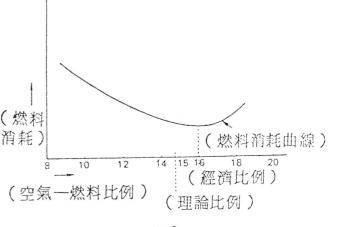

（燃料消耗）　　　　　　　　　　（燃料消耗曲線）

8　10　12　14 15 16　18　20
　　　　　　　　　　（經濟比例）
（空氣－燃料比例）
　　　　　　（理論比例）

圖4-1, 2

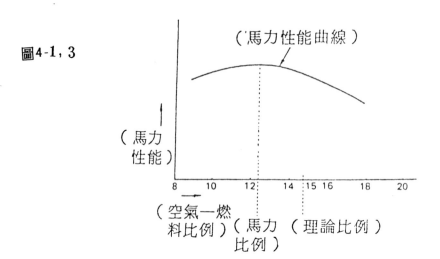

圖4-1，3

（馬力性能曲線）

（馬力
性能）

（空氣一燃
料比例）（馬力 （理論比例）
比例）

三、空氣中主要成分為氮（N_2）及氧（O_2），其容積比與重量比如表：

比 較 之 標 準	氧 百 分 比	氮 百 分 比	氮與氧成分比	空氣與氧成分比
容 積	20.9	79.1	3.8：1	4.8：1
重 量	23.1	76.9	3.33：1	4.33：1

四、空氣與汽油之重量混合比

通常以辛烷（C_8H_{18}）代表汽油元素。在燃燒過程中 N_2 與 C_8H_{18} 不作用，故以純氧與辛烷燃燒，其反應如下：

$$C_8H_{18} + 12.5\ O_2 \rightarrow 8\ CO_2 + 9\ H_2O$$

依重量計（ $12 \times 8 + 1 \times 18$ ）+（ 12.5×32 ）$\rightarrow 8$（ $12 + 32$ ）+ 9（ $1 \times 2 + 16$ ）

       114   +   400 $\rightarrow$ 352   +   162

設燃燒一份 C_8H_{18} 需要 x 份 O_2

則 $1 : x = 114 : 400$ 得 $x = 3.5$

故燃燒 1 Kg 之汽油需 3.5 Kg 之氧，但 4.33Kg 之空氣才有 1 Kg 之氧，故需要 3.5×4.33 = 15.16 Kg 之空氣。即空氣與汽油之混合比（重量比）為 15.16：1。

五、汽油與空氣之實際混合比

㈠混合比普通皆使用按其重量計算的空氣燃油比（ air fuel ratio 簡稱 A . F . R ）較多空氣燃油比最小極限 7：1，最大極限 20：1。

六、柴油與空氣的混合比

㈠柴油引擎中，係以不定量之柴油與一定量之壓縮空氣在汽缸內混合，故引擎之動力及轉速全由噴入汽缸內柴油之多少來決定之。

㈡因每次噴射柴油之量均在設計引擎最大需要的範圍內，故汽缸內之空氣始終十分充足，可使柴油完全燃燒，空氣與柴油依重量之混合比，可自全負荷下之 18：1 至無負荷下近於 200：1，因柴油引擎進入之空氣一定，且柴油可以控制故可得任何空氣與柴油之混合比。

㈢為了使噴射出來的柴油油粒，能夠和新鮮空氣接觸的機會增多，獲得完全燃燒起見，**實際上的空氣量**，要比理論上的多，此二者之比稱為空氣過剩率即

$$空氣過剩率 = \frac{燃燒－公斤燃料，實際上所用的空氣量}{燃燒－公斤燃料，理論上需要的空氣量}$$

第 二 節　汽油引擎燃料系統

4-2-1　概　　述

一、燃料及汽化系統設計的要求如下：

㈠適時、適量的供應汽油和空氣適當比例的混合汽，以配合各種操作情況的需要，並符合省油的原則。

㈡配合引擎燃燒室和點火系的設計，使混合汽燃燒良好，以提高引擎的熱效率。

㈢提供一組機構，以便簡易的控制引擎的轉速和動力。

㈣使引擎的操作安全，保養和修理方便。

二、現代汽車汽油引擎使用之燃料系統，有化油器及汽油噴射器兩大類，另有使用**液化石油汽（ＬＰＧ）為燃料者**。

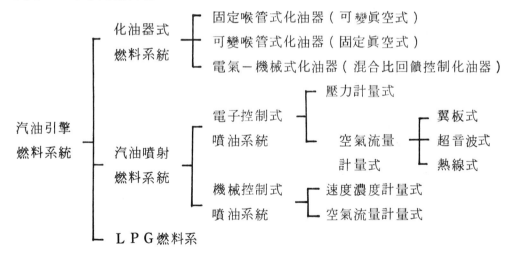

三、汽油引擎燃料系由油箱、油管、汽油泵、汽油濾清器及化油器或汽油噴射器等組成。

4-2-2　化油器式燃料系統

一、化油器式燃料系統是由油箱（ fuel tank ）、油管（ fuel pipe ）、汽油濾清器（ fuel filter ）、汽油泵(Fuel Pump)，化油器（ carburetor ）等組成如圖 4－2，1所示。

二、化油器又叫汽化器其功用為：

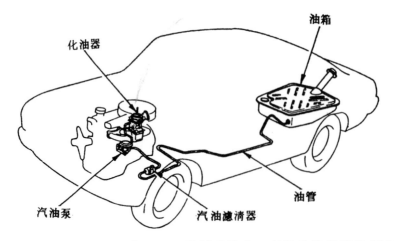

圖4-2,1 化油器式燃料系統（日產技能修得書E 0116）

(一)噴散汽油使成霧狀。

(二)使汽油霧化。

(三)使汽油和空氣混合成可燃燒的混合汽。

(四)依照引擎的工作情況，供給適當比例的混合汽。

三、文氏管原理

(一)文氏管的構造如圖4-2,2所示。

(二)在同一時間內，流過文氏管每一斷面空氣的體積相等，斷面積大時空氣流速慢，因而氣壓大即眞空小，斷面積小則反之。

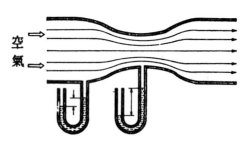

圖4-2,2 文氏管之構造（三級自動車ガソリン・エンジン p.8）

四、根據工作原理，化油器可分爲兩大類，第一類爲固定喉管式（fixed choke tube carburetor or fixed venturi tube carburetor）或叫靜力式化油器（static carburetor），這類化油器是利用文氏管處不同的眞空度以控制汽油的輸出量。第二類爲固定眞空式（constant vacuum carburetor）或叫可變喉管式（variable choke carburetor），此類化油器之眞空度差不多保持不變，以改變噴油嘴的大小，配合進入之不同的空氣量以適應引擎的需要。

五、固定喉管式化油器

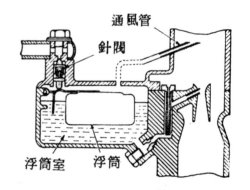

圖4-2,3 浮筒室油路（三級自動車ガソリン・エンジン 圖II-8）

㈠單管式化油器

單管式化油器為適應引擎各種狀況需要有六大油路：浮筒室油路（float chamber circuit）、怠速及低速油路（idle and low speed circuit）、主油路（main circuit）、加速油路（accelerating circuit）、強力油路（power circuit）、阻風門油路（choke valve circuit）。

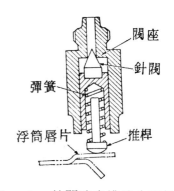

圖4－2，4　針閥總成構造（三級自動車ガソリン・エンジン圖Ⅱ－9）

1.浮筒室油路

(1)浮筒室油路為儲存汽油並供應汽油至各油路，且保持浮筒室內油面高度一定，使混合汽的空氣與汽油之比例適當。浮筒室之油面比主噴油嘴之噴口低約 1.0～1.5 mm。

(2)浮筒室油路之構造圖4－2，3所示，包括針閥、浮筒、通風管等。其作用如下：

①當浮筒室中的油面降低時，浮筒及浮筒針閥隨之下降，汽油從進油孔經濾網及浮筒針閥座，流入浮筒室中，使油面升高。

②油面升高時，浮筒亦隨之升高，將浮筒針閥向上推，至油面達到最高點時，浮筒針閥緊壓浮筒針閥座，即切斷供油，如圖4－2，4及4－2，5所示。

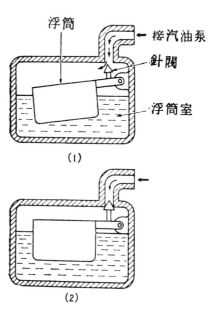

圖4－2，5　浮筒油面高度之控制（三級自動車ガソリン・エンジン　圖Ⅱ－10）

③油面的高度直接靠浮筒控制浮筒針閥的開、閉，故可保持浮筒室內油面高度不變。

④浮筒室中另有油道通至低速油路、高速油路、加速油路及強力油路。

⑤浮筒室蓋上有通氣孔，依其所受壓力而分為三種型式即：

A．平衡式又叫內通風式，其通風孔連通於空氣濾清器內，優點為文氏管與化油器內部的空氣壓力差，不受其他因素的影響。但熱引擎怠速運轉時，浮筒室中之汽油汽化，油汽經過通風管流入進汽岐管發生沸溢，使引擎運轉不穩。

B．不平衡式又叫外通風式，其通
風孔通於大氣中，因此當空氣
濾清器阻塞時會使混合汽變濃
，而發生浪費汽油的現象。
C．內外通風合併式，如圖4－2
，6所示，在內部通風管上開
一小孔與大氣相通。使熱怠速
浮筒室發生沸溢時，能由此孔
溢出。

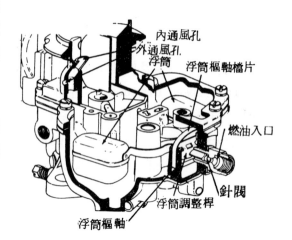

圖4－2，6　內外通風合併式

2.怠速及低速油路

(1)係供應引擎怠速空轉及低速時的混合
汽，並與高速油路配合，以供應從低
速過渡到高速期間的混合汽。

(2)構造如圖4－2，7所示，包括低速
油嘴（slow jet）、低速空氣嘴（
slow air bleed）、怠速油孔（
slow port）、怠速調整螺絲（
idle adjust screw）等組成。

(3)怠速及低速油路之作用：

①節汽門完全關閉時（即引擎怠速空
轉時）空氣由節汽門旁流入，產生
眞空吸力，汽油從浮筒室經低速油
嘴至低速油道，與低速空氣嘴及低
速噴油孔進入的空氣混合。從怠速
噴油孔噴出，如圖4－2，8所示
。再與由節汽門旁流入的空氣混合
，成爲較濃的混合汽進入汽缸中。

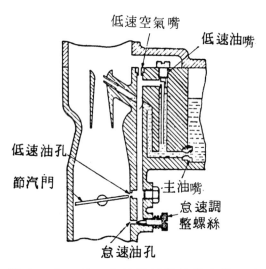

圖4－2，7　怠速及低速油路之構造（
三級自動車ガソリン・エ
ンジン　圖Ⅱ－11）

②節汽門從完全關閉位置逐漸開大時，低速噴油孔亦開始噴油，如圖4－2，9所
示，稍後主油路的主噴油嘴亦開始噴油，直至節汽門開大至大約¼位置以上，亦
即主噴油嘴的噴油量可使引擎平穩運轉時，怠速及低速二噴油孔方才停止噴油。

3.主油路

(1)主油路供給平時汽車行駛時，引擎中、高速所需之燃料。

(2)主油路如圖4－2，10所示。汽油由主油嘴計量後進入主油道，再與主空氣嘴進入
的空氣混合後。由在文氏管喉部的主噴油嘴噴出，與空氣混合後進入汽缸中。

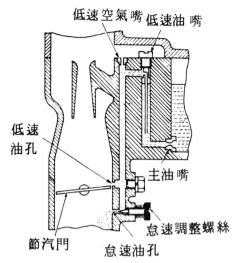

圖4－2，8　怠速之作用（三級自動車
　　　ガソリン・エンジン　圖
　　　II－12）

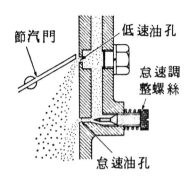

圖4－2，9　低速之作用（三級自動車
　　　ガソリン・エンジン　圖
　　　II－13）

4.加速油路

(1)踩下加速踏板，使節汽門開大時，因空氣的質量較輕，其流速可以迅速增快，故大量空氣立即經文氏管進入化油器中；但汽油質量較重，流速增加較慢，須稍待一些時間，主噴油嘴才能噴出依照比例增加的汽油；故在踩下加速踏板的短暫時間內，混合汽變稀使引擎停滯，並可能發生化油器回火放炮現象。

(2)加速油路的功用即為補救節汽門突然開大短暫時間內，混合汽變稀的弊害。其法為另噴入額外油量，使混合汽變濃，讓引擎轉速能迅速加快。

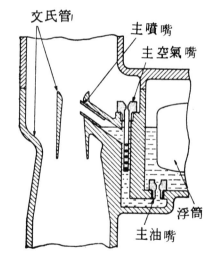

圖4－2，10　主油路之構造（三級自動
　　　車ガソリン・エンジン
　　　圖II－14）

(3)加速泵有機械控制式與眞空控制式，而機械式又分柱塞式及膜片式兩種。通常以使用柱塞式（圖4－2，11所示）較多。其作用如圖4－2，12所示：

①放鬆加速踏板時，節汽門連桿下移，經加速泵臂總成，並由彈簧協助將泵柱塞總成向上推，柱塞下方的泵缸中產生眞空，大氣壓力將汽油從浮筒室壓經單向進油閥，進入泵缸中，此時單向出油閥關閉。

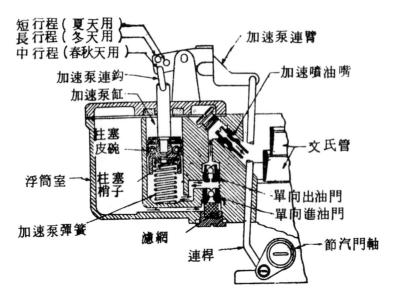

圖 4 - 2 , 11　機械控制乾柱塞式加速油路

②踩下加速踏板時，節汽門連桿上移，泵柱塞總成被壓下，泵缸中的油壓上升，將單向進油閥關閉，同時推開單向出油閥，汽油從泵缸經出油閥及加速泵噴油嘴噴入文氏管的外圍與空氣混合，增加混合汽的汽油量。

③柱塞連桿上之孔通常有 2～3 孔，如圖 4 - 2 , 13 所示，以配合季節供應適當的加速噴油量。柱塞及連桿間均利用彈簧間接連接，使加速泵噴油之作用在踩下加速踏板後延續一段時間。

(4)圖 4 - 2 , 14 所示為機械控制使用膜片式加速泵之加速油路的構造。

(5)真空控制式其構造同膜片式加速泵，但以真空力代替機械力。

5、強力油路

當駕駛員需要超車，上坡或急劇加速，而突然踩下加速踏板；及化油器節汽門在全

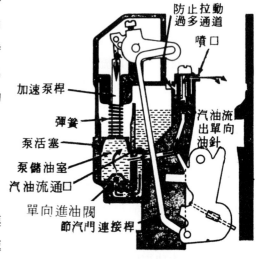

圖 4 - 2 , 12　機械控制濕柱塞式加速油路

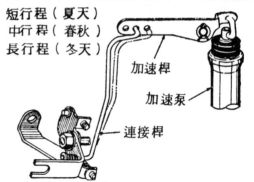

圖 4 - 2 , 13　加速連桿機構（三級自動車ガソリン・エンジン圖 II - 27 ）

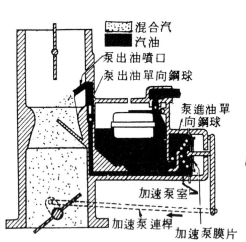

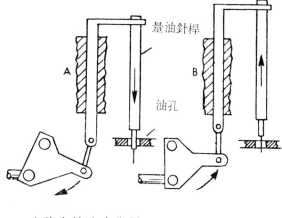

圖 4 - 2 , 14　機械控制膜片式加速泵

A 強力油路未作用

B 作用時量油針的位置

圖 4 - 2 , 15　機械控制式強力油路

開時，需要較濃的混合汽，故此時強力油
路開始供油。

(1)機械控制式強力油路

　①其構造如圖 4 - 2 , 15所示，在量
　　油針尖端，做成一段特別細小的部
　　份卽成。

　②當節汽門在全開位置時，此特別細
　　小的部份位於主油孔中，使汽油流
　　出量增加，因而混合汽變濃。

(2)眞空控制式強力油路

　①活塞式

　　A、其構造如圖 4 - 2 , 16所示。

　　B、當節汽門在部份開啓時，進汽
　　　岐管的眞空較強，將活塞吸向
　　　上抵消彈簧壓力，保持強力油
　　　孔關閉。

　　C、當節汽門突然大開時，或在完
　　　全開啓引擎轉速降低時，進汽
　　　岐管眞空變小，不能抵消彈簧
　　　彈力，活塞被彈簧壓下，強力

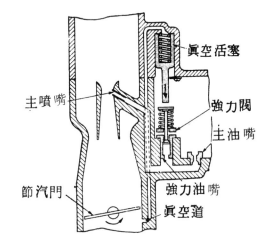

圖 4 - 2 , 16　眞空控制式強力閥（三級
　　　　　　　自動車ガソリン・エンジ
　　　　　　　ン　圖Ⅱ- 21 ）

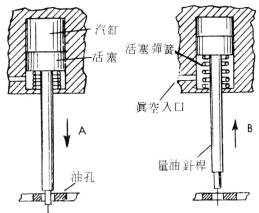

圖 4 - 2 , 17　眞空控制量油針式強力油路

油孔開放，額外的汽
油可流至主油路中，
使混合汽變濃。

②量油針式如圖4－2，17
，膜片式如圖4－2，18
所示，作用同活塞式。

6.阻風門油路

(1)在冷天起動引擎時，汽油不
易汽化，故需供給多量汽油
，減少空氣量，如此僅一少
部份汽油汽化，即能提供可
燃混合汽，而使引擎易起動。

(2)作用情形

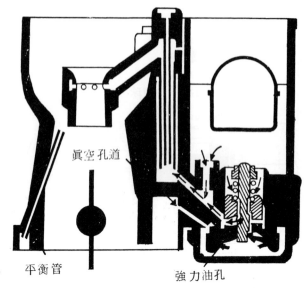

圖4－2，18 眞空控制膜片式強力油路

①阻風門關閉時在主噴油嘴及低速噴
油孔處之眞空均一樣強，低速和高
速油路同時噴油，因進入之空氣量
很少，故雖然祇有少部份汽油汽化
，也能提供可燃混合比範圍之混合
汽，使引擎易起動。

②有的阻風門上裝有一個下吸式的小
空氣門，使引擎起動後進氣衝力及
引擎眞空將此門打開，如圖4－2
，19所示，增加進入的空氣量，避
免混合汽過濃。圖4－2，20爲另
一種設計。其阻風門軸並非在正中
央，而軸之外端有一圈狀彈簧。若
阻風門全部關閉後，彈簧作用使其
緊閉，但引擎起動後進氣衝力勝過
彈簧力，阻風門能略微打開，空氣
便可進入。

③引擎起動後，阻風門就應依引擎溫
度情況，而逐漸打開使阻風門油路
逐漸失去作用。而由低速油路或高
速油路取代，恢復化油器的正常作

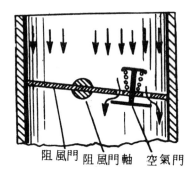

圖4－2，19 阻風門上的小空氣門

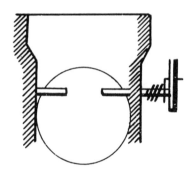

圖4－2，20 偏心式阻風裝置

用。其平時必須在全開位置，否則混合汽會變濃。

(3)機械控制式阻風門 即在駕駛室內由駕駛人操縱一拉鈕經連桿或鋼絲，直接將阻風門軸拉動開閉者，如圖4－2－21所示。

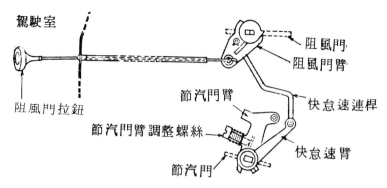

圖4－2，21　手動阻風門

(4)自動控制式阻風門 利用熱偶彈簧來控制，熱偶彈簧冷時彈力強捲緊，使阻風門關閉。熱時彈力弱捲鬆，真空吸力及進氣衝力使阻風門打開。熱偶彈簧之加熱方法有下列數種：

①熱空氣式（圖4－2，22） 自空氣濾清器有一管連到排汽管邊，在排汽岐管加熱後，進入熱偶彈簧室，經真空活塞旁之間隙進入進汽岐管。

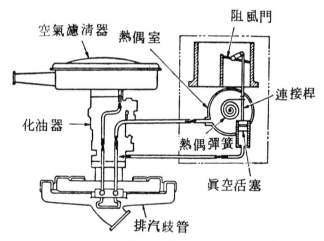

圖4－2，22　熱空氣式自動阻風門（二級ガソリン自動車　圖Ⅱ－2）

②熱井式（圖4－2，23）在排汽岐管上挖一熱井，在井中安裝熱偶彈簧再經很長的連桿，使阻風門開閉

③熱水式（圖4－2，24）熱偶彈簧由引擎之冷却水加熱。

④電熱式（圖4－2，25）利用電瓶電流加熱之電熱式自動阻風門。

(5)自動阻風門之作用

①寒冷天氣引擎起動

A引擎停止時，熱偶彈簧使阻風門

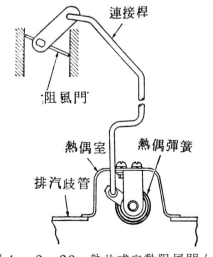

圖4－2，23　熱井式自動阻風門（二級ガソリン自動車　圖Ⅱ－3）

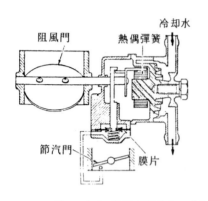

圖4－2，24 熱水式自動阻風門（二級
　　　　　ガソリン自動車　圖Ⅱ－
　　　　　4）

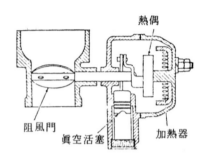

圖4－2，25 電熱式自動阻風門（二級
　　　　　ガソリン自動車　圖Ⅱ－
　　　　　5）

關閉。

B 引擎起動時，進氣吸力及進汽
　岐管眞空使阻風門稍爲打開以
　提供起動時所需之空氣。

C 阻風門之開度隨氣溫之高低及
　引擎溫度之高低而異，溫度低
　時熱偶彈簧之彈力強阻風門開
　度小，溫度高時熱偶彈簧之彈
　力弱，開度大。

②引擎溫熱運轉中

A 引擎開始運轉後，引擎之眞空
　增強，將眞空活塞吸引，把阻
　風門拉開一些如圖4－2，26
　(2)。

B 引擎溫熱後，由排汽管而來之
　空氣溫度上升將熱偶彈簧加熱
　，使彈力降低，阻風門漸漸打
　開。

C 在溫熱運轉中，節汽門突然打
　開時，進汽岐管之眞空會降低
　，使眞空活塞之作用力減少，
　阻風門會再關小，以防混合汽
　變稀薄。

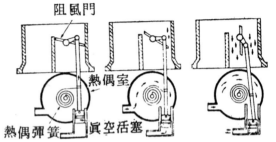

(1)冷引擎　　　(2)加溫中　　(3)正常溫度

圖4－2，26 熱空氣式自動阻風門之作
　　　　　用（二級ガソリン自動車
　　　　　圖Ⅱ－6）

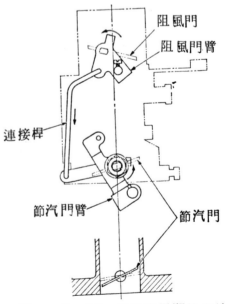

圖4－2，27 手動阻風門快怠速機構

③引擎到達工作溫度後

引擎到達工作溫度以後，熱偶彈簧之彈力變得很弱，真空活塞被吸到最下方，阻風門全開，如圖4－2，26(3)所示。

7.快怠速機構

在冷引擎起動時，爲使引擎能穩定運轉，需使節汽門稍爲打開，在阻風門與節汽門間裝置一連桿，阻風門關閉時，連桿使節汽門稍爲打開。圖4－2，27爲手動阻風門之快怠速機構。圖4－2，28爲自動阻風門之快怠速機構。

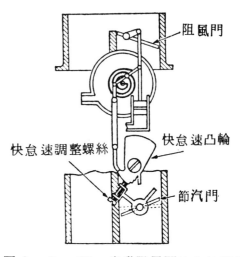

圖4－2，28 自動阻風門快怠速機構

(二)多管式化油器

1.使用多管式化油器的優點爲改善引擎之吸汽能力，尤其是在高速車子之化油器，進汽岐管之口徑愈大則進入之空氣量愈多。如只用一只很大之管以促進進汽量充足，則文氏管效應不良，在低速時無法得到良好之混合比，且引擎在部份輸出時費油，故現代車子均採用多管式化油器，使進汽量提高而混合比仍能保持不變。

2.雙管二段式化油器

圖4－2，29所示，分別爲主管與副管。主管供給平常行駛時之用，以省油經濟爲設計重點，在需高轉速、高出力時，副管才產生作用，以補足輸出不足之缺點。主管構造同單管式化油器。副管只有主油路、副管之節汽門操作有機械式及真空式。機械式又分配重式及連桿式。

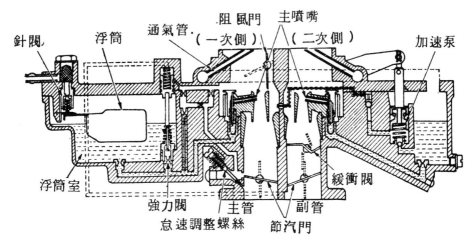

圖4－2，29 雙管二段式化油器之構造（機械式）（三級自動車ガソリン・エンジン 圖Ⅱ－30）

(1)配重式

　①配重式係利用連桿及配重來開閉
　　副管之節汽門，如圖 4 － 2 , 30
　　示，此式當主管節汽門打開約
　　50° 時，副管節汽門連桿機構
　　開始作用，以後隨主管節汽門
　　打開而打開。

　②副管節汽門上方另有一緩衝閥，
　　以配重操作。如圖 4 － 2 , 31所
　　示，引擎轉速上昇後，副管之進
　　氣衝力增大，緩衝閥下部之眞空
　　變大，眞空吸力大於配重時，緩
　　衝閥打開。若引擎之轉速降低，
　　緩衝閥下之眞空吸力小，配重使
　　緩衝閥關閉。

(2)連桿式

　①如圖 4 － 2 , 32所示，主管節汽
　　門臂上，設有一圓弧狀之槽，此
　　槽與副管之節汽門臂用連桿連接

　②當主管之節汽門打開時，副管節
　　汽門因彈簧之作用保持關閉，連
　　桿在槽中移動。

　③當主管節汽門打開約 50° 時，連
　　桿已移到主管節汽門臂之槽端，
　　使副管節汽門開始打開，如圖 4
　　－ 2 , 32 (2) 所示。

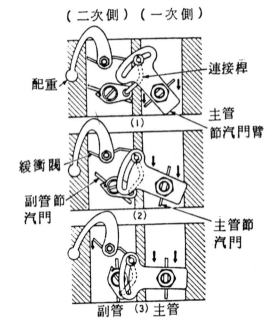

（二次側）（一次側）

圖 4 － 2 , 30　配重機械式副管操縱機構
　　　　　　　（二級ガソリン自動車
　　　　　　　Ⅱ － 9 ）

圖 4 － 2 , 31　副管緩衝閥構造（三級自
　　　　　　　動車ガソリン・エンジン
　　　　　　　圖Ⅱ－32 ）

　④當主管節汽門完全打開時，副管節汽門也完全打開。

　⑤當主管節汽門關閉時，副管節汽門因連桿之作用，會先主管節汽門關閉前關閉。

(3)眞空式

　①圖 4 － 2 , 33為眞空式副管操縱機構之構造，在主管與副管文氏管之喉部，設有
　　眞空口。此眞空吸引膜片以操作副管之節汽門。

　②主管節汽門未大開或進汽速度較慢時，主管之眞空口作用之眞空因副管側眞空口
　　有空氣進入而減弱，吸引膜片之眞空小，彈簧力使副管節汽門關閉。

　③當主管側之節汽門大開時，文氏管流過之空氣速度加快，雖副管之空氣會從眞空

口進入，但產生之眞
空仍甚強，將膜片吸
引，使副管之節汽門
開始打開。當副管節
汽門打開後，副管文
氏管眞空口亦產生眞
空，兩處之眞空相加
，將膜片吸引，使副
管節汽門完全打開。

(4)圖4－2，34爲雙管二
段式化油器之構造（眞
空式）。

3.其餘多管式之構造及作用
均大同小異，不再贅述。

六、可變喉管式化油器

㈠概述

1.可變喉管式化油器，文氏
管處之空氣速度幾乎保持
一定，吸入空氣量隨眞空
及文氏管的開口面積而改變。此種化油
器構造較簡單，過去僅摩利士（Morris
）與奧斯汀（Austin）牌車子使用
ＳＵ型化油器，凱旋（Triumph）、
積架（Jaguar）牌車子使用斯隆巴格
（Stromberg）可變喉管式化油器；
日本本田（Honda）各型車使用凱興（
Keihin）可變喉管式化油器；福特汽
車公司於1977年以後，也有部份車型採
用摩托克拉福（Motorcraft）ＶＶ型
可變喉管式化油器。

2.此式化油器由眞空活塞、吸力室、浮筒
油路、文氏管控制系統、主油路、起動
裝置、節汽門等所組成。

3.主油路系統供給怠速、低速、高速、強

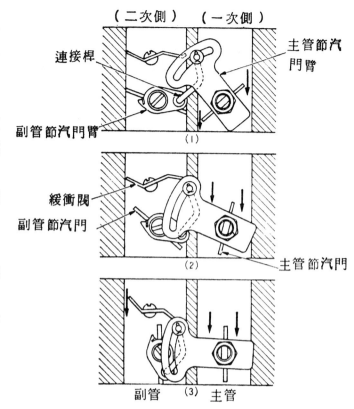

圖4－2，32　連桿機械式副管操縱機構（三
級自動車ガソリン・エンジン
圖Ⅱ－31）

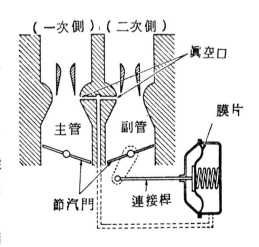

圖4－2，33　眞空式副管操作機構（
二級ガソリン自動車
Ⅱ－10）

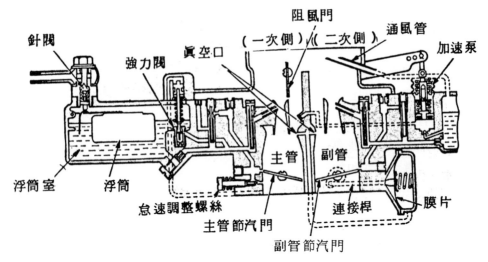

圖 4－2，34　雙管二段式化油器（眞空式）（三級自動車ガソリン・エンジ
　　　　　　　ン　圖Ⅱ－34）

力等油路之作用，因此構造簡單。但目前有些化油器亦有低速、加速、強力等油路以
提高性能。

㈡構造及作用：

1.圖4－2，35所示，爲ＳＵ型可變喉管式化油器之構造，吸力室（ suction chamber）
中眞空活塞上下移動時，改變進入之空氣量，眞空活塞底部相連之量油針亦隨活塞上
下移動，改變燃料之噴出量。

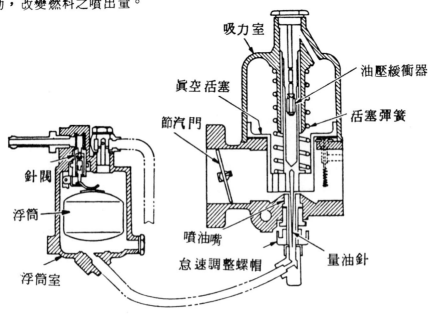

圖4－2，35　可變喉管式化油器（二級ガソリン自動車　Ⅱ－20 ）

2.眞空活塞之作用

(1)當引擎開始運轉時產生眞空，因吸力室與化油器喉管相通，故其壓力相同。大氣壓力將眞空活塞上推，因此有更多的空氣能夠進入汽缸，活塞重量與彈簧力及眞空吸力平衡時，活塞位置即保持不動。

(2)當節汽門打開，喉管處之眞空增加，活塞再被大氣壓力壓向上，使更多的空氣進入，於是眞空減少，活塞下降一些，因活塞下降，阻礙空氣進入，眞空再度增加，活塞再上升。如此眞空吸力與活塞位置，互相作用直到取得平衡，支持活塞不再下墜爲止。

(3)當節汽門再進一步開啓，喉管內與吸力室之眞空又增加，活塞又再次升降，直到眞空吸力把活塞支持在一個新的位置爲止。

(4)總之，節汽門在每一不同程度的開啓時，活塞即作不同程度的升降，以控制喉管的大小，但眞空吸力始終與活塞重量及彈簧力取得平衡，而保持喉管處的眞空度一定。故稱此種化油器爲「固定眞空式」化油器，圖４－２，36所示，爲ＳＵ型可變喉管式化油器在各種情況下之作用。

(5)因爲眞空度不變，空氣進入喉管的速度也一樣，所不同的只是喉管的大小受活塞升降而改變，所以要以改變燃料的多少，以配合不同的空氣量。

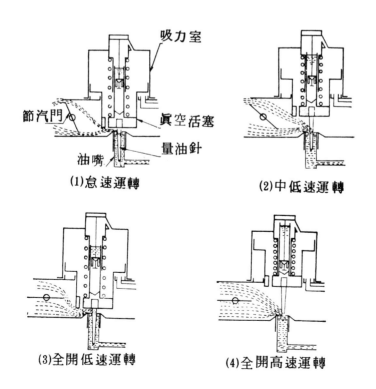

圖４－２，36　ＳＵ型可變喉管式化油器之作用（日產技書修得書Ｅ0147）

此式化油器底部有一根上粗下尖的噴嘴針（ jet needle ），當它隨著活塞上下時，便改變噴嘴的有效口徑，因而能控制汽油的噴出量。噴嘴針每一段的直徑，都經小心的設計，看起來很圓滑，實際上是由很多階層做成的，噴嘴針有標準的、稀薄的、濃的混合比之分，以適應不同的引擎。至於噴嘴針的選擇，車廠在設計引擎時已考慮到。

(6)為防止節汽門突然打開時，混合汽變稀，使車子發生無力現象，在眞空活塞中裝置油壓緩衝器，以減慢活塞之上升速度，防止混合汽變稀

(7)現代之ＳＵ型化油器爲改善怠速及冷車起動需要，裝有怠速油路及阻風門，如圖4－2，37所示。

(8)浮筒油路、怠速油路、阻風油路之作用與前述之固定喉管式化油器相類似。

(9)新式的化油器浮筒室通風管之開口在節汽門附近，稱爲省油裝置（ economizer ）。因在穩定的行車速度時，

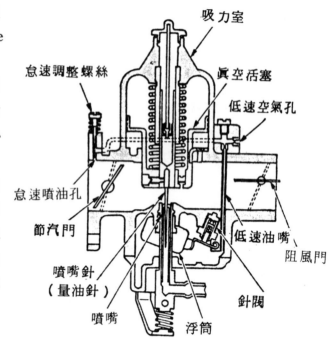

圖4－2，37　裝有阻風門及怠速油路之ＳＵ可變喉管化油器（二級ガソリン自動車　圖Ⅱ－21）

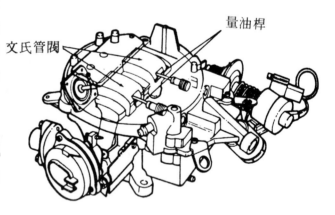

圖4－2，38　福特公司摩托克拉福ＶＶ型可變喉管式化油器（ Automotive Mechanics Fig 16－45 ）

節汽門只開一部份，因此管口處有部份眞空存在，因此浮筒室在同一壓力下，可以減少汽油的輸出。但在加速時，節汽門大開，管口及浮筒室便暴露於正常大氣壓下，省油裝置便不作用。

㈢福特用可變喉管式化油器

1.福特公司使用之摩托克拉福2700ＶＶ型可變喉管式化油器之構造如圖4－2，38所

示。外形和固定喉管式化油器相似。其作用方式與ＳＵ型作用相同，但ＳＵ型空氣係橫向流動，活塞為圓筒形，此式空氣為下向流動，活塞為四方形。

2.本化油器包括文氏管閥、浮筒室油路、文氏管閥限制器（ venturi valve limiter ）、冷起動增濃系（ cold cranking enrichment system ）、冷引擎運轉增濃系（ cold running enrichment system ）、快怠速凸輪等等。

　⑴真空控制：錐形量油桿與文氏管閥（方形活塞）之位置由真空控制。彈簧與真空控制之膜片用連桿將文氏管閥相連接，當節汽門打開時，進汽岐管真空吸力大於彈簧張力將膜片吸引，經連桿將文氏管閥打開，使多量的空氣進入，同時量油桿之較細部份在油嘴中，使噴油量增加，較多之供油配合較多之空氣以維持一定的混合比。

㈡浮筒室油路：福特ＶＶ化油器之浮筒室油路，與固定喉管式化油器作用相同，

㈢文氏管閥限制器：當節汽門大開時，若引擎負荷太大轉速太低時，真空不夠強，無法使文氏管閥全部打開，此時，文氏管閥限制器臂能使文氏管閥全部打開。

㈣冷起動增濃系：當引擎起動時，本系能供應額外之汽油使引擎易起動。由搖轉增濃電磁閥（ cranking enrichment solenoid ）及熱偶片閥（ thermostatic biade valve ）組成。熱偶片閥在周圍溫度 24°C 以上時關閉，以下時打開；在打馬達時搖轉引擎增濃電磁閥才有電流進入，使閥打開，故在周圍溫度24°C以下打馬達時，能供應額外汽油使引擎易起動。

㈤冷引擎運轉增濃系：冷引擎剛發動後必須供應較濃之混合汽直到正常工作溫度為止。此式化油器由排汽加熱的熱偶彈簧控制的冷引擎運轉增濃桿（ cold running enrichment rod ）及真空調節器（ vacuum regulator ）來供應濃混合汽。在冷引擎起動後，熱偶彈簧使冷引擎運轉增濃桿上升以供應額外汽油；同時，真空調節器切斷部份真空，使到真空控制部份之真空度降低，而使文氏管閥之開度減小，以減少進入之空氣量，而得到較濃混合汽。引擎達到正常工作溫度後，熱偶彈簧鬆捲，使冷引擎運轉增濃桿復原，切斷額外供油；同時真空調節器使真空全部作用在膜片上，使文氏管閥之工作正常。

㈥快怠速凸輪：快怠速凸輪與冷引擎運轉增濃系統連在一起，凸輪之位置由熱偶彈簧控制。當冷引擎時，凸輪之位置使節汽門打開一角度，以提高怠速之轉速防止引擎熄火。

㈦加速泵油路：福特ＶＶ型化油器之加速

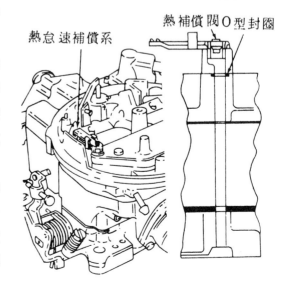

圖４－２‚39　福特ＶＶ化油器熱怠速補償系

泵與固定喉管式化油器用者相同。

(八)熱怠速補償系：福特ＶＶ型化油器有熱偶控制之熱怠速補償系統，於引擎室溫度超過規定時，供應額外空氣，使熱怠速能正常運轉。如圖４－２，39所示。

4-2-3 混合比回饋控制

一、使用三元觸媒轉換器之車子，必須使混合汽經常保持在理論混合比附近，才能使三元觸媒轉換器充份發揮淨化CO、HC及NO_x之效能，因此化油器必須有混合比回饋控制裝置。混合比回饋控制裝置，由O_2感知器、引擎速度、冷卻水溫度、引擎負荷、節汽門開度等感知器提供信號給電腦，發出指令給電氣機械混合比控制化油器，供應最佳之混合汽，圖４－２，40為混合比控制電磁閥（ mixture control solenoid簡稱ＭＣ電磁閥）之構造。

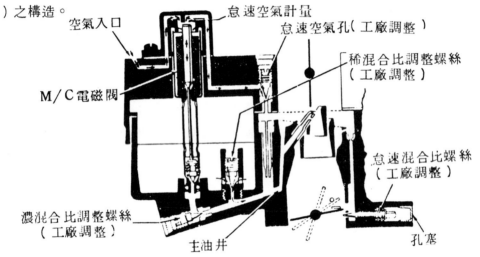

圖４－２，40 通用ＣＣＣ之混合比控制電磁閥
（自動車工學Vol．30 No．7 p．57 ）

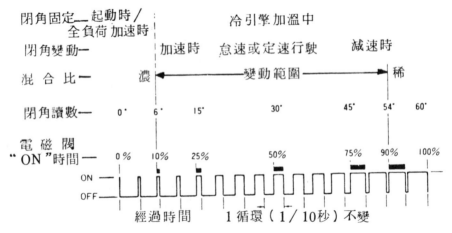

圖４－２，41 ＭＣ電磁閥之開閉與閉角度及混合比之關係
（自動車工學Vol．30 No．7 p．59 ）

二、ＭＣ電磁閥之下部為燃料流量控制，上部為怠速空氣流量之調節。當ＭＣ電磁閥有電流進入勵磁時向下移動，關閉燃油入口，打開怠速空氣入口，ＭＣ電磁閥無電流進入時消磁，彈簧將閥向上推，打開燃油入口，關閉怠速空氣入口。ＭＣ電磁閥之開閉信號以$\frac{1}{10}$秒為一週期。依閥開閉時間的百分比來決定混合汽之濃稀，如圖４－２，41所示。

三、ＭＣ電磁閥閉合時間可換算成閉角度，以$\frac{1}{10}$秒為60°，則$\frac{1}{100}$秒為6°，閉角度愈大時混合汽愈稀，反之則愈濃。

四、日產汽車公司之混合比回饋控制化油器稱為電子控制化油器ＥＣＣ（ electronic controlled carburetor ），由裝在排汽管之O_2感知器將混合比信號送到ＥＣＣ之控制器，使ＥＣＣ低速及主電磁閥產生作用，以維持混合比在理論混合比附近。圖４－２，42為ＥＣＣ混合比修正電磁閥之作用。圖４－２，43為ＥＣＣ控制系統方塊圖。圖４－２，44為可變空氣孔之構造。

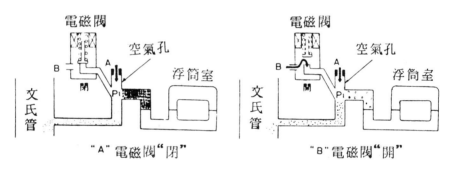

圖４－２，42　日產ＥＣＣ混合比修正電磁閥之作用
（自動車工學Vol。30 No。1 ）

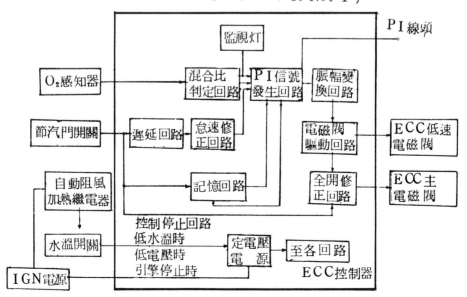

圖４－２，43　日產電子控制化油器（ＥＣＣ）控制系統方塊圖

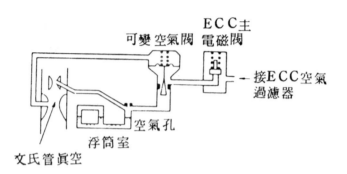

圖4－2，44 日產ＥＣＣ可變空氣孔之構造
（別冊自動車工學No. 6）

4-2-4 汽油噴射系統

一、化油器無法有效的供應引擎從怠速到高速各種不同狀況下所需適當混合比的混合汽，且汽化不完全，易造成浪費汽油及排汽的污染，故現代高性能之汽車多採用汽油噴射系統代替化油器系統。

二、汽油噴射系統可分為機械控制式及電子控制式兩大類。

㈠機械控制式汽油噴射系統 利用引擎的溫度、轉速、真空、及進氣速度、進氣量等經機械裝置來控制噴油量：

1. 一九六五年以前歐洲各國使用之汽油噴射系統，類似多柱塞式高壓柴油噴射泵之汽油噴射系統。

2. 西德波細（ Bosch ）公司，改良Ｌ－Jetronic電子控制汽油噴射系統，於一九七〇年開發一種機械控制式連續汽油噴射系統ＣＩＳ（ continuous injection system ）稱為Ｋ－Jetronic ，構造簡單，動作靈敏可靠，如圖4－2，45所示；經改裝後能做混合比回饋控制，可用在三元觸媒轉換器之車上，如圖4－2，46所示。

㈡電子控制式汽油噴射系統 利用各種感知器（ sensor ）產生之信號，送入電子控制器（ electronic control unit ）根據引擎各種狀況之需要來控制噴油量。

1. 壓力計量系統（ 圖4－2，48 ） 以進汽岐管之壓力信號為基礎來計測噴油量，每一汽缸進汽門前裝有一只噴油器。噴油器分為二組，曲軸每二轉噴油一次。

2. 翼板式空氣流量計量系統（ 圖4－2，47 ） 以翼板來計測引擎之進氣量為基礎，決定主噴油量。每一汽缸進汽門前裝有一只噴油器，曲軸轉一轉噴油一次。

3. 旋渦超音波式空氣流量計量系統 利用空氣流過阻礙體時產生旋渦之特性，設計一種超音波來計算空氣之空氣流量計。產生之旋渦數與空氣流量成正比。超音波計算旋渦數轉換成脈動信號，送給電腦以決定噴油量。在相當化油器處有一噴射混合器，內有兩只油嘴交互噴油。

4. 熱線式空氣流量計量系統 在空氣道中裝置熱線，空氣流過時會使熱線冷卻，為保持

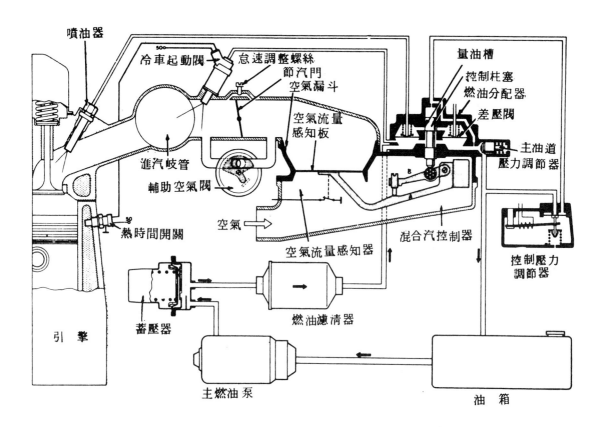

圖 4 - 2 , 45 波細 CIS（K - Jetronic）燃料噴射系統
（BOSCH AUTOMOTIVE HAND BOOK P.287）

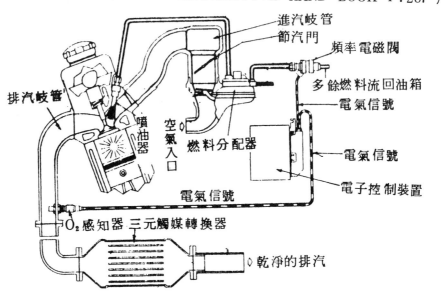

圖 4 - 2 , 46 富豪（Volvo）1981 年 VEC 系統圖
（自動車工學 Vol. 30 No. 3）

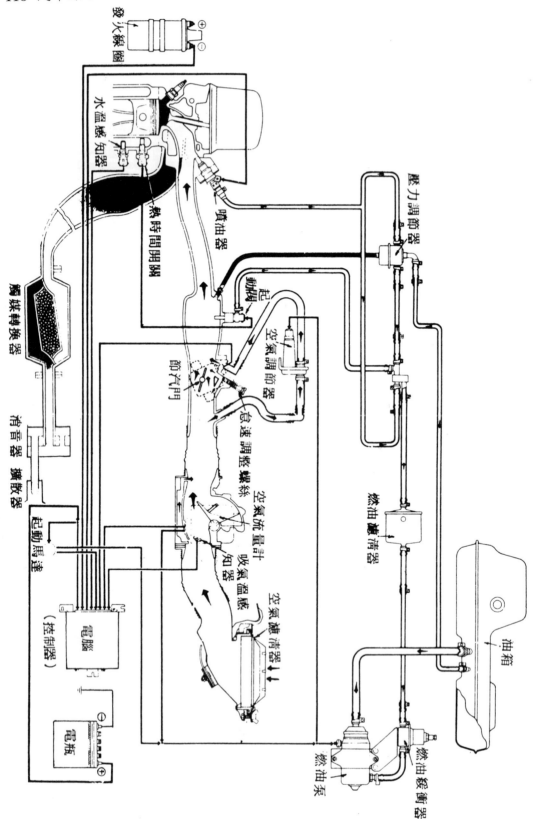

圖 4－2,47　日產ＥＧＩ電子控制汽油噴射系統
（別冊自動車工學 No. 9 JULY 1981 第 36 圖）

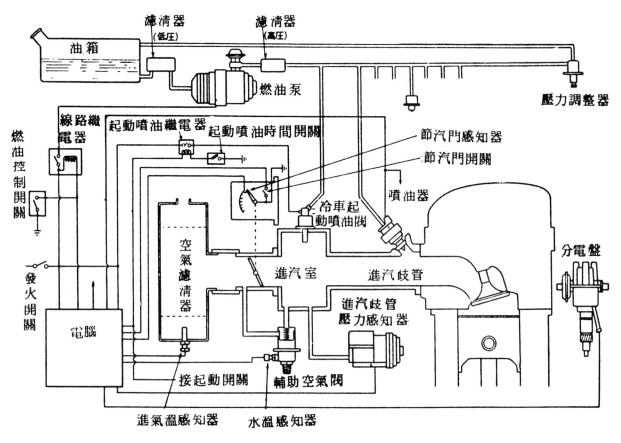

圖4－2，48　D－Jetronic 電子控制汽油噴射系統圖（Toyota）

　　熱線溫度一定，流過之電流必因熱線冷却程度之不同而變化。由電流之變化及其他修
正係數，電腦據以控制噴油量。

三、波細機械式汽油噴射系統

　㈠西德波細公司出品之機械控制式汽油噴射系統為一連續噴射系統 ″C 1 ″，波細公司稱
　　為K - Jetronic ，汽油以3巴（bar）左右之壓力連續噴到進汽歧管之各缸進汽門前
　　孔道中。

　㈡C 1系統之組成

　　1.圖4 - 2，45為C I 系統之組成圖，油箱內有油箱泵，將燃料以 0.2 Kg／cm^2 之壓力送
　　　到主燃料泵（為一電動轉子泵）將油加壓至5 Kg／cm^2 左右。轉子泵送油會產生脈動，
　　　因此將油先送到燃料貯蓄器（fuel accumulator）以便將脈動消除，且在引擎停止
　　　時，保持油路中之靜壓。燃料經濾清器過濾後，一部份流到燃油控制分配器（ fuel
　　　distributor ），另一部份流到控制器（control device ）。燃料分配器用以控制
　　　燃油量，並由壓力調節器之作用保持一定壓力，將超過之燃油經回流管流回油箱。

　　2.在空氣導入系統方面，空氣從空氣濾清器進入，先經空氣流量感知器（air flow

sensor)計量後，經節汽門進入汽缸中，同時有一部份空氣在節汽門之前經旁通道由輔輔助空氣閥及怠速調整螺絲控制直接進入進汽岐管。

3. CI系統之作用

波細機械式連續噴射的作用情形如圖4－2，49所示，燃油由油箱經電動油泵壓送經貯蓄器、濾清器到燃油分配器，在燃油分配器配合進入之空氣量，由噴油器噴入引擎。冷車起動另有冷車起動閥供應額外之燃油，噴入節汽門後之進汽岐管中。進入之空氣量受節汽門開度之控制，在空氣流量感知器計測流量，以控制燃油分配器。

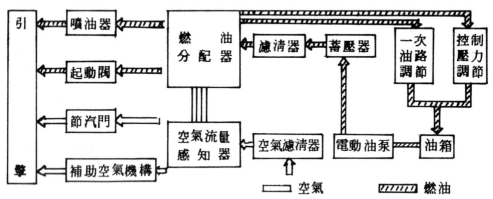

圖4－2，49 波細機械式連續噴油系統之作用

4. CI系統重要機件的構造及作用

(1)空氣流量感知器

①構造如圖4－2，50所示。利用空氣流量之多寡使感知板改變位置，經連桿而使燃油分配器的控制柱塞上下動作，來控制燃油流量的多寡

②控制柱塞的基本作用如圖4－2，51所示，當柱塞位置低時，測油槽開口面積小，只有少量的燃油能夠流到噴油器。當柱塞被往上推到最高時，測油槽開口面積最大，流到噴油器的燃油最多。

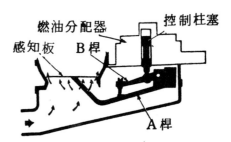

圖4－2，50 空氣流量感知器基本動作

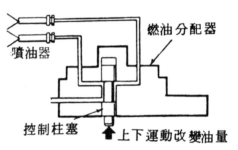

(2)怠速調整螺絲

在旁通道上有一怠速調整螺絲，用以調整在油門未踩時進入汽缸的空氣量。如圖4－2，52所示，以變更怠速轉速。

圖4－2，51 燃料流量變化情形

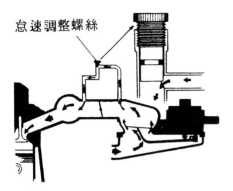

圖 4－2，52　怠速調整螺絲

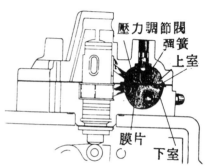

(1)脈動除去　　(2)保持靜壓

圖 4－2，53　燃油貯蓄器

(3)燃油貯蓄器

　　燃油貯蓄器又稱燃油緩衝器，有除去脈動及保持靜壓的功用。如圖 4－2，53所示。燃油進入壓力室後，燃油壓力把膜片向下壓，使彈簧壓縮。壓力室中分隔成幾室，而逐漸將燃油的脈動消除。在引擎停止後，彈簧彈力使膜片往上推，使油管中經常保持相當的靜壓。

(4)壓力調節閥

①柱塞測油槽開口大小會改變油道的壓力，為使燃油的噴射量與引擎吸入之空氣量相對應，因此必須使用壓力調節閥來控制。其構造如圖 4－2，54所示。

②作用如圖 4－2，55、56所示，在等速行駛時，控制柱塞位置固定。固定量之燃油經上室流過。下室內的壓力與油道壓力相同，上室之油壓因經測油槽而降低，此時上室有彈簧，使燃油壓力加上彈簧彈力和下室之油壓相等，使膜片保持在水平位置。燃油從膜片與出口間之空隙流到噴油器。加速行駛時，柱塞

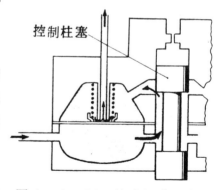

圖 4－2，54　壓力調節閥

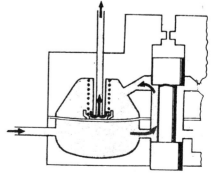

圖 4－2，55　等速行駛時膜片室之作用

圖 4－2，56　加速行駛時膜片室之作用

上升，流過上室之燃油量增加，壓力上升，因此使膜片向下鼓起，流到噴油器之吐出孔大開，使噴油量增加。噴油量增加後，膜片上室之壓力降低，而使膜片停留在上下室之壓力平衡位置。

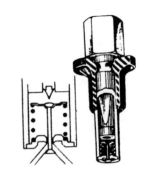

(5)噴油器

構造如圖 4 - 2 ，57所示，噴油器中有彈簧力作用之板狀閥，當油管中的壓力差到達規定範圍時（約 $3.3 \sim 3.5 \mathrm{Kg}/cm^2$ ）自動的開始噴油。

圖 4 - 2 ，57 噴油器構造

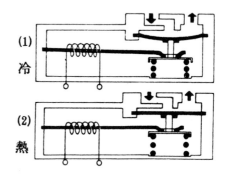

(6)控制壓力調節器

①控制壓力調節器或稱暖車調壓器。為冷引擎起動及暖車時使控制壓力降低，讓混合汽變濃之裝置

②引擎冷時，調節器內的熱偶彈簧向下彎曲，使膜片往下移，流回

圖 4 - 2 ，58 控制壓力調節器之作用

油箱之燃油增加，控制壓力降低。同一空氣流量，控制柱塞之位置升高，噴油量增加。

③引擎溫熱電熱偶加熱後，熱偶彈簧逐漸向上彎曲，開始壓膜片，限制流回油箱之油量減少，使控制壓力上升直到規定壓力為止。如圖 4 - 2 ，58所示。

四、混合比回饋機械控制式汽油噴射系統

瑞典富豪（ volvo ）汽車公司與西德波細汽車公司共同開發完成之混合比感知系統（ lambda - sound system ），利用含氧量感知器、電子控制器、頻率電磁閥（ frequency solenoid valve ）來修正K - Jetronic 燃料分配器下室之壓力，而隨時修正噴油壓力，使各缸噴油量受到控制，能將燃料基本噴射值做±20%之修正，以維持混合汽經常保持在理論混合比附近，配合三元觸媒轉換器之使用。如圖 4 - 2 ，59所示為Ｖ ＥＣ燃油分配器之構造，圖 4 - 2 ，60為燃料系統圖。由裝在油箱中之主油泵加壓，經過燃油蓄壓器吸收脈動後，經燃油濾清器過濾後送入燃油分配器。由油道壓力調節器調整油道壓力在 $4.5 \sim 5.3 \mathrm{Kg}/cm^2$ 之範圍，多餘之燃油經回流管流回油箱。同時一部份油經限孔進入膜片之下室中，以降低壓力。本系統在下室與回油孔間裝置頻率電磁閥，如電磁閥打開的時間長回流量增加時，下室壓力變低使噴油量增加，如圖 4 - 2 ，61所示。反之則噴油量減少，如圖 4 - 2 ，62所示。圖 4 - 2 ，63為ＶＥＣ動作循環圖。

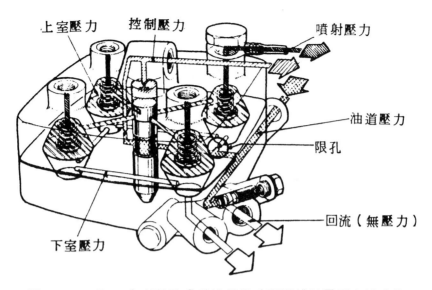

上室壓力　控制壓力　噴射壓力

油道壓力

限孔

回流（無壓力）

下室壓力

圖4－2，59　富豪ＶＥＣ系統燃油分配器構造及壓力油分佈

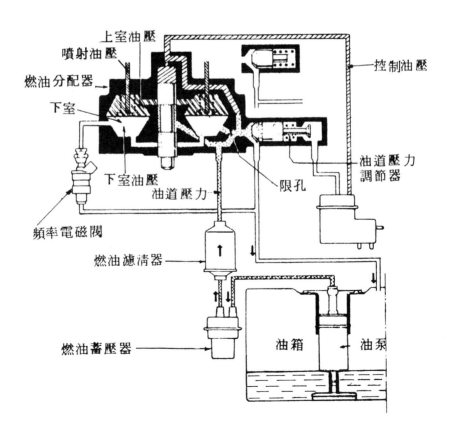

上室油壓　控制油壓

噴射油壓

燃油分配器

下室

油道壓力調節器

下室油壓　限孔

油道壓力

頻率電磁閥

燃油濾清器

燃油蓄壓器　油箱　油泵

圖4－2，60　ＶＥＣ燃料系統圖

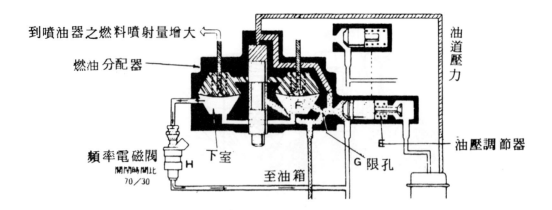

到噴油器之燃料噴射量增大

燃油分配器

頻率電磁閥
開閉時間比
70/30

H 下室

至油箱

G 限孔

F

E

油道壓力

油壓調節器

圖 4－2，61 下室壓力降低混合汽變濃

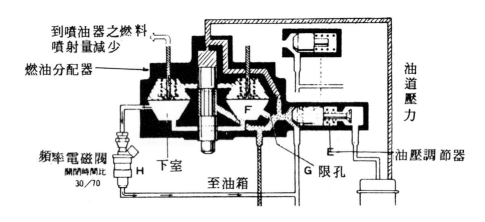

到噴油器之燃料
噴射量減少

燃油分配器

頻率電磁閥
開閉時間比
30/70

H 下室

至油箱

G 限孔

F

E

油道壓力

油壓調節器

圖 4－2，62 下室壓力升高混合汽變稀

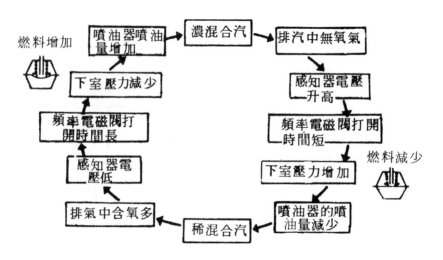

燃料增加

噴油器噴油量增加 → 濃混合汽 → 排汽中無氧氣

下室壓力減少

感知器電壓升高

頻率電磁閥打開時間長

頻率電磁閥打開時間短

感知器電壓低

下室壓力增加

燃料減少

排氣中含氧多

噴油器的噴油量減少

稀混合汽

圖 4－2，63 ＶＥＣ系統動作循環圖

五、電子控制汽油噴射系統

㈠L - Jetronic（ＥＧＩ）電子控制汽油噴射系統

1.ＥＧＩ電子控制汽油噴射系統概述

(1)燃料系統（圖４－２，64所示）燃油從油箱經燃油泵壓送至緩衝器以減少其脈動，再經濾清器過濾水份及雜質，再流至噴油器及冷起動閥，而由噴油器噴到進汽岐管吸入汽缸中，剩餘的燃料通過壓力調整器流回油箱。

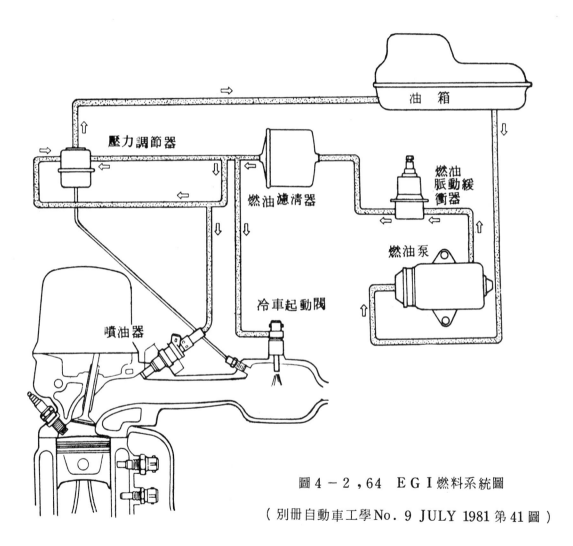

圖４－２，64 ＥＧＩ燃料系統圖

（別冊自動車工學No. 9 JULY 1981 第41圖）

(2)空氣系統（圖４－２，65所示）由空氣濾清器吸入的空氣流經流量計量器測量後再經節汽門通道與進汽岐管供給各汽缸。行駛時空氣的流量由通道中之節汽門來控制，在怠速節汽門關閉時，空氣由旁通孔通過，怠速之轉速由怠速調整螺絲及旁通孔來調整流過之空氣量。

另外在冷引擎加溫時，由輔助空氣調節器供應額外之空氣，以提高冷引擎怠速轉速，防止引擎熄火，縮短引擎溫熱時間 。

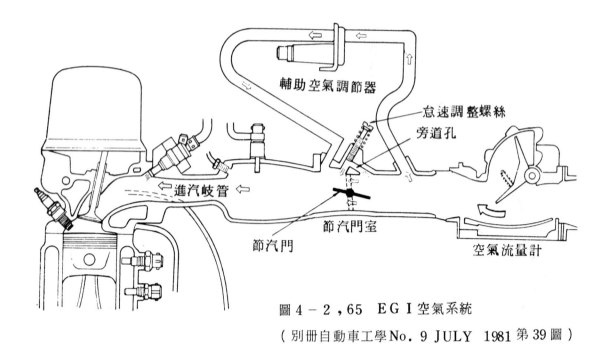

圖 4 - 2，65　EGI空氣系統

（別冊自動車工學No. 9 JULY 1981 第39圖）

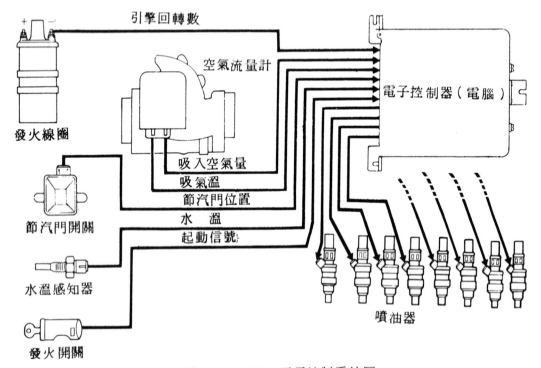

圖 4 - 2，66　電子控制系統圖

（自動車工學 Vol. 29 No。8 第4圖）

(3)電子控制系統（圖 4 - 2，66所示）接受下列的信號作用

　①引擎運轉的信號：發火線圈（一次線之〞一〞側）。

　②吸入空氣量：空氣流量計量器。

　③起動信號：起動開關。

　④節汽門開閉位置：節汽門開關。

　⑤冷却水溫度：水溫感知器。

　⑥吸入空氣溫度：吸入空氣溫度感知器。

電子控制器接受這些信號，依車輛行駛狀況及引擎所需要之適當燃料，命令噴油器來供給。

2.空氣流量計量器

⑴空氣流量計量器是裝置於空氣濾清器與節汽門之間，將其電氣信號送至電子控制器，用來測量計算吸入之空氣量。

⑵構造如圖4－2，67，4－2，68所示，分爲翼片和本體二部份。本體視吸入空氣而移動，在翼片設有回火時之反壓力釋放閥，另外有使本體之脈動緩和作用之緩衝室與緩衝板。

⑶空氣流量計量器有本體主空氣通路與下部旁道通路，在主空氣通路處裝置有進汽溫度感知器。

⑷在本體電阻量錶部份，使用退回彈簧來使翼板開關，翼板之動作使平衡配重及燃油泵之白金接點、可變電阻一起連動，構造如圖4－2，69所示。

⑸作　用

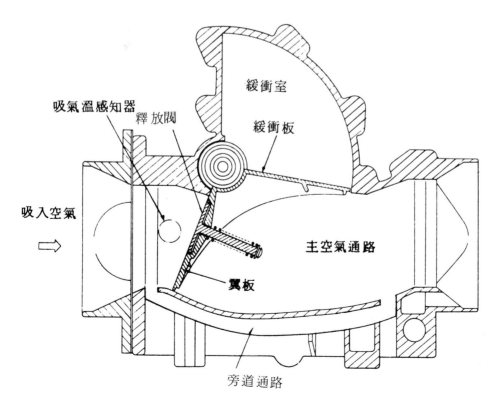

圖4－2，67　空氣流量計量器構造㈠

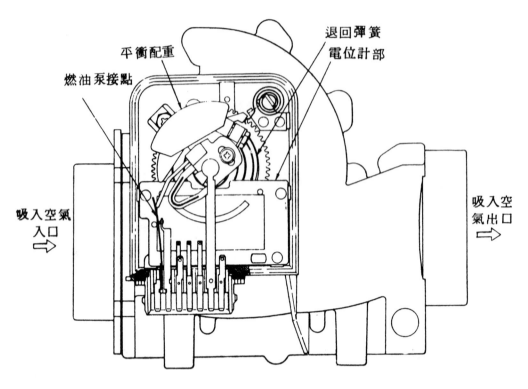

圖 4－2，68　空氣流量計量器構造㈠

①空氣通過空氣濾清器而將翼板壓下
　，翼板受到吸入空氣衝力旋轉一角
　度，而與退回彈簧彈力平衡，翼板
　旋轉角度與吸入空氣量成正比，翼
　板軸使可變電阻之接點移動，產生
　信號送到控制器，如圖 4－2，69
　所示。

②燃油泵白金接點在引擎停止時張開
　，燃油泵不發生作用，一旦引擎起
　動，由於翼板有角度的移動，使白
　金接點閉合，而使燃油泵開始作用

③怠速時之作用
　在怠速時由於節汽門關閉，所以吸
　入空氣量較少，翼板之移動量很小
　，空氣由主空氣通路及旁道通路吸
　入，如圖4－2，70所示。

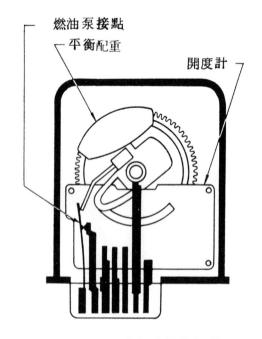

圖 4－2，69　空氣流量計量器之信
號電阻
（別冊自動車工學 No．6 P．10 ）

④高負荷時之作
　用

　在高負荷時節
汽門開啓較大
，使吸入空氣
較多，空氣經
過至空氣通路
吸入，如圖4
－2，71所示

3.轉子式燃油泵

　轉子式泵在迴轉時
由於離心力的作用
，使轉子向外移動
而與作用室壁接觸
，泵之迴轉部份與
作用室是偏心的，
因此在迴轉時產生
容積大小的變化，
由小變大的一邊將
燃油吸入，由大變
小的一邊將燃油壓
出，如圖4－2，
72所示。

4.燃油脈動緩衝器

①構造如圖4－2
　，75所示，內部
　有空氣室及燃油
　室，中間以膜片
　隔開，並在空氣
　室與膜片間用彈
　簧來壓制。

②由油泵壓來燃油
　之壓力作用於膜
　片，燃油室產生

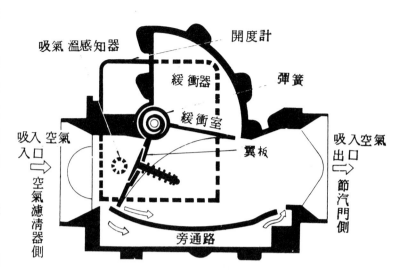

圖4－2，70　怠速時之作用
（自動車工學Vol。29 No。8　第20圖）

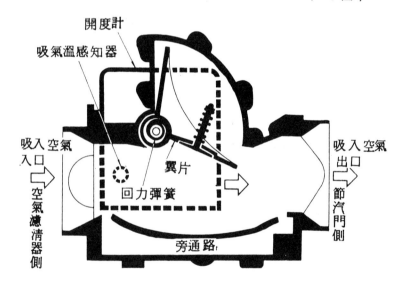

圖4－2，71　高負荷時之作用

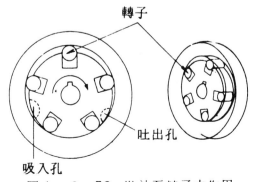

圖4－2，72　燃油泵轉子之作用
（別冊自動車工學No.9 JULY 1981　第92圖）

容積變化而吸收脈動。

5. **噴油器**

如圖 4 － 2 , 74所示，由電磁式噴嘴、針閥及電磁線圈、回壓彈簧等組成。由控制器來的信號（電流）進入噴油器內的電磁線圈，在鐵蕊處產生電磁作用而吸引針閥，使其離開閥座讓燃油噴出。

6. **壓力調整器**

① 如圖 4 － 2 , 73所示，為壓力調整器的構造。燃油進入燃油室時，若壓力超過彈簧彈力時將膜片壓上而開啟回流孔流回油箱，以保持噴油系統之壓力一定。

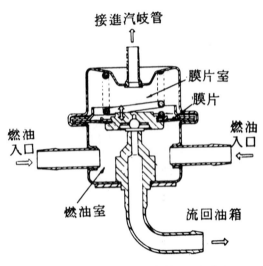

圖 4 － 2 , 73　壓力調整器構造

在膜片室有引擎進汽岐管的真空，此真空之變化亦使膜片作用來改變燃油之壓力，以適應引擎負荷變化改變混合汽之混合比。

② 壓力調節器調節至噴射器之油壓，汽油噴射量的調節是由送至噴射器之信號的持續時間來控制，因此至噴射器間的壓力必須維持一個常壓。但當汽油被噴入進汽岐管，以岐管之真空的各種狀況，即使噴射信號與汽油壓力都維持一個常數，汽油的噴射量也會有輕微的變化，因此，為了獲得精確的噴射量汽油壓力與進汽岐管之真空的總合須保持一定的壓力，所以進汽岐管的真空被接到膜片室之彈簧側用以減弱膜片彈簧彈力使回油量增加降低汽油的壓力，也就是說，當進汽岐管的真空升高時，汽油的壓力隨之等值下降，以使汽油壓力與進汽岐管之真空的總和得以維持在一個常數。

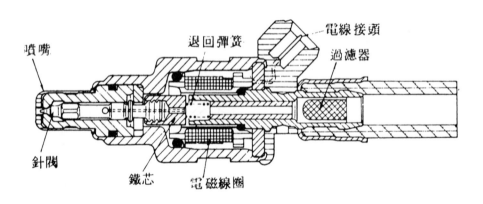

圖 4 － 2 , 74　噴油器構造

7.冷車起動閥及熱時間開關

①冷車起動閥是由座閥、鐵蕊、電
磁線圈、噴嘴所組成。

②熱時間開關使用白金接點及熱偶
片組成，係受電熱線之熱而作用
。

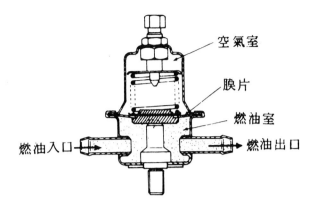

圖 4 - 2 , 75　燃油脈動緩衝器

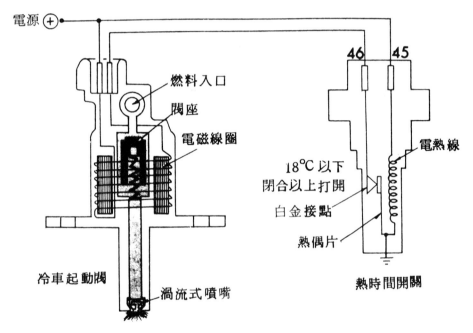

圖 4 - 2 , 76　水溫 18°C 以下時冷車起動閥及熱時間開關之作用
（自動車工學 Vol。29 No。8　第 18 圖）

③水溫低於18°C時，熱時間開關之接點閉合，打馬達時有電流流入使冷車起動閥作用
，將多量的燃料噴入進汽岐管中，如圖 4 - 2 , 76所示。引擎水溫在18°C以上時，
熱時間開關之接點張開，點火開關在起動位置時，冷車起動閥不作用。

㈡D - Jetronic 壓力計量式電子控制汽油噴射系統

D - Jetronic 除燃料計量方式與 L - Jetronic 不相同外，其他各部機件均與 L - Je-
tronic 相同，如圖 4 - 2 , 48所示。進汽岐管壓力感知器之構造如圖 4 - 2 , 77所示
，由計量囊、感應線圈與電樞等組成。計量囊之一側為大氣壓力，另一側為進汽岐管壓
力。兩側的壓力差就會使計量囊與電樞連在一起，計量囊伸縮時會改變電樞在感應線圈
中之位置。電樞在感應線圈中位置之不同就會使感應之電壓發生變化。此感應電的作用

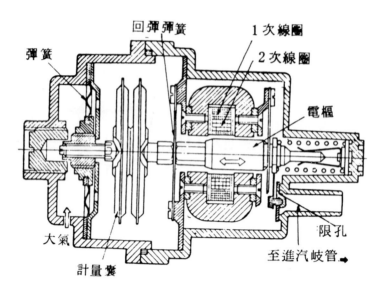

彈簧　回彈彈簧　1次線圈　2次線圈　電樞　限孔　至進汽岐管→　大氣　計量簧

圖4－2,77　進汽岐管壓力感知器
（別冊自動車工學No. 9 JULY 1981 第343 圖）

就是用做電腦（ECU）的時間決定基礎。

㈢三菱ECI旋渦超音波計量電子控制汽油噴射系統

三菱ECI（electronic controlled injection）係日本三菱汽車公司、三菱電機公司及三國工業公司共同開發的新式電子控制汽油噴射系統，它與L－Jetronic之最大不同為

1.L－Jetronic之噴油器分別裝在汽缸進汽門前之管中及進汽岐管兩處。噴油量係由與空氣流量成正比的電壓來控制。

2.三菱ECI全部系統只用兩個噴油器裝在噴射混合器（injection mixtor）中，在空氣進口處設阻碍體。使空氣產生旋渦，再利用超音波來計算空氣之旋渦數，而空氣旋渦數與空氣流量成正比，以控制噴油量。圖4－2,78為三菱ECI之組成機件與功能，圖4－2,79為三菱ECI之系統圖。

㈣熱線風速計式電子控制汽油噴射系統

1.工作原理：係張在空氣道中之熱線供給一定電流則電熱線會產生一定之溫度，當空氣流過熱線時，會使熱線冷却，欲使熱線保持原有之溫度，則電流量必須變更。使用如圖4－2,80所示之電橋，當空氣流速改變時，熱線之溫度發生改變，在保持電橋中之檢流計無電流流過之情形下，加熱電阻器之可變電阻必產生變化，而使加熱電流增減，加熱電流之大小可從電流錶中讀出。吸入空氣量與電流之關係，如圖4－2,81所示，圖中空氣量很少的時候，感度非常敏銳，當空氣流量大時敏感度 降低，因此必須設計在適當的範圍中採 取適當的刻度。

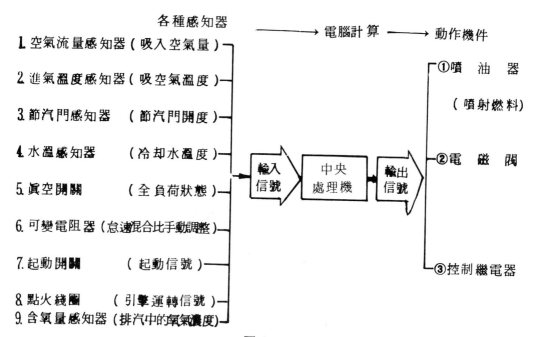

圖 4－2，78　三菱 ＥＣＩ 之組成機件與功能

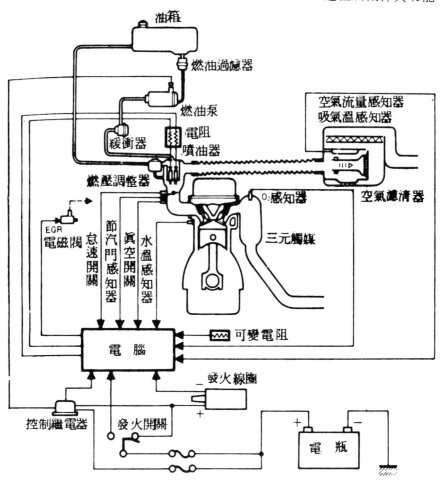

圖 4－2，79　三菱 ＥＣＩ 系統圖（別冊自動車工學 No.9 JULY 1981 第 300 圖）

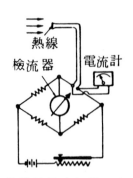

圖 4 − 2 , 80　使熱線溫度保持一定之風速計

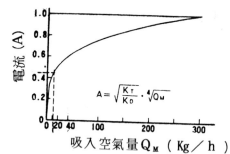

$$A = \sqrt{\frac{K_T}{K_D}} \cdot \sqrt[4]{Q_M}$$

吸入空氣量 Q_M（Kg／h）

圖 4 − 2 , 81　空氣流量與電流之關係

4 − 2 − 5　KE電子控制汽油噴射

一、系統概述

　　與K-Jetronic相同，有一組機械液壓系統，為連續噴射方式，但另外利用電子控制器EC U來輔助基本系統，以提高適應能力及增加其他功能。

　　附加的零件有計測進氣的空氣量感知器，能調節混合汽組成的油壓作動器（Pressure Actuator），及能保持主壓力一定與當引擎熄火時實施特別封閉功能的壓力調節器（Pressure Regulator）。

　　與K-Jetronic不同之處，是 KE-Jetronic係由引擎提供的資料，利用感知器將信號送給 ECU，ECU再控制電磁油壓作動器(Electro Hydraulic Pressure Actuator)，以修正在各種運轉狀態下的燃油噴射量。如果發生故障時，KE-Jetronic 可回復基本的功能，使在引擎熱時仍有良好作用的噴射系統。

　　KE-Jetronic的優點有以下幾項：

　　a.低燃油消耗

　　b.多項運轉狀態的修正

　　c.低汙氣排出

　　d.高馬力輸出

　　如圖 4-2,82 所示，為配合含氧量感知器閉路控制的KE-Jetronic的組成。

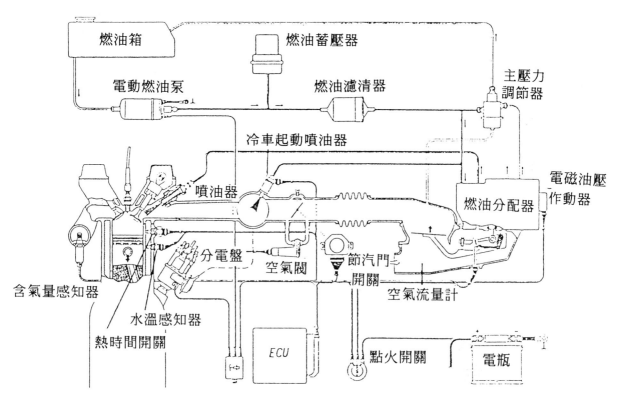

圖4-2，82 有含氧量感知器閉路控制的KE-Jetronic

二、 各系統作用

(1)燃油供應

以下僅就與K-Jetronic不相同的零件作說明。

1)主壓力調節器

主壓力調節器可保持供油壓力一定。與
K-Jetronic不同之處，是K-Jetronic以暖車
調節器 (Warm-up Regulator)調節控制壓力
，而作用在 KE-Jetronic柱塞上的壓力，與
主壓力是相同的。控制壓力必須保持一定，
因為任何控制壓力的變化會直接影響空燃比
。

如圖4-2,83 所示為主壓力調節器，燃油由
左端進入，由燃油分配器來的回油從右端進 入

至燃油箱
調整螺絲
反彈簧
閥封
由燃油分配
閥體　器來
閥板
膜片
控制彈簧
燃油進入

圖4-2,83 主壓力調節器

，而上端為回油至油箱。當燃油泵壓出燃 油時，膜片向下移，反彈簧的力量壓著閥體
隨膜片移動，很快的到達停止位置，壓力控 制功能開始。從燃油分配器來的回油，經打
開的閥門使過多的燃油流回油箱；當引擎熄 火時，閥門關閉，回油停止。

接著燃油系統的壓力迅速下降至低於噴油器 開啟壓力，故噴油器緊密關閉；接著系統壓 力又升高，其值由燃油蓄壓器決定。

(2)燃油計量

　1)燃油分配器

如圖 4-2,84 所示為某些型式的控制柱塞與柱塞筒的構造，與K-Jetronic有一點差異 。係使用壓力彈簧來幫助主壓力，以防止因系統冷卻而產生真空效應(Vacuum Effect)時柱塞被吸住而停止移動

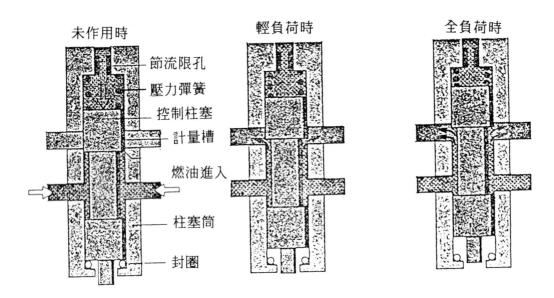

圖4-2，84　控制柱塞與柱塞筒的構造

精密的控制主壓力是很重要的，否則壓力的變化會直接影響空燃比。節流限孔可減緩因感知板力量所造成的振幅。當引擎熄火時，柱塞下移至與封圈接觸，可利用調整螺絲調整至正確高度，以確保當柱塞在靜止位置時，計量槽能被準確的封閉。

以K-Jetronic而言，柱塞的靜止位置是由相接觸的感知板槓桿來決定；而 KE-Jetronic方面，柱塞因主壓力的作用而停止在封圈上。為了防止因柱塞洩漏而使壓力降低，燃油蓄壓器必須保持在滿油狀態，因其任務為保持主壓力在燃油蒸汽壓力之上，故能適應當引擎熄火而燃油溫度高時。如圖4-2,85 所示為燃油分配器與差壓閥，圖4-2,86 所示為差 壓閥。

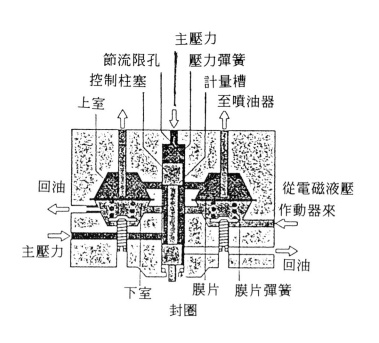

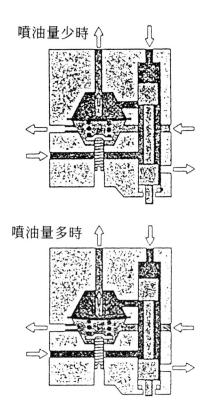

圖4-2,85　　燃油分配器與差壓閥的構造

圖4-2,86　　差壓閥的構造

(3)控制裝置

　1)ECU

　　a)設計與功能

　　　　依據功能的範圍,使用類比控制電路,或類比/數位控制電路。ECU 使用數位控制,具有更多的功能;電子零件安裝在PC板上,包括IC（如放大器、比較器、電壓穩定器）、電晶體、二極體及電容器等,PC板插在能裝置等壓元件(Pressure Equalization Element) 的ECU外殼內。ECU利用25線頭插座與電瓶、各感知器及作動器連接。

　　　　ECU 接收由各不同感知器送來的信號,經處理並計算控制電流給電磁油壓作動器。如圖4-2,87所示為 KE-Jetronic ECU的作用方塊圖。

VK　全負荷修正
SAS　減速燃油切斷
BA　加速增濃
NA　冷引擎增濃
SA　起動時電壓增加
WA　暖車增濃
SU　積算器
ES　輸出處理器

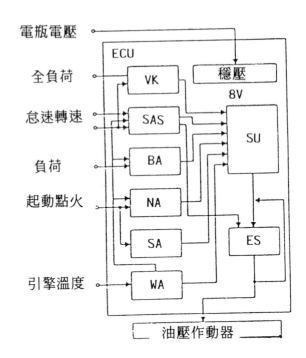

圖4-2,87　　KE-Jetronic ECU作用方塊圖

b)電壓穩定

不論車輛電器系統的電壓如何，送入 ECU的電壓必須保持穩定，由一個特殊的IC控制。

c)輸入濾波器 (Input Filter)

用以過濾從感知器送來的信號中之任何干擾。

d)積算器 (Adder)

所有感知器信號在此一起處理。

e)輸出處理器 (Output Stager)

輸出處理器產生控制信號給油壓作動器，也可能輸入反電流給油壓作動器，以增加或減少壓力降。

油壓作動器內的電流大小，可由觸發電晶體隨意調整增加。當減速時，電流會停止，影響差壓閥的差壓，使噴油器停止噴油。

f)附加輸出處理器

必要時可合併附加輸出處理器，能作EGR閥的觸發控制，及繞經節汽門，作怠速混合比控制的旁通空氣道控制。

2)電磁油壓作動器 (Electro Hydraulic Pressure Actuator)

依引擎的運轉型態及 ECU由送來的電流信號，電磁油壓作動器改變差壓閥下室的壓力，使送往噴油器的燃油量產生變化。

a)設計

電磁油壓作動器安裝在燃油分配器上，如圖4-2,88 所示。作動器是一個差壓控制器，係利用噴咀/撓性板原理，其壓力降是由ECU輸入的電流控制。在一個非磁性材料室中，電樞支持在無摩擦的拉緊帶支撐件上，介於兩對磁極間。電樞是在由彈性材料製成的膜片板內。

b)功能

永久磁鐵的磁力線，如圖4-2,89所示的虛線部份，與電磁磁力線(實線部份)在磁極與空氣間隙處互相合成，通過兩對磁極的永久磁鐵磁力線對稱且等長，從磁極，越過空氣間隙，然後通過電樞。

在成對角的空氣間隙 L2，L3內，永久磁鐵磁力線與由ECU送入電流的電磁線圈磁力線是相加的；而在另外兩個空氣間隙L1，L4，磁力線是相減的，亦即在每一個空氣間隙，電樞驅動撓性板時，會承受與磁力線的平方成正比的吸引力。

因為永久磁鐵的磁力線保持一定，與由 ECU送入電磁線圈的控制電流成正比，故產生的扭力與控制電流也成正比。

進入噴嘴的燃油噴射企圖克服較佔優勢的機械力及磁力，使撓性板彎曲，帶動燃油流過一系列的固定限孔。進出油口的壓力差與由ECU來的控制電流成正比，亦即噴嘴的各種壓力降變化與ECU的控制電流成正比，結果下室壓力也是多變化的，同時在上室的壓力也作相同的改變，如此依序的在計量槽處，上室壓力與主壓力間產生不同的變化，此即送往噴油器的燃油量變化。

如果控制電流的方向相反時，電樞將撓性板拉離噴咀，則在作動器會產生僅數百分之一 Bar的壓力降，此種可當作為輔助功能，例如減速時切斷燃油與引擎最高轉速限制，後者的功能可利用切斷流向噴油器的燃油以達到目的。

三、　運轉狀況修正

以下僅就與K-Jetronic不相同的原理及作用作介紹。

(1)冷車起動增濃

因在起動時引擎轉速會有明顯的變化，而造成空氣流量信號的誤差，故在起動時必須由 ECU提供固定的負荷信號。

(2)起動後增濃 (Post Start Enrichment)

冷引擎運轉增濃可提高節汽門的反應性，並減少燃油

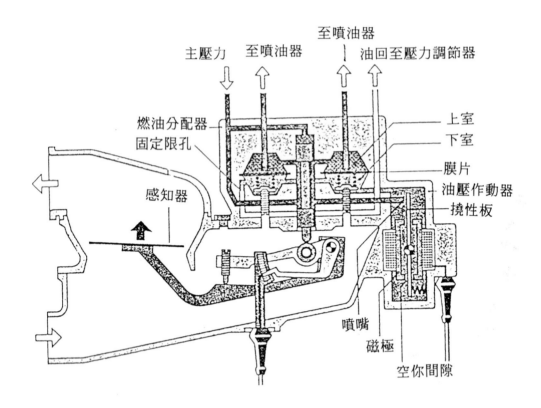

圖4-2,88　　裝在燃油分配器上的電磁油壓作動器

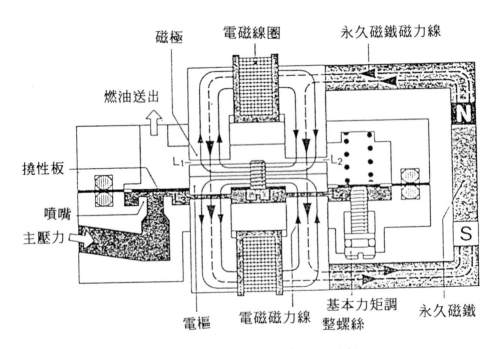

圖4-2,89　　電磁油壓作動器的斷面

消耗。增濃是依據溫度及時間。依溫度時，ECU維持4.5秒鐘的最濃混合比增濃，然後減少至零，例如在20℃起動後，約20秒鐘減油至零。

1)引擎溫度感知器（又稱水溫感知器）

　　引擎溫度感知器計測引擎溫度，然後將信號送給 ECU。如圖4-2,90 所示，在空氣冷卻式引擎時感知器是裝在引擎體上，而水冷式引擎則與冷水

　引擎則與冷卻水直接接觸。感知器將電阻值送給ECU，然後ECU控制電磁油壓作動器，以適當修正噴油量。

　　感知器在冷引擎增濃時及暖車增濃時作用。以半導體電阻器插入螺牙套中而成，半導體電阻為負溫度係數，當溫度升高時，其電阻值降低。

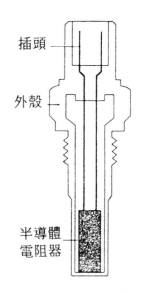

圖4-2，90　引擎溫度感知器

(3)暖車增濃

　暖車增濃是接著引擎起動後的增濃作用，直至引擎達正常工作溫度為止。

　利用引擎溫度感知器測定溫度，將信號送給ECU，再由ECU輸出控制信號給電磁油壓作動器，以修正混合比。

(4)冷引擎加速增濃

　在 KE-Jetronic系統中，當加速時，只要引擎仍然是冷的，就會計量額外燃油給引擎。

　當加速踩下油門時，由感知板的擺移量來決定引擎轉速，感知板的擺移稍微落後於節汽門的動作。進氣量的改變，可由空氣流量計內的電位計記錄，輸入ECU，再由ECU控制油壓作動器。

　電位計曲線是非直線形，當由怠速加速時，加速信號最大，但隨著引擎動力增加而減少。

1)感知板位置電位計

　如圖4-2,91所示，在空氣流量計內的電位計，是利用薄膜附在陶瓷板上而成。

　電刷在軌道上滑動，電刷由細線組成焊連在擺動桿上，細線與軌道的接觸壓力很低，故磨損非常少。由於電刷是由許多細線組成，故即使在粗糙表面或擺動桿快速移動時，也能保證接觸良好。

　　擺動桿與感知板軸連接在一起，但與軸絕緣。擺動桿設計能超過軌道的兩端，以避免在回火時損壞。另有一薄膜電阻，可在短路時防止電位計燒損。

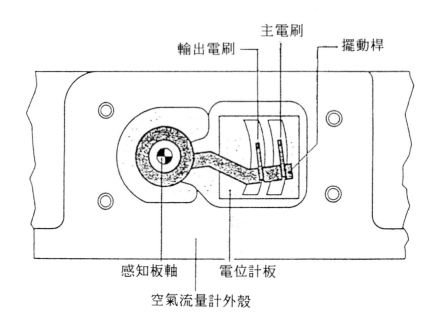

圖4-2,91　　測定感知格位置的電位計

(5)全負荷增濃

在全負荷時，轉速 1500rpm與3000rpm之間，及4000rpm以上時，KE-Jetronic 會增濃空燃比。全負荷信號由節汽門處的全負荷開關輸出，或利用加油踏板連桿連動的微動開關(Microswitch)，引擎轉速信號由點火系統取出。利用這些資料，ECU 計算所需的額外燃油，輸入信號給油壓作動器。

1)節汽門開關

如 圖4-2,92所示，節汽門開關將節汽門的"怠 速"與"全負荷"位置信號送給ECU。

圖4-2,92　節汽門開關

節汽門開關裝在節汽門本體上，由節汽門軸驅動。

(6)利用迴轉式怠速作動器 (Rotary Idle Actuator)作閉路怠速控制

採用空氣量或怠速混合比控制是閉路怠速控制的最好方法。閉路怠速控制利用怠速混合比控制，可獲得穩定、較低且經久不變的怠速轉速，如 圖4-2,93所示。

太高的怠速轉速會增加燃油消耗，此問題可由閉路怠速控制來解決。不論引擎負荷（如冷引擎磨擦阻力大時）如何，不調整怠速，也能長久保持排氣良好及怠速穩定。

依據輸入給迴轉式怠速作動器的信號，作動器會開閉環繞節汽門的旁通道。因空氣流量

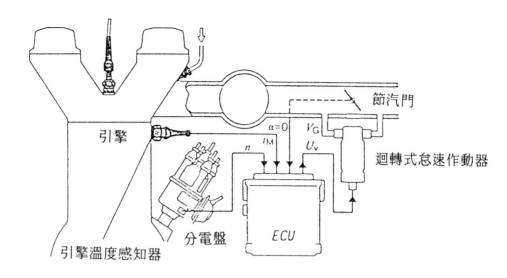

圖4-2,93 利用迴轉式怠速作動器的閉路怠速控制

計也會計測此額外的空氣，故噴油量隨之改變。與其他型式的怠速控制裝置比較，閉路怠速控制會比較需要值與實際值，當有誤差時，能再作修正。迴轉式怠速作動器能取代空氣閥的功能，故空氣閥已不再需要。

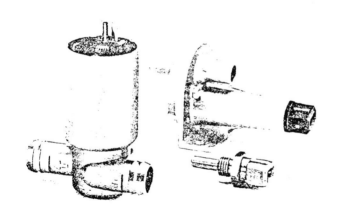

圖4-2,94 迴轉式怠速作動器(左)與空氣閥(右)

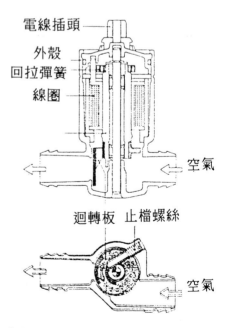

圖4-2,95 迴轉式怠速作動器

如圖4-2,94及 圖4-2,95 所示，作動器接收從ECU來的依據引擎轉速及溫度的信號，使迴轉板動作，以開閉旁通道。

作動器的旋轉範圍限制為60。迴轉板與電樞軸連接，開閉旁通道，以保持一定的怠速轉速。閉路控制電路在 ECU內，接收引擎轉速感知器的信號，與所設定的怠速轉速比較，然後由作動器調整旁通空氣道，直至與所設定的轉速一致為止。當引擎溫熱及磨擦阻力小時，旁通道的開度非常小。

利用 ECU可作更進一步的控制，例如對應溫度及節汽門位置，以確保在低溫時或加速踏板動作時不要產生誤差。ECU將引擎轉速信號轉變為電壓信號，與設定值比較，然後 ECU將不同電壓的信號送給迴轉式怠速作動器，脈動狀直流電送入線圈，使電樞產生扭力。故旁通道開度的大小由電流強度來決定。

當發生故障無電流時，回拉彈簧將迴轉板拉至與止檔螺絲接觸的位置，以提供緊急開口，此時旁通道全開。

四、附加功能

(1)減速切斷燃油

當車輛行駛中，駕駛者的腳移離加油踏板時，節汽門全關，節汽門開關將全關信號送給ECU，同時ECU也接收到引擎轉速信號，如果引擎的實際轉速在減速斷油的範圍時，ECU 即停止將電流送入電磁油壓作動器，故作動器的壓力降為零，亦即燃油分配器內的差壓閥被下室的彈簧彈力關閉，使燃油停止送往噴油器，如圖4-2,96 所示。

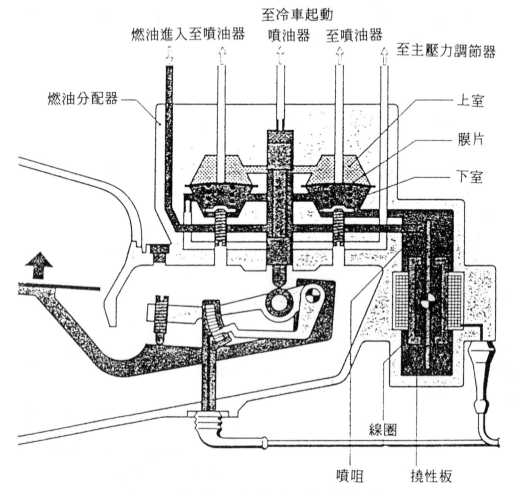

圖4-2,96 燃油分配器在減速切斷燃油時

圖4-2,97 所示為燃油切斷及回復與引擎溫度的關係。當引擎溫度高時，開始發生作用的轉 速低，以節省燃油消耗；反之則轉速高，以防止離合器踏板突然踩下時引擎熄火。

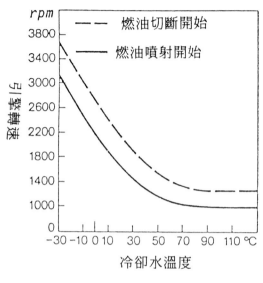

圖4-2,97 不同溫度下的
燃油切斷與開始

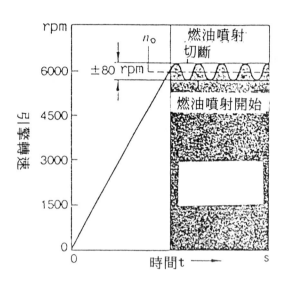

圖4-2,98 引擎最高轉速限制

(2)引擎最高轉速限制

當電磁油壓作動器的電流中斷時，撓性板被拉離噴嘴，壓力降接近零，故差壓閥的膜片將通往噴油器的出口封閉，與減速斷油的作用相同。如 圖4-2,98 所示，在 ECU內，實際的轉速 與設定的最高轉速相比，當轉速超過時，即停止燃油噴射。依最高限制轉速，有上下80rpm 的作用誤差。

(3)高海拔空燃比補償

在高海拔地區，空氣密度低，對以體積計量流量的空氣流量計而言，吸入汽缸的是較少的空氣流量，故改變噴油量，以修正誤差。在高海拔地區，必須避免混合比過濃，以免增加燃油消耗。

利用空氣壓力感知器，將信號送給ECU，ECU改變電磁油壓作動器的電流，故下室壓力改變，因此計量槽的壓力差也產生變化，燃油噴射量隨之改變。

(4)含氧量感知器閉路控制

含氧量感知器閉路控制，能使空氣比λ精確的保持在 λ ＝1 的附近。此閉路控制特別適用於KE-Jetronic，使用原有的ECU處理含氧量感知器的信號，再利用電磁油壓作動器修正燃油噴射量。如 圖4-2,99 所示為KE-Jetronic裝置的全體零組件。圖4-2,100 則為 KE-Jetronic 的電路構造。

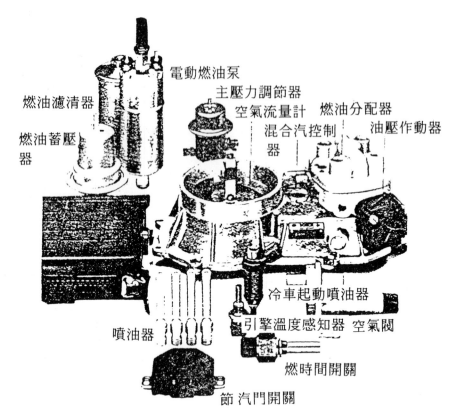

圖4-2,99 KE-Jetronic裝置的全體零組件

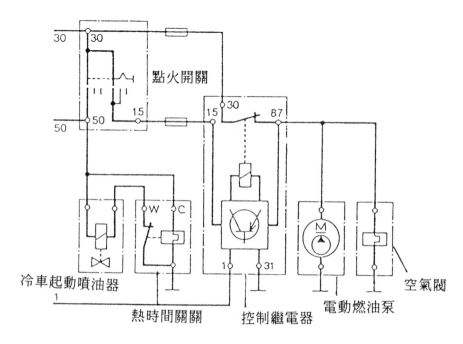

圖4-2,100 KE-Jetronic電路圖

4-2-6 空氣濾清器

一、空氣濾清器裝在化油器的前方，用以防止空氣中之灰塵雜物等隨空氣進入汽缸，及
　減少空氣進入化油器時產生哨聲，防止化油器回火時使火焰傳到外面造成危險。

二、**濕式空氣濾清器**（油浴式）構造如圖4
　　　-2,101所示，當浮懸在大氣中的灰塵
　　　和雜質隨空氣進入時，較大的砂粒因動
　　　能較大，衝入濾清器之油中被機油黏住
　　　，空氣和細灰塵因較輕而上行，進入濾
　　　網中，濾網有機油黏附於上，故能將細
　　　灰塵黏附，只有純淨的空氣才能進入化
　　　油器。

三、**乾式空氣濾清器**　構造如圖4-2,102
　　　所示，空氣自進氣口經蜂巢狀纖維或紙
　　　質濾蕊，空氣中的灰塵及雜物皆被濾蕊
　　　過濾乾淨，因而乾淨空氣進入化油器中
　　　。普通在柏油路面行駛車輛約 20,000
　　　公里換一次濾蕊即可•

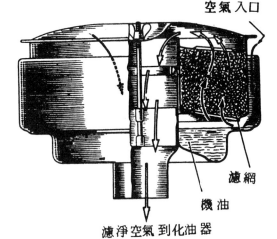

圖4-2,101　濕式空氣濾清器

四、**進汽溫度自動調整式空氣濾清器**

　　㈠進汽溫度自動調整式空氣濾清器係利用
　　　引擎眞空及空氣濾清器內的溫度感知器
　　　（temperature sensor）來控制切換
　　　閥的動作，以控制熱空氣和冷空氣進入
　　　空氣濾清器之裝置。

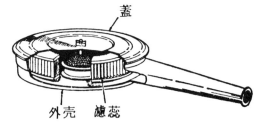

圖 圖4-2,102　乾式空氣濾清器（三級自動
車ガソリン・エンジン　圖
Ⅱ-1）

　　㈡進入之空氣溫度保持在 40°C 時，汽油之霧化良好，引擎運轉性能佳，使燃料之混合比
　　　均勻汽化，以節省燃料及減少ＨＣ與ＣＯ之排出，並可防止寒冷地區化油器結冰。圖4
　　　-2,103所示爲進氣溫度自動調整式空氣濾清器之構造。

　　㈢作　　用

　　　1.如 圖4-2,104　所示，爲當進氣溫度低冷空氣進口切斷之情形。溫度感知器之熱偶向
　　　　上彎，使眞空通道打開，進汽岐管來之眞空使眞空馬達的膜片向上移動，將控制閥拉
　　　　向上關閉冷空氣進口，打開熱空氣進口，進入濾清器的空氣先由排汽管加溫。

　　　2.如 圖4-2,105　所示，爲進氣溫度高，熱空氣進口切斷之情形，溫度感知器之熱偶向
　　　　下彎，將眞空通道關閉，彈簧將膜片向下推，經推桿使控制閥向下移關閉熱空氣進口
　　　　，打開冷空氣進口。

3. 在中溫度時，控制閥保持在中間位置，熱空氣與冷空氣混合進入，濾清器保持進汽溫度在 40° C 左右。

4. 圖4-2,106　為由熱偶彈簧直接操作之自動溫度調整式空氣濾清器之構造。

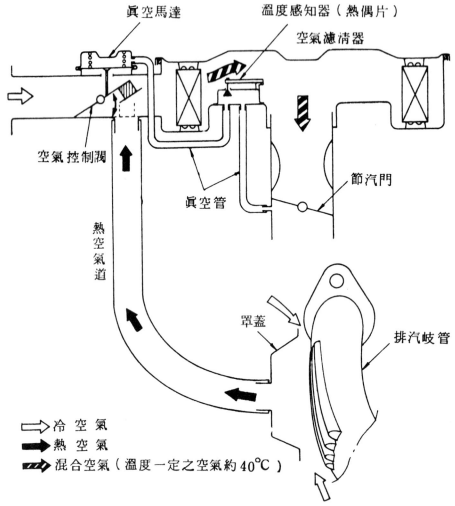

圖4-2,103　眞空馬達式進氣溫度自動調整式空氣濾清器
（別冊自動車工學 No. 6 JAN 1981 第 38 圖 P.39 ）

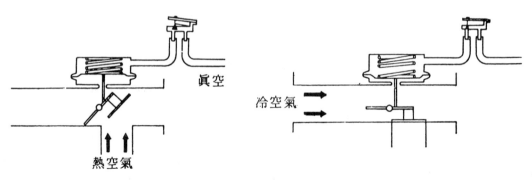

圖4-2,104　進氣溫度低時之作用　　　圖4-2,105　進氣溫度高時之作用

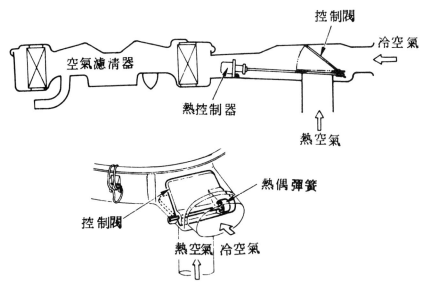

圖4-2,106　直接作用式自動進氣溫度調整機構
（自動車排出ガス對策　圖Ⅲ－10）

4-2-7　汽油箱

一、其構造如**圖**4-2,107　所示，普
　　通均由**鋼**皮製成，內壁鍍錫或錫
　　鉛合金以防腐蝕，油管出口高出
　　底部約２公分，使水分和雜質沉
　　澱在油箱底部而不被吸入汽油泵
　　內。

二、油箱中有隔板（ baffle plates
　　）其目的除加強油箱之強度外，
　　尚可避免汽油在油箱中**愰**動過烈
　　，以致加速分解，破壞化學成分
　　，以及產生靜電而發生爆炸或無
　　線電波之干擾。

三、放油塞裝在油箱最低處，以便排
　　除油箱底部沈積的水份和雜質。
　　此外油箱上亦開有一個通氣孔，
　　與大氣相通，以保持汽油之暢流

四、許多現代車輛在油箱上設有呼吸
　　器（ breather ），以防油箱之
　　油面變動時產生眞空而使汽油無
　　法送到化油器，或油箱內之壓力

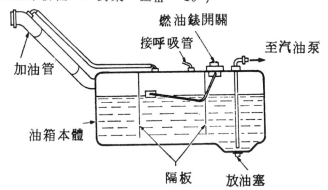

圖4-2,107　油箱構造㈠（三級自動車ガソ
リン・エンジン　圖Ⅱ－1）

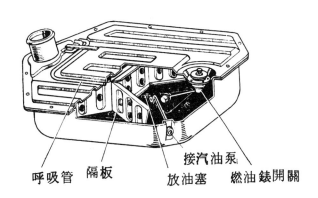

油箱構造㈡

上升時，防止燃料滲漏。

4-2-8 蒸發發散控制系統

㈠ 自1970年起美國規定新車必須加裝此種系統。通用公司使汽油蒸汽在進入引擎之前，存於活性碳罐中，克萊斯勒及美國汽車公司則將汽油蒸汽存於曲軸箱中。

㈡ 通用公司使用之蒸發控制系統，汽油蒸汽係由密封的油箱中之液汽分離器（ liquid vapor separator ）送到汽罐中。

1. 當引擎不轉時，蒸汽被汽罐中的活性碳所吸收。當引擎運轉時，由空氣濾清器過濾的空氣經過汽罐，將汽油蒸汽帶到汽缸中燃燒。化油器常用隔板遮住以降低浮筒室溫度，浮筒室之通風均為平衡通風。

2. 密閉油箱（ sealed fuel tank ）在主燃油箱中設一個膨脹室，如 圖4-2,108 所示；此室之底部有若干小孔，當加油時，油淹過小孔時，空室內之空氣即被封閉無法逸出

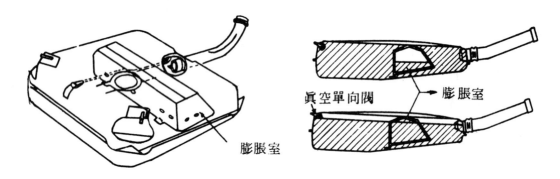

真空單向閥　　膨脹室

膨脹室

圖4-2,108　在油箱中設有膨脹室

，因此當油箱加滿油時，內部仍有空間，使汽油膨脹時，能有空間容納。此外油箱上裝有一真空單向門。當汽油使用時，能使空氣進入，以維持汽油之暢通。

3. 液汽分離器上設有三個小孔，以連接油箱，如 圖4-2,109 所示，其中有一孔口無論車子在何位置時，均高於汽油液面。另外分離器內有一管口通至汽罐中，此外有浮筒、及浮筒油針，用來防止液體汽油進入汽罐，而增加活性碳之負荷。

4. 汽罐上有四個通孔，如 圖4-2,110 所示。蒸汽孔進入汽油蒸汽而存於活性碳中，當引擎運轉時，由空氣濾清器進來的空氣，就將汽油蒸汽帶入汽缸中，燃燒，過多時則由活性碳吸收；當引擎轉速增快時，通過的空氣增加，將活性碳吸收凝結之汽油帶入化油器浮筒油路中。

㈢、圖4-2,111　所示，係克萊斯勒汽車所用之蒸發發散控制系統圖，係將油箱及化油器密封，將汽油蒸汽引入曲軸箱中，引擎運轉時積極式曲軸箱通風系，就將其吸入汽缸中燃燒。它的液汽分離器是垂直安裝約5公分直徑之鋼管，內裝有四條管子通油箱，使多餘的液體汽油流回油箱中，另外一條位置最高的管子為通曲軸箱者，其內並有孔以防止液體汽油進入曲軸箱中。

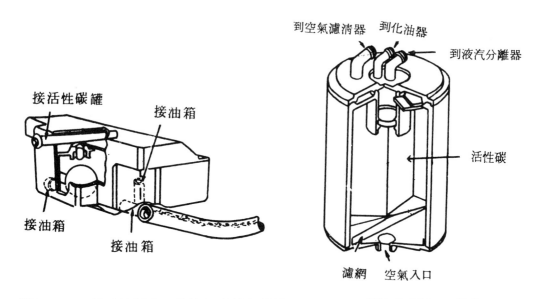

圖4-2,109　浮子控制式三孔液氣分離器構造　　　　圖4-2,110　汽罐構造圖

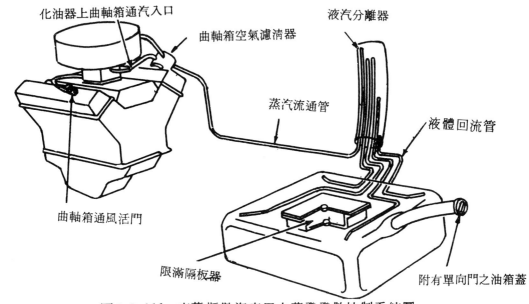

圖4-2,111　克萊斯勒汽車用之蒸發發散控制系統圖

㈣圖4-2,112所示，係裕隆汽車所用之蒸發發散控制系統圖

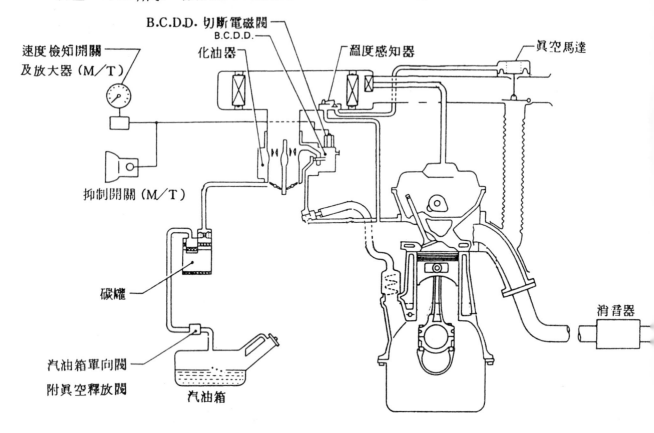

圖4-2,112

蒸發廢氣系統是止回閥（雙向）止回閥（三向）〔中東地區〕、止回斷路閥〔無鉛汽油車〕、活性碳濾氣罐、電磁閥（過濾控制）、引擎控制單元〔ECU〕和輸入訊號裝置。

吸入引擎中燃燒的蒸發氣體量是由電磁控制、ECU經由各種不同的輸入裝置來偵測引擎的作用，同時ECU也依引擎作用狀況來設訂蒸氣過濾量，再依所設定值透過訊號（功率訊號）來控制過濾電磁閥。

(1)溫機後

(2)八檔行駛

(3)踩下油門加速(怠速開關：關)

(4)氧氣感應器正常作用〔無鉛汽油車〕

蒸發廢氣控制系統（無鉛汽油和中東地區）

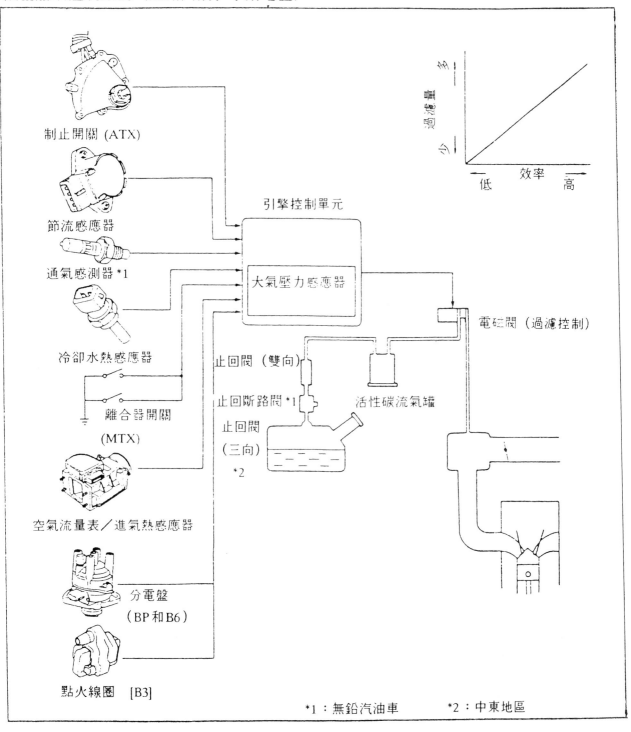

制止開關 (ATX)

節流感應器

通氣感測器 *1

冷卻水熱感應器

離合器開關

(MTX)

空氣流量表／進氣熱感應器

分電盤

（BP 和 B6）

點火線圈　[B3]

引擎控制單元

大氣壓力感應器

電磁閥（過濾控制）

止回閥（雙向）

止回斷路閥 *1

止回閥
（三向）
*2

活性碳流氣罐

*1：無鉛汽油車　　*2：中東地區

4-2-9 汽油泵

一、汽油泵將油箱之汽油吸來壓送到化油器，接油箱之一端稱眞空端（約有 15～30 cm 水銀柱之眞空度），接化油器之一端稱壓力端（約 0.2～0.4 Kg／cm² 之壓力）

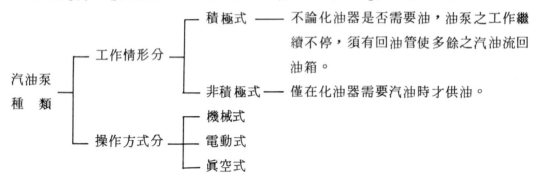

二、機械操作膜片非積極式汽油泵

(一)其構造如 圖4-2,113 所示。由搖臂、搖臂彈簧、膜片（diaphragm）、膜片彈簧、進出油閥（inlet & oulet valve）、空氣室等組成。

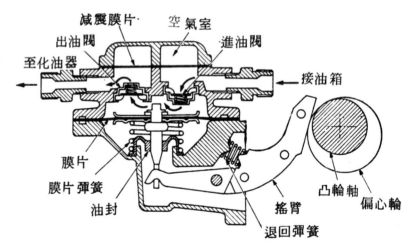

圖4-2,113 機械操作非積極式汽油泵（三級自動車 ガソリン・エンジン 圖Ⅱ－3）

(二)作 用

1.當引擎凸輪自最低點向最高點轉動時，搖臂將膜片往下拉，泵室中產生眞空，油箱中的汽油受大氣壓力的作用，推開進油閥流入泵室中。

2.當凸輪自最高點向最低點轉動時，膜片彈簧將膜片向上推，泵室中的油壓增大，進油閥被壓關閉，而出油閥被推開，汽油自泵室經出油閥及出油口流往化油器浮筒室。

3.當化油器浮筒室中存滿油時，泵室中的汽油不能送出，膜片不能上行，搖臂空動，由退回彈簧，保持搖臂與凸輪接觸。

4.有的汽油泵在出油閥和出油口間裝有空氣室，在出油閥開放期間，從泵室來的汽油有一部份流至空氣室中，將空氣壓縮；出油閥關閉後，原在空氣室中之汽油受到壓力，繼續流至化油器，可減少出油脈動，使供油穩定而連續不斷。

三、電動操縱式汽油泵

㈠吸壓式電動汽油泵

1. 其構造如 **圖**4-2,114　所示，亦為非積極式汽油泵。

2. 當總開關打開時，電瓶電即流入電磁線圈，經白金搭鐵。電磁線圈因而產生磁力將摺盒上之鐵片吸下，將出油門關閉，進油門吸開，把汽油吸入摺盒室。同時鐵片下移經連桿而將白金張開，使電路中斷，線圈磁力消失，彈簧將摺盒及鐵片向上推動，而將汽油推出。

㈡推壓式

1. 其構造如 **圖**4-2,115　所示，其整體裝在油箱內，因電刷含有 30 % 的銀，故導電性良好不會產生火花而引燃汽油。

2. 係利用一個小型直流馬達帶動一個小型離心式泵，而將汽油

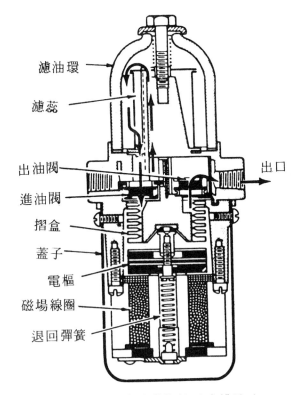

濾油環
濾蕊
出油閥
進油閥
摺盒
蓋子
電樞
磁場線圈
退回彈簧
出口

圖4-2,114　吸壓式電動汽油泵之構造（
Automotive Mechanics Fig
15～19 ）

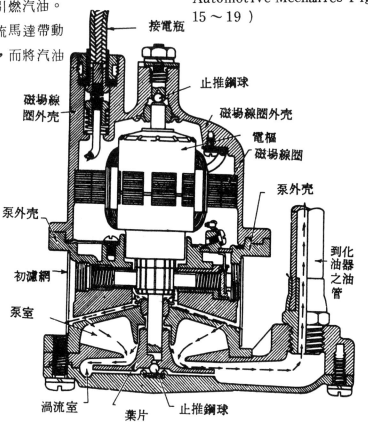

接電瓶
止推鋼球
磁場線圈外壳
電樞
磁場線圈
磁場線圈外壳
泵外壳
泵外壳
到化油器之油管
初濾網
泵室
渦流室
葉片
止推鋼球

圖4-2,115　推壓式電動汽油泵之構造

推送到化油器內。

㈢轉子式電動汽油幫浦

1.功能

汽油幫浦把汽油從油箱抽送到噴射器與冷起動噴射器。

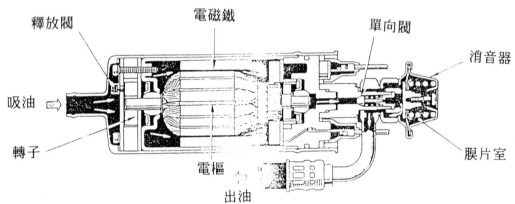

圖4-2，116　汽油泵規格（豐田IG-E引擎）

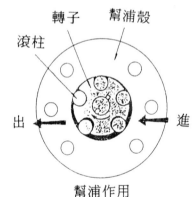

馬達轉速	1,700rpm
出油量(在出油壓力為) 2kg/cm² & 12V)	超過85ℓ/h
釋放閥開啓壓力	3.5～5.0 kg/cm²

2.構造

汽油幫浦之構造另件包含馬達被動轉子，形成幫浦外端的幫浦殼，及在轉子與殼體間做油封功能的滾柱，幫浦的內部是充滿汽油。如圖 4－2,116 所示

3.壓送汽油

當與轉子直接連接的電樞轉動時，滾柱被離心力摔出延著幫浦殼之內壁移動，造成被這三個另件所圍成的面積發生變化，而使汽油被吸進。汽油環繞著電樞在馬達殼裡循環流通，然後被強迫進入出油端部。在出口端，汽油的壓力首先需打開殘壓單向閥，再流經消音器，最後送至汽油壓力管路。

4.消音器

消音器利用膜片之運動來抑制從汽油幫浦來的脈動與噪音。

5. 釋放閥

　　當出口側之油壓到達3.5～5.0kg/cm²時，釋放閥被強制打開引導壓縮過的汽油到吸油側，然後這些汽油在馬達與幫浦之內再循環，可防止油壓的任何不正常的升高。

6. 殘壓單向閥

　　當點火開關關閉時，幫浦就不再作用，殘壓單向閥在此時關閉，保持油壓管路內之殘留壓力，使再起動更容易。若沒有這個殘留壓力，在高溫狀態時容易發生氣阻且引擎的再起動將會較困難。

－－注意－－

1. 雖然汽油是流經馬達，但其內部是充滿了汽油，所以沒有氧氣存在，即使車輛已經沒有汽油，但因混合汽還是如此的濃，故不會有電刷產生火花所引起的爆炸危險。

2. 由於汽油幫浦不可以分解，故損壞時需要更換總成。

㈣使用電動操縱式汽油泵之優點：

1. 安裝位置不受限制，故可安裝在較冷處，以減少汽阻之發生。

2. 使用電源操縱，引擎未起動前即可開始供油。

3. 供油率較穩定，可裝置多只泵，以增加供油量或做為備用泵。

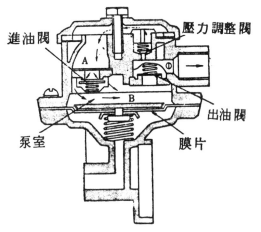

圖4-2,117　真空膜片式汽油泵

四、真空操縱式汽油泵

　　真空式汽油泵用在二行程引擎，利用曲軸箱之真空來操縱膜片，構造如圖4－2，117所示，曲軸箱壓力之變化使膜片來回運動，產生吸送油作用，此式屬積極式，因此出油閥上方裝有一壓力調節閥，當化油器針閥關閉時，壓力調節閥打開，油流回進油閥側停止送出。

4 - 2 - 10 液化石油氣燃料系統

一、液化石油氣（ liquefied petroleum gas 簡稱 L P G ）為丙烷與丁烷混合之燃料，其性質介於天然氣與汽油之間，為精煉石油時排出之氣體，作為汽車之燃料具有優良之性能。

二、液化石油氣的特性

㈠發熱量高約為 12,010 kcal ／Kg，而汽油為 11,010 kcal ／Kg，柴油為 10,594 kcal ／Kg。

㈡辛烷值高達 110～125，適合高壓縮比之引擎。

㈢汽化性高，沸點只有 0.5° C（ 32.9° F），而汽油為 45° C（ 113° F）柴油為 230° C
（ 445° F）。

㈣價格低廉，其營運價格約為汽油的67%。

三、其燃料系統如圖 4－2,118 所示。高壓容器中之液化石油氣壓力很高，引擎總開關打開
後，電磁閥隨著打開，高壓容器中之液體石油氣自行進入蒸發器，吸熱後轉為汽化之石
油氣降低壓力，進入混合器與空氣適量混合後送到進汽岐管。因其利用本身之高壓，故
不需燃料泵。

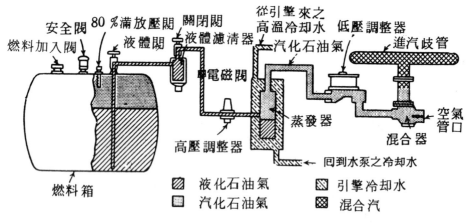

圖4-2,118　液化石油氣輸送過程

四、LPG高壓容器

由充填閥、安全閥、輸出閥、液面計等組成。容器內之壓力超過規定時，安全閥會自動
打開，使多餘之液化石油氣流出後自動關閉。

五、電磁閥

使用液化石油氣之車子，因經常以很高之壓力壓送燃料，為確保安全，引擎停止時
，必須切斷燃料之供應，電磁閥如圖 4－2,119 所示，由電磁線圈、柱塞等組成，
分成兩組。引擎起動時，電磁閥由水溫開關控制，當水溫低於正常工作溫度時，氣
體側電磁閥打開，使石油氣氣體流入混合器，使冷引擎起動性能良好。水溫達到工
作溫度，氣體側關閉，由液體供給燃料到混合器。

六、蒸發器

構造如圖 4－2,120 所示，分為一次室與二次室。燃料先由一次室減壓，並汽化成
氣體，在二次室再減壓並調節送到混合器之量。

七、混合器

混合器是將汽化調壓後之燃料依適當比例
與空氣混合，供給引擎燃燒之用，圖4－
2,121 所示為混合器之構造。以主調節螺
栓調節石油氣之通過量，文氏管處之噴嘴
噴出與流入之空氣混合後送入引擎，怠速
及低速時，石油氣在節汽門旁之怠速噴孔
噴出，加速時或重負荷時，進汽岐管之眞
空降低，彈簧壓膜片將動力噴嘴打開，供
應多量燃料，平時進汽岐管之眞空強、膜
片壓住彈簧，動力噴嘴關閉，作用同化油
器之強力油道眞空活塞之作用。

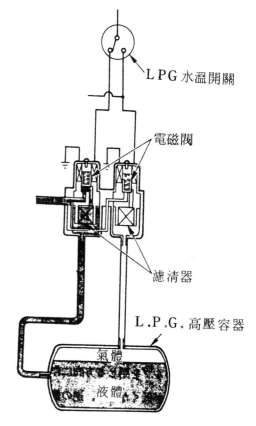

圖4-2,119　電磁閥（二級ガソリン
自動車　圖5－23）

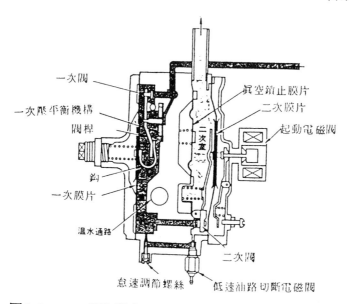

圖4-2,120　蒸發器（二級ガソリン自動車　圖5－24）

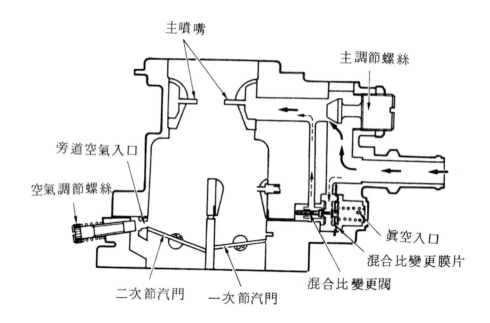

主噴嘴

主調節螺絲

旁道空氣入口

空氣調節螺絲

眞空入口

混合比變更膜片

混合比變更閥

二次節汽門　　一次節汽門

圖4-2,121　混合器（二級ガソリン自動車　圖5－28）

第 三 節　柴油引擎燃料系統

4-3-1　概　　述

一、柴油引擎燃料系係由儲存柴油的油箱，將柴油自油箱中吸出壓送到噴射泵的供油泵，過
濾水份和雜質的濾清器和產生高壓柴油的高壓噴射泵（ high pressure jection pump
）及使柴油霧化噴入汽缸的噴油器等機件所構成，如圖 4 - 3 , 1 所示。

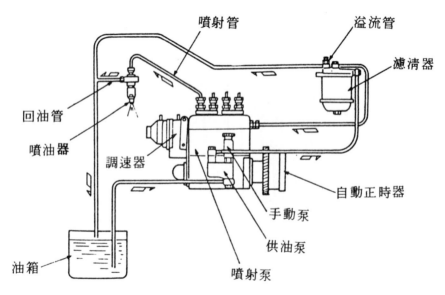

噴射管

溢流管

濾清器

回油管

噴油器

調速器

自動正時器

手動泵

供油泵

噴射泵

油箱

圖 4 - 3 , 1　柴油引擎燃料系（日產　技能修得書 E 0371 ）

4-3-2 供油泵

一、噴射泵本身之吸油能力無法將柴油自油箱中吸出，必須另加供油泵，將柴油自油箱中吸出，變成低壓油後，輸送至噴射泵。

二、供油泵的種類

　（一）齒輪式。

　（二）柱塞式。

　（三）偏心輪葉式。

　（四）膜片式。

三、偏心輪葉式供油泵

　（一）其構造如圖4－3，2所示，其中含有一轉子，與轉子軸係由整塊鋼製成一體，軸之一端支於底座上，轉子室內裝有四片輪葉，輪葉受彈簧彈力壓緊於筒壁上由於轉子係裝於偏心圓筒內，故轉動時即形成泵油作用。

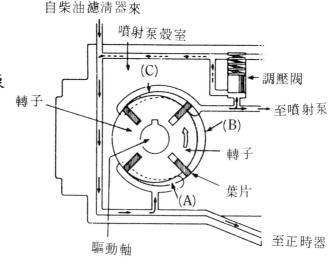

圖4－3，2　偏心輪葉式供油泵（TOYOTA M8348）

　（二）當轉子轉動時，輪葉將進油口一邊的柴油沿圓筒之空隙壓至出油口，而達成目的。此外油道中裝有一安全閥，正常工作時安全閥受到彈簧之壓力在關閉位置，一旦油路中發生阻塞時，安全閥就打開，出油口之油便從安全閥流回進油口，因此油管不致遭受過高之壓力而損壞。

四、柱塞式供油泵

　（一）係裝於噴射泵之一旁，由噴射泵的凸輪所驅動，凸輪經挺桿（或滾輪）及推桿推動柱塞，當凸輪之高峯部份轉過時，柱塞就因彈簧作用而壓回原位。

　（二）柱塞式供油泵種類及作用

　　1.單作用式（圖4－3，3所示）

　　　(1)當凸輪由最高位置向最低位置轉動時，柱塞受彈簧張力向下移動，柱塞室中產生眞空，將進油閥吸開，出油閥關閉，柴油自油箱中吸入柱塞室內，同時柱塞背面之壓力室由於柱塞之下壓，壓力增高，將柴油自出油口送往噴射泵。

　　　(2)當凸輪由最低位置向最高位置轉動時，經挺桿及推桿向上推動柱塞，使進油閥關閉，出油閥打開，柱塞室內之柴油經出油閥流至壓力室，補充因柱塞上移而產生之空隙。

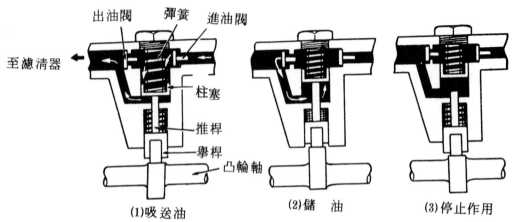

圖4－3，3　柱塞型單作用式供油泵之作用（ TOYOTA　N 2821 ）

(3)上述之壓油動作係連續不斷，凸輪軸轉一轉完成一次循環，使柴油在壓力下經濾清器，送往噴射泵。

(4)引擎負荷減輕，柴油消耗量減少時，柱塞下面壓力室之壓力升高超過彈簧彈力，油壓使柱塞向上壓住，柱塞停止上下移動，此時進出油閥皆關閉，供油泵停止吸油及送油。

2.雙作用式（ 圖4－3，4所示 ）

(1)其構造與作用原理均與單作用式相同，不過在壓力室中各裝一只進出油閥，無論柱塞向上或向下移動，均產生吸油及送油之作用。

(2)噴射泵燃料消耗量減少時，出油口之壓力大，此時柱塞不動，使凸輪空轉，此時即不送油亦不吸油，而產生調節油量之作用。

3.手動泵

裝在進油閥之上部，圖4－3，5所示。本身為一單動柱塞泵，其功用為當噴射泵因無油無法起動時，可將柴油自油箱中吸出，壓送至噴射泵，且將該油路之空氣放出，使用時可將手動泵之手柄旋開，即可來回推動手動泵之活塞；當泵活塞向上提時，打開

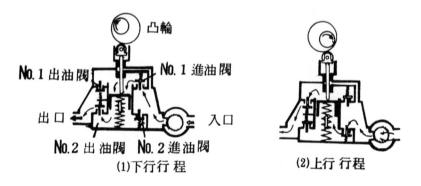

圖4－3，4　雙作用式供油泵之作用（ 汽車柴油引擎上圖5－4 ）

進油閥，關閉出油閥，將柴
油自油箱中吸入泵中，活塞
下壓時，進油閥關閉，出油
閥打開，泵中之柴油即被壓
送至噴射泵。停止使用時，
須將手柄壓下旋緊，以免影
響供油泵之正常作用。

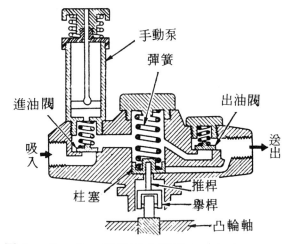

圖4－3，5　手動泵之構造（三級自動車ジー
　　　　　　　セルエンジン　圖Ⅱ－15）

4-3-3 柴油濾清器

一、因柴油引擎之燃料系均為精密
　　之零件所組成，各運動部份如
　　有磨損，變形及雜質存在時，
　　對各部機件造成很大之影響，
　　因此柴油濾清器至為重要，一般最少使用兩只。初次濾清器的濾孔較大，置於供油泵與
　　油箱之間；二次或主濾清器之濾孔較小，置於供油泵與噴射泵之間，此外有一棒形濾柱
　　安裝於噴油器之進油管中。

二、柴油濾清器安裝方式

　　㈠普通式　即柴油自進油口，進入柴油濾清器經過內面的濾蕊，將柴油中極微細的雜質都
　　　濾去，清潔的柴油。就從出油口流出。又稱單只式濾清器。

　　㈡串聯式　即將二個柴油濾清器串聯連接前面的一個濾清器，先將粗大的雜質濾去，粗濾
　　　過的柴油再經過後面的一個濾清器將細的雜質濾去。

　　㈢並聯式　即將二個柴油濾清器接在同一
　　　根進油管與同一根出油管上。在出油管
　　　上加裝一個三路接連轉鈕，可用一只或
　　　二只同時使用，均由三路接連轉鈕控制
　　　，每只濾清器都兼作粗濾和精濾。

三、柴油濾清器濾蕊之種類

　　㈠金屬濾蕊　柴油自金屬邊緣進入，較大
　　　的雜質不能通過就存留在外面，如圖4
　　　－3，6所示。

圖4－3，6　金屬濾蕊柴油通過情形

　　㈡其他的濾蕊材料有棉紗纖維濾蕊、棉紗
　　　濾蕊、塑膠浸滲紙濾蕊、纖維素板（cellulose disc）濾蕊、結合單片纖維（bo-
　　　unded wool fiber）濾蕊等。

4-3-4 柴油噴射系統

一、噴射泵為柴油引擎之心臟，故其必須具備下列各項要求：

㈠隨引擎負荷需要，供給適當之燃料，並能均勻的分配到各缸。

㈡適時的將柴油噴入汽缸中。

㈢適當的噴油率，以控制燃燒壓力之上升率，以減少爆震之發生。

㈣燃料之噴射開始與截斷迅速。

二、柴油引擎噴射系統的種類

柴油噴入汽缸的方法分為空氣噴射和機械噴射兩種。前者為早期之柴油引擎所使用，現已淘汰。一般汽車柴油引擎所使用之燃料噴射方法均為機械噴射法，又稱無氣噴射。汽車柴油引擎所使用之燃料系統，因其基本構造及製造廠家不同而有許多不同型式。現將其具有代表性的歸納為下列幾種系統，其主要差異在噴射泵與噴油器。

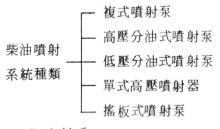

柴油噴射
系統種類
—— 複式噴射泵
—— 高壓分油式噴射泵
—— 低壓分油式噴射泵
—— 單式高壓噴射器
—— 搖板式噴射泵

三、複式噴射泵

㈠此式以西德波細廠（ Bosch ）出品者為主要代表，其他各國出品者，構造及作用均大同小異，為一般柴油引擎使用最多之一種型式。

㈡構造如圖 4-3，1，4-3，7 所示。在儲油室中經常充滿柴油，油泵柱塞套於柱塞筒內，柱塞筒上之油孔和儲油室相通，當柱塞下降頂部離開油孔時，儲油室中之柴油即流入柱塞筒中。

㈢油泵柱塞因凸輪作用由下往上升高，頂部堵住柱塞筒上之油孔時，柱塞筒中之柴油即被封閉。

㈣油泵柱塞繼續升高，將柱塞筒中之柴油壓縮，使油壓升高推開輸油門，經高壓油管流到噴油嘴。再經噴油嘴針閥控制，使噴入汽缸之油壓

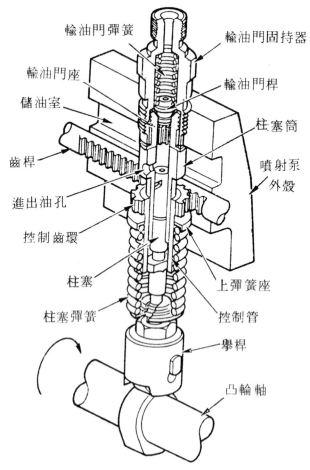

輸油門彈簧　　　　　　輸油門固持器

輸油門座

儲油室　　　　　　　　輸油門桿

齒桿　　　　　　　　　柱塞筒

進出油孔　　　　　　　噴射泵外殼

控制齒環

柱塞　　　　　　　　　上彈簧座

柱塞彈簧　　　　　　　控制管

　　　　　　　　　　　舉桿

　　　　　　　　　　　凸輪軸

圖 4-3，7　高壓噴射泵本體斷面圖（三級自動車ジーゼルエンジン　圖 5-6）

達到一定值。

㈤燃料噴入汽缸至開始著火燃燒需要有一定
之時間，在此時間內引擎轉速愈高，曲軸
旋轉之角度愈快，爲使燃料在最適當之曲
軸轉角獲致最高之燃燒壓力，以增大引擎
動力，常裝有正時裝置，使燃料噴射時間
隨引擎轉速而變化。

㈥柴油噴油量之控制如圖4-3，8所示，
油泵柱塞底部有一T型凸緣，嵌合在控制
套之凹口內，控制套有齒環和齒桿嚙合，
而齒環與控制套用螺絲固定，因此移動齒
桿可使控制套及柱塞左右轉動，變化螺旋
槽與油孔之關係位置，即可改變噴油量，
如圖4-3，9所示。

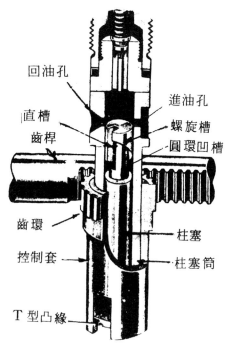

圖4-3，8 孔口與螺旋計量式泵

　1.當直槽和回油孔對正時，柱塞無法封閉
　　柱塞筒之油孔，故無油噴出。

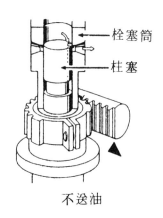 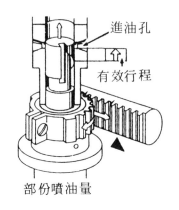 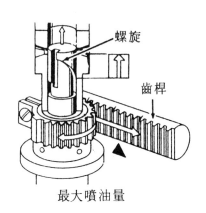

不送油　　　　　　部份噴油量　　　　　　最大噴油量

圖4-3，9 油量控制（ Automotive Mechanics Fig 19－8 ）

　2.當加速踏板踩到一半時，齒桿因連接在加速踏板之連動裝置上，故齒桿移動，使控制
　　套和柱塞旋轉到中間部份，柱塞從下方上升，將油孔封閉後，油壓漸漸升高開始送油
　　，柱塞再升高到螺旋槽與油孔相遇時，輸油停止。雖柱塞繼續升高，仍無油噴出。

　3.當油門踩到底時，齒桿完全被拉出，螺旋槽最長部份對正油孔，柱塞從下死點向上升
　　，頂部封閉油孔後，柱塞筒內之油被壓縮油壓上升，開始送油到噴油器，待到螺旋槽
　　與回油孔相遇時，柴油經直槽（或中央油孔）流回儲油室，停止送油，柱塞雖再上升

，亦無法送油，但其有效行程較中度噴油時長，噴油量亦較多。

4. 柱塞形狀與噴油開始及結束時間的關係：

(1)圖 4 − 3，10所示，凡柱塞螺旋槽開在下方者，其開始噴射時間相同，結束時間依油量多少而變。

(2)圖 4 − 3，11所示，凡柱塞螺旋槽開在上方者，其噴油結束時間相同，開始時間則依油量多少而改變。

(3)圖 4 − 3，12所示，凡柱塞螺旋槽上下均有者，其噴油開始及結束時間均隨油量之多少而變。

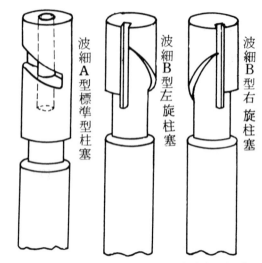

圖 4 − 3，10　開始噴油時間相同的柱塞

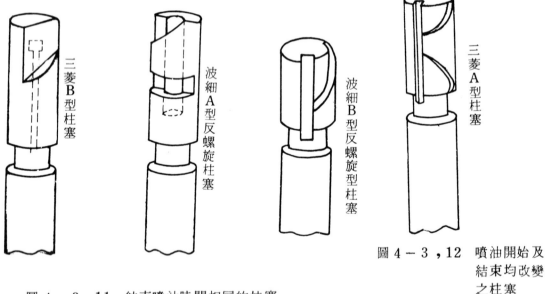

圖 4 − 3，11　結束噴油時間相同的柱塞

圖 4 − 3，12　噴油開始及結束均改變之柱塞

(七)輸油門及座　　如圖 4 − 3，13所示，輸油門位於噴射泵頂部藉彈簧力壓緊於輸油門座上，輸油門桿爲輪葉狀，可便利柴油之通過又可保持斜面在正確之方位工作；輸油門及門座爲高度精密之機件，成對配合不可任意更換；門座頂端製有螺紋以便保養時自油門孔中取出。輸油門桿中部附有一經過精密研磨之活塞柱，當噴射泵柱塞筒內之油壓因油孔突然打開而降低時，輸油門由於彈簧壓力及外面高壓油管之高壓油雙重壓力而迅速關閉，但在斜面與門座閉合之前，活塞柱首先進入輸油門座內（如圖 4 − 3，14所示），截斷高壓油管與柱塞筒之通路，如此乃使高壓油管中之容積增加，其所增加之容積等於

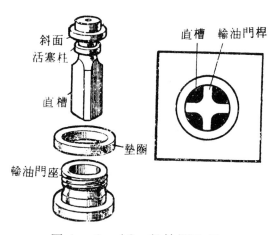

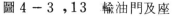

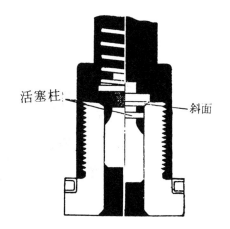

圖 4 − 3 ,13 輸油門及座　　　　　圖 4 − 3 ,14 輸油門工作情形

　　活塞柱通過輸油門座孔道之容積，此項動作使高壓油管之油壓急速下降，而使噴油器中之噴油孔迅速關閉，以防止噴油器產生滴漏現象。

(八)正時器

　　1.柴油引擎為配合引擎的轉速和負荷，需將柴油噴射時期提前或延後。此種改變噴射時期的設備即為噴射正時器簡稱正時器。

　　2.構造如圖 4 − 3 ,15所示，在泵凸輪軸上裝有飛重托架板，而飛重就固定在固定銷上，與傳動盤上兩傳動圓腳接觸。

　　3.當引擎熄火時，飛重內縮，引擎起動後，因飛重離心力增大，以軸承栓為中心向外方旋轉，使飛重沿傳動盤之圓腳移動，使傳動盤與飛重托架之相關位置變動，此即應引擎轉速之變化來調整噴射時期，如圖 4 − 3 ,16所示。

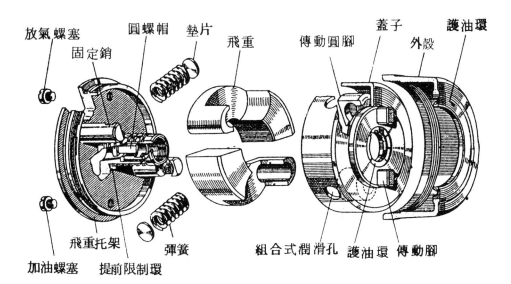

圖 4 − 3 ,15 自動正時器分解圖
（現代柴油引擎燃料系統 圖 16 ）

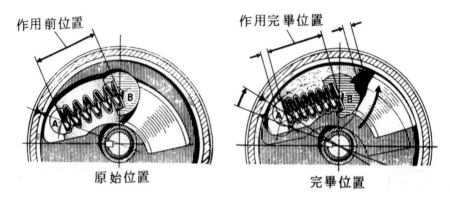

作用前位置　作用完畢位置

原始位置　完畢位置

圖4－3，16　正時器作用(現代柴油引擎燃料系統　圖17

四、分油式噴射泵（distributor pump）

㈠、概　　述

使用複式高壓噴射泵，每一汽缸必須有一套很精密的泵組，價格昂貴，體積大，且各缸之噴油量易發生不均，噴射間隔也易發生改變，引擎性能易受影響。故許多汽車裝用分油式噴射泵。分油式噴射泵之設計每個廠家均有不同，現將較具有代表性者加以介紹。

㈡高壓分油式噴射泵

1.美國波細阿瑪ＰＳＪ型高壓分油式噴射泵

圖4－3，17為其系統圖，構造如圖4－3，18所示。柱塞之往復運動產生高壓油，旋轉運動將高壓油依噴油順序依次壓出，而與高壓分配器配合輸送到各缸之噴油器噴

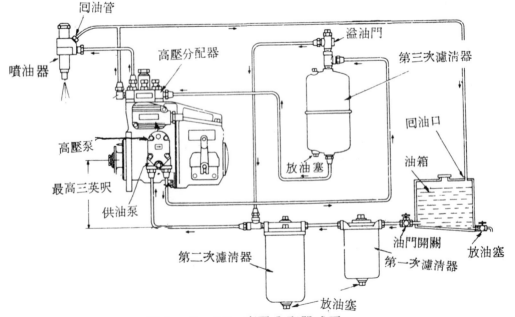

圖4－3，17　高壓分配器式泵

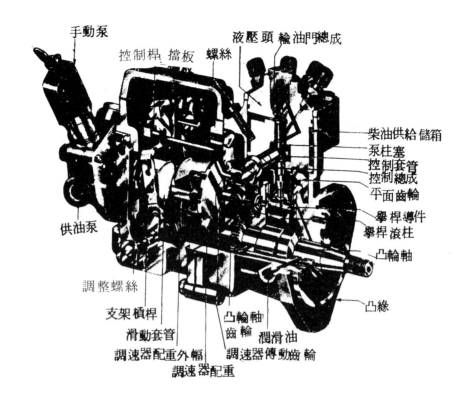

圖 4 - 3 ,18 高壓分配器式泵美國波西阿瑪公司 P S J 型構造圖
(DIESEL HAND BOOK 11th Ed. Fig 9 - C - 3)

出。油量多少，係由控制套上下移動使回油孔開啟時間變更而控制。

2.波細 V M 型高壓分油式噴射泵

構造及作用說明如圖 4 - 3 ,19所示。驅動軸旋轉時供油泵產生送油作用，油壓經油
壓調壓閥依引擎轉速變化調整後，送至測油閥，同時決定正時器提前角度。泵殼內之
滾輪固定在滾輪架上，柱塞彈簧張力將凸輪盤壓住滾輪。驅動軸驅動供油泵經 接合器
使凸輪盤轉動。凸輪盤係面凸輪，凸輪高峯數和缸數相同。凸輪盤轉動使柱塞做往復
運動產生高壓油同時亦使柱塞旋轉將高壓油分配至各缸，圖 4 - 3 ,20為 V M 型之動
作機件。

3.波細 V E 型高壓分油式噴射泵

此式係專為轎車設計之高性能噴射泵，轉速高，引擎熄火直接由發火開關操縱。波細
V E 型高壓分油式噴射系統及噴射泵構造如圖 4 - 3 ,21，4 - 3 ,22所示。噴射泵柱
塞使用接合器與凸輪盤及滾輪和驅動軸相連接，壓力彈簧將柱塞及凸輪盤壓到固定之
滾輪架上；在旋轉時凸輪盤會在固定之滾輪上做往復運動，使與凸輪盤連接在一體之
柱塞在旋轉之同時也產生往復運動。柱塞之往復運動產生高壓油，旋轉運動使高壓油
經分配孔依噴油順序送至各缸。圖 4 - 3 ,23為 V E 型噴射泵柱塞及驅動軸總成。

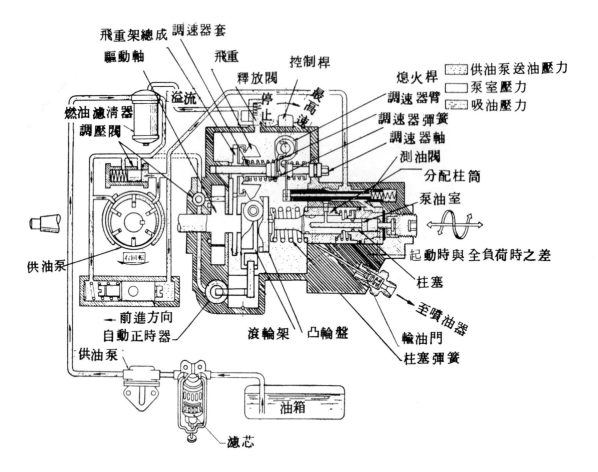

圖 4 - 3 ,19　波細ＶＭ型分油式噴射泵作用原理
（自動車內燃機關の構造　圖 9 - 74 ）

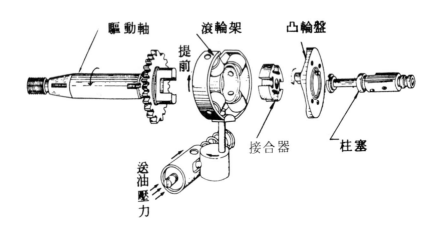

圖 4 - 3 ,20　ＶＭ型油泵之動作機件
（自動車內燃機關の構造　圖 9 - 77 ）

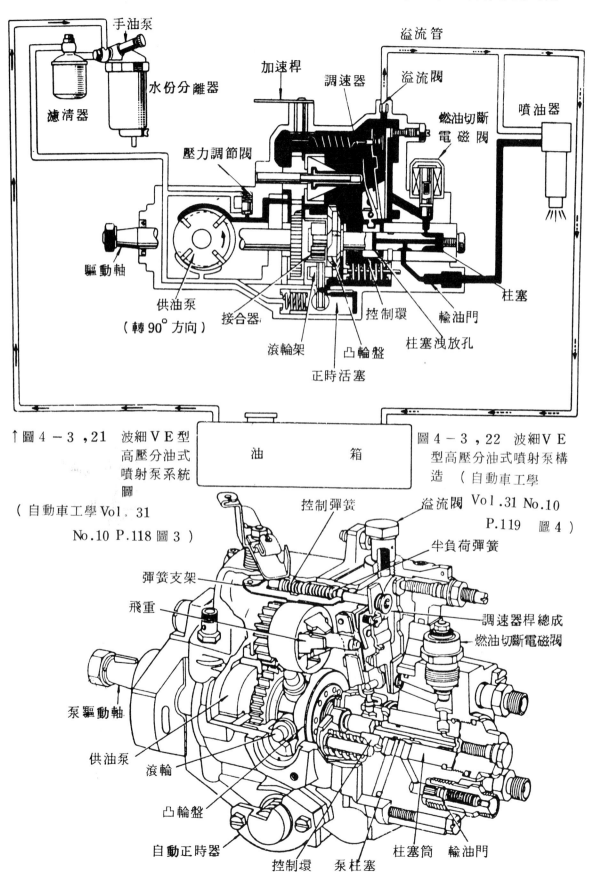

手油泵

水份分離器

濾清器

加速桿　　調速器　　溢流閥

溢流管

燃油切斷
電磁閥

噴油器

壓力調節閥

驅動軸

供油泵
（轉90°方向）

接合器

滾輪架

正時活塞

凸輪盤

控制環

輪油門

柱塞洩放孔

柱塞

↑圖4-3,21　波細VE型
　　　　　高壓分油式
　　　　　噴射泵系統
　　　　　圖

（自動車工學Vol。31
　　　No.10 P.118圖3 ）

油　　　箱

圖4-3,22　波細VE
型高壓分油式噴射泵構
造　（自動車工學

溢流閥 Vol.31 No.10
　　　　P.119　圖4 ）

控制彈簧

半負荷彈簧

彈簧支架

飛重

調速器桿總成
燃油切斷電磁閥

泵驅動軸

供油泵

滾輪

凸輪盤

自動正時器

控制環　泵柱塞

柱塞筒　輪油門

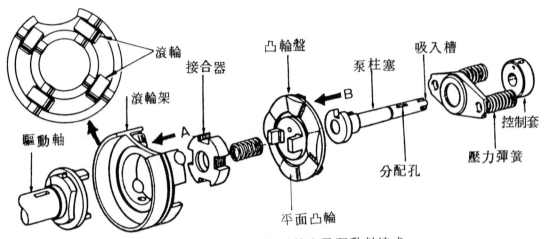

圖 4 − 3 , 23　噴射泵柱塞及驅動軸總成
（自動車工學 Vol31 No.10 P.119　圖 5 ）

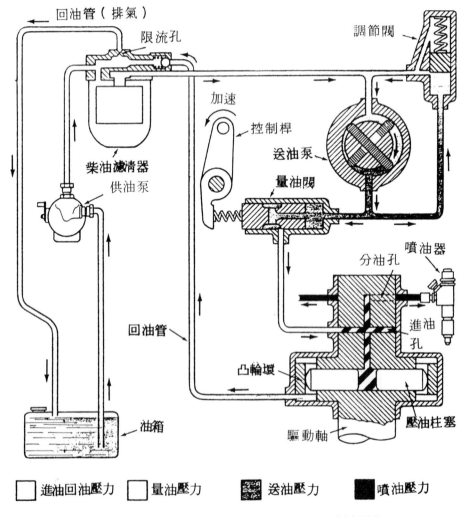

圖 4 − 3 , 24　C . A . V 高壓分油式噴射系統圖（ DIESEL
FUNDAMENTALS Fig 8 − 47 ）

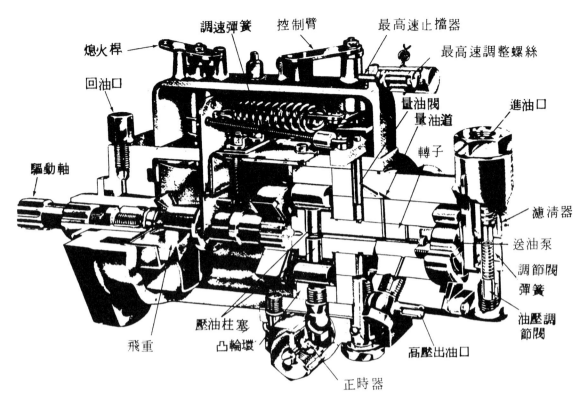

圖 4－3，25　C.A.V.DPA型高壓分油式噴射泵
(DIESEL FUNDAMEMTALS Fig 8－44)

4.C．A．V牌DPA型高壓分油式噴射泵

英國C．A．V牌DPA型高壓分油式噴射泵之油路系統如圖 4－3，24所示。構造
如圖 4－3，25所示。柴油由供油泵經濾清器送到送油泵和調節閥控制送油壓力後，
送到量油閥計測適量之油送到液壓頭的量油道中。分油轉子旋轉到其中的一個低壓油
孔和液壓頭上的低壓量油道中的油孔相對正時，柴油流到左端的升壓部份。當壓油柱
塞向中間移動時，變爲高壓油，高壓柴油從軸心油道經高壓油管送到噴油器，噴入汽
缸中。分油轉子的作用如圖 4－3，26，4－3，27所示。

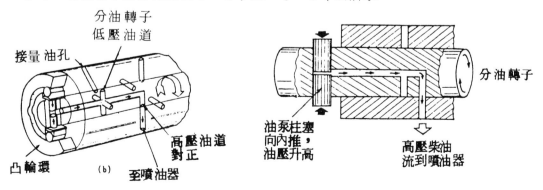

圖 4－3，26　分油轉子之壓油作用(自動車整備[Ⅱ]第
6－66，6－67圖)

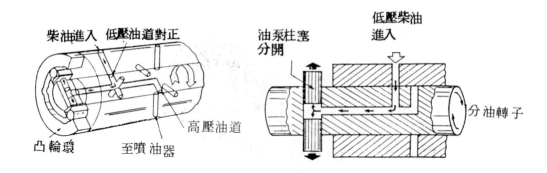

圖 4 - 3 , 27　分油轉子之充油作用

（自動車整備［Ⅱ］第 6 - 66 , 6 - 67 圖）

三、低壓分油式噴射泵

1. 美國固敏氏（ Cummins ）公司出品的柴油引擎所使用之燃料系統，燃油泵提供不定量之低壓柴油給噴油器，噴油器必須擔任量油、升壓和噴射三項工作。

2. 固敏氏所用分油式噴油系統稱爲ＰＴ式（卽壓力時間 pressure - time ）噴射系統。如圖 4 - 3 , 28 所示。

3. 固敏氏Ｐ．Ｔ燃油泵分爲噴油量由調速器控制之ＰＴＧ型及噴油量由壓力調節之ＰＴＲ型兩種，如圖 4 - 3 , 28 , 29 所示。ＰＴＧ型由齒輪供油泵、調速器及節流門等三個主要部份組成，燃油泵上未裝有回油管。ＰＴＲ型燃油泵上裝有一回油管至油箱以識別之，由齒輪供油泵、油壓調節器、節流門及調速器總成等四大主要部份組成。其主要部份之功用如下：

①齒輪供油泵　係自油箱中吸取燃油，並將燃油壓送經濾清器送到調速器（Ｇ型）或油壓調節活門（Ｒ型）。

②調速器（Ｇ型）　控制自齒輪供油泵流來之油量，以控制引擎之怠速及最高轉速。

③節流門　爲一手動控制器，在一定工作範圍內控制流至噴油器

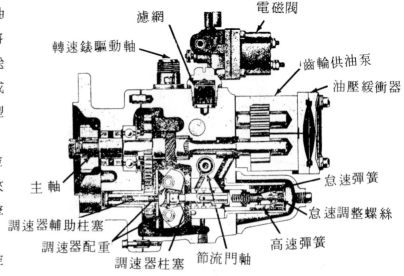

圖 4 - 3 , 28　固敏氏Ｐ．Ｔ．Ｇ作用之低壓分配器式泵剖面圖（ DIESEL FUNDAMEN-TALS Fig 8 - 57 ）

之油量。

④油壓調節器（R型）　控制流到噴油器之燃油壓力。

⑤調速器總成（R型）　控制引擎怠速至最高速之燃油流量。

4.使用於R型燃油泵上之油壓調節器，係作為旁通活門之用，以調節流至噴油器之燃油壓力。從旁通活門流出之燃油，又流回齒輪供油泵之吸油側。

5.二種燃油泵上之節流門，係供手動操作用，視引擎速度及負荷需要，在怠速及最高限制轉速間控制引擎轉速。

①在G型燃油泵中，燃油經調速器至節流門軸，在怠速時燃油經調速器筒上之怠速油孔而越過節流門軸。當引擎在怠速以上轉速運轉時，則使燃油流經調速器筒上之主

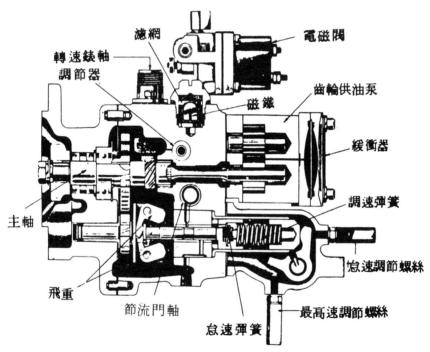

圖 4 - 3 , 29　PTR型燃油泵構造

（現代柴油引擎燃料系統　第66圖）

油孔，而至節流門軸上之節流孔中。

②在R型燃油泵中，燃油流經油壓調節器再至節流門軸上，在怠速時，燃油經節流門軸四周而至調速器筒上之怠速油孔處。當引擎在怠速以上轉速運轉時，則使燃油流經節流門中之節流孔，再經調速器筒上之主油孔進入調速器筒內。

6.在G型及R型燃油泵上所使用之機械式調速器，構造及作用均相同，由飛重及彈簧操作。將節流門控制臂置於怠速時，調速器即保持充份燃油供怠速運轉用。當轉速超過額定速率時，調速器能切斷至噴油器之油路。如圖 4 - 3 , 30所示。

五、單式噴油泵

(一)美國通用汽車公司（GMC）之底特律柴
　　油引擎工廠所產製之二行程ＵＤ柴油引擎
　　燃料系統之特點係不必使用複雜之噴射泵
　　，所有的配油、量油、壓油與噴油都集中
　　在一個噴油器完成。

(二)圖4-3，31為其燃料系統圖。柴油自油
　　箱經粗濾被供油泵吸取及壓送經過精濾送
　　到汽缸蓋上之進油道再到噴油器，此時噴
　　油器依引擎轉速及負荷量測噴油量，產生
　　高壓將柴油噴入汽缸中，多餘的柴油流回
　　油箱，具有冷卻噴油器防止噴油
　　器過熱之功用，並可使油道中
　　的空氣送回油箱，以免影響噴
　　油量。

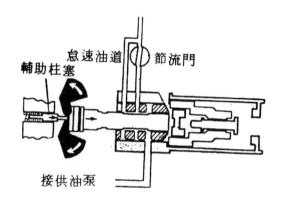

圖4-3，30　在怠速時調速器位置，
　　　　　　　輔助柱塞之作用
（ DIESEL MECHANICS　Fig 32-9 ）

4-3-5　噴油器

一、將柴油以最佳霧化狀況噴入燃
　　燒室中，和汽缸中已壓縮之空
　　氣充分混合，以獲得完全燃燒
　　之機件，稱為噴油器（ injec-
　　tor ）。

二、噴油器的型式

　(一)開式噴油器

　　　1.圖4-3，32所示為開式噴
　　　　油器之一種。噴油器體內有
　　　　配合精密之柱塞，它的末端
　　　　有一噴油杯，上有油孔。當
　　　　引擎進氣行程時，測油泵將
　　　　定量之柴油送入此噴油杯。
　　　　引擎壓縮行程時，噴油杯中
　　　　之柴油仍存在不變，但壓縮
　　　　之空氣卻經由噴油嘴端之小
　　　　孔進入噴油杯，故其中之油
　　　　得到大量熱度而完成預熱。
　　　　壓縮行程到達上死點前數度

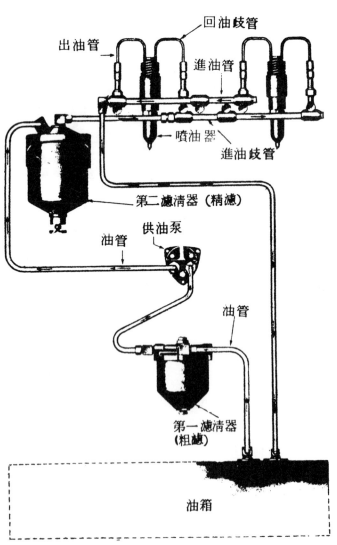

圖4-3，31　通用整體式噴射泵燃料系統圖
（ Detroit Diesel Engines Scries 53 Sction
　　2 Fig 13)

，機械動作使柱塞壓下產生高壓，將柴油噴入汽缸中。在噴油嘴之進油管處有一止回閥阻止空氣壓力將柴油壓回油管或讓空氣進入油管。現行生產之引擎中僅固敏式噴射系統採用此式噴油器。其種類有凸緣式及圓柱式之Ｂ．Ｃ．Ｄ型等。如圖４－３，33、34、35所示。

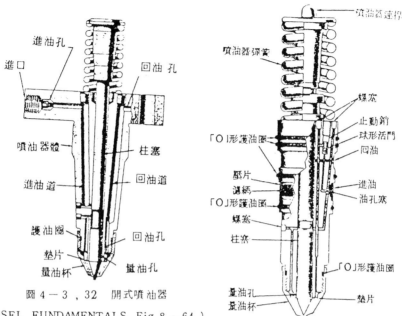

圖４－３，32　開式噴油器

（DIESEL FUNDAMENTALS Fig 8－64）

圖４－３，33　固敏式Ｂ型噴油器

（DIESEL FUNDAMENTALS Fig 8－65）

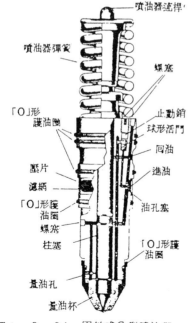

圖４－３，34　固敏式Ｃ型噴油器

（現代柴油引擎燃料系統　第76圖）

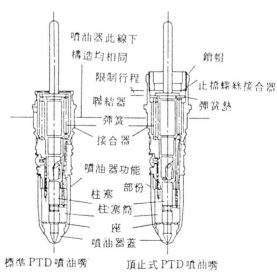

圖４－３，35　固敏式Ｄ型噴油器

（DIESEL MECHANICS Fig 32－35）

(二)閉式噴油器

閉式噴油器有一根針閥，受彈簧力量經常將噴油孔關閉，而不與燃燒室相通。唯有在噴射泵送來之高壓油，克服彈簧力量時，針閥方才升高，將噴油孔打開，使柴油噴入汽缸中，此式噴油器使用最為普遍，型式也最多。一般分為針型、孔型、混合型。

1.針　　型

如圖4－3,36所示，針型噴油嘴在針閥之頂端有一比噴油孔還要細小，圓柱形之針尖塞在噴油孔中。不噴油時，針尖突出噴油嘴體外，改變針尖的形狀及尺寸，即可得到所期望之噴霧角度，由於針尖經常在噴油孔上下運動，故有防止噴油孔被碳粒堵住之優點。節流型噴油嘴為針型噴油

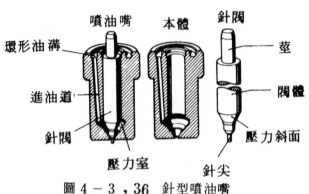

圖4－3,36　針型噴油嘴

嘴針閥特殊改良的一種型式。針閥在噴油孔道上移動，以先少後多來控制噴油量。使噴射開始的着火遲延時期噴出少量之燃油，以減少累積的柴油造成狄塞爾爆震。圖4－3,37為針閥上升量和燃油通過面積情形，普通針型和節流型噴油嘴的作用比較。

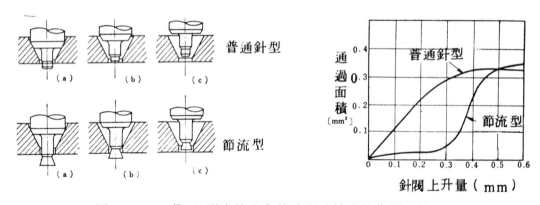

圖4－3,37　針型噴油嘴和節流型噴油嘴的作用比較
（自動車內燃機關の構造　圖9－70，9－71）

2.孔　　型

針閥為圓錐型而不露出噴油孔外，如圖4－3,38所示。本體上之噴孔分為單孔和多孔兩種。其噴射開始壓力約為 $150 \sim 300 \, Kg/cm^2$。在引擎空間過於狹小而不能裝用標準型噴油嘴時或為減小噴油嘴的受熱面積，則使用長桿孔型噴油嘴。如圖4－3,39

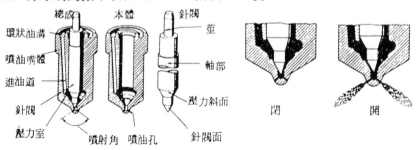

圖4－3,38　孔型噴油嘴構造作用（BOSCH Fuel Injection Pumps Fig 44，47）

所示。有些使用重油的大型引擎，爲了避免噴油嘴過熱，利用噴油嘴裏流動的冷却油冷却其本身。此種噴油嘴本體上有三個油孔，除了一孔爲柴油進油孔外，另外二孔爲冷却油路的進油孔和出油孔，如圖4－3，40所示。

3. 混合型

此式爲英國Ｃ．Ａ．Ｖ公司發展一種附有輔助噴油孔之針型噴油嘴。如圖4－3，41所示。輔助噴油孔能使低溫情况下之引擎容易起動，在搖轉引擎時因油壓較低，針閥上升高度少，不能離開針孔，故油經由輔助噴油孔噴入球型燃燒室之中心，使引擎很容易起動。在正常運轉時，因油壓較高，針閥能離開針孔，故主要之噴油仍由針孔噴出。

㈢ＧＭ噴油器

1. ＧＭ噴油器集噴射泵與噴油嘴之功能於一體，具有下列數項：

(1) 依引擎負荷和轉速的需要，計測一定量之燃油，使噴入汽缸。

(2) 將油壓提高，使具有噴射穿透能力。

(3) 使柴油以良好的霧化噴入汽缸中，使能與空氣充分混合能完全燃燒。

(4) 使燃油不斷的循環流通，以保持噴油器之溫度不致過高。

2. ＧＭ噴油器有兩種不同的型式，一種使用片式噴油閥，如圖4－3，42所示。一種使用針式噴油閥，如圖4－3，47所示，除此部份不同外，其他構造均相同。主要由油泵柱塞、柱塞筒和噴油嘴等組成，油泵柱塞與柱塞筒作用與波細複式高壓噴射泵相似，用以壓油和量油。噴油嘴將燃油霧化噴入汽缸中。

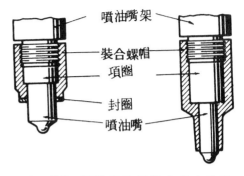

圖4－3，39 標準型和長桿孔型之比較（ BOSCH Fuel Injection Pumps PE Fig 45 ）

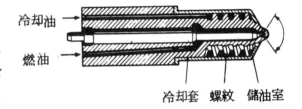

圖4－3，40 油冷型噴油嘴（ BOSCH Fuel Injection Pumps PE Fig 46 ）

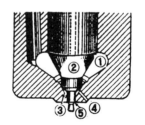

①：上油槽

②：針 閥

③：下油槽

④：輔助噴油孔

⑤：主噴油孔

圖4－3，41 混合型噴油嘴（ DIESEL FUNDAMENTALS Fig 9－3 ）

4-3-6 調速器

一、柴油引擎之轉速不能過高，過高則各運動機件的磨損率大，至於如壓路機等重機械裝置

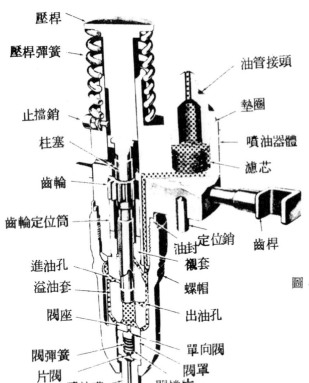

壓桿
壓桿彈簧
止擋銷
柱塞
齒輪
齒輪定位筒
進油孔
溢油套
閥座
閥彈簧
片閥
噴油嘴
油管接頭
墊圈
噴油器體
濾芯
油封
定位銷
齒桿
襯套
螺帽
出油孔
單向閥
閥罩
閥擋片

圖 4 - 3 , 42 片式噴油器 (DIESEL MECHANICS Fig 31 - 8 (a))

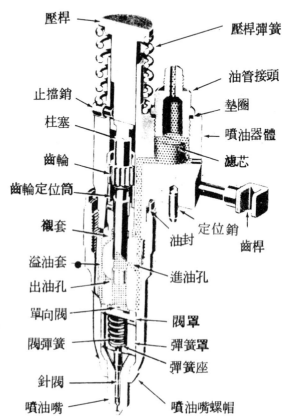

壓桿
壓桿彈簧
止擋銷
柱塞
齒輪
齒輪定位筒
襯套
溢油套
出油孔
單向閥
閥彈簧
針閥
噴油嘴
油管接頭
墊圈
噴油器體
濾芯
油封
定位銷
齒桿
進油孔
閥罩
彈簧罩
彈簧座
噴油嘴螺帽

圖 4 - 3 , 43 針式噴油器 (DIESEL MECHANICS Fig 31 - 8 (b))

全賴調速器來控制引擎轉速,引擎負荷減輕時,調速器則自動減油,以防止引擎轉速升高;當負荷加重而不超過額定之全負荷時,調速器自動加油,使引擎保持原來之轉速繼續運轉。

二、依其性能分有下列三種:

(一)常速調速器　引擎之負荷在全負荷範圍內,不論負荷之變化情況如何,引擎轉速始終保持不變。用來帶動發電機之柴油引擎多用之。

(二)限速調速器　此調速器用來控制引擎之最低及最高轉速或僅限制引擎之最高轉速。引擎在限制轉速內,均由駕駛員控制。一般載重用運輸車輛均使用此種調速器。

(三)變速調速器　汽車使用最多,在最低到最高速範圍內,可擇任一速度控制。如控制在 1000 rpm 時,負荷增加使引擎轉速降低時自動加油;負荷減少引擎轉速增快時自動減油。使引擎保持在 1000 rpm 運轉。

三、依其構造分計有下列三種:

(一)眞空調速器

1.構造如圖 4 - 3 , 44 所示,裝在噴射泵之一端,室中以膜片分為二側,一側與進氣管相通為眞空室;另一側與大氣相通。

2.眞空室經管子通到引擎進氣管中文氏管之喉部;眞空室內裝主彈簧,受彈力之作用,引擎未起動時,膜片將齒桿推到全負荷位置。調速器後部裝有怠速彈簧及怠速頂銷,可防止因加速踏板急速放鬆時,蝶形閥關閉所產生太強之眞空;過度拉動齒桿使引擎熄火或運轉不穩。

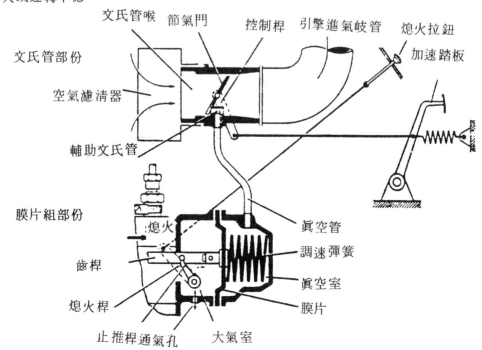

圖 4 - 3 , 44 眞空調速器構造(DIESEL MECHANICS Fig 25 - 11)

3. 在怠速空轉及低速時，節汽門逐漸關閉，進氣管眞空增大，傳至眞空室，大氣壓力就將膜片向左移動經過連桿，使噴油量減少，降低轉數。當節氣門完全關閉時，其眞空最大，膜片繼續向左移動，觸及怠速彈簧頂針時，就不再移動而維持怠速空轉之速度。

4. 當在中速及高速時，節氣門漸開，眞空漸小，主彈簧的彈力又將膜片向右推動，增加噴油量，使引擎轉速增高。

5. 在最高速時，節氣門在大開位置，如引擎轉數再予提高則超過最高轉數，因此時進氣管的眞空又變大，膜片又被拉向左方，就減少油量降低引擎轉數。

(二)離心力調速器

1. 高低速調速器R型及RQ型

(1)圖4－3，45為R型調速器之構造，因此式浮動桿之支點係固定不動，低速時離心力弱，控制性能差，故經改良後成為浮動桿支點可自動變化之RQ型調速器如圖4－3，50所示。中、高速時浮動桿支點位置低槓桿比較大，低速時，浮動桿支點位置高，槓桿比較小，如圖4－3，51所示，故低速性能較佳。

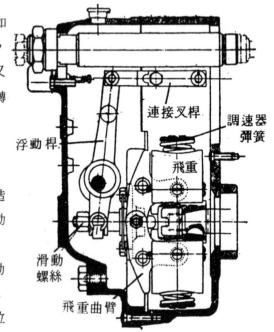

圖4－3，45 R型離心調速器
（汽車柴油引擎 圖5－86）

(2)怠速時，加速踏板未踩，調速器各部機件均應回到熄火位置，但因穩定彈簧的制止，使噴射泵噴出燃料適能維持怠速運轉，如圖4－3，46所示。

(3)在低速至最高轉數期間，調速器不發生作用，齒桿位置及引擎轉速直接由加速踏板控制。

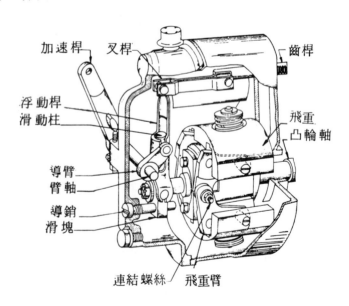

圖4－3，46 RQ型調速器之構造
（自動車整備［Ⅱ］ 圖6－50）

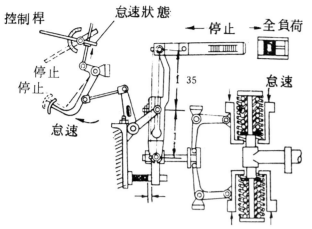

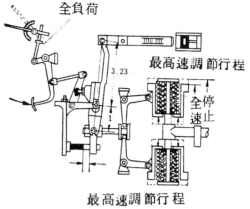

圖4－3，47　引擎怠速時調速器作用情形
（自動車內燃機關の　造　圖9－51(2)(c)）

圖4－3，48　引擎最高速時調速器作
用情形（自動車內燃機
關の構造　圖9－51(2)(d)）

(4)在最高轉數時，飛重之離心力超過三
只彈簧張力時，飛重向外張開，拉動
浮動桿的底部，使齒桿向減少噴射量
方向移動，引擎轉速亦隨之降低不致
超過引擎最高速度限制。如圖4－3
，48所示。

2.變速調速器RSV型

(1)RSV型調速器多裝於波細式噴射泵
，能適用於多種目的之柴油引擎，其
轉速控制範圍，可按實際需要極易變
更，且體積很小。裝RSV型之噴射
泵，僅須將其加速桿之行程作適當之

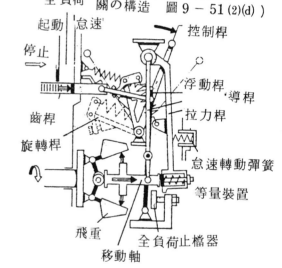

圖4－3，49　R.S.V.型調速器構造
（DIESEL FUNDAMENTALS Fig 25－8）

調整，再將調速器彈簧之拉力加以改變即可變化引擎之轉速控制範圍。引擎各轉速
之最大噴油量裝有等量裝置以適合需要。

(2)圖4－3，49所示為RSV型調速器之構造圖，在噴射泵凸輪軸端裝有飛重及其托
架，兩飛重以托架上之固定銷為中心而迴轉。飛重張開時，飛重臂端之滾輪將嚮導
軸襯推向凸輪軸之反方向。飛重托架及嚮導軸襯可以自由的迴轉，而後軸以滾珠軸
承接於移動軸上。移動軸僅能前後移動，其兩測各有伸出部份連接懸掛於調速器蓋
上之導桿，以防止移動桿旋轉。稍高於此軸之導桿上，浮接一支浮動桿；此桿下端
連接於停止桿之曲拐上。停止桿為引擎熄火之設備，浮動桿上端經連桿而與噴射泵
齒桿相連接。頂端掛有一支起動彈簧，彈簧另一端連於調速器外殼上。懸掛導桿之

銷子上另懸有一拉力桿，在拉力桿中間凸緣上，掛有強力之調速器彈簧。如受拉力，則桿被拉向移動軸，至飛重之離心力與此拉力平衡位置。如拉力加大，拉力桿僅能移動至全負荷限制螺絲處爲止。

(3)旋轉桿軸裝於調速器蓋兩側之鋼套內，調速器彈簧則掛於槽形旋轉桿前端之搖桿上，此式調速器可依需要而在旋轉桿軸之任一端裝設加速桿，撥動加速桿則旋轉桿隨之轉動，使調速器彈簧之拉力發生變化，但其固定之拉力，則由旋轉桿端搖桿上之調整螺絲調整之。調速器蓋上端有一止動螺絲，用以調整怠速轉速。稍低處有一怠速輔助彈簧，此彈簧固定於調整螺絲內，用以穩定怠速。拉力桿下裝有等量裝置；而此裝置係按彈簧之係數與行程及墊片以調整彈簧之固定彈力，此裝置可在怠速及全負荷一定轉速範圍內，自動的稍微調整噴油量使符合引擎所需要之油量。調速器蓋內下端有全負荷油量限制螺絲，用以限制油泵之最大噴油量。調速器外殼上可依需要在其任一側裝置最高速度限制螺絲，以限制引擎之最高速度。

(4)當引擎轉速升高，飛重所產生之離心力如大於彈簧拉力時，飛重即向外張開。如轉速降低，離心力變小，彈簧力量使飛重向內編，其運動傳遞由嚮導軸襯，移動軸及連接機件而將作用傳至齒桿，使齒桿在引擎轉速升高時，被拉向停止方向、噴油量因而減少，引擎轉速則降低，因此作用而控制引擎之最高速度。引擎低速時，其作用恰與此相反。此種ＲＳＶ型調速器爲全速調速器能自動控制低速至最高速間任何轉速之噴油量。圖4－3，50爲性能曲線圖。

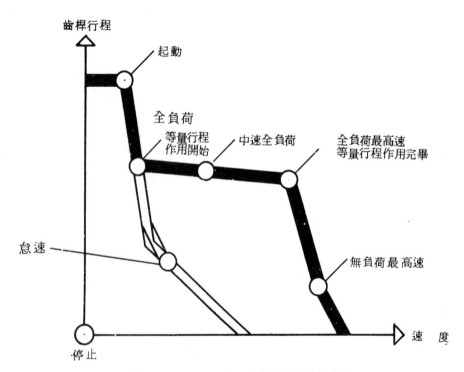

圖4－3，50 R.S.V.型調速器性能曲線圖

3. 油壓調速器

(1)其構造如圖4－3,51所示，係將引擎的機油送到調速器的副油泵，再由副油泵產生使調速器產生作用所需之油壓。

(2)油門位置變動時，調速彈簧之張力隨之產生變動，飛重停留在平衡位置時之離心力亦隨之改變，故作用在動力活塞下之油壓亦隨之變化。故隨油門在不同位置維持引擎在同一相對之轉速下運轉，引擎負荷增加使轉速下降時即自動加油，引擎負荷減少使引擎轉速上升時即自動減油，使引擎維持在目標轉速運轉。

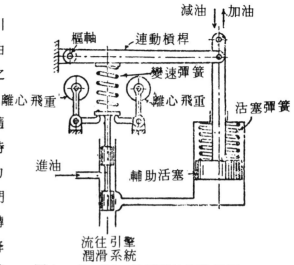

圖4－3,51　油壓調速器構造圖

㈢複合調速器ＲＢＤ型

1. 構造如圖4－3,52所示。係由離心式調速器與眞空式調速器組合而成，具有雙方之優點和性能。於低速及中速時由眞空式調速器控制之；最高速控制則由離心式調速器控制之。

2. 齒桿由連接調整螺絲固定於膜片之等量桿，膜片隔開成大氣室及眞空室，眞空室裝有眞空用調速器彈簧，眞空室之一端有怠速彈簧，導管總成內有調整螺絲，等

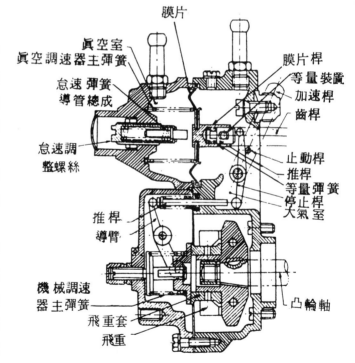

圖4－3,52　ＲＢＤ型調速器構造

（ジーゼル・エンジンの構造　圖7－62）

量桿抵住停止桿，停止桿由裝在加速桿之止動桿控制之。

3. 停止桿之另一端和推桿相接，飛重裝於凸輪軸之一端，飛重之離心力傳至飛重套而接連於導臂，飛重套之左側爲離心用調速器彈簧，用以抑制飛重之移動量。

4. 除最高轉速控制外，低速及中速時，由引擎文氏管發生之眞空變化使膜片動作，燃

料噴射量之控制和一般真空式調速器作用相同。引擎超過規定最高轉速時，飛重離心力超過離心調速器彈簧力量，將飛重套向外側推移，經導臂、推桿、停止桿、連接螺絲、膜片接頭而壓縮真空調速器主彈簧，因此齒桿向噴油量減少方向拉動，限制引擎超過規定最高轉速。

5. 另將限制最大噴油量之排烟固定螺絲（ smoke set screw ）移至調速器外側，和停止桿同軸而固定之。

6. 其作用情形可由圖 4 － 3 ，53 中的四個圖看出。

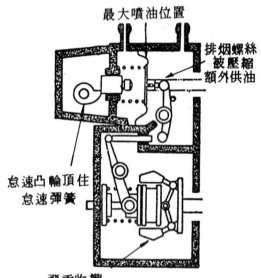

圖 4 － 3 ，53⑴　引擎發動時 R B D 調速器之作用
（ジーゼル・エンジンの構造　圖 7 － 63 ）

圖 4 － 3 ，53⑵　引擎怠速時 R B D 調速器之作用
（ジーゼル・エンジンの構造　圖 7 － 64⑴ ）

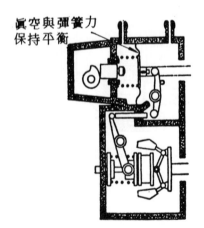

圖 4 － 3 ，53⑶　引擎中速時 R B D 調速器之作用
（ジーゼル。エンジンの構造　圖 7 － 64⑵ ）

圖 4 － 3 ，53⑷　引擎高速時 R B D 調速器之作用
（ジーゼル。エンジンの構造　圖 7 － 64⑶ ）

4-3-7　電腦控制柴油噴射系統

一、為提高柴油引擎之動力性能、燃料經濟性、減少怠速噪音、降低排汽污染，柴油引擎亦開始採用各種感知器、電腦及動作器來控制柴油之噴油量及噴油時期。

二、日本五十鈴汽車公司之Ｉ－ＴＥＣ　Diesel及豐田汽車公司之２Ｌ－ＴＥ　Diesel為世界上最早使用電腦控制之柴油噴射系統。該二系統均以波細ＶＥ型高壓分油式噴射泵做基礎，加上各種動作器來操作；動作器依各種感知器之信號電腦計算後之指令動作，以供應各種運轉狀況下最適當之噴油量及噴油時期。

三、五十鈴Ｉ—ＴＥＣ電腦控制柴油噴射系統

　　㈠五十鈴Ｉ－ＴＥＣ　電腦控制柴油噴射系統之構成如圖４－３，54所示，其控制方法方塊圖如圖４－３，55所示。該系統用在雙子星輀車上，裝有自動行駛裝置，其中六個開關是控制自動行駛系統用，六個感知器提供引擎運轉信號給電腦，經計算後指示裝在噴射泵上之電子迴轉調速器及正時控制閥等動作器作用，以控制噴油量及噴油時期。本系統並裝有故障自己診斷及修正系統，為世界上最早電腦化控制之柴油引擎動力汽車。

四、豐田２Ｌ—ＴＥ電腦控制柴油噴射系統

　　豐田汽車公司皇冠（Crown　）牌輀車所使用之２Ｌ－ＴＥ電腦控制柴油引擎構造及作用與五十鈴Ｉ－ＴＥＣ　系統有很大差異。２Ｌ－ＴＥ型柴油引擎裝有渦輪增壓器（turbo－charge　），噴油量及正時之控制方法與五十鈴Ｉ－ＴＥＣ　完全不同。圖４－３，56為２Ｌ－ＴＥ電腦控制柴油噴射系統之組成圖，其控制方塊如圖４－３，57所示。

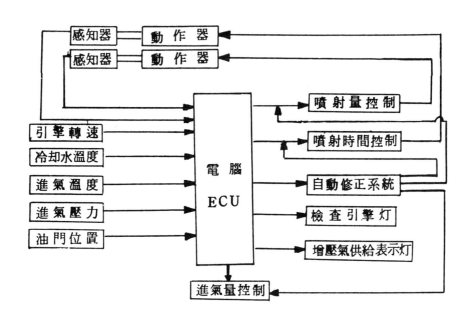

圖４－３，57　豐田２Ｌ－ＴＥ電腦控制柴油噴射系統作用方塊圖
（自動車工學 Vol 31 No.11 P.49　第２圖）

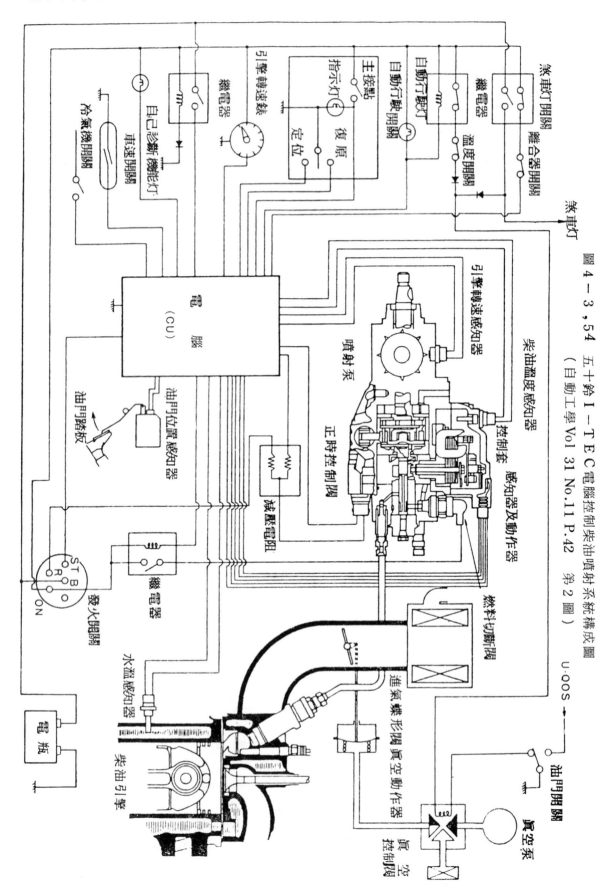

圖 4-3,54 五十鈴 I-TEC 電腦控制柴油噴射系統構成圖

（自動工學 Vol 31 No.11 P.42 第 2 圖）

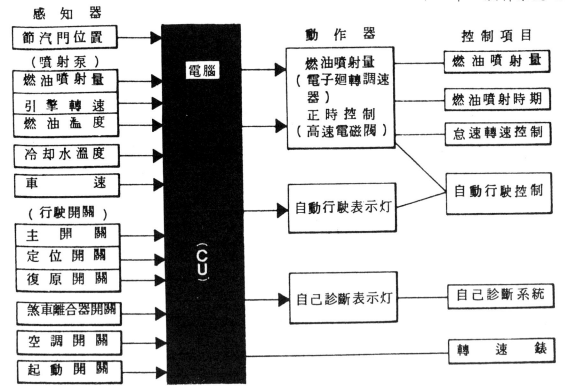

圖 4-3，55　五十鈴雙子星牌轎車 I-TEC電腦控制柴油噴射及自動行駛控制
系統作用方塊圖（自動車工學Vol 31
№.11 P.41 第 1 圖）

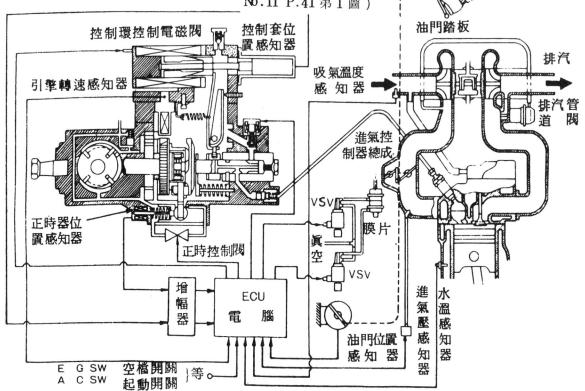

圖 4-3，56　豐田 2L-TE電腦控制柴油噴射系統組成圈
（自動車工學 Vol 31　№.11 P.49　第 1 圖）

習題四

一、是非題

( ) 1.裝置渦輪增壓器之引擎,設有爆震感知器,當進汽量過給(over charge)時將點火時間提早。

( ) 2.使用渦輪增壓器之引擎,在加速或重負荷時發生增壓作用,怠、低速時則不作用。

( ) 3.進氣門與導管之間隙比排氣門與導管之間隙小。

二、選擇題

( ) 1.主油嘴之噴口高出浮筒室油面①1.0～1.5 cm②0.1～0.15 mm③0.1～0.15 cm

( ) 2.加速油路在何時有作用①加速踏板突然放鬆時②加速踏板突然踩下時③加速踏板踩在最低位置時。

( ) 3.為補救節汽門大開,混合汽變稀需設①加速油路②阻風油路③強力油路。

( ) 4.CI系統的怠速調整螺絲是調整油門未踩時進入汽缸之①汽油量②混合汽量③空氣量。

( ) 5.下列何者不屬於柴油引擎供油系統①供油泵②柴油濾清器③噴射泵。

( ) 6.搖板式噴射泵為①複式高壓噴射泵②高壓分油式噴射泵③低壓分油式噴射泵 之一種。

( ) 7.展開室式燃燒室適用何種噴油嘴①針型②孔型③節流型。

( ) 8.下列何者屬於複合調速器①RQ②RSV③RBD。

三、填充題

1.空氣中主要成分為(　　　　　)及(　　　　　)。

2.通常以(　　　　　)代表汽油元素。LPG為(　　　　　)和(　　　　　)混合之燃料。

3.化油器依工作原理可分(　　　　　)式及(　　　　　)式。

4.為幫助引擎容易起動化油器設有(　　　　　)油路。

5.汽油噴射系統可分為(　　　　　)式及(　　　　　)式兩大類。

6.柴油供油泵有齒輪式、(　　　　　)、(　　　　　)、(　　　　　)等。

7.固敏氏柴油噴油器必須擔任(　　　　　)、(　　　　　)和(　　　　　)三項工作。

8.閉式噴油器可分為(　　　　　)、(　　　　　)和(　　　　　)三種型式。

9.調速器依構造可分為(　　　　　)、(　　　　　)和(　　　　　)三種型式。

10.最早使用電腦控制柴油噴射系統為（　　　　　　　）公司和（　　　　　　　）公司。

四、問答題

1. 化油器之功用為何？
2. 固定喉管式化油器有那些油路，其功用為何？
3. 說明固定真空式化油器真空活塞的作用。
4. 電子控制汽油噴射系統有那些種類？簡述之。
5. 空氣濾清器的功用為何？有那些種類。
6. 油箱中裝置隔板的目的何在？
7. 汽油泵的種類有那些？
8. LPG的特性為何？
9. 柴油噴射泵必須具備有那些條件？
10. 說明輸油門及門座的作用？

第五章　點火系統

第一節　引擎點火系統概述

5－1－1　引擎與點火系之關係

一、點火系統以數千伏特以上之高壓電跳過火星塞之電極間隙產生火花，將汽缸內已壓縮之混合汽點燃，形成一火焰核，迅速的擴大波及整個燃燒室，以產生快速的燃燒，使氣體迅速膨脹，推動活塞以產生動力。

二、根據實驗得知，汽缸內產生最大壓力時，曲軸位置是在上死點後 10°左右，引擎可以得到最大動力。但自火星塞跳火至混合汽大量燃燒產生最高壓力的時間，因引擎的壓縮比、混合汽量、混合汽濃稀、燃料的品質…等因素而異。故欲引擎得到最大動力，點火之時間必須隨引擎之工作情況而改變。一般引擎之點火時間在引擎怠速時約在上死點前 7～15°；另外有離心提前機構，隨引擎轉速之增加而提早點火時間；真空提前機構，隨引擎負荷而改變點火時間。

三、汽油引擎性能良否受點火系統之影響甚鉅；火花微弱，點火正時不準確，立刻使引擎無力、耗油，且大量排出 HC 及 CO 等污氣，故近代低公害省油汽車在點火系統上改良也最多。

5－1－2　點火系統之種類

一、引擎最早之點火裝置為 1893 年德國人波細（Robert Bosch）所發明之磁電機點火系統（magheto）；此式利用發電機原理產生高壓電，具有不需要電源及引擎轉速愈快火花愈強之優點，目前二輪機車、農、漁用與工業用引擎還普遍使用，其基本構造如圖 5－1,1 所示，磁電機因起動引擎時之火花微弱，起動困難，故現代汽車已不採用。

二、1908 年，美國人卡特林（Charles Ketting）發明電瓶點火系統，使用發火線圈之電磁感應，以產生高壓電。本系統之組成如圖 5－1,2 所示，因性能可靠，引擎起動容易，因此過去六十年汽車之點火系統都使用此式。圖 5－1,3 所示為磁電機點火系統與電瓶點火系統之比較。

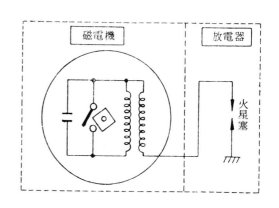

圖 5－1,1　磁電機點火系統（デンソー點火裝置編　圖 1－2）

三、因卡特林普通接點式點火系統之白金接點通過電流很大，接點容易燒壞，白金接點燒壞
後，使高壓電火花微弱，影響引擎性能。1970 年代開始用電晶體加入低壓電路中，以便
降低白金接點通過之電流，保護白金接點，使點火系統之性能大為提高，稱為半晶體點
火系統（ semi – transistor ignit–
ion system ），如圖 5 – 1,4 所示。

四、半晶體點火系統仍有機械控制之白金接點
，因機械摩擦之磨損不可避免，因此需定期
調 整白金間隙之保養工作，為使汽車之保
養減至最少，使用感應裝置來代替白金接點
，以控 制低壓電路之通斷的全晶體點火系統
（ full – transistor ignition sys–
tem ）迅速發展。全晶體點火裝置之基本
原理有與卡特林相同之感應放電式（ indu–
ctive discharge ）及電容放電式（ capacitive discharge ）兩種。

電源　高壓電發生器　點火控制器　分配器

放電器

圖 5 – 1,2　普通電瓶點火系統（ デンソー
點火裝置編　圖 1 – 1 (a)）

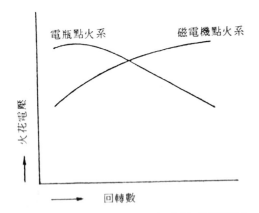

火花電壓

電瓶點火系　　磁電機點火系

回轉數

圖 5 – 1,3　磁電機點火系統與電瓶點
火系統性能比較（ デンソ
ー・マグネト編　圖 4 ）

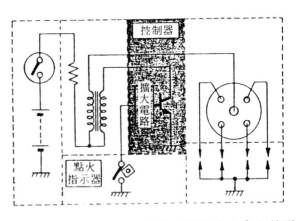

控制器

擴大
電路

點火
指示器

圖 5 – 1,4　半晶體點火系統（ 有白金接點
）（ デンソー・點火裝置編
圖 1 – 1 (b)）

㈠感應放電式

　　係以電瓶（發電機）之電壓使電流過一次電路，當觸發器發出信號後，使一次電流立即中斷，而使點火線圈之磁場崩潰，致使二次電路感應高壓電之方法。如圖5—1,5所示。

㈡電容放電式

　　電容放電式點火系統是利用電瓶（發電機）之電壓將控制器內之電容器充電，當點火信號傳到時，電容器放電到發火線圈之一次線，此一突然增加的電壓使一次電流擴大磁場，而使二次電路感應高壓電，如圖5—1,6所示。

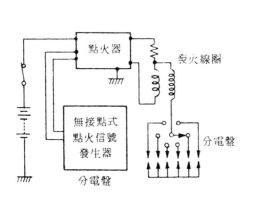

圖5—1,5　全晶體點火系統（無白金接點）（デンソー・點火裝置編　圖5—15）

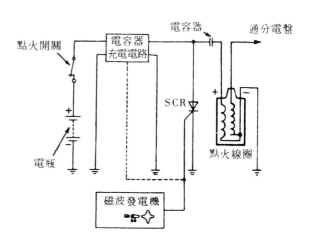

圖5—1,6　電容器放電式點火系統

五、點火信號觸發器種類

　　電晶體點火系統裝置產生點火信號之觸發器（triggering device）有下列四種：

㈠白金接點（breaker point）（用在半晶體點火系）。

㈡磁波發電機（magnetic pulse generator）。

㈢金屬檢波（metal detection）。

㈣光學檢波（optical detection）。

六、傳統之卡特林電瓶點火裝置各汽車廠之產品均相似，但使用半晶體及全晶體之點火裝置各製造廠產品之原理及構造均不相同，因此必須依據製造廠提供之線路圖及測試數據才能做檢修。

七、最新特殊點火裝置

為減輕重量，確保強烈高壓電火花，精確控制點火時期，最近各汽車廠又發展出很多性能可靠的點火裝置，如：

㈠豐田之積體點火裝置ⅡA（intearated ignition assembly）將發火線圈、高壓線、分電盤等一體化，以減輕重量，減少保養，防止電波雜音等。

㈡各汽車公司之高性能汽車自1975年起已陸續採用電腦控制之點火系統，用電腦計算最精確之點火時間及所需閉角度，以取代傳統分電盤之離心力及眞空點火提前裝置。

八、現將本書介紹之點火裝置做一整理如下：

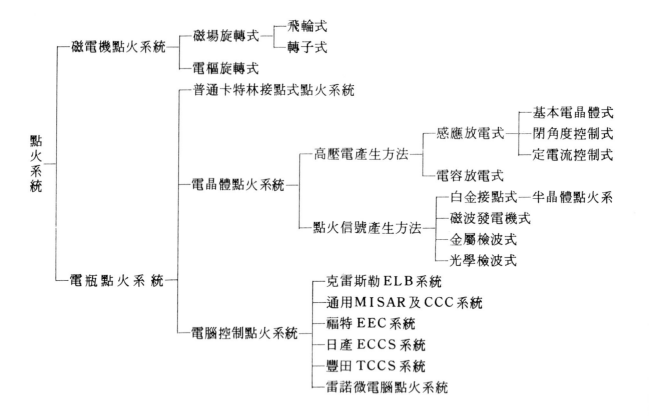

第二節　普通電瓶點火系統

5－2－1　概　述

一、圖5－2,1所示爲普通接點式電瓶點
　　火系統實體圖。圖5－2,2爲電路圖
　　，圖5－2,3所示爲配線圖。

二、普通接點式點火系統之電路可分爲低
　　壓電路或一次電路（primary cir-
　　cuit）及高壓電路或二次電路（
　　secondary circuit）兩部份，如
　　圖5－2,4所示。

　（一）低壓電路

　　搭鐵→電瓶→點火開關→外電阻→發
　　火線圈中之低壓線圈→分電盤低壓線
　　頭─┬→白金接點→搭鐵
　　　　└→電容器→搭鐵

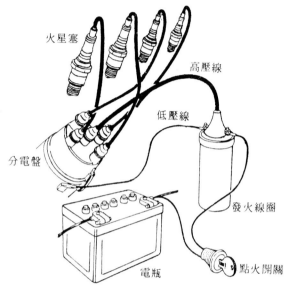

圖5－2,1　普通電瓶點火系統實體圖

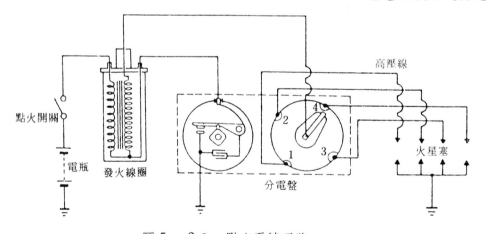

圖5－2,2　點火系統電路

（三級ガソリン・エンジン下　圖Ⅳ－2）

　（二）高壓電路

　　一般高壓電路均指發火線圈之高壓線圈到火星塞部份，實際上還須包括完成廻路的低壓
　　電路之一部份

　　搭鐵→低壓電路部份→發火線圈中之高壓線圈→主高壓線→分電盤蓋中央線頭→分火頭
　　→分電盤蓋各缸線頭→高壓線→火星塞→搭鐵。

三、各機件之功能及裝置位置

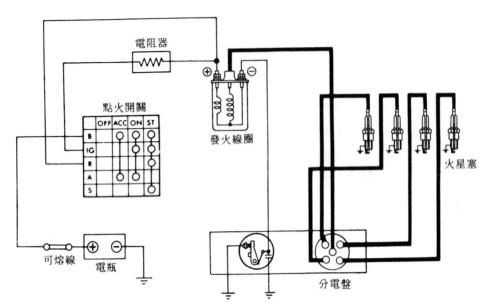

圖 5 — 2,3　點火系統配線圖（裕隆汽車）

㈠發火線圈：

　　裝在引擎室中，利用線圈互感應原理將電壓由 12 V 升高到足以跳過火星塞間隙之數千伏特高壓電。

㈡分電盤：

　　裝在引擎上，由引擎之凸輪軸驅動。以凸輪控制低壓電路白金接點之開閉，而使發火線圈能感應高壓電，並具有點火提前裝置，能依引擎狀況改變點火時間，並利用分火頭及分電盤蓋將高壓電依一定順序送到點火汽缸之火星塞。

㈢高壓線：

　　連接發火線圈與分電盤及火星塞，以傳輸高壓電。

㈣火星塞：

　　裝在汽缸蓋上，高壓電在電極間跳過產生火花，以點燃混合汽。

㈤外電阻：

　　保護發火線圈，並使起動引擎及引擎運轉時都能維持強烈火花。

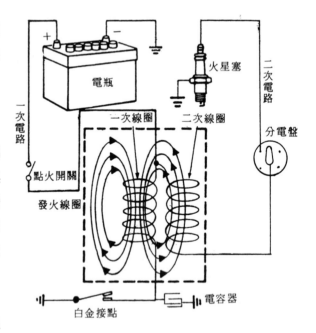

圖 5 — 2,4　一次電路與二次電路

（Electrical Systems Fig 12 — 3）

5－2－2　發火線圈

一、發火線圈爲一種變壓器，依其構造可分爲下列數種：

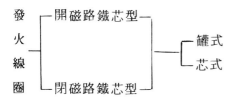

二、開磁路鐵芯型罐式發火線圈

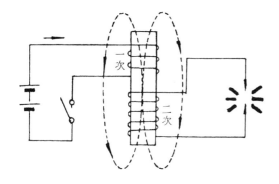

圖 5 － 2,5　開磁路發火線圈原理

㈠一般汽車使用之發火線圈爲開磁路鐵芯型罐式，其原理如圖 5 － 2,5 所示，構造如圖 5 － 2,6 所示，其型如罐，完全密封，只留⊕、⊖兩個低壓線頭及中央高壓線插座。

㈡罐式發火線圈中央爲薄矽鋼片疊成之鐵芯、鐵芯外面以直徑 0.05 ～ 0.1 mm 的漆包線繞 15,000 ～ 30,000 圈做爲高壓線圈，線之兩端一接中央插座，一接低壓線頭。高壓線圈之外面再包以絕緣紙。圖 5 － 2,7 所示爲發火線圈之接線。

㈢低壓線圈以直徑 0.5 ～ 1.0 m m 的漆包線繞 150 ～ 300 圈，一端接⊕線頭，另一端接⊖線頭。每一層線圈間皆包絕緣紙，以防止短路，外面再包以矽鐵皮。

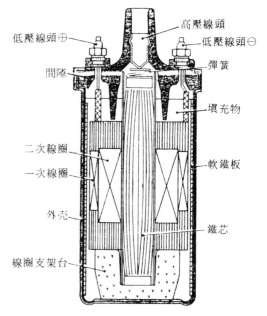

圖 5 － 2,6　開磁路罐式發火線圈構造
（ デンソー・點火裝置編
圖 3 － 1 ）

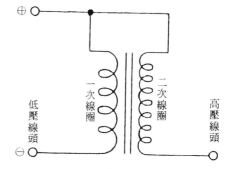

圖 5 － 2,7　罐式發火線圈之接線（ デンソー・點火裝置編　圖 3 － 3 ）

㈣整組線圈放入鐵罐內，並加以適當支持，灌入絕緣油及充填物，密封後即完成。

三、閉磁路鐵芯型發火線圈

(一)一般機車及部份電晶體點火系統使用閉磁路低壓鐵芯型發火線圈，其原理如圖5－2,8
所示。其構造如圖5－2,9所示。

(二)閉磁路發火線圈之中央及四周均有矽鋼片疊成之鐵芯，使磁力線能通過，故稱閉磁路型。

(三)中央鐵芯之外面先繞低壓線圈，外面再繞高壓線圈。

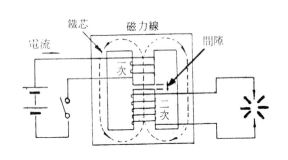

圖5－2,8　閉磁路發火線圈原理

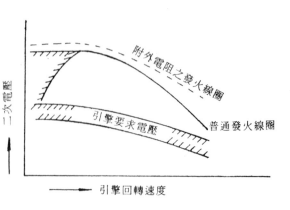

圖5－2,9　閉磁路芯型發火線圈構造
（デンソー・點火裝置編
圖3－2）

四、附外電阻之發火線圈

(一)現代汽車用之發火線圈外面常附裝一只外
電阻，串聯在一次線圈上，目的是減少一次線圈之長度，以降低誘導阻抗L。無外電阻
之一次線圈必須有足夠長度以產生足夠電阻，否則低速運轉或停止時一次電流過大會使
發火線圈發熱；但電線加長誘導阻抗增加，使線圈達到最大電流的時間延遲，而使引擎
高速時之充磁不足，使二次電壓降低。圖5－2,10所示為一次電流與引擎轉速及誘導
阻抗L大小之關係。圖5－2,11所示為引擎轉速與二次電壓及發火線圈是否裝外電阻
之關係。

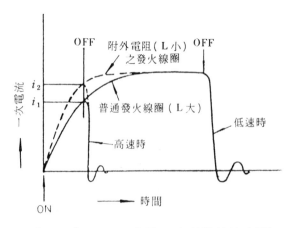

圖5－2,10　一次電流與引擎轉速之關
係（デンソー・點火裝置
編　圖3－5）

圖5－2,11　二次電壓與引擎轉速之關
係（デンソー・點火裝置
編　圖3－6）

㈡一次線圈所蓄電磁能量之關係為：

$$E = \frac{1}{2} L I^2$$

由式中可知誘導阻抗 L 減小時，點火之能量 E 會減少，但是一次電流 I 增大時，能量 E 之增加更多，因此，如圖 5－2,10 所示，在高速時，因裝外電阻發火線圈之電流 i_2 比無外電阻發火線圈之電流 i_1 大得多，因此點火能量反而提高。

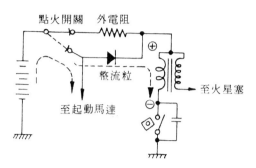

圖 5－2,12　起動引擎時將外電阻短路
（デンソー‐點火裝置編
圖 3－7）

㈢在起動引擎時通常將外電阻短路，如圖 5－2,12 所示，可以提高引擎之起動性能。因起動引擎時電瓶之電壓會降低，使一次電流減少，而使火花變弱，引擎不易起動。起動引擎時，發火線圈之電不經外電阻，可以防止一次電流降低，確保強烈火花，引擎容易起動。

㈣一般有外電阻及無外電阻 12V 發火線圈之相關數據如表 5－2,1 所示。

表 5－2,1　有外電阻及無外電阻之 12V 發火
線圈相關數據之比較

	普通發火線圈	附外電阻發火線圈
一次線圈的內電阻(Ω)	3.3～3.4	1.5
外　　電　　阻　(Ω)	無	1.4～1.5
電　阻　合　計　(Ω)	3.3～3.4	2.9～3.0
自感應係數 L（亨利）	0.013～0.014	0.009～0.010
時　間　常　數　（秒）	0.0039～0.0041	0.0031～0.0033
一　次　電　流　(A)	3.53～3.63	4.0～4.14

5－2－3　分電盤

一、圖 5－2,13 所示為分電盤之構造圖，依功能可分驅動部、斷續部、提前部及配電部等四大部份。圖 5－2,14 所示為分電盤之分解圖。

二、驅動部

分電盤軸由引擎凸輪軸直接或間接驅動，直接傳動者上有螺旋齒輪，間接傳動者通常由機油泵軸以凹槽或凸緣驅動。

三、斷續部

㈠分電盤之斷續部份由分電盤凸輪、白金臂、白金座、底板及與白金接點並聯的電容器等組成。

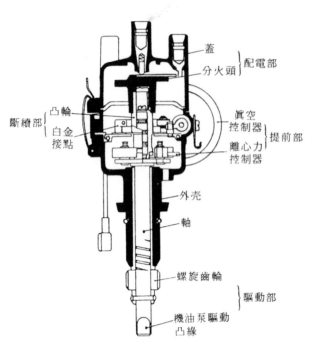

蓋 ─┐
分火頭 ├配電部
　　　┘

凸輪 ─┐
斷續部 │
白金 ─┘
接點

真空控制器 ─┐
　　　　　　├提前部
離心力控制器 ─┘

外売

軸

螺旋齒輪 ─┐
　　　　　├驅動部
機油泵驅動 ─┘
凸緣

圖 5 — 2,13　分電盤構造

（デンソー・點火裝置編　圖 4 — 1）

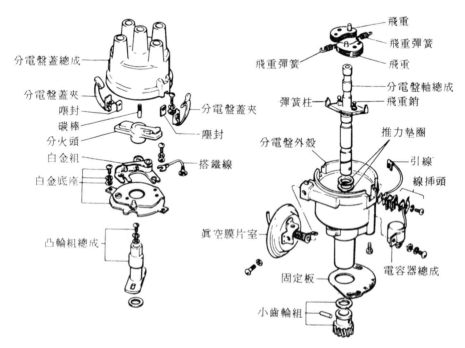

分電盤蓋總成

分電盤蓋夾
塵封
碳棒
分火頭
白金組
白金底座

分電盤蓋夾
塵封
搭鐵線

凸輪組總成

真空膜片室

固定板

小齒輪組

飛重
飛重彈簧
飛重

飛重彈簧

分電盤軸總成
飛重銷

推力墊圈

引線
線插頭

電容器總成

彈簧柱
分電盤外殼

圖 5 — 2,14　分電盤分解圖

㈠白金組

　　白金臂與白金座組合成一體而成一組白金接點組，安裝在底板上。片狀彈簧使白金臂經常壓緊於白金座上，凸輪旋轉時，凸輪的圓角將白金臂上之膠木頂起，而使白金接點分開·白金臂彈簧之彈力約爲 $0.5 \sim 0.65 \mathrm{Kg}$ 。如圖 5 — 2,16 所示，白金接點之材料爲鎢合金。

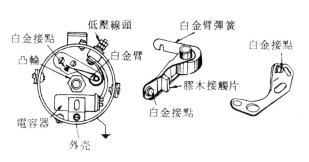

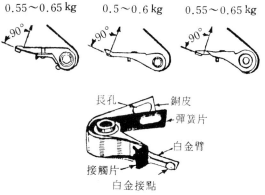

圖 5 — 2,15　分電盤斷續部之構造（自動車電氣裝置　圖 2 — 21）

圖 5 — 2,16　白金臂彈簧彈力

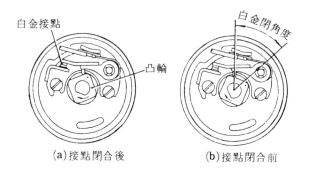

(a)接點閉合後　　　(b)接點閉合前

圖 5 — 2,17　白金閉角度（デンソー·點火裝置編　圖 4 — 1）

㈢白金閉角與白金間隙

1. 從白金接點閉合開始到再分開時，凸輪所轉過之角度稱爲白金閉角（ dwell angle ），如圖 5 — 2,17 所示，白金閉角之大小對高速時二次電壓之高低有很大影響。

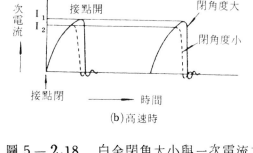

圖 5 — 2,18　白金閉角大小與一次電流之關係（デンソー·點火裝置編　圖 4 — 4）

2. 發火線圈之一次電流，因自感應影響，白金閉合後係慢慢上升至最大值，閉角大時接點閉合時間長，一次電流能達最大值；閉角小時接點閉合時間短，一次電流無法達到最大值白金接點就分開，因此感應二次電壓降低，如圖 5 — 2,18 所示。

3. 白金閉角度之大小由凸輪形狀及白金接點間隙大小來決定。

$$\text{一般引擎白金閉角度} = \frac{360°}{\text{缸　數}} \times 0.6$$

	四 行 程 引 擎				
汽 缸 數	2	3	4	5	6
閉角度 (°)	80～100	65～75	50～60	40～45	35～40

4.增大白金接點間隙會減少白金閉角
，減少白金接點間隙會增大白金閉
角，如圖 5－2,19 所示。白金接
點間隙太小時，在低速運轉時亦會
發生弧光而使接點易燒壞，並降低
二次電壓。一般白金接點間隙約0.
4～0.6 mm。

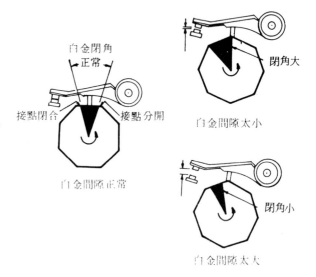

圖5－2,19　白金接點間隙大小與白金閉角
之關係

(四)雙白金接點點火系

圖 5－2,20 所示為六汽缸引擎使用
之雙白金接點點火系，可以在不減小
白金接點間隙情況下增大白金閉角，
增加一次電流量，以提高二次電壓。
二個白金接點，一個專門管閉合，一
個專門管切斷，兩組白金接點約對面
安裝，B白金接點較A白金接點晚 10°關閉，A白金接點之閉角為 28°時，因A白金接
點分開時B仍閉合，故總白金閉角度成 28°＋ 10°＝ 38°。

(五)白金接點跳動

當引擎在高速運轉時，接點之開閉速度
甚快，白金臂因具有很大之運動能，有
時會與白金座撞擊產生跳動時會使一次
電流流過時間縮短，使一次電流減少，
而使二次電壓降低，如圖 5－2,21 所
示。

(六)電容器

1.電容器之構造如圖 5－2,22 所示，
其主要功能為增強二次電壓，保護白
金。

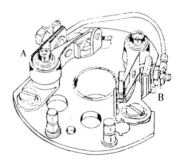

圖 5－2,20　雙白金接點組點火系之構造
（自動車電氣裝置　圖 2－
43 ）

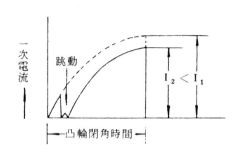

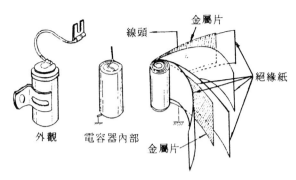

圖 5 － 2,21　白金接點跳動與一次電流之
　　　　　　　關係（デンソー·點火裝置
　　　　　　　編　圖 4 － 5 ）

圖 5 － 2,22　電容器之構造（自動車電氣
　　　　　　　裝置　圖 2 － 22 ）

2.電容器之容量必須配合需要，太大或
太小都會使白金接點燒壞，並使二次
電壓降低。圖 5 － 2,23 所示爲電容
量太大或太小與白金接點燒壞之關係。

㈦中空白金接點組

1.普通之白金接點組，當電容器容量不
適當時，接點處會產生弧光集中在中
心部位，因金屬移轉現象就會發生一
邊凸起一邊凹下的情形，如圖 5 － 2
,24 所示，使接點容易燒壞。

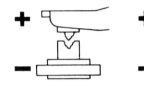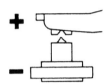

A　電容量太小使負極白金
接點燒成凹孔，正極白
金接點燒成凸點。

B　電容量太大使正極白金
接點燒成凹孔，負極白
金接點燒成凸點。

圖 5 － 2,23　電容器容量大小與白金接點
　　　　　　　燒壞關係（E l e c t r i c a l
　　　　　　　S y s t e m s　F i g 15 － 16 ）

2.爲延長白金接點之壽命，將一個接點做成中空之圓環形，如圖 5 － 2,25 所示，接點
弧光變成圓圈之線狀分佈，接點凸起與凹下就不易發生，可以延長白金壽命。

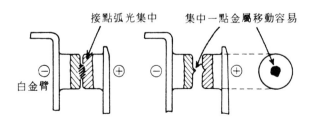

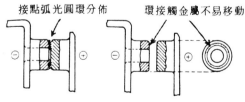

圖 5 － 2,24　普通白金接點發生弧光時產生
　　　　　　　金屬之移轉使一邊凸出一邊凹
　　　　　　　下

圖 5 － 2,25　中空白金接點弧光分散成圓
　　　　　　　周，不易發生金屬移轉，延
　　　　　　　長使用壽命

四、配電部

㈠分電盤配電部包括分電盤蓋及分火頭，如圖 5 － 2,26 所示。

(二)發火線圈產生之高壓電依下列順序分配
到各汽缸之火星塞

主高壓線→分電盤蓋中央插座→碳棒→
分火頭→空氣間隙→分電盤蓋邊極柱→
高壓線→火星塞。

(三)分電盤蓋及分火頭均由能耐 10～30 KV
高壓電之合成樹脂製成，絕緣性能非常
優良。爲防止漏電，分電盤蓋內部設有
凸筋。分火頭裝在凸輪上，上面有一銅
片與分電盤中央的碳棒相接觸，銅片與
分電盤蓋邊電極不接觸，留有 0.8 mm 的間隙。

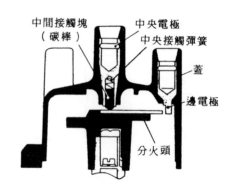

圖 5－2,26　分電盤蓋與分火頭（デンソー
・點火裝置編　圖 4－7）

(四)點火順序：

多汽缸引擎爲使運轉圓滑，各缸之點火順序有一定，一般引擎點火順序如表 5－2,2 所
示。

表 5－2,2　多汽缸引擎點火順序

汽 缸 數	點　　　火　　　順　　　序
直線 4 缸	① 1－3－4－2 ② 1－2－4－3
V 型 4 缸	① 1－4－3－2 ② 1－3－4－2
直線 6 缸	① 1－5－3－6－2－4 ② 1－4－2－6－3－5
V 型 6 缸	① 1－6－5－4－3－2 ② 1－4－2－5－3－6
V 型 8 缸	① 1－8－4－3－6－5－7－2 ② 1－8－7－3－6－5－4－2 ③ 1－8－7－2－6－5－4－3 ④ 1－5－4－8－6－3－7－2
直線 5 缸	1－4－2－5－3

五、點火提前部

(一)分電盤點火提前裝置由引擎之轉速相對應之離心力提前裝置與引擎負荷相對應之眞空提
前裝置構成。

(二)如圖 5－2,27 所示，曲軸位置約在上死點後 10°處汽缸中產生最大壓力時引擎之出力
最大，從火星塞跳火到產生最大壓力一般約需 0.003 秒。當混合汽之混合比一

定時，火焰之傳播時間幾乎一定，引擎轉速慢時，同一時間曲軸之轉角較少；轉速快時較多。因此引擎轉速增快後汽缸內產生最大壓力的位置會延後，而使引擎之出力較低，如圖 5 — 2,28 所示。離心力提前裝置就是當引擎轉速升高時自動將點火時間提前之裝置。但在同一引擎轉速時，負荷大時，進入汽缸之混合汽量多，壓縮後密度高，燃燒時間快，故點火提前應較少；負荷小時，進入汽缸之混合汽量少，燃燒時間長，點火提前應較多，故需有真空提前裝置來修正。

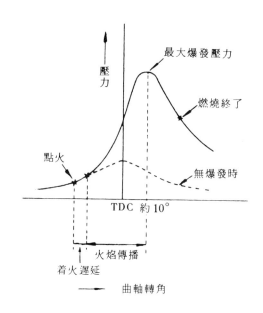

圖 5 — 2,27　在上死點後約 10°汽缸內產生最大壓力，引擎之出力最大（デンソー・點火裝置編圖 4 — 10 ）

圖 5 — 2,28　引擎轉速增快後汽缸中產生最大壓力之位置延後，引擎出力降低（デンソー・點火裝置編　圖 4 — 11 ）

㈡點火正時記號

1. 每一部引擎在曲軸皮帶盤或飛輪上做有點火正時記號，以便對正點火時間及檢查點火提前機構之作用。

2. 一般汽車引擎的正時記號做在曲軸皮帶盤上者較多，其做法有二：

　(1)正時記號在時規齒輪蓋上，有提前點火的刻劃，一般由 0°至 20°；皮帶盤上只有一個記號。當記號對正 0°時，表示第一缸在上死點。

　(2)另一種是在時規齒輪蓋或飛輪殼上有一根指針，在皮帶盤或飛輪上刻有刻劃。

3. 對點火正時之方法

　(1)從汽門關閉狀況確定第一缸在壓縮上死點附近位置，依廠家規定之引擎怠速時的提前度數對正正時記號。

　(2)逆分火頭旋轉方向，轉動分電盤外殼，使白金接點在剛打開位置。

(3)此時分火頭對正之汽缸即為第一缸。依分火頭旋轉方向，按點火順序依次插入高壓線即可。

(4)一般引擎第一缸的分火頭位置有規定，不對時，須重新裝配分電盤。

4.點火時間不正確對引擎的影響

(1)點火時間過早會造成爆震。輕微爆震可以使引擎動力增大，但爆震嚴重時，將使引擎無力並使機件容易損壞。

(2)點火時間過遲會使引擎過熱、無力。

5.汽油辛烷值變更時點火正時之修正

(1)廠家規定之引擎怠速點火提前度數係依據推薦汽油之辛烷值而設定。

(2)使用較規定辛烷值號數低的汽油應將點火時間延遲；使用較規定辛烷值號數高的汽油應將點火時間提前。

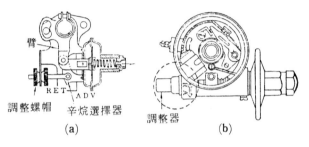

圖 5－2,29　辛烷號數選擇器（自動車電氣裝置　圖 2－36 ）

(3)有許多廠牌之分電盤上裝有可以用手依辛烷值號數而修正點火時間之辛烷號數選擇器，如圖 5－2,29 所示。轉動調整器即能改變分電盤凸輪與白金臂之相對位置，而變更點火時間。

(四)離心力點火提前裝置

1.圖 5－2,30　所示為一般離心力點火提前機構之構造。動力的傳達由分電盤軸→底板→飛重→飛重銷→凸輪軸套。

(1)引擎靜止或轉速低時，飛重因彈簧力而縮攏，如圖 5－3,31 (a)所示。

(2)引擎轉速升高後，飛重因離心力關係向外飛開，飛重上之銷子嵌在凸輪軸套之溝中，將凸輪軸套逆分火頭旋轉方向再提前一角度，如圖 5－2,31 (b)所示。

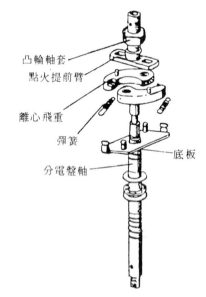

圖 5－2,30　離心力點火提前機構構造（自動車用電裝品の構造　圖 2－9 ）

2.圖 5－2,32 所示為另一種離心力點火提前裝置之構造，由與分電盤軸一體之底座與凸輪軸套在一體之驅動板和二個飛重及二條飛重彈簧組成，飛重嵌入驅動板之銷上，

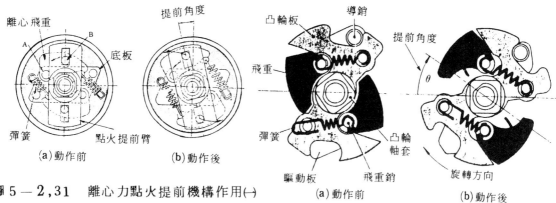

圖 5 — 2,31　離心力點火提前機構作用㈠
　　　　　　（自動車電氣裝置　圖 2 —
　　　　28 (a) ）

飛重之一側與驅動板接觸。

(1)分電盤軸之轉速低時，彈簧力將飛重縮攏，飛重與驅動板接觸之位置靠近銷子，點
　　火未提前，如圖 5 — 2,32　(a)所示。

(2)分電盤軸之轉速高時，飛重之離心力克服彈簧之彈力使飛重向外張開，飛重與驅動
　　板之接觸位置向外移動，使凸輪軸套向前轉一 θ 角度，而使點火時間提前，如圖 5
　　— 2,32 (b)所示。

(a)動作前　　　　　　　　(b)動作後

圖 5 — 2,32　離心力點火提前機構作用㈡
　　　　　　（デンソー・點火裝置編
　　　　圖 4 — 12 ）

3.點火提前作用位置如圖 5 — 2,33 所示。

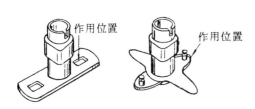

圖 5 — 2,33　點火提前作用位置（自動車
　　　　　　電氣裝置　圖 2 — 24 ）

4.因引擎轉速上升時，進入汽缸之混合
　　汽量增加，且混合汽之渦流或亂流速
　　度增快，燃燒時間加快，故點火提前

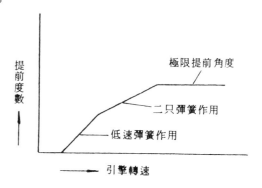

圖 5 — 2,34　離心力點火提前性能曲線圖
　　　　　　（デンソー・點火裝置編
　　　　圖 4 — 13 ）

曲線不是完全與轉速成正比，在低速範圍提前較多，中高速提前較少，高速不變，如
圖 5 — 2,34 所示。因此，離心力點火提前裝置之彈簧均一條長、一條短，低速時僅
短彈簧發生作用，彈簧常數小，單位轉速之增加提前角度較多；高速時，兩條彈簧共
同作用以提高彈簧常數。到達極限後，轉速雖再上升，但點火提前度數不變。

㈤眞空點火提前機構之構造作用

　　1.引擎負荷變化時，進汽岐管之眞空及混合汽之混合比隨著變化，進汽岐管之眞空高時

吸入汽缸中之混合汽量減少，壓縮後之壓力低，混合汽密度小，火焰傳播速度慢，因此點火時間需要因負荷而加以修正。

2.真空點火提前裝置包括控制部及移動部等組成，如圖 5—2,35 所示。

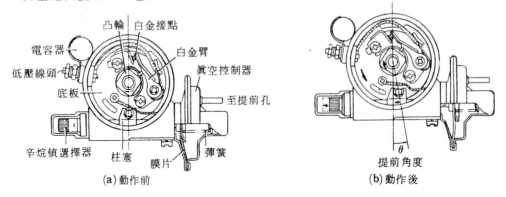

(a)動作前   (b)動作後

圖 5—2,35　真空點火提前機構構造

（デンソー・點火裝置編　圖 4—14 ）

3.膜片室之真空連接到化油器節汽門之上方處，當真空吸力大於彈簧彈力時，膜片向右移動，經柱塞及連桿使白金接點底板移動，因白金接點底板移動方向與分電盤凸輪軸套之旋轉方向相反，故接點提前打開，使點火時間提前，如圖 5—2,36　所示爲引擎在各種工作情況下之作用。

4.真空點火提前特性如圖 5—2,37 所示。當化油器節汽門全閉時（引擎怠速）無真空提前；節汽門慢慢打開，引擎轉速逐漸增加，真空隨著逐漸增大，提前角度比例增大。引擎真空到達一定值後即無法再增加，故提前角度保持不變。

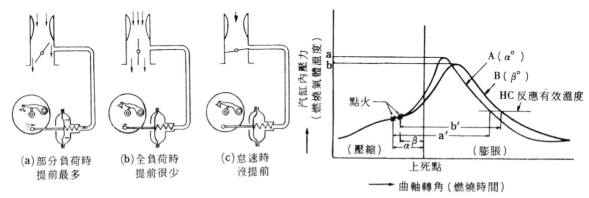

(a)部分負荷時　　(b)全負荷時　　(c)怠速時
提前最多　　　提前很少　　　沒提前

圖 5—3,36　在引擎各種情況下真空點火提前機構之作用

圖 5—2,38　要減少HC及NO_x排出量需將點火時間從上死點前 α 度延至 β 度（デンソー・點火裝置編　圖 4—18 ）

5—2—4　低公害引擎點火時間控制裝置

一、要使引擎發揮最大動力必須要控制點火時間，使混合汽燃燒後產生最大壓力之時間約在上死點後10°左右。分電盤之離心力及眞空點火提前裝置就是能依引擎轉速及負荷變化隨時改變點火時間而使汽缸中混合汽燃燒產生最大壓力之時間能保持在Ａ.Ｔ.Ｄ.Ｃ10°左右之裝置，以保持引擎最佳性能。

二、由於各國對汽車排出廢汽中ＨＣ及ＮＯ$_x$之嚴格管制，爲減少ＨＣ及ＮＯ$_x$之排出量，不得不犧牲引擎性能，針對減少排放ＨＣ及ＮＯ$_x$之對策控制點火時間。

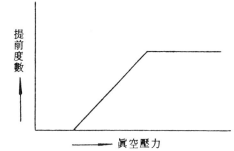

圖5－**2**,37　眞空點火提前性能曲線圖
（デンソー・點火裝置編
圖4－16）

　(一)減少ＨＣ之排出量——將點火時間延遲時，因燃燒速度較慢，使燃燒末期及排汽系統維持在較高溫狀態，能有效促進ＨＣ之氧化，而使排出量減少。

　(二)ＮＯ$_x$係氮在高溫下與氧結合之結果，燃燒壓力及溫度愈高，ＮＯ$_x$之發生量愈多。將點火時間延遲時，汽缸中之最高燃燒壓力及溫度均降低，故ＮＯ$_x$之排出量可以減少。

　(三)爲減少ＨＣ及ＮＯ$_x$之排出量，不得不將引擎的最佳點火時間在上死點前α°延遲到β°，如圖5－**2**,38所示。

　(四)ＮＯ$_x$在引擎溫度低及輕負荷時不會發生，只有在引擎溫度高及負荷大時才會排出，爲保持引擎性能，同時能減少ＮＯ$_x$及ＨＣ之排出，點火時間就要做更精密的控制了。一般點火時間的控制裝置有：

　　1.火花調整閥ＳＣＶ（ spark control valve ）

　　2.火花遲延閥ＳＤＶ（ spark delay valve ）

　　3.火花遲延系統ＳＤＳ（ spark delay system ）

　　4.變速箱火花控制ＴＣＳ（ transmission controlled spark ）

　　5.雙膜片點火時間控制

　　6.電子分電盤調整器ＥＤＭ（ electronic distributor modulator ）

三、**火花調整閥ＳＣＶ點火時間控制裝置**

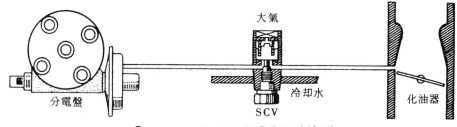

圖5－**2**,39　火花調整閥ＳＣＶ系統圖
（デンソー・點火裝置編　圖4－20）

㈠圖 5－2,39 所示爲火花調整閥（ＳＣＶ）點火時間控制裝置圖，在分電盤眞空膜片室
與化油器間設有ＳＣＶ以調整作用在分電盤眞空膜片室眞空之大小。

㈡在冷引擎時，ＳＣＶ之大氣通路關閉，全部眞空均作用於分電盤眞空膜片室，使點火提
前正常作用。

㈢在引擎達正常工作溫度以後，ＳＣＶ通大氣通路打開，大氣漏入眞空管中，使眞空強度降
低故點火提前度數減少，以減少NO_x及ＨＣ之發生量。

㈣當引擎冷卻水溫度過高時，ＳＣＶ又使大氣通路關閉，使眞空點火提前又恢復正常作用
，以防引擎過熱。

四、火花遲延閥ＳＤＶ點火時間控制裝置

㈠圖 5－2,40 所示爲火花遲延閥之構造
，由單向閥、小孔、小孔燒結合金塞，
濾網等組成。

㈡火花遲延閥的功用是使節汽門打開時，
將化油器傳到分電盤眞空膜片室之眞空
「阻滯」，使延遲一段時間，分電盤之
眞空點火提前裝置才能作用。使點火提
前時間延遲降低最高燃燒溫度，以減少
NO_x及ＨＣ之發生。

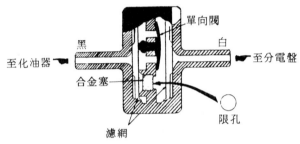

圖 5－2,40　火花遲延閥ＳＤＶ之構造

㈢當化油器側之眞空大於分電盤端時，眞空需經小孔及燒結合金塞才能到達分電盤，使點
火提前作用延遲發生。

㈣當節汽門突然大開，化油器端眞空小於分電盤端時，單向閥立即打開，使眞空迅速降低
而使眞空膜片能迅速退回，直到兩端之眞空平衡時，單向閥才關閉。

㈤ＳＤＶ豐田汽車公司稱爲ＶＴＶ（ vacuum transmitting valve ）、五十鈴汽車
公司稱爲ＤＶ（ delay valve ）。

五、火花遲延系統ＳＤＳ點火時間控制裝置

㈠圖 5－2,41 所示爲火花遲延系統之構造，由溫度眞空閥ＴＶＳＶ（ thermal vacuum
switching valve ）及火花遲延閥所組成。

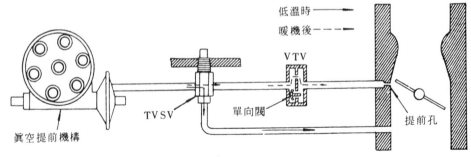

圖 5－2,41　火花遲延系統ＳＤＳ構成（デンソー・點火裝置編　圖 4－21 ）

㈡TVSV　於引擎未達正常工作溫度時打開通路，使進汽岐管眞空直接作用於分電盤眞空
　　膜片室，使點火提前度數最多。

㈢溫度正常後，切斷眞空通路，使作用於分電盤眞空膜片室之眞空必須經過ＳＤＶ控制。

六、變速箱火花控制ＴＣＳ點火時間控制裝置

㈠ＴＣＳ就是汽車在最高速檔或超速傳動行駛時，化油器之眞空全部作用於分電盤之眞空
　　膜片室，使點火能正常提前。在其他的排檔位置，將大氣導入眞空管中，使眞空減弱而
　　使點火提前度數減少，以減少NO_x及ＨＣ之發生量。而空氣之導入量則依引擎溫度，車
　　速、負荷、排檔位置等做精密控制。

㈡圖５－**2,42** 所示爲ＴＣＳ系統示意圖。電氣式眞空控制閥ＶＳＶ之構造如圖５－**2,43**
　　所示，線圈ＯＦＦ時，彈簧使大氣孔打開，大氣漏入眞空道中，使作用在分電盤眞空膜
　　片室之眞空減弱，而使點火提前減少；線圈ＯＮ時，使大氣孔關閉，則全部眞空作用於
　　膜片室，使點火提前作用正常。點火提前度數由ＶＳＶ之ＯＮ、ＯＦＦ比率而改變。

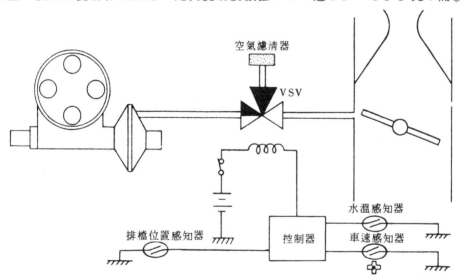

圖５－**2,42**　變速箱火花控制ＴＣＳ示意圖（デンソー・點火裝置編　圖４－19 ）

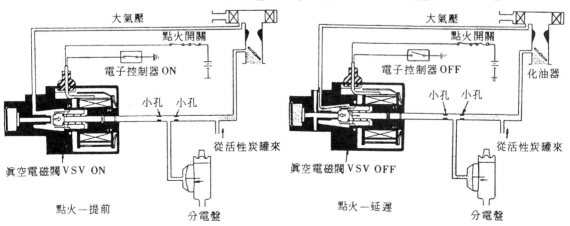

圖５－**2,43**　眞空電磁閥之作用

㈢控制器依據水溫感知器、車速感知器、排檔位置、負荷……等12個信號來控制ＶＳＶ中電磁閥ＯＮ、ＯＦＦ時間，以調節眞空度，控制點火提前時間。

七、雙膜片點火時間控制裝置

㈠圖5—2,44 所示爲使用雙膜片來控制點火時間之系統圖。

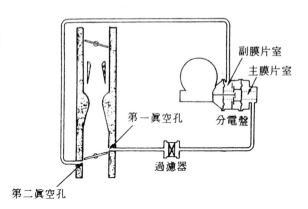

㈡分電盤的眞空提前膜片室分爲主室與副室兩部份。主室與一般之眞空點火提前裝置相同，副室爲怠速點火提前專用。

㈢副室的膜片由第二眞空孔作用，第二眞空孔在怠速時開口位於節汽門下方，於怠速時眞空最強，能使點火提前6°，而此時主室之眞空提前不作用。因第一眞空孔在怠速時開口在節流門上方，此時爲大氣壓力。

圖5—2,44　雙膜片點火時間控制裝置

㈣在正常行駛時，副室不作用而由主膜片室作用。

八、電子分電盤調節器ＥＤＭ點火時間控制裝置

㈠圖5—2,45 所示爲福特汽車公司所使用之電子分電盤調節器系統圖。

㈡ＥＤＭ系統包括一個速度感知器，一個周圍溫度開關，一個冷却水溫度開關，一個電子控制器及一個三路電磁閥。

㈢速度感知器是連接在速率表軟軸上，由軟軸驅動磁鐵在線圈中旋轉，轉速到達一定值後，感應之電壓就使電子控制器產生作用。

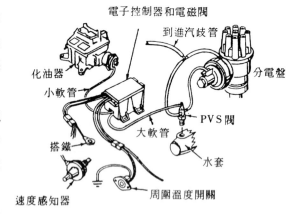

㈣周圍溫度開關裝在前門之鉸鏈上，感應外面的空氣溫度；當外界空氣溫度低時，將信號送到電子控制器，使分電盤眞空提前部份能正常作用。

㈤冷却水溫度開關爲眞空通道之控制開關，又叫孔眞空開關ＰＶＳ。當冷却水溫度過高時，本開關超越電子控制調節器

圖5—2,45　電子分電盤調節器ＥＤＭ
點火時間控制系統

，將進汽岐管眞空直接通到分電盤，使點火提前增加，避免引擎過熱。

㈥電子控制器包括三路電磁閥，裝在儀錶板下，接受來自速度感知器，周圍溫度開關的信號來決定電磁閥是否勵磁。當車速高於 40 Km／hr ，周圍的溫度到達規定值時，電磁閥勵磁，將來自化油器的眞空加於分電盤眞空提前部。減速時，來自速度感知器的電壓

降低信號，使電磁閥消磁，將來自化油器的眞空切斷。

5－2－5 高壓線

一、高壓線係連接發火線圈經分電盤到火星塞之電路，傳送高壓電，故稱高壓線。

二、發火線圈感應之電壓達 25,000 伏特以上，故高壓線的絕緣必須能忍受 30,000 伏特以上之高壓電不發生漏電才行。又在火星塞跳火後，高壓電路上的高週波振動會放射出去干擾無線電波，而使收音機產生雜音，因此高壓線也應設法防止。

三、圖 5 － 2,46 所示爲高壓線之構造，圖(a)爲一般金屬芯高壓線以銅合金或鋼絲製成，外面包以很厚的絕緣橡皮，最外層爲耐磨損的保護用合成橡皮。圖(b)爲現代汽車所普遍採用之高電阻高壓線，使用玻璃纖維浸碳粉做爲芯線，約有 1 K Ω～10 K Ω

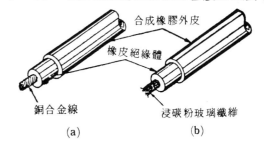

圖 5 － 2,46　高壓線的構造（自動車用電裝品の構造　圖 2 － 24 ）

電阻，此電阻對點火性能沒有影響，但能對高週波電流產生衰減作用，以防止干擾收音機。芯線外包一層棉紗線，外面再包以很厚之絕緣橡皮，外層爲耐磨的高強度保護用合成橡皮。

5－2－6 火星塞

一、概　述

(一)引擎每一汽缸之汽缸蓋上都裝有一只火星塞（日產 Z 型引擎使用二只），將分電盤送來的高壓電從中央電極跳到搭鐵電極產生火花，以點燃混合汽。

(二)汽缸中混合汽燃燒時之壓力可達 35～50 大氣壓，溫度達 2,000 °C 以上，進汽時吸入之混合汽溫度與大氣溫度相近。火星塞需暴露在這種極端變動之惡劣環境下工作，且需耐數萬伏特以上之高壓電，因此對火星塞性能要求也特別嚴格。

(三)火星塞應具備之性能：

1. 具有持久的機械強度，耐熱性及絕緣性。
2. 在高溫下也能保持有良好的電氣絕緣性。
3. 具有良好的氣密性。

圖 5 － 2,47　　火星塞的基本構造

4. 具有耐腐蝕性。
5. 中央電極能維持適當的溫度。

二、火星塞的構造

(一)圖 5 － 2,47 所示爲火星塞的基本構造，主要部份有絕緣瓷體、外殼、電極等三部份。

(二)絕緣瓷體

火星塞之絕緣瓷體需能耐高溫、高壓，及其有良好的絕緣性能，一般採用硬質瓷器或特殊鋁合金瓷器製成。表面有凸出筋條，以提高絕緣性。

㈢外殼

1. 火星塞外殼部份爲合金鋼製成，包括六角鋼體及螺牙兩部份，火星塞螺牙規格係世界統一規格，如表 5 — 2,3 所示，汽車用引擎以使用 14 mm 最多。

2. 螺牙長度一般分 3/8″，7/16″，1/2″ 及 3/4″ 四種，美國汽車以使用 3/8″，7/16″ 二種長度較多，歐、日汽車以使用 1/2″ 及 3/4″ 二種較多。螺牙長度之選用必須正確，若誤裝過長之火星塞，可能與活塞相碰而損壞，且因伸入太多，散熱不良會導致過熱而產生預燃之故障；反之，若使用太短之螺牙，火星塞縮在孔內，孔常被廢汽淤塞，點火性能大爲劣化，甚至不點火，如圖 5 — 2,48 所示。

表 5 — 2,3　火星塞螺牙規格

螺紋外徑（mm）	螺距（mm）
18	1.50
14	1.25
12	1.25
10	1.00

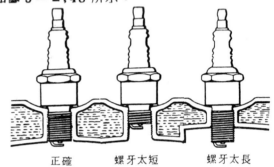

正確　　螺牙太短　　螺牙太長

圖 5 — 2,48　火星塞螺牙長度須正確選用

㈣電極

1. 火星塞之電極由中央電極及外殼之搭鐵電極構成。中央電極必須導電良好，放電容易，且放電時電極之消耗需極少，因此一般使用鎳或鎳合金製成，亦有使用鉑合金做電極。

2. 火星塞電極間隙係指中央電極與邊電極間之距離，測量時必須使用圓棒型火星塞間隙規，測值才正確，一般普通點火系之火星塞電極間隙爲 0.7 ～ 0.8 mm，電子點火系之火星塞間隙可達 1.0 ～ 1.5 mm。

3. 各種火星塞之電極形狀如圖 5 — 2,49 所示。

三、火星塞的熱域

㈠火星塞中央電極散熱的難易程度稱爲熱域（ heat range ），散熱路線長的火星塞，中央電極之溫度高，稱爲熱式火星塞；散熱路線短的，中央電極溫度較低

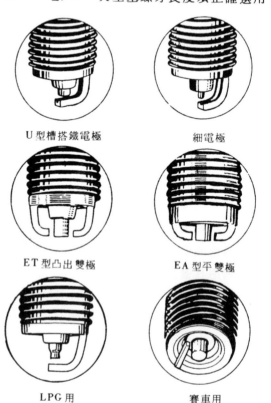

U 型槽搭鐵電極　　　細電極

ET 型凸出雙極　　　EA 型平雙極

LPG 用　　　　　賽車用

圖 5 — 2,49　火星塞電極形狀（デンソー・點火裝置編　圖 7 — 11、7 — 12 ）

，稱爲冷型火星塞，如圖 5 — **2**,50 所示。

㈡火星塞各部散熱的分配比例如圖 5 — **2**,51 所示。

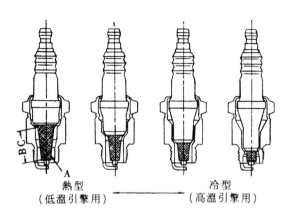

熱型　　　　　　　冷型
（低溫引擎用）　　　（高溫引擎用）

圖 5 — **2**,50　　火星塞之熱域

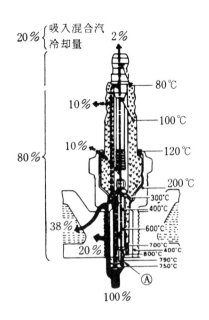

㈢火星塞熱域型別與引擎使用之關係一般

　依以下原則：

　1.熱型火星塞：使用在低壓縮比、低速

　　、水冷式及四行程引擎。

　2.冷型火星塞：使用在高壓縮比、高速

　　、氣冷式及二行程引擎。

圖 5 — **2**,51　　火星塞散熱路線分佈（デン

ソー・點火裝置編　圖 7 —

14 ）

㈣火星塞中央電極溫度應保持在 450 ～ 950 ℃ 之間，如果溫度高於 950 °C 時，混合汽很

　容易發生自然着火，而產生預燃，造成爆震，使引擎運轉不穩、無力。若火星塞之電極

　溫度低於 450 °C 時，因溫度低，電極

　周圍很容易發生積碳，而使跳火電壓

　降低，火花微弱。電極溫度如保持在

　450 ～ 950 °C之間，電極能將積碳

　燒去，有自己清淨的作用，如圖 5 —

　2,52 所示。

㈤現在有一種寬熱域火星塞，使用特殊

　電極，能適應較廣之溫度變化。

㈥火星塞熱域之表示方法各廠家均不相

　同，表 5 — **2**,4 爲世界各大火星塞製

　造廠產品規格對照表。

四、火星塞點火火花

　㈠圖 5 — **2**,53 所示爲火星塞點火火花

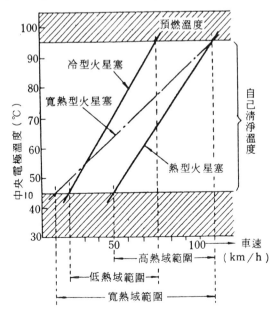

圖 5 — **2**,52　　火星塞熱域與車速之關係

表5－3,4　世界各大火星塞製造廠產品規格對照表（自動車用電裝品ハンドブック 表5.6）

螺紋外徑	深度	六角2面寬	熱域	BOSCH	NGK	日立	CHAMPION	A.C	AUTOLITE	KLG	LODGE
18mm	12mm	25.4mm (22mm)	熱型→冷型	M14 M145T1 / M17 M175T1 / M22 M225T1	A-4 / A-6 / A-7	86 / 85 / 84	D-16 / D-14 / D-10 / D-9 / D-6	86 / 85 / 84	BT8 / BT6 / BT4 / BT3 / BT2	M30 / M50 / M60 / M80 / M100	SC, BBL / C1, C3 / CV, CVN
18mm	12mm	20.6mm	熱型→冷型	MW17 / MW22	AB-6 / AB-7	85-S / 84-S	870-14Y / 860-11Y	86T 85TS / 84T 84TS	BF7 / BF82	MT50 / MT45P	H1, H3
18mm	斜座	20.6mm	熱型→冷型	MA 9 MA95T1 / MA14P MA145T1 / MA17P MA175T1	A-6F AP-6F / A-4F AP-4F	86-VP	F-10	84T 84TS	BTF6 BF42	TMT50 MT45P	HTN18 CTN18 CTNY
14mm	9.5mm	20.6mm	熱型→冷型	W 9 W95T3 / W14 W145T3 / W17 W175T3 / W24 W240T3	B-2 / B-4 BP-4 / B-6 BP-6 / B-8	48 / 46 / 45 / 44	J-11 J-18Y / J-8 J-12Y / J-7 J-10Y / J-6 J-9Y / J-4	48 / 46 46S / 45 45S / 44 44S / 42 42S	A9 A82 / A7 A52 / A5 A42 / A3 A32	TFS20 / TFS30 / TFS50 / FS70 / FS75 / FS100	BAN / CAN CANY / HAN / 2HAN
14mm	12.7mm	20.6mm	熱型→冷型	W22F W225T1 / W24F W240T1	B-7 / B-8	45 / 44	J-7 J-10Y / J-6 J-9Y	—	—	—	—
14mm	19mm	20.6mm	熱型→冷型	W14F W145T1 / W17F W175T1	B-4H / B-6H	46 / 45	L-10 L92Y / L-7 L-85	47FF 46FF / 45FF 45FFS / 44FF 44FFS	AE6 AE62 / AE4 AE42	F20 / F50 / F70 / F75	BN / CN CNY
14mm	19mm	20.6mm	熱型→冷型	W9FP W95T1 / W14FP W145T1 / W17FP W175T1	—	M46 / M45	L-10 L92Y / L-7 L-85	47FF / 46FF / 45FF / 44FF	AE6 / AE4	—	—
14mm	12.7mm	20.6mm	熱型→冷型	W9P W95T2 / W14P W145T2 / W17P W175T2	BP-2E	M44	L-5	12FS	AE3	—	HN
14mm	19mm	20.6mm	熱型→冷型	W9EP W95T2 / W14EP W140T2 / W17EP W160T2	BC-4E / BC-6E	M46 / M45 / M44	N-21 N-16Y / N-18 N-14Y / N-8 N-10Y / N-5 N-5Y?	47XL / 46XL 46XLS / 44N / 45XL 45XLS	AG7 AG82 / AG5 AG52 / AG3 AG32	FE20 / FE30 / FE50 / FE55P / FE70 / FE75P / FE80	BLN BL18 / CLNH CLNY / HBLN / HLN HLNY / 2HLN
14mm	19mm	19mm	熱型→冷型	W14E W175T2 / W17ES W200T2? / W20E W225T2 / W22E W240T2 / W24E W240T2	BC-6E / BC-8E	M46 / M45 / M44	N-21 / N-18 / N-8 / N-4 / N-3	47XL / 46XL / 44N / 43N	AGS-125	—	—
14mm	—	19mm	熱型→冷型	WU9E WU14E / W9E	D-7E / D-8ES	M44	N-9Y	44XLS	—	—	—
12mm	19mm	16mm	熱型→冷型	X17F X17FS / X20F X20FS / X22F X22FS / X24F X24FS / X28FS	D-6HW D-6HS / D-8H / D-9H	48 / 46 / 45 / 44	N-21 / N-18 / N-8 / N-5	47XL / 46XL / 44N / 43N	AE82 / AG7 AG82 / AG5 AG52	TFS20 / TFS30 / TFS50	2HN 3HN
12mm	19mm	18mm	熱型→冷型	X20E / X22E / X24E X24ES	D-6E / D-7E / D-7ES	46 / 45 / 44	J-8 / J-7 / J-6	—	A7 / A5	—	—
12mm	12.7mm	18mm	熱型→冷型	X17F X17FS / X20F X20FS	D-6HW / D-8H	46 / 45	L-46 / L-45	—	—	—	—
12mm	—	16mm	熱型→冷型	U14 / U17	D-40 / C-50	—	—	—	—	—	—
10mm	16mm	16mm	熱型→冷型	U17 / U17F U20F U20FB / U21FB U22F U22FB / U22FS	C-40 / C-4H / C-6H	L16 / L14 / L13	—	—	—	—	—
10mm	12.7mm	—	熱型→冷型	U17F / U20F U20FB / U21FB / U22F U22FB / U22FS U24F U24FB	C-6H / C-6HB / C-6M / C-7HS / C-7HW / C-9H / C-7HWB	—	—	—	TW100	TENL50 / TENL70 / TENL100	HL-10
PF 1/2″	22.5mm / 23.8mm	—	熱型→冷型	—	—	—	X175S1	P-7	—	—	—

與電壓及電流之關係。當白金接點分
開，發火線圈感應出高壓電，經高壓
線送到火星塞，高壓電升到b點時，
到達火星塞放電電壓（約 5～10 KV
），電極間開始產生火花。

（二）一般將火花分成容量火花與感應火花
（亦稱誘導火花）二部份。圖5－2
,53 所示中之 b－c 段為發火線圈貯
存之電力能量放出之火花，稱為容量
火花，以高週波振動放電為白色光亮
的強烈火花，電流量極大，但持續時
間極短。圖5－2,53 所示中之c－
d 段為感應火花，係發火線圈二次廻
路因產生容量火花所流過之高週波振
動電流而感應產生之電流所產生之火
花，電壓低（約300 V），電流小，
持續時間長，火花顏色為淡紫色。

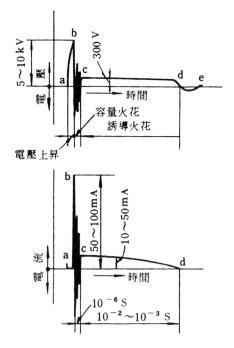

圖 5 － 2,53　火星塞點火火花與電壓及電流
　　　　　　之關係（デンソー・點火裝置
　　　　　　編　圖 7 － 2 ）

（三）點火火花之成分因火星塞電極間隙、壓力、溫度等而變化。電極間隙增加，則放電電壓
升高，容量火花成分增加，感應火花之成份減少。如果電極間隙一定，壓力增加時則兩
成分均增加，間隙、壓力一定而溫度升高時，容量火花成分減少，感應火花成分增加。

五、影響跳火電壓之因素

（一）電極間隙愈大跳火電壓愈高，電極形
狀愈尖則跳火電壓愈低，圖5－2,54
所示為在大氣壓下不同電極形狀及間
隙之跳火電壓。圖5－2,55 所示為
各種電極形狀跳火難易程度。

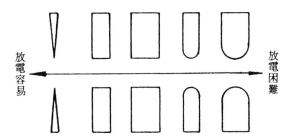

圖 5 － 2.55　各種電極形狀與跳火難易
　　　　　　之關係（デンソー・點火
　　　　　　裝置編　圖 7 － 4 ）

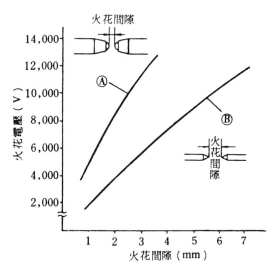

圖 5 － 2,54　大氣壓下電極形狀與間隙大
　　　　　　小與跳火電壓之關係（デンソ
　　　　　　ー・點火裝置編　圖 7 － 3 ）

㈡汽缸內之壓力愈高，跳火電壓也愈高；混合汽溫度愈高則跳火電壓愈低。圖5－3,56
所示為混合汽壓力及溫度與跳火電壓之關係。

㈢混合汽之混合比以9：1左右跳火電壓最低，太濃或太稀之混合比均使跳火電壓增高。
混合比高低亦影響電極溫度，混合比在15:1左右燃燒情況最佳，故電極溫度最高，混
合比太濃或太稀均使電極溫度降低。圖5－2,57所示為混合汽混合比與跳火電壓及電
極溫度之關係。

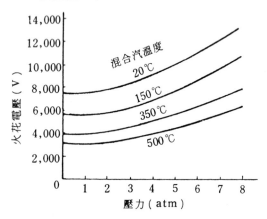

圖5－2,56　混合汽溫度、壓力與跳火電
　　　　　　壓之關係（デンソー・點火
　　　　　　裝置編　圖7－5）

圖5－2,57　混合汽混合比與跳火電壓及電
　　　　　　極溫度之關係（デンソー・點
　　　　　　火裝置編　圖7－6）

㈣電極溫度愈高跳火電壓愈低。圖5－2,58所示為跳火電壓與電極溫度之關係。

㈤空氣之相對溼度愈高，則電極溫度愈低，故跳火電壓愈高，圖5－2,59所示為相對溼
度與電極溫度及跳火電壓之關係。

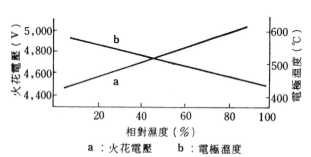

a：火花電壓　　b：電極溫度

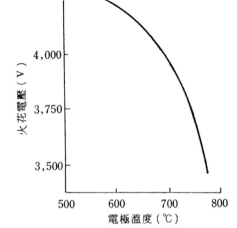

圖5－2,59　空氣相對濕度與電極溫度及
　　　　　　跳火電壓之關係（デンソー
　　　　　　・點火裝置編　圖7－8）

㈥高壓電極性，中央電極為負時跳火電
　壓降低。圖5－2,60所示，電極間

圖5－2,58　電極溫度與跳火電壓之關係
　　　　　　（デンソー・點火裝置編
　　　　　　圖7－7）

隙在4mm以下時，中央電極為負時跳火電壓較低（火星塞電極間隙約1mm左右）。

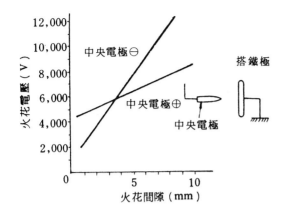

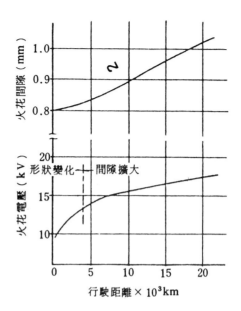

圖 5—2,60 中央電極正負極性與跳火電
壓關係（デンソー・點火裝
置編 圖 7—9 ）

但在 4mm 以上則相反。

圖 5—2,61 汽車行駛里程與火星塞間隙
及跳火電壓之關係（デンソ
ー・點火裝置編 圖 7—16）

六、火星塞之壽命

㈠火星塞電極經長時間使用後，電極會
消耗，首先容易放電之銳角部份先消

耗，使跳火困難，且間隙因消耗而漸增大（一般汽車每行駛一萬公里電極消耗 0.1 ～
0.15 mm ），而使火星塞之跳火電壓升高。圖 5—2,61 所示爲汽車行駛距離與電極消
耗及跳火電壓之關係。電極由銳角變成圓形之階段（約 4,000 公里），跳火電壓之升高
極速。

㈡火星塞污損或跳火電壓太高後，若不換新，則車輛耗油量大增，反而不經濟。一般火星
塞之經濟壽命一般水冷或四行程引擎約 10,000 ～ 16,000 公里，一般氣冷式或二行程引
擎約 5,000 ～ 8,000 公里，一般單缸之機車約 3,000 ～ 5,000 公里。

㈢影響火星塞壽命因素非常多，如破損、引擎過熱、熱型不合、汽缸上機油、裝置不當等
均使火星塞壽命大爲縮短。

七、跳火電壓、能供電壓與儲備電壓

㈠發火線圈所能輸出之最高電壓稱爲能供電壓（ avaliable voltage ），一般均需在
25,000 V 以上。高壓電能跳過火星塞之電壓稱爲跳火電壓（ required voltage ）。
能供電壓必須大於跳火電壓，否則火星塞不跳火，能供電壓和跳火電壓之差就是儲備電
壓。

㈡發火線圈能供電壓之高低主要決定於一次線圈充磁量之大小，而影響一次線圈充磁量之
因素如下：

　1.白金接點情況——白金接點不潔或燒毀時充磁量減少。

　2.白金閉角大小——白金閉角太小時高速充磁量不足。

3. 引擎轉速——引擎轉速愈高，充磁量愈少。

4. 白金臂彈簧力——白金臂彈簧力太弱時白金接點會跳動，而使充磁量減少。

5. 一次線路電阻大小與一次電路電壓也影響能供電壓。

㈢點火系統保養不良時能供電壓會減少 5,000 ~ 7,000 V，火星塞經長久使用後，因電極消耗及形狀改變，會使跳火電壓升高 3,000 ~ 8.000 V（達到 8,000 ~ 25,000 V），因此如果點火系統保養不良，火星塞又太陳舊，常會使能供電壓低於跳火電壓，火星

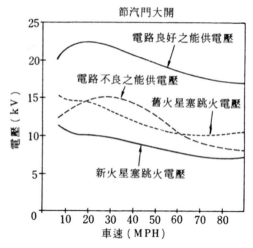

圖 5 — **2**,62　跳火電壓與能供電壓之關係（ Electrical Systems Fig 15 — 10 ）

塞不跳火，而使引擎無力，浪費汽油，圖 5 — **2**,62 所示為跳火電壓與能供電壓之關係。

八、火星塞不跳火與混合汽不着火

㈠混合汽不能點火燃燒，一般稱為失火（ miss fire ），造成失火之原因有兩大類，其原因如下：

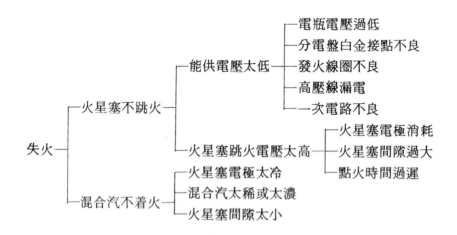

㈡火星塞不跳火

火星塞不跳火之主因為能供電壓低於跳火電壓，一般容易發生火星塞不跳火之情況為怠速、加速及高速，如圖 5 — **2**,63 所示。

1. 怠速不跳火：在怠速時白金接點容易發生弧光，白金接點發生弧光時使二次電壓降低，當二次電壓低於火星塞之跳火電壓時則不跳火。

2. 加速不跳火：在加速時進入汽缸中之混合汽量大增，壓縮後之壓力高，跳火電壓也高

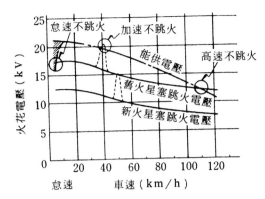

圖 5 — **2**,63 火星塞不跳火之失火（デン
　　　　ソー・點火裝置編 圖 7 —
　　　　18 ）

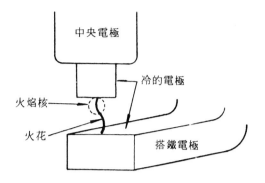

圖 5 — **2**,64 火焰核之形成與消焰作用
　　　　　（デンソー・點火裝置編
　　　　　圖 7 — 20 ）

，常超過能供電壓而不跳火。

3. 高速不跳火：在高速時發火線圈充磁不足，能供電壓降低，對跳火電壓要求高之舊火
　星塞常會不跳火。

㈢混合汽不着火

　　火星塞雖然有跳火，但無法使混合汽着火燃燒之情況亦常常發生：

1. 混合汽過稀或過濃均使着火較困難，容易發生不着火現象。

2. 火星塞間隙小時，冷的電極常使火花點燃之火焰核受到冷却而發生消焰作用，使火焰
　無法擴大而消失，如圖 5 — **2**,64 所示。

㈣防止失火的方法

1. 提高火星塞之跳火性能之方法

　⑴使用較小直徑之中央電極，圖 5 —
　　2,65 所示爲中央電極直徑與跳火
　　電壓之關係。

　⑵使用較狹之電極間隙（但太小時會
　　影響着火性）。

2. 提高混合汽着火性能之方法

　⑴增大電極間隙，可以減少電極的消
　　焰作用，圖 5 — **2**,66 所示爲火星
　　塞間隙，混合比與着火性之關係。

　⑵使用細直徑中央電極，使消焰作用
　　減少。圖 5 — **2**,67 所示爲使用細
　　直徑中央電極提高着火性之情形。

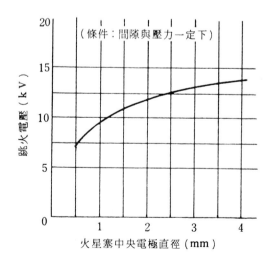

圖 5 — **2**,65 中央電極直徑與跳火電壓之
　　　　　關係（デンソー・點火裝置
　　　　　編 圖 7 — 21 ）

　⑶使用 U 型溝搭鐵電極，使消焰作用減少，提高着火性能，如圖 5 — **2**,68 所示。

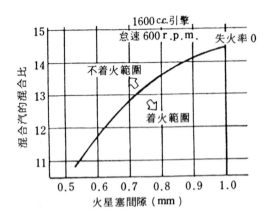

圖5—2,66　火星塞間隙、混合比與着火
　　　　　性關係（デンソー・點火裝
　　　　　置編　圖7—22）

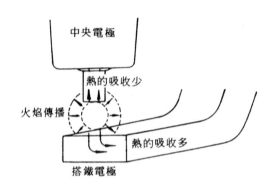

圖5—2,67　使用細直徑中央電極能提高
　　　　　着火性（デンソー・點火裝
　　　　　置編　圖7—23）

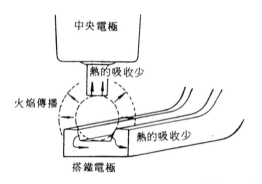

圖5—2,68　使用U型溝搭鐵電極可提高
　　　　　着火性（デンソー・點火裝
　　　　　置編　圖7—24）

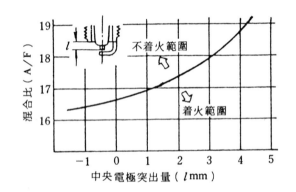

圖5—2,69　中央電極突出量與着火性之
　　　　　關係（デンソー・點火裝置
　　　　　編　圖7—25）

(4)增加中央電極之突出量，中央電極
突出愈多着火性愈佳。如圖5—2,69所示。

第三節　電晶體點火系統

5—3—1　概　述

一、普通點火系統因白金接點通過電流有限，且壽命短，經常需要保養調整，在性能上不能
　　突破，無法適應現代高轉速、高出力、低污染的引擎需求。在1970年代，僅少數的高
　　性能引擎使用電晶體點火系統，到了1980年代，除少部份廉價車或商用車仍使用普通
　　點火系統外，幾乎大部份的車子都已改用高性能的電晶體點火系統了。

二、電晶體點火系統的優點

㈠能供電壓高，尤其在高轉速時，不會有
　失火情形。圖 5－3,1 所示爲普通點火
　系與電晶體點火系能供電壓之比較。

㈡在引擎任何轉速下，性能均可靠。

㈢保養少。

㈣點火提前反應迅速。

三、電晶體點火系統，因各廠家之產品其線
　　路設計均不相同，故須依據廠家提供之
　　資料才能了解其作用及檢修方法。本書
　　僅介紹最具代表性者。

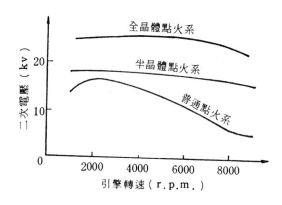

圖 5－3,1　普通與電晶體點火系能供電
　　　　　壓之比較

四、全晶體點火系統的種類

㈠感應放電式點火系

1.大部份汽車採用此式，係以電瓶之電壓使電流過發火線圈之一次線路，利用觸發器之
信號控制一次電流之斷續，於一次電流切斷時，使發火線圈之磁場迅速消失，而使二
次電路感應產生高壓電之方法。一般可以產生約 30,000 V 之高壓電，火星塞跳火時
間可達 1,800 μS（ 1 μS = 0.001 ms = 0.000001 S ）。

2.感應放電式點火系之特點

(1)利用發火線圈儲存能量：

W = ½ L I^2

W：電功率（瓦特）

L：電感量（享利）

I：電流（安培）

(2)在切斷一次電流時，二次電路感應高壓電。

(3)引擎轉速愈快，一次電流愈少，二次電壓愈低。

㈡電容放電式點火系

1.部份歐洲車及大部份機車用此式，一般稱爲ＣＤＩ點火系（ capacitive discha-
rge ignition system ）。係以電瓶經變壓使控制器中之電容器充電，該電容器
可充電達 300 V，當點火信號傳到時，使電容器放電到發火線圈之一次電路，此一突
然通過之電壓使一次電流擴大產生磁場，而使二次電路感應高壓電之方法，一般可以
產生 30.000 V 以上之高壓電，火星塞跳火時間極短，只能維持 200 μs，火花之強
度較感應放電式強，可以使很差之火星塞跳火。

2.電容放電式點火系之特點

(1)利用電容器儲存能量

W = ½ C V^2

W：電功率

C：電容量

V：電壓

(2)在通入一次電流時，使二次電路感應高壓電。

(3)引擎轉速愈快，點火系耗用電流愈大（低速約 1 A，高速約 5 A），但二次電壓保持不變。

(4)圖 5 — 3,2 所示爲感應放電式與電容放電式點火系二次電壓到達時間之差異。

㈢白金接點式信號產生器

1.圖 5 — 3,3 所示爲使用白金接點產生信號以控制一次電路之早期電晶體點火系統基本電路（一般稱爲半晶體點火系統）。

2.當接點閉合時使控制組之電晶體導通，一次電流流入發火線圈；當接點分開時，使電晶體切斷，一次電流不再流入發火線圈而使二次電路感應高壓電。

3.用此種方式，接點僅以 1／10 之電流控制電晶體之通斷（如一次電流爲 5 A 時，經過接點之電流僅 0.5 A）。接點不會燒壞，但接點臂之膠木與凸輪接觸仍會磨耗，仍需做定期保養調整。另外，在引擎高速時，其效率亦會降低。

㈣磁波發電機式信號產生器

1.圖 5 — 3,4 所示爲磁波發電機式信號產生器之構造，爲目前使用最多之電晶體點火信號產生器，包括信號轉子（ signal rotor ），永久磁鐵，拾波線圈（ pick up coil ）三部分。信號轉子裝在分電盤軸上，兩者成一體裝在分電盤之底板上。

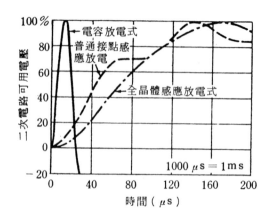

圖 5 — 3,2　感應放電式與電容放電式點火系二次電壓到達時間之差異（ Electrical Systems Fig 16 — 1 ）

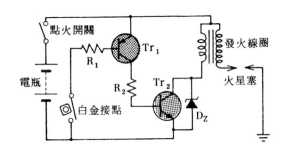

圖 5 — 3,3　使用白金接點控制信號（デンソー・點火裝置編　圖 5 — 9 ）

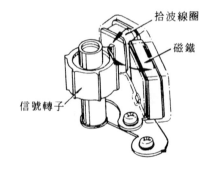

圖 5 — 3,4　磁波發電機信號產生器（デンソー・點火裝置編　圖 5 — 20 ）

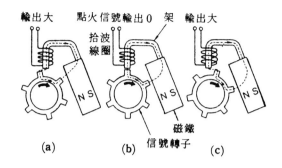

(a)   (b)   (c)

圖 5 — 3,5　磁波發電機之作用（デンソ
　　　　　ー・點火裝置編　圖 5 — 21 ）

2.圖 5 — 3,5 所示爲磁波發電機之作用
，圖 5 — 3,6 所示爲拾波線圈磁力線
通過量與感應電壓之關係。

圖 5 — 3,6　拾波線圈磁力線通過量與感應
　　　　　電壓之關係（デンソー・點火
　　　　　裝置編　圖 5 — 22 ）

(1)永久磁鐵產生之磁力線路徑如下：

　　磁鐵→信號轉子→拾波線圈→支架→磁鐵。

(2)通過拾波線圈之磁力線，於信號轉子不轉時，磁力線無變化，拾波線圈則不產生任
　何作用。

(3)當信號轉子旋轉時，依圖 5 — 3,5 所示(a)→(b)→(c)→(a)之順序而改變信號轉子突起
　部與支架及磁鐵之空氣間隙（ air gap ），使拾波線圈通過的磁力線跟着變化，因
　磁力線的變化，使拾波線圈感應之電壓也隨着變化。

(4)當信號轉子突起部靠近拾波線圈中心之支架時，空氣間隙最小，磁阻最小，通過之
　磁力線最多，如圖 5 — 3,5 及圖 5 — 3,6 之(b)所示，因磁力線之變化量最少（ $\triangle \phi$
　= 0 ），故拾波線圈沒有感應電壓（ V = 0 ）。

(5)當信號轉子突起部距離拾波線圈中心之支架最遠時，空氣間隙最大，磁阻最大通過
　之磁力線最少，如圖 5 — 3,5 及圖 5 — 3,6 之(a)(c)所示。此時磁力線單位時間之變
　化量最大，故拾波線圈感應之電壓最高。

(6)如圖 5 — 3,6 所示，當引擎轉速低時，單位時間磁力線之變化量較少，故拾波線圈
　感應之電壓較低。當引擎轉速高時
　，因單位時間磁力線之變化較多，
　故拾波線圈感應之電壓也較高。

3.圖 5 — 3,7 所示爲德可雷美，圖 5 —
　3,8 所示爲克雷斯勒，圖 5 — 3,9 所
　示爲福特之磁波發電機之構造，圖 5
　— 3,10 爲 GM 用曲軸轉動而產生信
　號電壓之磁波發電機構造。各廠牌之

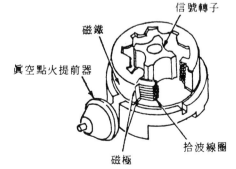

圖 5 — 3,7　德可雷美磁波發電機構造

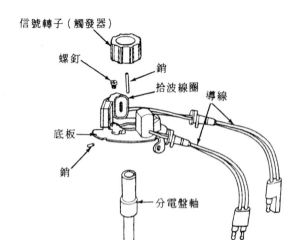

信號轉子（觸發器）
螺釘
銷
拾波線圈　導線
底板
銷
分電盤軸

圖 5 — 3,8　克雷斯勒磁波發電機構造

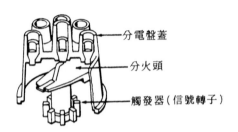

分電盤蓋
分火頭
觸發器（信號轉子）

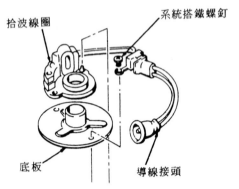

拾波線圈
系統搭鐵螺釘
底板
導線接頭

圖 5 — 3,9　福特磁波發電機構造（Electrical Systems Fig 16 — 26）

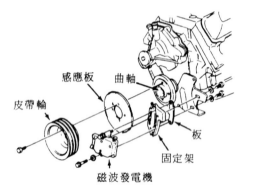

感應板　曲軸
皮帶輪
板
固定架
磁波發電機

圖 5 — 3,10　使用曲軸控制之磁波發電機（Flectrical Systems Fig 16 — 12）

　　磁波發電機構及裝置雖不相同，但其作用原理是相同的。

㈤金屬檢波信號產生器

　　此式用在美國汽車公司之BID（ breakerless inductive discharge）點火系統，爲一種磁波發電機之改變型式。如圖5—3,11所示，將原有之永久磁鐵改變爲電磁鐵而提供磁場，電瓶電壓經控制器而提供電壓給電磁線圈，信號轉子上之金屬齒旋轉時，改變電磁場及電磁線圈內之電壓，這種電壓的改變可由控制器感應到。此式在引擎低轉速時可提供較磁波發電機更可靠之信號。美國汽車公司之無接點感應放電點火系（BID）即爲使用此式信號產生器。圖5—3,12所示爲其裝置圖。

㈥光檢波信號產生器

　　1.使用一發光二極體（LED）及一感光之光電晶體產生電壓波信號，信號轉子爲一有

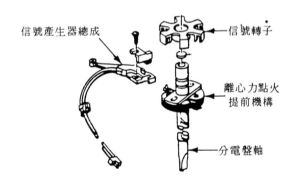

信號產生器總成
信號轉子
離心力點火提前機構
分電盤軸

圖 5 — 3,11　金屬檢波式信號產生器（Electrical Systems Fig 16 — 14）

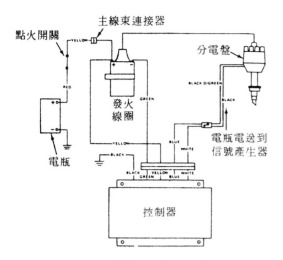

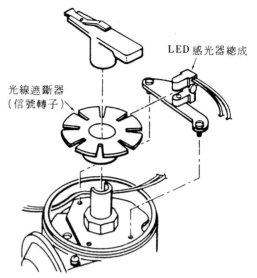

圖 5－3,12　AMC－BID點火系裝置圖
（Electrical Systems
Fig 16－15）

圖 5－3,13　光檢波信號產生器㈠
（Electrical Systems
Fig 16－16）

槽之圓盤，隨分電盤軸旋轉，當槽對
正信號產生器時，LED之光束觸及
光電晶體，使其產生光電壓送出信號
，遮光時無信號產生，如圖5－3,13
及圖5－3,14 所示。

2. 此式多半用在改裝之電晶體點火系統
，很少汽車製造廠原裝使用，此種裝
置在引擎很低轉速時可提供很可靠之
信號（較磁波發電機及金屬檢波均好

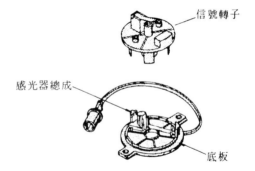

圖 5－3,14　光檢波信號產生器㈡

）。但使用時，要經常對LED及光電晶體做清潔工作，才能維持良好性能，增加保
養麻煩。

5－3－2　半晶體點火系統

一、半晶體點火系借白金接點及電晶體來控制一次電流之斷續，接點只通過甚少電流，無普
　通白金接點跳火、突起、燒毀等故障，控制系統較簡單，成本低，性能可靠，目前還有
　許多引擎使用。

二、圖5－3,15 爲半晶體點火系統之電路圖，電晶體控制部份做成一件，稱爲點火器（
　ignitor）。

三、接點閉合時作用：

　　圖5－3,16 所示爲白金接點閉合時，點火器之作用，點火開關ON，接點閉合時，電

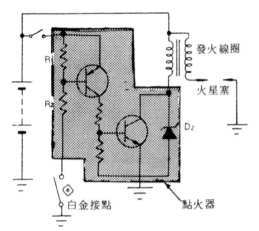

圖5—3,15 半晶體點火系電路圖（デンソー・點火裝置編 圖5—5）

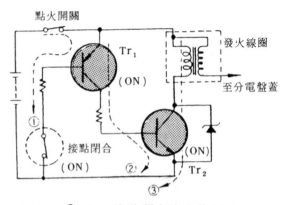

圖5—3,16 接點閉合時之作用（デンソー・點火裝置編 圖5—7）

流從電晶體T_{r1}基極經接點搭鐵，使T_{r1}ON，大部份的電流經T_{r1}之基極，使T_{r2}ON，則發火線圈之一次電流經T_{r2}搭鐵，使發火線圈充磁。

四、接點分開時之作用

1. 如圖5—3,17所示，當接點分開時，T_{r1}的基極電流中斷，使T_{r1}OFF，T_{r1}OFF時則T_{r2}也OFF，而使發火線圈一次電流中斷，使二次線圈感應高壓電。

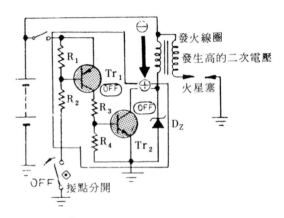

圖5—3,17 接點分開時之作用（デンソー・點火裝置編 圖5—8）

2. 當二次線圈放電時，一次線圈也感應很高之反電壓，此反電壓會破壞電晶體T_{r2}，故需在T_{r2}之射極與集極間並聯一積納二極體以保護電晶體T_{r2}。

5—3—3 ＩＣ全晶體點火系統

一、圖5—3,18所示為士林電機出品之全晶體點火系統電路圖，整個點火器為一體積很小之ＩＣ，裝在分電盤中，如圖5—3,19所示，稱為ＩＣ點火器內藏式分電盤。使整個點火系統更可靠，體積更小，免除保養。目前國內之裕隆、福特等汽車廠出品之汽車均採用此式。

二、點火開關ＯＮ，引擎停止時之作用

㈠如圖5—3,20所示，點火開關ＯＮ時，電流經R_4由T_{r1}之基極流入，使T_{r1}ON，T_{r1}ON時，B點之電壓等於搭鐵電壓，使T_{r2}及T_{r3}變成ＯＦＦ狀態，一次電流不通。

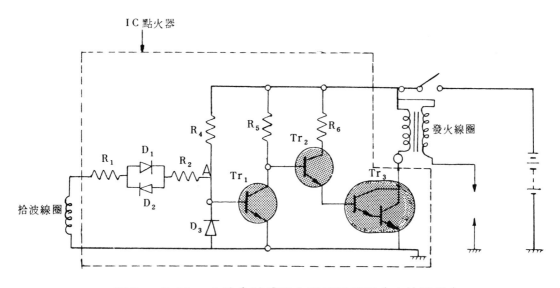

圖5－3,18　士林全晶體點火系統電路圖（士林電機）

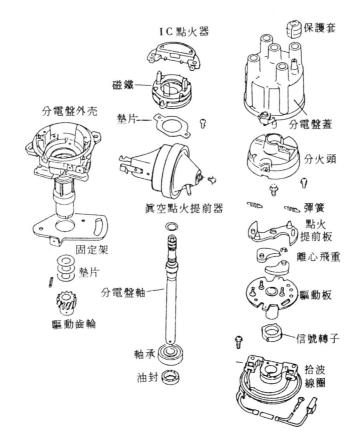

圖5－3,19　IC點火器裝在分電盤內（士林電機）

㈡因此，引擎不起動，鑰匙打開也不會燒壞發火線圈，稱爲連續通電防止機能回路。

三、點火開關ON，引擎運轉時之作用

㈠由拾波線圈之負波信號Ⓑ進入時，如圖5－3,21所示。電流從整流粒D₃→電阻R₂

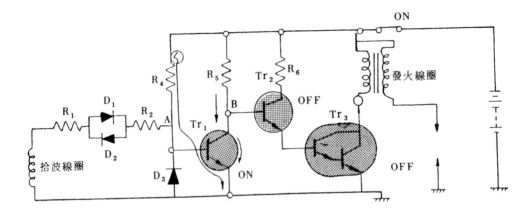

圖 5－3,20　點火開關 ON，引擎停止時之作用（士林電機）

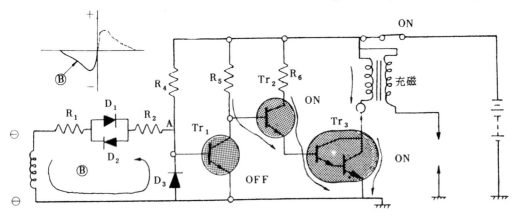

圖 5－3,21　點火開關 ON，引擎運轉時之作用（充磁）（士林電機）

→整流粒 D_2 →電阻 R_1 形成廻路，其結果因 D_3 順向流動之電壓降使 T_{r1} 的基極與射極間產生逆流而成為 OFF 狀態。

㈡T_{r1} OFF 後，使 B 點之電壓上升，使 T_{r2} ON，連帶使 T_{r3} ON。

㈢發火線圈之一次電流經 T_{r3} 搭鐵，使發火線圈充磁。

㈣由拾波線圈之正波信號Ⓓ進入時，如圖 5－3,22 所示，電流從 R_1 → D_1 → R_2 經 T_{r1} 搭鐵使 T_{r1} ON。

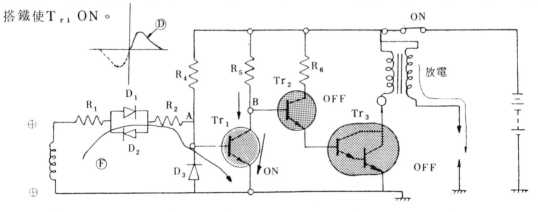

圖 5－3,22　拾波線圈有信號進入時之作用（放電）（士林電機）

㈤T$_{r1}$ ON 時，因爲B點之電壓變爲搭鐵電壓，T$_{r2}$與T$_{r3}$ OFF。

㈥T$_{r3}$ OFF 時，切斷發火線圈之一次電流，使二次電路感應高壓電，經分電盤送到火星塞跳火。

四、任務控制 (duty control)

㈠所謂任務控制就是發火線圈一次電流流通時間的比率控制，相當於普通點火系統之白金閉角控制。

㈡普通點火系統之白金閉角是固定不變的，普通約58％（四缸閉角度爲49°～55°，取52°，52°／90°×100％÷58％）。在低速時，無用到的一次電流過多，使發火線圈發熱。在高速時，一次電流不足，充磁不足，二次電壓降低。

㈢士林全晶體點火系統爲改善普通接點式閉角度固定不變的缺點，設有任務控制回路。

　1.如圖5－3,6所示，引擎轉速愈高，拾波線圈感應之電壓 e 愈高，它能控制T$_{r1}$切斷時間，也就是控制發火線圈一次電流的通電時間，圖5－3,23 爲波形與T$_{r1}$之動作。

　2.在低速範圍，減少任務比，防止無用到的一次電流流過，防止發火線圈發熱；高速時，提高任務比，增加一次電流，提高二次電壓。圖5－3,24 爲任務控制特性。圖5－3,25 爲任務控制與一次電流之變化。

　3.士林全晶體點火系之任務比控制在怠速時消耗電力爲高速時之1／4，高速時之二次電壓較無控制時提高30％。

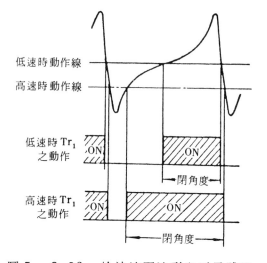

圖5－3,23　拾波線圈波形與電晶體T$_{r1}$
　　　　　　之動作（デンソー・點火裝
　　　　　　置編　圖5－46）

圖5－3,24　IC點火器任務控制特性
　　　　　　（士林電機）

5－3－4　定電流控制點火系統

一、定電流控制式全晶體點火系統使用高性能的閉磁路型發火線圈，能使輸出電壓增高，附

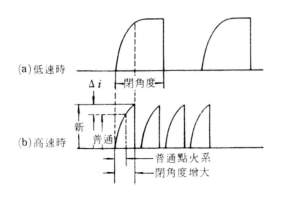

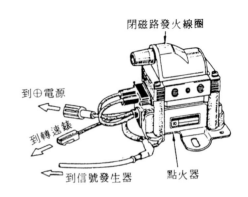

圖 5 — 3,25　任務（閉角度）控制與一次
電流之變化（デンソー・點
火裝置編　圖 5 — 33 ）

圖 5 — 3,26　閉磁路型發火線圈及點火器
（日本電器）

有閉角度及定電流控制，在轉速、電源
電壓、溫度等較廣範圍的變動下，仍能
得到一定的二次電壓。

二、圖 5 — 3,26 所示為閉磁路型發火線圈
及點火器之外觀，圖 5 — 3,27 所示為
閉磁路型發火線圈之構造。因磁力線通
過磁阻小，效率較開磁路型高，故發火
線圈可小型、輕量化。

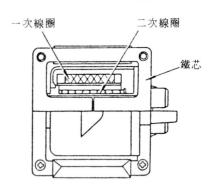

圖 5 — 3,27　閉磁路發火線圈構造
（日本電器）

三、圖 5 — 3,28 所示為定電流控制式全晶
體點火系統構成方塊圖。除閉角增大電
路外，並增加有閉角縮小電路，及定電
流控制電路。

四、圖 5 — 3,29 所示為定電流閉角控制式
全晶體點火系統電路圖，分電盤內裝置
信號轉子及拾波線圈，點火器與閉磁路
發火線圈裝在一起。

㈠分電盤中之信號轉子及拾波線圈依引擎
之轉速及負荷感應出點火信號，送到點

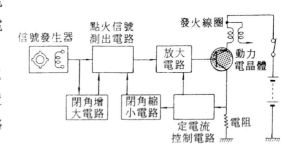

圖 5 — 3,28　定電流控制式全晶體點火系
方塊圖

火器，經內部 I C 電路放大，並加上閉角及定電流控制，使動力晶體在最適當的時期O
N ─ OFF，使二次線圈感應出高壓電。

㈡此電路在引擎停止時打開點火開關，動力電晶體也在OFF狀態，一次電流停止流動。
又當引擎轉速及電壓有變化時，能控制一次電流在定值（約6 A ）。

五、各控制電路之作用

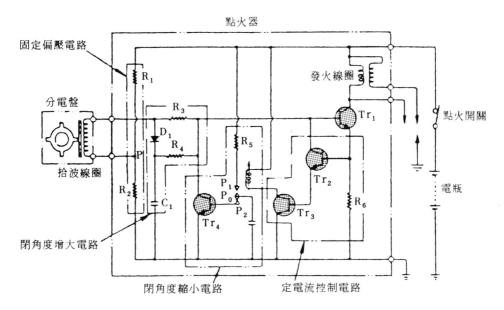

固定偏壓電路

分電盤

拾波線圈

閉角度增大電路

點火器

發火線圈

點火開關

電瓶

閉角度縮小電路　　　定電流控制電路

圖 5 － 3,29　　定電流閉角控制式全晶體點火系統電路圖（日本電裝）

㈠固定偏壓電路

　　T_{r_1}的基極供給一定的直流電壓，P點的電壓由電阻R_1及R_2分壓，其設定電壓（P點電壓）比T_{r_1}的動作電壓稍低，因此拾波線圈不發生交流電壓時（引擎不轉時），T_{r_1} OFF。防止一次電流流通，如圖 5 － 3,30 所示。

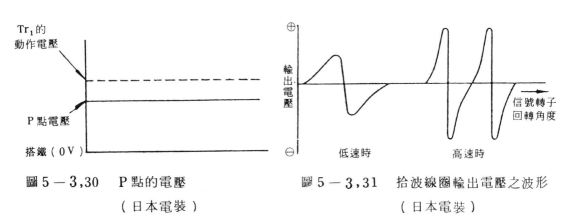

圖 5 － 3,30　　P點的電壓　　　　圖 5 － 3,31　　拾波線圈輸出電壓之波形
　　　　　　　　（日本電裝）　　　　　　　　　　　　　（日本電裝）

㈡拾波電路

　1.分火頭廻轉時發生交流電壓，如圖 5 － 3,31 所示，此信號使T_{r_1} ON－OFF。當拾波線圈之接頭拆開時，T_{r_1} OFF，一次電流中斷。

　2.在引擎停止時，若點火開關ON，電阻R_1和R_2分壓，即P點的電壓比T_{r_1}的動作電壓（約0.6 V）低，T_{r_1} OFF，發火線圈一次電流停止，如圖 5 － 3,32 所示。

　3.拾波線圈產生⊕電壓時

　　引擎轉動，信號轉子旋轉，拾波線圈感應交流電壓，當發生⊕電壓時，T_{r_1}的基極電

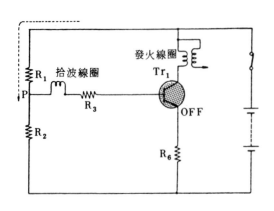

圖 5—3,32 引擎停止時 (日本電裝)

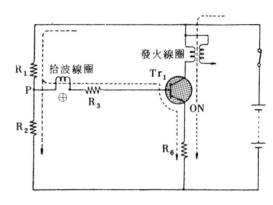

圖 5—3,33 拾波線圈發生⊕電壓時
(日本電裝)

壓是 P 點電壓加上拾波線圈的輸出電壓，其電壓高於 T_{r1} 的動作電壓，而使 T_{r1} ON。發火線圈一次電流流通充磁，如圖 5—3,33 所示。

4. 拾波線圈產生⊖電壓時

當拾波線圈輸出的電壓是⊖電壓時，T_{r1} 基極電壓是 P 點電壓減拾波線圈的輸出電壓，其電壓遠低於 T_{r1} 之動作電壓，而使 T_{r1} OFF，發火線圈一次電流切斷使二次線圈感應出高壓電。在拾波線圈輸出⊖電壓期間，T_{r1} 均在 OFF 狀態，如圖 5—3,34 所示。

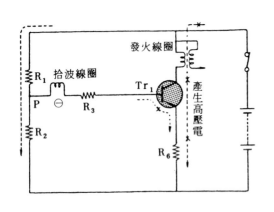

圖 5—3,34 拾波線圈發生⊖電壓時
(日本電裝)

圖 5—3,35 轉速上升使一次電流降低
(日本電裝)

㈢閉角增大電路

1. 拾波線圈與 P 點電壓相加高於 T_{r1} 之動作電壓時，T_{r1} ON，低於 T_{r1} 之動作電壓時，T_{r1} OFF，如圖 5—3,35 所示。高速時 T_{r1} ON 的時間太短 (即閉角太小)，會使二次電壓降低。為防止高速時二次電壓的降低，設計有閉角增大電路。

2. 閉角增大電路是隨著引擎轉速上升，能自動使發火線圈一次電流通過的時間增長，以防止二次電壓降低之電路，如圖5-3,36所示。

3. 閉角增大電路是由整流粒D₁、電容器C₁及電阻R₄所組成，實際上為一半波整流電路。

4. 當拾波線圈發生⊕電壓時，電流經D₁充電到C₁，如圖5-3,37所示，C₁的充電電壓能使電晶體T$_{r1}$的基極偏壓產生補償作用，當拾波線圈發生之電壓降低至比T$_{r1}$的動作電壓低時，電容器C₁放電，如圖5-3,38所示，電流由C₁流到T$_{r1}$之基極，使T$_{r1}$繼續在ON的狀態。

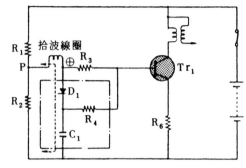

圖5-3,37　C₁的充電路線（日本電裝）

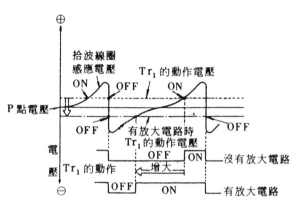

圖5-3,36　閉角度增大電路之作用
　　　　　（日本電裝）

5. 當引擎轉速增快時，拾波線圈發生的交流電壓也變高，C₁的充電電壓也升高，故C₁放電作用於T$_{r1}$基極，產生順向偏壓的時間也變長。圖5-3,36所示為閉角增大電路的作用。

㈣定電流控制電路

1. 為使一次電流很快達到飽和值，取消了外電阻，使一次線路的電阻減少，如此在12V系統中，一次電流的飽和值可達27A（12V／0.45Ω）。

2. 定電流控制電路在一次電流達到充分值（6A）時，即控制其不再增大，如圖5-3,39所示。

3. 定電流控制電路由電晶體T$_{r2}$及電阻R₆組成，如圖5-3,40所示。當T$_{r1}$ON，一次電流流通時，需經測

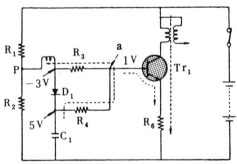

圖5-3,38　C₁的放電路線（日本電裝）

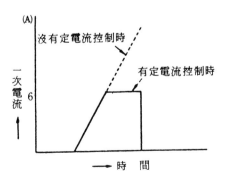

圖5-3,39　定電流控制電路的動作
　　　　　（日本電裝）

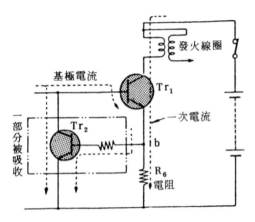

圖 5－3,40　定電流控制電路（日本電裝）

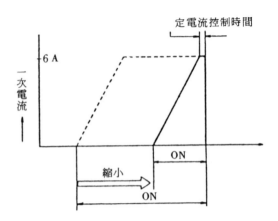

圖 5－3,41　閉角度縮小電路的動作
　　　　　　　（日本電裝）

流電阻 R_6 搭鐵，使分岐點 b 之電壓升
高。當一次電流達 6 A 時，b 點的電壓即足以使 T_{r2} 的基極電流流通，使 T_{r2} ON，
當 T_{r2} ON 時，T_{r1} 的基極電流分一部份經 T_{r2} 搭鐵，使 T_{r1} 的基極電流減少。T_{r1}
之電流減小時，使 b 點的電壓降低，T_{r2} OFF，T_{r2} OFF 後又使 T_{r1} 之電流增加，
如此反覆進行，控制一次電流在定值（6 A）。

㈤閉角縮小電路

1. 在引擎怠速運轉時，一次電流流通時間過長，會使發火線圈發熱，閉角縮小電路是在
怠速時縮短一次電流之流通時間，以防止發火線圈發熱之電路。如圖 5－3,41 所示。

2. 閉角縮小電路包括 T_{r3}、T_{r4}、R_5，接點 P_1、P_0、P_2 及電容器 C_2 等與 T_{r1}　定
電流控制及閉角增大電路共同作用。

3. 當定電流控制動作時，從 T_{r2} 來的電流流入 T_{r3} 之基極，使 T_{r3} ON，電由繼電器 L
經 T_{r3} 搭鐵，繼電器之電磁引力使接點 P_1、P_0 接通，使電流經 R_5，接點 P_1、P_0
充電到 C_2，如圖 5－3,42 所示。

4. 當拾波線圈的感應電壓低時，T_{r1} OFF，同時 T_{r2}、T_{r3} 也 OFF，繼電器 L 無電
流，使 P_0 與 P_1 分離而 P_2 接合。此時電容器 C_2 開始放電，電流由 P_0 經 P_2，使
T_{r4} ON，使本來作用在 T_{r1} ON 之電容器 C_1 放電電流一部份經 T_{r4} 搭鐵，而使 T_{r1}
ON 的時間縮短，使閉角縮小，如圖 5－3,38 及圖 5－3,43 所示。

5. 當定電流控制時間長時，使 C_2 充電電壓升高→則 T_{r4} ON 的時間延長→增加吸收 C_1
的放電電流→使閉角縮小幅度增大。

6. 反之，當定電流控制時間短時，使 C_2 充電電壓降低→使 T_{r4} ON 的時間縮短→減少
吸收 C_1 的放電電流→使閉角縮小幅度減小。

㈥以上各電路的交互動作，使發火線圈的一次電流從低速到高速常控制在一定值，並從
低速到高速維持一定的二次電壓輸出，如圖 5－3,44 所示。

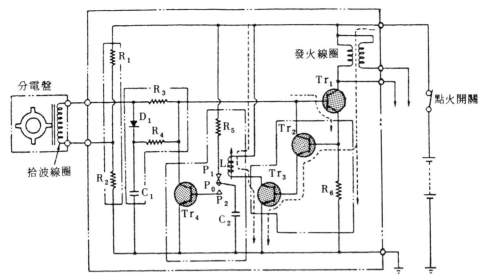

圖 5－3,42　定電流控制時的動作（日本電裝）

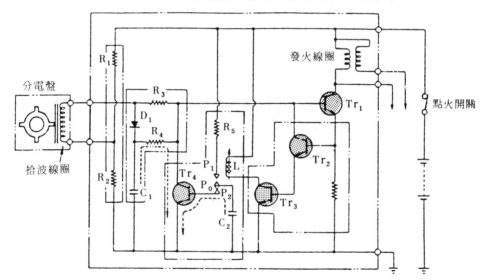

圖 5－3,43　電晶體 T_{r1} OFF 時的動作

5－3－5　電容器放電式電晶體
點火系統

一、圖 5－3,45 所示為汽車用電瓶電容器
　放電式點火系統之基本構成圖，亦屬白
　金接點控制式半晶體點火系之一種。首
　先需將電瓶 12V 之直流電採用振盪電晶
　體，使變成交流電 AC，再使用變壓器
　使電壓升到 300 ～ 400 V AC，再使用
　整流粒整流成 D C，以便充到電容器。

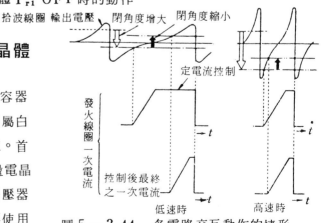

圖 5－3.44　各電路交互動作的情形
（日本電裝）

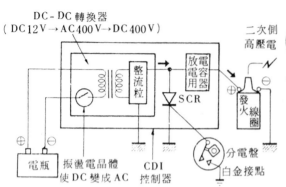

圖 5－3,45　電瓶電容器放電式點火系基
　　　　　本組成

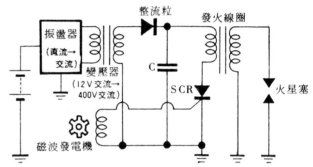

圖 5－3,46　磁電機電容器放電式點火系
　　　　　基本組成

使用 S C R 晶體及白金接點來控制主電
容器之放電，使發火線圈感應產生高壓
電。

二、機車用飛輪式磁電機電容器放電式點火
　系統之基本組成，如圖 5－3,46 所示
　。磁電機產生 AC 400 V 之電壓，經整
　流後，充到主電容器。亦使用 S C R 晶
　體及白金接點來控制主電容器之放電，使發火線圈感應高壓電。

三、圖 5－3,47 所示為全晶體電容器放電式點火系統之基本組成，除以磁波發電機取
　代白金接點以控制 S C R 之 ON－OFF 外，其餘均與圖 5－3,45 之電容器放電式點
　火系之構造及作用相同。

四、圖 5－3,48 所示為實際使用之電容器放電式點火系統電路圖（Mark Ten B 型）。

五、全晶體 C D I 點火系統之點火提前係電的自動提前，因信號產生器所發出之交流電壓，
　低速時較低，高速時較高，而 S C R 之
　動作電壓一定，故高速時比低速時點火
　時間會自動提前，如圖 5－3,49 所示
　。

圖 5－3,47　全晶體電容器放電式點火系
　　　　　基本組成

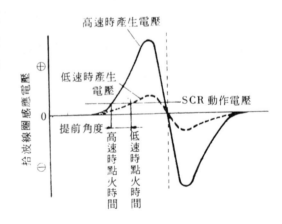

圖 5－3,49　C D I 點火提前

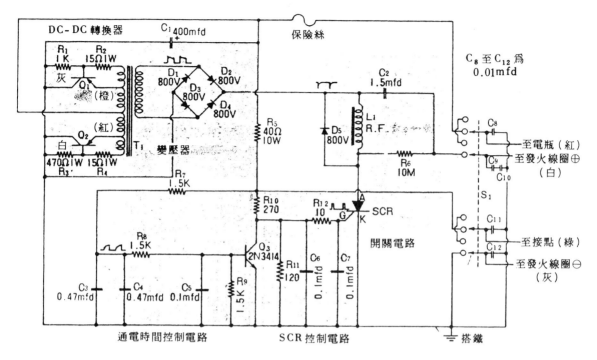

圖 5-3,48　Mark Ten B 型電容器放電式點火系電路圖

第四節　電腦控制點火系統

5-4-1　概　述

一、現代高性能引擎為滿足排汽淨化及燃料經濟性，點火時間必須極為正確，點火系統一向所採用之離心力及真空點火提前裝置無法隨引擎操作狀態的改變，做足夠快速的反應，因此各汽車廠開發了電腦控制的點火系統，與全晶體點火系統配合，以獲得精確的點火時間及閉角度控制。

二、電腦控制點火系統之構造及作用，因製造廠家之不同有很大差異，但基本上一般均由一個火花控制電腦或引擎控制電腦（除火花控制外，兼控制混合比、ＥＧＲ還流量、二次空氣噴射量……等），根據各項感知器，包括冷却水溫度感知器、大氣壓力及溫度感知器、節汽門位置傳遞器、真空傳遞器、曲軸位置感知器……等送來的信號，計算每一次點火的最佳時刻。

三、一般用來控制點火正時計算信號的主要部份為曲軸位置感知器，其安裝方法有兩種：

　㈠一種裝在分電盤中，由分電盤軸上之信號轉子來產生曲軸位置信號送到電腦；此式感知器因由曲軸經齒輪或鏈條把動力傳到凸輪軸，再驅動分電盤軸，才能產生曲軸位置信號，其傳動過程很長，各傳動部份都有間隙和誤差存在，累計各部誤差會使曲軸位置與點火時間產生較大之差異。

㈡另一種曲軸位置感知器裝在飛輪或曲軸皮帶輪附近,由附在飛輪或皮帶輪上之信號感知器使曲軸位置感知器直接產生信號送到電腦,使點火時間與曲軸位置能更精確配合。

四、目前用來控制點火系統或引擎各項控制之電腦有類比電子計算機及數位電子計算機。前者接收感知器之信號後,須再做更多的計算後才能改變點火正時;後者接收感知器信號後,能很快的改變點火正時。

五、電腦控制點火系統自1976年美國克雷斯勒公司首先推出類比電子計算機控制之ELB(electronic lean burn)系統後;很快地,各大汽車公司不斷的推出功能更多、性能更佳之電腦控制系統,使引擎之控制進入微電腦時代,現將較有代表性的電腦控制系統簡介如下:

㈠1977年通用公司推出MISAR系統(microprocessed sensing and automatic regulator),以數位電子計算機控制,於1979年又推出C-4系統(computer controlled catalytic converter system),於1981年再推出CCC系統(computer command control system)。

㈡1978年福特公司推出EEC系統(electronic engine control system),1979年再改良推出EEC-II,1980 年再改良推出EEC-III系統,均爲電腦控制之引擎控制系統。

㈢1980年日產公司也推出ECCS(electronic concentrated controlled system)之電腦集中控制系統。

㈣1980年豐田公司推出TCCS(Toyota computer controlled system)之電腦控制系統。

㈤國內三富汽車公司之雷諾各型轎車使用之點火系統亦爲微電腦控制之點火系統。

5-4-2 福特汽車公司之電腦控制點火系統

一、概 述

㈠福特汽車公司於1978年推出電子引擎控制系統EEC-I(簡稱EEC),使用數位電子計算機來控制點火正時、排汽還流(EGR)量及二次空氣量,使用七個感知器及杜拉二號(Dura - spark II)點火裝置,以精確的控制點火時間,並提供可靠的強烈火花。

㈡1979年將EEC改良推出EEC-II,爲減輕成本,簡化控制及增加控制功能以提高引擎性能,有許多地方都已改良,改用六個感知器送信號給電子控制總成ECA(electronic control assembly)以控制點火時間、EGR及二次空氣量。

㈢1980年又將EEC-II改良推出EEC-III,使用分離之程式控制器(program moduler),能根據不同之規格更換程式控制器,改用杜拉III號點火裝置,更增加了許多電子控制功能。

二、構造及作用

㈠圖 5 — 4,1 所示為福特 E E C 電子引擎控制系統圖，圖 5 — 4,2 所示為杜拉 II 號點火裝置之組成圖。

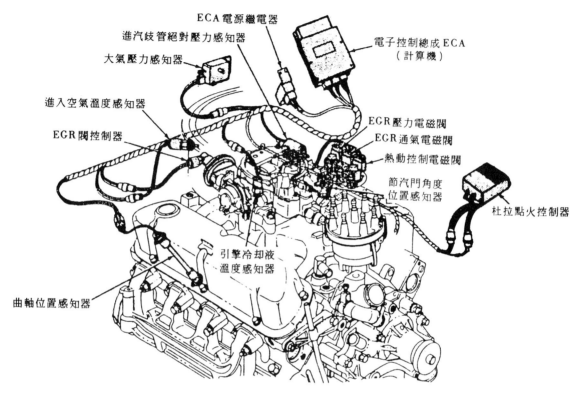

圖 5 — 4,1　福特電子引擎控制系統（ E E C ）

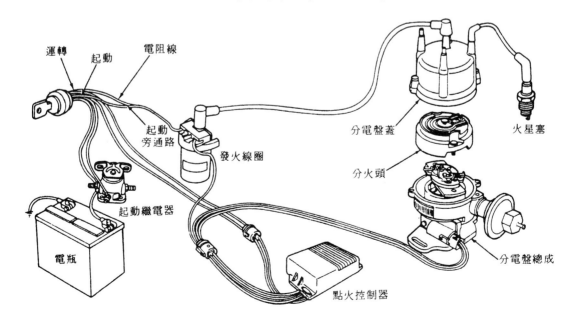

圖 5 — 4,2　杜拉 II 號（ Dura Spark II ）點火系統圖

㈡ECA接收進汽岐管眞空感知器、大氣壓力感知器、冷却水溫感知器、進汽溫度感知器、曲軸位置感知器、節汽門位置感知器、EGR閥位置感知器等七個感知器情報計算最佳之點火時間，將信號送到杜拉點火控制器（Dura ignition moduler），決定最佳之點火時間及閉角度。

㈢杜拉點火裝置使用雙層分電盤，其構造如圖5-4,3所示，可以增加高壓線頭之距離，防止漏電。杜拉點火裝置能產生 30 KV 以上之高壓電。

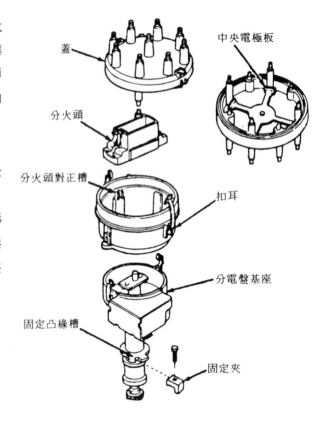

5-4-3 日產ECCS電腦控制點火系統

一、概　述

日產汽車公司於 1980 年推出電子集中控制系統ECCS，利用數位電子計算機在引擎每一廻轉都能依節汽門

圖5-4,3　杜拉（Dura Spark）點火系統專用雙層分電盤

踩下狀況、車速、排檔位置、空調系統工作情況、冷却水溫度、引擎負荷、電瓶電壓等感知器的信號，加以運算後發信號給動作器，以控制燃料系之噴油量、EGR還流量、點火時間、二次空氣量等，使引擎在最省油、最少污染、引擎出力最佳之情況下運轉，圖5-4,4所示爲ECCS系統圖，圖5-4,5所示爲ECCS控制方塊圖。

二、點火時間之控制

㈠由引擎轉速與基本噴射量爲基礎預先設定的點火時期資料已經記憶在電腦中。電腦根據依引擎狀態計算出之基本噴射量與曲軸轉角感知器送來的轉速及活塞位置信號，由記憶資料中選出最適當之點火時期。將點火信號送到裝在發火線圈上之動力晶體，以控制點火時期信號與通電時間，因此分電盤不需要機械及眞空提前機構，分電盤只擔任分配高壓電的任務。圖5-4,6所示爲點火時期控制機構之構成圖，圖5-4,7所示爲電瓶電壓與發火線圈通電時間關係圖。

㈡在起動引擎時，使用冷却水溫度感知器之信號修正點火時間，以提高低溫起動性能。怠速及減速時，由引擎轉速提供之信號修正點火時間，以減少HC之排出，與正常運轉之點火時間不同。圖5-4,8所示爲點火時間與引擎轉速及基本噴射量之關係。

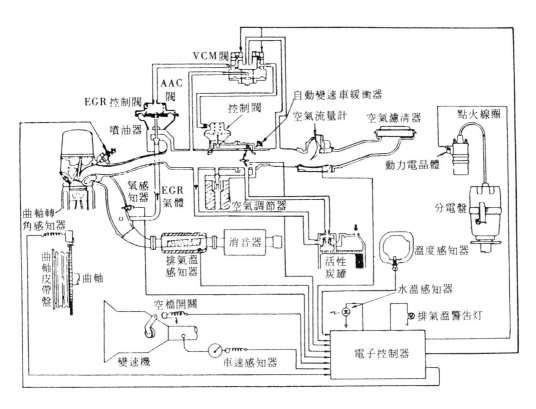

圖5－4,4　日產ECCS排汽淨化系統簡圖

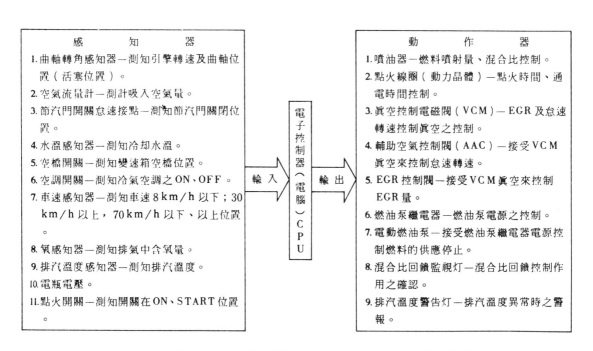

感　知　器	動　作　器
1. 曲軸轉角感知器—測知引擎轉速及曲軸位置（活塞位置）。 2. 空氣流量計—測計吸入空氣量。 3. 節汽門開關怠速接點—測知節汽門關閉位置。 4. 水溫感知器—測知冷卻水溫。 5. 空檔開關—測知變速箱空檔位置。 6. 空調開關—測知冷氣空調之ON、OFF。 7. 車速感知器—測知車速8km/h以下；30km/h以上，70km/h以下、以上位置。 8. 氧感知器—測知排氣中含氧量。 9. 排汽溫度感知器—測知排汽溫度。 10. 電瓶電壓。 11. 點火開關—測知開關在ON、START位置。	1. 噴油器—燃料噴射量、混合比控制。 2. 點火線圈（動力晶體）—點火時間、通電時間控制。 3. 眞空控制電磁閥（VCM）—EGR及怠速轉速控制眞空之控制。 4. 輔助空氣控制閥（AAC）—接受VCM眞空來控制怠速轉速。 5. EGR控制閥—接受VCM眞空來控制EGR量。 6. 燃油泵繼電器—燃油泵電源之控制。 7. 電動燃油泵—接受燃油泵繼電器電源控制燃料的供應停止。 8. 混合比回饋監視灯—混合比回饋控制作用之確認。 9. 排汽溫度警告灯—排汽溫度異常時之警報。

電子控制器（電腦）CPU　輸入　輸出

圖5－4,5　日產ECCS感知器、電腦與動作器之關係

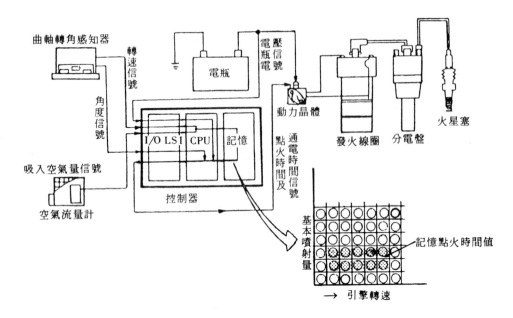

圖 5－4,6　ECCS點火時期控制機構之構成

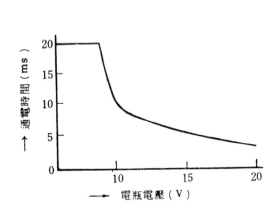

圖 5－4,7　ECCS電瓶電壓與發火線圈
通電時間關係

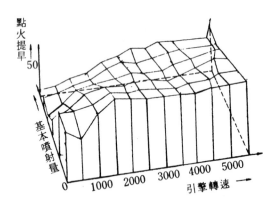

圖 5－4,8　點火時間與引擎轉速及基本
噴射量之關係

5－4－4　豐田TCCS電腦控制點火系統

一、概　述

　　豐田汽車公司於1980年推出豐田電腦控制系統TCCS，除使用電腦來控制引擎之運轉外，並同時用來控制傳動系統〔附連結傳動及超速傳動之電子控制自動變速箱ECT（electronic controlled transmission）〕及煞車系統〔電子防滑控制ESC（electronic slip control）〕，並有自己診斷裝置及自己故障修正機能等為全電腦化控制之汽車。

二、TCCS點火提前控制

㈠ TCCS 之點火提前控制裝置稱爲ＥＳＡ（ electronic spark advance ），電
腦對每一瞬間引擎運轉狀態最適當的點火時間資料已預先記憶在電腦中。

㈡點火正時之控制依據車速、吸入空氣量、及引擎工作溫度等三項條件將指令送到電腦，
以得到瞬間最佳之點火正時，圖 5 — 4,9 所示爲點火提前控制系統圖。ＴＣＣＳ 裝有閉
角控制裝置於電腦中，能根據電瓶電壓及引擎轉速計算出最適當的通電時間（使用閉磁
路型發火線圈 ），同時於急加速時，火星塞所需之跳火電壓升高時亦能自動增大閉角，
以提高能供電壓。

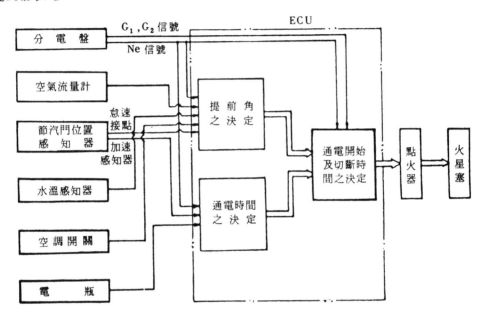

圖 5－4,9　ＴＣＣＳ點火提前控制系統圖

圖 5－4,10　ＴＣＣＳ分電盤內之信號發電機

㈢點火時間的控制係由裝在分電盤中之信號發電機ＳＧ所產生之曲軸位置信號及引擎轉速
來控制，如圖 5— 4,10 所示。

5－4－5　雷諾汽車公司之電腦控制點火系統

一、概　述

三富汽車公司所出品之雷諾R9轎車所使用之點火系統卽爲微電腦控制之全晶體點火系統，由點火器（包括微電腦控制器、發火線圈、眞空點火提前機構三部份）、分電盤、點火信號感知器、飛輪等組成，如圖5－4,11所示。

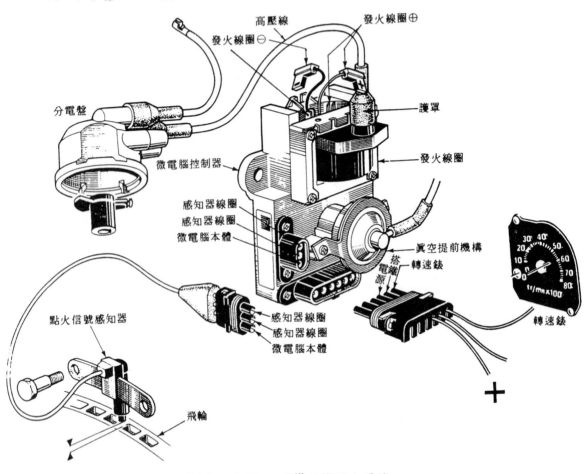

圖5－4,11　雷諾電腦點火系統

二、各機件之構造及作用

（一）點火信號感知器

構造如圖5－4,12所示，使用特殊螺釘固定於離合器殼上，不能調整。

（二）飛輪

如圖5－4,13所示，飛輪之圓周上有44齒，但距TDC與BDC 90°處之齒被磨掉，故實際只有40齒；自被磨掉長齒起經11齒（卽90°）爲TD

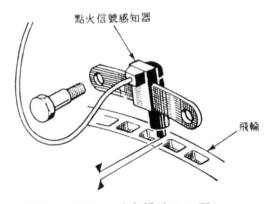

圖5－4,12　點火信號感知器

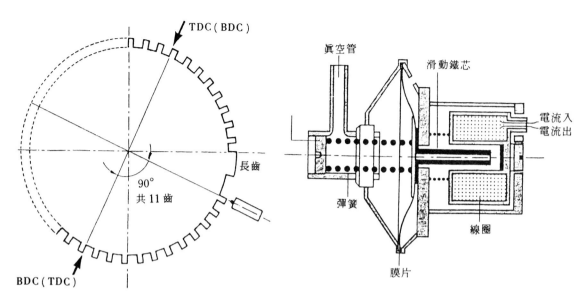

圖 5—4,13　飛輪之上死點記號　　　　圖 5—4,14　眞空點火提前裝置之構造

C 或 B D C 位置，故每隔 180°有一點火信號送到微電腦控制器。

(三)眞空點火提前機構

　　如圖 5—4,14 所示，眞空點火提前機構之外表與傳統式相同，但內部之作用之情形不同。將眞空信號改變成電氣信號，當眞空膜片移動時，使線圈中之鐵芯移動，而改變線圈中之磁阻，使線圈產生之信號發生改變，將信號送到微電腦控制器，據以改變點火時間。

(四)發火線圈

　　發火線圈屬閉磁路型，一次電流由微電腦控制器來控制。

(五)分電盤

　　分電盤構造非常簡單，只有單純的分配高壓電到欲點火之汽缸，由分火頭及分電盤蓋組成，無其他配件。

(六)微電腦控制器

　　1.微電腦控制器接收點火信號感知器送來的引擎在各轉速下之點火信號，及眞空提前機構送來的點火時間修正信號，根據已輸入之程式計算出來最適當的點火時間，據以控制發火線圈的一次電流，使二次線圈適時感應出高壓電。

　　2.微電腦控制器接收各缸壓縮上死點之信號，再提早 180°於壓縮行程開始時即準備控制，於適當時間供應一次電流，在適當時間切斷，使二次線路感應高壓電，如圖 5—4,15 所示。

　　3.微電腦中之類比電路接收飛輪點火信

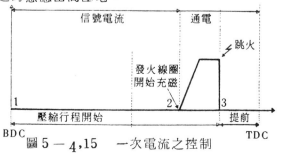

圖 5—4,15　一次電流之控制

號，來產生電子信號給數位電路，
根據真空點火提前機構鐵芯之位置
發出不同頻率之信號給數位電路，
控制高功率晶體之電流（控制閉角
度），供應積體電路穩定之電壓（
不因發電機及電瓶電壓改變而改變
）。

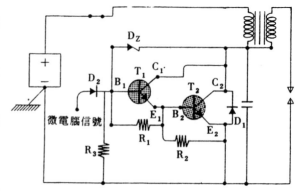

4. 微電腦中之數位電路能指出ＴＤＣ
及ＢＤＣ位置，產生每 1.023° 之
信號；根據引擎轉速及進汽岐管真
空計算正確的點火提前度數，發出點火信號。

圖 5－4,16　雷諾微電腦控制器電路

5. 雷諾微電腦控制強力動力晶體叫 " Darlington "，其線路如圖 5－4,16 所示，
由兩個電晶體及電阻、整流粒等組成。

(1)第一相：

自要點火汽缸之壓縮行程開始即有電流信號進入 Darlington（圖 5－4,15 中
之 1 點），經整流粒 D_2、電阻 R_3 搭鐵產生電壓降，使得電晶體 T_1 之基極 B_1
受到影響，電流到 E_1 之前先經 R_1 及 R_2 搭鐵。

(2)第二相：

當電腦有控制信號送達 Darlington 時（圖 5－4,15 中之 2 點），B_1 之電位
較 E_1 高使 T_1 導通，有一部份低強度之電流經 R_2 搭鐵，即使原來作用在 B_1 上之
微弱信號經放大後作用在 B_2。

(3)第三相：

當 B_2 之電位高於 E_2 時 T_2 導通，一次電流依全強度經 T_2（從 C_2 經 E_2）搭鐵
，一次線圈充磁。

(4)第四相：

電腦之控制信號終止時（圖 5－4,15 中之 3 點），電晶體 T_1 切斷，B_2 電流消
失，使 T_2 也切斷，使得發火線圈之電流也迅速中斷，故發火線圈之二次線路感應
高壓電。

(5)整流粒 D_1 阻止任何的倒流電流，定壓整流粒（積納二極體）D_z 防止電流超過負
荷，整流粒 D_2 保護電腦。

(6)本系統之優點以很弱的電流加在 B_1，就能控制一次電路很大的電流（約 5.5 A ）
。

5－4－6　通用直接點火系統

一、概述

㈠美國通用汽車公司一直是電晶體點火系統發展的先鋒；1962年就開始推出無接點全晶體點火系統，1975年推出強力閉磁路型全晶體高能量點火系統HEI，1980年起使用數位電腦以取代機械的離心力及真空點火提前裝置，稱為電子火花正時高能量點火系(EST-HEI)，1984年起將分電盤廢止，使用直接點火系統(direct ignition system)。

㈡直接點火系統取消分電盤、主高壓線、分火頭……等裝置，使熱能損失減少，且可以完全免除保養，將來必定會被大量採用。

二、直接點火系統之組成

㈠GM直接點火系統由線圈及控制器總成、凸輪軸感知器、曲輪軸感知器、曲輪佑轉角感知器三個機件組成，在一體以聚脂樹脂封固，二次線不與一次線連接，而是二端分別輸出，前面節三條供左排汽缸用，後面的三條供右排汽缸用。

㈡點火控制器裝在線圈下面，由電晶體組成之電路用來控制一次電流。發火線圈與控制器組合成一體，與引擎控制器(ECM)以12針的封閉式連接器連接。

㈢凸輪軸感知器

圖5-4，17所示為凸輪軸感知器之構造，由原來分電盤之驅動齒輪驅動，轉速為曲軸的½。蓋內有全IC式信號發電機(SG)，底板上有一缺口，用來對正第一缸壓縮行程，主要功能係點火汽缸的判別。

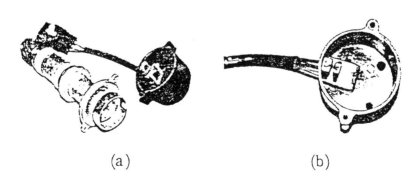

(a)　　　　　　　　　　　　　　(b)

圖5－4，17　凸輪軸感知器，蓋內為全IC式信號發電機

㈣曲軸轉角感知器

曲軸轉角感知器的構造如圖5-4
,18所示,安裝在曲軸皮帶輪之
旁邊,如圖5-14,19所示。亦
為全IC式之信號發電機(SG),皮
帶輪內側有三個葉片,分別距離
120°,此葉片遇到曲軸轉角感
知器時即發出信號,以提供引擎
轉速及曲軸轉角信號。

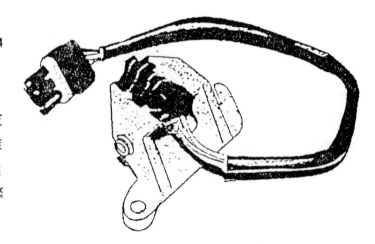

圖 5－4，1 8 曲軸轉角感知器

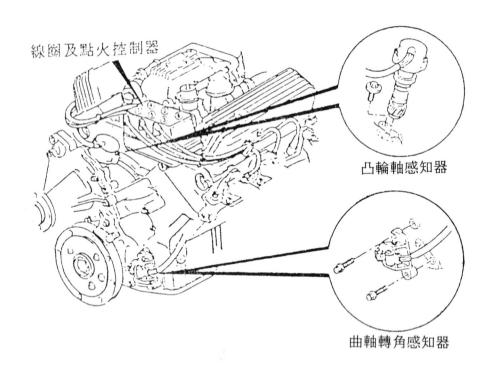

線圈及點火控制器

凸輪軸感知器

曲軸轉角感知器

圖 5－4，1 9 GM直接點火系統

三、直接點火系統之作用

㈠GM稱直接點火系統為電腦控制發火線圈點火系統CCCI(computer controlled coilign
ition),其組成如圖5-4,20所示。

㈡點火控制器接收凸輪軸感知器及曲軸角感知器信號後,將引擎轉速的情報送到ECM,E
CM根據水溫、吸入空氣量、爆震之有無等情報決定最適當的點火時間,信號再送回點火控制
器,使三個發火線圈依正確的點火順序及點火時間產生高壓電,跳過火星塞點火。

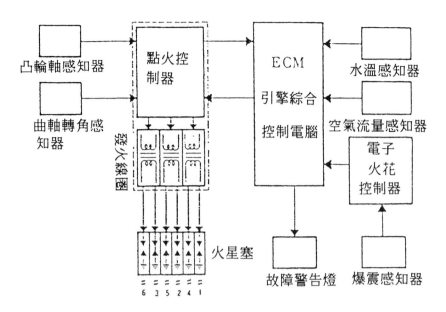

凸輪軸感知器
曲軸轉角感知器
點火控制器
發火線圈
ECM 引擎綜合控制電腦
水溫感知器
空氣流量感知器
電子火花控制器
火星塞
故障警告燈
爆震感知器
6 3 5 2 4 1

圖5－4，20　GM CCCI 直接點火系統圖

　　㈢每一個發火線圈使一對汽缸火星塞高壓電(1-4，2-5，3-6)同時跳火，第一缸壓縮上死點點火時，第四缸在排汽上死點，在排汽行程的汽缸只需2～3 kv之電壓就能跳火，其餘的高壓電都集中在壓縮行程之汽缸跳火。

　　㈣當點火開關ON後，在1～2秒內不發動引擎時，ECM能自動的使點火控制器之電路關閉，切斷流到發火線圈之電流。

㈤ECM能使點火時間在BTDC 0～70°範圍內做最適當之選擇，閉角在低速與高速時能在15ms～3ms範圍內控制。

5－4－7 日產PLASMA點火系統

一、概　述

　　㈠日產將ECCS電子集中控制系統用之全晶體點火系統改良成PLASMA點火系統，亦即在二次線路中加裝DC-DC轉換器(由發振、升壓迴路與整流、平滑迴路構成)，使點火系統之放電時間延長，且燃燒更穩定的新型點火系統。

　　㈡ECCS之點火裝置為閉角度控制加定電流控制之全晶體火系統，從低轉速到高轉速均能得到良好的放電特性。但是滑輪增壓引擎壓縮比較標準引擎低，在低轉速再使用稀薄混合汽時，很容易發生失火之故障，為確保在惡劣情況下均能有效點火，才發展出PLASMA點火系統。

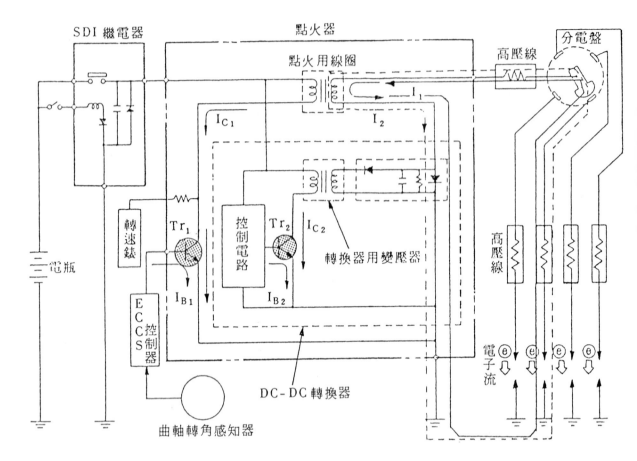

圖5－4，21　日産ECCS PLASMA 點火系統組成圖

二PLASMA點火系統之作用

　　㈠圖5-4，21所示為PLASMA點火系統之組成圖。

　　㈡當ECCS電腦之點火控制信號使動力晶體 Tr₁ OFF時，發火線圈之一次電流切斷，二次側感應高壓電，在二次電路有二次電流I₁流動，其結果使火星塞之間隙有火花放電產生。

　　㈢同時，DC-DC轉換器內之放電時間控制電路偵測出 Tr₁切斷的信號，控制電路內與引擎轉速相對應之動力晶體 Tr₂在一定時間內會產生ON-OFF之來回作用。當Tr₂產生ON-OFF之作用時，會使發火線圈二次電流 I₂繼續流動，使火星塞間隙之火花放電持續發生。

　　㈣此DC-DC 轉換器從發動引擎開始到1800rpm為止，能使原來全晶體點火裝置之火花放電時間延長2～4倍，使在低轉速使用稀薄混合汽也能良好燃燒。使引擎低溫起動性、怠速之穩定性、燃料之經濟性大為提高。

　　㈤發火線圈旁之SDI繼續器是在點火開關ON-OFF時發生之湧起(surge)電壓消除，以保護DC-DC轉換器。

　　㈥該點火系統因為放電能量大，且放電時間長，分火頭之耐熱性需提高，同樣的理由，高壓線也由原來的碳芯高壓線改為專用之電纜式專用高壓線，如圖5-4，22所示。

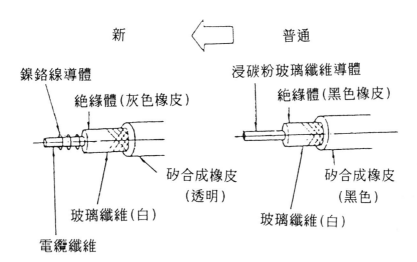

新　　　⟸　　　普通

鎳鉻線導體

浸碳粉玻璃纖維導體

絕緣體(灰色橡皮)

絕緣體(黑色橡皮)

矽合成橡皮
(透明)

矽合成橡皮
(黑色)

玻璃纖維(白)

玻璃纖維(白)

電纜纖維

圖5-4，22　PLASMA點火系專用高壓線

5－4－8 電腦直接點火系統

一、概　述

㈠電腦直接點火系統又稱為DIS系統，如圖5-4，23由發火線圈直接供應高壓電給火星塞，不再使用傳統的分電盤，所以又稱為無分電盤點火系統。兩個汽缸火星塞同時由一個發火線圈供給高壓電跳火，所以四缸引擎有二個發火線圈，六缸引擎有三個發火線圈如圖5-4，24。

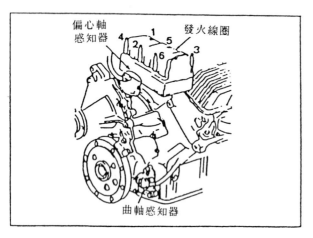

圖5-4，23　電腦直接點火系統　　　圖5-4，24　六缸點火線圈

㈡DIS系統內有發火線圈，點火控制器 (Ignition Module) 曲軸感知器(Crankshaft Sensor) 凸輪軸感知器 (Camshaft Sensor) ，電腦 (ECM) ，爆震感知器 (Knock Sensor) 等元件。如圖5-4，25

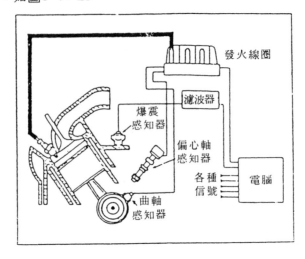

圖5-4，25　直接點火系統的佈置圖

㈢DIS系統中每一個發火線圈，負責供應高壓電給二個汽缸之火星塞跳火，即每個發火線圈有二個高壓線接頭，用高壓線連接二個汽缸上之火星塞，如圖5-4,26為四汽缸引擎直接點火電路，圖5-4,27為六汽缸引擎點火電路，點火時兩缸同時點火，此時一缸是在壓縮行程末期上死點前點火，汽缸內充滿新鮮混合汽、壓力高，火星塞的強火花可輕易點燃混合汽，另一缸在排汽行程末期，汽缸中殘餘汽體多為已燃燒過之廢汽、壓力低、所以雖然每次有兩個汽缸的火星塞跳火，實際上只有一缸的火星塞發生有效作用。

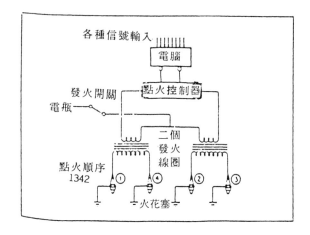

圖5-4,26　四缸直接點火電路圖

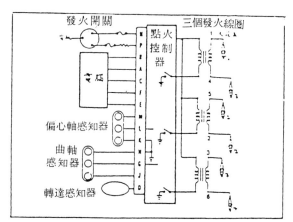

圖5-4,27　六缸直接點火電路圖

㈣DIS系統中自電腦(ECM)處取得電子火花點火正時 (Electronic Spark Timing)信號，以控制點火時間，當引擎轉速在200 rpm以下時，點火正時由電腦中的EST控制器控制，在 200 rpm以上時，點火正時由電腦 (ECM) 所控制，而電腦依據引擎負荷、大氣壓力、引擎溫度、空氣溫度，曲軸位置，引擎轉速等資料以控制點火正時。如圖 5-4,28中七線頭高能控制器，簡稱點火控制器，負責控制點火系統，其功用為：

1. 將拾波線圈的交流脈衝式信號，改為電腦能夠接受的矩形波送往電腦。

2. 執行電腦命令使發火線圈在適當時刻通電或斷電，以得到恰當的點火提前度數和高壓電強度。

二電腦點火提前控制器之電路及作用

1. 圖5-4，28為七線頭點火控制器之電路。

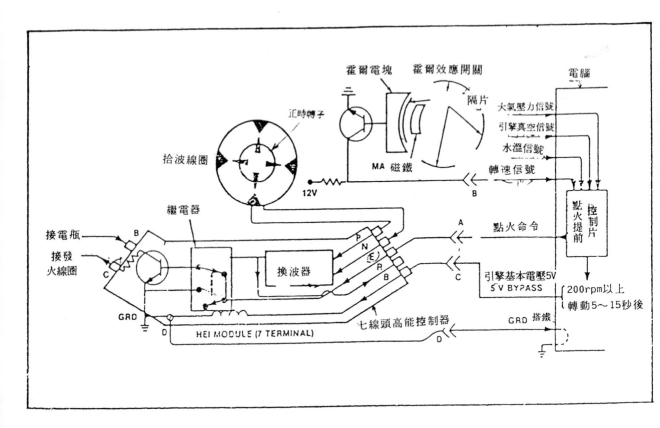

圖5-4，28　七線頭點火控制器之電路

2. 左方有B、C二個線頭，右方有P、N、E、R、B五個線頭。

(1)B線頭接電瓶，為點火控制器和電腦的電源接頭，C線頭接發火線圈。

(2)P、N線頭接拾波線圈的二個接頭，將收到之信號送往控制器中的換波器，E 是電腦送來命令點火提前的EST線頭。R線頭是將經過換波器改變成的矩形波用來作為引擎轉速參考信號送往電腦，B線頭是將電腦的基準電壓5V送往點火控制器中的分路開關(By-Pass)，分路開關為一雙白金繼電器。

3. 作用

(1)在起動時轉速低於200rpm或剛起動未超過5～15秒時。

①引擎起動時，分路開關不作用，拾波線圈連接至電晶體的基極，當拾波線圈產生正電壓時使電晶體接通，當拾波線圈產生負電壓時，使電晶體關掉。

②電晶體接通時，電流流入一次線圈內，電晶體關掉時一次線圈電流被切斷產生高壓電使火星塞跳火，在起動期間約保持 5° 的提前角度，維持引擎慢車運轉。同時將

引擎轉速信號經點火控制器之R線頭輸出到ECM。

(2)轉速高於200rpm引擎能維持慢車運轉時。

　①當引擎轉速高於200rpm時，已有轉速信號送給ECM，ECM已知引擎發動運轉了，便提供5V之電壓信號，由B線頭送到點火控制器上使分路開關產生作用，將原接於換波器之白金離開而接通於右方E線頭相連之白金，使EST信號線接到電晶體之基極由ECM控制EST之信號，達到控制點火提前之度數。

　②由ECM決定點火提前之度數，經E線頭傳達命令到點火控制器，以控制發火線圈的通電或斷電。

　③此時拾波線圈之信號，不再控制發火線圈的通電或斷電，只作為引擎的轉速信號。

三、DIS系統元件

1.點火線圈

　(1)每個發火線圈有二個高壓線接頭，可供應二個火星塞的高壓電。

　(2)六缸引擎將三組點火系統裝在一起，如圖5-4，29；四缸引擎將二組點火系統裝在一起，如圖5-4，30。

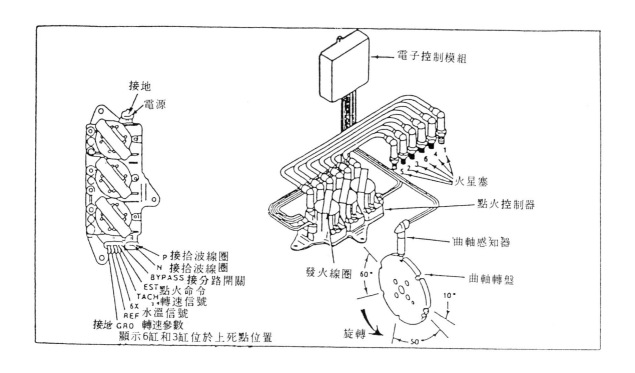

圖5-4，29　六缸直接點火系統

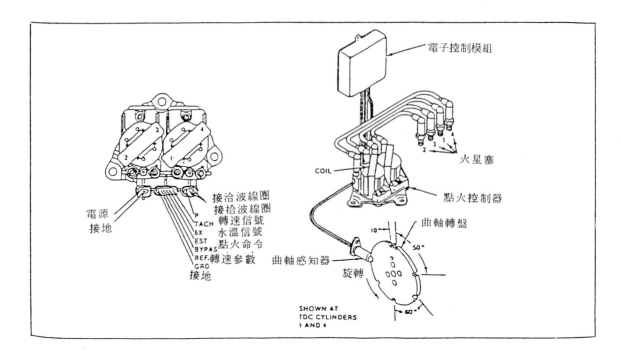

圖5-4，30　四缸直接點火系統

2. 曲軸感知器

　(1)曲軸感知器又稱為曲軸角度感知器或曲軸位置感知器，其功能為使電腦知道每缸活塞的確實位置。

　(2)六缸曲軸感知器

　　①係安裝於引擎前面靠近曲軸處，如圖5-4，31，利用霍爾法產生信號，底部有一槽溝如圖5-4，32，可讓曲軸的轉盤通過，曲軸的前端有一轉盤，轉盤上有三個缺口，每次缺口在感知器的槽溝中時，磁力線通過，使感知器感應出信號，信號是矩形波可直接輸入電腦。

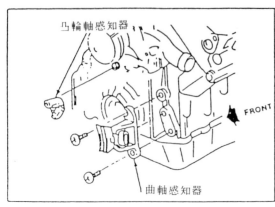

圖5-4，31　曲軸感知器之位置　　　圖5-4，32　曲軸感知器及轉盤

②霍爾感電法

　　當轉盤的隔片對正霍爾電塊時，磁力線被遮住無法通過，霍爾電塊没有電壓產生，
當轉盤的隔片離開霍爾電塊時磁力線通過霍爾電塊，因而產生霍爾電壓，如圖5-4
，33，5-4，34。

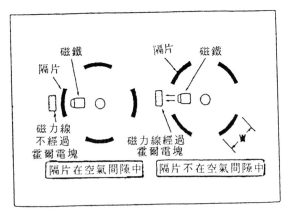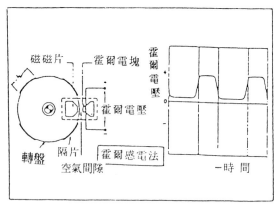

圖5-4，33　霍爾電塊之作用　　　　圖5-4，34霍爾感電法

(3)四缸曲軸感知器

　　四缸曲軸感知器，是利用線圈感電法產生信號，曲軸感知器內裝有一個小磁鐵、磁鐵
上面繞線圈，如圖5-4，35，曲軸前端轉盤上有四個缺口，當缺口對正感知器時，感
知器感應產生電壓，作為引擎轉速和曲軸位置信號。

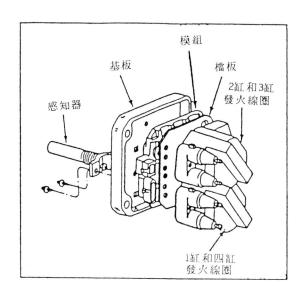

圖5-4，35　四缸曲軸感知器

3. 凸輪軸感知器

　凸輪軸感知器是裝在引擎的頂上部位如圖5-1，轉盤是由凸輪軸傳動，如圖5-4，36，也是利用霍爾感電法，感應產生電作為信號，提供給ECM知道此時第一缸正好在壓縮行程上死點(T.D.C)位置，來作為點火順序的開始以及控制燃料噴射的順序，再由ECM控制點火提前如圖5-4，37

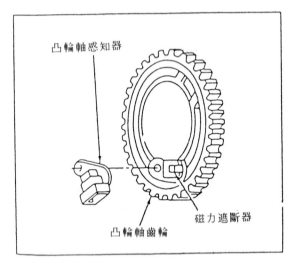

圖5-4，36　凸輪軸感知器之裝置

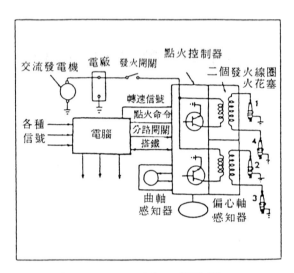

圖5-4，37　四缸DIS電路圖

4. 爆震感知器

　(1)爆震感知器安裝在引擎汽缸壁上，每個引擎裝一個感知器，裝於引擎正中位置，以偵測引擎爆震，當引擎有爆震之跡象或正發生爆震時發出信號給電腦，使電腦很快採取必要措施，使點火時間延遲，防止爆震以免引擎遭受嚴重損傷，如圖5-4，38，圖5-4，39。

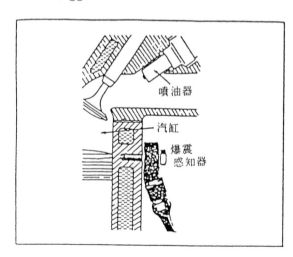

圖5-4，38　爆震感知器

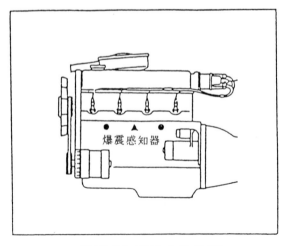

圖5-4，39　爆震感知器的安裝位置

(2)爆震感知器內有一膜片和一片壓感晶片當感受到引擎爆震突然升高的壓力時，會感應
　生電作為爆震的信號，如圖5-4，40。

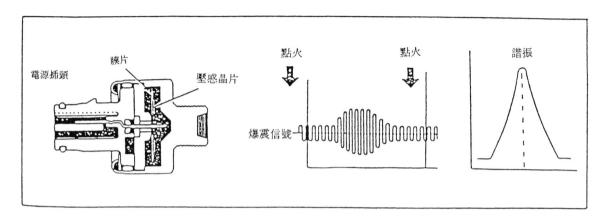

圖5-4，40　爆震感知器和爆震信號

(3)爆震的回饋控制

　電腦收到爆震感知器的信號時，就延晚點火爆震愈嚴重，點火延晚的度數就愈多，如
　仍有爆震，點火再被延晚，當爆震停止，電腦命令點火度數略微提前，使引擎轉速平
　滑緩慢提升，如又發生爆震，則又使點火延遲，再緩慢使點火度數提前至剛好不會發
　生爆震為止，圖5-4，41為爆震的回饋控制圖。

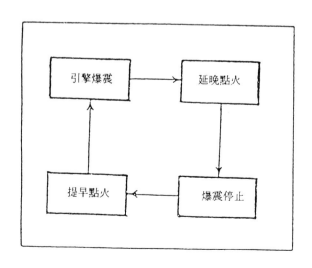

圖5-4，41　爆震的回饋控制

習題五

一、是非題

( ) 1. 在同一時間內，流過文氏管每一斷面空氣的體積相等，斷面積大時空氣流速慢，因而氣壓大即真空小，斷面積小則反之。

( ) 2. 點火順序1－3－4－2之四行程汽油引擎，第三缸在壓縮行程時，第二缸為排氣行程。

( ) 3. 微電腦點火系統，是利用引擎轉速及負荷提供給電腦，電腦依此兩者信號提供發火線圈於最佳時刻產生高壓電，使汽缸內之火星塞獲得最正確之點火時間。

二、選擇題

( ) 1. 汽缸中產生最大壓力時曲軸位置約在上死點①前 10°②後 10°③0°引擎可得到最大動力。

( ) 2. 能將 12V 升高到足以跳過火星塞間隙之數 KV 者為①分電盤②火星塞③發火線圈。

( ) 3. 白金臂彈簧之壓力約為① 0.1～0.2 k g ② 5～6.5 k g ③ 0.5～0.65 k g。

( ) 4. 從火星塞跳火到產生最大壓力一般約需① 0.3 秒② 0.03 秒③ 0.003秒。

( ) 5. 為減少HC及NOx之排出量，最佳點火時間①必須提前②必須延遲③不必改變。

( ) 6. 普通點火系之火星塞電極間隙為① 0.7～0 8 mm ② 1.0～1.5 mm ③ 7～8 mm。

( ) 7. 無接點式電晶體點火系統的閉角度①固定不變②引擎轉速愈高，閉角度愈小③引擎轉速愈高，閉角度愈大④沒有閉角度。

( ) 8. 點火線圈一次電流降低之原因為①閉角變大②白金間隙變小③二次電流變小④閉角太小。

( ) 9. 會使高壓電極性改變的原因是①發火線圈裝置內電阻②發火線圈裝外電阻③發火線圈低電線接反④電容器容量太大。

三、填充題

1. 外電阻是用來保護 ＿＿＿＿＿＿＿＿ 。

2. 分電盤依功能可分 ＿＿＿＿＿＿＿＿ 、斷續部、 ＿＿＿＿＿＿＿＿ 及配電部等。

3. 電容器主要功能為增強 ＿＿＿＿＿＿＿ 保護 ＿＿＿＿＿＿＿ 。

4. 現代汽車普遍採用以 ＿＿＿＿＿＿＿ 做為芯線之高電阻高壓線。

5. 低壓縮比、低速及四行程引擎應使用 ＿＿＿＿＿＿＿ 型火星塞。

6. 火星塞中央電極溫度應保持在 ＿＿＿＿＿＿＿＿°C。

7. 火星塞電極間隙愈大，跳火電壓愈 ＿＿＿＿＿，電極形狀愈圓，跳火電壓愈 ＿＿＿＿＿＿。

8. 混合汽溫度愈低，跳火電壓愈 ＿＿＿＿＿＿，空氣相對濕度愈低，跳火電愈 ＿＿＿＿＿＿。

四、問答題

1. 試述引擎與點火系之關係。

2. 簡述普通電瓶點火系各機件之功能。

3. 附外電阻之發火線圈和未附外電阻之發火線圈有何不同？

4. 低公害引擎點火時間的控制裝置有那些？

5. 火星塞應具備之性能為何？

6. 何謂跳火電壓、能供電壓、儲備電壓，三者有何關係，試說明之。

7. 造成混合汽不能點火燃燒之原因為何？

8. 如何防止混合汽不能點火燃燒。

9. 電晶體點火系統有何優點？

第六章　冷却系統

第一節　概　　述

一、混合汽在汽缸中燃燒後所產生的大量熱量約有70％，不能成爲引擎之機械動能，而且燃
　　燒溫度可高達 2,600°C左右，此項無用的熱量約有一半隨著廢汽排出引擎外，而另一
　　半則直接作用在引擎機件上。

二、引擎必須保持在 80°C～90°C左右各機件才能保持需要的強度，潤滑與燃料系統的作
　　用也才會正常，故必須利用一種裝置將這些無用的熱量，從引擎中發散出去，冷却系的
　　裝置就是爲此而設。

三、冷却不良會導致引擎過熱，使汽門容易燒毀，潤滑作用不良，因而各部機件加速磨損；
　　同時也容易引起爆震、引擎無力、燃料系汽阻等毛病。如引擎工作溫度過低時則燃料汽
　　化不完全，混合汽分佈不均，引擎機油易被冲淡。

第二節　水冷式冷却系

6－2－1　概　說

一、水冷式冷却系係由風扇、散熱器（ radiator ）俗稱水箱，調溫器（ thermostator
　　）、水泵、水套等組成，如圖 6－2,1 所示。

二、冷却水循環路線爲水泵從散熱器底部吸來的冷水，壓送到引擎水套中，而吸熱過的冷却
　　水則從汽缸蓋經調溫器回到散熱器頂部。同時風扇由前面吸入冷風，使流經散熱器的熱
　　水冷却。

6－2－2　水　泵

　　汽車大部均採用離心式水泵，如圖 6－2,2 所示。其中心軸和風扇裝在一起，由引擎用
V 型皮帶驅動，普通均裝在汽缸前將散熱器底部的冷却水壓送到引擎水套中，但亦有將水泵
裝在汽缸蓋上，將水套中的熱水抽送入散熱器者；其軸承要打黃油，但永久潤滑式封閉軸承
則不必加潤滑油。水泵之葉片有放射型及旋渦型兩種。（ 圖 6－2,3 所示 ）

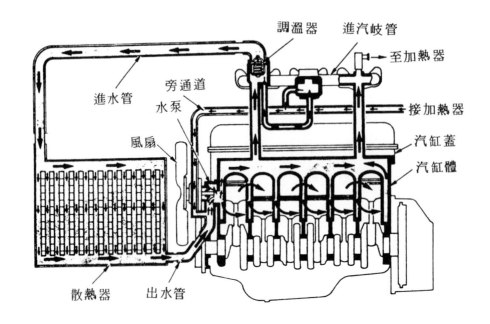

圖 6－2,1 冷却裝置（二級ガソリン自動車 圖 4－1）

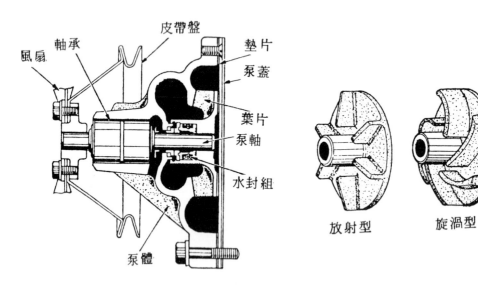

圖 6－2,2 水泵之斷面（三級自動車 ガソリン・エンジン 圖 Ⅱ－2）

圖 6－2,3 水泵葉片形狀

6-2-3 風 扇

一、FR型汽車，風扇裝在水泵皮帶盤前端，其功用爲將冷風吹經散熱器與引擎外殼，使散熱器中的熱水變成冷水，流至散熱器之下水箱，同時並使得引擎外殼及附件，得到適當的冷却。風扇葉片的間隔故意製成不相等，如圖 6－2,4 所示及其曲折角度亦不同，如

圖 6 — 2,5 所示，是爲減小風扇旋轉時因共振而引起的噪音，使風扇轉速可以提高。

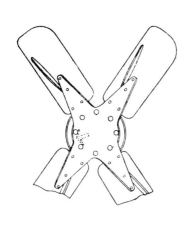

圖 6 — 2,4　不等間隔的風扇　　　　　圖 6 — 2,5　曲折角度不同的風扇

二、風扇所消耗的動力隨轉速的增高而變大，汽車引擎風扇轉速約爲曲軸的 0.8 ~ 1.4 倍左右。其所消耗的動力約爲引擎出力的 5 ％左右。爲使水箱四週獲得良好的冷卻，並提高送風效率，現代車多裝用風扇罩如圖 6 — 2,6 所示。

三、當汽車輕負荷、高速行駛時，以自然通風量對散熱器冷卻即可，但此時風扇仍轉數很高，不僅損失引擎動力，且使風扇產生很大噪音，故有自動離合器之發明。

四、風扇傳動控制用以控制冷卻風扇與驅動皮帶輪接合器。常用之風扇傳動控制裝置有數種：

(一)風扇液體接合器（圖 6 — 2,7 所示）

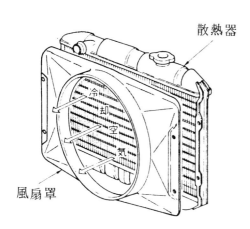

圖 6 — 2,6　風扇罩（三級 ガソリン
　　　　　　　エンジン　圖 4 — 10 ）

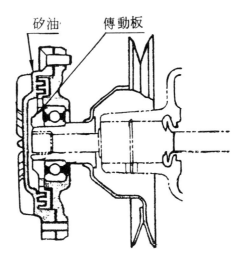

圖 6 — 2,7　風扇液體接合器

1. 風扇液體接合器，由皮帶盤驅動主動板，連接風扇之被動板，及特種黏性油（矽油 sillicon oil ）等組成。

2. 當皮帶盤轉動時，使液體接合器中之主動板轉動，依靠矽油之黏性使被動板也跟著轉動，驅動風扇使隨著轉動。風扇之阻力與風扇之速度成正比，矽油之黏性有一定，故風扇到達一定轉速後，速度即無法再隨皮帶盤升高。風扇之最高轉速隨矽油之量及黏度而定。

(二)自動風扇離合器

1. 由矽油、板彈簧、永久磁鐵、壓板、離合器片等組成，如圖 6 — 2,8 所示。

2. 當通過冷却器之空氣溫度低於 65°C 時，使其總成內部的矽油收縮，板彈簧將活塞向左壓動，壓力板則因永久磁鐵之吸引，將風扇脫離皮帶盤而成空轉，如圖 6 — 2,9 (a)所示。

3. 當溫度高於 65°C 以上時，則總成內部矽油膨脹，將活塞向右推動，其推動力勝過永久磁鐵之吸引力，乃將風扇與皮帶盤接上，使風扇轉動，通過水箱之空氣增加，以增進冷却效果，如圖 6 — 2,9 (b)示。

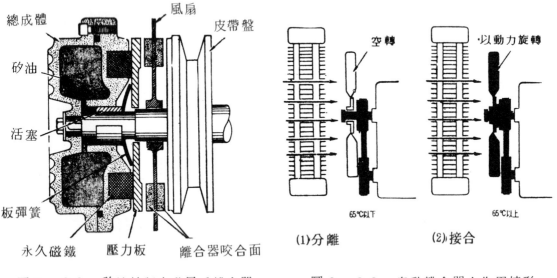

圖 6 — 2,8　矽油控制自動風扇離合器
（自動車百科全書　圖 2 — 172 ）

圖 6 — 2,9　自動離合器之作用情形
（自動車百科全書　圖 2 — 171 ）

(三)控制式風扇液體接合器

1. 液體接合器的動作由引擎轉速及冷却水溫感知器共同控制。控制器係由雙金屬溫度感知器（ bimetal thermostate ）、滑動閥（ slide valve ）組成，用來控制液體接合器中之矽油量，回轉力由矽油傳遞，如圖 6 — 2,10 所示。

2. 當冷却水之溫度低時，雙金屬熱偶感知器不作用，和它連在一起之滑動閥也不作用，

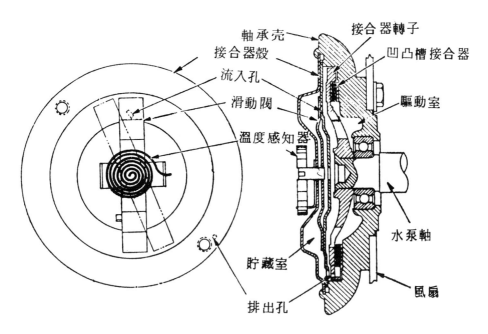

軸承壳
接合器殼
流入孔
滑動閥
溫度感知器
接合器轉子
凹凸槽接合器
驅動室
水泵軸
貯藏室
排出孔
風扇

圖 6 — 2,10 控制式風扇液體接合器（二級ガソリン自動車 圖 I — 6 ）

此時，液體接合器中之矽油因離心力之作用排出，進入貯藏室中。液體接合器之凹凸槽接合器中無矽油，引擎轉動時風扇不轉。

3. 冷卻水溫上升後，雙金屬溫度感知器因高溫空氣之作用，使它產生變形，而將滑動閥移動，使矽油之流入孔打開，流出孔關閉，使液體離合器中充滿矽油，可以傳遞旋轉力而使風扇隨皮帶盤轉動。但因矽油黏性之限制，風扇轉到一定轉速後，即不能再隨引擎轉速升高。

㈣電動風扇

1. 許多新式前輪傳動汽車改用電動風扇，其特點為引擎溫度低時風扇不轉動，縮短引擎溫熱時間，同時運轉噪音也小。

2. 電動馬達之轉動是由散熱器上水箱中之溫度感知器來控制，冷卻水之溫度要達 92° C 以上時，感知器接通電路，使馬達運轉；冷卻水之溫度降到 87° C 時，感知器切斷電路，馬達停止轉動，其配線如圖 6 — 2,11 所示。構造如圖 6 — 2,12 所示。

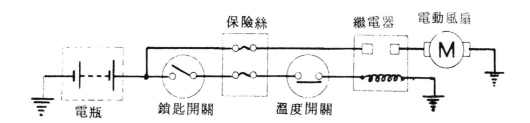

保險絲
繼電器
電動風扇
電瓶
鎖匙開關
溫度開關

圖 6 — 2,11 電動風扇配綫圖

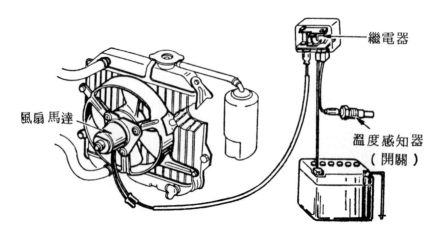

圖 6 — 2,12　電動風扇構造（二級ガソリン自動車　圖 I — 9）

6 — 2 — 4　調溫器

一、概　述

調溫器又稱節溫器，在引擎剛起動時，及天寒引擎太冷時，調溫器就關閉，從水套至散熱器的通路就被阻斷，而經由旁通道流回水套內，如此冷却水在引擎內循環，故引擎在短時間內就可達到工作溫度，如圖 6 — 2,13 所示。當水溫在 60°C 以上時調溫器打開，則水套中熱的冷却水經調溫器到散熱器冷却後又經水泵吸入引擎水套中工作。

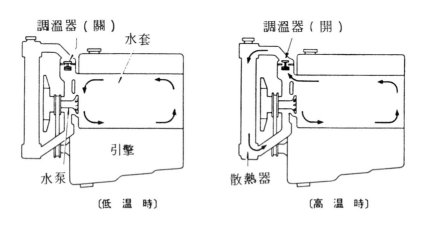

圖 6 — 2,13　調溫器（日產技能修後書 E0112）

二、種　類

㈠摺盒式（bellows type）

1. 構造如圖 6 — 2,14 所示，其活門桿與活門連接，摺盒由銅皮製成內裝沸點相當低的液體，如乙醚。因不適合壓力式冷却系統使用，現已遭淘汰。

2. 當引擎溫度達 60°C 以上時，內部液體逐漸變爲汽體，體積變大，使摺盒伸張，至引擎工作溫度約 70°C，調溫器活門開至最大位置。如圖 6 — 2,15 所示。

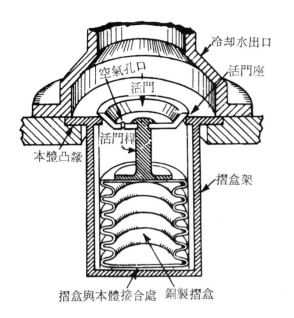

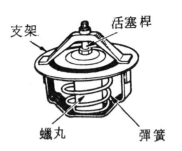

圖 6 − 2,16　蠟丸式調溫器（三級
自動車ガソリン、エ
ンジン　圖 Ⅲ −5）

圖 6 − 2,14　摺盒式調溫器構造圖

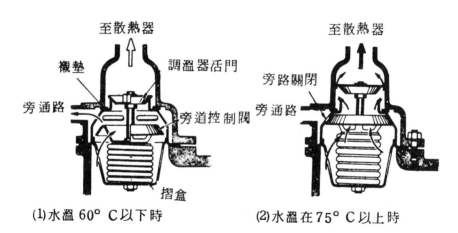

(1)水溫 60° C以下時　　(2)水溫在75° C以上時

圖 6 − 2,15　摺盒式控制旁通道型調溫器作用情形
（自動車百科全書　圖 2 − 169 ）

㈡蠟丸式調溫器

1. 構造如圖 6 − 2,16 所示，由支架、活塞桿（ needle piston ）、蠟（ wax ）、合
　成橡皮滑套、容器（ pellet ）等組成。

2. 冷卻水溫度低時，蠟為固體、體積小、彈簧之力量將容器及活門向上推關閉引擎水套
　到散熱器的通道。

3. 冷卻水之溫度上升到規定溫度時，蠟熔化成液體，體積膨脹，產生壓力作用在活塞桿
　上，活塞桿固定在支架上不能動，其反作用力使容器克服彈簧力向下移動，而使活門
　打開。

4.此式活門之開閉由蠟從固體變爲液體時體積之變化來控制,其作用力大,不受冷却系
內部壓力變化之影響,活門之開閉能完全依溫度而定。

(三)雙金屬熱偶式調溫器

如圖6—2,17所示,由雙金屬熱偶彈簧及活門組成。雙金屬熱偶彈簧內層爲青銅片(
膨脹率小),冷時彈簧捲緊,將活門關閉,當水
溫增高時,熱偶彈簧捲鬆,使活門逐漸打開,至
正常溫度時,活門開至最大位置。

(四)旁通道

裝在引擎水套與水泵間調溫器前,其計有下列型
式:

1.永久旁通式:如圖6—2,18所示,不論調溫
器打開或關閉,旁通道均暢通。

2.控制旁通式

　(1)壓力式　如圖6—2,19所示,其係受水套
　　出水口的壓力而開閉者。

圖6—2,17　雙金屬片熱偶式調
溫器

　(2)溫度式　如圖6—2,15所示,其係依調溫器的作用而打開或關閉者,因調溫器受
　　水溫控制而作用,故稱爲溫度式。

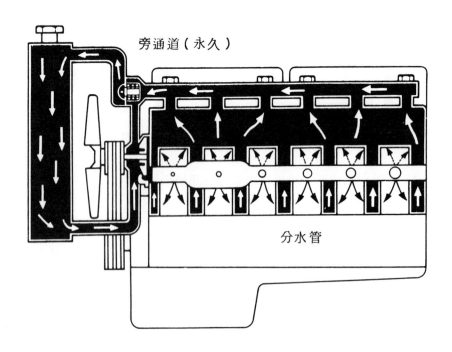

旁通道(永久)

分水管

圖6—2,18　水套與分水管(Toyota)

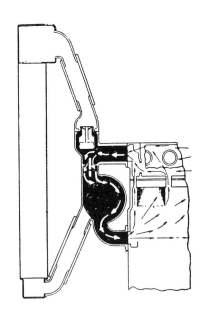

圖 6 — 2,19　調溫器關閉

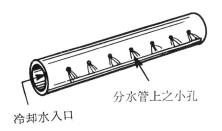

圖 6 — 2,20　分水管構造圖

6－2－5　水　套

一、水冷式引擎在鑄造時，汽缸體及汽缸
　　蓋中已鑄有水套，汽缸床上也有水孔
　　，使水能繞汽缸、汽門之周圍循環。

二、因各汽缸和排汽門與水泵之距離遠近
　　不相等，故在水套中裝有分水管，使
　　冷卻水能均勻分流到各汽缸中，保持
　　各汽缸之溫度平均，避免局部過熱。
　　如圖 6 — 2,20 所示。

三、有些引擎在排汽門座附近另裝有噴水
　　口，使冷卻水以較快速度流經溫度極
　　高之排汽門座附近，以減低其溫度。
　　如圖 6 — 2,21 所示。

6－2－6　散熱器

一、構　造

　　冷卻水從水套中流過時吸取之熱量在
　通過散熱器時，排到空氣中。普通都
　是裝在汽車引擎的前面，由上水箱、下水箱、散熱器芯子、水箱蓋、排放塞等組成，如

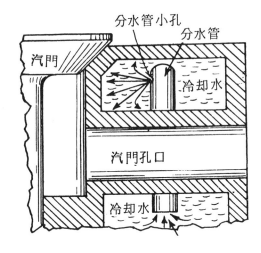

圖 6 — 2,21　排汽門座附近之噴水口

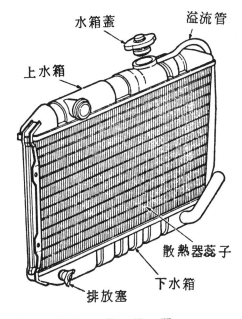

圖 6 — 2,22　散　熱　器

圖6－2,22 所示。因需導熱性佳，故通常用銅或鋁製成。

二、散熱器芯子

散熱器芯子由水管及散熱用葉片組合而成。水管將上下箱連通，散熱葉片則構成空氣孔道，車行時及風扇抽吸使大量空氣流經空氣孔道吸收流經水管中的熱冷却水之熱量。有管及葉片式和帶狀蜂巢式二種基本型式。如圖6－2,23 所示。

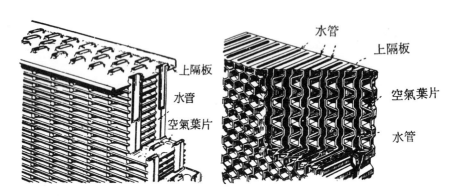

圖6－2,23　左、管及葉片式　　右、帶狀蜂巢式

三、散熱器蓋

㈠水在海平面處的沸點為 100°C，地面愈高則沸點愈低，故現代汽車引擎之冷却系統均用壓力式，以提高冷却水之沸點，使冷却水不易沸騰，提高冷却水與空氣之溫度差，提高冷却效率。普通壓力蓋所增加之壓力為表壓力0.5 ～ 0.9 k g／cm²，可以使冷却水沸點提高到110°～125° C。

㈡壓力式散熱器蓋由壓力閥、壓力彈簧、眞空閥、眞空彈簧等組成。

㈢當散熱器內部壓力大於規定值時，壓力閥打開高壓蒸汽及冷却水由溢流管流出，如圖6－2,24 所示。

㈣當冷却水溫度降低時，冷却系統內之壓力會低於大氣壓力，此時眞空閥打開，使空氣或貯存箱中之冷却水流入散熱器內，以防止散熱器或水管塌陷，並保持水量，如圖6－2,25 所示。

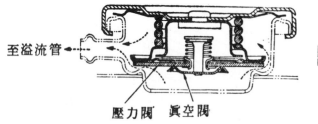

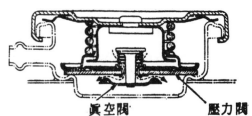

圖6－2,24　壓力閥打開（三級自動車ガソリン・エンジン　圖Ⅲ－8）

圖6－2,25　眞空閥打開（三級自動車ガソリン・エンジン　圖Ⅲ－9）

四、附貯存箱之散熱器

現代汽車使用之散熱器，旁邊常附有
貯存箱，如圖 6 — 2,26 所示。當冷
卻水溫度升高體積膨脹時，散熱器中
之冷卻水壓入貯存箱中，溫度降低冷
卻水體積收縮時，貯存箱中之冷卻水再
再流回散熱器。如此散熱器可以經常
保持在滿水狀態以提高冷卻效果，同
時駕駛人也不必經常檢查冷卻水量，
散熱器之上水箱也可以做得較小。

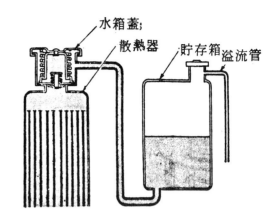

圖 6 — 2,26　附貯存箱之散熱器（三級自
動車ガソリン・エンジン
圖 III — 3 ）

五、冷卻液、防凍劑與抑制劑

(一)冷卻液　水爲水冷式引擎最廣使用之
冷卻液，惟必須爲清潔之軟水，其沸點恰在有效溫度內。但水之冰點爲 0°C，過此以
下即不能單獨應用，爲其主要缺點。有些密閉式冷卻系統使用乙烯乙二醇（ethylene
glycal ）爲冷卻液，其優點爲沸點較水爲高，不易蒸發，冷卻效果較好。

(二)防凍劑（ antifreezer ）車輛行駛於 0°C 以下之溫度時，冷卻液如用水，則應加入
防凍劑，以防冷卻水結冰。一般所用之防凍劑有甲醇、酒精、甘油及乙二醇等四種。

(三)抑制劑（ inhibitors ）冷卻系統必須不使生銹或沉澱積垢，方能保持有效之冷卻。抑
制劑之作用即爲減少銹蝕及避免沉澱，其不能將已生銹或沉澱之物除去，僅能遏止而已。

6－2－7　驅動皮帶

水泵及風扇之驅動一般均使用驅動皮帶，驅動皮帶之要求爲傳動時不產生噪音，不需加
油潤滑，力的傳動效率良好。一般均使用梯形斷面，以配合 V 型皮帶槽，圖 6 — 2,27 爲皮
帶的構造。現代汽車爲提高傳動效率，漸改用有凹凸之皮帶及皮帶盤，如圖 6 — 2,27 所示。

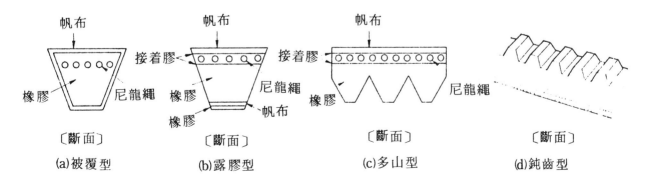

圖 6 — 2,27　皮帶的構造（日產技能修得書　E 0109 ）

第三節　氣冷式冷却系

一、由引擎汽缸蓋及汽缸體上的散熱葉片、鼓風機或風扇及導氣罩等機件構成。

二、由引擎帶動葉片式風扇如圖6－3,1所示，飛輪式鼓風機如圖6－3,2所示來驅動空氣由導氣罩引導經汽缸周圍將汽缸上散熱片的熱量予以吹走，而達冷却的目的。

三、使用氣冷式引擎如在輕負荷高速行駛時，以自然通風即足夠作冷却用，但此時鼓風機或風扇仍很快運轉，如此不但損失引擎動力，且使引擎造成過冷現象。故有自動控制風扇或鼓風機，可以自動調整轉速，或於引擎運轉時不轉，圖6－3,3所示爲自動控制鼓風機之例子。

四、有些引擎則在散熱空氣道中裝置自動控制檔門，能依引擎溫度自動調節通過之風量，如圖6－3,4所示。

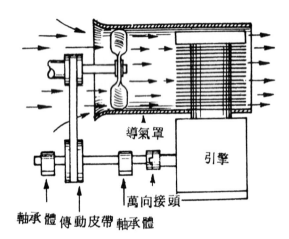

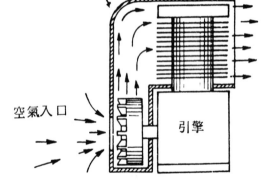

圖6－3,1　葉片式風扇作用圖　　　　　圖6－3,2　飛輪式鼓風機作用圖

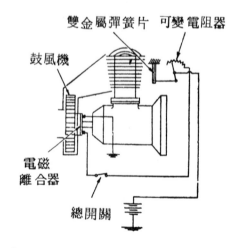

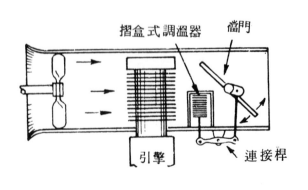

圖6－3,3　自動操作式鼓風機線路圖　　　圖6－3,4　自動控制擋門

第四節　水冷式引擎與氣冷式引擎之比較

6-4-1　水冷式引擎較氣冷式引擎之優點

㈠引擎製造價格低，體積小。

㈡冷却作用較爲穩定有效。

㈢引擎的響聲小。

㈣壓縮比可以較高，因而單位排氣量的馬力較大。

6-4-2　氣冷式引擎較水冷式引擎之優點

㈠冷却系統的故障少。

㈡包括冷却系引擎重量較輕。

㈢消耗於冷却系的動力較少。

㈣容積效率較好，且引擎溫熱時間較短。

習題六

一、是非題

(　　) 1.冷卻系統內有空氣時，會造成引擎過熱。

(　　) 2.冷卻系統使用電動風扇時，其溫度感知器通常裝在水箱上。

(　　) 3.水泵之出水管直徑較進水管直徑小。

二、選擇題

(　　) 1.水泵大都採用①膜片式②離心式③向心式　水泵。

(　　) 2.調溫器在① 60°C ② 80°C ③ 90°C　時才開始打開。

(　　) 3.壓力式冷却系統其所增加壓力爲① $0.05 \sim 0.09$ kg／cm^2 ② $0.5 \sim 0.9$ kg／cm^2 ③ $0.5 \sim 0.9$ kg／m^2 。

(　　) 4.以水做爲冷却液時其條件必須爲①硬水②軟水③蘇打水。

(　　) 5.風扇故意製成曲折角度不同主要目的①減少重量②降低轉速③減少旋轉噪音。

(　　) 6.壓力式水箱蓋之作用是①增高水之沸點②防止冷却水流失③防止水箱爆炸。

(　　) 7.引擎會過熱，可能原因是①活塞及環磨損②點火太早③使用永久傳動式風扇④水箱蓋壓力活門橡皮破損。

(　　) 8.冷却系統使用電動風扇比普通風扇之優點，以下何項有誤①引擎溫車時間較長②引擎不必傳動風扇，故無此方面之動力損失③噪音小④高速行駛時更能減少動力損耗。

(　　) 9.壓力式水箱蓋之功用是①提高冷却系內水流速度②提高水之沸點③減少水銹之產生④避免冷却水流失。

三、填充題

1. 水冷式冷却系係由 _____ 、 _____ 、 _____ 、 _____ 、
   等組成。

2. 水泵之葉片有 _____ 型及 _____ 型。

3. 調溫器的種類有 _____ 、 _____ 、 _____ 等。

4. 壓力式散熱器蓋向內開的是 _____ 閥向外開的是 _____ 閥。

5. 爲了減少冷天或輕負荷時引擎帶動風扇之動力損失，現代汽車常裝置 _____
   風扇。

四、問答題

1. 引擎爲何需要有冷却裝置？

2. 普通水冷却系有那些機件，其功用爲何？

3. 分水管上之小孔之功用爲何？

4. 試述壓力式散熱器蓋之構造及功用。

5. 氣冷式冷却系之送風方法爲何？

6. 水冷式和氣冷式冷却系有何優缺點？

第七章 潤滑系統

第一節 概　述

一、引擎運轉時，各部運動機件間有相對運動者，金屬表面直接接觸發生摩擦，則發熱而損壞機件並損失動力，爲使摩擦減小將潤滑油流入各運動部份金屬之表面，形成油之薄膜，而成液體摩擦，其大小僅爲二機件直接摩擦之數十分之一。

二、引擎潤滑系統包括油底殼（oil pan）、機油泵（oil pump）、機油濾清器（oil filter）、機油道（oil passage）等機件構成。如圖7－1,1所示。

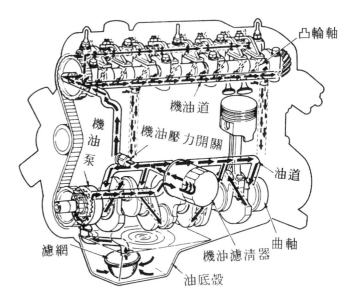

凸輪軸
機油道
機油壓力開關
機油泵
油道
曲軸
濾網
機油濾清器
油底殼

圖7－1,1　引擎潤滑系統（三級自動車ガソリン・エンジン　圖3－1）

三、潤滑的功用

如圖7－1,2所示，潤滑油有使二接觸面的固體摩擦游離爲液體摩擦的減摩作用，摩擦熱冷却的作用，運動部份的氣密作用，吸收衝擊力的減震作用，清潔作用及防銹作用。

四、潤滑的方法

（以四行程引擎潤滑系統爲主）

㈠噴濺式（splash type）

此式多用於舊式引擎上，現已不用，其係在連桿大端上裝一油杓，在旋轉時將油底殼的機油撥動，成爲微小的機油粒子，分散噴濺到各部所需潤滑的部份去。

㈡壓力式

此種方法較爲可靠有效，其係用一機油泵，將機油壓送到各部所需潤滑的部份，其亦可分爲二種流通方法：

圖 7 — 1,2　潤滑的功用　（日產技能修得書　E 0084）

1. 完全壓力式　機油自機油泵→主軸軸承→連桿大端軸承→連桿小端軸承→噴出冷却活塞頂及潤滑活塞銷和汽缸壁。此外另有油道至其他部份去潤滑。

2. 部份壓力式　機油自機油泵→主軸軸承→連桿大端軸承→噴出冷却活塞頂及潤滑活塞銷及汽缸壁。此外另有油道至其他部份去潤滑。

第二節　構　造

7－2－1　機油泵

一、齒輪式機油泵：（如圖 7 — 2,1 所示）

　　主動齒輪由凸輪軸的螺旋形齒輪驅動，依圖示方向旋轉，進油口處「A」產生眞空，將機油吸入，隨齒輪之轉動，沿齒輪與泵體間的孔隙，被壓至出油口「B」處，進入主油道中。

二、葉片式機油泵：（如圖 7 — 2,2 所示）

　　葉片以彈簧壓緊在泵體上，轉子偏在一旁，轉子與葉片一起轉動，葉片間之容積產生大小變化，產生吸油及壓油作用。

三、轉子式機油泵：（如圖 7 — 2,3 所示）

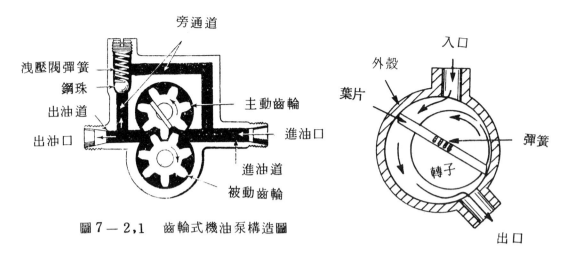

圖 7－2,1 齒輪式機油泵構造圖

圖 7－2,2 葉片式機油泵

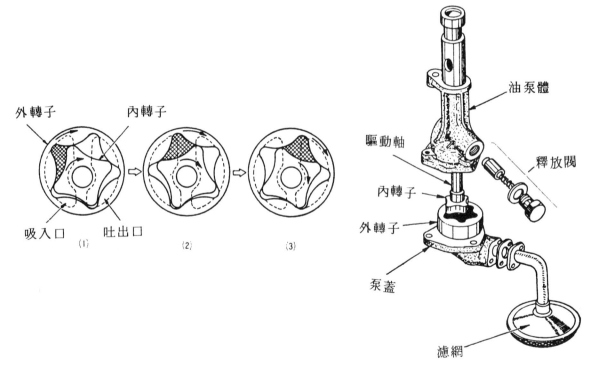

圖 7－2,3 轉子式機油泵的構造及作用（日產技能修得書 E 0091）

油泵主動軸上的內部轉子通常為四牙，與油泵室不同圓心，外轉子係五牙，與內轉子偏心嚙合，因二轉子間有空隙容積之變化，故可將油從入口吸入，經出口處壓入油道中。

四、油壓調整器

㈠機油泵的送油量隨引擎的回轉速度增快而增加。各潤滑部份因高速廻轉亦需要較多之潤滑油，但供油量過多，使壓力過高時，反而造成引擎出力的損失，故潤滑油路內，需裝有油壓調整器以適時調整油路中的油壓。如圖 7－2,4 所示。

㈡圖 7 — 2,5 所示爲油壓調整器的構造，當機油泵的送油壓力超過彈簧彈力時，將彈簧壓縮
，使一部份機油從旁通道流回油底殼，來調整油路中的油壓。

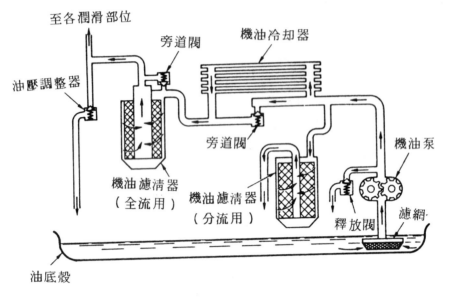

圖 7 — 2,4　　油壓調整機構（二級ジーゼル・エンジン　圖 3 — 2 ）

五、 機油冷却器

有些引擎的潤滑系統裝有機油冷却器，來防
止因潤滑油溫度過高，油膜保持困難而造成
各摩擦機件的損壞。

冷却的方法有水冷式及氣冷式兩種，水冷式
是用引擎的冷却水循環使溫度降低。氣冷式
是用風扇鼓動空氣而散熱之。如圖 7 — 2,6
所示。

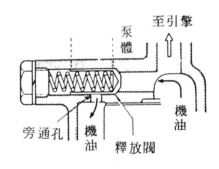

圖 7 — 2,5　　油壓調整器的構造（日
　　　　　　　　　產技能修得書 E 0092 ）

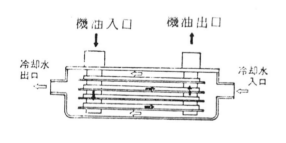

(a) 水冷式機油冷却器

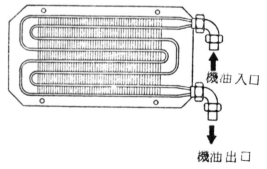

(b) 氣冷式機油冷却器

圖 7 — 2,6　　機油冷却器

7－2－2　機油濾清器

一、從機油泵送到主油道之前先經機油濾清器將鐵屑、碳粒等雜質過濾後再送到各潤滑部份
　　。

二、在油底殼機油與機油泵之間先有一個機油濾網，先將大粒的雜質過濾避免雜質流入機油
　　泵，及由此吸入較乾淨之機油。

三、機油過濾的方法

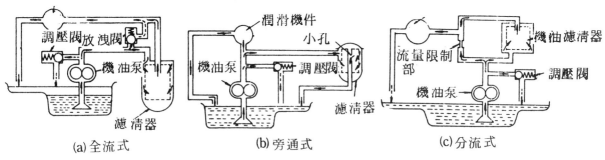

(a)全流式　　　　　　　　(b)旁通式　　　　　　　　(c)分流式

圖 7 － 2,7　機油過濾的方法

㈠全流式 (full flow type)　所有流入主油道的機油都須經過濾清器，此式濾清效果
　　最佳，如圓 7 － 2.7 (a)所示。

㈡旁通式 (bypass type)　機油泵壓出的油一部份經濾清器濾清流回油底殼中，另一
　　部份則流到主油道至各潤滑部份，如圖 7 － 2.7 (b)所示。

㈢分流式 (shunt type)　機油泵壓出油之一部份經濾清器後與另外一部份之油一起流
　　到主油道，然後到各部潤滑部份，如圖 7 － 2.7 (c)所示。

四、　機油濾清器構造

㈠機油濾清器如圖 7 － 2,8 所示，係裝在機油泵與主油道之間，機油泵壓送出來的機油從
　　進油口進入，流過濾芯過濾雜質後，從出
　　油口流到主油道內，再到各潤滑部份。當
　　濾芯堵塞時，底部之釋壓閥被推開，使機
　　油能流到油道內，避免引擎因潤滑不足而
　　損壞。

㈡圖 7 － 2,9 所示為離心式機油濾清器之構
　　造。

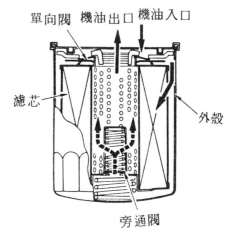

圖 7 － 2,8　圓筒式機油濾清器
（三級自動車ガソリン・
エンジン　圖 3 － 8 ）

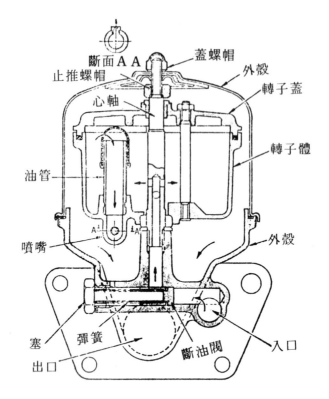

斷面ＡＡ

蓋螺帽
止推螺帽
外殼
心軸
轉子蓋
油管
轉子體
外殼
噴嘴
塞　彈簧
斷油閥
入口
出口

圖 7 － 2,9 　 離心式機油濾清器（三級ジーゼル・エンジン　圖 3 － 12 ）

第三節　二行程汽油引擎的潤滑

一、使用曲軸箱預壓式之二行程汽油引擎，其潤滑方式係採用機油與汽油之混合潤滑方式，
機油用後即燒掉。燃燒後碳素之堆積、與對需要潤滑部份之潤滑油供給不足，及機油消
耗量大等為其缺點。因而使得二行程汽油引擎性能受到很大限制，通常機油與汽油混合
比在 1：6 ～ 1：25 左右（體積比），過濃則排白煙，過稀則潤滑不良。但隨引擎轉速
之變化及混合比之進入量所需汽油與機油之混合比例是不同的，如使用固定混合比之混
合油，則低速時機油進入量少潤滑不良，高速時進入機油量過多，排汽之白煙很濃。

二、如能配合引擎運轉的需要可自動調整混合油中的機油比例，則可避免之。

㈠自動噴射潤滑系統（ automatic injection lubricating system ）圖 7 － 3,1 所
示為其中之一種設計，使用可變輸出量泵，當油門踩下經連桿機構，將凸輪轉動使泵柱
塞左右移動，而驅動蝸齒輪由引擎帶動，使得泵柱塞旋轉，如此就可自動依需要而噴入
適量機油潤滑。

㈡曲軸離心噴射潤滑系統（ crank centrifugal injection lubricating system）
亦可簡稱ＣＣＩ潤滑系統，其構造如圖 7 － 3,2 所示，其可變輸出量泵之作用與自動噴
射系統相同，但其機油不噴入進汽歧管，而直接由曲軸利用離心力將機油噴出潤滑。

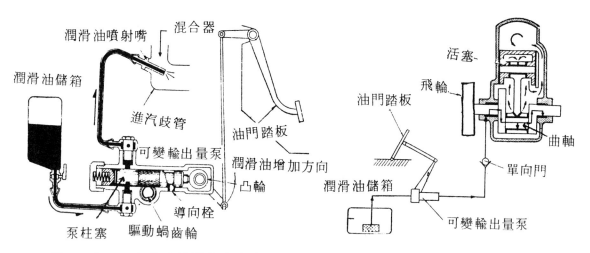

圖 7 — 3,1　自動噴射潤滑系統圖　　　　　圖 7 — 3,2　曲軸離心噴射潤滑系統

三、可變輸出量機油泵

㈠二行程汽油引擎所使用之機油泵爲可變輸出量之柱塞式油泵，其構造如圖 7 — 3,3 所示，由泵體、驅動渦輪、主柱塞、副柱塞、柱塞導銷、控制凸輪、控制臂及彈簧等組成。

㈡驅動渦輪由引擎曲軸帶動，驅動主柱塞，主柱塞在轉動時因柱塞導銷與主柱塞上斜溝槽之作用，而同時產生往復運動。彈簧將副柱塞向左側推動。主柱塞轉一轉時，同時亦做一次往復運動，如圖 7 — 3,4 所示，其泵油作用如下：

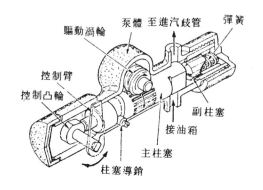

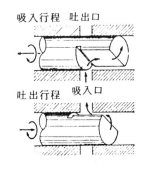

圖 7 — 3,3　可變輸出量柱塞式機油　　　圖 7 — 3,4　可變輸出量柱塞式機油泵
　　　　　　泵構造（三級自動車 ガ　　　　　　　　　　之作用㈠（三級自動車 ガ
　　　　　　ソリン・エンジン　圖　　　　　　　　　　ソリン・エンジン　圖 II
　　　　　　II — 7　　　　　　　　　　　　　　　— 10 ）

1. 吸入行程　如圖 7 — 3,5 所示，當主柱塞開始向右側移動時，吸入口打開，吐出口關閉，泵室之容積逐漸增大，產生吸力將機油吸入。

2. 吐出行程　如圖 7 — 3,6 所示，主柱塞開始向右側移動時，吸入口關閉（吐出口仍未打開）；泵室之容積由大變小，機油之壓力上升，將副柱塞向右推壓縮彈簧，當主柱塞之切口對正吐出口時，機油送出彈簧將副柱塞向左推。

3. 油量調整　控制桿使用鋼繩或連桿與油門相連接，當油門踩下時，控制桿使控制凸輪轉動，而改變主柱塞向左側移動之行程，因而變化機油之輸出量。

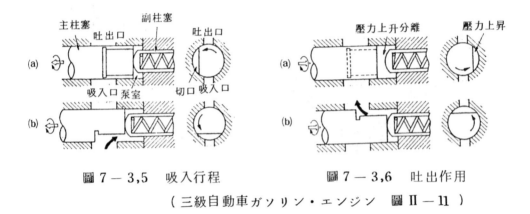

圖 7－3,5　吸入行程　　　　圖 7－3,6　吐出作用

（三級自動車ガソリン・エンジン　圖 Ⅱ－11 ）

第四節　引擎機油

7－4－1　引擎機油的分類

一、黏度分類

㈠黏度為引擎機油之基本性質，黏度愈高，附著於金屬面之油膜愈厚，反之黏度愈低，則
附着之油膜愈薄。但黏度會隨溫度而變化，溫度升高時黏度降低；溫度降低時，黏度增
高。

㈡機油黏度大小以美國汽車工程學會（Society of Automotive Engineer 簡稱 S.
A.E）之編號來表示，號碼愈大表示機油之黏度愈大，普通分為 5 W，10W 20 W，
20，30，40，50 等七級。在重級機油中，有一種複級機油，其 S.A.E 編號為 10 W～
30，或 20 W～ 40 等；此種機油低溫時流動性好，高溫時之黏性佳，能適用在廣大之溫
度範圍，故四季可通用。

二、API服務分類

API服務分類是用來表示引擎機油品質的方法，美國石油協會 (American Petroleum In-
stitute) 對引擎機油標準規定為：汽油引擎用分為SA、SB、SC、SD、SE、SF、SG等七級
柴油引擎用分CA、CB、CC、CD、CE等五級，愈後面的等級愈高，品質愈好價格也愈高。

三歐洲共同市場車輛製造委員會(CCMC)操作性能分類：

CCMC與API相同分有汽油引擎機油與柴油引擎機油規格，汽油引擎用機油分為G1、G2、
G3、G4、G5，柴油引擎用機油。

四合成機油

合成機油是由各種化學劑組合而成的油，其合成的基礎成份共有三種：

㈠polyal Ester其優點為高溫安定性特佳，氧化安定性極為穩定，抗磨損性特強，大都
使用於航空噴射引擎。

㈡Synhetic Hydrocarbon其優點為氧化安定性極佳，高溫安定性尚可，缺點為氧化安定性差，缺點為高溫安定性差，抗磨損性差。

7－4－2　引擎機油的性質

一、黏度指數高，流動點低。

（註：用以表示機油在不同溫度時，黏度變化之數值稱為黏度指數（viscosity index）指數愈高，則黏度因溫度之變化愈小，換言之即熱時不易變稀薄，冷時也不易變濃稠）。

二、氧化抵抗性高，防蝕性能好。

三、清潔及分散性好。

四、油膜強度大。

五、不易起泡。

第五節　曲軸箱廢氣控制系統

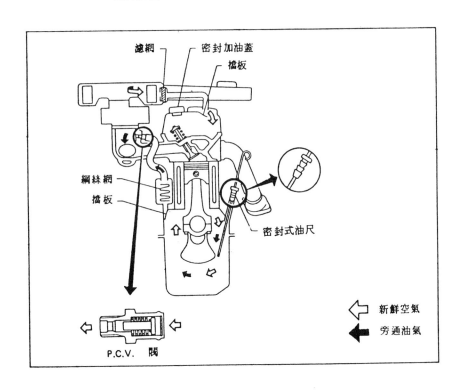

圖 7－5

　　圖7-5這種控制系統在將曲軸箱內之氣體回收導入進氣管與空氣濾清器。曲軸箱積極通風閥(P.C.V.)即為引導使此種氣體進入進氣管而設計。當引擎節氣閥部份工作之際，進氣管即將此種氣體經P.C.V.閥吸入。

一般言之，這種P.C.V.閥之能量是可處理任何滲入之氣體及小量之新鮮空氣。新鮮空氣，通過濾清器與搖臂蓋相連之皮管，而後被吸入曲軸箱。

在節氣門完全開啟時，進氣管真空未能足夠將滲入氣體吸入P.C.V.閥，氣體成相反方向流向皮管接頭。

滲入曲軸箱氣體過高之車輛，在上述各種情況時，有些氣體係經連管接頭進入空氣濾清器。

習題七

一、選擇題

(　　) 1. 機油泵由引擎①凸輪軸②曲軸③皮帶盤　驅動。

(　　) 2. 連桿小端有噴油孔，其潤滑方式為①噴濺式②全壓力式③部份壓力式。

(　　) 3. 為防止機油壓力太高必須裝置①機油濾清器②機油冷卻器③機油釋放閥。

(　　) 4. 機油泵壓出油之一部份經濾清器後流回油底殼中之潤滑方式為①全流式②分流式③旁通式。

(　　) 5. SAE 10 與 SAE 10 W 之比較①凝結點大致相同，黏度則較高②黏度大致相同，凝結點較低③凝結點及黏度均較高。

(　　) 6. 台灣氣溫最適使用①SAE20②SAE50③SAE/0W④SAE20W-40　機油。

(　　) 7. 美國石油協會的縮寫是①API②SAE③ASTM④CCMC。

(　　) 8. 機油性質下述何者正確①SAE號數愈大，黏度愈小②黏度指數愈高，則黏度因溫度變化越小③複級者，氣溫冷時粘度濃稠④SAE號碼，最大80號。

二、填充題

1. 四行程引擎的潤滑方法有 ＿＿＿＿＿ 、 ＿＿＿＿＿ 、 ＿＿＿＿＿ 三種。

2. 機油濾清的方式有＿＿＿＿＿ 、 ＿＿＿＿＿ 、 ＿＿＿＿＿ 等。

3. 機油黏度分類以 ＿＿＿＿＿ 編號來表示。

4. 機油溫度愈高黏度會 ＿＿＿＿＿ 。

5. API 服務分類柴油引擎用有＿＿＿＿＿ 、 ＿＿＿＿＿ 、 ＿＿＿＿＿ 、 ＿＿＿＿＿ 四種。

三、問答題

1. 潤滑有那些功用？

2. 二行程汽油引擎中可自動調整混合油中機油比例的系統有那些？如何作用？

3. 引擎機油如何分類？又有那些等級。

4. 引擎機油有那些性質？

第八章　起動系統

第 一 節　起動系統概述

　　凡是內燃機要運轉，必須經過進汽→壓縮→動力→排汽的工作過程才能自行運轉；因此要起動引擎必須先搖轉曲軸，先有進汽、壓縮之過程才能產生動力。過去搖轉曲軸使用人力，現代汽車引擎全部使用電動馬達來搖轉以起動引擎。

8 - 1 - 1　起動系統之組成

一、圖8－1，1為起動系統之示意圖。實線部份為起動馬達線路，虛線部份為起動開關控制線路。圖中包括電瓶、點火開關、電磁開關、起動馬達等。

二、電瓶及馬達間之電路由點火開關控制，其構造及作用有許多不同設計。馬達電樞之小齒輪與引擎飛輪相嚙合，當電流流入馬達時，卽能搖轉引擎使引擎起動而自行運轉。引擎起動後，馬達小齒輪必須離開飛輪，以免高速運轉而損壞。

三、馬達需使用很大的電流（50～300 A），因此我們以點火開關用較小之電流（3～5 A）經電磁開關中線圈產生之磁力來控制接點之開閉。

四、如圖8－1，2所示為起動系統之構成圖

8 - 1 - 2　起動系統基本機件

一、電瓶
　　電瓶供應馬達所需之大量電流。

二、點火開關
　　汽車之點火開關裝在轉向柱上，通常有五

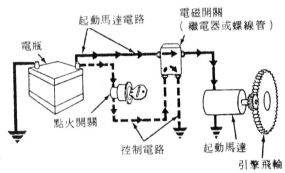

圖8－1，1　起動系統示意圖（ Electrical Systems Fig 10－1 ）

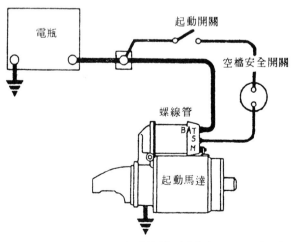

圖8－1，2　起動系統構成圖（ Electrical Systems Fig 10－13 ）

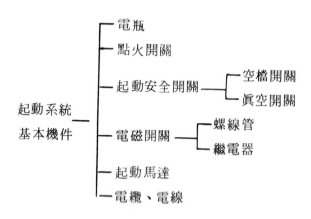

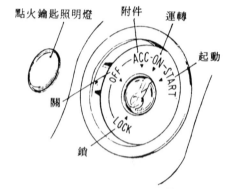

圖 8－1，3　點火開關之位置

個位置，擔任不同的工作，如圖 8－1，3 所示。

(一)鎖（ lock ）：鑰匙在此位置才能拔出，亦在此位置鎖住方向柱，以防車子無鑰匙被移動或開走，如圖 8－1，4 所示。

(二)關（ off ）：在此位置全車電路不通，但方向盤可以轉動，以便不起動引擎移動車輛時用。

(三)附件（ accessories ）：在此位置汽車上附屬電器的電路接通，如儀錶、收音機、送風機……等，但點火系統不通。不起動引擎聽收音機時應開此位置開關。

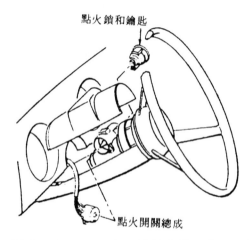

圖 8－1，4　安裝於轉向柱上之點火開關（ Electrical Systems Fig 10－4 ）

(四)運轉（ on or runs ）：在此位置時點火系統及汽車各電器均接通，一般汽車行駛中均在此位置。

(五)起動（ start ）：由運轉位置順時針方向扭轉鑰匙即到達此位置，手放鬆彈簧使鑰匙又回到運轉位置。在起動位置僅點火系統和起動系統接通以起動引擎用。

三、起動安全開關（ starting safety switch ）

此為一種常開開關，以防止變速箱不在空檔或引擎在運轉中使起動系統產生作用發生危險或損壞齒輪之安全裝置。

(一)使用自動變速箱之車子，一定有安裝此裝置，只有選擇桿在空檔（ N ）及駐車（ P ）位置，起動線路才能接通，如圖 8－1，5 所示。安全開關有裝於自動變速箱外殼上者、裝於地板選擇桿架上者及裝於轉向柱上者。

(二)使用手排檔變速箱之車子，有些亦有裝起動安全開關，一般是安裝在地板排檔桿架或轉向柱上。

(三)大部份手排檔變速箱之汽車，使用離合器開關，當離合器放開時其起動線路切斷，踩下

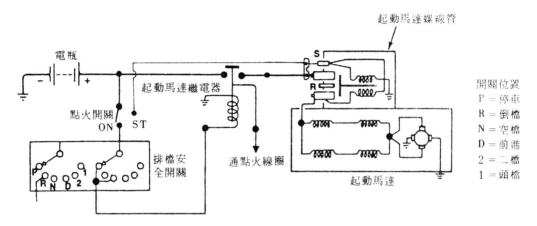

圖 8 − 1，5　起動安全開關在 P、N 才能接通（Electrical Systems Fig 10 − 5）

離合器才能使起動電路接通，如 圖8 − 1
，6所示。

㈣有些車子之起動安全開關係以機械的方式
　使點火開關在吃進排檔時無法轉到起動位
　置，如圖8 − 1，7所示。

㈤為防止引擎運轉時誤打馬達而使齒輪撞壞
　，有些車輛在起動線路中安裝真空開關，
　引擎運轉時，真空使起動電路切斷。如圖
　8 − 1，8所示。

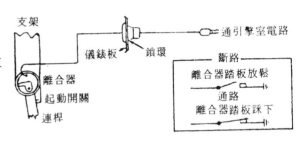

圖 8 − 1，6　離合器起動開關配線

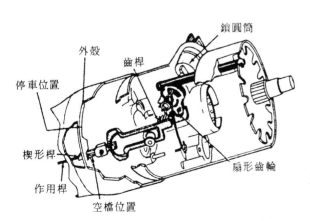

圖 8 − 1，7　機械式起動安全開關（
　　　　　Electrical Systems Fig
　　　　　10 − 10）

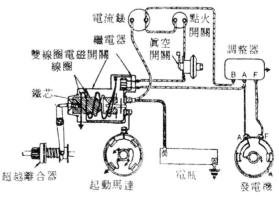

圖 8 − 1，8　雙線圈電磁開關、繼電器和
　　　　　真空開關之電路圖

㈥有些車子之引擎起動開關ST無法從ON打第二次，必須退回到OFF才能再到ST。

四、電磁開關

起動系用之電磁開關有繼電器（relay）及螺線管（solenoid）兩種，前者僅控制電路之通斷，後者除控制電路之通斷外，並控制驅動小齒輪的接合與分離。

㈠繼電器：

繼電器是利用小電流經過線圈產生電磁引力與彈簧力相配合而控制通過大電流之接點通斷的裝置。圖8－1，9所示為用在慣性驅動型起動馬達之繼電器的構造。

㈡螺線管：

1. 螺線管亦是利用電流經過線圈產生電磁吸力來產生機械

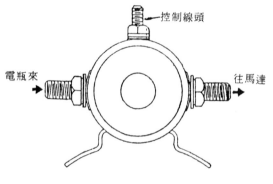

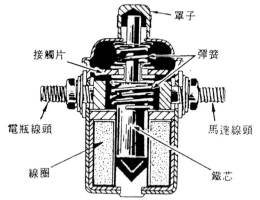

圖8－1，9　繼電器式電磁開關

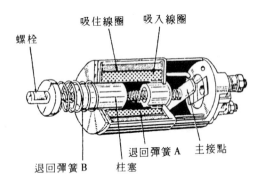

圖8－1，10　螺線管式電磁開關
（デンソー・始動裝置編　圖47）

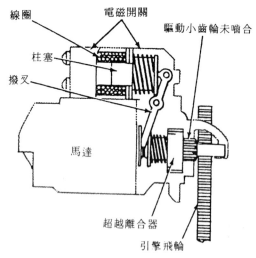

圖8－1，11　螺線管電磁開關作用（
Electrical Systems Fig
11－17）

動作之裝置，由線圈、柱塞、彈簧及接點等組成，圖8－1，10所示。

2. 當有電流流入線圈時，線圈之電磁吸力吸引柱塞克服彈簧力量，移入線圈中央，柱塞的移動先使馬達小齒輪與飛輪嚙合，使能搖轉引擎，齒輪嚙合完成之同時，使馬達電路接通，讓大量電流能流入馬達搖轉引擎，切斷線圈電流時，彈簧使柱塞及小齒輪退出。如圖 8 − 1 ， 11 所示。

五、起動馬達

　　起動馬達包括馬達本體與驅動機構兩部份。

8-1-3　起動馬達原理

一、在第五章 5 − 1 − 2 中曾介紹過馬
　　達定則（佛來銘左手定則）。我們
　　只要將導體繞在一電樞上，則電樞
　　會產生轉動，此即起動馬達基本原
　　理，如圖 8 − 1 ， 12 所示。

二、如圖 8 − 1 ，13 所示為簡單馬達之
　　構造，包括磁場（ megnet field ）
　　、導線環（ conducting loop ）、
　　整流子（ commutator ）、電刷（
　　carbon brush ）等，將電流由電
　　刷經整流子進入導線環（即電樞
　　armature ）後，導線環即產生轉
　　動，每半轉由整流子改變導線環之

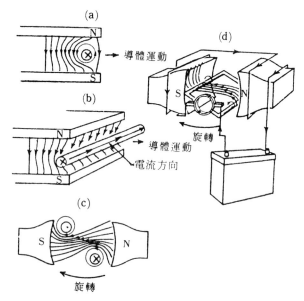

圖 8 − 1 ， 12　馬達原理（ Electrical Systems Fig 11 − 1 ）

電流一次，就可以使導線環所受之磁場推力連續而能持續旋轉（原在 N 極之導線移到 S
極時，電流方向必須相反，才能使作用力方向一致）。電流在導線中方向變換之情形，
如圖 8 − 1 ， 14 所示。

三、圖 8 − 1 ， 15 所示為電樞線圈在電磁鐵中所受推力及引力與旋轉情形。

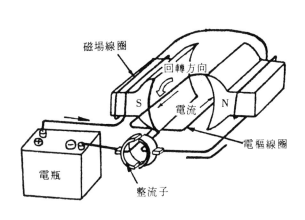

圖 8 − 1 ， 13　簡單馬達之構造（デ
ンソー・始動裝置編
圖 17 ）

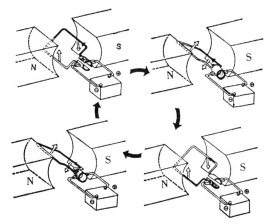

圖 8 − 1 ， 14　電流在導線中方向變換之情形
（デンソー・始動裝置編　圖
16 ）

第 二 節　起動馬達本體構造

馬達本體包括外殼與磁極、電樞、電刷、整粒子端蓋與驅動端蓋等。

8-2-1　馬達外殼與磁極

一、馬達之外殼與磁極如圖 8-2，1 所示，包括外殼、磁極、磁場線圈等。

二、外殼為軟鋼製之圓筒，作為磁力線之通路，如圖 8-2，2 所示。

三、磁極亦為軟鋼製成，與外殼緊密配合，
　　用螺絲鎖在外殼上。

四、磁場線圈用扁銅條與絕緣紙繞成。

五、馬達磁極與線圈繞法及線圈數之不同而
　　有許多不同型式，但以使用四極二線圈
　　串繞及四極四線圈串並繞的較多。

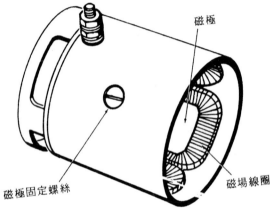

圖 8-2，1　馬達之外殼與磁極（Electrical
　　　　　　Systems Fig 11-5）

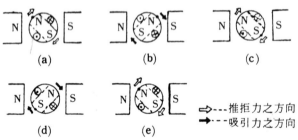

圖 8-1，15　電樞線圈在磁場中所受
　　　　　　推力及引力作用情形（
　　　　　　デンソー・始動裝置編
　　　　　　圖 15）

㈠二極二線圈串繞式如圖 8-2，3
　　(a) 所示，為小型引擎使用最多之
　　型式。

㈡四極二線圈並繞式如圖 8-2，3
　　(b) 所示，磁極排列為 NSNS，
　　線圈繞在相對之磁極上，方向相同
　　產生同極性。

㈢四極四線圈串繞式如圖 8-2，3
　　(c) 所示，為使用二電刷者，如圖
　　8-2，3 (d) 所示為使用四電刷

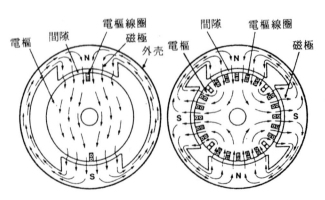

圖 8-2，2　二極與四極磁力線迴路（Electrical
　　　　　　Systems Fig 11-3，11-6）

者。

㈣四極四線圈並繞式，如圖8
－2，3（e）所示，為電先
經磁場線圈再經電樞線圈到
電刷搭鐵者，圖8－2，3
（f）所示，則電先經電樞線
圈再到磁場線圈搭鐵，四個
電刷均不搭鐵，圖8－2，
3（i）為馬達內部無搭鐵，
將搭鐵電刷用電線引到外部
搭鐵。

㈤四極四線圈串並繞式，如圖
8－2，3⒢之磁場線圈
有二組直接搭鐵，二組經電
樞搭鐵，有一組線圈直接搭鐵。

㈥圖8－2，4為六極六線圈並繞之起動
馬達，一般用在重型引擎。

圖8－2，3　各種馬達磁極與線圈繞法

8-2-2　電　樞

馬達電樞包括軸、軟鐵片疊合成之鐵蕊
、整流子及電樞線圈，如圖8－2，5所示
。

一、電樞軸上有齒槽以驅動小齒輪，有直槽
　　式及螺旋槽兩種，如圖8－2，6所示。

二、鐵蕊之軟鐵片表面上塗有絕緣凡立水，

圖8－2，4　六磁極並繞起動馬達之電路圖

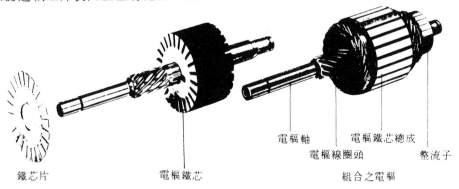

鐵芯片　　　　　　　電樞鐵芯

電樞軸　　電樞鐵芯總成
電樞線圈頭　　　　　整流子
組合之電樞

圖8－2，5　電樞構造（Electrical Systems Fig 11－11）

可以防止渦電流產生而發熱，線
圈槽之開口有全開者如圖 8 - 2
，7 (a) 所示；半開者如圖中
(b) 所示及封閉式如圖中 (c) 所
示三種。大型馬達電樞一般採用
封閉式。

三、電樞線圈繞在鐵蕊上，每一槽中
只有二條，用絕緣紙包紮。

四、電樞線圈之繞法有線頭互相靠近
之疊繞法，如圖 8 - 2 ，8 所示
，及線頭互相遠離之波繞法，如
圖 8 - 2 ，9 所示兩種。

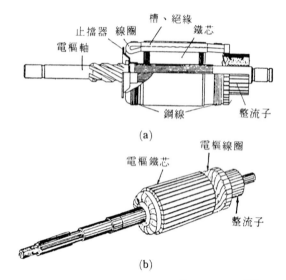

圖 8 - 2 ，6　電樞構造（自動車整備入門　圖 3 -
13 ）

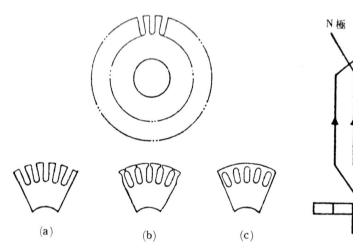

圖 8 - 2 ，7　鐵蕊線圈槽開口形狀（自動
車整備入門　圖 3 - 14 ）

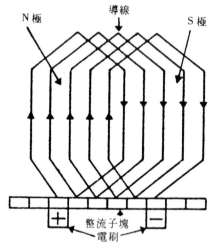

圖 8 - 2 ，8　電樞線圈疊繞法（ Electrical
Systems Fig 11 - 12 ）

五、整流子之構造如圖 8 - 2 ，10 所示。以銅片成 V 形切槽嵌入絕緣套中，每一銅片之間以
雲母絕緣片隔開，雲母片較銅棒低　0.5～0.8 mm 。

8 - 2 - 3 電　　刷

起動馬達因需通過很大電流，因此必須以含銅較多，含石墨較少的材料製成，以減少電
阻，因此一般呈銅色，故俗稱銅刷。

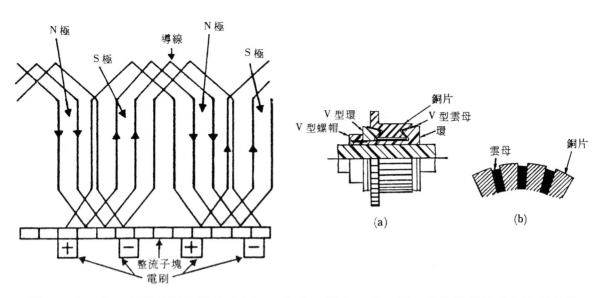

圖8－2,9　電樞線圈波繞法（Electrical　　圖8－2,10　整流子構造（自動車整備
　　　　　Systems Fig 11－13）　　　　　　　　　　入門　圖3－16）

8-2-4　整流子端蓋

　　包括蓋板、軸承、電刷座、電
刷彈簧、彈簧架等組成，如圖8－
2,11(a)所示。

一、蓋板通常用鋼板衝壓製成。

二、軸承一般使用含油銅套製成，
　　如使用普通銅套製造，需使用
　　黃油杯或機油杯潤滑。

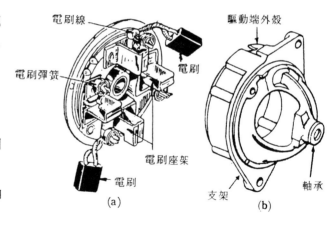

三、電刷座使用盒式，電刷可在內
　　部自由上下。

四、彈簧採用扁鋼條繞製之彈簧。　圖8－2,11　整流子端蓋及驅動端蓋

8-2-5　起動馬達原理

　　形狀因馬達形式而異，通常用鑄鐵製成，中央裝置銅套軸承，如圖8－2,11(b)所示
。

第 三 節　馬達驅動機構

8-3-1　概　　述

一、馬達之驅動機構在起動引擎時，能自動的使馬達小齒輪與飛輪的齒環嚙合，在引擎起動後，能使馬達小齒輪自動的與飛輪分離或自行空轉，才不會使馬達高速運轉而損壞。

二、起動馬達之小齒輪齒數與飛輪齒環齒數比約 1：15～1：20。

8-3-2 馬達驅動機構的種類

馬達驅動機構依小齒輪與飛輪嚙合方式及構造不同而有許多種類：

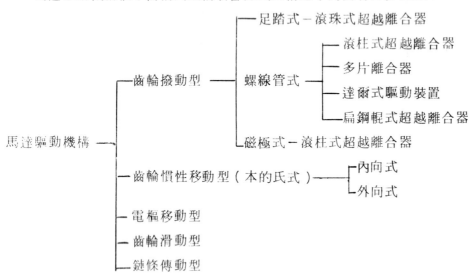

一、足踏式起動馬達，磁極式，電樞移動型，鏈條傳動型現已少用。

二、螺線管撥動齒輪式起動馬達

㈠圖 8－3，1 所示為使用雙線圈螺線管電磁開關撥動小齒輪之馬達構造，使用滾珠或滾柱式超越離合器保護馬達，為目前汽油車使用最多之起動馬達。

㈡圖 8－3，2 所示為使用雙線圈螺線管電磁開關控制，配合多片式離合器之起動馬達構造，用在中、小型柴油引擎上。

㈢圖 8－3，3 所示為使用達爾驅動機構之起動馬達構造，小齒輪之撥出由螺線管操作，引擎起動後利用驅動環上之螺旋槽使小齒輪與飛輪分開，保護馬達。

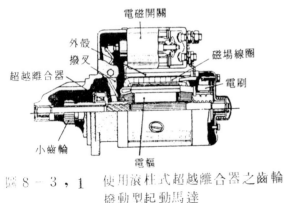

圖 8－3，1　使用滾柱式超越離合器之齒輪撥動型起動馬達
（デンソー　始動裝置編　圖 25）

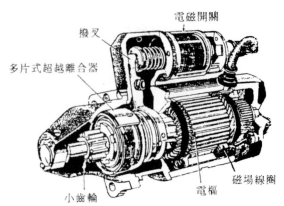

圖 8－3，2　使用多片式超越離合器之齒輪撥動型起動馬達（三級ガソリン・エンジン　圖Ⅱ－3）

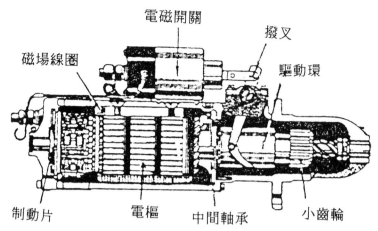

圖8-3，3　使用達爾驅動機構之起動馬達

（デンソー・始動裝置編　圖4）

三、齒輪滑動型起動馬達

圖8-3，4所示爲其構造，利用電磁直接吸引小齒輪與飛輪嚙合，使用多片式離合器保護馬達，多用在大型柴油引擎上。

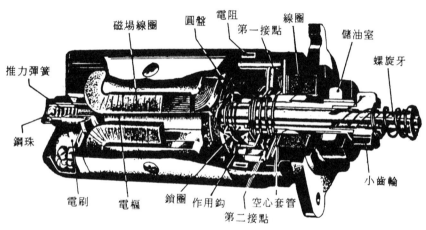

圖8-3，4　齒輪滑動型起動馬達

四、齒輪慣性移動型起動馬達

㈠圖8-3，5所示爲內向式本的氏式起動馬達之構造，利用小齒輪不平衡配重與螺旋齒，靠慣性力使小齒輪自動與飛輪接合和分離，舊式汽車使用較多。

㈡圖8-3，6所示爲外向式本的氏式起動馬達之構造。

五、超越離合器構造及作用

㈠超越離合器之主要功用是只能馬達驅動引擎，引擎不能驅動馬達。搖轉引擎時超越離合器鎖住成爲一體，馬達能驅動引擎，引擎一起動後，轉速比馬達快，超越離合器自動分離，小齒輪在馬達軸上超越空轉，以防馬達電樞被引擎帶動快速轉動而損壞。爲近代汽車普遍所採用。

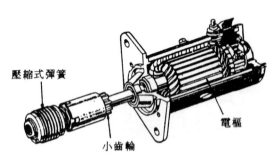

壓縮式彈簧

電樞

小齒輪

圖8－3，5　本的氏內向式起動馬達（デ
ンソー・始動裝置　圖3）

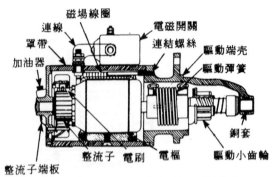

磁場線圈
連線
罩帶
加油器
電磁開關
連結螺絲
驅動端殼
驅動彈簧
銅套
整流子端板
整流子　電刷　電樞
驅動小齒輪

圖8－3，6　本的氏外向式起動馬達

㈡一般超越離合器之構造，如圖8－3，7所示。

㈢超越離合器之種類

超越離合
器之種類 ┬ 依主動機件位置分 ┬ 外動式
　　　　 │　　　　　　　　　 └ 內動式
　　　　 │　　　　　　　　 （現已少用）
　　　　 └ 依構造分 ┬ 滾珠式
　　　　　　　　　　 ├ 滾柱式
　　　　　　　　　　 └ 扁鋼輥式

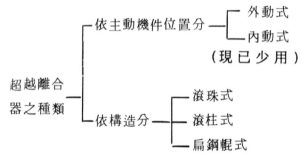

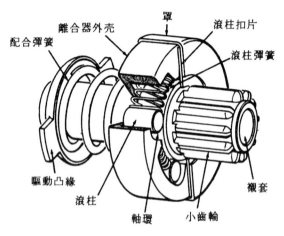

配合彈簧
離合器外殼
罩
滾柱扣片
滾柱彈簧
驅動凸緣
滾柱
軸環
小齒輪
襯套

圖8－3，7　超越離合器構造（Automotive
Electriced Systems Fig 11 -
20）

㈣外動式（out roller）

　1. 構造如圖8－3，8所示，超越離合器的外殼與空心軸製成一體，電樞轉動時，電樞
軸上的螺旋齒驅動空心軸與離合器外殼，外殼的內部挖有四條斜溝，放置彈簧及滾柱
（珠），為主動件。

　2. 小齒輪和超越離合器的內圈製成一體為被動件。

　3. 起動時動力傳遞為：電樞軸→空心軸→離合器外殼→離合器內圈→小齒輪，如圖8－
3，9所示。

　4. 引擎起動後之作用：小齒輪轉速大於電樞軸轉速，小齒輪為主動，滾柱移到斜溝較寬
處，離合器分離，只有小齒輪空轉，動力不會傳到電樞軸，如圖8－3，10所示。

㈤扁鋼輥式超越離合器（sprag overrunning clutch）

　1. 構造如圖8－3，11所示，用在重級型起動馬達上。

　2. 扁鋼輥的作用如圖8－3，12所示，外圈為主動件，內圈為被動件，外圈主動時使

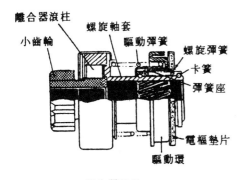

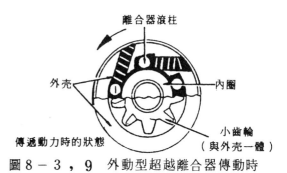

圖8-3，9　外動型超越離合器傳動時

圖8-3，8　外動型超越離合器（自動車
整備入門　圖3-22②）

圖8-3，10　外動型超越離合器空轉時
（デンソー・始動裝置編
圖33）

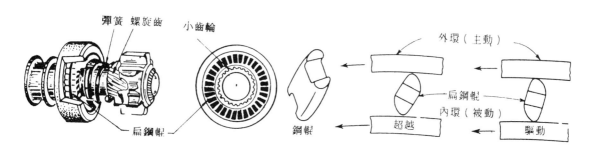

圖8-3，11　扁鋼輥式超越離合器構造　　　　圖8-3，12　扁鋼輥之作用

扁**鋼**輥豎起鎖住內圈而**一**起旋轉，能夠**驅**動；當內圈為主動時，扁鋼輥趨向橫放，使
離合器分離，內圈超越外圈空轉。

九、本的氏**驅**動機構之構造及作用

（一）利用慣性來使齒輪移動之**驅**動機構為本的氏（Bendix）先生所發明，故稱本的氏 驅
動機構，有些書稱為慣性傳動機構（inertra drive）。

（二）本的氏驅動機構原理，就如同螺帽與螺絲的關係（圖8-3，13所示）。若螺絲不轉，

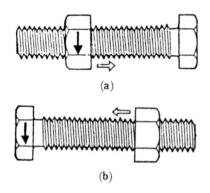

(a)

(b)

圖8-3,13 本的氏傳動機構原理（自動
車整備入門 圖3-28）

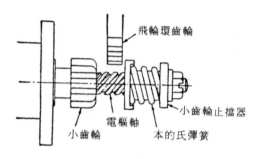

飛輪環齒輪

小齒輪止擋器

小齒輪　電樞軸　本的氏彈簧

圖8-3,14 本的氏驅動齒輪與飛輪之嚙合
（自動車整備入門 圖3-29）

螺帽向黑箭頭方向轉時，螺帽會向白箭
頭方向移動；反之，如果螺帽不轉，螺
絲向黑箭頭方向轉時，螺絲向白色箭頭
之方向移動，如圖中(b)所示。

㈢如圖8-3,14所示之小齒輪相當螺帽
，馬達電樞軸相當螺絲。起動時因齒輪
配重關係，電樞軸轉，小齒輪不轉，因
此小齒輪會在電樞軸上前進與飛輪嚙合
。引擎起動後，小齒輪比電樞軸轉得快
，相當電樞軸不轉，小齒輪轉，因此小
齒輪在電樞軸上後退，與飛輪分離。

㈣本的氏驅動機構因齒輪移動方向及驅動
彈簧構造不同而有許多種類：

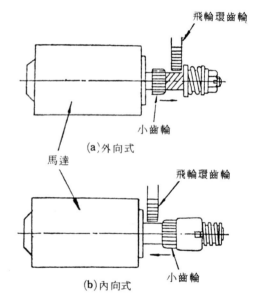

飛輪環齒輪

小齒輪

(a)外向式

馬達

飛輪環齒輪

小齒輪

(b)內向式

圖8-3,15 本的氏驅動齒輪移動方向（自
動車整備入門 圖3-31）

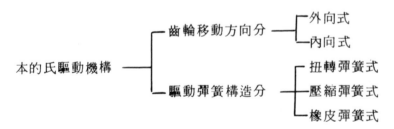

本的氏驅動機構　┬─齒輪移動方向分─┬─外向式
　　　　　　　　　　　　　　　　└─內向式
　　　　　　　　└─驅動彈簧構造分─┬─扭轉彈簧式
　　　　　　　　　　　　　　　├─壓縮彈簧式
　　　　　　　　　　　　　　　└─橡皮彈簧式

㈤本的氏驅動機構因齒輪移動與飛輪嚙合方向不同分外向式及內向式兩種，如圖8-3,15
所示。

㈥圖8－3，16所示為扭轉彈簧式本的氏驅動機構的構造。

㈦圖8－3，17所示為壓縮彈簧式本的氏驅動機構及分解圖。

㈧圖8－3，18所示為橡皮彈簧式本的氏驅動機構組合圖及分解圖。

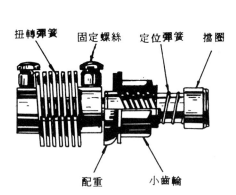

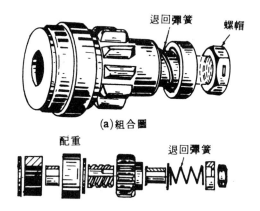

圖8－3，16　扭轉彈簧式本的氏驅動機構　　圖8－3，17　橡皮壓縮式本的氏驅動機構

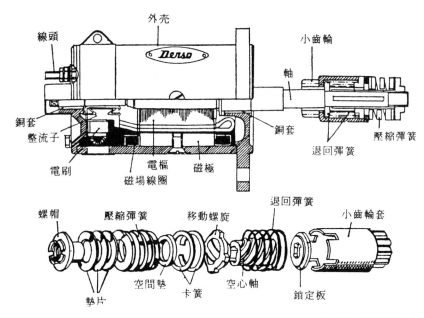

圖8－3，18　壓縮彈簧式本的氏驅動機構分解圖（自動車整備入門　圖3－30）

8-3-3　電樞制動

一、如果引擎起動一下立即熄火，在電樞或小齒輪未停止前再打馬達，會使齒輪嚙合困難，
　發生齒輪撞擊，而使齒輪前端磨損。

二、普通馬達電樞需再空轉8～10秒才會停止，慣性大的馬達更久。為縮短空轉時間，使能
　迅速再起動引擎，故馬達電樞需裝設制動裝置。

三、電樞制動種類

四、機械式電樞制動

  (一)彈簧式電樞制動裝置如圖8－3，19所示，利用彈簧力量壓止推墊片而使電樞產生制動
    作用。

  (二)離合器式電樞制動裝置如圖8－3，20所示，當驅動小齒輪退回原位時，壓住制動板而
    產生制動作用。

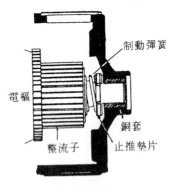

圖8－3，19 彈簧式電樞制動裝置（自動車
整備〔Ⅳ〕 圖2－26）

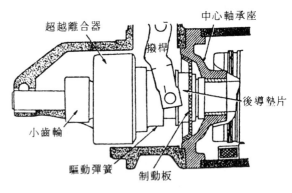

圖8－3，20 離合器式電樞制動裝置

8-3-4 起動馬達特性曲線

一、起動馬達依磁場線圈與電樞線圈之連接
  方法可歸納爲串繞，並繞及複繞，如圖
  8－3，21所示。

二、串繞馬達流過磁場線圈之電流全部流過
  電樞線圈，轉速低時電流大，扭矩大，
  轉速高時，電流減小，扭矩變小，特別
  適用於引擎起動馬達使用。如圖8－3
  22所示。爲12V起動馬達之特性曲線。

三、並繞馬達的轉速和扭矩變化與電流
  大小關係很小，一般用在雨刷及鼓
  風機之馬達。

四、複繞馬達則介於串繞馬達及並繞馬
  達之間。

五、如圖8－3，23所示爲串繞、並繞及複繞馬達之特性曲線比較。

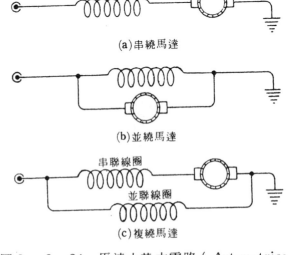

圖8－3，21 馬達之基本電路（Automotriced
Electriced Systems Fig 11－8）

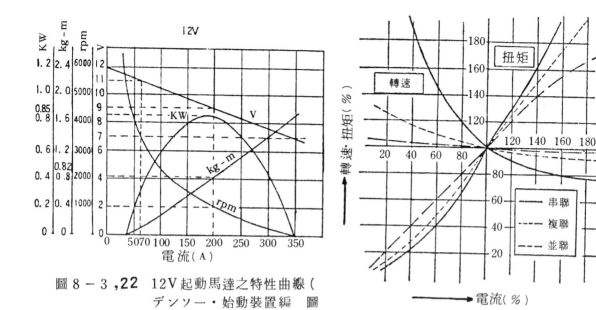

圖 8－3，**22** 12V起動馬達之特性曲線（
デンソー・始動裝置編 圖
23 ）

圖 8－3，**23** 串聯、並聯及複聯馬達之特性
（ デンソー・始動裝置編 圖
22 ）

第 四 節 汽油引擎起動系統

8－4－1 一般汽油引擎起動電路

一、圖 8－4，1所示為一般汽油引擎起動系統配線圖。

二、點火系統在引擎運轉時電流由B經ＩＧ線頭供應，需經外電阻才流到發火線圈，使發火
線圈受到的電壓在10.5 V左右。

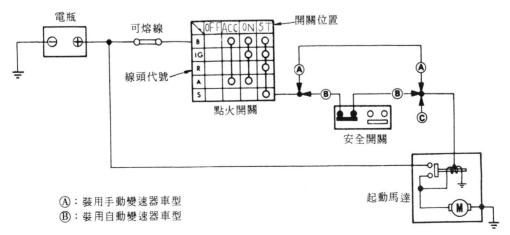

Ⓐ：裝用手動變速器車型
Ⓑ：裝用自動變速器車型

圖 8－4，**1** 一般汽油引擎起動系配線

三、點火開關在ST位置時，至點火系統發火線圈之電流可由B經R線頭供應，不再流經外
電阻，因 打馬達時馬達消耗大量電流，使電瓶電壓降1～2V，如此可使起動引擎時發
火線圈受到之電壓與平常運轉時相同，能產生強烈火花，使引擎容易起動。

四、裝用自動變速箱之汽車需經起動安全開關（又名抑制開關），使起動系統必須選擇桿在
N或P時才能作用。

8-4-2 齒輪撥動型馬達起動系統

一、圖8-4，2所示為使用螺線管齒輪撥動型馬達系統圖。

二、起動引擎時之作用：

㈠當點火開關轉到ST時，電瓶電由點火開關B線頭經ST線頭流到馬達電磁開關之S線
頭，電分二路，一條經較細的吸住線圈（hold in winding）或叫並聯線圈（shunt
coil）到外殼搭鐵產生吸力，另一條經較粗的吸入線圈（pull in winding）或叫串聯線
圈（series coil）。經電磁開關之M線頭，經馬達磁場線圈及電樞線圈搭鐵，使馬達
能緩慢旋轉，並產生強大的電磁引力，如圖8-4，3所示。

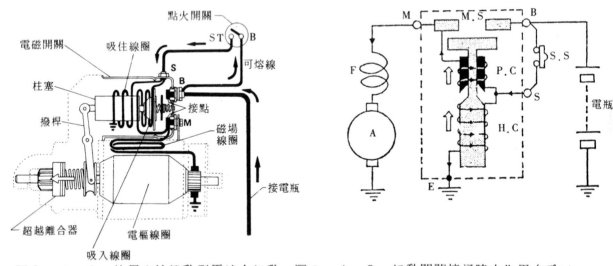

圖8-4，2 使用齒輪撥動型馬達之起動系統圖（Automotive Electrical System Fig 11-18）

圖8-4，3 起動開關接通時之作用（デンソー・始動裝置編 圖48）

電瓶→點火開關ST→電磁開關S

→吸住線圈→搭鐵

→吸入線圈→M線頭→馬達磁場線圈→馬達電樞線圈→搭鐵

㈡吸住線圈與吸入線圈方向相同，磁力線相同，產生之強吸引力將柱塞吸入線圈中，柱塞
之移動使撥叉將小齒輪撥向飛輪。因馬達電樞會慢慢轉動，故萬一齒相碰時能很快滑開

而使齒很容易嚙合，齒輪嚙合後，電樞因電流小，扭矩小，故停止轉動。當驅動小齒輪與飛輪齒嚙合完全後，柱塞將電磁開關B及M兩個接點接通，大量電流由電瓶經電纜線直接流入馬達，使馬達產生強大扭矩搖轉引擎，此時吸入線圈兩端均為電源，無電流進入，吸住線圈仍有電流。

㈢引擎起動後，若點火開關仍在ST位置，驅動小齒輪仍與飛輪嚙合，飛輪帶動小齒輪超越電樞轉速高速空轉，如圖8－4，4所示。

三、引擎起動後，關去點火開關之作用：

㈠引擎起動後，放開點火開關，則點火開關自動由ST回到ON，此時ST之電流切斷。

㈡因電磁開關B、M接點已閉合，故電流改由B線頭經接點流入吸入線圈，再到吸住線圈搭鐵，此時吸入線圈之電流方向與原來方向相反，而吸住線圈之電流方向仍不變，因此吸入及吸住線圈之電流方向相反，產生之磁力互相抵消，如圖8－4，5所示。

電源→電磁開關B線頭→M線頭→吸入線圈→吸住線圈→搭鐵。

㈢電磁開關之磁力消失後，彈簧將柱塞推出，撥叉將驅動小齒輪撥回原來位置。

㈣齒輪撥動型起動馬達之分解圖如圖8－4，6所示。

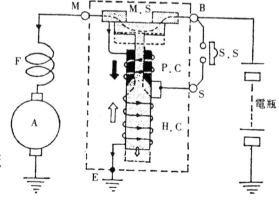

圖8－4，4　馬達搖轉引擎時之作用（デンソー、始動裝置編　圖49）

圖8－4，5　起動開關切斷時之作用（デンソー・始動裝置編　圖50）

8-4-3　齒輪慣性型馬達起動系統

一、圖8－4，7所示為使用本的氏驅動馬達之起動系統圖。

二、起動引擎時之作用

㈠當點火開關轉到ST時，電瓶電由點火開關B線頭經ST線頭流到電磁開關S線頭經線圈搭鐵。電磁引力將電磁開關B、M接點閉合。

㈡大量電流由電瓶經電纜流入馬達，使馬達高速旋轉。馬達旋轉時，本的氏驅動機構使小齒輪自動與飛輪嚙合，搖轉引擎。

㈢引擎一起動，轉速高於馬達相當轉速後，小齒輪自動與飛輪分開。

三、放開點火開關，自動由ST回到ON位置，ST無電流，電磁開關接點自動分開。

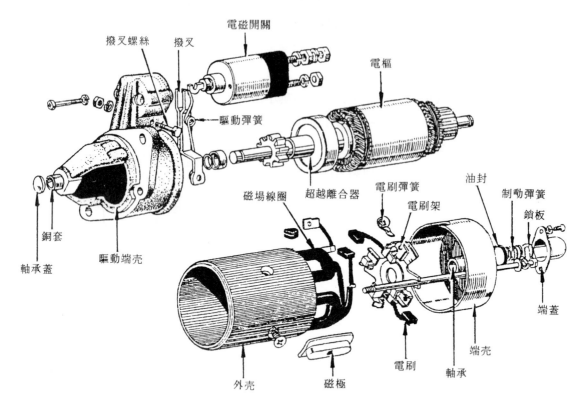

圖 8－4，6　齒輪撥動型馬達分解圖（デンソー・始動裝置編　圖 71 ）

四、起動引擎時，電瓶電會從電磁開關之 I
　　線頭流到發火線圈，不再流經外電阻，
　　使發火線圈在平常運轉及起動引擎時受
　　到之電壓相同。

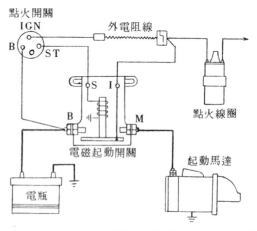

圖 8－4，7　繼電器型電磁起動開關電路圖

第 五 節 柴油引擎預熱系統

8 - 5 - 1 概 述

一、柴油引擎係利用壓縮後高壓空氣的高溫來使噴入汽缸之柴油粒自動着火燃燒產生動力。
　　在起動引擎時，引擎體是冷的，尤其在寒冷的冬天，空氣溫度很低，壓縮後的空氣熱量
　　一部份被冷的活塞及汽缸體吸收，溫度低，柴油不易着火，使引擎起動困難，甚至無法
　　起動。

二、為使柴油引擎容易起動，複室式燃燒室之柴油引擎常在副燃燒室中裝置預熱塞。在起動
　　之前先通電至預熱塞20～30秒，使副燃燒室及裏面之空氣先加熱，起動引擎時仍繼續
　　加熱，使初噴入之柴油立刻着火燃燒，引擎能順利起動。引擎起動後，關閉起動開關，
　　預熱塞才不再作用。

三、使用直接噴射式（展開室式）燃燒室之柴油引擎，普通較複室式易起動，且無副燃燒
　　室可供裝置預熱塞，故無預熱塞裝置，但為減少馬達負荷，使引擎更容易起動，現代引
　　擎裝置進氣總管空氣預熱器或進氣空氣加熱系統。

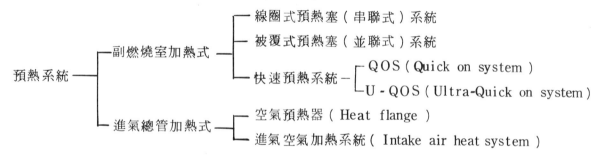

四、現代高速柴油引擎小輔車為提高柴油引擎之快速起動性能，免除預熱時等待之苦，發展
　　出一種急速預熱裝置QOS，能使預熱時間從20～30秒縮短到3.5秒，使柴油引擎具
　　有與汽油引擎相同之快速起動性能。最近更發展出一種預熱時間為零之超快速預熱裝置
　　U-QOS，使柴油引擎與汽油引擎一樣在 -20°C 下，仍能立即起動。

8 - 5 - 2 串聯式預熱塞預熱系統

一、串聯式預熱塞預熱電路

　㈠串聯式預熱系統使用在早期之柴油引擎上，包括電瓶、電瓶開關、起動開關、預熱指示
　　器、減壓電阻、預熱塞等如圖 8 - 5，1 所示。電路簡圖如圖 8 - 5，2 所示。電路的
　　作用如下：

　　1.將起動開關扭轉到預熱位置時，電流順序如下：

　　　電瓶→電瓶開關→起動開關→預熱指示器→No.1減壓電阻→No.2減壓電阻→預熱塞

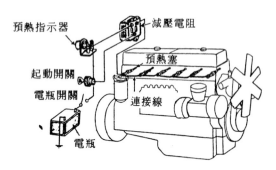

圖8－5，1　串聯式預熱系統組件（ジー
ゼル・エンジンの構造　圖
9－1）

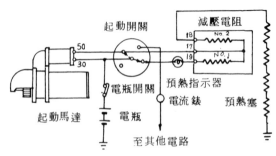

圖8－5，2　串聯式預熱塞電路

→搭鐵。

汽缸中之預熱塞與駕駛室中之預熱指示器在 10 ～ 20 秒後同時燒紅。預熱 30 ～ 60 秒
後即可起動引擎。

2. 將起動開關轉到起動位置時，預熱系統電流順序如下：

電瓶→電瓶開關→起動開關→No.2減壓電阻→預熱塞→搭鐵。

此時一部份電經起動開關後送到起動馬達電磁開關，使馬達運轉引擎，因馬達負荷大
，使電瓶產生電壓降，爲維持預熱塞仍能保持良好熱度，到預熱塞的電流不經預熱指
示器及No.1減壓電阻，使預熱塞在預熱及搖轉引擎時受到之電壓不變，使在起動引
擎時仍能維持高熱，使引擎容易起動。

二、預熱電路各機件之構造及作用

(一)線圈式預熱塞

線圈式預熱塞之加熱部份使用電熱絲繞
成，一端連接於中心導電體，另一端連
接於導電套管，套管及中心體和外殼間
有絕緣體隔開，如圖8－5，3所示。
電熱線很粗電阻很小，約 0.045 Ω，預
熱塞需串聯使用，使每只預熱塞受到之

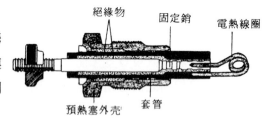

圖8－5，3　線圈型預熱塞之構造
（ジーゼル・エンジンの構造　圖9
－2）

電壓在 2 V 以下（一般 1.5 ～ 1.8 V）。通過電流約 35 ～ 60 A，發熱量爲 40 ～ 80 W
，能使溫度升至 950 ～ 1050°C，預熱所需時間約 40 ～ 60 秒。

(二)電瓶開關

1. 柴油引擎大多使用24V電系，電壓高，若電線之絕緣有破損時，易產生嚴重漏電，因
此在駕駛室適當位置常有閘刀式電瓶開關，當引擎不運轉時，尤其在汽車停用時，必
須將電瓶開關切掉。

2.有些柴油車之電瓶開關附在電磁起動開關中。

㈢起動開關

1.起動開關一般裝在駕駛室之儀錶板上，其功用為控制預熱及起動馬達電路。依其作用可分為推拉式、按鈕式、旋轉式、鑰匙式四種。

2.現在大多數柴油汽車都使用鑰匙式起動開關。鑰匙插入在垂直位置為關的位置。鑰匙向反時針方向旋轉為預熱位置，B與R_1連通，放鬆時彈簧力使鑰匙回到關的位置。鑰匙向順時針方向旋到底為起動位置，B、C及R_2連通，預熱塞及起動馬達均作用，如圖8－5，4所示。

㈣預熱指示器

預熱指示器裝在駕駛室儀錶板上，與預熱塞串聯，其功用是讓駕駛人知道預熱系統作用是否正常，在串聯式預熱系統者有一只預熱塞斷路，預熱指示器即不能燒紅。通常用鎳鉻線製成。如圖8－5，5及8－5，6所示。

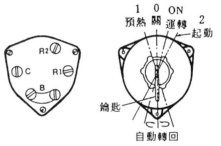

圖8－5，4　鑰匙式起動開關

㈤預熱繼電器

1.串聯式預熱系統耗用電流很大（約30～60A），若全部電流經過起動開關，易使接點損壞。裝置預熱塞繼電器可使預熱系統之電流不經起動開關，而直接由預熱繼電器之接點通過，因接點面積大，導電佳，較經久耐用。

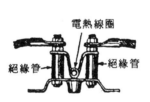

圖8－5，5　預熱指示器㈠
（汽車柴油引擎下　圖10－5）

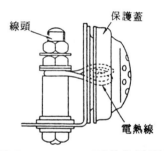

圖8－5，6　預熱指示器㈡
（三級ジーゼル・エンジン圖V－7）

2.圖8－5，7為預熱繼電器線路圖，當起動開關在預熱位置時，電瓶電經起動開關到預熱繼電器之g線頭經線圈E，而搭鐵，使接點P_1閉合。電瓶的電由B線頭經接點P_1，G線頭再經預熱指示器，減壓電阻R_1及R_2到預熱塞後搭鐵。當起動開關在起動位置時，E_1線圈無電，P_1接點分開；電瓶電由預熱繼電器之ST線頭進入，經線圈E_2搭鐵，使P_2接點閉合，電瓶電由B線頭經P_2接點經減壓電阻R_2到預熱塞後搭鐵，同時有電流到馬達電磁開關使馬達作用。

㈥減壓電阻

因線圈式預熱塞只能承受2V以下之電壓，而柴油引擎之電瓶電壓為24V，因此必須串聯適當電阻，使每只預熱塞承受之電壓在2V以下。

在打馬達時，因電瓶大量電流消耗到馬達去使電壓降低，為使預熱在打馬達時受到之電

壓不變，因此打馬達時之電阻
要減少，故減壓電阻內有二組
電阻線圈，在預熱時需經過二
只串聯電阻，使電壓降增大，
在打馬達時僅通過一只電阻，
使電壓降減少。減壓電阻由鎳
鉻線製成，外用通風之保護罩
罩住，如圖8－5，8所示。
只有一組電阻之減壓電阻用在
12 V系統。

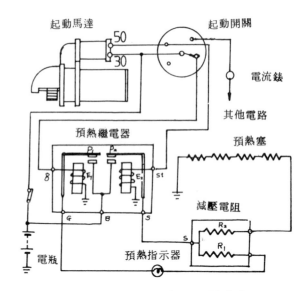

圖8－5，7　預熱機電器電路圖
（汽車柴油引擎下　圖10－7）

8 - 5 - 3　並聯式預熱塞預熱系統

一、並聯式預熱塞預熱電路

現代柴油汽車引擎都改用並聯式預熱塞之預熱系統。因串聯式預熱塞預熱系統只要有一
只預熱塞燒斷全部預熱系統即不能作用，使引擎很難起動；而並聯式預熱塞預熱系統若
有預熱塞損壞，只有該缸受影響，引擎仍可起動。圖8－5，9為並聯式預熱系統電路
圖。

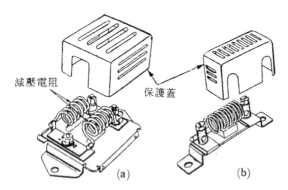

圖8－5，8　預熱塞減壓電阻之構造（ジ
ーゼル・エンジンーの構造
圖9－6）

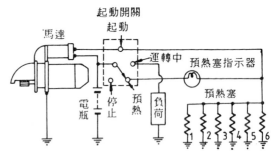

圖8－5，9　被覆型預熱塞之並聯預
熱電路
（ジーゼル・エンジン
の構造　圖9－12）

㈠起動開關在預熱位置時，電流順序如下：

電瓶→起動開關→預熱指示器→並聯預熱塞→搭鐵。

被覆型預熱塞之電熱絲包在金屬管中，溫度上升較慢，需經60～90秒才能完全燒紅。

㈡起動開關在起動位置時，電流順序如下：

電瓶→起動開關→並聯預熱塞→搭鐵。

此時一部份電流到馬達電磁閥開關使馬達運轉引擎，電流不經預熱指示器直接到預熱塞，故預熱指示器不亮。

二、被覆式預熱塞之構造及作用

　　㈠被覆式預熱塞之構造如圖 8 − 5 , 10 所示。電熱絲用氧化鎂（MgO）絕緣粉固定於金屬管中，其一端連接外殼搭鐵，一端連接到外面線頭，中間有一塊導石如圖 8 − 5 , 11 所示。爲高電壓、低電流型之預熱塞，發熱量 60 ～ 100 W，發熱部溫度爲 950 ～ 1050°C，使用電壓 24 V 系爲 22 ～ 23 V，12 V 系統爲 10 ～ 11 V；使用電流 24 V 系統約 5 ～ 6 A，12 V 系統約 10 ～ 11 A，預熱時間需 60 ～ 90 秒。

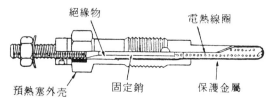

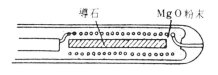

圖 8 − 3 , 10　被覆型預熱塞之構造（三級　　圖 8 − 5 , 11　被覆型預熱塞預熱部構造（
　　　　　ジーゼル・エンジン　圖Ⅴ　　　　　　　　　自動車工學 Vol.30 No.12 ）
　　　　　− 5 ）

　　㈡使用被覆型預熱塞燃燒面積大，引擎容易起動。各預熱塞並聯，即使有部份預熱塞失去作用，其他預熱塞仍作用，引擎仍能起動。電熱線無積碳之慮，不必保養，使用壽命長。不需裝置減壓電阻，減少電之損失。

8 - 5 - 4　快速預熱系統

一、快速預熱系統 Q O S

　　五十鈴雙子星型小轎車使用之小型高速柴油引擎，使用渦動室式燃燒室，燃燒室的構造及預熱塞的裝置方法如圖 8 − 5 , 12 所示。

　　㈠Q O S 所用之預熱塞，六角螺絲部份漆綠色以便容易分辨，發熱部份採用表面經氧化錳處理過的鎳鉻線，中間使用鋁心，電熱線成喇叭形，如圖 8 − 5 , 13 所示，電阻值減小，電流值增大，使能迅速發熱。

　　㈡圖 8 − 5 , 14 爲 Q O S 控制系統組成圖，圖 8 − 5 , 15 爲 Q O S 控制系統電路圖。

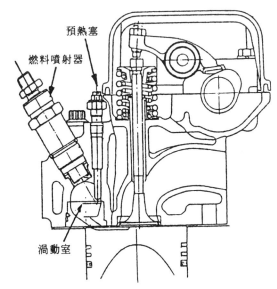

圖 8 − 5 , 12　Q O S 預熱塞安裝情形（自動車工學 Vol.30 No.12 ）

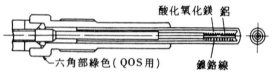

圖 8－5，13　QOS用預熱塞構造（自動
車工學Vol.30 No.12）

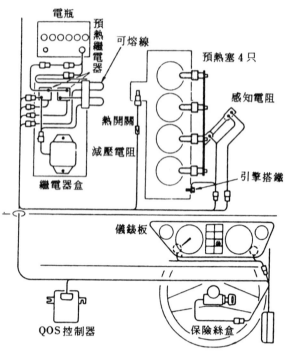

圖 8－5，14　QOS控制系統組成圖
自動車工學Vol．30
No。12

1. 當鑰匙開關轉到ON時，預熱指示燈
點亮，同時電流進入預熱繼電器1之
線圈，使白金接點閉合，電流由電瓶
經白金，感知電阻到預熱塞，經 3.5
秒預熱繼電器1閉合，此時預熱塞的
溫度約 500°C，預熱指示燈熄滅。

2. 接著鑰匙開關轉到ST時，馬達轉動
，同時預熱指示燈再點亮，預熱繼電
器1及2同時動作，大量電流進入預
熱塞，溫度上升到900°C，
比較器之動作使預熱繼電器
1閉合，預熱繼電器2相繼
閉合，使預熱塞保持穩定預
熱狀態，引擎起動後，預熱
繼電器2能繼續閉合7秒鐘
，使引擎剛起動後之運轉能
穩定。

二、超快速起動系統U－QOS

(一)超速快起動系統U－QOS首
先用在1982年五十鈴之雙子星
型柴油引擎小轎車上，其起動
與普通汽油引擎完全相同，上

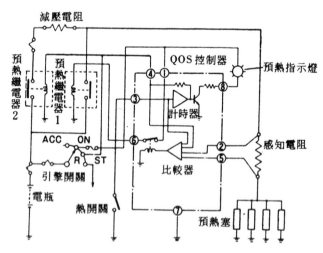

圖 8－5，15　QOS控制系統線路圖
（自動車工學Vol．30 No．12）

車把鑰匙轉到ON立刻可轉到ST起動引擎，不必等待預熱。在 -20°C之低溫下亦可立
刻起動引擎。圖8－5，16為舊式被覆型預熱塞，QOS，U－QOS預熱塞所產生溫
度及經過時間之比較圖。

(二)U－QOS用預熱塞之構造如圖8－5，17所示，六角螺絲部份漆銀色以便識別。發熱

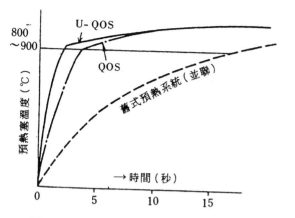

圖 8 - 5 , 16　各型預熱塞溫度與所需時間
　　　　　　比較圖（自動車工學 Vol.30
　　　　　　No.12 ）

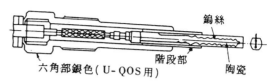

圖 8 - 5 , 17　U - Q O S 用預熱塞構造（自
　　　　　　動車工學 Vol.30 No.12 ）

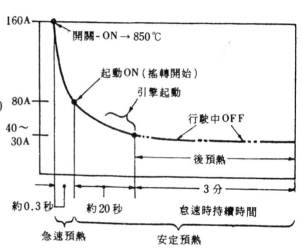

圖 8 - 5 , 18　U - Q O S 預熱塞電流經過特
　　　　　　性（自動車工學 Vol.30 No.
　　　　　　12 ）

部份金屬罩而是用特殊陶瓷製成；能耐極大之衝擊力（抗彎曲強度 40 ～ 45 Kg／mm²，從 1 m 高落下也不會碎），且熱變形極小。電熱絲用鎢絲，封閉在陶瓷中，不與空氣接觸，不會發生氧化作用，故壽命很長。

㈢ U - Q O S 預熱塞需在鑰匙轉到 O N 之瞬間溫度即需達 700°C 以上之高溫，故開關 O N 之瞬間每支預熱塞需有 40A 之大電流進入四缸需 160 A，電壓約 5 ～ 6 V，使預熱塞能急速發熱。馬達搖轉期間只需一半之電流維持穩定預熱。圖 8 - 5 , 18 為 U - Q O S 預熱電流特性圖。

㈣後預熱控制：

1. 爲改善引擎低溫運轉性能，減少笛塞爾爆震之噪音，U - Q O S 特設後預熱裝置，當引擎水溫低於 60°C 時，引擎起動後關去起動開關，預熱塞仍能繼續加熱 3 分鐘，使冷引擎之運轉順暢。但車速若高於 18 km／hr 時，後預熱系統即 O F F 。

2. 圖 8 - 5 , 19 為 U - Q O S 之控制系統圖。在後加熱時所消耗之電流約 30 ～ 40 A，爲防止電力之過度消耗，加裝了電子控制系統。

　(1)電子控制器－當預熱塞溫度達 850°C 時自動停止通電。在鑰匙開關 O N，預熱塞溫度低於 700°C 時自動通電，當引擎水溫在 60°C 以上，行駛中或引擎熄火時自動切斷電流。

　(2)預熱繼電器－控制急速加熱及安定加熱二個主要電路。

　(3)減壓電阻－在安定加熱時，加入電路中，以控制電壓之電阻。

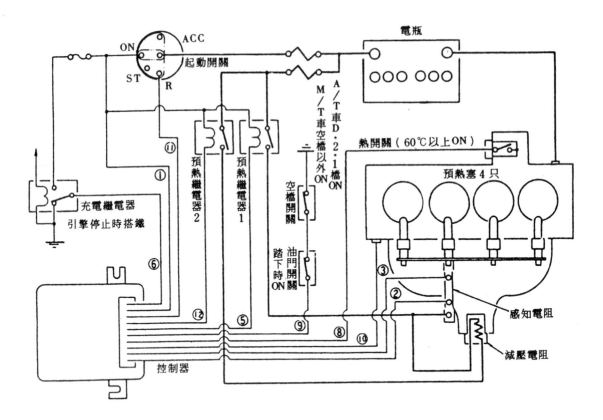

圖 8 − 5 ，19 U‐QOS控制電路（自動車工學 Vol。30 No。12 ）

(4)感知電阻－測定電阻用之比較基準電阻。

(5)溫度開關－冷却水溫度檢出， 60℃以上時ON。

(6)油門開關－油門位置之感知，踩油門時ON，怠速時OFF。

(7)空檔開關－在空檔時ON，打進排檔時OFF。

(8)另外U‐QOS還有保護裝置，當預熱塞有1只以上斷路時，蜂鳴器會響，提醒注意。

8 - 5 - 5　電熱式空氣預熱器

　　展開室式燃燒室引擎雖然較複室式引擎容易起動，但寒冷天氣無預熱塞幫助仍是不易起動，且此式引擎無副燃燒室可供裝置預熱塞，於是有些展開室式引擎在進氣管上裝置預熱器，稱爲空氣預熱器。其構造如圖 8 − 5 ，20所示。使用電力約 400 ～ 600 W，將吸入汽缸之空氣先行加熱使引擎容易起動。空氣預熱器使用時，在儀錶板上之預熱指示燈會點亮。圖 8 − 5 ，21爲電熱式空氣預熱器線路圖。

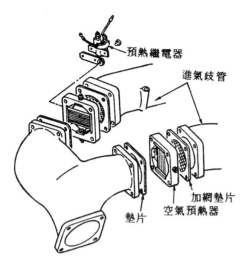

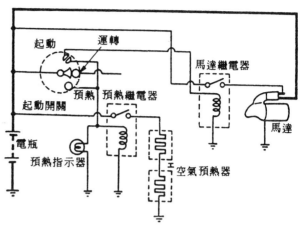

圖 8 － 5 , 20　空氣預熱器（三級
　　　　　　　　ジーゼル・エンジ
　　　　　　　　ン　圖Ⅴ－3）

圖 8 － 5 , 21　空氣預熱器電路圖（三級ジーゼル
　　　　　　　　・エンジン　圖Ⅴ－10）

8 - 5 - 6　進氣加熱系統

一、直接噴射式柴油引擎使用空氣預熱器時，消耗之電流很大，且空氣升高之溫度仍有限，
　　引擎不易起動。進氣加熱系統係利用電熱塞使少量柴油燃燒，以所生的熱量加溫空氣，
　　同時燃燒之火焰吸入汽缸中，使噴入之柴油容易燃燒。此式與空氣預熱器相較，耗電僅
　　1／20，空氣溫度高 50 ～ 60°C，且引擎起動後可以繼續加熱 10 ～ 15 秒，縮短引擎低
　　溫運轉時間，減少排放黑煙及爆震聲。

二、進氣加熱系統之構造及作用

　㈠圖 8 － 5 , 22為進氣加熱系統之構成圖。由燃料室（浮筒室）、噴油加熱器、開關等組
　　成。

　㈡噴油加熱器之構造如圖 8 － 5 , 23所示。當起動開關轉到預熱位置時，電流入噴油加熱
　　器之電熱線圈，將噴油加熱器體加熱；溫度上升後，由於噴油加熱器體與閥桿之膨脹差
　　，使鋼珠閥打開。鋼珠閥打開後，燃料油因重力關係，流入噴油加熱器體內，燃油因高
　　溫而汽化，燃料汽體進入點火器時與特殊設計之外殼上孔進入之空氣混合成易燃之混合
　　汽，由點火器點火產生燃燒。將進氣總管中之吸入空氣加熱。

　　引擎起動後關去開關，通常能繼續維持噴油燃燒 10 ～ 15 秒，直到進入空氣之冷却作用
　　使噴油加熱器冷却下來，鋼珠閥關閉切斷燃油之流入為止。

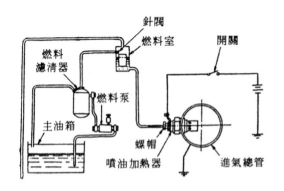

圖 8－5，22　進氣加熱系統組成（三級ジ
　　　　　　ーゼル・エンジン　圖Ⅴ－
　　　　　　2）

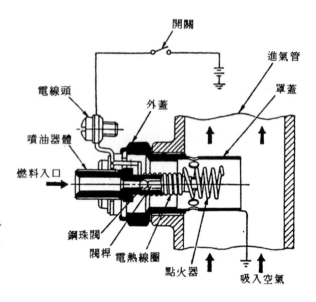

圖 8－5，23　噴油加熱器之構造作用（三級
　　　　　　ジーゼル・エンジン　圖Ⅴ－
　　　　　　9）

第 六 節　柴油引擎起動系統

8-6-1　概　述

一、柴油引擎的汽缸壓力約比汽油引擎大三～五倍，各部機件都較堅固笨重，起動馬達用來
　　搖轉引擎之力量也必須較大。

二、爲使柴油引擎容易起動，減輕馬達負荷，大型車用柴油引擎均裝有減壓裝置，在起動引
　　擎前先將減壓桿拉起，使引擎的進汽門或排汽門全部打開，引擎沒有壓縮阻力，使馬達
　　能輕易搖轉，等搖轉引擎到較快速度，且機油都送到了各運動機件後，推回減壓桿，利
　　用引擎的轉動慣性，協助起動馬達，使引擎快速轉動，而能迅速起動，可以節省電瓶之
　　電流消耗。

三、小型柴油引擎都不裝減壓桿，馬達直接搖轉引擎使其起動，因此馬達必須具備下列各項
　　要求：

㈠馬達小齒輪需以緩慢的速度與飛輪齒相嚙合，避免急速碰撞。因此，起動馬達搖轉引擎
　　之過程需分爲二個階段：第一階段開始打馬達時，只流入少量電流，使馬達慢慢轉動，
　　而使馬達小齒輪能很順利地與飛輪相嚙合。待齒輪完全接合後，才進入第二階段，使大
　　量電流進入馬達，產生大的扭矩以搖轉引擎。

㈡引擎剛起動後，馬達小齒輪仍與飛輪嚙合，因引擎轉速急速上升，馬達小齒輪必須能在馬達電樞上自由空轉，以防電樞被引擎高速驅動而損壞。故馬達電樞與小齒輪間均有超速離合器，或多片離合器，使引擎起動後，小齒輪能自動與電樞分離。

㈢引擎若起動失敗，馬達要迅速停止運轉，以縮短再起動時之等待時間，故馬達電樞均有制動裝置，當關去起動開關後，能使電樞很快地停止空轉，以便能立刻再起動引擎。

㈣若引擎太緊，起動馬達無法搖轉時，電樞與小齒輪間之離合器會發生打滑，可以防止馬達因超過負荷而燒壞。

四、柴油引擎的起動馬達，依構造之不同可分為下列各型：

　　柴油引擎用起動馬達 ─┬─ 電樞移動型　**現已少用**
　　　　　　　　　　　　├─ 齒輪撥動型
　　　　　　　　　　　　└─ 齒輪滑動型

㈠齒輪撥動型起動馬達之電樞只能旋轉不能移動，小齒輪由雙線圈電磁開關吸拉柱塞，經撥桿與飛輪嚙合或分離，其外型如圖8－6，1所示。

㈡齒輪滑動型起動馬達係利用電磁力將小齒輪吸出與飛輪嚙合，其外型如圖8－6，2所示。

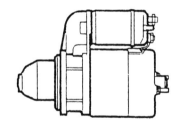

圖8－6，1　齒輪撥動型起動馬達（BOSCH Electric Starting Motors Fig 16）

圖8－6，2　齒輪滑動型起動馬達（BOSCH Electric Starting Motors Fig 20）

8-6-2　齒輪撥動型馬達起動系統

一、齒輪撥動型馬達又叫先接式起動馬達，構造與一般汽油引擎使用者相似，只是將滾柱式超速離合器改為多片式離合器，構造簡單，檢修容易，為目前小型柴油引擎所採用者，如圖8－6，3所示。

二、齒輪撥動型起動馬達電樞之構造如圖8－6，4所示。電樞軸上有螺旋槽，與離合器之螺牙空心軸套相嚙合，在撥動小齒輪時能使小齒輪旋轉，使小齒輪容易與飛輪嚙合。

三、為防止小齒輪脫離飛輪而發生碰撞，損壞齒輪，在電樞軸之螺旋槽部有一橫溝，當小齒輪撥出與飛輪嚙合後，離合器內軸套中之鋼珠會嵌入橫溝中，除非離合器分離，否則鋼

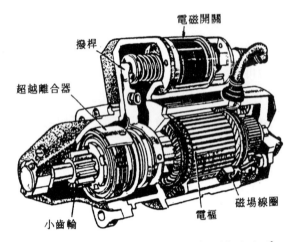

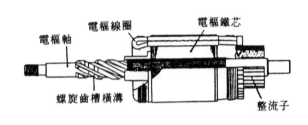

圖8-6,3　齒輪撥動型馬達構造（デン　　圖8-6,4　齒輪撥動型電樞軸之構造（
　　　　　　ソー・始動裝置編　ＡＢ　　　　　　　　デンソー始動裝置編　圖29
　　　　　　0008）　　　　　　　　　　　　　　　　）

珠無法從橫溝中脫出，以防齒輪在搖轉引擎時脫離飛輪。圖8-6，5為馬達靜止時鋼珠之位置，圖8-6，6為在傳達扭矩時，鋼珠鎖在橫溝中之情形，圖8-6，7為離合器分離後，鋼珠不再被鎖住而能從橫溝中脫出之情形。

四、齒輪撥動型馬達起動系統電路

　㈠日立牌24V 7PS齒輪撥動型起動馬達電路如圖8-6，8所示。

　　1.起動引擎前需先將電瓶開關開上，當起動開關接通時，其電流路徑如下：

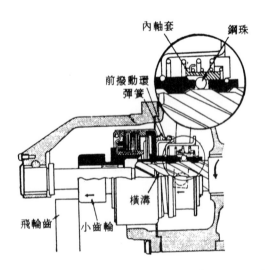

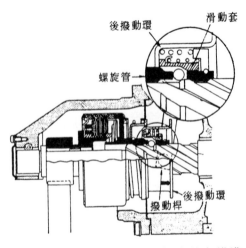

圖8-6，5　馬達靜止時之狀態（デンソー　　圖8-6，6　傳輸扭矩時鋼珠鎖在橫溝中
　　　　　　・始動裝置編　圖43）　　　　　　　　　　之情形（デンソー・始動裝
　　　　　　　　　　　　　　　　　　　　　　　　　　置編　圖45）

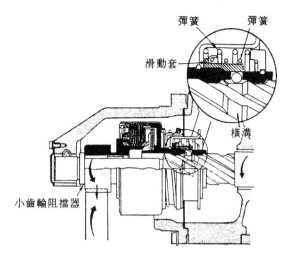

圖 8 − 6 ， 7 　離合器分離鋼珠不被鎖住
，能從橫溝中脫出（デン
ソー・始動裝置編　圖44
）

圖 8 − 6 ， 8 　齒輪撥動型起動馬達電路（日立）

電瓶→主開關 B 線頭→電磁開關→主開關 L 線頭→起動開關→電磁

開關 C 線頭 −⎡→吸住線圈→搭鐵

　　　　　　⎣→吸入線圈→電磁開關 R →主開關 R 線頭→電阻→主開關 M 線頭→馬達

磁場線圈→電樞線圈→搭鐵。

　馬達電樞緩慢轉動，電磁開關因吸入及吸住線圈之吸力將柱塞吸入，撥動小齒輪使與
飛輪相嚙合。

2. 小齒輪與飛輪嚙合完成後，電磁開關中之 C 及 S 兩線頭接通，電由 C 經 S 流到主開關
之線圈搭鐵，產生吸力使繼電器之接觸片閉合。電瓶大量電流經繼電器流入馬達，使
馬達強力高速旋轉，搖轉起動引擎。

3. 起動開關關去後，因吸入線圈與吸住線圈之電流方向相反，磁力互相抵消，彈簧力量
使小齒輪拉回原處。電磁開關線頭 C 與 S 線頭分開，繼電器線圈無電流，接觸片分離
，將流入馬達之電路切斷，馬達停止運轉。

㈡配有馬達保護器 MP、輔助開關 AS 及馬達繼電器 MS 之齒輪撥動型起動馬達電路，
如圖 8 − 6 ， 9 所示。

1. 當起動開關 SS 開上時，電流路徑如下：

電瓶→起動開關 SS →主開關 S_1，線頭 −⎡→輔助開關接點 BP
　　　　　　　　　　　　　　　　　　　⎣→輔助開關線圈 AC

→保護繼電器線圈 BC →電阻 RB →搭鐵。

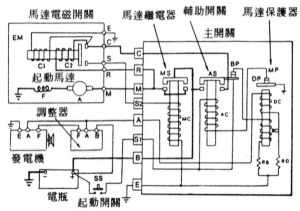

圖 8 - 6，9　齒輪撥動型起動開關電路圖（日興）

馬達保護器接點 D P →搭鐵

線圈 B C 之磁力很弱，不能使接點 D P 張開；線圈 A C 的磁力使 A S 接點閉合而使 B P 接點張開，電瓶電不能流到馬達保護器的線圈 B C。因 A S 接點閉合，電瓶電流如下：

電瓶→主開關 B 線頭→輔助開關 A S 接點→主開關 C 線頭→電磁開關

C 線頭─┌→電磁開關 C_1 線圈→搭鐵
　　　└→電磁開關 C_2 線圈→電磁開關 R 線頭→馬達電樞線圈 A →馬達磁場線圈 F →搭鐵。

此時馬達電樞緩慢轉動，小齒輪被撥桿撥出和飛輪嚙合。

2. 當小齒輪與飛輪嚙合完成後，電磁開關之 C 及 S 線頭接通。線圈 M C 之吸力使馬達繼電器 M S 閉合，大量電流由電瓶→馬達繼電器 M S →主開關 M 線頭→馬達 M 線頭→馬達電樞線圈 A →馬達磁場線圈 F →搭鐵。

3. 當馬達搖轉引擎時，發電機已跟著運轉，有少量電發出，但因流過馬達保護器 D C 線圈之電流很小，接點 D P 保持閉合狀態。

4. 引擎起動後，若起動開關未關掉，發電機之輸出電壓高，流過 D C 線圈之電流增大，磁力使接點 D P 分離，而使 A C 線圈之電流切斷，彈簧力使輔助開關 A S 分離，而使 B P 接點閉合，電瓶電又可從 S_1 線頭經 B P 接點、線圈 B C 而搭鐵，B C 及 D C 二線圈之力量可使接點 D P 確保分開。

5. A S 接點分開後，電流不再流入馬達電磁開關之 C 線頭，電瓶電改由下面電路流到電磁開關 C_1 及 C_2 線圈。

電瓶→馬達繼電器 M S →主開關 R 線頭→電磁開關 R 線頭→線圈 C_2 →線圈 C_1 →搭鐵

此時 C_1 及 C_2 線圈之電流方向相反，磁力互相消抵。鐵蕊退回，小齒輪撥回，接點 C 及 S 分離，主開關之 M C 線圈無電流，M S 接點分開，電不再流到馬達。

6.引擎正常運轉中,線圈ＤＣ的力量很大,使接點ＤＰ經常張開,線圈ＡＣ不可能有電流,因此即使打開起動開關,馬達亦不會作用。

8-6-3 齒輪滑動型馬達起動系統

一、齒輪滑動型起動馬達用在大型汽車之柴油引擎上,圖8－6,28所示為其構造。線路圖如圖8－6,11所示。小齒輪與飛輪的嚙合及分離由電磁直接控制。

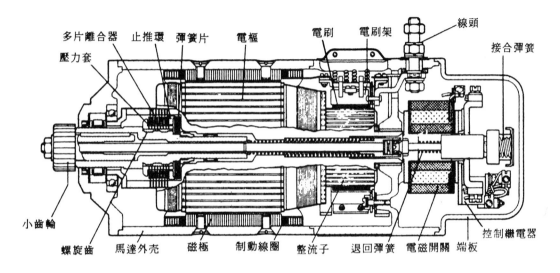

圖8－6,10　波細ＴＢ型齒輪滑動型起動馬達(BOSCH Electric Starting Motors Fig 52)

二、齒輪滑動型起動馬達之電樞係由驅動端板及整流子端板之軸承支持。電樞軸為中空,驅動端並做為多片離合器之殼室,離合器殼室之端面由一蓋板封住,蓋板由驅動端板之滾柱或平軸承支持,以支持電樞。在整流子端電樞由平軸承支持。電磁開關的構造如圖8－6,12所示,裝在整流子端板上與電樞中心一致,用來控制小齒輪與飛輪之嚙合分離及二段開關繼電器之作用。多片離合器如圖8－6,13所示,主動片以外凸耳嵌

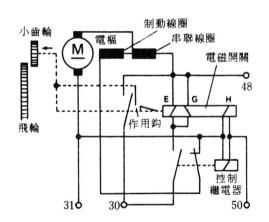

圖8－6,11　波細ＴＢ型起動馬達線路圖(BOSCH Electric Starting Motors Fig 57)

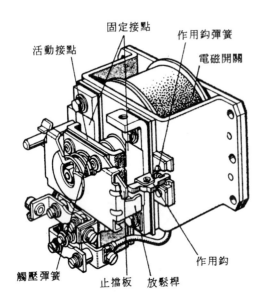

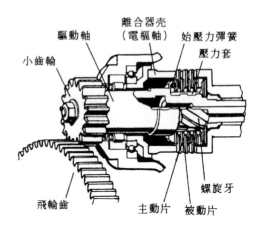

圖 8 − 6 ，12 ＴＢ型齒輪滑動型馬達電磁
開關（ BOSCH Electric
Motors Fig 53 ）

圖 8 − 6 ，13 多片離合器構造（ BOSCH
Electric Starting Motors
Fig 54 ）

在離合器殼上，被動片以內凸耳嵌在
壓力套上，壓力套以螺旋齒與小齒輪
相嚙合，當小齒輪驅動飛輪時，會使
壓力套向後退而使離合器壓緊。

三、齒輪滑動型起動馬達之作用

㈠起動開關未開，馬達在靜止位置，如
圖 8 − 6 ，14所示，線頭31接搭鐵，
30接電瓶，50接起動開關，48接磁場
線圈。起動開關分開，控制繼電器及
電磁開關之線圈均未有電流進入，退
回彈簧使控制繼電器柱塞及大小齒輪
推桿均退回原位。制動線圈之接點閉
合，吸入及阻力線圈接點分離，主接
點分離。

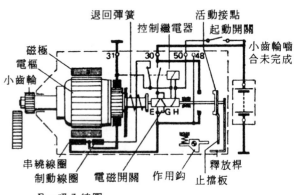

E＝吸入線圈
G＝反作用(阻力)線圈
H＝吸住線圈

圖 8 − 6 ，14 馬達停止時之作用（ BOSCH
Electric Starting Motors Fig
58 ）

㈡第一階段的作用：起動開關閉合，電流經線頭50進入控制繼電器線圈及電磁開關吸住線
圈搭鐵如圖 8 − 6 ，15所示。控制繼電器柱塞使電磁開關之吸入及阻力線圈接點閉合，
使制動線圈接點分離，如圖 8 − 6 ，16所示。電流經電磁開關吸入線圈及阻力線圈經馬
達磁場線圈，電樞線圈搭鐵，馬達緩慢轉動。電磁開關吸入及吸住線圈之電磁吸力使小
齒輪推桿推動小齒輪與飛輪相嚙合。

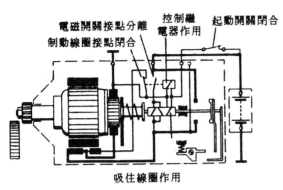

圖 8－6，33　第一階段：控制繼電器線圈及
電磁開關吸住線圈作用（
BOSCH Electric Starting
Motors Fig 59 ）

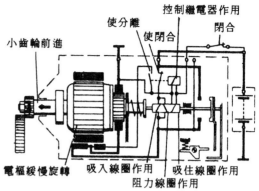

圖 8－6，34　吸入線圈作用小齒輪移向飛
輪電樞緩慢旋轉（ BOSCH
Electric Starting Motors
Fig 60 ）

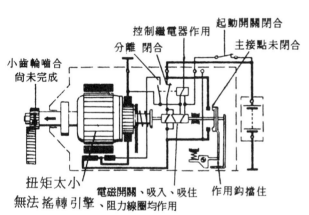

圖 8－6，35　小齒輪嚙合，扭矩仍小（
BOSCH Electric Starting
Motor Fig 61 ）

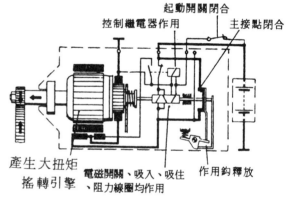

圖 8－6，36　第二階段：馬達全扭矩運轉（
BOSCH Electric Starting
Motors Fig 62 ）

㈢馬達小齒輪與飛輪之嚙合未完成前，主
接點上之阻擋板被作用鈎擋住，無法閉
合，故電樞產生之扭矩很小，無法搖轉
引擎，如圖 8－6，34及圖 8－6，35
所示。

㈣馬達小齒輪與飛輪完成嚙合後，小齒輪
推桿上之環使作用鈎上提，使阻擋板釋
放。電磁開關之主接點閉合，大量電流

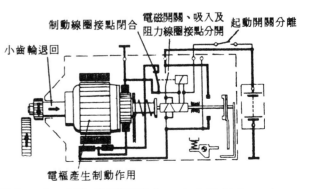

圖 8－6，37起動開關關去，小齒輪退出，電
樞被制動（ BOSCH Electric
Starting Motors Fig 63 ）

進入馬達，產生大扭矩使引擎搖轉起動，如圖 8－6 ,18 所示。

㈤引擎起動後，飛輪使小齒輪轉速較電樞快，螺旋齒使壓力套向前移而使離合器分離，小
　齒輪隨飛輪空轉。

㈥起動開關分開後，控制繼電器及電磁開關之電流均切斷，退回彈簧使小齒輪退回，主接
　點分離，控制繼電器之柱塞退到原來位置後，制動線圈之接點閉合，使制動線圈能搭鐵
　完成迴路，產生電力制動，使電樞很快停止，如圖 8－6 ,19所示。

第 七 節　其他起動裝置

8-7-1　減速式起動馬達

一、減速式起動馬達為晚近發展之新式高性能小型化馬達，使用耐熱性佳之材料製造。

二、減速式起動馬達與傳統齒輪撥動型馬達之比較。

　㈠小型輕量化

　　與傳統型馬達比較，長度縮短30%，重量減輕56%，採高轉速小型馬達，再減速⅓，增
　　大扭矩；改用耐熱良好之材料製造，如表 8－7 , 1為減速式與傳統型馬達之比較。

表 8－7 , 1　齒輪撥動式與減速式起動馬達比較

規格 ＼ 型式 ＼ 出力	1.0 kW		1.4 kW	
	減　速　式	齒輪撥動式	減　速　式	齒輪撥動式
全　　　長	205 mm	270 mm	217 mm	310 mm
比　　　較	70 %	100 %	70 %	100 %
重　　　量	4.6 Kg	7.1 Kg	5.4 Kg	12.3 Kg
比　　　較	65 %	100 %	44 %	100 %

　㈡耐震性提高

　　因為小型輕量化，使用範圍大為提高。

　㈢驅動機構之接合及驅動性提高

　　驅動機構露到外面的很少，雜物不易侵入，因此驅動機構工作性能大為提高。

　㈣耐熱性提高

　　電樞線圈全部以耐熱樹脂封固，線圈與整流子使用銅焊，耐熱性大為提高。

三、減速式起動馬達之構造

　㈠馬達本體與減速齒輪

　　1.馬達本體由電樞、外殼與磁極、電刷等組成，如圖 8－7 , 1所示。

　　2.電樞軸之一端為齒輪，與惰輪及減速齒輪相嚙合，如圖 8－7 , 2所示，將轉速減為

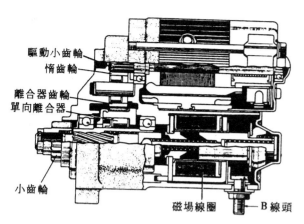

驅動小齒輪
惰齒輪
離合器齒輪
單向離合器
小齒輪
磁場線圈 ──B線頭

圖8－7，1　減速式起動馬達構造（デンソー・始動裝置編　圖108）

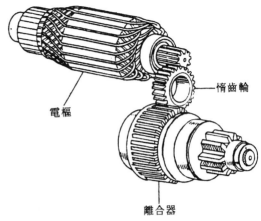

電樞
惰齒輪
離合器

圖8－7，2　減速式起動馬達傳動機構（デンソー・始動裝置編　圖110）

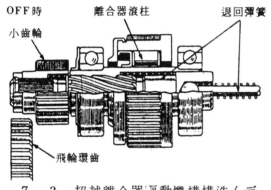

OFF時
離合器滾柱
退回彈簧
小齒輪
飛輪環齒

圖8－7，3　超越離合器驅動機構構造（デンソー・始動裝置編　圖111）

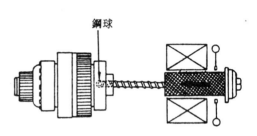

鋼球

圖8－7，4　小齒輪軸與電磁開關柱塞連在一起（デンソー・始動裝置編　圖ＡＢ0089）

⅓。電樞軸承使用滾珠軸承而非銅套。

(二)超越離合器驅動機構

1. 如圖8－7，3所示，整個驅動機構以兩個軸承支持在外殼上，超越離合器之外圈與螺旋軸套為一體，螺旋軸套以螺旋齒與軸經常嚙合在一起，離合器外圈與內圈間為滾柱。

2. 小齒輪軸與電磁開關之柱塞連接在一起，如圖8－7，4所示。

3. 未作用時，退回彈簧將驅動小齒輪及軸拉回到原始位置，如圖8－7，3所示。

4. 打馬達時，超越離合器之外圈由齒輪帶動，經滾柱傳到內圈，如圖8－7，5所示，

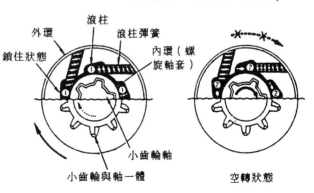

外環
滾柱
滾柱彈簧
鎖住狀態
內環（螺旋軸套）
小齒輪軸
小齒輪與軸一體
空轉狀態

圖8－7，5　超越離合器之作用（デンソー・始動裝置編　圖113）

螺旋軸套旋轉時，使小齒輪軸前進與飛輪嚙合，搖轉引擎，如圖8－7，6所示。

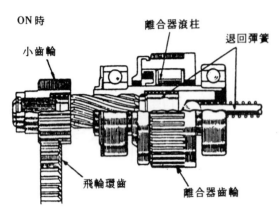

ON時
小齒輪
離合器滾柱
退回彈簧
飛輪環齒
離合器齒輪

圖8－7，6　起動馬達搖轉引擎時之作用
（デンソー・始動裝置編
圖112）

柱塞離合器
之小齒輪軸
柱塞軸
柱塞
退回彈簧
鋼球
吸住線圈
吸入線圈
連接板

圖8－7，7　電磁開關構造（デンソー・始
動裝置編　圖114）

㈢電磁開關

1. 圖8－7，7所示為電磁開關之構造，
由吸入線圈，吸住線圈、柱塞、柱塞軸
連接板及接點等組成。

2. 柱塞與連接板及柱塞軸為一體；開關
ON時，柱塞被吸入線圈中，柱塞軸使
驅動小齒輪及軸一起前進與飛輪嚙合，
齒嚙合完成後，連接板使接點接通，馬
達開始運轉。

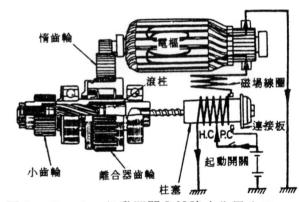

惰齒輪
電樞
滾柱
磁場線圈
連接板
H.C P.C
起動開關
小齒輪
離合器齒輪
柱塞

圖8－7，8　起動開關ON時之作用（デ
ンソー・始動裝置編　圖
115）

四、減速式起動馬達之作用

㈠起動開關ON時之作用

1. 電流路徑如圖8－7，8所示。

電瓶→起動開關→電磁開關—┌→吸住線圈→搭鐵。
　　　　　　　　　　　　　└→吸入線圈→馬達磁場線圈→電樞線圈→搭鐵。

2. 吸入及吸住線圈有電流流入後，將柱塞吸入，柱塞軸推動小齒輪軸使小齒輪與飛輪嚙
合。如圖8－7，9所示

3. 驅動小齒輪與飛輪嚙合後，連接板使電磁開關之接點接通，大量電流進入馬達，使馬
達高速轉動搖轉引擎，如圖8－7，10所示。吸入線路被短路，無電流流入，吸住線
圈仍有電流。

4. 引擎起動後，飛輪帶動小齒輪高速超越空轉。

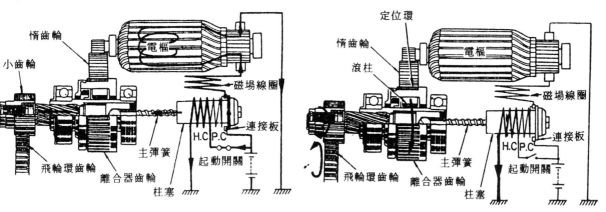

圖 8－7，9　電磁開關作用情形（デンソー・始動裝置編　圖116）

圖 8－7，10　馬達搖轉引擎情形（デンソー・始動裝置編　圖117）

㈡起動開關ＯＦＦ時，電瓶電由接點流回吸入線圈經吸住線圈搭鐵，兩線圈電流相反，磁力抵消，彈簧使柱塞退回，接點分開，並將小齒輪及軸拉回原位，如圖 8－7，11 所示。

㈢減速式起動馬達分解圖如圖 8－7，12 所示。

8-7-2　發電起動兼用馬達

一、一般機車常使用發電起動兼用之馬達稱為 " Dynamotor "，其構造如圖 8－7，13 所示。

二、磁場線圈有三組線圈，粗的串聯線圈為起動馬達用，細的並聯線圈為發電機用，如圖 8－7，14 所示。

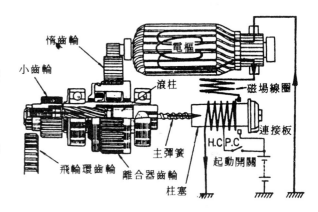

圖 8－7，11　起動開關ＯＦＦ時之作用（デンソー・始動裝置編　圖118）

8-7-3　串並聯開關

一、重型引擎，尤其是柴油引擎，因需甚大之起動扭矩，故通常車上電瓶電壓使用24Ｖ，以取代12Ｖ系統。在同一電功率下，電壓升高一倍，電流可以減少一半，電線可以用比較細者，電器較輕巧為其優點；但電壓升高後，電線之絕緣能力一定要提高，否則發生搭鐵或短路故障時會產生嚴重的火花，易造成嚴重損害。在車上祇起動馬達需較大功率，其他電器之功率不大，若起動馬達使用24Ｖ，其他電器使用12Ｖ，則可兼用24Ｖ和12Ｖ系統之優點，即馬達有力，其他電器安全、壽命長。

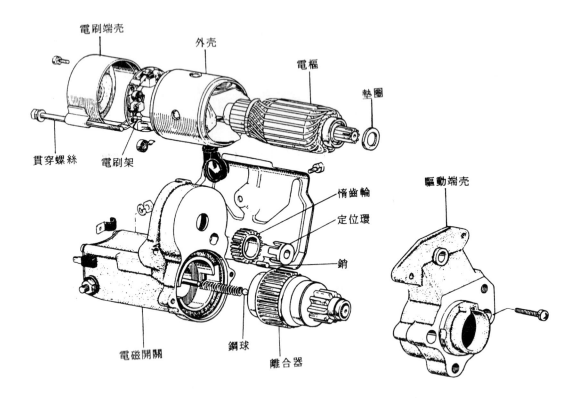

電刷端壳
外壳
電樞
墊圈
貫穿螺絲
電刷架
惰齒輪
定位環
銷
驅動端壳
電磁開關
鋼球
離合器

圖 8 - 7 , 12　減速式起動馬達分解圖（デンソー・始動裝置編　圖 132 ）

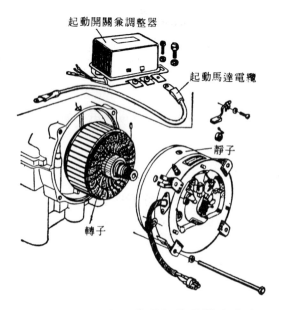

起動開關兼調整器
起動馬達電纜
靜子
轉子

圖 8 - 7 , 13　發電起動兼馬達構造

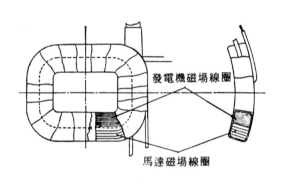

發電機磁場線圈
馬達磁場線圈

圖 8 - 7 , 4　發電起動兼用馬達磁場線圈
構造

二、使用串並聯開關之車輛使用兩個12V之電瓶，平時此開關使兩個電瓶並聯，車上電器除馬達外均為12V，當打馬達時，串並聯開關使兩個電瓶串聯成24V，使馬達受到24V之電壓，此時其他電器與電瓶分離。

三、此種串並聯開關依操縱方法可分機械操作式與螺線管控制式兩種，依構造可分串並聯開關與電磁開關分開安裝及合併安裝兩種。

四、圖8－7，15為德可雷美（Delco‐Remy）螺線管操作式串並聯開關之構造圖，內含有銅接觸片及鎢面主線頭，以抵抗接觸片分開時產生之弧光。打馬達時起動電流由主線頭經接觸片接通。在平時它使兩個電瓶並聯，供給車上之正常操作電路。

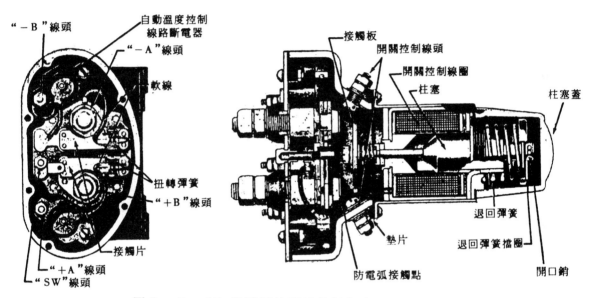

圖8－7，15　德可雷美螺線管操作式串並聯開關構造

㈤圖8－7，16為機械操作式串並聯開關在平時正常操作電路（12V）時之電路圖。充電系電路以實線表示，電流到A－線頭時分兩路，一路經虛線流到左側之電瓶A，另一半經點線流到右側電瓶B。在到電瓶B之線路中裝有保險絲或線路斷電器，另有一副電流錶，以了解電瓶B之充放電流，由主電流錶之電流扣掉副電流錶之讀數即為電瓶A之充放電流。

㈥圖8－7，17為電磁操作式串並聯開關在起動時之電路圖（24V）。起動電路以實線表示。電磁起動開關之電路以虛線表示。當串並聯開關之柱塞被機械壓力或螺線管電磁吸力作用時，先將下面之兩個小接點分開，使電瓶並聯線路中斷，然後主銅片將A－及B＋兩個主接點接通。當柱塞到達行程終點時，將電磁起動開關之接點接通，電磁起動開關此時即發生作用，使整個起動電路完成迴路，馬達開始轉動。

當引擎起動後，串並聯開關放鬆，兩個電瓶又並聯成12V，供給車上12V設備用電。

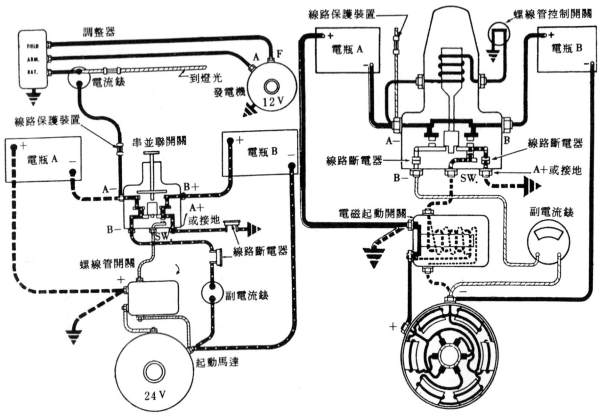

圖 8－7，16　機械操作串並聯開關平時正　圖 8－7，17　電磁操作串並聯開關起動時（
　　　　　　常操作（12V）電路圖（　　　　　　　　24V）之電路圖（Motor's
　　　　　　Motor's Auto Repair Manual　　　　　　Repair Manual）
　　　　　　）

習題八

一、是非題

(　　) 1.起動馬達的整流子與電樞鐵芯導通，表示電樞線圈絕緣不良。

(　　) 2.起動馬達之吸住線圈斷線，則驅動馬達之大電流無法順利流通。

(　　) 3.起動時起動馬達的小齒輪不斷地飛進飛出，則是吸入線圈斷線或搭鐵不良。

二、選擇題

(　　) 1.起動馬達的磁場是使用①永久磁鐵②電磁鐵③半永久磁鐵。

(　　) 2.整流子的雲母片比銅棒①高 $0.5 \sim 0.8$ mm②低 $0.5 \sim 0.8$ cm③低 $0.5 \sim 0.8$ mm

(　　) 3.起動馬達的電刷①含碳較多②含銅較多③一樣多。

(　　) 4.起動馬達磁場線圈使用①並繞式②串繞式③複繞式。

(　　) 5.起動馬達小齒輪齒數與飛輪環齒齒數比約為① $1：10 \sim 15$ ② $1：15 \sim 20$ ③ $1：20 \sim 25$ 。

(　　) 6.線圈式預熱塞為①高電壓、小電流②低電壓、大電流③高電壓、大電流　型預熱塞

(　　) 7.預熱指示器通常用①銅②鋁③鎳鉻　線製成。

(　　) 8.被覆型預熱塞需經① $20 \sim 30$ ② $40 \sim 60$ ③ $60 \sim 90$ 秒才能完全燒紅。

(　　) 9.ＱＯＳ預熱塞通常3.5秒後，預熱塞溫度可達① $500 ℃$ ② $900 ℃$ ③ $1050 ℃$ 。

(　　) 10.預熱塞於何時才作用①引擎運轉時②開關在預熱和起動時③引擎起動時和運轉時。

(　　) 11.展開室式柴油引擎，其進氣加熱系統之進氣加熱器是裝置在①燃燒室②節汽門附近③進氣管。

(　　) 12.汽車上耗用電瓶之電流最大之電器為①發電機②喇叭③起動馬達。

(　　) 13.起動馬達作無負荷試驗時，如果轉速慢，電流大可能原因為①電刷太短②整流子髒③軸承太緊或軸彎曲④磁場線圈短路。

(　　) 14.12V電瓶於引擎起動時，其電壓應高於①10.5V②9.6V③8V④7V　表示電瓶良好。

(　　) 15.起動馬達超速離合器的作用是①增加起動馬達驅動扭力②使起動馬達超速驅動③使起動馬達不致於被發動後的引擎驅動④使引擎能超速起動。

三、填充題

1.起動系統之基本機件有(　　　　　)、(　　　　　)、(　　　　　)、(　　　　　)、(　　　　　)、(　　　　　)。

2.起動系統用電磁開關型式有(　　　　　)及(　　　　　)兩種型式。

3.超越離合器依主動機件位置可分為(　　　　　)、(　　　　　)兩類。

4.柴油引擎預熱線路中需串聯減壓電阻的是(　　　　　)式預熱塞，其通過之電流為(

) 安培。

5.柴油引擎用起動馬達依構造不同可分爲（ 　　　　　）、（ 　　　　　）、（ 　　　　　）三種型式。

6.裝用自動變速箱之汽車均裝有起動安全開關，只有選擇在（ 　　　　　）、（ 　　　　　）位置才能接通起動電路。

四、問答題

1.起動系統有那些基本機件？其功用爲何？

2.起動安全開關有那些種類？如何作用？

3.馬達驅動機構有那些型式？

4.外動式超越離合器與內動式超越離合器有何不同？

5.馬達電樞裝設制動裝置的目的何在？

6.爲何柴油引擎需裝設預熱裝置而汽油引擎則不需要？

7.柴油引擎預熱系統有那些型式？

8.進氣加熱系統之作用爲何？簡述之

9.試比較減速式起動馬達與傳統齒輪撥動型起動馬達之優劣。

10.試述串並聯開關的功用。

第九章　充電系統

第一節　充電系統概述

9－1－1　引擎必須有充電裝置

一、起動引擎時須由電瓶供給起動馬達、點火系統及其他電器所需之電流，引擎起動後，則
　　須由充電裝置來供給點火系統和其他電器之用電，並補充電瓶在起動引擎時所消耗之能
　　量，使引擎持續運轉，在熄火後才能再起動。

二、充電裝置就是利用引擎的一部分動能轉變為電能之裝置，如圖 9－1,1 及 9－1,2 所示
　　，以引擎曲軸上之皮帶盤來驅動。

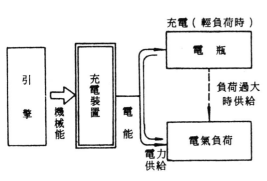

圖 9－1,1　充電裝置將一部分動能變成
　　　　　 電能（デンソー・充電裝置
　　　　　 編　圖 1 ）

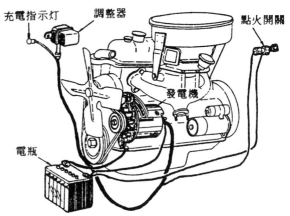

圖 9－1,2　充電裝置（三級ガソリシ・エ
　　　　　 ンジン下　圖 Ⅲ－1 ）

9－1－2　直流充電系統與交流充電系統

一、1960 年代發展出交流發電機（A.C generator or alternator），以磁場在固定
　　之導線間運轉，感應交流電，再經裝在外殼上整流粒（二極 晶體）整流後輸出，只需裝
　　電壓調整器來限制其最高電壓。

二、交流發電機短小，外殼以鋁合金製造，重量輕，低速時發電量大，不需經常檢修保養，故現
　　代汽車均使用此式。

9-1-3 交流充電系統基本機件

一、充電系統最重要之機件爲產生電壓之發電機,其次爲控制發電機輸出之調整器,另外還
　　需有指示充電系統作用是否正常的指示燈或電流錶,及連接各電器間之導線。

二、發電機

　　基本交流發電機之構造如圖9-1,3所示,一對磁極在固定之導線中旋轉,導線中感
　　應交流電輸出。汽車上之交流發電機需以整流粒整流成直流電輸出。

三、調整器

　　㈠發電機感應之電壓和電流與單位時間磁力線變化率(d φ / d t)成正比,即發電機轉
　　　得愈快產生之電壓愈高,電流愈大。但汽車上之電器所能承受之最高電壓有一定,超過
　　　時會損壞,因此需有調整器來限制。

　　㈡交流充電系統之調整器構造較簡單,只有電壓調整器,不需斷電器和電流調整器,如圖
　　　9-1,4所示。

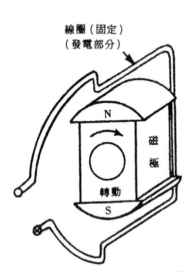

圖9-1,3　交流發電機之基本構造

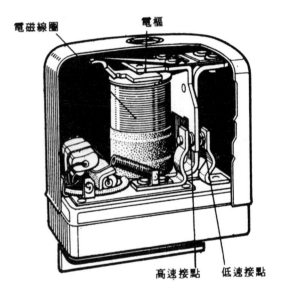

圖9-1,4　交流發電機調整器(Bosch
　　　　　Altemators Fig 53)

四、充電指示裝置

　　㈠充電系統之作用是否良好,駕駛人必須隨時了解,如果充電系不充電,將使車子在路上
　　　拋錨。

　　㈡充電指示裝置一般爲警告燈,如圖9-1,2所示。有些車子並加裝電流錶及電壓錶,以
　　　便隨時了解充電系之電壓及電瓶之充電情形。

第二節　交流發電機充電系統

9－2－1　概　述

一、圖9－2.1所示爲裕隆速利汽車交流充電系統電路圖，如圖9－2.2所示爲其實體圖，包括發電機、電壓調整器、電瓶、充電指示燈、保險絲、點火開關等機件。

二、當點火開關轉到ON時，一部分電流進入發電機磁場線圈，使發電機轉子磁場受到激磁，其電流路徑如下：

電瓶→點火開關IG→調整器IG→接點P_1及P_2→調整器F→磁場線圈→發電機E→搭鐵。

三、另一部分電經充電指示燈使燈亮，其電流路徑如下：

電瓶→點火開關IG→充電指示燈→調整器L→白金接點P_4及P_5→調整器E→搭鐵。

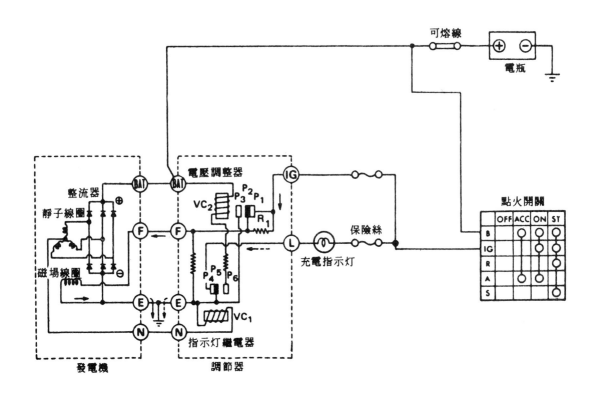

圖9－2.1　裕隆速利交流充電系統圖

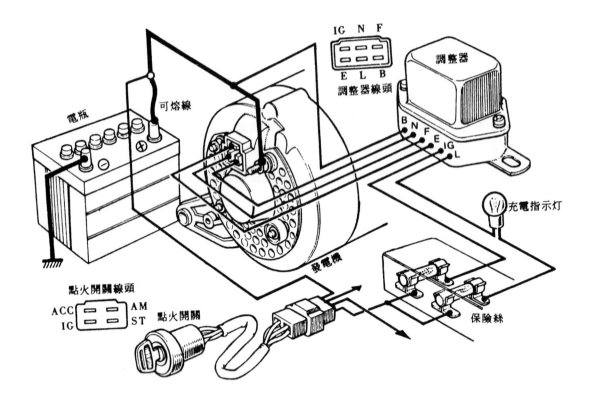

圖 9 — 2.2　裕隆速利汽車交流充電系實體圖

四、引擎起動帶動發電機之轉子旋轉後，發電機之靜子線圈乃產生三相交流電。交流電經正極及負極矽二極體整流後從發電機之ＢＡＴ及Ｅ兩線頭輸出。

五、靜子線圈之中間線頭Ｎ及Ｅ間亦有電壓產生（為ＢＡＴ及Ｅ之半）。Ｎ之輸出使充電指示燈繼電器產生作用，使白金接點P_4及P_5分開，充電指示燈熄滅，並使接點P_5及P_6閉合，使電壓調整器之線圈成通路，電流路線如下：

　　發電機Ｎ→調整器Ｎ→充電指示燈繼電器VC_1→調整器Ｅ→搭鐵（相當回到發電機Ｅ成廻路）

六、接點P_5及P_6閉合後完成電壓調整器組電路如下：

　　發電機ＢＡＴ→調整器ＢＡＴ→電壓調整器VC_2→接點P_5及P_6→調整器Ｅ→搭鐵。

七、當發電機之轉速升高，使產生之電壓超過規定時，可動接點P_2受VC_2線圈吸引，與P_1接點分開，流入磁場線圈之電流須經電阻R_1，使電流減少，而使發電機之輸出電壓降低；輸出電壓降低時，VC_2之磁引力減小，接點P_2又跳回與P_1閉合，如此接點P_2與P_1不斷的開閉，使發電機之輸出電壓保持一定。

八、當發電機轉速進一步升高，可動接點P_2與P_1分開，進入磁場線圈之電流經R_1電阻限制後，發出之電壓仍超過規定。此時可動接點P_2繼續被吸下與接點P_3閉合，原流入磁場線圈之電直接搭鐵掉，電壓降低後，接點P_2與P_3分開，電壓又升高，如此接

點 P_2 與 P_3 不斷開閉，使發電機發出電壓保持一定。

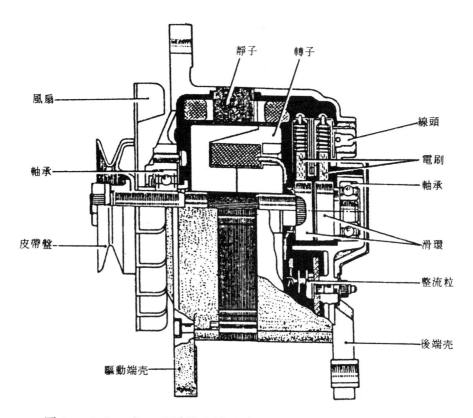

圖 9－2,3　交流發電機之構造（デンソー・充電裝置編　圖 1－18 ）

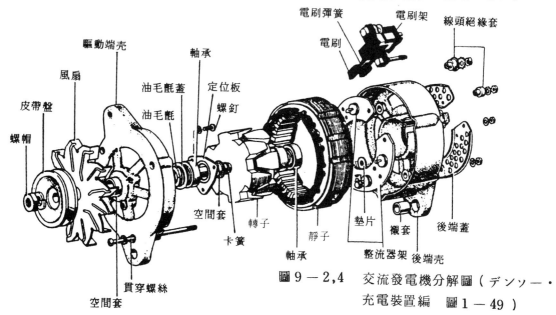

圖 9－2,4　交流發電機分解圖（デンソー・充電裝置編　圖 1－49 ）

9－2－2　交流發電機構造

一、圖 9－2,3 爲交流發電機之構造圖，圖 9－2,4 所示爲其分解圖。其主要部分爲靜子（

stator)、轉子(rotor)、整流器、傳動端蓋、電刷及整流器端蓋、風扇……等。

二、靜　子

㈠靜子由靜子線圈及薄鐵片疊成之鐵芯組成，兩端爲鋁製之端蓋所支撐，爲外殼之一部份，如圖9－2,5所示。

㈡鐵芯由許多塗有絕緣漆之鐵片疊成，內有直槽，以容放靜子線圈，槽數爲轉子磁極數之3倍。

㈢靜子線圈由漆包線繞成，共有三組線圈，每組由與轉子磁極數相等數量之線圈串聯而成。三組線圈之連接方法有Y型及△型兩種。

1. Y型接線如圖9－2,6所示，將三組靜子線圈的一個線頭連接在一起，此接點稱爲中性點（N），另三個線頭各連接於二極晶體整流粒上。Y型接線法接線簡單，容易製造，各線頭間之電壓較高，低速時之發電特性佳，中性點N可以用來做調整器控制，故一般汽車之發電機均採用此式。

2. △型接線如圖9－2,7所示，將各組靜子線圈的兩端相接串聯成一個△型，再將三個連接點用線引出，接到二極晶體整流粒上。△型接線輸出電流較大，一般輸出量大的發電機使用。

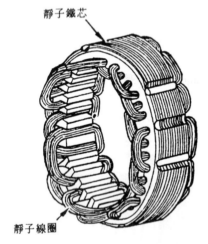

圖9－2,5　靜子（自動車用電裝品の構造　圖2－62）

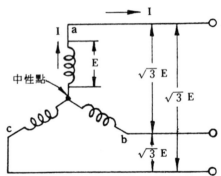

圖9－2,6　Y型接線（デンソー・充電裝置編　圖1－8(a)）

3. Y型及△型接線特性之比較如表9－2,1所示。

表9－2,1　Y型及△型接線特性比較

接線方式	線間電壓	線輸出電流
Y型	$\sqrt{3}E$	I
△型	E	$\sqrt{3}I$

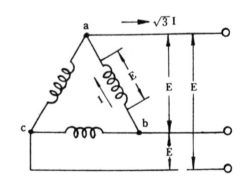

圖9－2,7　△型接線（デンソー・充電裝置編　圖1－8(b)）

三、轉　子

㈠轉子由磁極、磁場線圈、滑環（slip ring）及軸等組成，如圖9─2,8所示，兩端用軸承支持在端殼上，前端裝有皮帶盤，由引擎風扇皮帶驅動，在靜子中旋轉。

㈡轉子之磁極有爪極型，如圖9─2,8所示，及凸極型，如圖9─2,9所示兩種。

　　1.爪極型分成兩片爪型鐵，交叉組合在一起，一邊全爲N極，另一邊全爲S極，N.S極相間排列，一般爲8〜16　極。磁場線圈在內部由磁極包住，製造方便，且能高速運轉，現代發電機多採用此式。

　　2.凸極型中N.S　極相間，磁場線圈繞在磁極上，現代發電機已少用。

㈢磁場線圈用細的漆包線繞成，線的兩端各接在一個滑環上，與軸及磁極有良好絕緣。

㈣滑環裝在轉子軸之一端，用黃銅或銅製成，與軸絕緣，供電流輸入磁場線圈用。

㈤轉子線圈電之流動情形如下：

　　由調整器來之電→發電機F線頭→電刷→滑環→磁場線圈→滑環→電刷→搭鐵。

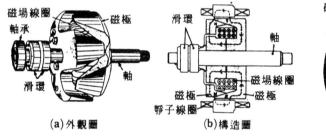

圖9─2,8　爪極型轉子（自動車用電裝
　　　品の構造　圖2─63）

圖9─2,9　凸極型轉子（三級ガソリン・
　　　エンジン下　圖Ⅲ─6）

四、整流器

㈠整流器的構造如圖9─2,10所示，三個正極整流粒裝在一塊金屬板上成爲正極整流粒板，另外三個負極整流粒裝在另一塊金屬板上成爲負極整流粒板。兩塊整流粒板裝在鋁製之端蓋上。

㈡整流粒（diode）爲大功率之矽二極整流晶體，構造如圖9─2,11所示，正、負極整流粒之外形一樣，在外殼上有➤➤記號註明電流方向。正極整流粒用紅色，負極整流粒用黑色字註明規格。

㈢現在有一種整體型整流器，如圖9─2,12所示，六個整流粒直接嵌在板上，使用印刷電路連接。

㈣整流器必須散熱良好，因此安裝在端殼之通風口上，利用風扇強制通風冷卻。整流粒溫度超過150°C即失去

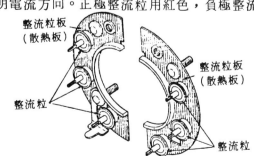

圖9─2,10　整流器（自動車用電裝品の
　　　構造　圖2─64）

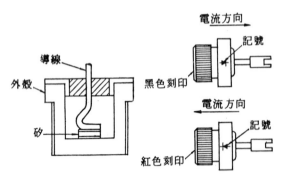

圖 9 − 2,11　整流粒（自動車電氣裝置
圖 2 − 77 ）

整流作用。

五、前、後蓋板

(一)發電機之前、後蓋板如圖 9 − 2,13 所
示。使用鋁合金製成，用來支持轉子與
靜子，並有固定架安裝於引擎上。上有
通風孔，讓冷卻空氣通過。

(二)後蓋板上安裝有整流器、電刷架、輸出
線頭及軸承等。

(三)前蓋板上裝有一只軸承。

六、皮帶盤及風扇

(一)皮帶盤及風扇裝在轉子軸之前端，皮帶
盤由引擎風扇皮帶驅動，其直徑一般為
曲軸皮帶盤之½～⅓，故轉子之轉速為
引擎之二～三倍。

(二)風扇因構造不同有抽風式及打風式兩種
：

1.抽風式：冷卻風由後面向前吹，如圖
9 − 2,14 所示之風扇有方向性，必
須順時針方向旋轉，如圖 9 − 2,15
所示之風扇無方向性，可任意旋轉。

2.打風式：冷卻風由前面向後吹，如圖
9 − 2,16 所示。

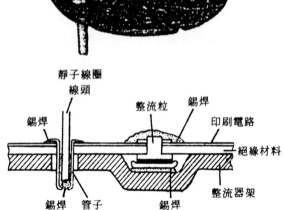

圖 9 − 2,12　整體型整流器（デンソー・
充電裝置編　圖 1 − 23 ）

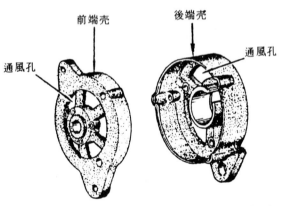

圖 9 − 2,13　前後蓋板（デンソー・充電
裝置編　圖 1 − 21 ）

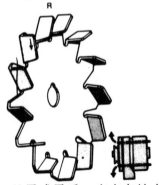

圖 9 − 2,14　抽風式風扇，有方向性（
BOSCH Alternators
Fig 45 ）

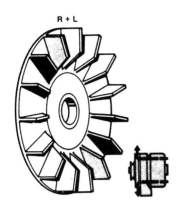

R + L

圖 9 − 2,15　抽風式風扇，無方向性（
　　　　　　　BOSCH Alternators
　　　　　　　Fig 46 ）

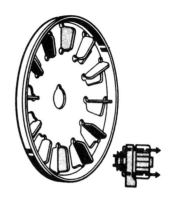

圖 9 − 2,16　打風式風扇（BOSCH
　　　　　　　Alternators Fig 47 ）

9 − 2 − 3　交流發電機之發電與整流

一、交流發電機原理

㈠如圖 9 − 2,17 所示，在靜子中放置磁鐵，並使磁鐵旋轉，則旋轉之磁力線切割靜子中
之線圈，使靜子線圈感應出電壓，感應電壓與磁鐵位置及線圈中通過磁力線之變化如圖
9 − 2,18 所示。

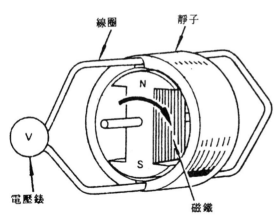

線圈　　靜子

V

電壓錶　　　　　磁鐵

圖 9 − 2,17　交流發電機原理（デンソー
　　　　　　　・充電裝置編　圖 1 − 4 ）

㈡若在靜子中僅裝一組線圈，則磁鐵每
　　一廻轉，線圈中產生一次電壓之變化
　　，稱爲單相交流電，如圖 9 − 2,19
　　(a)所示。

㈢若在靜子中裝置二組線圈，則磁鐵每

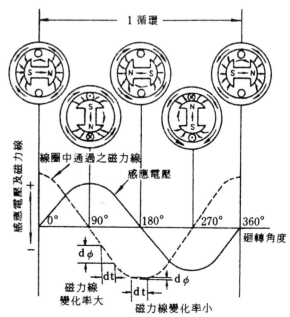

1 循環

線圈中通過之磁力線

感應電壓

感應電壓及磁力線

0°　90°　180°　270°　360°

廻轉角度

dφ

dt

dφ

dt

磁力線
變化率大

磁力線變化率小

圖 9 − 2,18　磁鐵位置與感應電壓、線圈中
　　　　　　　磁力線之變化（デンソー・充
　　　　　　　電裝置編　圖 1 − 5 ）

一廻轉，A、B線圈各產生一次電壓之變化，稱為雙相交流電，如圖9－2,19 (b)所示，A相較B相落後90°，交流波之變化不穩定，故不被採用。

㈣若在靜子中裝置三組線圈，則磁鐵每一廻轉，A.B.C線圈各產生一次電壓之變化，稱為三相交流電，如圖9－2,19 (c)所示。每一相位相差120°，波形變化平均且密集，輸出平穩，故交流發電機都採用三相。

㈤汽車用交流發電機之轉子一般採用8～16極，若以6對（12極）計算，則轉子每轉一轉，可以產生18次交流電波，再經整流子全波整流後，則電壓之輸出波動很小，非常平穩。

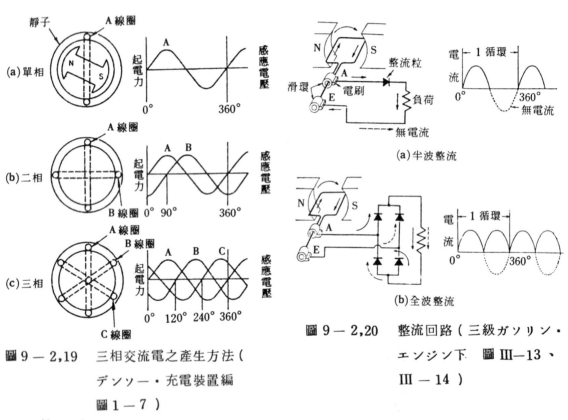

圖9－2,19　三相交流電之產生方法（デンソー・充電裝置編　圖1－7）

圖9－2,20　整流回路（三級ガソリン・エンジン下　圖Ⅲ－13、Ⅲ－14）

二、整流原理

㈠汽車上之電器都是使用直流電，因此靜子線圈感應出之交流電必須經過整流後才能輸出，供應車上電器使用，並充電到電瓶。

㈡整流方式有全波整流及半波整流兩種。

　1.如圖9－2,20 (a)所示，在線路中裝一只整流粒時，只能讓一方向之電流過，反方向則不能流過，稱為半波整流。

　2.如圖9－2,20 (b)所示，在線路中安裝四只整流粒，方向並做適當安排，則電流可依實箭頭及虛箭頭兩條通路流出，正反方向之電流均能利用，效率比半波整流大一倍，故汽車交流發電機均採用全波整流。

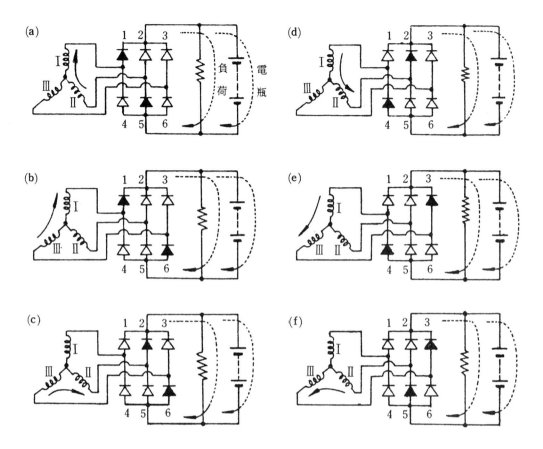

圖 9 − 2,21　三相交流發電機之整流（デンソー・充電裝置編　圖 1 − 14 ）

三、交流發電機之整流

㈠圖 9 − 2,21 所示爲三相交流發電機之整流情形，現說明如下：

1. Ⅰ線圈感應㈩電壓，Ⅱ線圈感應㈠電壓時；電流從Ⅰ線圈經 1 號整流粒到負荷及電瓶，經搭鐵從 5 號整流粒流回Ⅱ線圈完成廻路，如圖 9 − 2,21 (a)所示。

2. Ⅰ線圈感應㈩電壓，Ⅲ線圈感應㈠電壓時；電流從Ⅰ線圈經 1 號整流粒到負荷及電瓶，經搭鐵從 6 號整流粒流回Ⅲ線圈完成廻路，如圖 9 − 2,21 (b)所示。

3. Ⅱ線圈感應㈩電壓，Ⅲ線圈感應㈠電壓時；電由Ⅱ線圈流出，經 2 號整流粒，流到負荷及電瓶，經搭鐵從 6 號整流粒流回Ⅲ線圈，完成廻路，如圖 9 − 2,21 (c)所示。

4. Ⅱ線圈感應㈩電壓，Ⅰ線圈感應㈠電壓時；電由Ⅱ線圈流出，經 2 號整流粒流到負荷及電瓶經搭鐵，從 4 號整流粒流回Ⅰ線圈完成廻路，如圖 9 − 2,21 (d)所示。

5. Ⅲ線圈感應㈩電壓，Ⅰ線圈感應㈠電壓時；電由Ⅲ線圈流出，經 3 號整流粒流到負荷及電瓶，經搭鐵從 4 號整流粒流回Ⅰ線圈完成廻路，如圖 9 − 2,21 (e)所示。

6. Ⅲ線圈感應㈩電壓，Ⅱ線圈感應㈠電壓時；電由Ⅲ線圈流出，經 3 號整流粒流到負荷及電瓶，經搭鐵從 5 號整流粒流回Ⅱ線圈完成廻路，如圖 9 − 2,21 (f)所示。

㈡交流發電機發出之電流如圖9－2,21 所示之(a)→(b)→(c)→(d)→(e)→(f)→(a)之順序不斷的整流輸出。

㈢圖9－2,22 (b)所示為交流發電機發出之電流經整流後以N線頭為0電位，發電機之輸出線頭B及搭鐵線頭E與中性線頭N之電壓變化。

㈣圖9－2,22 (c)所示為交流發電機發出之電流經整流後以E線頭為0電位，發電機輸出線頭B與中性線頭N之電壓變化。

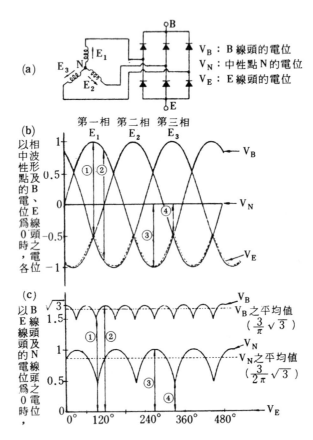

V_B：B線頭的電位
V_N：中性點N的電位
V_E：E線頭的電位

圖9－2,22　Y型接線整流後輸出電壓波形

（デンソー・充電裝置編　圖1－14 ）

9－2－4　使用交流發電機充電系統注意事項

交流發電機若使用不當很容易燒壞，因此使用上必須注意下列事項：

一、電瓶之正負極不可裝錯，否則大量電流進入發電機，使整流粒燒壞。

二、不可串聯兩個電瓶來起動引擎，否則會使整流粒燒壞。

三、使用快速充電機在車上充電時，應拆開電瓶搭鐵線，以免整流粒受過高電壓而損壞。

四、所有接線必須連接牢固。

五、勿讓發電機在無負荷下高速運轉（即輸出線不接），如此發電機會因電壓過高而損壞。

六、無電壓、電流錶不可任意調整調整器。

9－2－5　交流發電機調整器

一、概　述

㈠交流發電機在低速時需能發出足夠的電壓供汽車電器及充電使用，因此在低速時要以較大之電流供應磁場線圈以產生強力磁場，使發電機能發出足夠的電壓。

㈡當交流發電機之轉速升高後，必須降低流過磁場線圈的電流，以減弱磁場強度，來維持發電機之電壓不繼續升高以免燒壞電器。

㈢調整器就是用來控制磁場線圈電流大小以控制發電機輸出電壓之高低。

㈣早期之調整器都是使用接點振動式及碳片式，現代之調整器則使用電晶體及ＩＣ，未來將全是ＩＣ調整器的天下。

　1.接點振動式如圖9－2,23 (a)所示，在磁場線路中，串聯一電阻，在電阻兩端並聯白金接點，當接點閉合時，電由接點流過，電阻小電流大；當接點分開時，電須經電阻流過，電阻大電流小，如此接點不斷開閉以控制磁場線圈電流之大小。

　2.碳片式如圖9－2,23 (b)所示，在磁場線路中串聯一組碳片，碳片組接觸力小時電阻大，流過電流小；碳片接觸力大（壓緊）時電阻小，流過電流大。以碳片接觸力之大小控制磁場線圈電流的大小。

　3.電晶體式如圖9－2,23 (c)所示，係利用晶體之通斷以控制磁場線圈電流之大小。

㈤交流發電機因靜子線圈中流過的是交流電，當電流方向改變時，會感應一反電壓，阻滯電流之變化，因此交流發電機之電流不會超過規定，故只需電壓調整器而不需電流調整器；也不需斷電器，因交流發電機內有整流粒，可以防止電瓶電倒流至發電機。

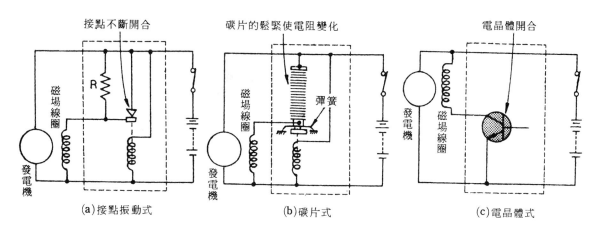

(a)接點振動式　　　　　　(b)碳片式　　　　　　(c)電晶體式

圖9－2,23　各種調整器原理（デンソー・充電裝置編　圖2－1）

㈥一般接點振動式調整器中常有二組線圈，一組是電壓調整器，一組是充電指示燈繼電器，如圖9－2,1所示。現代之ＩＣ調整器均只有電壓調整器，很多均與交流發電機裝在

　　一起，在車上找不到調整器。

二、接點振動式調整器

㈠裕隆速利汽車上使用之交流充電系統使用之調整器即爲接點振動式，如圖 9－2,1 所示。

㈡圖 9－2,24 爲三陽喜美汽車用之交流充電電路圖。

　　1.當點火開關ON時，電瓶電進入磁場線圈使磁場激磁，其電流路徑如下：

　　　電瓶→點火開關→保險絲→調整器IG→接點P_1及P_2→調整器F→發電機F→磁場線圈→發電機E→搭鐵。

　　2.另有一條電路使充電指示燈點亮，其電流路徑如下：

　　　電瓶→點火開關→充電指示燈→接點P_5及P_4→調整器E→搭鐵

　　3.引擎起動，帶動發電機轉子旋轉感應產生電壓，當N線頭之電壓達 4～5 V時，充電指示燈繼電器上之接點P_4與P_5被吸開，充電指示燈熄滅，表示充電系統作用正常，同時使P_5及P_6閉合，完成電壓調整器線圈之電路。

　　4.當發電機電壓超過 14～15 V時，電壓調整器開始作用，第一階段接點P_1及P_2跳動由電阻R加入或不加入磁場電路來控制磁場電流。第二階段當車速再高，電阻R加入後之電壓仍超過規定時，接點P_1及P_2分開，再使P_2及P_3閉合，電不流入磁場線圈，接點P_2及P_3不斷開閉，控制發出電壓不超過規定，控制電流路徑如下：

　　　發電機B→點火開關→調整器IC→充電指示燈繼電器之接點P_5、P_6→電壓調整器線圈→搭鐵。

　　　依電壓之高低控制接點P_2與P_1、P_3的開閉。

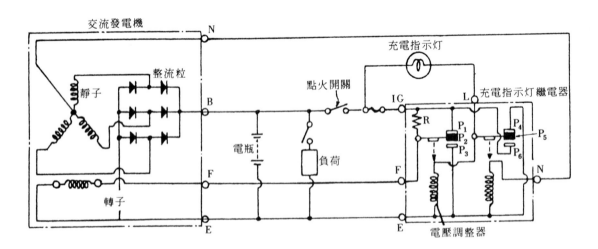

圖 9－2,24　　三陽喜美牌汽車充電電路

㈢二接點式電壓調整器之電壓控制特性，如圖 9－2,25 所示。圖 9－2,26 所示爲二接點式電壓調整器之構造。

㈣調整器之溫度補償

1. 當電流流經調整器之線圈後，會使線圈發熱，線圈之溫度升高後電阻會增加，使線圈流動電流減少。而使磁力變小，因此線圈溫度升高後接點不易被吸開，最高限制電壓會升高；據實驗結果，調整器連續工作二小時後之最高限制電壓會較開始時增高 1.0 ～ 2.0 V。

2. 電瓶在溫度低時內電阻大，化學作用緩慢，需以較高電壓充電，但發電機最高限制電壓反而降低；反之，電瓶溫度升高時內電阻小，充電電壓需降低，但發電機最高限制電壓反而升高，易造成過度充電。

3. 基於上述兩項理由，調整器必須有溫度補償裝置，使溫度升高後，最高限制電壓降低，溫度低時最高限制電壓升高。溫度補償裝置有下列三種：

$$調整器溫度補償裝置 \begin{cases} 熱偶片式 \\ 電阻式 \\ 整磁鋼式 \end{cases}$$

(1) 熱偶片式

　①係利用熱偶片做接點臂來補償溫度對調整器之影響，如圖 9 — 2,27 (a)所示。

　②當溫度低時熱偶向上彎，增加增簧彈力，發電機必須較高電壓才能將接點吸開，提高最高限制電壓。當溫度升高時，熱偶片向下彎，減弱彈簧彈力，發電機之電壓較低時就能將接點吸開，使最高限制電壓降低。

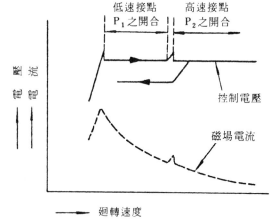

圖 9 — 2,25　二接點式電壓調整器之控制特性（デンソー・充電裝置編　圖 2 — 6 ）

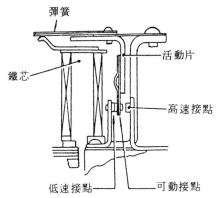

圖 9 — 2,26　二接點式電壓調整器之構造
　　　　　（デンソー・充電裝置編
　　　　　　圖 2 — 7 ）

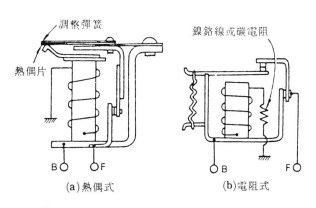

(a)熱偶式　　　(b)電阻式

圖 9 — 2,27　調整器溫度補償方法
　　　　　（デンソー・充電裝置編
　　　　　　圖 2 — 8 ）

(2)電阻式

①如圖 9 — 2,27 (b)所示，在電壓調整器的線圈上串聯一個由鎳鉻合金線或碳製成之電阻，此種電阻之特性係溫度升高時電阻會變小。

②冷時電阻大，通過線圈之電流小，磁力小，接點不易被吸開，最高限制電壓提高；熱時電阻小，通過線圈之電流大，磁力大，接點容易被吸開，最高限制電壓降低。

(3)整磁鋼式

①整磁鋼（鎳鐵合金）之導磁性能受溫度控制，溫度低時導磁性佳，溫度高時導磁能力差。在接點臂與鐵芯間放置一片整磁鋼，如圖 9 — 2,28 所示。

②溫度低時整磁鋼之導磁性好，磁力線經整磁鋼完成廻路的多，使接點臂受到的磁力線少，接點不易被吸開，最高限制電壓升高，如圖 9 — 2,28 (a)所示；溫度高時，整磁鋼之導磁性差，磁力線均通過接點臂，接點容易被吸開，最高限制電壓降低，如圖 9 — 2,28 (b)所示。

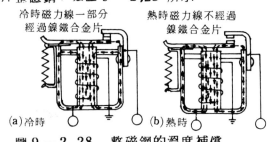

圖 9 — 2,28　整磁鋼的溫度補償

(五)接點振動式調整器因性能欠佳，易生故障現已漸被 I C 調整器所取代。

三、碳片式調整器

(一)圖 9 — 2,29 所示爲裕隆 U D 柴油車使用之碳片調整器線路圖。

(二)在磁場線圈線路中串聯一組碳片做爲可變電阻，當發電機轉速慢時，碳片壓得緊電阻小，電流大，當發電機之轉速快時，碳片壓得鬆，電阻大，電流小。

(三)碳片平時由彈簧片壓緊，碳片之對側有二組線圈，V_1 與碳片串聯，再串聯到磁場線路中；線圈 V_2 直接搭鐵，爲主要之控制線圈。

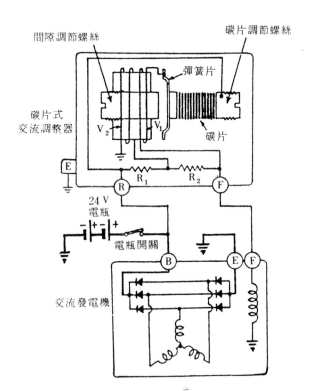

圖 9 — 2,29　裕隆 U D 柴油車用碳片式調整器

(四)當電瓶開關打開後，電分兩路，一路進入磁場線圈，其路徑如下：

　　電瓶→電瓶開關→調整器R→碳片組→線圈V_1→調整器F→磁場線圈→搭鐵。

　　另一路電經R_1電阻及線圈V_2搭鐵。電壓低時吸力小，碳片被彈簧片壓緊，電阻小，磁場線圈電流大，使發電機能發出足夠之電輸出。

㈤當電壓到達29 ± 1.0 V時，線圈V_2之吸力使彈簧片向左移動，而使碳片之壓力減小，電阻變大，使磁場電流減少，使發電機發出之電壓不再升高。

㈥電瓶電有部份可經電阻R_1和R_2進入磁場線圈，使磁場線圈電流之變化較穩定，以穩定輸出電壓。

㈦因性能欠理想，使用很少，已漸被ＩＣ調整器取代。

四、電晶體調整器

㈠最早之電晶體調整器仍是有白金接點，但使用電晶體來減少通過白金接點的電流以延長使用壽命。白金接點用來控制電晶體的基極電路，以控制射極與集極間大電流的通斷。磁場線圈線路係串聯在電晶體的射極與集極上，如圖$9-2,30$所示，稱為半晶體調整器（semi－transistor regulator）。

㈡半晶體調整器仍有機械振動的白金接點，容易發生故障，故已被淘汰，改由無機械振動部份之全晶體調整器（full－transistor regulator）取代。圖$9-2,31$為全晶體調整器之基本線路，作用如下：

　1.當發電機發出之電壓低時，電晶體Tr_2為通路，磁場電流能通過。

　2.當發電機發生之電壓高於規定時，定壓整流粒能導通，使Tr_1電晶體ＯＮ，而使Tr_2電晶體ＯＦＦ，使磁場電流中斷，發電機電壓降低。

　3.發電機電壓降低後，定壓整流粒又切斷了Tr_1的電流，使Tr_1ＯＦＦ，而使Tr_2ＯＮ，使磁場電流再通過，如此交互作用，控制電壓不超過規定。

㈢現代之調整器已改用ＩＣ，使用ＩＣ調整器之優點如下：

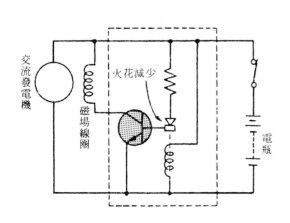

圖$9-2,30$　半晶體調整器基本電路

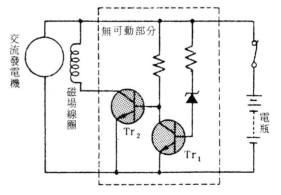

圖$9-2,31$　全晶體調整器基本電路
　　　　　　（ＤＥＮＳＯ　充電裝置編
　　　　　　圖$2-21$）

1. 增加磁場線圈電流，使發電機之輸出增加。

2. 調整電壓之幅度減小，並使時間變得更短，亦即使輸出更穩定。

3. 可動部份，耐震性，耐久性佳。

4. 無接點火花發生，不會干擾收音機。

IC調整器之缺點爲開發成本高，對過高電壓及溫度之抵抗力較弱。

五、分離式IC調整器

(一)圖9－2,32爲德國波細廠出品之調
整器外觀及內部印刷電路板構造。許
多歐洲型汽車及台灣福特生產之千里
馬、跑天下等汽車使用。

(二)圖9－2,33爲其線路圖，其作用如
下：

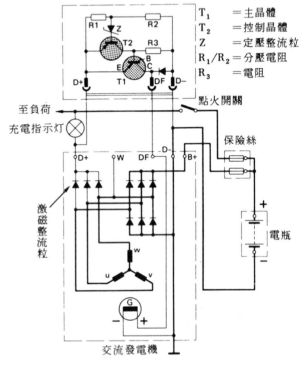

IC調整器

T_1 ＝主晶體
T_2 ＝控制晶體
Z ＝定壓整流粒
R_1/R_2 ＝分壓電阻
R_3 ＝電阻

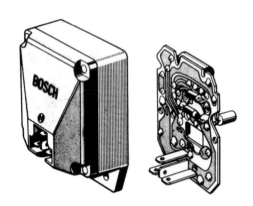

圖9－2,32　波細IC調整器外觀與印
刷電路板（BOSCH
Alternators Fig 62）

圖9－2,33　波細IC調整器電路圖（
BOSCH Alternators
Fig 63 ）

1. 磁場電流從激磁整流粒流出經調整
器D＋線頭到主電晶體T_1之射極E，經T_1之基極B經電阻R_3搭鐵，此電流使主
晶體Q_1之射集（E－C）電路導通。

2. 電由T_1之集極C出來後經線頭DF，進入磁場線圈搭鐵，使磁場線圈充分激磁，發
電機之輸出增加。

3. 發電機輸出電壓作用在分壓電阻R_1及R_2上，它提供定壓整流粒Z比較電壓。

4. 當比較電壓達到規定值時，定壓整流粒Z導通，觸發控制晶體T_2，使主晶體T_1之
基極通到D＋，而切斷T_1基極電流。

5. T_1之基極電流切斷時，E－C間之電流也中斷，即磁場線圈電流中斷，使發電機輸
出電壓降低。

6. 發電機輸出電壓低於定值時，定壓整流粒又回到不通狀態，中斷控制晶體T_2之基極電流，使T_2切斷$D+$之通路，T_1之基極B電流又恢復流動，使T_1之$E-C$導通，恢復磁場線圈電流，使發電機電壓又升高。

7. 如前述交互作用，維持發電機之輸出電壓在一定範圍內。

六、附ＩＣ調整器之交流發電機

㈠現代之ＩＣ調整器體積很小，一般都直接裝在發電機上，如圖$9-2,34$所示。

㈡福特全壘打及天王星使用之含ＩＣ調整器交流發電機之充電系統電路圖如圖$9-2,35$所示。其作用情形如下：

1. 點火開關ＯＮ時之磁場線路如下：

電瓶→可熔線→點火開關ＩＧ→充電指示繼電器→發電機Ｌ→碳刷→磁場線圈→碳刷→主晶體T_1→搭鐵。

磁場線圈有電流，充電指示燈繼電器閉合，充電指示燈亮。

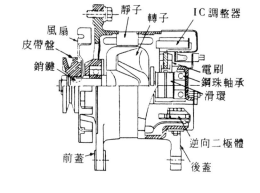

圖$9-2,34$　含ＩＣ調整器的交流發電機

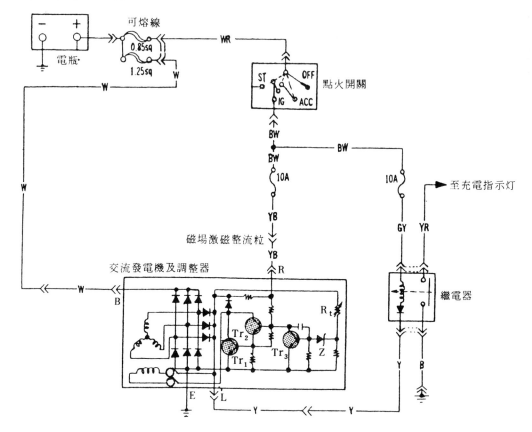

圖$9-2,35$　福特全壘打、天王星汽車含ＩＣ調整器交流充電機線路

2. 另一條控制電路係由主晶體 T_1 能導通，其路徑如下：

電瓶→可熔線→點火開關 IG→發電機 R→電晶體 T_2 基極，使 T_2 電晶體 ON，T_2 電晶體使主晶體 T_1 ON，故磁場電路能完成。

3. 引擎起動後，發電機開始發電，一部份電經整流後由 B 線頭輸出，供給全車用電，另一部份經三個激磁整流粒後流向磁場線圈和線頭 L。此時充電指示燈繼電器兩邊之電壓相同，繼電器跳開，充電指示燈熄滅。

4. 當發電機電壓高於 14.5 V 以上時，定壓整流粒 Z 變成導通，使電晶體 T_3 ON，T_3 ON 後使 T_2 OFF，T_1 也跟著 OFF，磁場電流切斷，發電機電壓降低。

5. 當發電機電壓低於定壓整流粒設定電壓時，定壓整流粒 Z 又中斷，T_3 基極電流使 T_2 ON 後又使 T_1 ON，磁場電流又恢復流通。

6. 如前述不斷交互作用，使發電機輸出電壓不超過 14.5 V。

9－2－6　其他交流發電機

一、無碳刷交流發電機

(一) 交流發電機之電刷雖然比直流發電機之電刷壽命大為延長，但磨損仍不可避免，為減少發電機之保養至最低，發展出無碳刷交流發電機，除軸承外已無機械磨擦機件，圖 9－2,36 所示為無碳刷交流發電機之構造。

(二) 圖 9－2,37 所示為無碳刷交流發電機之電路圖，轉子線圈所需之激磁電流，由一小型之交流發電機取代，該小型交流發電機之三相電樞線圈與轉子軸一起旋轉，感應電流經整流後，供磁場線圈激磁使用。

(三) IC 調整器裝在發電機之端殼上，如圖 9－2,36 所示。

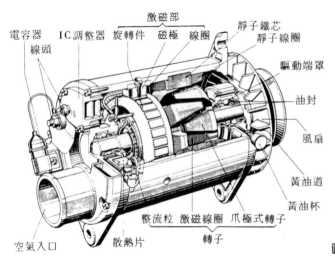

圖 9－2,36　無碳刷交流發電機構造（
BOSCH Alternators
Fig 32）

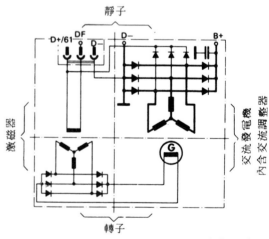

圖 9－2,37　無碳刷交流發電機電路圖（
BOSCH Alternators
Fig 31）

二、中性點附有整流粒之交流發電機

㈠在中性點 N 上加裝了兩個整流粒後，可以使發電機之輸出增加 10～15％。

㈡圖 9—2,38 所示為在 Y 型接線交流發電機中性點 N 加裝兩只整流粒之電路圖。

㈢因為發電機之轉速超過 2000～3000 rpm 以上時，發電機如在負荷下，中性點 N 產生之電壓常會高於輸出電壓，如圖 9—2,39 所示。

㈣當中性點 N 之電壓高於輸出電壓時，將中性點之電流經整流後併在原來之輸出端一起輸出，據試驗在 5000 rpm 時，可使輸出電流由 45 A 增加到 50 A，出力增加 11～12％。圖 9—2,40 所示為中性點加裝整流粒交流發電機之輸出特性。

㈤圖 9—2,41 為中性點 N 之電壓高於輸出電壓 14 V 時，中性點電流之輸出情形。圖 9—2,42 所示為中性點 N 之電壓低於 O V 時，中性點電流輸出情形。

㈥中性點之整流粒與靜子線圈所用之整流粒裝在同一片金屬板上，如圖 9—2,43 所示。

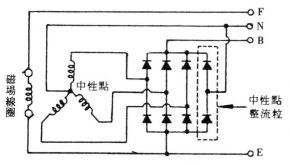

圖 9—2,38　中性點加裝整流粒之交流發電機（デンソー・充電裝置編　圖 1—28）

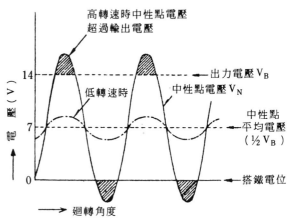

圖 9—2,39　在負荷下中性點之電壓會高於輸出電壓（デンソー・充電裝置編　圖 1—29）

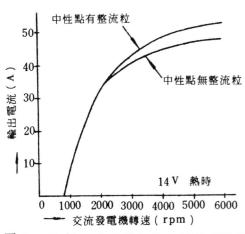

圖 9—2,40　中性點加裝整流粒交流發電機輸出特性（デンソー・充電裝置編　圖 1—32）

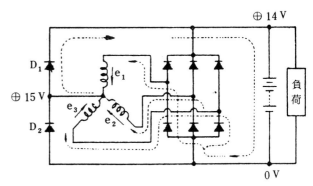

圖 9—2,41　中性點電壓高於 14 V 時之作用（デンソー・充電裝置編　圖 1—30）

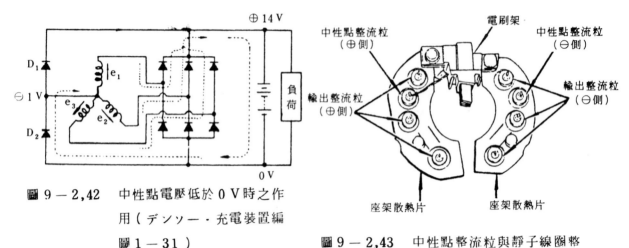

圖 9 — 2,42　中性點電壓低於 0 V 時之作
　　　　　用（デンソー・充電裝置編
　　　　　圖 1 － 31 ）

圖 9 — 2,43　中性點整流粒與靜子線圈整
　　　　　流粒裝在一片金屬板上（デ
　　　　　ンソー・充電裝置編　圖 1
　　　　　－ 33 ）

習題九

一、是非題

（　　）1.靜子線圈如以△型接線時，線圈間的發生電壓較Y型接線高。

（　　）2.充電指示燈，燈熄電壓約為4.2～4.5V。

（　　）3.交流發電機的F，E線頭間電阻若為∞時表示磁場電路斷路。

二、選擇題

（　　）1.充電指示燈亮時之敍述何者有錯①電瓶充電不足②指示燈繼電器故障③電壓繼電器
　　　　故障。

（　　）2.交流發電機中的磁場線圈，線圈代號是①A②F③N。

（　　）3.汽車上改用交流發電機的主要原因是①交流電可用變壓器產生高壓電，供給火星塞
　　　　②引擎低速時，發電機供給各部份用電③可增加充電電流。

（　　）4.交流充電系統不需斷電器以防止電流自電瓶倒流入發電機是因為①有調整器②交流
　　　　發電機電壓始終高於電瓶電壓③有整流粒。

（　　）5.三相交流發電機需要幾個整流粒方能成爲全波整流電路①2②4③6。

（　　）6.溫度補償裝置時①溫度低時降低限制電壓②溫度高時升高限制電壓③溫度低時升高
　　　　限制電壓，溫度高時降低限制電壓。

（　　）7.下列何者非ＩＣ調整器之優點①無可動部份、耐震、耐久②對高電壓及溫度之抵抗
　　　　力強③增加磁場線圈電流，使發電機輸出增加。

（　　）8.交流發電機轉子上滑環的功用為①將靜子線圈的電變成交流電②將直流電引進磁場
　　　　線圈③將交流電引進磁場線圈④將交流電引至發電機輸出線頭。

（　　）9.交流發電機的靜子由三組線圈繞成Y型接線，構成三相交流發電機，每組線圈相位差
　　　　①180°②120°③90°④60°。

（　　）10.交流發電機充電系統，充電指示燈應接往那一個線頭？①A線頭②IG線頭③N線頭④
　　　　L線頭。

三、填充題

1.充電系統係將引擎一部份之 ＿＿＿＿＿＿ 能變成 ＿＿＿＿＿＿ 能之裝置。

2.充電系統最重要機件為 ＿＿＿＿＿＿＿ ，其次為 ＿＿＿＿＿＿ 。

3.發電機感應之電壓和電流與單位時間 ＿＿＿＿＿＿＿＿ 成正比。

4.靜子線圈三組線圈之連接方法有＿＿＿＿＿ 與 ＿＿＿＿ 兩種，一般汽車之發電機均採用
　 ＿＿＿＿＿＿ 。

5.調整器溫度補償裝置有 ＿＿＿＿＿＿ 、＿＿＿＿＿＿ 、 ＿＿＿＿＿＿ 、三種型式。

6.一般接點振動式調整器常有二組線圈，一組是 ＿＿＿＿＿＿＿ ，一組是 ＿＿＿＿＿＿ 。

7.ＩＣ調整器之缺點為 ＿＿＿＿＿＿ 及 ＿＿＿＿＿＿ 。

8.中性點加裝整流粒之發電機可增加發電機輸出約 ＿＿＿＿＿＿＿ 。

四、問答題

1.為何引擎必須要有充電系統？

2.充電系統的構成機件有那些？

3.簡述交流發電機的發電原理。

4.使用交流發電機充電系統應注意那些事項？

5.為何調整器上要裝設溫度補償裝置？

6.試述ＩＣ調整器之優點。

第十章　傳動系統

第 一 節　概　　述

10 - 1 - 1　基本構造

　　自引擎曲軸迄驅動車輪，其間設有各種動力之傳輸機構，稱為動力傳送裝置。此項裝置於設計上，不但要充分發揮引擎的特性；且需要使汽車行駛時能具有最高之動力及經濟性。傳統Ｆ．Ｒ型汽車之傳動機構分別由離合器、變速箱、超速傳動機構、傳動軸、滑動接頭、萬向接頭、最後傳動、差速器及後軸等組成，如圖10－1，1所示。現代之Ｆ．Ｆ式汽車，將離合器、變速箱、差速器等組合成聯合傳動器，與引擎結合成一體，再由驅動軸將動力傳到前輪，如圖10－1，2所示。

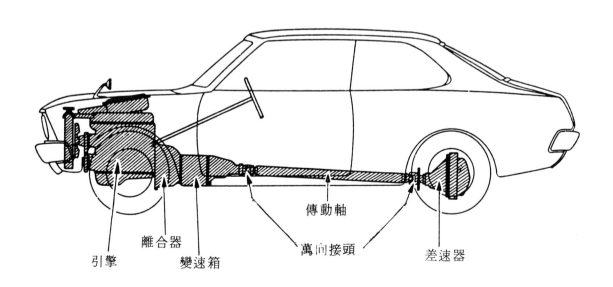

圖 10－1，1　ＦＲ型汽車傳動系統

（ＴＯＹＯＴＡ　技能修得書）

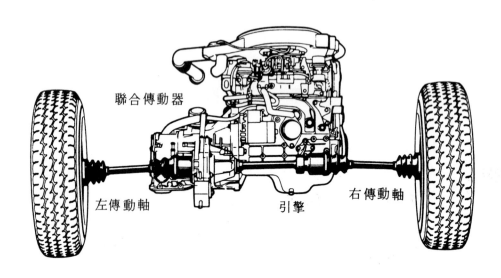

圖 10－1，2　　　F・F型汽車傳動系統　（ Ford Tx5 REPAIR MANUAL　Fig　1 ）

10-1-2　功　用

一、將引擎之動力傳至車輪，使車輛行駛。

二、能將引擎和傳動機構分開，使車輛停止，而引擎仍可運轉。

三、使驅動車輛行駛之扭矩可隨其需要而改變。

四、使車輛能以不同速率行駛。

五、使車輛能倒退行駛。

六、使車輛能在高低不平之路面上行駛。

七、使在轉彎時之動力輸出，能與直線行駛時同樣有效。

第 二 節　離 合 器

10-2-1　基本構造

一、離合器裝於引擎與變速箱之間，一般利用摩擦以傳輸引擎之動力，自動變速箱使用之液體接合器則利用液體運動能，電磁離合器則利用電磁引力以傳輸動力。

二、離合器之功用在使引擎與傳動系之間可以自由接合或分離，如圖 10－2，1 所示。

三、離合器必須使動力之接合及切斷容易，散熱良好，操作確實而安靜。離合器之分類如下

：

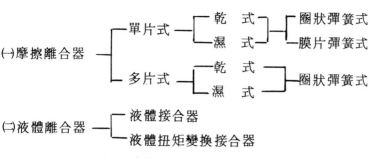

```
            ┌ 單片式 ─┬ 乾　式 ─┬ 圈狀彈簧式
(一)摩擦離合器 ┤         └ 濕　式 ─┴ 膜片彈簧式
            │
            └ 多片式 ─┬ 乾　式 ─┬ 圈狀彈簧式
                      └ 濕　式 ─┘
```

```
(二)液體離合器 ┬ 液體接合器
              └ 液體扭矩變換接合器
```

```
(三)電磁離合器 ┬ 線圈式電磁離合器
              └ 電磁粉式電磁離合器
```

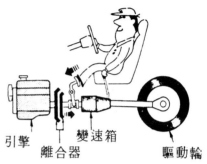

圖10－2，1　離合器的功用（日產
技能修得書　F 0002 ）

10 - 2 - 2　摩擦離合器的構造及作用

一、圈狀彈簧乾單片式摩擦離合器

(一)離合器本體包括被動部之離合器（ clutch disc ），及主動部份之壓板（ pressure plate ）、離合器蓋板（ clutch cover ）、離合器彈簧（ clutch spring ）、釋放槓桿（ release lever ）、釋放軸承（ release bearing ）等，如圖 10－2，2所示。

(二)作　用

1. 離合器接合時

如圖10－2，3　所示，離合器蓋板、釋放槓桿、釋放軸承、壓板等組成之離合器壓板總成，用螺絲將離合器片一起裝在飛輪上。彈簧之壓力使離合器片與飛輪壓緊成一整體，引擎動力由飛輪、離合器蓋板、壓板靠摩擦力經離合器片、離合器軸傳到變速箱。

2. 離合器分離時

當踩下離合器踏板時，釋放叉將釋放軸承壓下，經釋放槓桿使離合器壓板上提壓縮離合器彈簧，如圖10－2，3(2)所示。離合器壓板與飛輪間之間隙加大，動力無法傳遞。

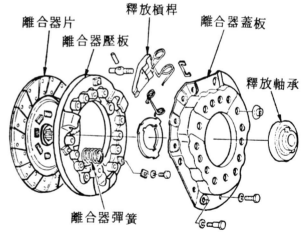

圖10－2，2　圈狀彈簧乾單片式離合器本體構造（三級自動車シヤシ圖Ⅱ－2）

二、膜片彈簧乾單片式摩擦離合器

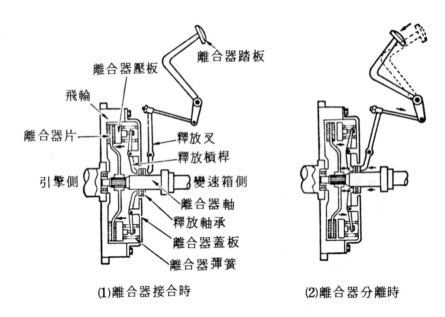

圖10-2，3　圈狀彈簧乾單片式離合器作用情形（三級自動車シヤシ　圖Ⅱ-3）

(一)構　　造

如圖10-2，4所示，此式離合器以膜片彈簧取代圈狀彈簧及釋放槓桿，使構造簡單，並可免除調整釋放槓桿高度之麻煩，且膜片彈簧彈性極佳，操作省力故為目前使用最廣之離合器。圖10-2，5為膜片彈簧離合器本體之分解圖。

(二)作　　用

1.離合器接合時

如圖10-2，6所示，離合器未踩時，膜片彈簧以外鋼絲圈為支點，將離合器壓板及離合器片壓緊於飛輪上。飛輪、離合器壓板總成、離合器片等成一整體旋轉。

2.離合器分離時

如圖10-2，7所示，踩下離合器踏板時，離合器釋放軸承將膜片彈

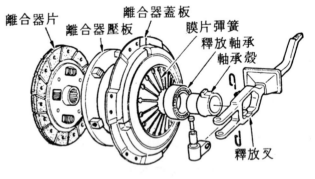

圖10-2，4　膜片彈簧乾單片式離合器本體構造（三級自動車シセシ　圖Ⅱ-4）

簧向下壓，膜片彈簧以內鋼絲圈為支點，膜片彈簧翻轉，壓力解除；同時並做為槓桿將離合器壓板上提，使與飛輪之間隙加大，動力停止輸出。

三、其他種類摩擦離合器

(一)半離心式離合器

1. 在釋放桿之外端加裝一離心配重
   ，如圖10－2，8所示。

2. 當高速運轉時，壓板受到離心配
   重所產生之離心作用，將離合器
   片壓的更緊。

3. 可以用較弱的壓板彈簧，因而離
   合器之操作較爲省力。高速時之
   傳動效率高。

(二)乾多片式離合器

　　大型車輛傳輸之扭矩大，如使用單
片離合器片時，需使用較大之離合
器且離合器彈簧強度也須增大使操
作困難。爲了解決這個困難，許多
大貨車、大客車採用乾多片式之離
合器。如圖10－2，9所示。

(三)濕多片式離合器

　　濕式離合器使用特種軟木做摩擦面
，全部機件浸於油中，因摩擦力較
小，故均採用多片式，摩托車及自
動變速箱中之離合器多採用此式，
構造如圖10－2，10所示。

10-2-3　離合器操縱機構

一、機械式離合器操縱機構

(一)連桿式　如圖10－2，11所示，由
　　踏板、叉桿所組成，其間由連接桿
　　予以連動，爲最簡單亦爲使用最久
　　之型式。

(二)鋼繩式　如圖10－2，12所示，以
　　鋼繩代替連桿，其最大優點爲鋼繩
　　富有撓性，安裝方便，成本低，保
　　養容易，目前採用最廣之方式。

二、油壓式操縱機構

(一)普通油壓式操縱機構（圖10－2，13

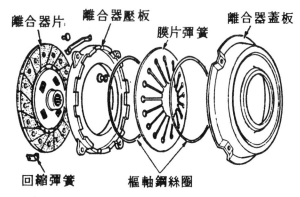

圖10－2，5　膜片彈簧乾單片式離合器分
　　　　　　　解圖（三級自動車シヤシ
　　　　　　　圖Ⅱ－6）

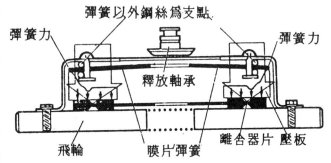

圖10－2，6　膜片彈簧乾單片式接合時的情
　　　　　　　形（Automotive Mechanics
　　　　　　　Fig 39－15）

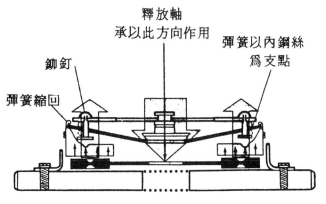

圖10－2，7　膜片彈簧乾單片式分離時的情
　　　　　　　形（Automotive Mechanics
　　　　　　　Fig 39－16）

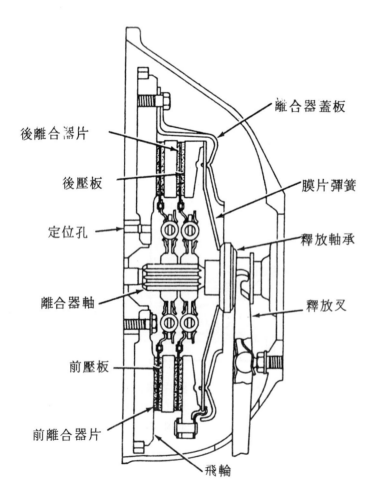

圖 10 - 2 , 8　半離心式離合
器

離心配重

釋放桿針軸承
釋放桿銷
釋放桿

嚮導軸承

離合器片

壓板

釋放軸承

壓板彈簧

離合器蓋板

後離合器片

後壓板

定位孔

離合器軸

前壓板

前離合器片

飛輪

膜片彈簧

釋放軸承

釋放叉

圖 10 - 2 , 9
乾多片式離合器

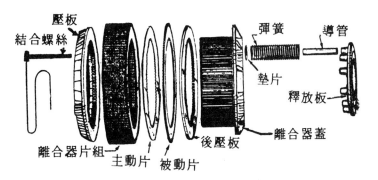

圖10- 2 ,10　濕多片式離合器（ Automotive Mechanics Fig 39 – 18 ）

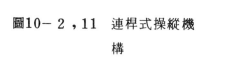

圖10- 2 ,11　連桿式操縱機
　　　　　　　　構

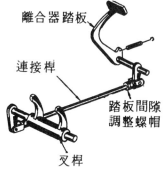

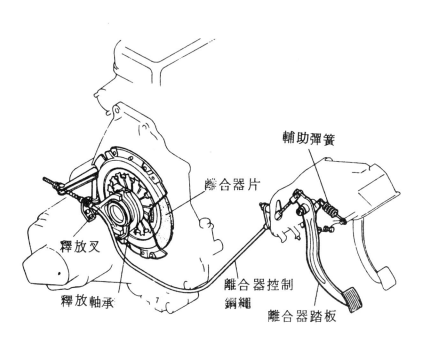

圖10 - 2 , 12　鋼繩式離合器操縱機構（ TEL STAR　Fig 1 ）

所示）

當踩下離合器踏板時，總泵推桿
推動總泵活塞，總泵產生油壓，
壓力油經油管使釋放缸之活塞推
出經推桿推動釋放叉，推動釋放
軸承等使離合器分離。離合器踏
板放鬆時，踏板回拉彈簧將踏板
拉回，總泵油壓消失，各機件復
原，離合器接合。

㈡增壓式油壓操縱機構

大型車傳輸之扭矩大，彈簧強，
為使離合器踏板之操作力輕，使
用離合器增壓泵來操縱；利用真
空與大氣壓力之壓力差或壓縮空
氣與大氣之壓力差來推動離合分
泵活塞，以操縱釋放叉使離合器
分離。如圖10－2，14所示。

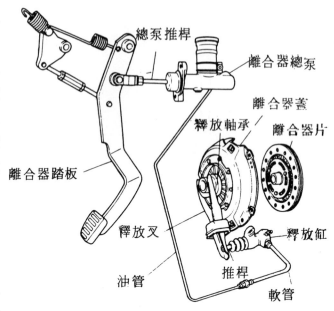

圖10－2，13　普通油壓式離合器操縱機構（
Automotive Mechanics Fig
39 － 20 ）

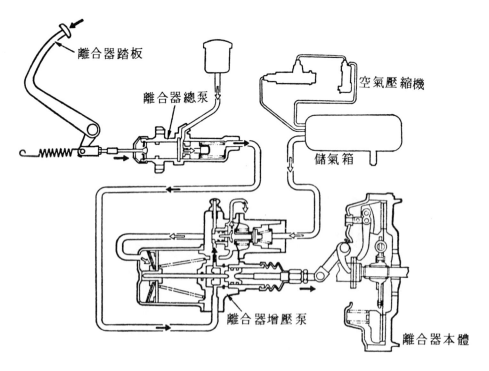

圖10－2，14　增壓式操縱機構（三級自動車シセシ　圖Ⅱ－14）

10-2-4 自動離合器

離合器之接合傳輸動力之操作必須一面將離合器踏板緩緩放鬆使離合器慢慢接合，一面徐徐加油，油門之大小應依車子負荷之大小與路面情況而改變，需儘量使離合器摩擦表面之摩擦減至最小，以避免動力損失及摩擦之損耗。但此種操作必須極爲熟練，否則難達理想之境。因此有自動離合器之發明。各種自動離合器之構造及作用原理如下：

一、離心式自動離合器（圖10-2，15所示）

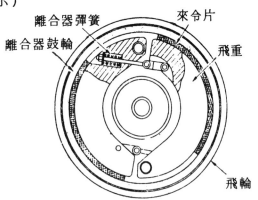

圖10-2，15 離心式自動離合器（自動車百科全書 圖 3-11）

(一)此式係以二個飛重之外周裝來令片。壓緊飛輪上之離合器鼓而成，由於引擎轉速之變化，此飛重之離心力亦隨之變化，使飛重壓緊離合器鼓之力亦不同，因而達到自動離合之要求。

(二)於輕負荷高速運轉時，因其離心力大故性能良好。在重負荷低速時離心力小易打滑，因而此型離合器多用於負荷變化小之小型乘用車上。

(三)又此式離合器於行駛中無法分離，故必須和自動變速箱或手操縱離合器機構組合方能使用。

二、真空控制離心式自動離合器

(一)此式係將離心式自動離合器改良而成，具有傳動離合器和換檔離合器二組。當引擎轉數達1000 rpm時，傳動離合器即完全接合狀態。換檔離合器之操作係利用進汽管之真空來操縱以補救離心式自動離合器於行駛中不能換檔之缺點。

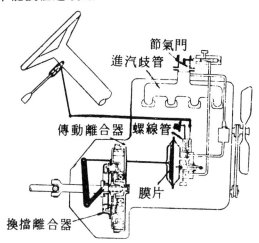

圖10-2，16 真空離心式自動離合器（自動車百科全書 圖 3-12）

(二)換檔離合器之操縱係由與變速桿裝在一起之開關行之，當握住此桿時電氣開關被接通，使螺線管通入電流，將控制門打開膜片室與進汽歧管連通，真空吸動膜片，將連桿吸引，使換檔離合器分離，便於換檔。當換檔完畢，控制閥回復原位，真空膜片室通大氣使得離合器再行接合，如圖10-2，16所示。

三、電磁式自動離合器

(一)線圈式電磁自動離合器，如圖10-2，17所示。

　1.利用裝置於飛輪內之線圈通以電流，以

產生吸引力。使壓板發生作用，其電流
量之改變，係由發電機之發電量與進汽
管眞空以控制之。如圖10－2，18所示
。

2. 引擎低速運轉時，發電量少，眞空大。
   電阻器被吸至最大位置，線圈中通過之
   電流小，此時離合器分離。

3. 車輛行駛時，引擎轉速增快，使其發電
   量增大，眞空降低，電阻減小，飛輪線
   圈中通入之電流增加，離合器接合力亦
   增加，直至將車輪驅動。

4. 換檔時手握變速桿將電源切斷則離合器
   分離，完成換檔後，手離開排檔桿，離
   合器即自行接合。

㈡電磁粉式自動離合器，如圖10－2，19所
示

1. 將電磁粉置於驅動側與被動側之間。當
   驅動側機件中有電流通過時，則電磁粉
   發生之磁力線方向與被動側機件相連接
   。即可將扭矩傳出。

2. 其接線圖及操作方式均與線圈式電磁自
   動離合器相同。

3. 此式因無摩擦機件，故機件均不磨損且
   無故障爲最優良之離合器。

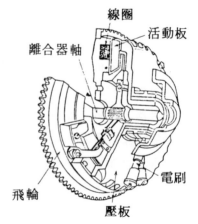

圖10－2，17　線圈式電磁自動離合器

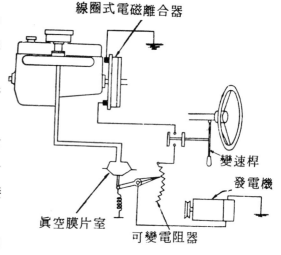

圖10－2，18　線圈式電磁自動離合器
　　　　　　　電路圖

圖 10－2，19　電磁粉式自動
　　　　　　　離合器

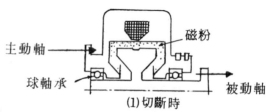

(1)切斷時

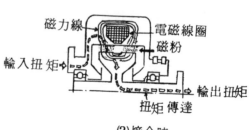

(2)接合時

10-2-5　液體接合器

一、構　造

由主動葉輪（ diriving member ）又稱泵
與被動葉輪（ driven member ）又稱渦輪
或透平（ turbine ）組成，如圖10－2，
20所示內部分成很多直型小格稱葉片（
vane ）如圖10－2，21所示，其中心
有兩半圓環稱導環（ guide ring ）如圖10
－2，22所示。

二、液體接合器作用原理

主動葉輪與被動葉輪均爲平板形，如圖10
－2，23所示，與半徑平行，於出口處及
入口處稍向前曲斜與軸平行，各葉片間之
距離不同以減少諧震。其主動葉輪與被動

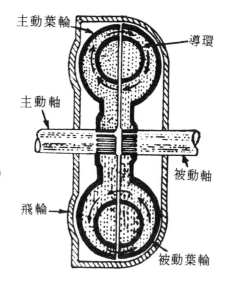

圖10－2，20　液體接合器

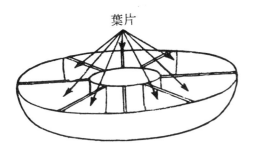

圖10－2，21　葉　片

圖10－2，22　導環（自動車の構造
圖3－33（c））

葉輪之葉片亦不相等，以避免液體自主動
葉片流至被動葉片時，所產生之干擾經常
由相配之葉片來承受，以延長其壽命。與
齒輪變速箱使用不成整數比之齒輪配合。
用以減少並平均齒輪的磨損同理。內部充
油85～90％滿，使受熱時有餘隙可膨脹
。

圖10－2，23　葉輪（自動車の構造
圖3－70（a））

三、液體在葉輪中之運動

㈠液體在葉輪中受二種力影響，具有兩種不同之速度，如圖10－2，24所示。

　　1.液體在葉輪上的轉動方向因摩擦力之作用，具有迴旋速度。

　　2.離心力則強迫液體在主動葉輪上由內向外流出，而流入被動葉輪，迫使被動葉輪之液

體由外向內流，如圖10－2，25
所示。此種運動稱之爲渦動，渦
動係位於含軸中心平面內，故亦
稱軸向流速，簡稱渦速。

故液體在葉輪中之絕對速度可分
解爲二個分速度，一分速度在轉
軸中心平面內稱渦速，另一分速
度在與轉軸垂直的轉動平面內稱
迴旋速度。當被動葉輪靜止不動

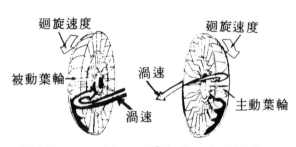

圖 10－2，24　液體在葉輪中之速度

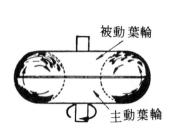

圖 10－2，25　油在葉輪內流動（
自動車の構造　圖
3－31）

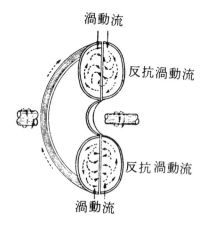

圖 10－2，26　主動與被動葉輪均產
生油的流動（自動車
の構造　圖 3－32）

時，主動葉輪之液體受離心力作用，自內向外流，迫使被動葉輪中之液體自外向內流
，渦動遂形成。當被動葉輪轉動時，離心力亦迫使被動葉輪中之液體自內向外以反抗
渦動，如圖 10－2，26 所示。

㈡如主動葉輪轉動速度較被動葉輪快時仍有一壓力差存在，迫使渦動繼續不斷，直到主動
與被動葉輪轉數相等時方停止。若推車以起動引擎時渦動方向相反。

㈢主動葉輪與被動葉輪之轉速差稱爲滑差，以主動葉輪轉速百分比表之。如主動葉輪爲
1000 rpm 被動葉輪爲 800 rpm 時，滑差爲20%。故當滑差爲 100 % 時渦速最大，滑
差爲零時，渦速爲零。傳送扭矩之大小與滑差有關，車子行駛時，滑差永遠不等於零，
普通約在 2－5%，在高速行駛時突放油門，有一段時間滑差爲零，接着被動葉輪較主
動葉輪爲快，渦速相反。渦動在理論上是不傳遞扭矩，因離心力和轉速成正比，故促成
渦動之力亦爲主動葉輪轉速平方成正比。當有滑差存在時，液體自主動葉輪流入被動葉

輪，或反向流動時，皆受到阻撓，滑差愈大，阻撓也愈大，阻撓使能量消耗。

㈣在轉動平面內之迴轉運動亦受渦動之影響，該葉輪流道之平均內徑為 P、外徑為 R，故在主動葉輪入口處之迴轉速度為 $2\pi Pn$，出口時之速度為 $2\pi Rn$，其迴轉速之增加值為 $2\pi n(R-P)$，速度之增加即表示獲得能量，換言之即液體在主動葉輪中，被加速吸收引擎機械能，到被動葉輪中放出。如不計消耗，液體在被動葉輪所作之功應等於主動葉輪吸收之能。

㈤扭矩傳遞之公式　$T = CSn^2W(R^2-r^2)$。其中 C 為常數，車用液體接合器如採用呎磅為單位時其值為0.04。S 為滑差，n 為主動葉輪每秒轉數，R 為液體進入被動葉輪流道之平均半徑，r 為液體離開被動葉輪流道之平均半徑。W 為液體接合器中流體之重量。

四、液體接合器之性能

㈠引擎最大負荷時之滑差。

㈡引擎最大速度時之停阻扭矩。

㈢傳輸引擎最大扭矩時之最低轉數。

（停阻扭矩係指引擎在最大轉速時，如車輛仍停住不動，被動葉輪所受之扭矩）

五、液體離合器之優劣點

㈠優點：利用液體為傳動媒介，故傳動裝置之震動可以被吸收，使其機件不易損壞，且動力之接續可達圓滑之境界而不必由一檔起步。

㈡劣點：當引擎在怠速時離合器無法完全切斷，使曲軸受阻力，引擎易熄火。引擎煞車性能較差。在行駛途中不能分離，故必須配以輔助機件。

10-2-6　液體扭矩變換器

一、概　　述

在液體接合器中僅能傳遞扭矩，不能將扭矩變大。當加於被動葉輪之扭矩大於主動葉輪之輸出扭矩時，則從主動葉輪出來之壓力油經被動葉輪空隙。再返回主動葉輪內，壓力油之運動能變成熱而散發。若將

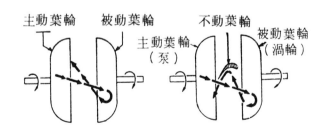

圖10-2，27　在液體接合器中裝不動葉輪
（自動車百科全書　圖3-58）

液體接合器中加一不動葉輪，即成液體扭矩變換器，其葉片為曲斜狀，如圖10-2，27所示，不動葉輪能將被動葉輪出來之液體改變方向，將剩餘能量再協助驅動主動葉輪。因此可以使推動渦輪之扭矩較輸入軸為大，故液體扭矩變換器具有自動離合器及變速箱之功用。普通有一不動葉輪的扭矩變換器稱為單級扭矩變換器，有二個則稱為雙級扭矩變換器。

二、液體扭矩變換器之構造作用

圖10－2，28為液體扭矩變換器之構造，與液體接合器相似，由主動葉輪外周出來時，具有渦速及迴轉速度。進入被動葉輪後流動速度降低，壓力升高，被動葉輪之葉片受液體之衝擊力而轉動，其原理如草坪灑水機之作用。

自被動葉輪流出之液體仍具有很大動能，經不動葉輪改變方向後再流入主動葉輪，協助推動主動葉輪，故可提高扭矩。

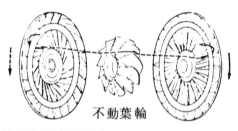

被動葉輪（渦輪）　　主動葉輪（泵）

圖10－2，28　液體扭矩變換器構造及油液之流動情形

三、扭矩變換器的缺點：

當渦輪轉速增高後，液體流出渦輪之剩餘動能減少，再加上不動葉輪之改變液體流動方向使液體之流動受到甚大之阻撓而發熱損失很大之能量。故扭矩變換器實際上不能使用。

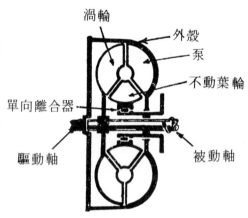

10－2－7　液體扭矩變換接合器

一、概　　述

若將不動葉輪裝在一單向離合器（ one way cluch ）上，使不動葉輪僅能作與泵同方向之轉動，而不能做反方向轉動，則變為液體扭矩變換接合器。如圖10－2，29所示。

圖10－2，29　液體扭矩變換接合器

液體扭矩變換器中，當渦輪轉速慢時，如圖10－2，30所示，則液體在不動葉輪上面流動可以改變方向，若渦輪轉速快時，則液體在不動葉輪背面流動，不但不能改變方向及增加扭矩反而因阻撓而使流體損失能量。若將不動葉輪置於單向離合器上則渦輪轉速快時，不動葉輪就空轉，使其變成液體接合器，在渦輪轉速慢時又成為液體扭矩變換器。

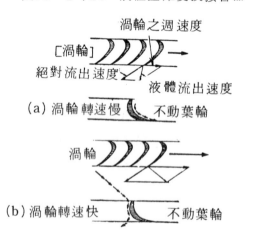

圖10－2，30　液體在不動葉輪上流動情形（自動車百科全書　圖3－62）

二、液體扭矩變換接合器之特性曲線

圖 10－2，31爲液體扭矩變換接合器之
特性曲線

$$扭矩比（T）= \frac{輸出扭矩（Tt）}{輸入扭矩（Tq）}$$

$$轉速比（N）= \frac{輸出軸轉數（Nt）}{輸入軸轉數（Nq）}$$

圖中左縱座標爲扭矩比，右縱座標爲效率
，橫座標爲速度比。當被動葉輪靜止不動
時轉速比爲零，被動葉輪之效率爲零，此
時受到之扭矩最大，稱爲停阻扭矩；扭矩
變換器之效率爲零。轉速比漸增時，被動

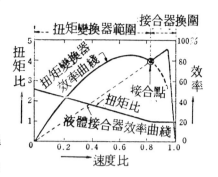

圖10－2，31 液體扭矩變換接合器之
特性曲線

葉輪之轉速亦漸增，至設計點時，效率最高。此後速度再增加時，效率即降低甚速。由
圖中可知轉速比在 0.6 ～0.75時，扭矩變換器之效率最高。在轉速比約0.82時，被動葉
輪與主動葉輪之扭矩比爲 1。此時不動葉輪開始轉動，扭矩變換器變成接合器，則轉速
比再增大時，改循接合器之曲線，至轉速比約0.94時效率最高，轉速比再增則效率迅速
下降。

三、液體扭矩變換接合器之優劣點

㈠優　　　點

1.可使速度和扭矩的變化圓滑順利，容許無震動加速度，使乘坐舒適。

2.駕駛便利。

3.各機件浸在油中，磨損小，壽命長。

㈡缺　　　點

製造困難，價格昂貴。

第三節　變　速　箱

10 - 3 - 1　手排擋變速箱

一、變速段

㈠變速箱前進檔之數目即爲變速段。以三速段汽車爲例，其行駛動力與速度關係如圖10－
　　3，1，係將行駛阻力換算成馬力，並依路面傾斜度所需之推進力而繪出。

㈡以三速段汽車爲例，其車速及引擎出功之關係如圖10－3，2 所示。

㈢將上二圖二曲線合而爲一，所得之曲線稱行駛性能曲線圖，如圖10－3，3所示。在圖
　　中汽車以三檔在平坦路面行駛，速度可達 120 km／hr 如圖上A點；同樣用三檔在 5 ％
　　度坡，則車速達79 km ／ hr 如圖上B點。如果在二檔與三檔間再加一變速段，則在 5

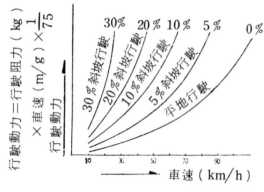

圖10-3，1　車速與行駛動力關係圖（
自動車百科全書　圖3-
21）

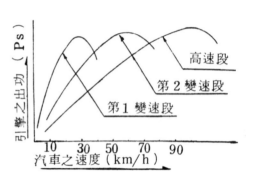

圖10-3，2　車速及引擎出功關係圖（
自動車百科全書　圖3-
21）

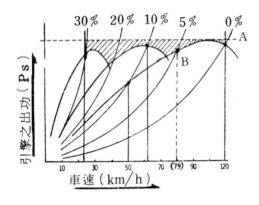

圖10-3，3　三段變速行駛性能圖（自
動車百科全書　圖3-22
）

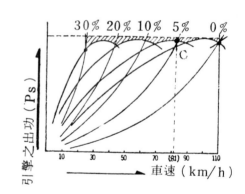

圖10-3，4　四段變速行駛性能圖（自
動車百科全書　圖3-23
）

％斜坡車速可達81 km／hr，如圖10-3，4之C點，故在機件許可內變速段分得愈
多，汽車之行駛性能愈提高，引擎可在最經濟最有效之情況下使用，故如能將變速箱發
展到無段變速時，即可得最理想之行駛性能，因此所有變速箱之研究皆以此爲目標。

二、手排擋變速箱作用原理

㈠原理：利用齒輪相互的比數，產生不同的牽引力，使得車子之運用獲得最佳之效能。

㈡功用：將動力由離合器軸經過齒輪，而以不同的速度及扭矩送到傳動軸，如經倒擋齒輪
　　則可將動力傳輸方向改變。

三、變速操縱機構之種類：

㈠直接操縱式　爲最普通之變速操縱機構其有二種構造：

　　1.整體式　當移動變速桿時，直接使換擋叉跟著移動，此式構造簡單，信賴性高，多用

於 F．R 式車子。如圖
10－3，5 所示
爲防止選擇動作不完全
或同時使兩組齒輪嚙合
導致齒輪受損，故裝有
一組連鎖機構（ inter-
lock ），如圖10－3，
6 及圖10－3，7 所示
。當變速桿選擇動作完
全正確時，變速滑軌才
能移動。
另外爲使變速滑軌移動
所需位置時，不因震動
而造成移動現象，乃以
定位鋼珠，固定其位置
，如圖10－3，8 所示。

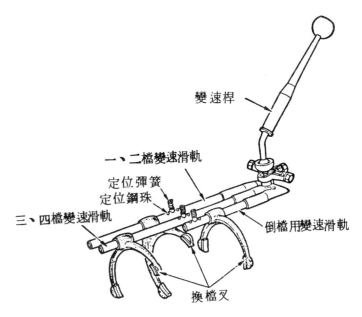

圖10－3 ，5　直接操縱整體式變速機構（三級自動
車シャシ　圖Ⅲ－26）

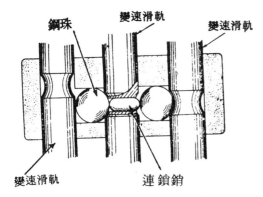

圖10－3，6　連鎖機構㈠（自動車百科
全書　圖3－38）

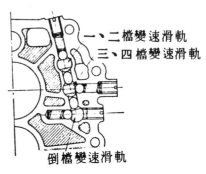

圖10－3，7　連鎖機構㈡（自動車百科
全書　圖3－59）

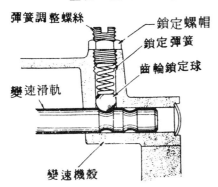

圖10－3，8　定位鋼珠（自動車百科全
書　圖3－39）

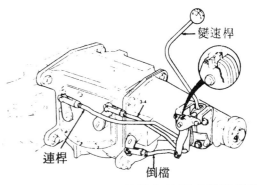

圖10－3，9　直接操作連桿式變速機構

2.連桿式　如圖10－3，9所示，變速
　桿裝在變速箱殼外面。

(二)遙控操作式

　　1.方向盤式

　　　(1)兩根撥桿均直接撥動換檔叉者，如
　　　　圖10－3，10所示，其中一根撥1
　　　　、倒檔，另一根撥二、三檔，係用
　　　　在三前進檔之變速箱。

　　　(2)兩根撥桿為選擇用，另一根為撥動
　　　　換檔叉用，用於四前進檔之變速箱
　　　　，如圖10－3，11所示。

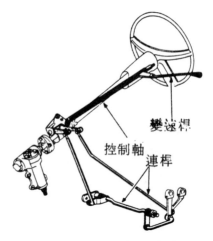

圖10－3，10　方向盤式變速機構（二根
　　　　　　　均為撥動桿型）（TOYO
　　　　　　　TA技能修得書N 4482 ）

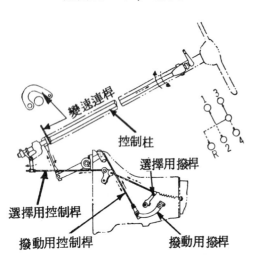

圖10－3，11　方向盤式變速機構（一選
　　　　　　　擇桿一撥動桿型）（自動
　　　　　　　車百科全書　圖3－41）

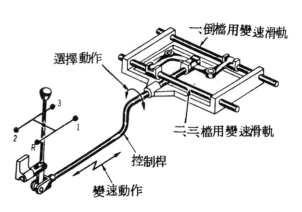

圖10－3，12　連桿式變速箱機構（自動
　　　　　　　車百科全書　圖3－40）

　　2.底板式

　　　圖10－3，12為用於R．R型車子之遙控操縱方式。

四、手排檔變速箱之構造如圖10－3，13所示。

五、動力傳達路線及速比

　(一)空檔（圖10－3，14）動力由離合器軸→主驅動齒輪→副軸。此時因各檔齒套未與任
　　　何一檔齒輪嚙合，故各檔齒輪在主軸上空轉。

　(二)一檔（圖10－3，15）動力由離合器軸→主驅動齒輪→副軸→一檔齒輪→ⅠⅡ檔齒套→
　　　主軸輸出。

　(三)二檔（圖10－3，16）動力由離合器軸→主驅動齒輪→副軸→二檔齒輪→ⅠⅡ檔齒套

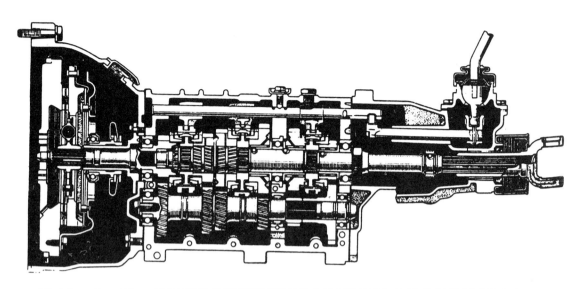

圖 10－3，13　T 50型手動變速箱斷面圖（TOYOTA技能修得書M 5324 ）

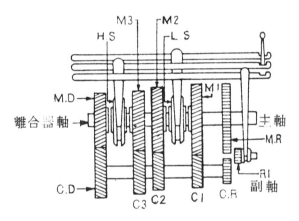

圖10－3，14　空檔（日產　技能修得書
　　　　　　　F 0344 ）

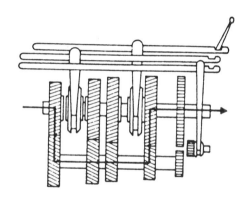

圖10－3，15　一檔（日產　技能修得書
　　　　　　　F 0345 ）

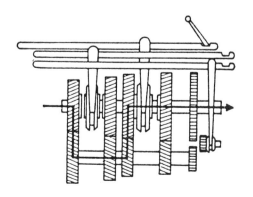

圖10－3，16　二檔（日產　技能修得書
　　　　　　　F 0346 ）

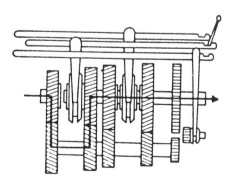

圖10－3，17　三檔（日產　技能修得書
　　　　　　　F 0347 ）

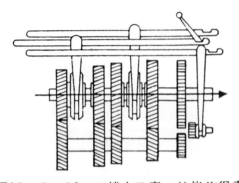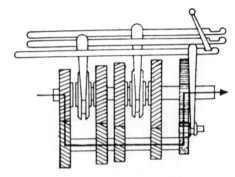

圖10−3，18　四檔（日產　技能修得書　　　圖10−3，19　倒檔（日產　技能修得書
　　　　　　　F 0353 ）　　　　　　　　　　　　　　　　　F 0354 ）

→主軸輸出。

㈣三檔（圖 10 − 3 ，17）動力由離合器軸→主驅動齒輪→副軸→三檔齒輪→Ⅲ Ⅳ檔齒套
　→主軸輸出。

㈤四檔（圖 10 − 3 ，18）動力由離合器軸經Ⅲ Ⅳ檔齒套嚙合，使主軸與離合器軸嚙合直
　接傳動，故其速比為 1：1。

㈥倒檔（圖 10 − 3 ，19）動力由離合器軸→主驅動齒輪→副軸→副軸上倒檔齒輪→倒檔
　惰輪→主軸上倒檔齒輪→主軸輸出。動力輸出方向因在主軸與副軸間多一惰輪，故輸出
　方向與前進方向相反。

㈦速比：離合器軸與主軸轉數之比（或稱減速比）

$$\text{即速比} = \frac{\text{被動齒輪齒數積}}{\text{主動齒輪齒數積}}$$

例：圖10−3，15中若 M、D 為 18齒，C、D 為 32齒，C_1 為 16 齒，M_1 為 39 齒，則其
　速比為：

$$\frac{C、D}{M、D} \times \frac{M_1}{C_1} = \frac{32}{18} \times \frac{39}{16} = 4.33$$

　即引擎轉 4.33 轉，傳動軸才轉一轉。

㈧其他各檔之速比以上式方法求之即得。

六、手排擋齒輪式變速箱種類

㈠滑動齒輪式　此式必須使用直齒輪，換檔時將齒輪前後移動，因此長度較長。因主軸齒
　輪之週邊線速度與副軸齒輪之週邊線速度不同，故在換檔時齒輪嚙合困難，必須使用兩
　腳離合器才能換檔。齒輪磨損快，易生噪音，故現代汽車已不使用。兩腳離合器換檔法
　如下：

　1.由低速變高速（如由二檔換三檔）

(1)踩離合器，鬆油門，由二檔打入空檔
　。

(2)放離合器。

(3)再踩離合器，由空檔打入三檔。

(4)再放離合器，加油。

2.由高速檔換低速檔（如由二檔換一檔）

(1)踩離合器，放油門，由二檔打入空檔

(2)放離合器，加油。

(3)再踩離合器，放油門由空檔打入一檔

(4)加油放離合器。

㈡永久嚙合式變速箱

1.此式通常使用斜齒輪，故可減少噪音，
　並延長壽命為其優點。但使用時還需要
　用兩腳離合器來換檔，及齒輪側推力大
　，為其缺點。

2.其構造如圖 10－3，20 所示，其主軸
　上之二、三檔齒輪及一、倒檔齒輪均可
　在主軸上旋轉，所有在副軸上與主軸配
　合之各齒輪均係保持經常接合。變速時
　則將沿主軸栓槽滑動之犬齒接合器（
　dog clutch），移向需要之各速齒輪旁
　與其犬齒接合器相接合，動力便由此經
　主軸而傳出。

㈢同步齒輪式變速箱

　此式為永嚙式齒輪變速箱之改良
型。即在犬齒接合器上裝等速調
節裝置而成，在換檔時能自動調
節欲嚙合二齒輪之速度，使速度
相近，容易嚙上排檔。

因此不必使用兩腳離合器換檔。

其調速裝置有下列幾種：

1.錐體式（cone type）其構造
　如圖 10－3，21 所示。作用
　時接合器總成向前推動，使摩

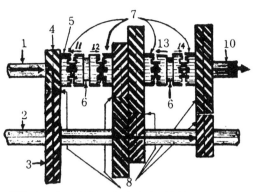

圖10－3，20　永嚙式變速箱

1.離合器軸 2.副軸 3.副軸主
動齒輪 4.離合器軸主動齒輪
5.接合器 6.換檔叉槽 7.犬齒接
合器 8.永嚙齒輪 10.主軸 11.三
檔 12.二檔 13.一檔 14.倒檔

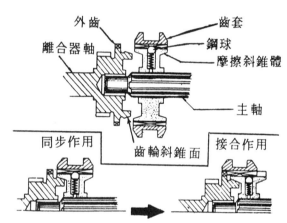

圖10－3，21　錐體式調速器（自動車百
科全書　圖 3－31）

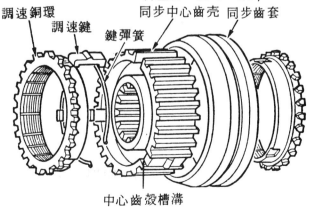

圖10－3，22　銅錐環式調速器（自動車の構造
圖 3－43）

擦斜錐體與齒輪斜錐面接觸，達到相同速度後，再將齒套嚙入齒輪。齒套移動後中間的**鋼球**及彈簧之張力便使齒套定位。

2. 銅錐環式（ blocking ring type ）其構造如圖10－3，22所示。當作用時離合器套先前進一點，因為帶動內部的結合塊，所以此時齒套就前進推動銅錐環使與主動齒之斜面接合，使其速度相等。則離合器套就可以前進而與主動齒輪的邊齒結合，而達到換檔的目的。

3. 銷式（ pin type ）其構造如圖10－3，23所示，離合器中心齒內與主軸相接，外與離合齒套接合，前後銅錐環上各有三支銷，與離合齒套相聯成一體。當總成向外移時，使後銅錐環先與齒輪內部斜面相摩擦，速度相同後，總成就全部向外移使離合齒套與齒輪邊的小齒輪接合，達到換檔的目的。

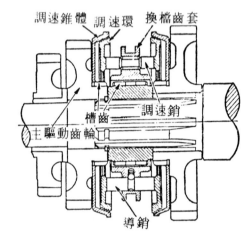

圖10－3，23　銷式同步調速器（シヤシの構造　圖2－50）

4. 伺服式（ servo type ）構造如圖10－3，24所示，換檔時齒套與同步調速環接觸，產生摩擦力，使調速環之一端壓推力塊，再壓制動帶，制動帶由固定塊擋住。此時固定塊產生傾斜，而將調速環向外側壓。同時制動帶與推力塊也向上浮起，而使調速環以很強之壓力壓向齒套，而產生調速作用。調速完成後，調速環之壓力消失，伺服作用力消失，此時齒套再向接合器移動時，調速環受壓力收縮，使齒套與接合器槽齒完全嚙合。

七、前輪驅動手排檔式變速箱

前輪驅動手排檔式變速箱，將引擎、齒輪箱及最後傳動組合成一整體，如圖10-3，25 齒輪箱及差速器總成都裝在一只鋁合金殼內，如圖10-3，26其動力傳遞如圖10-3，27。

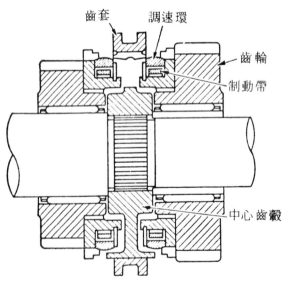

圖10－3，24　伺服式同步調速機構組合圖（三級自動車シヤシ圖Ⅲ－23）

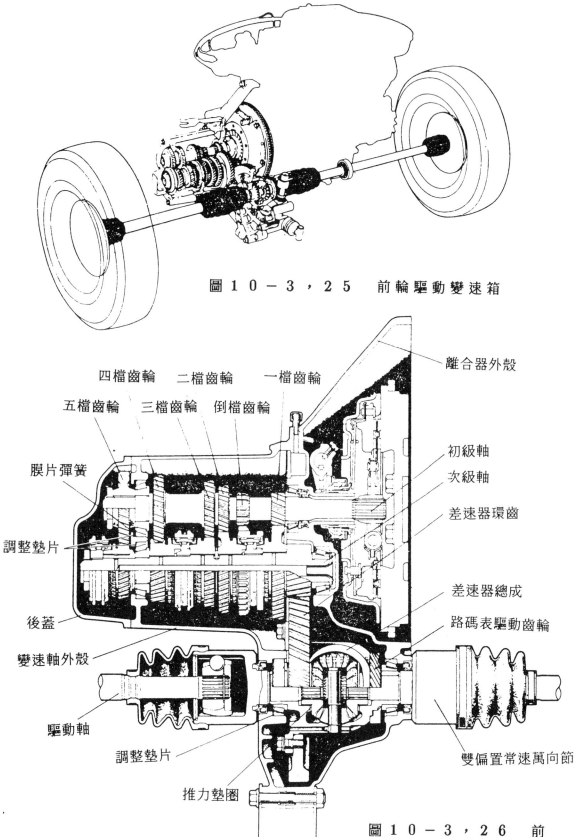

圖 1 0 - 3 , 2 5 　 前輪驅動變速箱

離合器外殼

四檔齒輪　 二檔齒輪　 一檔齒輪

五檔齒輪　 三檔齒輪　 倒檔齒輪

初級軸

次級軸

膜片彈簧

差速器環齒

調整墊片

差速器總成

後蓋

路碼表驅動齒輪

變速軸外殼

驅動軸

調整墊片

雙偏置常速萬向節

推力墊圈

圖 1 0 - 3 , 2 6 　 前
輪驅動變速箱斷面圖

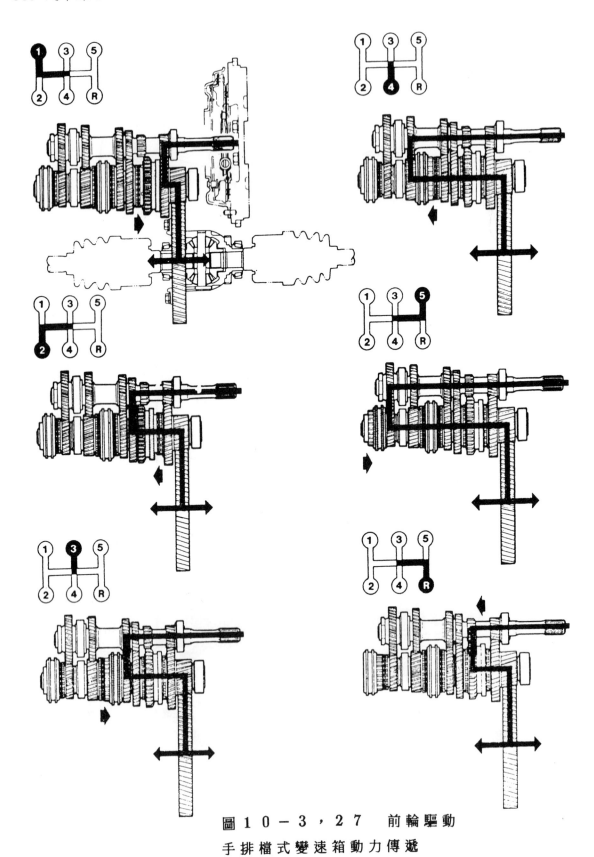

圖 1 0 - 3 , 2 7 前輪驅動
手排檔式變速箱動力傳遞

八、加力箱

㈠引擎產生之動力經變速箱減速增大扭矩後，只能由一根軸輸出。對於需有二根軸以上驅動之車輛或具有前後輪驅動之越野性良好之車輛，則必須使用加力箱來將動力分配到各驅動軸去。如圖 10－3，28 所示。

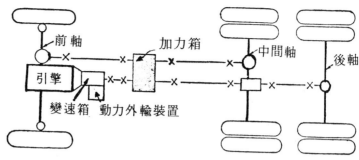

圖 10－3，28　加力箱之配置（自動車の構造　圖 3－113）

㈡圖 10－3，29 為加力箱之構造，連到各車軸及變速箱之軸互相隔離，需借接合器控制才能將動力傳到各車軸。

㈢作　　用

1. 空檔：高低速選擇桿如放在中間位置時為空檔，變速箱輸出扭矩到加力箱為止。

2. 低速：高低速變換齒輪向前時為低速，變速箱動力經惰輪減速後才傳到兩後軸。

圖 10－3，29　加力箱之構造（自動車の構造 圖 3－114）

3. 高速：高低速變換齒輪向後與後軸驅動齒輪直接嚙合，動力由變速箱直接輸出。

4. 前輪驅動：前輪驅動控制桿移到前輪驅動位置時，前輪能驅動。有些車子必須在高低速控制桿在低速時，才能嚙入前輪驅動。前輪驅動桿不管在任何位置後輪均能驅動，如圖 10－3，30。

10-3-2　超速傳動

一、概　　述

汽車在高速行駛時為降低引擎轉速以延長引擎使用壽命，節省油料，很多變速箱中裝有超速傳動（ over drive ）裝置，使引擎之轉數較傳動軸為低，普通約 0.7：1。

二、排擋桿操縱之變速箱超速傳動裝置

如圖 10－3，31 所示，在主軸上裝一只齒輪，齒數較離合器軸之主驅動齒輪少，副軸上使用大齒輪，則主軸之轉速，較離合器軸為快。

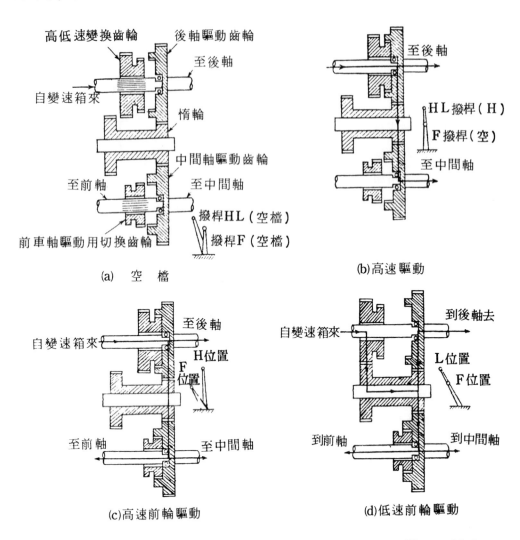

高低速變換齒輪
後軸驅動齒輪
至後軸
自變速箱來
惰輪
中間軸驅動齒輪
至前軸
至中間軸
前車軸驅動用切換齒輪
撥桿HL（空檔）
撥桿F（空檔）

(a)　空　檔

至後軸
HL撥桿（H）
F撥桿（空）
至中間軸

(b)高速驅動

至後軸
自變速箱來
H位置
F位置
至前軸
至中間軸

(c)高速前輪驅動

到後軸去
自變速箱來
L位置
F位置
到前軸
到中間軸

(d)低速前輪驅動

圖 10 - 3，30　加力箱於各驅動位置（自動車整備 I　圖 4 - 88 ）

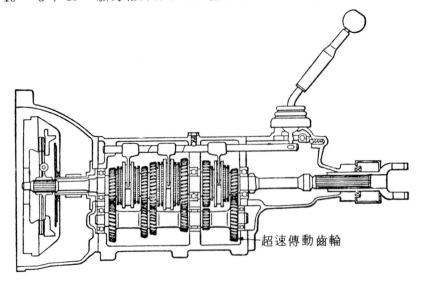

超速傳動齒輪

圖 10 - 3，31　排檔桿操縱之超速傳動裝置（三級自動車シヤシ　圖 II - 7 ）

三、自動控制超速傳動器

(一)構　　造

1.行星齒輪組：動力由行星架輸入，由環輪輸出，太陽輪與太陽齒板相嚙合，太陽輪空轉或固定由手動控制機構或電氣自動控制機構操縱如圖10－3，32所示。

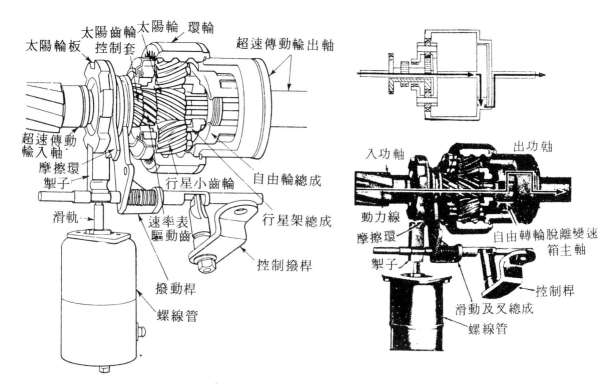

圖10－3，32　超速傳動機構

圖10－3，34　自由轉輪直接傳動

作用情形

2.自由輪接合器，爲一超越離合器，裝於主動軸（行星架）與被動軸（環輪）之間，如圖10－3，33所示，當行星齒輪組在空檔時，主動軸與被動軸間即由該接合器傳動，其特點爲只能由主動軸驅動被動軸，被動軸較快時則自動分離空轉。

(二)作　　用

1.自由轉輪直接傳動，儀錶板下之操縱桿推入，車速未達 40 km／hr 時，爲自由轉輪直接傳動，如圖10－3，34所示。太陽輪不固定，故行星齒輪爲空檔，無法傳輸動力，則動力就由自由轉輪傳出。當傳動軸轉數較引擎快時，自由輪分離，車子滑行，無引擎煞車作用，可使行車經濟。當打入倒檔時，則有一連鎖機構將自由轉輪鎖住，

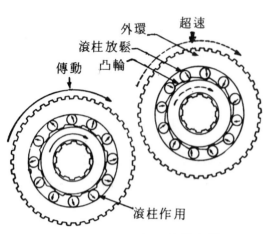

圖 10 - 3 , 33 自由輪接合器

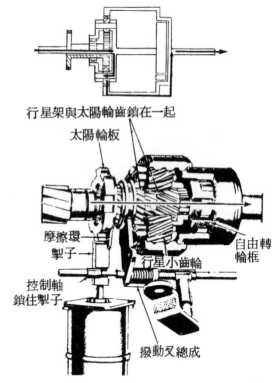

圖 10 - 3 , 35 自由轉輪鎖住傳動作用情形

方能做反方向傳動。

2.鎖住傳動：儀錶板下之操縱桿拉出時，即將行星架與太陽輪鎖在一起，整個行星齒輪組成為一整體，如圖 10 - 3 , 35 所示。在行駛山區使用，能產生引擎煞車作用。

3.超速傳動：

(1)儀錶板下之操縱桿推入，車速超過 40 km ／ hr 時，太陽齒輪被掣子鎖定，行星架主動，環輪被動，成為小加速，動力傳輸情形如圖 10 - 3 , 36 所示。

(2)電路控制系統之作用

圖 10 - 3 , 37 為電路控制系統線路圖。

①當車速達 40 km ／ hr 時，速控開關接通，使繼電器之線圈通電而將接點閉合。電流由電瓶經繼電器流入螺線管之 B 接頭，經吸入線圈及吸住線圈搭鐵，產生很強之電磁引力將掣子吸入。

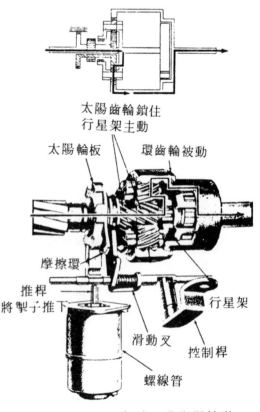

圖 10 - 3 , 36 超速傳動作用情形

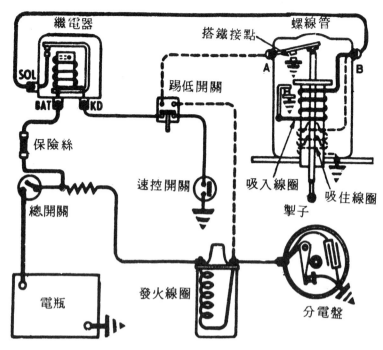

圖 10 - 3 , 37　超速傳動電路控制系統

②此時太陽輪板上之摩擦環靠在一邊，掣子被擋住無法進入太陽輪板之凹槽中。如圖 10 - 3 , 38⑴，因此駕駛員必須放鬆油門，使太陽齒輪反轉，才能使掣子進入太陽輪板之凹槽中，將太陽齒輪固定產生超速傳動，如圖 10 - 3 , 38⑵。換句話說，如果車速超過 40 km／hr，但駕駛員油門踩住一直不鬆，仍是無法由直接傳動變到超速傳動的。

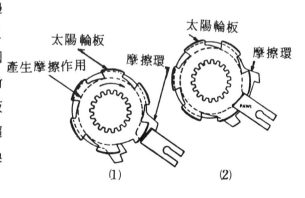

圖 10 - 3 , 38　掣子動作情形

③當掣子進入凹槽後，吸入線圈搭鐵接點分開，吸入線圈無電流，僅吸住線圈有電流，以維持掣子不跳出。

④當司機欲爬坡或超車時（速率在 40 km／hr 以上）將油門踩到底，使踢低開關之接點由上面繼電器A接頭及速控開關接點離開，將下面發火線圈及螺線管A接頭接通，因速控器接點分開，繼電器線圈電路切斷，接點分開，電不再流入螺線管，但此時因齒輪壓力使掣子無法退出，當發火線圈與螺線管接通，使得低壓線

搭鐵，引擎不點火，齒輪之壓力解除，使掣子得以退出。當掣子退出後，螺線管內之接點馬上分開，低壓線路搭鐵除去，引擎又恢復運轉（熄火時間相當於引擎轉一轉）。

10 - 3 - 3　自動變速箱

一、概　　述

(一)汽車在行駛中爲適應行駛條件之變化而做之變速操作，爲汽車駕駛技術中重要之一環，需要相當熟練才能配合良好，因而使駕駛成爲一種專門之技術。如欲維持汽車能在最經濟之情況下行駛，必須發展一種能自動調和引擎出力與行駛阻力間關係的變速箱，免去變換排檔的麻煩，使駕駛汽車簡化爲「踏下加速踏板即走，踩下煞車踏板即停」使駕駛容易，減少駕駛人的疲勞。

(二)自動變速箱多爲無段變速者，現在所用者計有二類，一爲機械式，另一種爲液力機械式，及最新發展之電子控制自動變速箱（ electronic automatic transmission ）

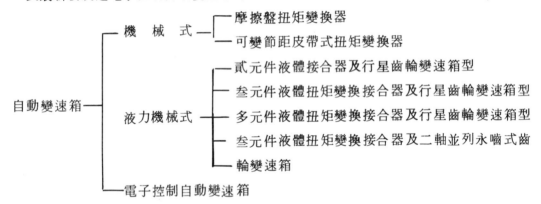

二、機械式自動變速箱

(一)摩擦盤式扭矩變換器（ frictional disk torque converter ）其構造如圖 10 - 3 , 39 所示；地面之阻抗扭矩係沿軸之方向變爲推力，此項推力可使被動盤在主動盤上產生滑動。當引擎出功扭矩與地面阻力平衡時，即可使傳動接觸點固定，如此即可在設計扭矩比範圍內做無段變速。當無傳遞動力時，被動盤與主動盤之接觸點係在主動盤之末端，即扭矩比最小，當傳遞動力時，地面阻力使被動盤與主動盤之接觸點向主動盤跟部移動，

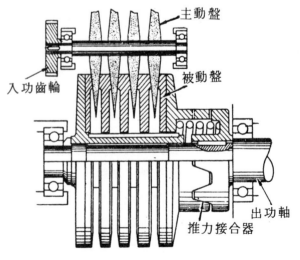

圖 10 - 3 , 39　摩擦盤扭矩變換器構造圖

到車子能行駛時，即停止滑動。當車速漸高，行駛阻力減小時，接觸點又向末端移動使扭矩比減小，使車速提高。

㈡可變節距皮帶盤式扭矩變換器

1. 其基本構造如圖 10 − 3 ，40 所示。

2. 圖 10 − 3 ，41 爲主動皮帶盤之構造，當引擎低速行駛時眞空較大，將隔片及皮帶盤可活動 V 形面體吸引，因而皮帶盤二 V 形面體的距離變長，皮帶則向皮帶盤跟部移動（即節圓直徑變小）。當引擎轉數增高配重離心力大，因而皮帶盤可活動 V 形面體就與固定之 V 形面體的距離變小；皮帶就向頂部移動（即節圓直徑變大）如圖 10 − 3 ，42 所示。

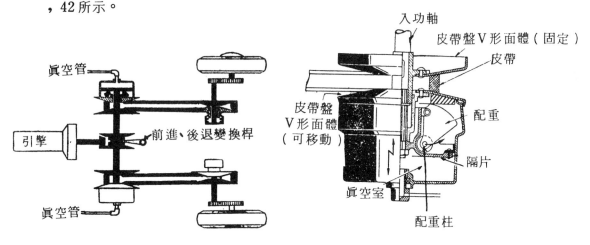

圖 10 − 3 ，40　可變節距皮帶盤式扭矩變換器基本構造圖

圖 10 − 3 ，41　主動皮帶盤構造圖

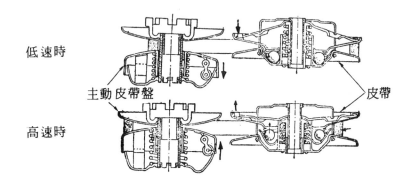

圖 10 − 3 ，42　皮帶盤作用情形圖

3. 被動皮帶 V 形面體間之距離可因車輛之阻抗扭矩變爲軸向推力與皮帶張力及內部彈簧張力互相配合而改變之。

4. 圖 10 − 3 ，43 所示爲荷蘭‧ＤＡＦ汽車上所使用之此式變速箱，稱之爲維利歐自動傳動系統（ Variomatic drive system ）

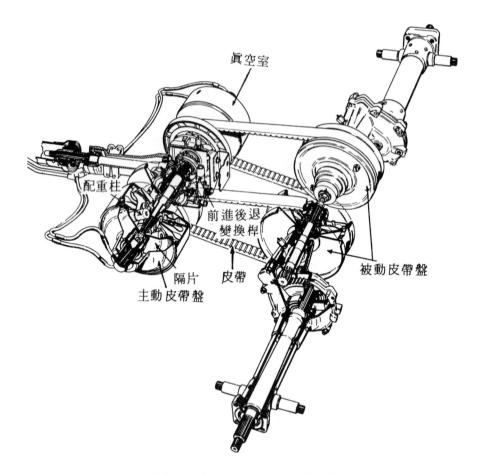

圖 10－3，43　維利歐自動傳動系統構造圖（ＤＡＦ汽車）

（三）速霸陸ECVT自動變速箱

　1.概述

　　　　日本富士重工業公司及三菱機電公司以DAF公司之transmatic自動變速箱為藍本，加以研究改良，於1983年發表速霸陸電子控制電磁離合器無段自動變速箱(Subaru Electro Continuosly variable Transmission，簡稱ECVT)，其構造如圖10-3-44所示，其主要規格如表10-3-1所示。

10-3-1　ECVT之主要規格

變　速　箱　型　式		TB40型自動無段
離　合　器　型　式		電子控制電磁離合器
變　速　比	前　進	2.503～0.497(5.04:1)
	後　退	2.818
減　速　比	第　1	1.357
	第　2	4.352
油　泵　形　式		外齒式
潤　　滑　　油		自動變速機油(ATF)
選　擇　桿　方　式		P-R-N-D-D2 5位置直線地板方式
重　　　　　量		45.4kg(含離合器)

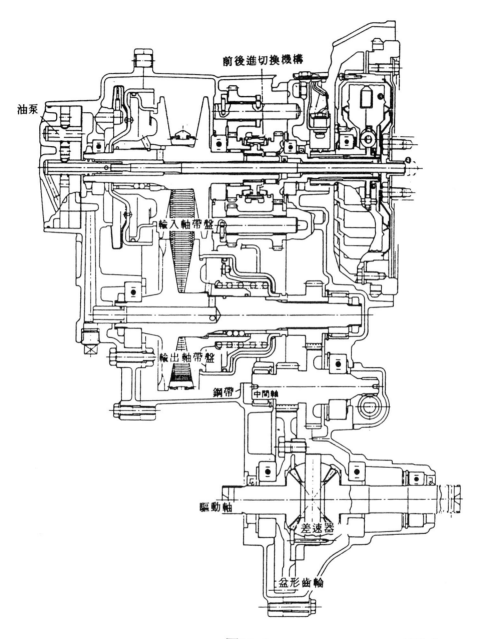

圖10-3，44 ECVT TB-40型構造

2. 作用

(1)ECVT自動變速箱之原理如圖10-3，45所示，輸入及輸出帶盤之溝幅寬窄油壓控制，以變更帶盤之有效半徑(節距)。在加速或高負荷時，變速比變大(相當低速檔)以得到強大驅動力；輸入軸側之帶盤溝幅較寬，有效半徑r_1變小，同時輸出軸側之帶盤溝幅變狹窄，有效半徑r_2變大，相當於以小齒輪驅動大齒輪，r_2/r_1之變速比較大，為低速檔狀態。

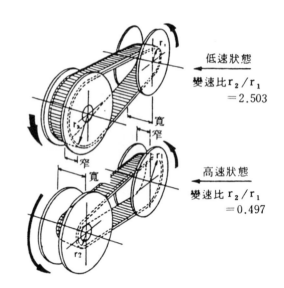

低速狀態
變速比r_2/r_1
$=2.503$

高速狀態
變速比r_2/r_1
$=0.497$

(2)當車子之負荷輕時，輸入軸側之帶盤溝幅變窄，有效半徑r_1變大，同時輸出軸側之帶盤溝幅變寬，有效半徑r_2變小，使r_2/r_1之變速比變小，為高速檔狀態。ECVT-TB-40型之變速比自2.503至0.497間無段變速。

圖10-3，45　ECVT之變速原理[註8]

(3)ECVT-TB-40型變速箱另配有助變速箱，能增加1.357及4.352兩種輔助減速比，使全部減速比範圍變成14.781～2.935，非常之寬廣。

(4)心臟部分之帶盤溝幅寬窄油壓控制系統如圖10-3，46所示，油壓控制器裝在變速箱外殼上。油壓控制器由控制輸入軸帶盤之一次油壓控制閥及控制輸出軸帶盤之二次油壓控制閥組成。帶盤之可動側後為油壓室，由油壓來控制帶盤溝幅之寬窄。故變速比之控制即油壓之控制。使產生變速動作者為控制輸入軸帶盤溝幅之一次高壓油。一次油壓之大小由輸入軸轉速(相當引擎轉速)及節汽門開度(相當引擎負荷)來控制。在輸出軸側之二次油壓，係依維持能傳達動力下之所需之最低油壓及油泵驅動損失扣除後所需之油壓，回饋到油壓控制器，以產生圓滑之變速作用。

3. 構造

(1)ECVT型自動變速箱最大之特點係使用鋼帶取代橡膠帶以防止橡膠製帶用久後伸長，造成打滑損失動力之缺點，使變速箱之實用性大為提高。

(2)圖10-3，47所示為新式鋼製帶之構造，以很薄之特殊合金鋼片相疊合成二對鋼帶，以相同材質厚度為2mm之V型塊來支持，整條鋼帶由若干枚V形塊組成。

(3)帶盤與鋼製驅動帶V形塊之關係如圖10-3，48所示。在V形塊之底側台形部與帶盤內側之金屬相接觸，靠接觸部之摩擦力來傳遞動力。為防止金屬接觸部之磨損及噪音，使用自變速箱油(ATF)來冷卻及潤滑。鋼帶與盤之傳動效率較齒輪之傳動效率約低5%。

(4)自動離合器部份採用金屬粉式，其構造如圖10-3，49所示。使用8位元組(byte)4KB

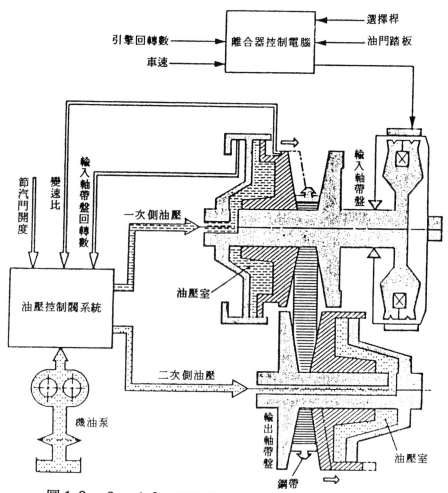

圖10－3，46　ECVT帶盤溝幅寬窄油壓控制系統[註9]

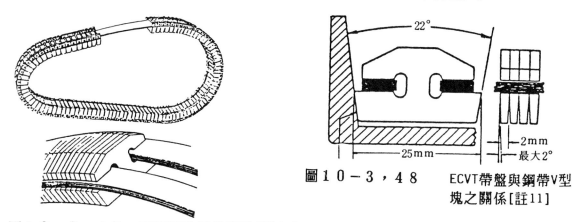

圖10－3，47　ECVT驅動鋼帶構造[註10]

圖10－3，48　ECVT帶盤與鋼帶V型塊之關係[註11]

之微電腦裝在離合器內部，依引擎轉速、車速、油門位置、選擇桿位置等狀況來控制離合器之作用。

　4.特性

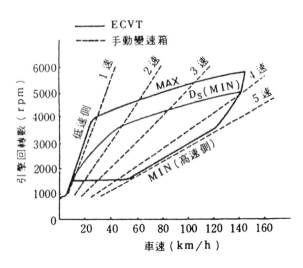

圖10-3,50　ECVT與手動變速箱性
能之比較[註13]

圖10-3,49　電磁粉式自動離合器構造

　　(1)速霸陸ECVT自動變速箱之特性如圖10-3,50所示。引擎轉速與車速之關係與手排檔齒輪變速箱之直線關係不同，而係在最大變速比及最小變速比兩條曲線間之範圍內依油門開度(即引擎負荷)做大範圍之無段變速。

　　(2)選擇桿之位置及功能如表10-3-2所示。

　　(3)選擇桿在"D"時ECVT之功用：

①當緩慢踩油門加速時，由低速檔開始起
　步，在引擎轉數約1600rpm時開始變速，
　依Min(高速檔側)之曲線側變速，車速逐
　漸上升，如圖10-3,50所示。

②油門急速踩下之急起步時，引擎轉數達
　4000rpm時車速為20km/hr，仍維持在最

表10-3-2　選擇桿位置及功能

作	用	引擎發動
P	駐　　　車	○
R	後　　　退	×
N	空　　　檔	○
D	一般行駛	×
Ds	上下坡、引擎煞車及急加速	×

低 速檔之狀態，使加速力增強。以後才開始沿Max(低速檔側)之曲線產生變速動作。
以較大之 變速比維持到最高速到達為止，如圖10-3,50所示。

　　(4)選擇桿在"Ds"時ECVT之作用："Ds"位置是在坡道(slope)行駛使用，使變速範圍限在引擎高轉速之範圍內，以得到較大之減速比使油反應及引擎煞車作用效果提高。在"Ds"位置時引擎最低轉數為3000rpm以上，如圖10-3,50之Ds Min曲線所示。

　　㈣日產無段自變速箱

　　日產無段自動變速箱它的變速原理是利用二組有效直徑可作互補變化的鋼輪，藉著由許

多三角形鋼片構成的驅動帶騎在其上所元成；當其中一組鋼輪直徑增加時，另一組則作等比例減少，造成變速比率的連續改變。在變速箱和引擎之間，以內部充填磁粉的電磁離合器聯結。整個變速系統都用一具電子控制模組控制，它從許多感應器和引擎的控制模組取得訊號，包括引擎轉速、車速、油門開度、煞車開關…甚至引擎水溫、空調系統等，經由計算之後，控制電磁離合器及變速箱的油壓迴路。

　　因為變速比是無段變化的，所以引擎可一直保持在最有效率的轉速運作，而且全無一般自動變速箱換檔時的震動感。此外，因為扭力是以自動的電磁離合器傳遞，所以動力損失極微。因此，這具變速箱較一般的自動變速系統的效率高出許多。

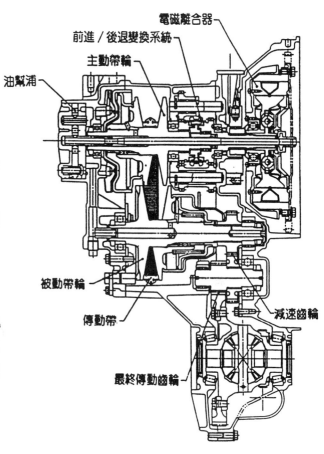

圖 1 0 － 3 ， 5 1

(五)液壓式自動換檔原理

　　1.變速箱由低速檔換入高速檔，或由高速檔換回低速檔，必須在某一車速時發生，而車行速度又受車輛負重，及節汽門開啟位置或加速踏板踩下位置所控制，故自動換檔機構須由一靈敏的速控器及化油器節汽門或加速踏板同時操作之。

　　2.自動變速箱中控制換檔的裝置叫做換檔閥，如圖 10 － 3 ， 5 2 所示為其工作原理。

　　3.換檔閥 I 的右方，受速控器來之油壓 J 之作用，左端受彈簧壓力的作

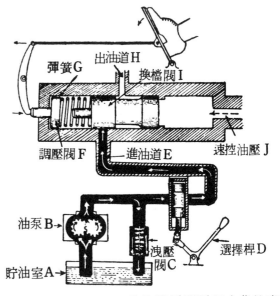

圖 10 － 3 ， 5 2　自動換檔活門原理（范欽惠自動變速箱　圖 6 、 7 ）

用，今先假定調節閥F固定不動，以便解釋；當車輛速度增加時，速控器來之油壓增大，將換檔閥I推向左方，至某一車速時，進油道E即被推開，即油泵供給之壓力油，經出油道H流到制動帶或離合器之伺服機構，改變行星齒輪系之變速比，將變速箱由低速檔換入高速檔。此後如車輛速度減慢，速控器來之油壓降低，換檔閥I被彈簧推回，至某一車速時，進油道E被關閉，伺服機構中的壓力油消失，變速箱即由高速換檔換回低速檔。

4. 由上所述可知當調節閥F固定不動時，換檔之作用的發生，完全由速控器來之壓力油的油壓高低所控制，而速控油壓之高低又完全受車行速度所控制，故換檔必須在某一定不變之車速時發生，此種現象，不能滿足車輛的行駛需要。因在很多情況下，如車子之負重增大、上坡行駛、迅速超車時，都需使換檔之速度延遲，俾車輛能獲得較大的加速動力。而欲使車子之動力增大，則化油器節汽門必須開放於較大的位置，亦即加速踏板必須被踩到較低的位置。如圖10－3，52的裝置，將加速踏板踩下時藉一槓桿的作用可加一力量於調節閥F的左端，迫使調節閥右移，將彈簧G壓縮。彈簧力量即增，則需要較大的速控油壓力，才能將換檔閥向左推，使進油道E開放之時間較晚，即由低速檔換入高速檔之車速較高，自高速檔換回低速檔時亦同。

三、液力機械式自動變速箱

㈠海覺勒自動變速箱

1. 概　述

海覺勒自動變速箱（ Hydramatic ）是美國通用汽車公司出品，為問世最早，且銷售量甚多之自動變速箱。目前使用之型式，前行星齒輪組之控制由液體控制接合器及單向接合器來控制，其後行星齒輪組則由單向接合器及離合器所控制，有四個前進檔及一個倒檔。

2. 構　造

(1)圖10－3，53所示為海覺勒自動變速箱之構造。

(2)圖10－3，54所示為其構造之簡圖。

3. 選擇桿之操作

(1)選擇桿有六個位置，依序為P、N、DR$_4$、DR$_3$、LO、R。起動引擎必須在P或N。在DR$_4$時變速箱可自第一檔隨車速之增大依序變到第四檔（直接傳動），亦可由第四檔依車速之減小而依序變回第一檔，用於平路行車。在DR$_3$時自動變速範圍，僅限於第一至第三檔止，適用於市區擁擠地方行駛。如在LO時，自動變速範圍限於第一至第二檔，車輛可得最大加速動力及引擎煞車作用，適用於行駛坡度甚大而路面不良之山路。此外不論選擇桿在任何前行位置，將加速踏板踩到底，即可強迫變速箱換回次一較低檔，使車輛獲得較大加速動力，以便於急行避讓及迅速超車使用。

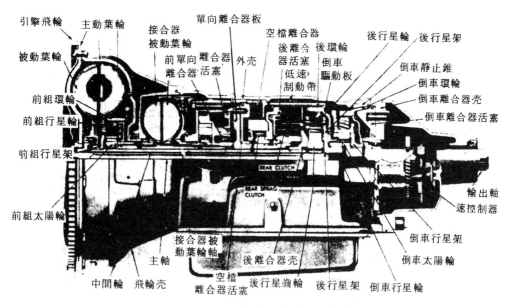

引擎飛輪　主動葉輪　接合器被動葉輪　單向離合器板　空檔離合器　後離合器活塞　後環輪　後行星輪　後行星架

被動葉輪　前單向離合器　離合器活塞　外壳　低速制動帶　倒車驅動板　倒車靜止錐　倒車環輪　倒車離合器壳　倒車離合器活塞

前組環輪

前組行星輪

前組行星架

REAR CLUTCH

REAR SPRAG CLUTCH

前組太陽輪

接合器被動葉輪軸

主軸　後離合器壳

中間輪　飛輪壳　空檔離合器活塞　後行星齒輪　後行星架　倒車行星輪　倒車行星架　倒車太陽輪　輸出軸　速控制器　倒車行星架

圖 10－3，53　海覺勒自動變速箱構造圖

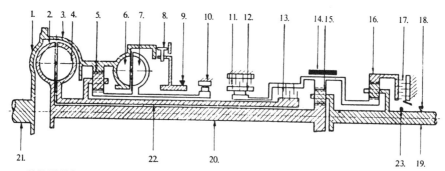

1. 2. 3. 4.　5.　6. 7.　8. 9.　10.　11. 12.　13.　14.15.　16.　17. 18.

21.　22.　20.　23. 19.

1. 引擎飛輪盤　2. 液體接合器被動葉輪（渦輪）　3. 液體接合器壳室　4. 液體接合器主動葉輪（泵）　5. 前行星齒輪組　6. 控制接合器主動葉輪　7. 控制接合器被動葉輪　8. 控制接合器壳室控制門　9. 前油泵　10. 前單向接合器　11. 空檔離合器　12. 後單向接合器　13. 後離合器　14. 低速制動帶　15. 後行星齒輪組　16. 倒車行星齒輪組　17. 倒車離合器　18. 後油泵　19. 輸出軸　20. 主軸　21. 輸入軸　22. 中間軸　23. 速控器

圖 10－3，54　新型海覺勒自動變速箱構造簡圖

(2)倒車時須將選擇桿打入 R。停駐車輛時將選擇桿打入 P，則停駐爪或停駐掣輪接合而將車輛鎖定。

3.動力之傳輸

(1)在 1 檔時，前行星齒輪組當太陽輪固定不動，故前行星齒輪組產生減速作用。動力自飛輪盤經液體接合器殼室傳到行星齒輪組環輪，經減速後傳到前行星齒輪架，經主動葉輪傳到被動葉輪經主軸傳到後行星齒輪組之太陽輪。後行星齒輪組之環輪固定不動，再經一次減速後由後行星架傳到變速箱輸出軸傳出。

(2)在Ⅱ檔時，前行星齒輪組之太陽輪與環輪接合在一起，故前組爲直接傳動，但此時後組的環輪仍固定不動，故後組爲減速齒輪。動力自引擎經前組及液體接合器傳到後組的太陽輪，再經後組行星架而經變速箱輸出軸傳出。

(3)在Ⅰ、Ⅱ檔時，因後離合器，經前組行星架傳出動力都傳到中間軸之主動片爲止，動力不能再繼續傳送。故車輛所獲得之動力完全經由液體接合器傳來。

(4)在Ⅲ檔時，前組行星齒輪之太陽輪固定不動，構成減速齒輪，後組離合器互相壓緊使後組的環輪與前組之行星架軸連結，前組行星架連於主動葉輪，後組的太陽輪直接連於被動葉輪，故後組之太陽輪與環輪作同方向轉動，液體接合器滑差甚小時，二者之轉數幾相等，故後組行星齒輪組近於直接傳動。引擎動力到前組行星架軸後，一部份經後離合器傳到後組環輪再傳到後組行星架。此二部份動力，在後組行星架處滙合後經變速箱輸出軸傳出。

(5)在Ⅳ檔時，前組行星齒輪組之太陽輪及環輪結合在一起，前組爲直接傳動，後組太陽齒輪和環輪以接近相等之轉速同方向旋轉，故後組亦近於直接傳動。引擎動力傳到前組行星架軸後一部份向前經離合器傳到後組環輪，再滙合同時經行星架經輸出軸傳出。

(6)在空檔時，前單向接合器接合，空檔離合器分離，引擎動力自曲軸經液體接合器殼室經環輪傳到前行星架，再經液體接合器傳到後行星齒輪組之太陽輪，因空檔離合器分離，後組環輪可自由旋轉，輸出軸有很大阻力不能轉動故環輪與太陽輪反方向空轉，動力就傳到環輪爲止，不再輸出。

(7)在倒檔時，前組行星齒輪之太陽輪固定，故爲減速齒輪。後組行星齒輪組爲空檔，倒車離合器壓緊環輪，使其固定，故後組行星齒輪與倒車行星齒輪組成倒車複合行星齒輪組，引擎動力傳到前組行星架後全部經過液體接合器及後組的太陽輪，行星輪和環輪再經倒車組的太陽輪和行星架而傳到變速箱輸出軸輸出。

(8)各速檔之構成表

選擇桿位置	速 檔 位 置	前行星齒輪組				空 檔	後行星齒輪組				倒 車	最 大 減速比	低 速 制動帶
		前單向離合器	控制液體接合器	速 別		後單向離合器	後離合器	離合器	速 別		離合器		
N	引擎起動空檔	接 合	空	減 速	分 離	分 離	分 離	空 檔	分 離				鬆
LO、DR₃、DR₄ Ⅰ		接 合	空	減 速	接 合	接 合	分 離	減 速	分 離		3.82	LO時鬆	
LO、DR₃、DR₄ Ⅱ		分 離	滿	直 接	接 合	接 合	分 離	減 速	分 離		2.63	LO時鬆	
DR₃、DR₄ Ⅲ		接 合	空	減 速	接 合	分 離	接 合	直 接	分 離		1.45	鬆	

D R₄	Ⅳ	分　離	滿	直　接	接　合	分　離	接　合	直　接	分　離	1	鬆
R	倒　檔	接　合	空	減　速	分　離	分　離	分　離	減　速	接　合	4.3	鬆

㈡叁元件液體扭矩變換器及行星齒輪自動變速箱

1. 概　　述

使用叁元件之液體扭矩變換接合器及行星齒輪之自動變速箱爲目前使用最多之自動變速箱。液體扭矩變換接合器能在設計之變速比範圍內做無段變速，行星齒輪部份能做二速段、三速段或四速段之自動變速，以三速段使用最多。變速箱之總成速比爲兩個變速比之乘積。現代最新省油汽車之發展則以四速段超速傳動配合液體扭矩變換接合器連接裝置（使在一定範圍將液體接合器之主動葉輪與被動葉輪以機械連結，以提高傳動效率）爲發展方向。

2. 現以裕隆速利型轎車上使用之日產3N71B型自動變速箱來做說明：

圖10－3，55爲日產3N71B型自動變速箱之構造圖，爲全自動之變速裝置，包括三元件之液體扭矩變換接合器及兩個行星齒輪組組成，可提供三個前進檔及一個倒檔。低速檔減速比2.458，二檔減速比1.458，高速檔速比爲1.000，在各檔間液體扭矩變換接合器能在1.0～2.0之減速比間無段變速。變速箱之減速比可自動依據行車速度及引擎輸入扭矩之大小而自動改變。

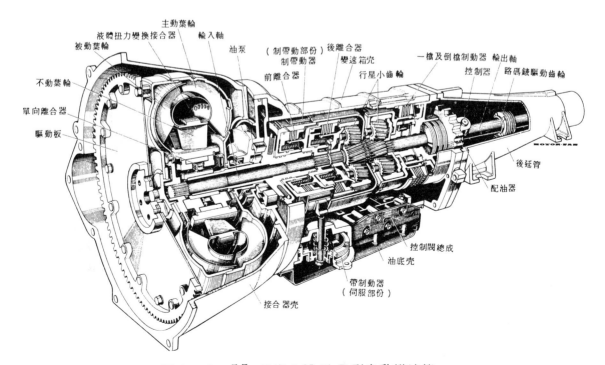

圖4－6，55　日產3N71B型自動變速箱

(1)選擇桿之位置有 P、R、N、D、2、1 等六個位置，如圖 10－3，56 所示。在
　P駐車時，輸出軸由駐車爪扣住，防止汽車滑行。起動引擎時選擇桿應置於此位置
　。R倒退行駛用。N空檔，可以起動及運轉引擎而不驅動車子。D為普通行駛位置
　，一般行車均使用本位置，能自動由一檔變到三檔，位置2為行駛於滑濕路面之用
　，引擎煞車作用較佳，在任何速度下均可將選擇桿移到此位置，此時自動變速箱固
　定於二檔。位置1為持續低檔行車以維持引擎最大煞車效果時使用，在任何速度下
　均可選用，此時自動變速箱會排入二檔，直到車速低於每小時 40～50 公里左右時才
　會排入一檔。

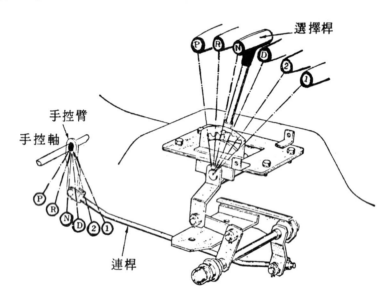

圖 10－3，56　選擇桿位置

(2)動力之傳輸

　①各速檔之構成表

選擇桿之定位位置		齒輪比	離　合　器		低速檔與倒車檔制動	制動帶	單向離合器	駐車鎖扣
			前	後				
停　車　P								接　合
倒　車　R		2.182	接　合		接　　合			
空　檔　N								
行	D_1低檔	2.458		接　合			接　合	
車	D_2二檔	1.458		接　合		接　合		
D	D_3高檔	1.000	接　合	接　合				
2	二　檔	1.458		接　合		接　合		
1	1_2二檔	1.458		接　合		接　合		
	1_1低檔	2.458		接　合	接　　合			

②選擇桿在〝１〞時一檔

A．選擇桿定位為〝１〞時開始行車，行車檔位遂固定於一檔，如圖10－3，57所示。

B．位置〝１〞時，後離合器接合，低檔與倒車檔制動器將連接轂與後行星齒輪架煞住不動。動力自輸入軸傳遞至後離合器。後離合器就旋轉驅動後離合器轂與前環齒輪，前環齒輪將前行星小齒輪順鐘向轉動，導致太陽齒輪反鐘向轉動。

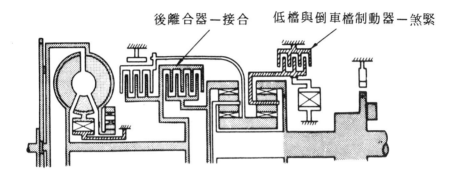

圖10－3，57　位置〝1_1〞時各機構之操作

C．太陽齒輪反鐘向轉動導致後行星小齒輪鐘向轉動。

D．後行星齒輪架係以栓槽和連接轂接合，由低檔與倒車檔制動器制止轉動。

E．後行星小齒輪之鐘向旋轉遂將後環齒輪與內驅動凸緣轉動，內驅動凸緣係以栓槽方式連接於輸出軸上，將輸出軸鐘向驅動。但輸出軸之轉速已較輸入軸者為低。這是由於前行星齒輪架係與輸出軸同速同向轉動。前環齒輪組係同向轉動，但行星齒輪架之轉速較環形齒輪慢。故本檔位之變速比為前行星齒輪組變速比之組合。

③選擇桿在〝Ｄ〞時一檔

A．位置在〝Ｄ〞時之一檔與位置〝１〞時之一檔略有差別，如圖10－3，58所示。

B．位置〝Ｄ〞之一檔時，後離合器接合，此點與位置〝１〞之一檔一樣。但此時鎖住連接轂者為單向離合器。動力傳遞與位置〝１〞之一檔相同。此即為，動力自輸入軸傳入後離合器。輸入軸與後離合器係以栓槽結合，故輸入軸之傳動直接驅動後離合器轂。後離合器就轉動驅動後離合器轂與前環齒輪。

C．前環齒輪將行星齒輪順鐘向轉動，太陽齒輪遂反鐘向轉動造成後行星齒輪順鐘向轉動。由於後行星齒輪架受單向離合器鎖住不動，後行星齒輪順鐘向轉動遂驅動後環齒輪，並將凸緣鐘向驅動，內驅動凸緣係以栓槽方式連接至輸

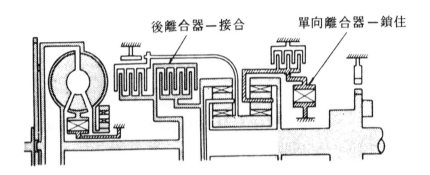

圖 10 - 3 , 58　位置 ″D₁″ 時各機構之操作

出軸，故輸出軸遂鐘向轉動。

④選擇桿在 ″D″ 時二檔

A．此時，後離合器接合，制動帶將離合器轂，連接轂與太陽齒輪固定，制止其
轉動。

B．動力從輸入軸傳遞至後離合器與前環齒輪，由於太陽齒輪受制止而不能轉動
，故前行星小齒輪繞著太陽齒輪旋轉，將前行星齒輪架一併帶動。由於前行
星架係以栓槽連接於輸出軸，故輸出軸順鐘向轉動，其轉動速度已較輸入軸
者為低，其扭矩因之增強。由於不使用低檔與倒檔制動，輸出軸之鐘向轉動
亦帶動後環齒輪與後行星齒輪架順鐘向環繞太陽齒輪。此時單向離合器允許
連接轂順鐘向轉動，如圖 10 - 3 , 59 所示。

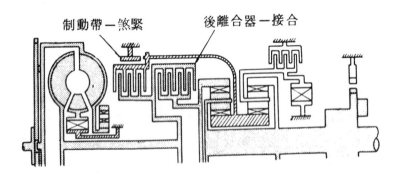

圖 10 - 3 , 59　位置 ″D₂″ 時各機構之操作

⑤位置 ″2″ 時二檔

A．選擇桿定位在 ″2″ 時，檔位固定於二檔，此時後離合器接合，制動帶固定
前離合器轂，連接轂與太陽齒輪等固定不動。

B．動力由輸入軸傳遞至後離合器與前環齒輪。由於太陽齒輪受制不動，前行星齒輪遂環繞太陽齒輪轉動，前行星架一併帶動。前行星架由於係以栓槽連接於輸出軸上，故驅使輸出軸以較低之速度轉動增加扭矩。由於不使用低檔與倒檔制動，輸出軸順鐘向旋轉，導致後環齒輪順鐘向旋轉，後行星齒輪架順鐘向環繞太陽輪。此時單向離合器允許連接轂順鐘向轉動。如圖 10－3，60所示。

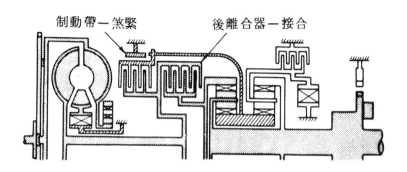

圖 10－3，60 在 〝2〞位置時各機件操作情形

⑥位置〝D〞時三檔

A．檔位爲三檔時，前離合器與後離合器同時接合。動力自輸入軸傳至後離合器轂。後離合器轂將後離合器之鋼驅動片與後離合器之條紋驅動片與前離合器之條紋驅動片轉動。後離合器通過後離合器轂與前環齒輪將動力傳到前行星齒輪架處。如圖 10－3，53。

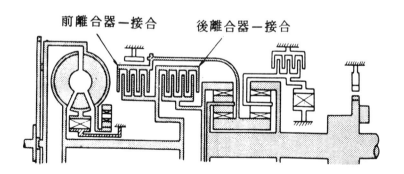

圖 10－3，61 位置〝D₃〞時各機構之操作

B．前離合器通過連接轂將動力傳達太陽齒輪。由於太陽齒輪與後離合器轂以同速受驅動，前行星齒輪組遂將輸出軸同速驅動，即爲三檔狀態。

⑦位置〝R〞時倒檔

選擇位置爲倒檔位置時，前離合器及低檔與倒檔制動均接合，動力傳遞之過程如下：

輸入軸→前離合器→連接殼→太陽齒輪。然後太陽齒輪之順鐘向轉動造成後行星齒輪反鐘向轉動。由於連接殼受低檔與倒檔制動鎖住，後行星齒輪系遂將後環齒輪轉動，並將凸緣以反鐘向驅動。後驅動凸緣係栓接於輸出軸上，以減低之速度將輸出軸反鐘向轉動，其扭矩已增強，以適應倒車之需。如圖 10 − 3，62 所示

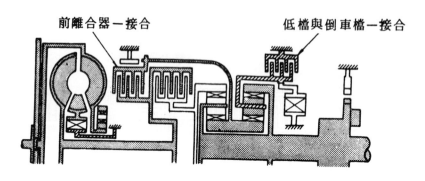

圖 10 − 3，62　位置 〝R〞時各機構之操作

⑧位置 〝P〞時駐車

離合器制動帶之操作情況與空檔時相同，惟駐車時，駐車爪係嚙合於輸出軸之齒輪上，使輸出軸與外殼連接固定不動。如圖 10 − 3，63 所示。

㈢多元件液體扭矩變換接合器及行星齒輪變速箱型

戴納福羅雙渦輪（Dynaflow twin turbine transmission）自動變速箱

1. 概述：此種變速箱是一種最簡單的液力機械式自動變速箱，因多級式液體扭矩變換接合器之扭矩比範圍較大，故無自動換檔裝置。行星齒輪輔助變速箱，提供高、低速及倒車三種速檔，其速檔之選擇完全由手操縱選擇以完成之。使用於別克牌車上。

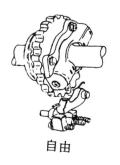
自由

固定

圖 10 − 3，63　駐車機構（自動車整備〔1〕　圖 4 − 74）

2. 構造：如圖 10 − 3，64 為其構造簡圖。扭矩變換器由四元件或五元件構成。四元件者包括一個主動葉輪連接於曲軸上，二個被動葉輪，第一被動葉輪位於扭矩變換器之最外部，與前面簡單行星齒輪組之環輪裝在一起，第二被動葉輪在第一被動葉輪及不動葉輪之間。與前行星齒輪之行星架及主軸相連接。主軸與聯合行星齒輪組之太陽輪相連接。簡單行星齒輪組之太陽輪與不動葉輪相連接，當不動葉輪靜止時，太陽輪亦靜止不動，簡單行星齒輪組產生減速作用。當不動葉輪開始運轉時即扭矩變換器變成

液體接合器時，太陽輪亦跟著一起運轉，前簡單行星齒輪組相當直接傳動。

3.動力傳輸

(1)各速檔之**構**成表

選擇桿位置	速檔別	低速制動帶	倒車制動帶	離合器	駐車掣	速　　　　比
N	空　檔	放　　鬆	放　　鬆	分　離	分　離	
P	駐　車	放　　鬆	放　　鬆	分　離	接　合	
L	低　速	放　　鬆	放　　鬆	分　離	分　離	1.82～4.46
D	高　速	放　　鬆	放　　鬆	接　合	分　離	1.00～2.45
R	倒　車	放　　鬆	煞　　緊	分　離	分　離	1.82～4.46

(2)在N、P時，爲制動帶及離合器均在放鬆位置，引擎動力不能傳出。

(3)選擇桿在D時，離合器壓緊，反作用輪及太陽輪同速度同方向轉動，聯合行星齒輪組各齒輪無相對運動，變成一整體，無減速作用，動力經扭矩變換接合器直接傳出。

(4)選擇桿在L時，低速制動帶煞緊反作用輪，行星小齒輪在反作用輪上爬行，構成1.82比1之減速齒輪，動力自扭矩變換接合器經太陽輪、長行星小齒輪、短行星小齒輪及行星架而傳到輸出軸。

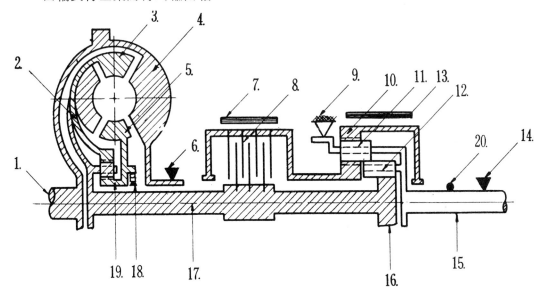

1.輸入軸　2.第二被動葉輪　3.第一被動葉輪　4.主動葉輪　5.不動葉輪　6.前油泵
7.低速制動帶　8.離合器　9.駐車掣　10.環輪　11.短行星小齒輪　12.長行星小齒輪
13.倒車制動帶　14.後油泵　15.輸出軸　16.太陽輪　17.主軸　18.單向離合器　19.簡單行星
齒輪組　20.速控器

圖 10－3，64　戴納福羅雙渦輪自動變速箱構造簡圖

(5)選擇桿在R時，倒車制動帶煞緊，環輪固定不動，短行星小齒輪在環輪上爬行造成倒車減速。

四叁元件液體扭矩變換器及二軸並列永嚙式齒輪自動變速箱

1. 概述：本田自動變速箱爲配合橫置引擎前輪傳動，使用兩軸並列永嚙式齒輪及多片離合器及三元件液體扭矩變換器組成之自動變速箱。不同車種使用者，構造略有不同，現以NⅢ 360之Hondamatic爲例說明。

此種變速箱，前進有三速段，後退一段，選擇桿有自動變速之P、R、N、D及手排檔之1、2、3等七個位置。在D範圍時能由低速開始自動的變到高速，D_1、D_2、D_3與手動變速箱之操作相似。

2. 構造：本田自動變速箱包括有三元件液體扭矩變換器、永嚙齒輪變速箱、多片離合器及油壓控制機構等五部份，如圖10-3，65所示。曲軸之左端裝液體扭矩變換器，與曲軸平行的齒輪變速箱由主軸、副軸及最後驅動齒輪組成。主軸與副軸之低速齒輪、Ⅱ檔齒輪、高速齒輪永久嚙合。主軸上有前離合器、Ⅱ檔離合器及Ⅲ檔離合器，副軸之低速齒輪上有單向離合器。變速操作由油壓控制離合器之接合或分離完成之。

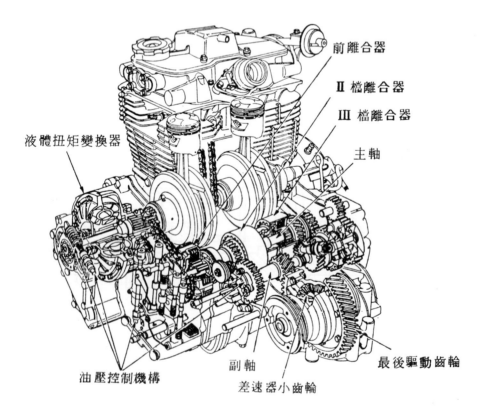

圖10-3，65 （NⅢ 360）本田自動變速箱

3. 新本田自動變速器 4 A T：有四個前進檔，一個倒檔，同樣爲二軸並列之自動變速箱，構造如圖 10－3，66所示。由液壓系統依行駛狀況，控制各檔離合器之接合，分離以達成自動變速動作。

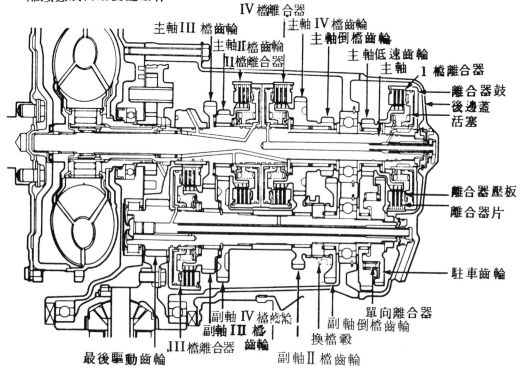

圖 10－3，66　新本田自動變速箱 4 A T

㈤電子控制自動變速箱

1. 爲提高汽車性能，使變速動作更靈活，電子控制自動變速箱（ electionic automatic transmission ）簡稱ＥＡＴ已應運而生。傳統之自動變速箱之變速操作都是由油壓控制，而ＥＡＴ則以電子來代替油壓之控制部份，使變速反應迅速而靈敏，變速之模式可以增多，以提高汽車之加速性及經濟性　使變速箱之體積及重量減少　圖 10－3，67爲傳統油壓變速控制方塊圖，圖 10－3，68爲電子變速控制方塊圖。

2. 傳統之油壓操作變速系統靠⑴速控閥將油壓變成與車速成比例之速控油壓，及與節汽門開度成比例之節汽油壓兩個油壓信號作用於換檔閥，使產生 1，2，3檔間之自動變速操作。

3. 電子控制操作變速系統，則由變速箱輸出軸上之車速感知器產生與車速成比例之電氣信號，及由節汽門位置開關所提供與引擎負荷成正比之電氣信號，送入電腦，由電腦計算何時該使用 1，2，3檔行駛。以電磁閥來控制油壓伺服機構之作用。

4. 圖 10－3，69爲1981年豐田汽車公司推出之A43 D E型電子控制附直結傳動之四速自動變速箱，與其原型傳統控制之A43D L型控制系統之比較圖。

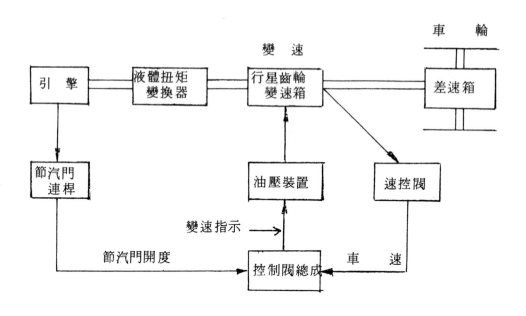

圖 10－3，67　傳統油壓變速控制

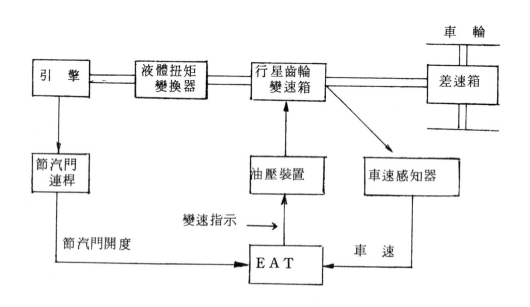

圖 10－3，68　電子控制變速系統

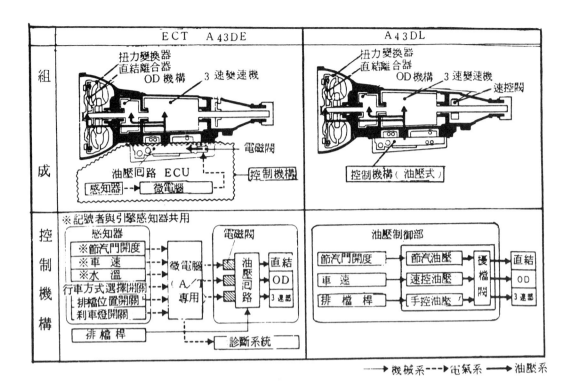

圖 10 - 3，69　豐田電子控制 A43D E 及油壓控制 A43D L 自動變速箱比較

㈥圖10-3，62為福特六和汽車公司全壘打及TX3使用自動變速器，為自動變速箱與差速器組合在一起，三個前進檔一個倒檔，與引擎成一整體裝置包含有扭力變換器，行星齒輪系，單向離合器，二組多片式離合器，一組多片式碟式煞車，油壓控制系統，最後傳動齒輪組。

扭力變換器

引擎轉速高於惰速時自動連接引擎與變速箱並增加或加倍引擎的扭力。

行星齒輪組

提供三個前進齒輪比，空檔及倒檔，並配合扭力變換器而成倍數的增加引擎扭力。

液壓系

控制磨擦組件的接合或分離，並供應變速軸及扭力變換器的潤滑及冷卻。

最終傳動齒輪組

將行星齒輪組的動力傳到驅動軸。

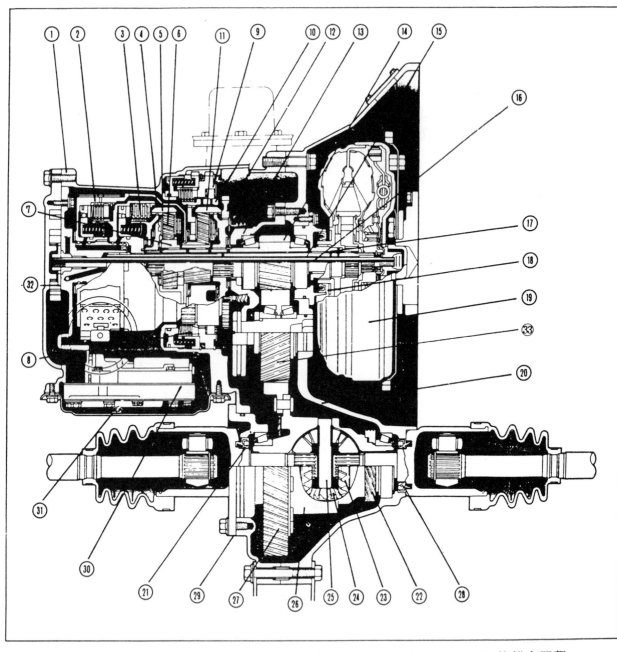

1.變速軸外殼　　2.前離合器　　　3.後離合器　　　4.連接殼　　　　5.後離合器殼
6.前行星齒輪架　7.太陽齒輪　　　8.低速及倒檔煞車　9.單向離合器　10單向離合器內座
11後行星齒輪架　12鼓轂總成　　　13軸承外殼　　　14輪出齒輪　　15透平軸
16油泵軸　　　　17軸承蓋　　　　18油封　　　　　19扭力變換器　　20扭力變換器殼
21油封　　　　　22路碼表驅動齒輪　23側齒輪　　　　24小齒輪　　　25小齒輪軸
26差速器架　　　27環齒　　　　　28油封　　　　　29側軸承殼　　30控制活門體
31油盆　　　　　32油泵　　　　　33惰輪

圖10-3,70

第 四 節　驅 動 線

10 - 4 - 1　概　　述

　　前置引擎後輪傳動的車子，必須有如圖 10 － 4 ， 1 所示之傳動軸將變速箱出來之動力傳到驅動輪。後軸在行駛不平路面時，會以 A 之弧線跳動，但傳動軸則以 B 之弧線跳動，所以必須有滑動接頭及萬向接頭之裝置使傳動軸能前後伸縮，及在不同之角度下傳輸動力。傳動軸在車輛行駛時，不能產生噪音及震動，且靜平衡及動平衡必須良好。

10 - 4 - 2　傳動軸

一、傳動軸一般均使用輕而抗阻性佳，不易彎曲之合金鋼管製成，亦有部份扭管推進裝置之小型車使用實心軸。

二、安裝時，軸端之二個萬向節叉應置於同一平面，且兩端之夾角應相等，如圖 10 － 4 ，2 所示。

三、普通小型車使用一根傳動軸，較長之車子則使用二段或三段式傳動軸，並使用中心軸承支持，以防止高速旋轉時產生震動。如圖 10 － 4 ，3 中心軸承固定在橫樑上，周圍有

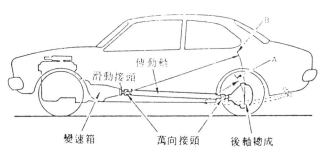

圖 10 － 4 ， 1　傳動軸與萬向接頭

圖 10 － 4 ， 1　傳動軸與萬向接頭

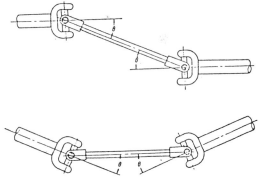

圖 10 － 4 ．2　萬向接頭之安裝

圖 10 － 4 ．2　萬向接頭之安裝

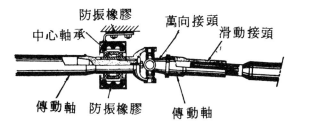
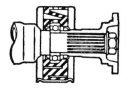

圖 10 － 4 ， 3　中心軸承

防震橡膠。

四、傳動軸為防止高速旋轉時，產生震動，因此必須平衡良好。故在傳動軸上常看到平衡之配重。

10 - 4 - 3 滑動接頭

一、由槽軸及槽轂組成，焊接於傳動軸之一端如圖 10 − 4 ，4 所示。

二、因後輪與車架間有彈簧，故後軸與變速箱關係位置在行駛時不斷變化，其長度有伸縮，
故必須有滑動接頭，以利傳動軸在一定範圍內伸長
或縮短，使其在行駛時不受地形顛簸之影響。

10 - 4 - 4 萬向接頭

一、不等速萬向接頭

(一)作用原理

圖 10 − 4 ，4 滑動接頭

1. 當主動軸與被動軸不在一直線上時，主動軸作等
速轉動，經萬向接頭後，因十字軸之擺動，使被動軸之轉速並非等速。

2. 被動軸之轉速忽快忽慢，成為波動。每一轉中僅有四點與主動軸同速。

3. 當主動軸轉速為 100 r.p.m 時，被動軸在每一轉中之變化情形如圖 10 − 4 ，5 所示

4. 主動軸與被動軸所成之交角愈大，則被動軸之波動亦愈大。

5. 被動軸之不等速度如經另一萬向接頭應在同一平面上如圖 10 − 4 ，2 所示，否則經
第二萬向接頭所傳出之波動則更大。

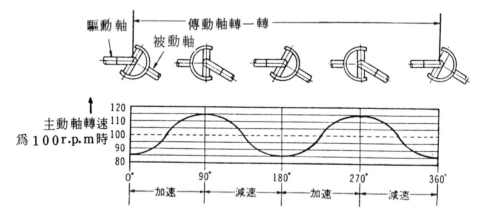

圖 10 − 4 ，5 被動軸每轉 360 時速度變化情形（二級シヤシ編圖 Ⅳ − 5 ）

(二)種類

1. 十字軸及軛式（ cross and yoke type ）如圖 10 − 4 ，6 所示。

(1)由一組十字軸及二組軛組成，二者之間裝有軸承或銅套，用以減少活動時所產生之
摩擦阻力及磨損。

(2)十字軸中央裝有黃油咀，供加注黃油之用。

2. 球驅動式（ ball and trunnion type ）如圖 10 − 4 ，7 所示。

(1)由球、接頭體、中心銷、滾柱及圓形軸端所組成。

(2)圓型軸端由接頭體下方插入，中心銷及滾柱軸承由另一端插入，即合爲一萬向接頭。

(3)接頭體之一端爲固定，滾柱可以在接頭體內伸縮傳動，圓型軸端可在接頭體內上下活動。

(4)接頭體內可加滿黃油使軸承不易磨損，故壽命較長。

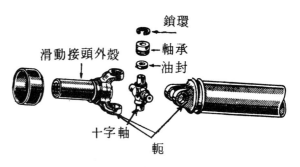

圖10－4，6　十字軸及軛式萬向接頭

3.彈性接頭式（elastic coupling type）如圖10－4，8所示。

(1)在接頭之間裝以彈性材料而成。

(2)此式接頭傳動時毫無噪音，且其在金屬表面並無滑動性，故不需潤滑油，其大部使用於小馬力之汽車上。（中心球仍需潤滑）

二、等速萬向接頭

㈠作用原理：如欲使萬向接頭二軸之速度永遠相等時，則必須使傳動接觸點在萬向接頭旋轉時，可以在二側自由活動，因而使傳動接觸點經常保持在輸入軸與輸出軸間之夾角之平分線上。FF式汽車之驅動軸均使用等速萬向接頭。

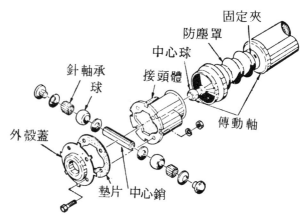

圖10－4，7　球驅動式萬向接頭（自動車整備〔Ⅱ〕　圖4－97）

㈡種類：

1.雙十字軸型

如圖10－4，9所示，等於將一根兩端裝十字軸及軛之傳動軸縮短而成。

2.力士伯式（Rezppa type）如圖10－4，10所示。

(1)由外球座、內球座、六個鋼球、及球框等構成。

(2)內球座外面爲凸狀之球面，上面有六條槽溝。

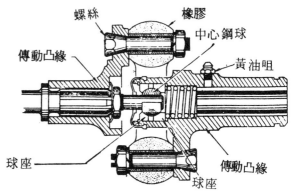

圖10－4，8　彈性接頭式萬向接頭（自動車百科全書　圖3－85）

(3)外球座內面爲凹狀之球面與內球座相對應有槽溝共同夾住鋼球。

(4)球框保持球之位置，使傳動之接觸點經常保持在兩軸夾角之平分線上。

(5)動力傳輸爲主動軸→內球座→鋼球→外球座→被動軸。

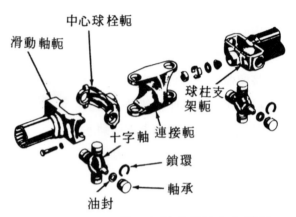

圖 10 − 4 ，9　雙十字軸型等速萬向接頭

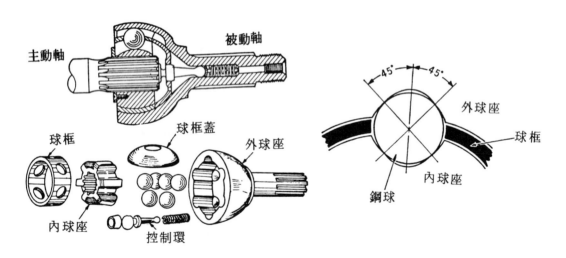

圖 10 − 4 ，10　力士伯型等速萬向接頭（三級自動車シャシ圖V − 9 ）

圖 10 − 4 ，11　球之傳動位置（二級シャシ　編圖V − 3 ）

3.朋迪克斯衞士式（ Bedix Weiss type ）如圖 10 − 4 ，11 所示。

　　主軸與被動軸間有四個鋼球，在兩軸間之球形槽溝中可以自由活動。作用同力士伯式。

4.拖　曳　型

　　圖 10 − 4 ，12 所示爲拖曳型等速萬向接頭，在主動軸與被動軸之間有兩個成 90^0 互

相交叉之浮動叉，因兩個浮動叉
在傳動時可以互相滑動而使傳動
接觸點保持在兩軸夾角平分線上
，兩軸在各種角度下均能等速傳
動。

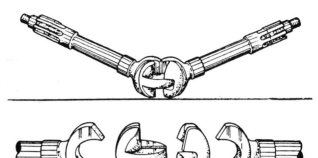

圖 10－4，12　拖曳型等速萬向接頭（三級
自動車シャシ　圖V－10）

第 五 節　後軸總成

10-5-1　概　　述

後軸總成由盆形齒輪、角尺齒輪、差速
器、後軸等組成。角尺齒輪與盆形齒輪合稱
最後傳動。後軸總成具有下列功用：

一、將動力傳輸方向改變 90°，以驅動車輪

二、利用角尺齒輪與盆形齒輪，增加其減速
　　比，使傳出的速度較傳入者爲慢。

三、在車輛轉彎時利用差速器之作用，使二
　　邊車輪之速度，能自動調整以減少輪胎
　　之磨損，並使車輛能順利轉彎。

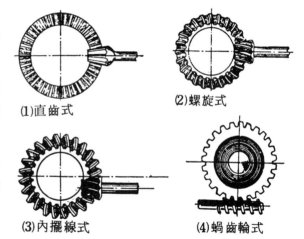

(1)直齒式　　　　　(2)螺旋式

(3)內擺線式　　　　(4)蝸齒輪式

10-5-2　最後傳動之種類

圖 10－5，1　各型最後傳動齒輪

一、**直齒式齒輪**(spur bevel)如圖 10－
　　5，1所示。

　㈠角尺齒輪與盆形齒輪之中心線在同一直線上。

　㈡齒輪爲線接觸，同時接觸之齒輪祇一齒，故磨損快，且噪音大。現代汽車很少使用。

二、**螺旋式齒輪**(spiral bevel gear)如圖 10－5，1所示。

　㈠角尺齒輪與盆形齒輪之中心線在同一直線上。

　㈡齒輪爲長斜面接觸，因而噪音小，磨損亦小，可負重載。

　㈢車輛之重心高，不穩定且製造費用高。

三、**內擺線式**(hypoid gear)如圖 10－5，1所示

㈠角尺齒輪之中心線較盆形齒輪的中心線低，故可降低車輛的重心。

㈡角尺齒輪一部份浸於潤滑油中，故其潤滑良好，不易磨損。

㈢齒面之接觸面大，負載大，噪音小，不易磨損，故大貨車及大客車多採用之。

四、蝸齒輪式（ worm gear ）如圖 10 − 5 ，1 所示。

㈠蝸齒輪置於後軸總成之中央位置，二支最後傳動軸可做成同長。

㈡蝸齒及蝸桿可製成單線、雙線、三線等，以增加齒輪接觸面，使車輛負載亦增加。

㈢減速比大，噪音小，製造費用低。

10 - 5 - 3　普通差速器

一、構　　造

在差速器殼中，差速小齒輪軸裝在殼上，上面有差速小齒輪與邊齒輪相嚙合包在差速器
殼中，邊齒輪以槽齒與左、右兩後軸分別嚙合。如圖 10 − 5 ，2 所示。

二、作用原理

㈠差速器殼與盆形齒輪裝在一起，引擎扭矩由傳動軸經角尺齒輪→盆形齒輪→差速器殼→
差速小齒輪軸→差速小齒輪→邊齒輪→後軸→傳到車輪。

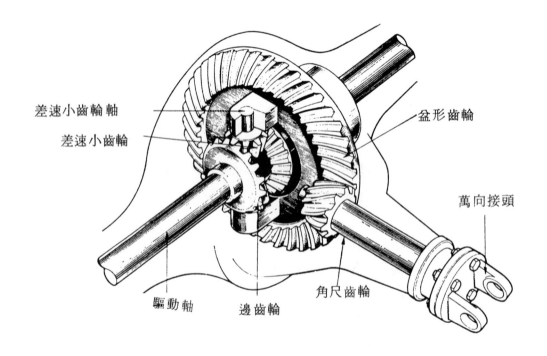

差速小齒輪軸

差速小齒輪

盆形齒輪

萬向接頭

驅動軸　　邊齒輪　　角尺齒輪

圖 10 − 5 ，2　普通差速器的構造（ 日產　技能修得書 F 0270 ）

㈡當車輛於平直之道路行駛時，左右二輪所受之路面阻力相同，差速小齒輪不在其本身之軸上轉動，**邊齒輪之轉速與最後傳動之盆形齒輪之轉速相同**，則二後輪等速前進如圖10－5，3所示。

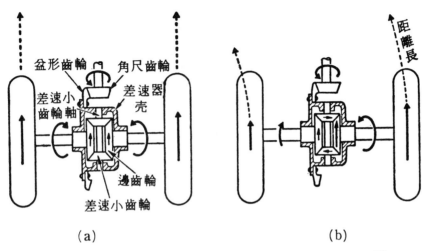

（a）　　　　　　　　　　　（b）

圖10－5，3　差速器的作用（三級自動車シャシ　圖Ⅳ－7）

㈢當車輪於轉彎時，內側車輪所受之地面阻力較外側車輪為大，差速小齒輪和二邊齒輪接觸點處之力量不均衡，差速小齒輪繞其軸自轉，所以二邊齒輪之轉速不相等，故二後輪之轉速亦不相同。

㈣車輛行駛於凹凸不平路面時，因左右兩輪所受阻力不等之關係，亦有差速作用產生，而使汽車有擺尾之現象發生。

10－5－4　自動差速限制式差速器

一、普通差速器有一輪打滑時，則完全失去驅動力，使打滑輪以兩倍盆形齒輪之轉速空轉，另一車輪則不轉動，使車子無法行駛。自動差速限制式差速器即為克服此缺點而設計。

二、動力鎖定式差速器

㈠構造如圖10－5，4及10－5，5所示，在差速器殼與邊齒輪間裝有邊齒輪套及摩擦接合器，差速器小齒輪係兩根交叉互成90°，並於末端加工成Ｖ字形。且與之相配合之差速器殼孔很大，有一側亦加工成Ｖ字形與差速器小齒輪軸之Ｖ字形相配合。

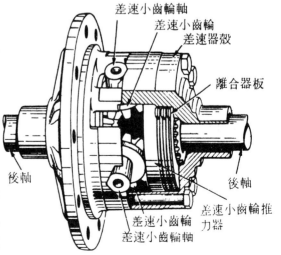

圖10－5，4　動力鎖定式差速器剖面圖

㈡摩擦接合器被動片嵌在邊齒輪上
，邊齒輪套及邊齒輪均以槽齒與
後車軸相嚙合。

㈢直行時，左右輪之轉速相同與普
通差速器一樣，後軸與差速器成
一體，左右兩輪以相等之扭矩及
轉速旋轉。

㈣轉彎時，摩擦接合器片產生打滑
，使左右輪能產生差速作用，但
左右兩輪傳遞之扭矩會發生變化
。如圖10－5，6所示

㈤驅動輪有一邊打滑時，阻抗阻力
使差速器殼，在驅動差速小齒輪
軸上，將它移向阻力較小側之邊
齒輪方向移動，如圖10－5，7

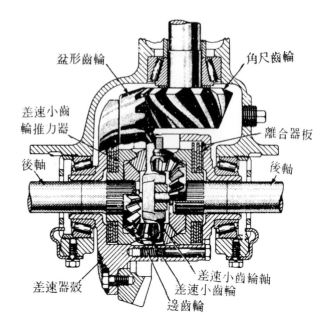

圖10－5，5　動力鎖定式差速器剖視圖

所示，使離合器壓緊。將打滑側之邊齒輪及差速器殼結合一體，不能空轉，因此能將車
子驅動。

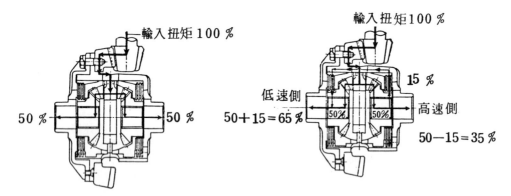

(1)直行時左右相等　　　　　　　　　(2)轉彎時左右不等

圖10－5，6　動力鎖定式差速器在轉彎時扭矩之分配（自動車整備［Ⅰ］圖4－121）

三、無空轉差速器

此式差速器能適應不良之路面行駛，不但在一輪打滑時仍可繼續推動車子，即使有一根
後軸折斷時，亦能繼續推動車子行駛，此為其特殊之優點。

㈠構造　無空轉差速器係裝於普通差速器殼中以取代原有之差速小齒輪軸，差速小齒輪，
邊齒輪等差速裝置，如圖10－5，8所示。

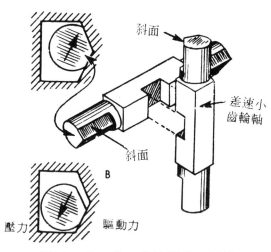

圖10－5，7　差速器小齒輪構造圖
A、普通情形時
B、有一輪打滑時

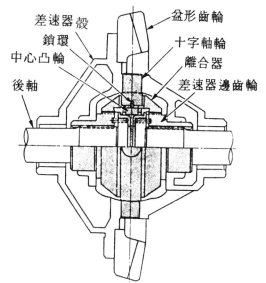

圖10－5，8　無空轉式差速器（二級シ
ヤシ編　圖Ⅴ－8）

㈡當車輛轉彎時，內輪與外輪所走之距離不等，因與內輪相連接之離合器係由十字軸輪所
　驅動，故其轉速不能較十字軸輪慢。故由與外輪相連接之離合器，則因路面來的驅動力
　使離合器分離，而在十字軸輪之離合齒分離，而達成差速作用。

㈢行駛在不平路面時，由左右兩
　側之離合器不停的交互分離、
　接合，而完成差速作用以維持
　車輛的正常行駛，因車輪不會
　高速空轉，故可消除擺尾現象
　及減少輪胎磨損。

㈣當任一輪在滑溜路面時，無空
　轉差速器則左右兩離合器在嚙
　合狀態下，兩輪以同轉速轉動
　，而使車輛仍保有良好驅動力
　，不會產生車輛空轉之現象。

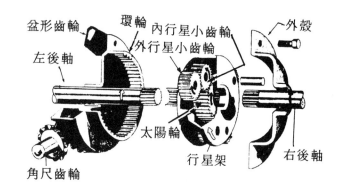

圖10－5，9　行星齒輪式差速器

10-5-5 行星齒輪式差速器

一、構造如圖10－5，9所示，角尺齒輪接盆形齒輪，盆形齒輪接行星組之環輪，環輪與外
　　行星小齒輪相接，外行星小齒輪與內行星小齒輪相接，內行星小齒輪又接太陽輪。右後
　　軸接太陽輪，內行星小齒輪皆裝在行星架上，行星架連接左後軸。

二、作用原理：

㈠直線前進時，左右二輪所受之阻力相同，故行星小齒輪不轉，行星架、太陽輪、盆形齒
輪以同速度旋轉，車輛直線前進。

㈡右轉彎時如圖 10－5，10 所示，右轉之阻力較大，使得行星小齒輪繞太陽輪爬行，內
行星小齒輪與環輪同方向繞軸自轉，外行星小齒輪及環輪反方向繞軸自轉；則行星架因
行星小齒輪自轉之幫助轉數較太陽輪為快，即左輪較右輪快，車輛向右轉。

㈢左轉彎時，左輪之阻力較大，使得行星小齒輪繞太陽輪爬行，外行星小齒輪與環輪同方
向繞軸自轉，內行星小齒輪與環輪反方向繞軸自轉，如圖 10－3，11 所示。則行星架
因行星小齒輪自轉之結果，轉數較太陽輪慢，即右輪較左輪為快，車輛左彎。

㈣優點：可以縮小差速器所佔之空間，特別適用於構造緊密之ＦＦ式車輛使用。

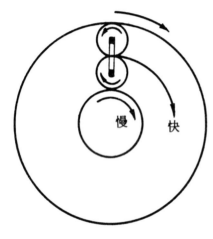
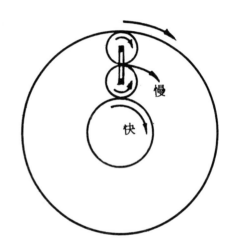

圖 10－5，10　右轉彎時　　　　　　圖 10－5，11　左轉彎時

10-5-6　雙減速式差速器

一、最後減速比 $= \dfrac{傳動軸之轉數}{後軸之轉數} = \dfrac{角尺齒輪轉數}{盆形齒輪轉數}$，普通車子之減速比約為 4～7 比 1。在大
型車輛因需較大扭矩，故將最後減速比提高，乃有雙減速式差速器，使其減速比提高而
不縮短距地高。

二、其構造如圖 10－5，12 所示，其動力由角尺齒輪→盆形齒輪→中間軸→雙減速齒輪→
差速器外殼→差速器小齒輪→邊齒輪→後軸。

10-5-7　雙速式差速器

一、重型車輛為適應各種路況及載重之變化，使扭矩比範圍加大，而不增加變速箱之複雜，
故在最後傳動採用二段速度之雙速式差速器。

二、其構造如圖 10－5，13 所示，環輪接盆形齒輪、行星架連接差速器外殼，但盆形齒輪
與差速器外殼不連接，此外有太陽輪及齒圈離合器二者均可在後軸上滑動且齒圈離合器

固定在後軸總成外殼上。

三、作用情形　高速檔時將太陽輪與行星架座內之圓環內齒接合，則環輪、太陽輪、行星小齒輪結合成一體，與普通差速器作用相同。在低速檔時太陽輪向外推與左部之齒圈離合器接合，則太陽輪固定，環輪主動，行星架被動爲小減速故轉速降低爲低速段。

10 - 5 - 8　後　　軸

一、後軸除傳遞動力之外，有時並承擔一部份車重。汽車之動力經最後傳動及差速器後即由後軸將動力傳到車輪，後軸內端是以槽齒與差速器邊齒輪相嚙合。邊齒輪

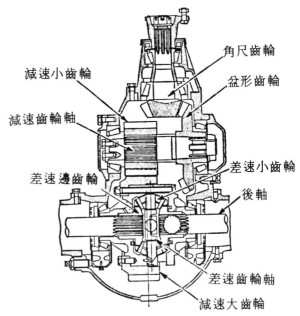

圖 10 - 5，12　雙減速式最後傳動（自動車整備［I］　圖 4 - 110 ）

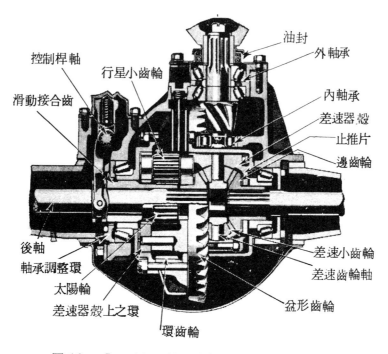

圖 10 - 5，13　行星齒輪控制雙速最後傳動

與差速器殼組合在一起由軸承支持在後軸
殼上。因此內端均為浮動，外端與車輪連
接，外端的支持方法有下列幾種：

二、全浮式後軸

車輪用兩個軸承支持在後軸殼上，如圖
10－5，14所示，車子之重量全部由後
軸殼承擔，後軸僅承受扭矩。通常為大客
車及貨車所採用。

三、半浮式後軸

車輪端之軸承裝在後軸殼與後軸之間，後
軸用鍵或螺帽與輪轂緊密結合，後軸除轉
動車輪外，並需負擔車子之重量，如圖
10－5，15所示。現代小型車多採用之
。

四、¾浮式

車輪端之軸承裝在後軸殼與輪轂之間，但
輪轂與後軸用鍵或螺絲緊密結合，車子之
重量有一部份由後軸承擔，使用於一小部
份小型車上，如圖10－5，16所示。

五、德迪翁式後軸(Dedion type rear axle)

此式不採用後軸殼、差速器及最後傳動總
成裝在車架上，與邊齒輪連接之軸軸使用
軸承及油封安裝在差速器及最後傳動總成
殼上。此式後軸有整體式後軸之強度，但
更具有活動式後軸的舒適，因懸吊彈簧下
之重量可減輕，故可減少震動，所以新車大
部份均採用此式後軸。圖10－5，17為
其構造。

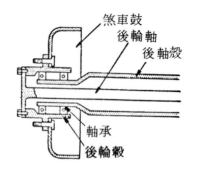

圖10－5，14　全浮式後軸簡圖（自動
車の構造　圖3－140）

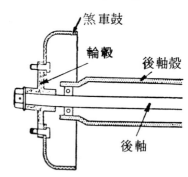

圖10－5，15　半浮式後軸簡圖（自動
車の構造　圖3－141）

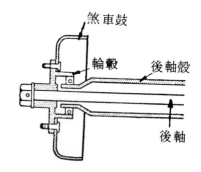

圖10－5，16　¾浮式後軸簡圖（自動
車の構造　圖3－142）

圖10－5，17　德迪翁式後軸（自動
車百科全書　圖3－
101）→

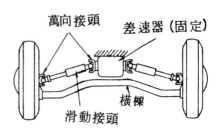

10 - 5 - 9　雙後軸驅動裝置

　　大型載重車輛，常使用兩根後軸來驅動車輛，以提高載重量及爬行能力，雙後軸車輛之驅動方法如圖 10 － 5 ，18 及圖 10 － 5 ，19 所示。

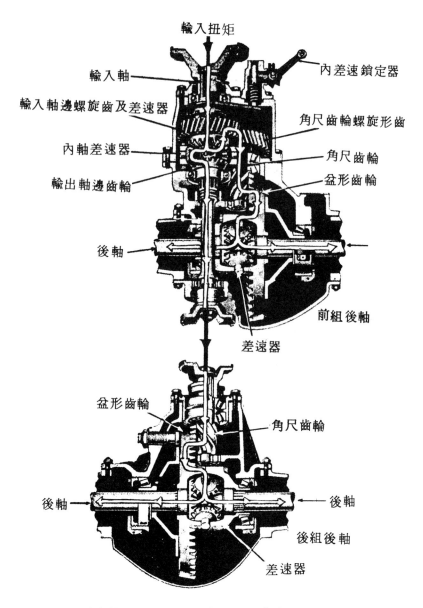

圖 10 － 5 ，18　雙後軸驅動法之一

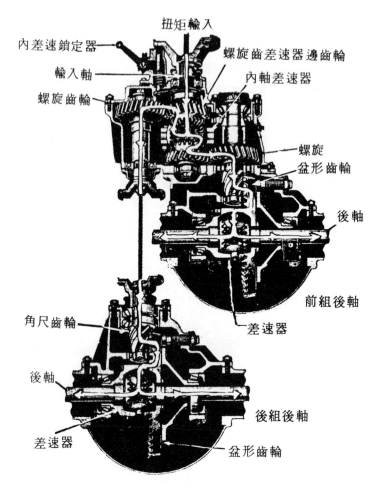

內差速鎖定器
輸入軸
螺旋齒輪

扭矩輸入

螺旋齒差速器邊齒輪
內軸差速器

螺旋
盆形齒輪

後軸

前組後軸

差速器

角尺齒輪

後軸

差速器

後組後軸

盆形齒輪

圖 10－5，19　雙後軸驅動法之二

第六節　全時間式四輪驅動裝置

10 – 6–1　奧迪中央差速器式四輪驅動裝置

㈠圖１０－６，１所示為德國奧迪(Audi)全時間式四輪驅動之系統圖，與FF型縱置引擎配合之聯合傳動器加裝 中央差速器 及中央差速器鎖定裝置。後軸 使用一般之差速器附加後差速器鎖定裝置。在正常行駛時，中央差速器能消除急轉彎煞住作用；在不良路面行駛時，中央差速器及後差速器鎖定，使四輪均能確實驅動，發揮四輪驅動車之功能。

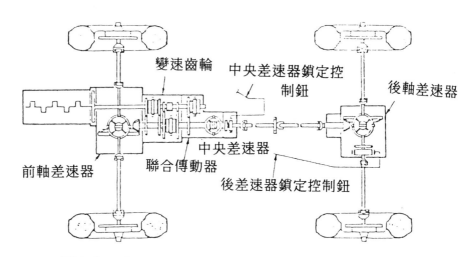

圖１０－６，１　奧迪全時間4WS傳動系統圖[註9]

㈡圖１０－６，２所示為奧迪自行開發之內藏中央差速器之四輪驅動聯合傳動器構造。引擎之動力由與差速器連在一起之中空軸傳入,再經差速小齒輪軸→邊齒輪,邊齒輪再分別接到前後軸差速器；接前軸差速器 角齒輪之內 軸由空心軸之中央通過；接後軸差速器者係由中央差速器延申，經傳動軸傳遞,前後輪動力比為50:50。

　　1.汽車直線前進時－－空心軸與中央差速器殼、內軸(接前軸)、傳動軸(接後軸)三者同方向等速旋轉，差速小齒輪不轉，前後軸以同速旋轉。

　　2.汽車轉彎時－－至前軸側的內軸轉速較空心軸快，至後軸側的傳動軸轉速較軸慢；此時差速小齒輪在軸上旋轉，中央差速器產生差速作用，前後軸之轉速不同。

　　㈢差速器鎖住裝置

　　1.使用普通差速器之二輪驅動車，有一邊之驅動輪打滑時，汽車即喪失驅動力而無法行駛；在不良路面或下雨、下雪時常易發生，故有些汽車裝用防滑式差速器或差速器鎖住裝置來補救。

　　2.裝用中央差速器之四輪驅動車，在遇下雪或下雨，路面與輪胎間之摩擦係數 μ 變小

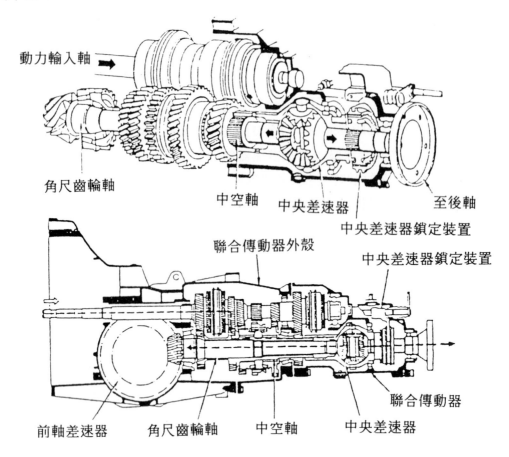

動力輸入軸

角尺齒輪軸　　　　　　中空軸　　中央差速器　　　　　　至後軸

中央差速器鎖定裝置

聯合傳動器外殼

中央差速器鎖定裝置

聯合傳動器

前軸差速器　　　角尺齒輪軸　　中空軸　　中央差速器

圖１０－６，２　奧迪中央差速器內藏式聯合傳動器構造〔註10〕

時，差速器之差動效果反而會造成汽車無法行駛之問題。當前後輪各有一側打滑時，汽車即喪失驅動力，如圖１０－６，３所示。

　　3.奧迪汽車為完全發揮不良道路四輪驅動之驅動特性，在中央差速器及後軸差速器均裝有差速器鎖定裝置，如圖１０－６，１所示。中央差速器之鎖定裝置裝在後軸殼上，如圖１０－６，４所示，由裝在儀錶格上之按鈕來控制。

　　(1)中央差速器及後軸差速器鎖定裝置均解除：如圖１０－６，５(a)所示，為一般正常行駛使用，四輪均能驅動，使汽車之驅動力增大，增加高速穩定性能大為提高。但在此位置低速行駛於凍結路面或緊急煞車時，摩擦係數小的車輛很容易鎖住而使汽車失去控制，故裝用煞車防鎖系統(ABS；anti brake slip system)來補救。

　　(2)中央差速器鎖定，後軸差速器解除：

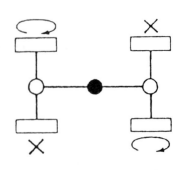

圖10-6，3　4WD汽車前後各有輪打滑時，汽車喪失驅動力〔註11〕

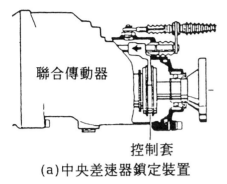

(a)中央差速器鎖定裝置

控制套

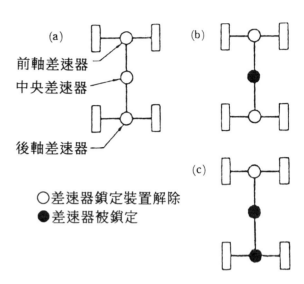

(a)

前軸差速器

中央差速器

後軸差速器

(b)

(c)

○差速器鎖定裝置解除
●差速器被鎖定

控制套

控制叉

(b)後軸差速器鎖定裝置

圖10−6,4
奧迪汽車中央及後軸差速器鎖定
裝置之安裝情形[註12]

圖10-6,5 奧迪汽車中央差速器及後軸差速
器鎖定裝置之控制情形[註13]

如圖10−6,5(b)所示,使用於高速行駛、急加速、上陡坡等情形,前後輪軸以等速旋轉,但前後之左右輪仍保有差速作用嚴重,使方向盤操縱較困難,並加速輪胎磨損,故一般行駛時不宜使用。

(3)中央差速器及後輪差速器均鎖定:如圖10−6,5(c)所示,在崎嶇凹凸不平之坡道或下雪時使用。因中央差速器鎖定,後輪差速器未鎖定,前後輪各有一輪打滑時,車子仍無法前進,如圖10−6,3所示,故在道路情況極惡劣下,將中央及後輪差速器鎖定,使汽車能擁有良好的驅動力。

(4)前輪差速器不裝差速器鎖定裝置之理由:因前輪除驅動外兼轉向,差速器鎖定後會使轉向操作困難。

10-6-2 豐田中央差速器式四輪驅動裝置

㈠圖10−6,6所示為豐田Celica GT-FOUR(full time on road uniquely resposive 4WD)之簡稱－－全部時間依路面做獨特反應之四輪驅動)之中央差速器與前輪差速器一體化之四輪驅動裝置構造,動力分配為50:50。

㈡此式中央差速器使用四個差速小齒輪、環齒輪、中央差速器殼、中央差速器本體、前差速器殼、前差速器本體等結合成一體如圖10−6,7所示。

㈢中央差速器之主要目的,在吸收急轉彎(小半徑之轉彎)時前後輪產生之回轉數差,以消除急轉彎煞住作用。當然汽車在直線前進時,因前後輪胎空氣壓力不均或磨損不均,所產

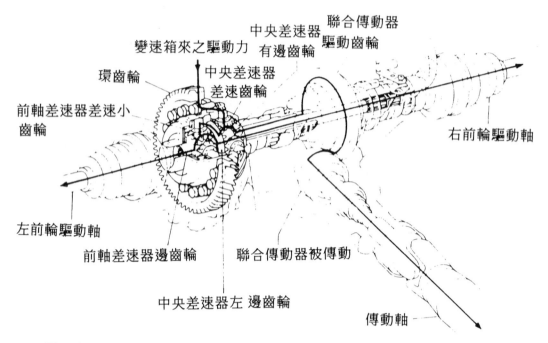

圖 1 0 - 6 - 6　豐田汽車中央差速器與前軸差速器一體化之4WD裝置[註14]

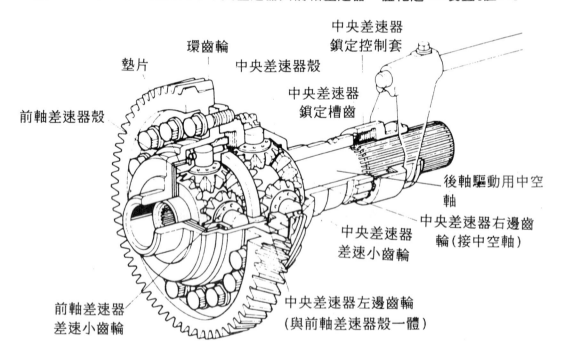

圖 1 0 - 6 - 7　豐田汽車中央差速器與前軸差速器一體之四WD裝置構造[註15]

生的差速作用亦能有效吸收。

　　圖 1 0 - 6 , 8 所示為汽車在直線前進動力傳達路線圖。轉彎時，前輪的轉速較後輪快，

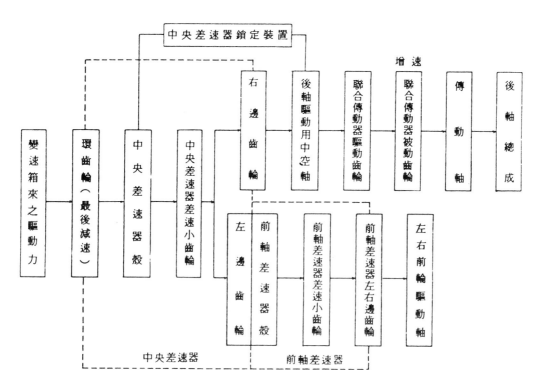

圖１０－６－８　豐田時間式4WD傳動裝置動力傳輸路線[註16]

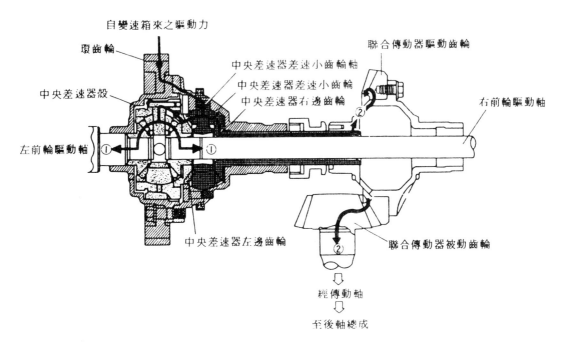

圖１０－６－９　豐田4WD傳動裝置中央差速器動力傳輸情形[註17]

與前軸差速器殼一體的中央差速器，在邊齒輪之轉速較與後軸驅動用中空軸結合在一起之右邊齒輪快，二個邊齒輪之轉速使差速小齒輪繞軸轉動吸收之。圖１０－６，9所示為中央差速器動力傳輸之情形。

㈣中央差速器鎖定裝置為防止在極不良道路車輪空轉時喪失驅動力而設。如圖10-6，10所示，以真空電磁閥(VSV)操作；當鎖定開關ON時，二個真空電磁閥ON，使真空動作室之A室通大氣，B室保持真空，兩者之壓力差將差速器鎖定叉向左移動，鎖住中央差速器。

㈤豐田celica因後軸可選用防滑式差速器(LSD；limite spin differential)，故後軸不裝差速器鎖定裝置。

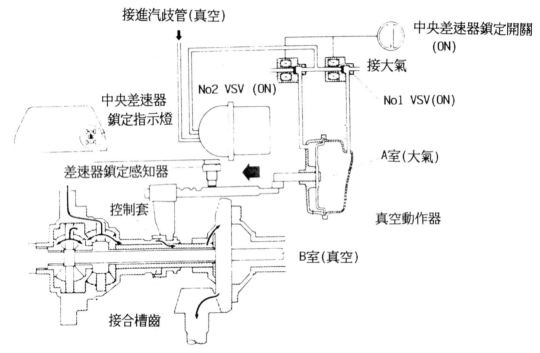

圖 10-6，10　豐田4WD中央差速器鎖定裝置控制系統[註18]

10 - 6 -3　速霸陸單向接合器式四輪驅動裝置

㈠圖10-6，11所示為日本速霸陸休閒車用單向接合器(free-wheeling clutch)式4WD聯合傳動器之透視圖。圖10-6，12所示為聯合傳動器單向接合器延伸部之構造，在被動的斜齒輪前裝有前進及後退用之一對單向接合器，單向接合器之構造及作用如圖10-6，13所示，圖10-6，14所示為單向接合器之斷面圖，左側之單向接合器為後退用，右側之單向接合器為前進用。在單向接合器之外周有槽齒，外面有控制套上，控制套上有一叉，能使控制套做向後(前進用)、中間(前後直結用)、向前(後退用)三個位置之選擇控制。除中間位置由設在儀錶板上之正常(normal)/雪地(snow)切換鈕控制；當控制鈕選在雪地位置時，控制套固定在中間位置，使前後軸直結狀態(相當中央差速器鎖定時之作用)，圖10-6，15所示為單向接合器四輪驅動之構造及作用情形。

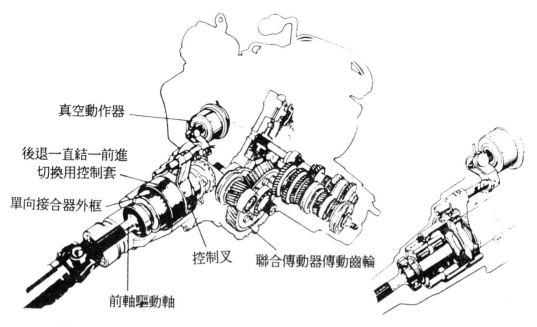

真空動作器

後退一直結一前進
切換用控制套

單向接合器外框

控制叉　　聯合傳動器傳動齒輪

前軸驅動軸

圖 10－6，11　速霸陸單向接合器式4WD聯合傳動器透視圖[註19]

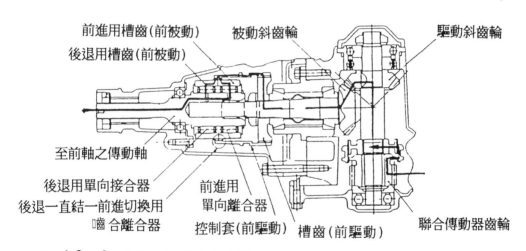

前進用槽齒(前被動)　　被動斜齒輪　　　驅動斜齒輪

後退用槽齒(前被動)

至前軸之傳動軸

後退用單向接合器　　前進用
　　　　　　　　　單向離合器
後退一直結一前進切換用　　　　　　　　　　聯合傳動器齒輪
　　嚙合離合器　　控制套(前驅動)　槽齒(前驅動)

圖 10－6，12　速霸陸全時間式單向接合器4WD延伸部構造[註20]

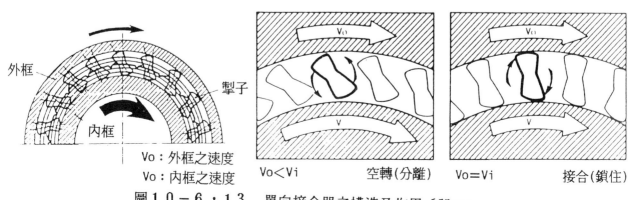

外框　　　　　　　　　　　　掣子

內框

Vo：外框之速度
Vo：內框之速度

Vo<Vi　空轉(分離)　　Vo=Vi　接合(鎖住)

圖10－6，13　單向接合器之構造及作用〔註21〕

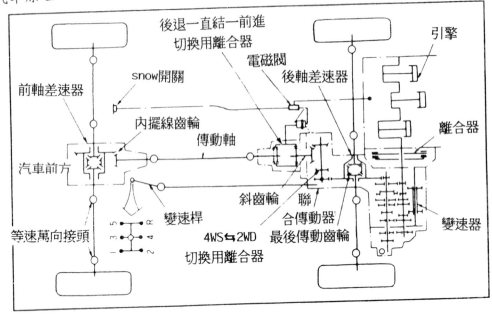

圖10－6，14　速霸陸單向接合器4WD傳動裝置系統圖[註23]

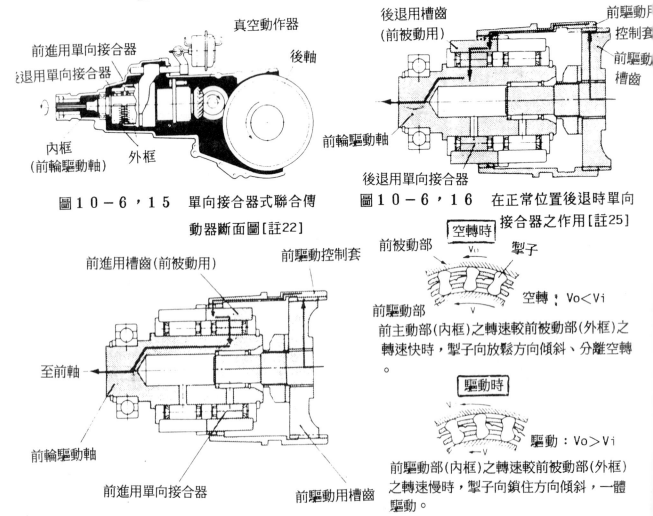

圖10－6，15　單向接合器式聯合傳
動器斷面圖[註22]

圖10－6，16　在正常位置後退時單向
接合器之作用[註25]

空轉時

空轉：Vo＜Vi

前主動部(內框)之轉速較前被動部(外框)之
轉速快時，掣子向放鬆方向傾斜、分離空轉
。

驅動時

驅動：Vo＞Vi

前驅動部(內框)之轉速較前被動部(外框)
之轉速慢時，掣子向鎖住方向傾斜，一體
驅動。

圖10－6，17　在正常位置前進時單向接合器之作用[註24]

㈡圖10-6,16所示為控制鈕選在正常位置時汽車前進向接合器之作用，由斜齒輪來之動力→前驅動齒槽→控制套→前進用單向接合器外框(右側)→前進用單向接合器→前驅動軸→。當前軸之轉速較後軸快時，動力不傳到前軸(前單向接合器分離)，僅傳到後軸驅動車輛。

㈢圖10-6,17所示為控制鈕選在正常位置，汽車後退時單向接合器之作用，由斜齒輪來之動力→前驅動齒槽→控制套→後退用單向接合器外框(左側)→後退用單向接合器→前驅動軸→。當前軸之轉速較後軸快時，動力不傳到前軸(後單向接合器分離)，僅傳到後軸驅動車輛。

10 - 6 -4　三菱中央差速器式四輪驅動裝置

㈠圖10-6,18所示為三菱旅行車及廂型車四輪驅動動力傳送部份之構造圖。中央差速器 分配到前後軸之動力比為50:50。裝有利用真空操作之中央差速器鎖定裝置。

㈡圖10-6,19所示為附中央差速器之四輪驅動車用聯合傳動器構造。

㈢中央差速器之詳細構造如圖10-6,20所示，左側之邊齒輪用來驅動前軸，右側之邊齒輪用來驅動後軸。

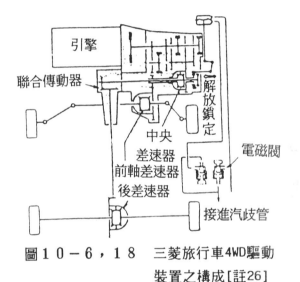

圖１０－６，１８　三菱旅行車4WD驅動裝置之構成[註26]

圖１０－６，２０　中央差速器構造[註28]

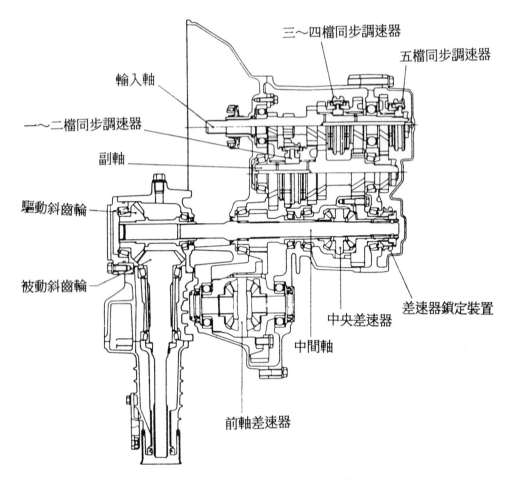

三～四檔同步調速器

五檔同步調速器

輸入軸

一～二檔同步調速器

副軸

驅動斜齒輪

被動斜齒輪

差速器鎖定裝置

中央差速器

中間軸

前軸差速器

圖１０－６，１９　三菱附中央差速器之4WD用聯合傳動器構造[註27]

第七節 黏性接合器式實際時間四輪驅動裝置

10-7-1 概　述

　　使用構造簡單之黏性接合器以代替構造複雜的含中央差速器聯合傳動器式之四輪驅動已逐潮增加；目前本田的喜美梭式(Shuttle)、福斯喜洛哥(Scirocco)、日產的速利(Sunny)、跑樂沙(Pulsor)等FF車，增加後輪輔助驅動之四輪驅動車均採用此式。

10-7-2 構　造

　　㈠圖10-7,1所示為使用黏性接合器之實際時間四輪驅動系統，又稱全自動全部時間四輪驅動之動力傳輸系統圖。

　　㈡圖10-7,3所示為喜美實際時間四輪驅動裝置系統與黏性接合器之構造圖。

㈢黏性接合器裝在聯合傳動器到後軸總成之中間，外傳動片有31片，內傳動片有30片；外傳動片之外周有齒卡在與輸出軸連在一起之外殼上，內傳動片內孔有齒卡在入力軸上，如圖10-7,2所示。外傳動片周圍有20個裂縫，內傳動片上有18個洞，主動軸轉動時，經由矽油之剪斷作用遞動力給被動軸，如圖10-7,4所示。矽油係隨溫度增加而增高動黏度指數之油料，油之溫度增加時，剪斷強度增加。

當接合器內傳動片切斷矽油快時，產生摩擦熱，熱量使矽油膨脹壓力上升，傳遞動力增加，為防止壓力過度上升，內部留有氣泡。

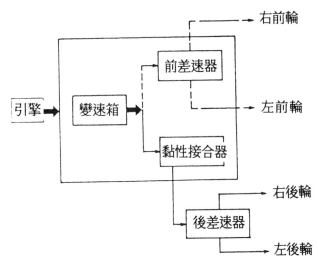

圖１０－７，１　黏性接合器式實際時間 4WD動力傳輸系統[註29]

10－7－3　作　　用

㈠如果前輪發生空轉狀態時，內傳動軸與外殼產生轉速差，內傳動片與外傳動片間有相對運動，傳動片間之相對運動切斷矽油，矽油之黏性扭矩產生，使被動外殼被驅動，使後輪之驅動力增加，如圖10-7,5所示。

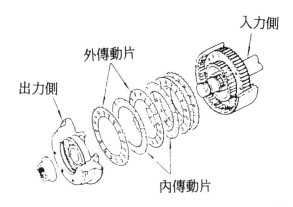

圖１０－７，２　黏性接合器很薄的傳動片與矽油構成[註31]

㈡起步或爬坡時之作用

起步或爬坡時，車輛之重量移到後輪，後輪之阻力較前輪為大，前後輪之回轉數發生差異。前輪的驅動扭矩所佔引擎驅動扭矩之比例大時，黏性接合器發生作用，將大的驅動扭矩傳到後輪，以提高起步及爬坡性能。

㈢平常等速行駛時

平常等速行駛的驅動扭矩分配，低速時前輪與後輪之回轉數差較小，傳到後輪之驅動扭矩較少。高速時前輪與後輪之回轉數差大，傳到後輪之驅動扭矩增大。

㈣加減速行駛時

行駛中加速或減速時，車輛重心會向後或向前移動，黏性接合器自動的調節前後輪的驅動力。

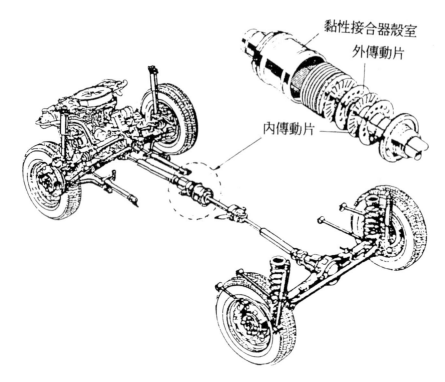

圖10－7，3　本田喜美實際時間4WD傳動裝置系統與黏性接合器構造[註30]

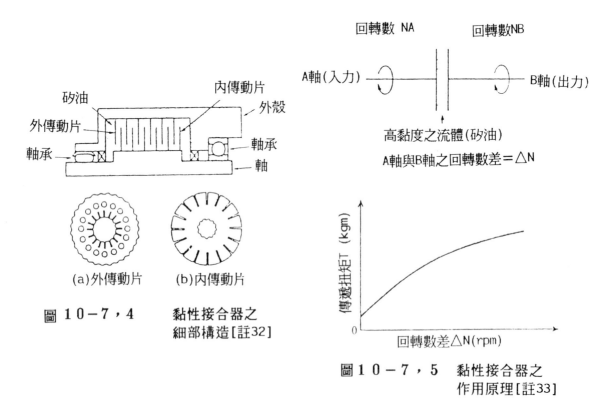

(a)外傳動片　(b)內傳動片

圖10－7，4　黏性接合器之
細部構造[註32]

圖10－7，5　黏性接合器之
作用原理[註33]

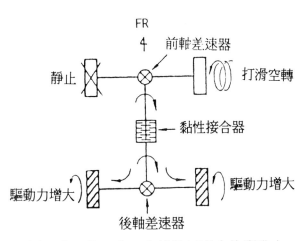

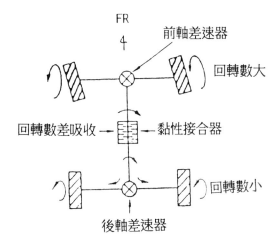

圖10－7，6 在前輪打滑大的驅動力
傳給後輪[註34]

圖10－7，7 急轉彎時前後軸之回轉
差由黏性接合器吸收[註35]

㈤在低摩擦係數(μ)之道路行駛時

在下兩或下雪等摩擦係數變小的道路上行駛時，前輪很容易發生打滑而高速空轉，此時，前後輪之回轉數差甚大，黏性接合器將大的驅動扭矩傳到後輪，提高車輛行駛滑路之驅動力。如圖10-7，6所示。

㈥在凹凸不平的砂礫路或石頭路上行駛時

在凹凸不平之路面行駛時，四個車輪之摩擦阻力變動的非常厲害，前後輪與左右輪常很大的回轉數差存在；黏性接合器將前後輪回轉數差所增加之扭矩傳給後輪，使四個車輪都能保持有相當程度的驅動力，可以減小車輛擺尾的現象，提高行駛的穩定性。

㈦緊急煞車時之作用

當汽車緊急煞車，前輪或後輪有鎖死時，前後輪之回轉數差增大，鎖死車輪有驅動扭矩傳達，此時四個車輪均有同方向的驅動扭矩，由於黏性接合器將扭矩加在鎖死車輪，使汽車能產生穩定的穩定的煞車作用，提高汽車之制動性能。

㈧汽車入庫時之作用

當汽車入庫時，常做小半徑之急轉彎，此時前後輪之回轉數差增大，前後輪的回轉數差由黏性接合器吸收，如圖10-7，7所示。

㈨黏性接合器實際時間四輪驅動行駛時，前後輪驅動力分配的變化如圖10-7，8所示。

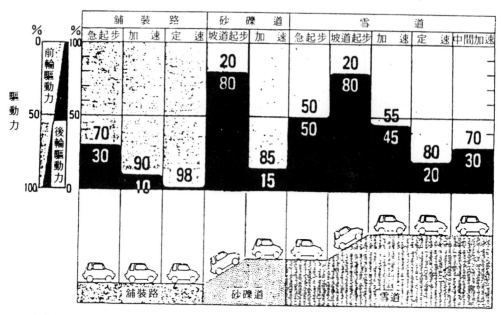

圖10-7,8 黏性接合器實際時間4WD在各種行駛狀況下前後輪驅動力
分配情形[註36]

習題十

一、是非題

(　　) 1.差速器的邊齒輪止推墊片磨耗時，汽車轉彎時會產生異音。

(　　) 2.後軸總成之各軸承應以煤油或柴油清洗之。

(　　) 3.角尺輪與盆形齒輪接觸面的調整是改變該兩齒輪之位置。

二、選擇題

(　　) 1.使引擎和傳動系可以自由接合或分離的是①飛輪②離合器③變速箱。

(　　) 2.目前使用最廣的離合器為①乾單片膜片彈簧式②乾單片圈狀彈簧式③濕多片式離合器。

(　　) 3.機械式離合器操縱機構中目前使用最廣的為①連桿式②鋼繩式。

(　　) 4.自動變速箱所採用的液體離合器為①液體接合器②液體扭矩變換器③液體扭矩變換接合器。

(　　) 5.速比是①$\dfrac{被動齒輪齒數和}{主動齒輪齒數和}$②$\dfrac{主動齒輪齒數積}{被動齒輪齒數積}$③$\dfrac{主動齒輪齒數積}{主動齒輪齒數積}$。

(　　) 6.傳動軸之二個萬向節叉應①互相垂直②在同一平面③相差135°裝置。

(　　) 7.現代小型車多採用①全浮式②¾浮式③半浮式　後軸。

(　　) 8.液體扭力變換器包括有兩個①滾輪②凸輪③葉輪④滑輪。

(　　) 9.差速器之側齒輪(邊齒輪)止推墊圈如產生過度摩耗，車輛在那一種行駛狀況會使差速器產生異音①直線平路行駛時②使用煞車時③下坡行駛時④轉彎行駛時。

(　　)10.傳動軸之滑動接頭的功用①改變傳動方向②調整傳動軸伸縮③減少震動④增快轉速。

三、填充題

1.離合器接合時，引擎動力由飛輪、(　　　　　)、(　　　　　)靠摩擦力經(　　　　　)、(　　　　　)到變速箱。

2.手排槽齒輪式變速箱的種類有(　　　　　)及(　　　　　)三種。

3.同步齒輪式變速箱其調速裝置有(　　　　　)、(　　　　　)、(　　　　　)及(　　　　　)四種。

4.膜片彈簧除做彈簧使用外，並兼有離合器(　　　　　)之功用。

5.液體接合器由(　　　　　)又稱泵與(　　　　　)又稱(　　　　　)所組成。

6.主動葉輪與被動葉輪之轉速差稱爲（   ）。

7.最後傳動之種類有直齒式齒輪、（   ）、（   ）及（   ）四
種。

8.能提升驅動力及提高轉彎時之最高速限的是 _____ 汽車。

9.最新且構造最簡單的4WD裝置是使用_____之_____四輪驅動。

10.豐田Celica GT-FOUR 之中央差速器鎖定裝置是以_____操作。

11.速覇陸全時間式單向接合器4WD之控制套向前、中間及向後各爲_____用、_____
_____用及_____用。

四、問答題

1.傳動系的功用爲何？

2.自動離合器的種類有那些？簡述其作用。

3.定位鋼珠及連鎖機構有何功用？

4.液體接合器的性能爲何？有那些優劣點？

5.試述液壓式自動換擋原理？

6.裝置滑動接頭的目的爲何？

7.後軸總成具有那些功用？

8.最後傳動有幾種型式，其特點爲何？

9.說明差速器內引擎扭矩傳遞過程？

10.試說明無空轉差速器的作用。

11.四輪驅動汽車較二輪驅動汽車有那些優點？

12.何謂急轉彎煞住作用？

13.早期選擇式4WD汽車之驅動裝置有何缺點？

14.裝用中央差速器有何目的？

15.試述奧迪汽車之差速器鎖定裝置的作用情形。

16.矽油有何特性？

第十一章　轉向系統

第一節　概　　述

11-1-1　概　　說

　　汽車為要改變方向而設計了許多機械裝置來操縱它，總稱為轉向系。此系統對於汽車行駛安定性與輕巧靈活有密切關係，故需具備下列性能：

一、轉向機構必須輕巧靈活。

二、轉小彎時，方向盤不必轉很多圈。

三、直向前進時應穩定且無蛇行現象。

四、車輪的震動及擺動不致使方向盤轉動。

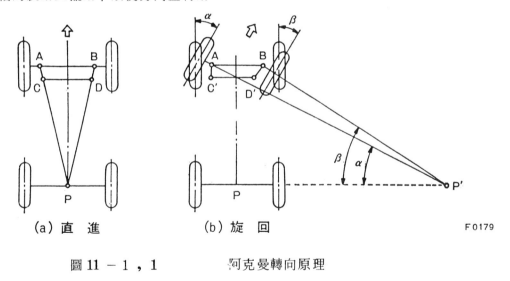

(a) 直　進　　　　　(b) 旋　回　　　　　　　F 0179

圖 11 - 1 , 1　　　　　阿克曼轉向原理

11-1-2　轉向幾何及轉向方法

一、轉向幾何（ steering geometry ）依阿克曼原理（ Ackerman princinle ），當車子轉彎時車輛之瞬時中心必須交於一點，如圖 11 - 1 , 1 之 P' 點，車輪才能完全滾動順利轉彎。轉彎時因輪距與軸距之關係二前輪之轉角必不同，其內輪較外輪為大。

二、轉向方法：

　　㈠第五輪轉向　即在前軸中心處裝一接輪或稱第五輪使整個前軸及前輪能繞其迴轉，而獲得轉向，為最早使用之方法，現仍使用於拖車。

㈡阿克曼轉向　即二前輪分別
裝於二個可以迴轉之轉向節
（ steering knuckle ）上，
由轉向連動機件連接，使二
前輪各繞其轉向軸之中心線
而同時轉向，車輛乃隨之轉
彎。汽車轉向之瞬時中心為
汽車迴轉時其後軸之延長線
與二前輪中垂線之交點，如
圖11－1，1所示。

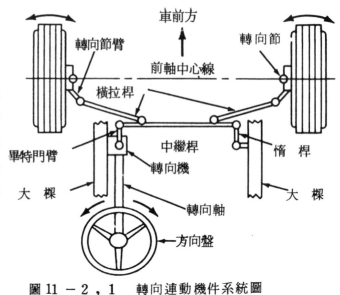

圖11－2，1　轉向連動機件系統圖

第 二 節　轉向機構

11-2-1　轉向連動機件

一、由方向盤（ steering wheel ）、轉向機（ steering gear ）、畢特門臂（ pitman arm
）、直拉桿（ drag link ）、橫拉桿（ tie rod ）、球接頭（ ball socket ）、轉向節（
steering knuckle ）、轉向節臂（ steering arm ）等組成，如圖11－2，1所示。

二、**轉向連桿之基本型式**　係依照車輛之轉向動作使各連桿之關係位置有所變化設計時應使
方向不生錯誤方可，如圖11－2，2中之A，多用於獨立式前懸吊裝置。B及D因其機
構頗簡單，故多用於小型車上；尤其是D
之型式，其轉向臂之操作連桿，旋轉中心
在上控制臂上，使車輛之震動不致影響連
桿機構之關係位置。C之型式在設計上，
儘量使橫拉桿之旋轉中心與車輪震動中心
相接近，俾可使連桿機構之關係位置的變
化最少。

三、**轉向系裝置法之種類**

㈠整體式前軸上所用之阿克曼轉向裝置
構造如圖11－2，3所示，當轉動方向盤
時，則因轉向機內齒輪之作用而使畢特門

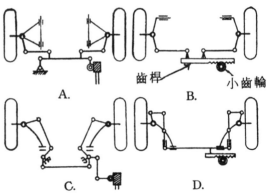

圖11－2，2　轉向連桿之基本型式（
自動車百科全書　圖3
－108 ）

臂前後拉動，再由直拉桿傳至轉
向節臂，使前輪繞轉向節而旋轉
，即可得到所需之轉向角度。

(三)獨立式前懸吊所用之阿克曼式轉
向裝置

其基本構造如圖11-2，1所示
。橫拉桿分成左右二根，由於畢
特門臂之拉動，使繼動桿（re-
lay rod）左右運動，通過左右
橫拉桿而傳至轉向節上，而將車
輪轉向。

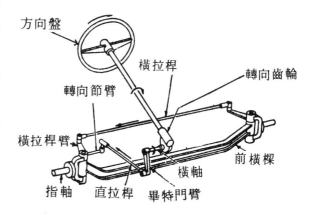

圖11-2，3　轉向裝置（整體式前軸）（自動
車百科全書　圖3-105）

四、轉向連動機件

(一)畢特門臂　連接在轉向機橫
軸與直拉桿間。與轉向機橫
軸連接部份用槽齒，其中有
定位之槽以固定其位置，另
一端用球接頭與直拉桿相連
接。

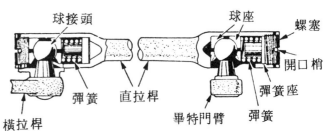

圖11-2，4　直拉桿構造（三級自動車シャシ　圖
4-12）

(二)直拉桿　圖11-2，4為直
拉桿構造，一端與畢特門臂
連接，另一端與轉向節或橫
拉桿連接，兩端均以球接頭
連接，內有彈簧以吸收震動
，兩頭以螺絲均可以調整，
用開口銷固定以防鬆動脫落
。

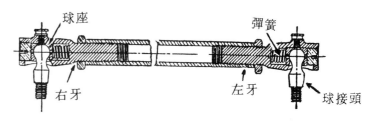

圖11-2，5　橫拉桿構造

(三)橫拉桿　圖11-2，5為橫拉桿構造圖，兩
頭用球接頭及左右相反之螺牙連接左右兩邊
之轉向節。橫拉桿與球接頭內有齒套相配合
，長度可以調整，以改變前輪之前束。圖11
-2，6為橫拉桿端球接頭之構造。

五、大王銷（king pin）多使用於整體式前軸上
，其裝置方法有下列四種：（圖11-2，7
）

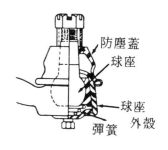

圖11-2，6　橫拉桿端球座構造

(一)艾勞特式（Eliot type）前軸製成叉型，轉向節插在其中，以大王銷連接，推力軸承位於上方。其鋼套在轉向節上，如圖上(2)

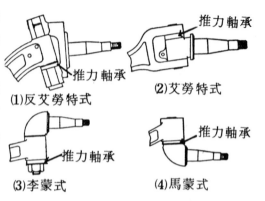

(1)反艾勞特式 (2)艾勞特式

(二)反艾勞特式（reverse Eilot type）此式轉向節製成叉型，推力軸承裝在前軸下方，銅套在轉向節上，以大王銷固定在前軸上。如圖上(1)

(3)李蒙式 (4)馬蒙式

(三)李蒙式（Lemoen）推力軸承在下方，銅套在上方，大王銷固定在轉向節上。如圖上(3)

圖11－2，7　整體式前軸端部形狀（自動車整備[Ⅰ]　圖5－3）

(四)馬蒙式　轉向節與大王銷製成一體成L形，與李蒙式之裝法正好相反，推力軸承裝在前軸下方。如圖上(4)

11-2-2　轉向齒輪

普通轉向齒輪可分為下列三種：

一、**不可逆式**（unreversible type）大部份用於行駛路面不良的載重車，方向盤能將轉動傳給畢特門臂，而畢特門臂卻不能將轉動傳給方向盤，以免在行駛中受路面震動而影響行駛安定性。有蝸桿與扇形齒輪式及螺桿與螺帽式。如圖11－2，8所示。

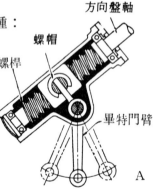

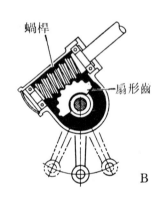

A螺桿螺帽式　B蝸桿與扇形齒輪式

圖11－2，8　不可逆式轉向齒輪（自動車百科全書　圖3－110）

二、**半可逆式**（semi-reversible type）此式在接近直線行駛時，畢特門臂之擺動能使方向盤轉動，但阻力甚大，具有相當程度之方向復原性，在行駛碎石路或常行駛良好與不良路面之載重車使用甚多，半可逆式有螺桿與凸輪桿式及蝸桿與滾輪式兩種。如圖11－2，9及圖11－2，10所示。

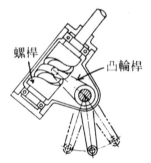

圖11－2，9　螺桿與凸輪桿式（自動車百科全書　圖3－112）

三、**可逆式**（reversible type）轉向齒輪能逆轉，

故方向復原性最佳，高速小型車
子多採用。有齒桿與小齒輪式及
循環滾珠螺帽式。如圖11－2，
11及圖11－2，12所示。

圖11－2，11　齒桿與小齒輪式（自
　　　　　　動車の構造　圖4－
　　　　　　22）
　　1.轉向機殼　2.小齒
輪　3.齒桿

圖11－2，10　蝸桿與滾輪式

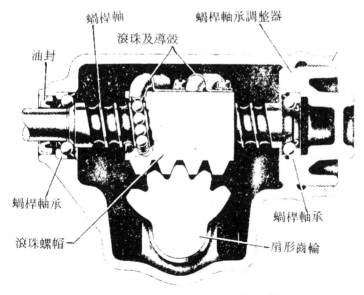

圖11－2，12　循環滾珠螺帽式

第 三 節　動力轉向

11-3-1　概　　述

一、大型貨車、客車及大型轎車，前
　　輪之負重大，轉向操作力也要大
　　，如果要省力則需增大轉向齒輪
　　比，但轉向齒輪比增大，則方向
　　盤操作角度增大。降低轉向靈敏
　　性，影響行車安全。使用動力轉
　　向可以採用較小之轉向齒輪比而
　　方向盤之操作力很小，以適應高
　　速重負載車子之需要。現代之大
　　型貨車、客車及大型轎車動力轉
　　向已經是標準裝置。

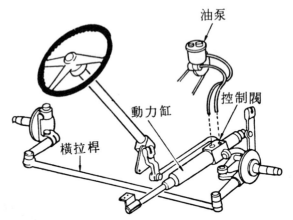

圖11-3，1　　控制閥與動力缸組合式連桿型動
　　　　　　　力轉向系

二、動力轉向系使用之動力源通常有
　　下列二種：

　㈠液壓動力轉向－使用最多，多數車子均使用此式，由引擎驅動之油壓泵產生動力源，經
　　控制閥，調制後使動力缸產生作用力協助轉向操作。

　㈡壓縮空氣動力轉向－用在少數使用空氣煞車或空氣懸吊之大型車上，利用貯氣箱之高壓
　　空氣，經控制閥，調制後使動力缸產生作用力協助轉向操作。

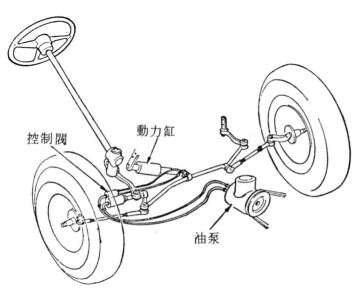

圖 11-3，2　　控制閥與動力缸分離式連桿型動力轉向系

11 - 3 - 2　液壓動力轉向

　　液壓動力因構造不同，分爲整體式（動力缸與轉向齒輪合在一起，連桿式（動力缸裝在轉向連桿中）兩大類。

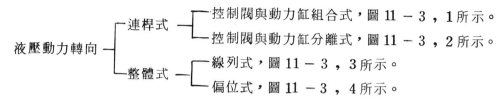

液壓動力轉向
- 連桿式
  - 控制閥與動力缸組合式，圖 11 - 3 ，1 所示。
  - 控制閥與動力缸分離式，圖 11 - 3 ，2 所示。
- 整體式
  - 線列式，圖 11 - 3 ，3 所示。
  - 偏位式，圖 11 - 3 ，4 所示。

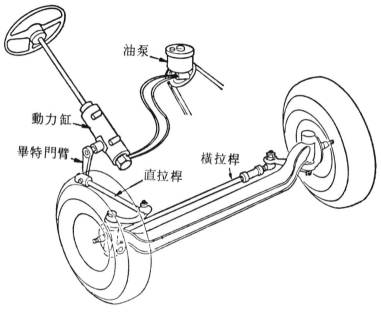

圖 11 - 3 ，3　整體式動力轉向系

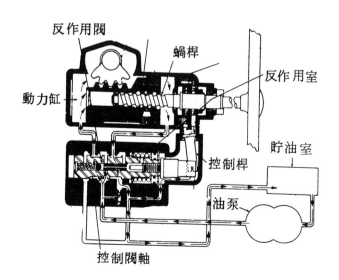

圖 11 - 3 ，4　偏位整體式動力轉向機

一、動力缸與控制閥組合式

(一)由引擎曲軸用V形皮帶驅動油泵,由油泵所輸出之壓力油,經動力缸而作用於連桿上,而方向盤之操作以操縱控制閥,從而即可控制動力缸中之活塞。因方向盤僅操縱控制閥,故所需之力很小。

(二)方向盤在正中位置時,壓力油因控制活門關閉,而將單向活門推開,返回儲油箱中故不產生油壓,泵即成空轉狀態。

(三)當方向盤向右轉動時,則控制閥之進油門與儲油箱之門相通,油即進入活塞之左側,因壓力甚大,乃將動力缸向左壓動,此時活塞右側之油,即從控制門之回油門,返回儲油箱中,故動力缸即將轉向連桿帶動,而使車輪向右轉。此時缸之各門被導向活門之凸緣所關閉,如圖11-3,5所示。但方向盤繼續轉動,則控制閥之線軸在作用期間,動力缸即逐漸由該線軸所追及。故如該線軸停止,動力缸亦於該位置停止,前輪則可因方向盤之轉動量而保持一定之位置。

(四)若向左轉時,則其油壓就反向流動,而使動力缸向右移動。

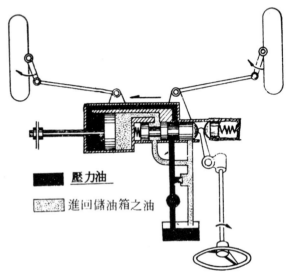

圖11-3,5　方向盤開始向右轉時(自動車百科全書　圖3-116)

二、動力缸與控制閥分離式:

(一)圖11-3,6為福特天王星裝用動力轉向系統,主要組件為:動力方向機總成,高壓管,回油管及液壓油泵。引擎曲軸用V形皮帶驅動液壓油泵,油泵產生高壓液壓油,經由高壓管送入動力方向機總成,用以減輕方向盤的操作。

(二)圖11-3,7為控制活門,總成,由活門外殼活門套,輸入軸,扭力桿及小齒輪組成,輸入軸經由扭力桿與小齒輪連接,控制活門外殼與油泵之間由兩根管子連接一為高壓管,一為回油管,另外兩根管子則與方向機外殼連接,液壓油由此流入動力缸活塞的左邊或右邊。至於流入左邊或右邊則由控制活門管制。

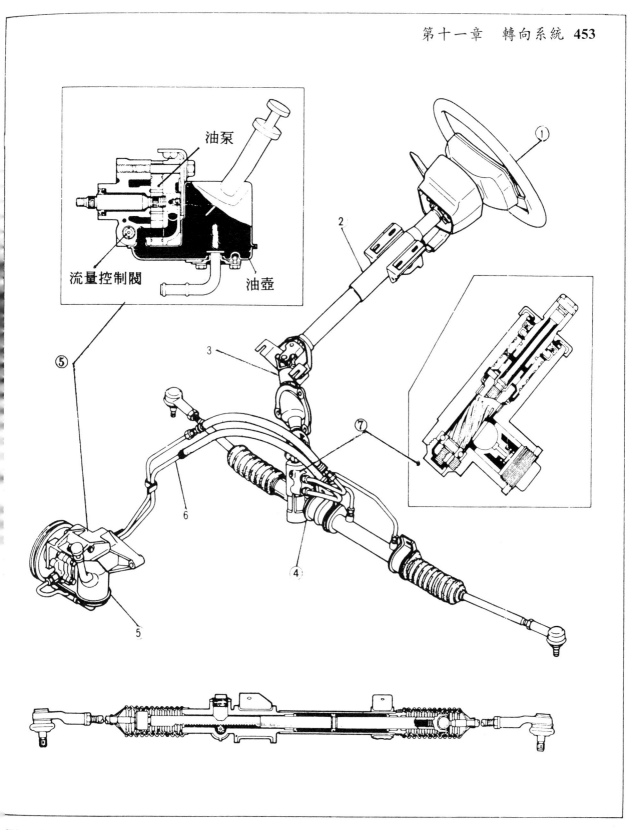

油泵

流量控制閥

油壺

① ② ③ ④ ⑤ ⑥ ⑦

圖11−3，6動力轉向系

1.方向盤　　　　　　2.轉向柱　　　　　　3.中軸　　　　　4.動力方向機總成

5.動力轉向油泵　　　6.動力轉向油管與軟管　7.控制閥

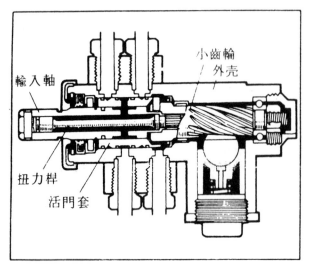

圖11-3，7控制活門總成

圖11-3，8控制活門斷面圖

㈢圖11-3，7為控制活門斷面圖，有八個油道，其作用為：

(1)油道P，由油泵進入控制活門。

(2)油道T，由控制活門內部回到油泵。

(3)油道R，由控制活門內部通到活塞右側。

(4)油道L，由控制活門內部通到活塞左側。

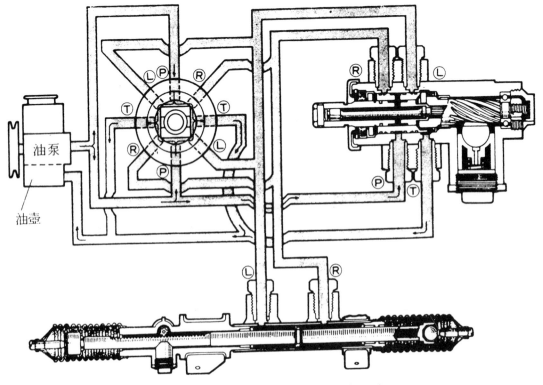

圖11-3，9直行時液壓油流路

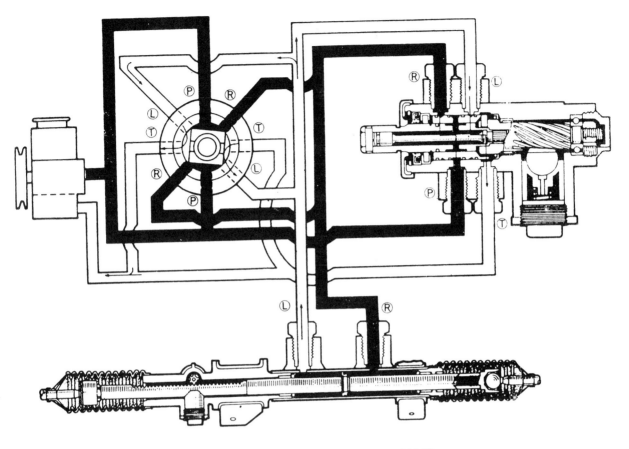

圖11－3，10　右轉時液壓油流路

㈣作用

(1)直行(如圖11-3，9)

　　直行時沒有轉向的力量加在輸入軸上，控制活門即在中央位置，由油泵來的壓力油流入輸入軸內部後即由回油管流回油泵的油壺內，因之活塞上沒有受到壓力，方向盤保持在直行位置。

(2)轉向右轉(如圖11-3,10)

　　方向盤向右轉動時，齒桿因受輪胎所受地面的阻力而無法立刻移動，與齒桿嚙合的小齒輪也無法轉動，只有輸入軸及直接與輸入軸與活門套之間即產生相位差如圖所示，高壓的液壓油即經由控制活門的活門套開口進入活塞的右側，將活塞與齒桿同時向左推動，再經由橫拉桿及轉向臂而將輪胎向右轉，此時活塞左側的液壓油即經控制活門的L通邊流回油泵油壺，右轉之時如停止轉動方向盤，活門套即可回到中央位置，如前直行狀況所述，控制活門回到中央位置後活塞左右兩側均無液壓油壓力，此時輪胎如已轉向，則停留在原處不動繼續使車輛向右轉。

此套機構藉助活門及扭力桿的感應而操作，使駕駛人能感覺到正確的轉向感受，又因扭力桿隨時有恢復正直而不被扭曲的特性，使控制活門保持在中央位置，因之此種結構具有一種特優的能力，在不抓方向盤的狀況下車輛前輪始終維持直行狀況。

㈣轉向左轉(如圖11-3，11)

當方向盤向左轉時，控制活門操作原理與右轉時相同，將液壓油壓力引導到活塞的左側。

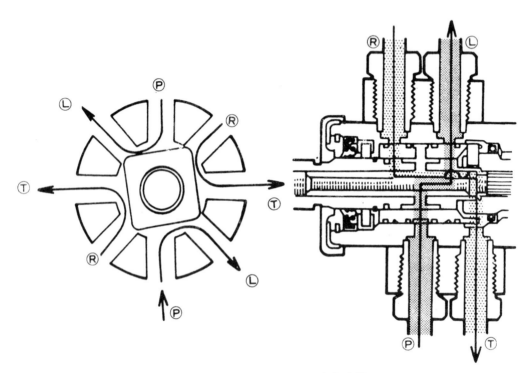

圖11-3，11左轉時液壓油流路

㈤手動能力

引擎停止運轉，或油泵失效，漏油時，此轉向系即失去動力的輔動，此時小齒輪內圈的"失效--安全止動"即與輸入軸直接接觸，使方向機變成手動方向機直接用手操作。參考圖11-3，12

㈥可縮式方向機軸(如圖11-3，13)

具有兩只萬向接頭及望遠鏡可縮式的轉向性，在車輛前端受到撞擊時，可免去駕駛人受到轉向柱的傷害。

轉向柱受到足夠的力量沖擊時，方向機凹槽裡的塑膠梢會離位，而使轉向柱縮短，如圖11-3，14所示。

㈦消除雜音接頭

圖11-3，15為動力轉向機種的中軸上有一橡皮接頭設計可防止動力轉向系統的雜音傳入車內。

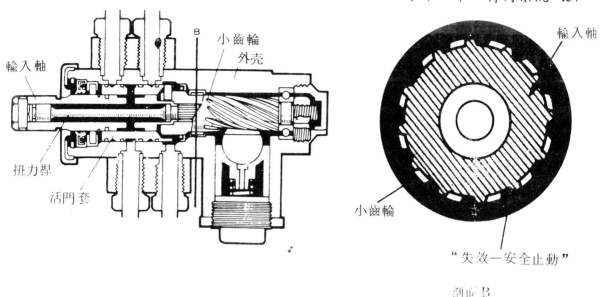

圖 11-3,12 失效後手動結構

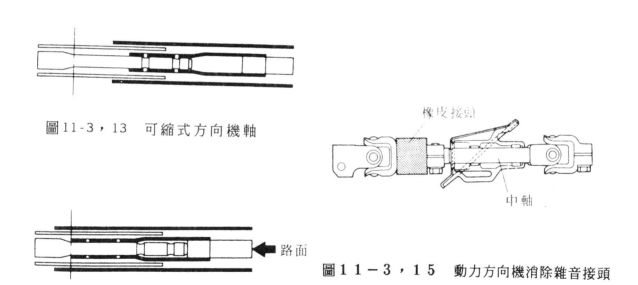

圖 11-3,13 可縮式方向機軸

圖 11-3,15 動力方向機消除雜音接頭

圖 11-3,14 縮短了的方向機軸

三、線列式動力轉向機

㈠圖11-3,16 所示為方向盤位於正中時，因控制桿亦位於中央，則油無法流入作用缸內，而流回貯油箱中，故扇形齒輪亦無移動。

㈡當方向盤向右打時，牽動推力軸承，因而控制桿向右拉，使作用缸左室與油泵送來之高壓油相通，因而將扇形齒輪移動，再經連桿而使車輪轉向。如圖 11-3,17 所示。

㈢若向左轉，則控制桿就向左拉，壓力油則進入作用缸右室，因而使車輪轉向。

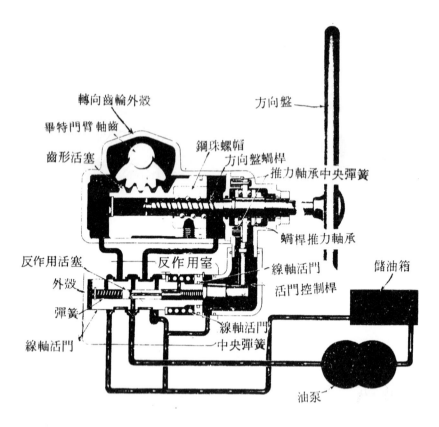

圖 11－3,16　線列式動力轉動機,方向盤不動時之作用

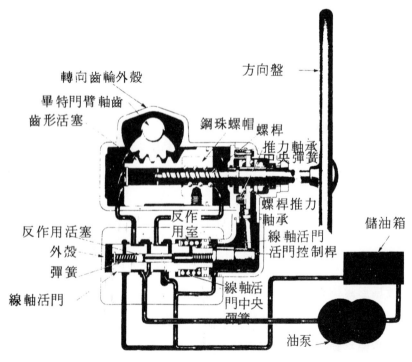

圖11－3,17　方向盤向右打時

11-3-3　壓縮空氣動力轉向

　　重型車輛使用壓縮空氣煞車或使用空氣彈簧者，因已具有壓縮空氣動力源，故動力轉向亦採用壓縮空氣以降低成本，其控制方式及作用原理與液壓連桿式動力轉向系相似，其構造如圖11-3,18所示。

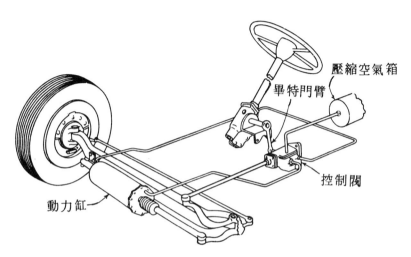

圖11-3,18　壓縮空氣動力轉向機構

第四節　四輪轉向裝置

11-4-1　本田先驅舵角應動型4WS

　　㈠本田先驅牌(PRELUDE)轎車使用之4WS轉向系統稱為舵角應動型，其後輪之轉向特性如圖11-4-1所示，方向盤操作量少時，後輪與前輪同相位偏轉；方向盤操作量大時，後輪與前輪逆相位偏轉。使高速行駛之方向操作縱性能提高，並保持車很小的迴轉半徑。

　　㈡本田先驅 舵角應動型4WS系統之構成如圖11-4-2所示。前輪使用車速感應式齒桿與小齒輪式動力轉向機，並在中段增設前轉向齒輪箱，其構造如圖11-4-3所示；再利用中央軸(center shaft)將前輪之轉向動作傳送到後轉向齒輪箱，其構造如圖11-4-4所示。

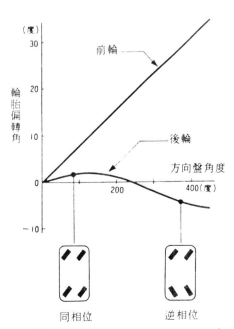

圖11-4-1　本田4WS前後輪轉向特性[註80]

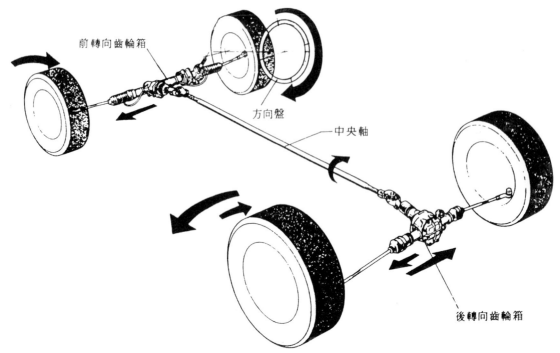

前轉向齒輪箱

方向盤

中央軸

後轉向齒輪箱

圖11－4－2　本田舵角應動型4WS構成系統[註81]

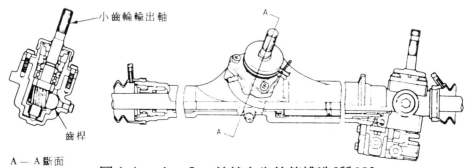

小齒輪輸出軸

A

齒桿

A

A － A 斷面

圖11－4－3　前轉向齒輪箱構造[註82]

　　㈢前轉向齒輪箱由齒桿帶動小齒，將前輪轉向時齒的動作再變回旋轉動作，經中央軸，使後轉向齒輪能產生動作。

　　㈣後轉向齒輪箱為非常獨特之設計，當方向盤由中央位置開始旋轉時，後輪與前輪之偏轉角度產生0°→同相位→0°→逆相位變化。為便於說明，將複雜的後轉向齒輪箱以圖11-4-5所示之簡圖表示。

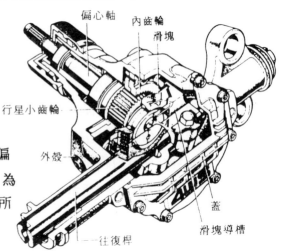

偏心軸　內齒輪

滑塊

行星小齒輪

外殼

蓋

滑塊導槽

往復桿

圖11－4－4　後轉向齒箱構造[註83]

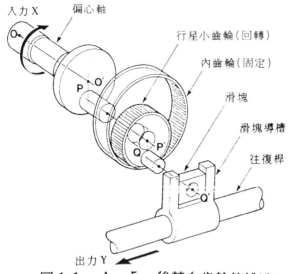

圖11－4－5　後轉向齒輪箱構造簡圖〔註84〕

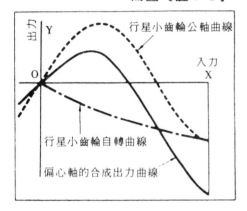

圖11－4－6　中央軸 的回轉與偏心軸的運動情形

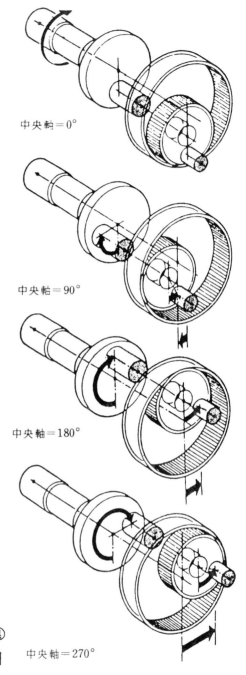

中央軸＝0°

中央軸＝90°

中央軸＝180°

中央軸＝270°

圖11－4－7　後轉向齒輪箱

1.後轉向齒輪由①偏心軸，②與偏心軸相連接之行星齒輪，③固定的內齒輪(即行星齒輪之環輪)，④滑塊，⑤滑塊導槽，⑥往復桿等主要機件組成，如圖11-4-4及圖11-4-5所示。

2.中央軸與偏心軸端相連接，偏心軸的軸為與固定內齒輪相嚙合之行星齒輪的中心。中央軸旋轉時，偏心軸與內齒輪同圓心做圓運動(即行星小齒輪沿內齒輪做公轉)，同時行星小齒輪本身與圓運相反的方向做自轉。

3.在行星小齒輪之後端，再裝一根偏心軸，此偏心軸與嵌在往復桿上方導槽中之滑塊相連接，如圖11-4-5所示。此滑塊因行星小齒輪上的偏心軸由行星小齒輪的公轉及自轉所產生的合成運動產生動作。中央軸旋轉時，行星小齒輪上的偏心軸之運動情形如圖11-4-6所示。

4.滑塊因導槽之限制,只能做上下之自由運動,左右則必須把往復桿一起帶動,進而使後輪一起轉向。

5.後轉向齒輪箱之作用情形如圖11-4-7所示。當中央軸自中立位置約轉70°時,滑塊帶往復桿向同相位移動最大距離;中央軸之旋轉角度再增加時,滑塊帶往復桿向逆相位移動,至135°附近時,滑塊帶往復桿回到中立位置(距置為0)。中央軸繼續再旋轉時,滑塊帶往復桿繼續向逆相位移動,到270°時移到逆相位最大距離位置。(註:中央軸之旋轉角度不等於方向盤之旋轉角度)如圖11-4,8所示。圖11-4,9所示為 方向盤旋轉時,後輪偏 轉角之變化。

6.先驅4WS系統之方向盤從最左打到最右為2.5轉,方向盤由中央位置(直前方向)向左、右打死需轉1.25轉(450°),此時中央軸旋轉0.75轉(270°)。當中央軸由中立向左轉到底時,行星小齒輪之公轉與自轉之合成運動使往復桿由中立位置→向左→中立位置→向右移動,使後輪產生中立0°→右1.5°(同相位)→中立0°→左5.3°(逆相位)之偏轉角變化,如圖11-4,10所示。

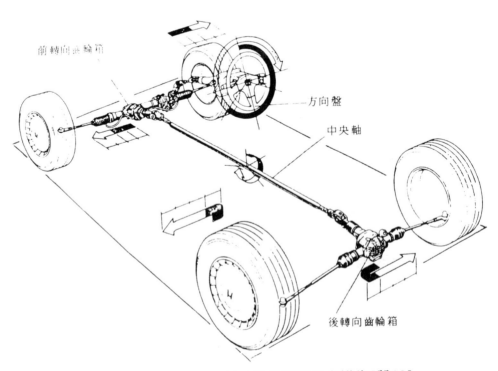

圖11−4−9 打方向盤時後輪偏轉角之變化[註88]

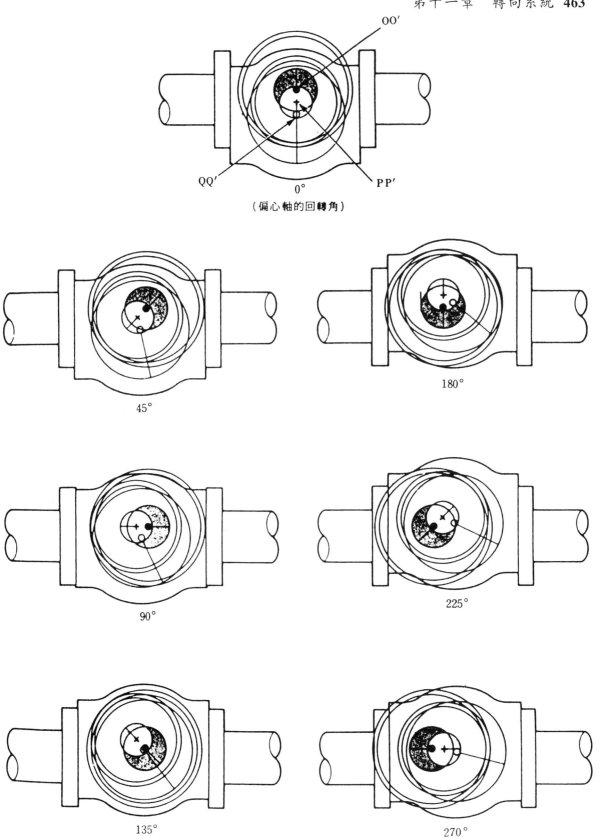

圖 11－4－8 後轉向齒輪箱之動作特性[註87]

11-4-2　馬自達CAPELLA車速感應型4WS

　㈠馬自達(Mazda)於1987年5月發表裝配4WS的新Capella車,而有關4WS汽車理論之研究已有二十五年之歷史,在1983年汽車展中展出的MX-02就有4WS系統。

　㈡馬自達裝置之4WS特徵係使用前後輪用的二個動力轉向系統,後輪相位的控制採用車速感應的方法。後輪偏轉的角度依車速及方向盤打的角度,依事先設定好的程式以電腦做控制;也就是後輪的轉角依車速及前輪的轉角而動作,與方向盤操作力的大小無關。

　㈢馬自達的4WS與本田先驅機械式的4WS有點相似,如圖11-4-11所示,前後輪轉向機之 間有一根軸連接,用來傳達控制閥的操作力。

　㈣後輪轉向時的相位,車速0～35km/h時為逆相位;35km/h以上時為同相位,如圖11-4-12所示。前輪轉向角與後轉向角及車速之關係如圖11-4-13所示。

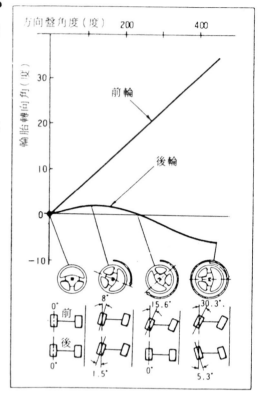

圖 11-4-10　本田4WS前後輪轉向角特性曲線[註89]

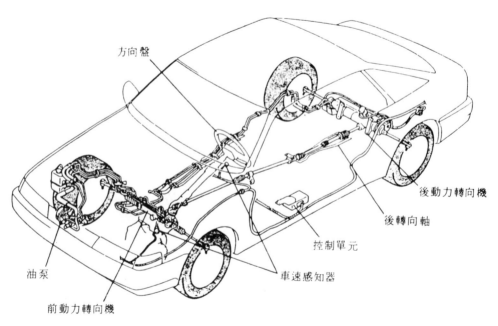

圖 11-4-11　馬自達4WS系統圖[註90]

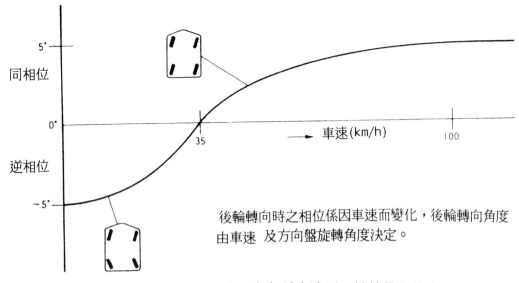

後輪轉向時之相位係因車速而變化，後輪轉向角度
由車速 及方向盤旋轉角度決定。

圖 １１－４－１２ 在各種車速下，前輪最大轉向角時
後輪轉向角之變化[註91]

㈤前輪的轉向裝置為齒桿與小齒輪式。在齒桿
軸上另設置一段齒桿，上面再裝一小齒輪與後轉向
軸相連接，以控制後轉向齒輪，其構造如圖11-4-14
。

㈥後轉向機(後輪轉角及相位的控制裝置)的組
成包括：①車速感知器，②步進馬達(依控制器的指
令旋轉)，③將步進馬達的旋轉改變為角度的控制軛
，④偵測控制軛的角度將信號送到控制器的轉向比感
知器，⑤將控制軛的角度轉變為擺動的擺動臂，⑥連

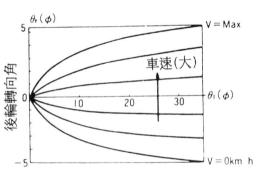

圖 １１－４－１３ 前輪轉向角與後
輪轉向角與車速關係[註92]

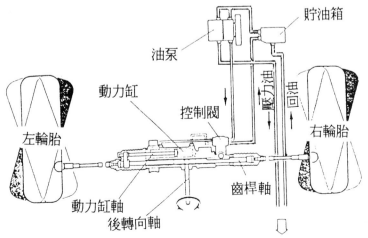

圖１１－４－１４ 前輪轉向裝置系統圖[註93]

接擺動臂與控制閥的控制桿，⑦規制控制桿位置使控制桿能正確操作的大斜齒輪，⑧與後轉向軸連接之小斜齒輪，並與大斜齒相嚙合，以控制大斜齒輪的旋轉，⑨控制送到動力缸油量之控制閥，⑩動力缸等，如圖11-4-15所示。

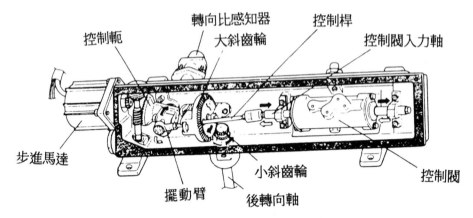

圖11-4-15　後轉向機系統圖[註94]

　㈦由控制器根據車速的快慢指示步進馬達做規定回轉數的旋轉。步進馬達旋轉時，出力軸上的斜齒輪使螺旋桿旋轉，使與螺旋桿嚙合在一起之控制軛的位置發生改變。亦即車速決定控制軛傾斜方向及角度。控制軛的傾斜方向及角度決定了後輪轉向的角度及相位。

　㈧車速在35km/h以下時，控制軛係向右傾斜，如圖11-4-16所示。向右傾斜的結果使控制軛的右方軸上組合在一起的擺動臂當大斜齒輪向右旋轉時會向右上方，大斜齒輪向左旋轉時會向左下方產生擺動。大斜齒輪係由小斜齒輪經後轉向機軸連接到前轉向機；當前輪產生轉向動作時，亦使大斜齒輪產生轉動。由大斜齒輪向右旋轉時，因擺動桿向右傾斜的關係向右推，向左旋轉時向左拉，仗控制閥上的閥軸產生移動，以控制流入動力缸的液壓油，使後輪產生逆相位的轉向動作。

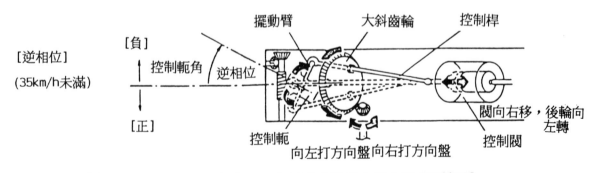

圖14-4-16　車速35km/h以下時後轉向機之動作[註95]

[中立]
(35km/h)

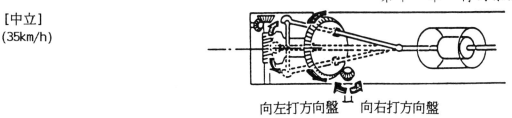

向左打方向盤　　向右打方向盤

圖14－4－17　在車速35km/h時後轉向機之動作

[同相位]
(35km/h以上)

[負]

控制軛角　同相位

[正]

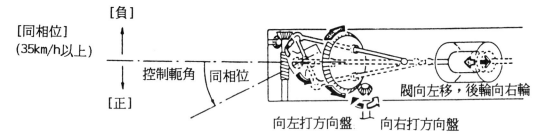

閥向左移，後輪向右輪

向左打方向盤　　向右打方向盤

圖14－4－18　車速35km/h以上時轉向機之動作(同相位)[註95]

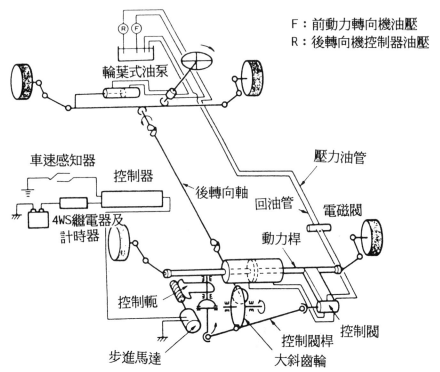

F：前動力轉向機油壓
R：後轉向機控制器油壓

輪葉式油泵

車速感知器
控制器
後轉向軸
壓力油管
回油管
電磁閥
動力桿
4WS繼電器及
計時器
控制軛
控制閥桿
控制閥
步進馬達
大斜齒輪

圖11－4－19　馬自達車速感應型4WS系統作用圖[註96]

　　(九)車速在35km/h時，控制軛在中立狀態，也就是未有傾斜。因此大斜齒輪向左、右旋轉時，擺動桿在控制軛的圓周上只做半轉以內的移動，故控制桿不會產生左右的移動，控制閥的閥軸不動，成為2WS，如圖11-4-17所示。

　　(十)車速在35km/h以上時，控制軛向左傾斜，當大齒輪向右旋轉時，擺動軸向左上方移動，向左旋轉時向右下方移動；與35km/h以下時之方向相反，使控制閥閥軸的移動方向相反，使後輪產生同相位的轉向動作，如圖11-4-18所示。

(十一)動力缸的兩端以連桿與左右橫拉桿相連接。動力缸內部的油壓系統發生故障時會保持在中立狀態，成為2WS 。另外，電氣系統上亦有安全裝置，於故障時會切斷供應後動力缸的油壓。圖11-4-19所示為馬自達Capella車速感應型4WS的系統圖。

(十二)Capella在2WS時的最小迴轉半徑為5.3m；4WS時為4.8m。後輪的轉向角度正、逆相位最大均為5° ，如圖11-4-20所示。

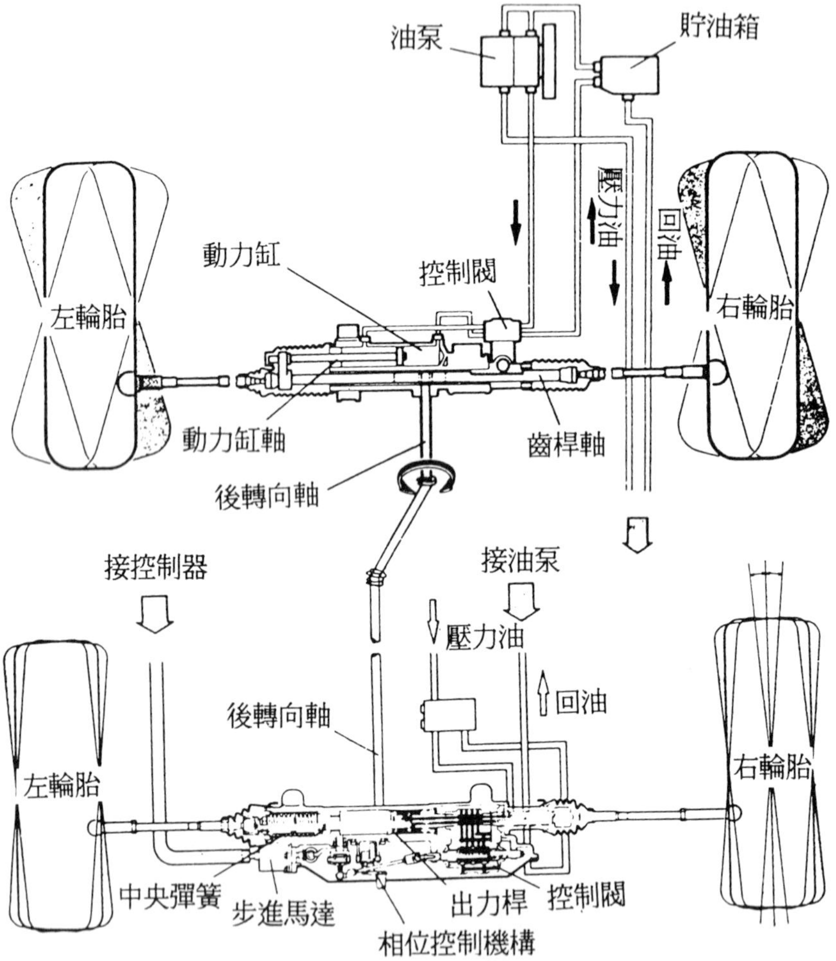

圖11－4－20 前輪與後輪的轉向系統[註97]

11 - 4 - 3 三菱 4WS

(一)三菱4WS用在4WD之汽車，並配合新開發之4IS(four independent suspention，四輪獨立懸吊之簡稱)，為一進步的綜合控制系統，即將在1987年秋推出。

(二)三菱4WS之主要特徵為車速在50km/h以上時，後輪轉角與前輪同相位，依方向盤操作力及車速成比例變化，為純油壓式的裝置，如圖11-4-21所示。

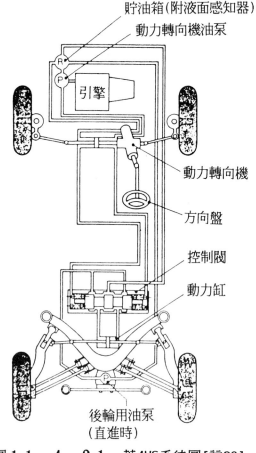

貯油箱(附液面感知器)
動力轉向機油泵
引擎
R
P
動力轉向機
方向盤
控制閥
動力缸
後輪用油泵
(直進時)

圖11-4-21 菱4WS系統圖[註98]

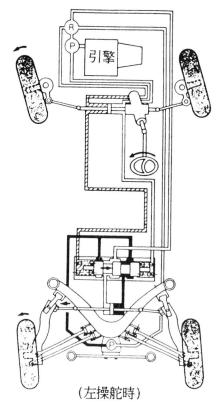

R
P
引擎

(左操舵時)

圖11-4-23 三菱4WS向左打時
之作用[註100]

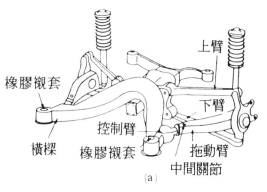

上臂
橡膠襯套
下臂
控制臂
橫樑
橡膠襯套
拖動臂
中間關節
(a)

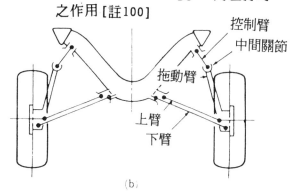

控制臂
中間關節
拖動臂
上臂
下臂
(b)

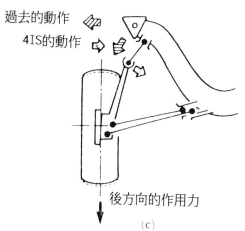

過去的動作
4IS的動作
後方向的作用力
(c)

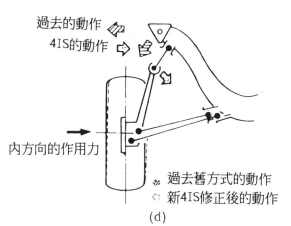

過去的動作
4IS的動作
內方向的作用力
過去舊方式的動作
新4IS修正後的動作
(d)

圖11-4-22 三菱4IS懸吊裝置與動作[註99]

㈢後輪動力缸的轉向拉桿與懸吊系之拖動臂連接在中間關節處，與橫樑使用前束控制桿連接，如圖11-4-22所示，因此拖動臂能產生水平方向之屈折，而使後輪受動力缸的作用能產生與前輪同相位的偏轉。

㈣三菱4WS使用動力轉向裝置，前輪與後輪之系統分開。前輪為齒桿與小齒輪式，油泵前後輪分別裝置，前軸之油石由引擎驅動，後輪之油泵由4WD之後軸差速器驅動。

㈤後輪之動力轉向機係由控制閥及動力缸組成。控制閥之操作係由前輪動力缸內的油壓行之，此壓力係前輪在轉向時油泵送來的壓力，經前輪動力缸控制閥，到動力缸左或右的動力室，將動力活塞推動操作轉向。

㈥當方向盤向左打時，如圖11-4-23所示。前輪用動力缸與後控制閥的左側壓力室的壓力上升。閥軸向右移動，閥軸的操作力因前輪動力缸壓力室發生壓力的大小而變化，亦即方向盤操作力大時增大，後輪偏轉的角度也變大；方向盤操作力受轉彎時輪胎受到路面的橫向力的大小而改變。

㈦後動力缸動作的壓力油，係由與後差速器組合在一起的油泵供給，經後控制閥而流到動力缸的左或右壓力室。當控制閥左右壓力室的壓力相等時，閥軸在中立位置；油由下孔流到與前輪共用的貯油室。前輪有轉向時，控制閥的左(或右)壓力升高，將閥軸向右(或左)移動，壓力油送到動力缸右室，使後輪產生轉向。

㈧後油泵與車速成比例改變送油量，高速時送油量大，因反應快，其轉角也大；在低速或倒車時，則不產生作用。當油壓系統發生故障時，控制閥軸會保持在中立位置，保持2WS

11 - 4 - 4　日產HICAS

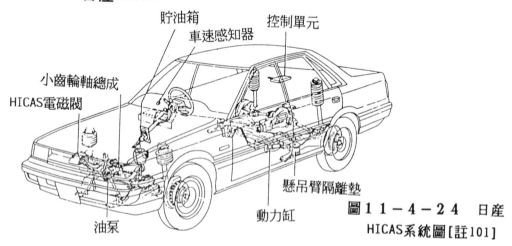

圖11-4-24　日產HICAS系統圖[註101]

㈠日產汽車公司於1985年首先推出世界上最早具有4WS功能之HICAS(High capacity actively controlled suspension之簡稱)裝在Skyline轎車上；在轉彎時能由車速感應用油壓使後懸吊系產生變位，以提高汽車操縱性能，改善一般汽車在高速轉彎時發生轉向不足(under steer)之缺點。

㈡HICAS之系統如圖11-4-24所示，由下列機件組成。

　　1.小齒輪軸(即轉向齒輪)－－轉彎時，感知前輪的橫向推力，以操作控制閥，使動力缸產生作用。

　　2.HICAS控制器－－由車速感知器來的信號，使HICAS電磁閥的驅動電流改變，以產生控制作用，同時在萬一控制系統發生異常時，具備安全控制，以確保行車安全。

　　3.HICAS電磁閥－－接受HICAS控制器之信號，以調整動作油的流量。

　　4.車速感知器－－將車速信號送給HICAS 控制器。

　　5.動力缸－－使後懸吊機件移動，以控動後輪之偏角。

　　㈢HICAS後懸吊之油壓回路如圖11-4-25所示，在車速30km/h以上轉彎時，後輪能產生0.5°之同相位偏角。

　　㈣小齒輪軸係前輪轉向機中用來檢知反抗方向盤操作力之裝置，如圖11-4-26所示。其作用如下：

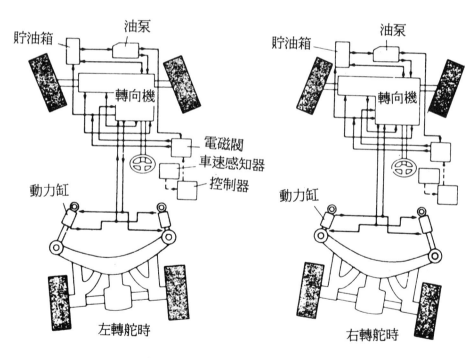

圖１１－４－２５　　HICAS油壓迴路圈[註102]

　　1.行駛中方向盤向左或向右打時，前輪產生橫方向之力。

　　2.轉向機中的齒桿產生橫方向 之力。

　　3.齒桿使小齒輪軸產生橫向的移動。

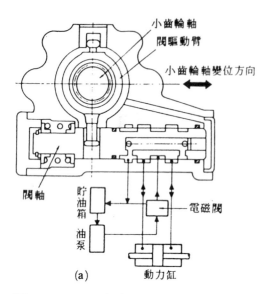

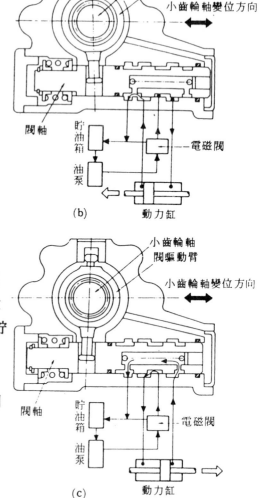

圖 1 1 − 4 − 2 6　小齒輪軸之動作[註103]

4. 小齒輪軸的變位,使控制閥驅動臂推動閥軸,如圖11-4-26(a)所示,為方向盤在中央位置(直進行駛)之情形,油泵送來的油經電磁閥流回貯油箱。

5. 當方向盤向右打時,因閥軸的移動,使泵送來的油如圖11-4,26(b)所示,從電磁閥經控制閥流到動力缸,動力缸之回油經控制閥流回貯油箱,使後懸吊臂產生移動,而使後輪產生同相位之偏角。

6. 當方向盤向左打時之作用情形則如圖11-4-26(c)所示。

7. 必須在車速30km/h以上時,HICAS電磁閥打開,HICAS才能作用。作用在動力缸之油壓,則因控制閥軸之開度面積而異,而開度面積則依前輪橫作用力之大小而改變,故HICAS係由車速及前輪橫向作用力共同控制。

11 − 4 − 5　各型4WS特性比較

㈠前述本田先驅、馬自達Capella、三菱、日產Skyline使用之4WS各具特性,現列一表以便比較:

		本 田 Prelude	馬自達 Capella	三 菱 (未詳)	日 產 Skyline
感應方式	轉向角感應	⊙油壓機械式	⊙ (電子控制 油壓式)		
	車速感應		⊙	⊙ (油壓式)	⊙ (電子控制 油壓式)
	方向盤操作力感應			⊙	⊙
相位、偏角	同 相 位	最大1.5° 方向盤轉113°	最大5° 車速35km/h以下	不 詳	最大0.5° 車速30km/h以上
	中 立	方向盤在 0°及225°	車速35km/h時 或方向盤0°	車速50km/h以下	車速30km/h以下
	逆 相 位	最大5.3° 方向盤450°	最大5° 車速35km/h以上		
後懸吊裝置型式		雙雞胸骨臂式	滑柱式	拖動臂加上下臂	半拖動臂式
驅 動 方 式		FF	FF	4WD	FR
後輪轉向機構		後輪轉向機	後輪轉向機	拖動臂	懸油臂

㈡總之，八十年代的轎車為求驅動性能的提升，4WD相當普遍。為更進一步提升汽車的操縱性能， 4WS 是高性能汽車必走的方向。相信世界各大汽車廠將會陸續有新的4WS汽車推出。

習題十一

一、是非題

(　　) 1.前輪的最大轉向角度通常由轉向節的阻擋螺絲調整之。

(　　) 2.大王肖或銅套磨損太大時，會影響外傾角。

(　　) 3.直拉桿可調整前束。

二、選擇題

(　　) 1.下列那一種角度又叫做前趨角①後傾角②外傾角③內傾角④前束。

(　　) 2.整體式動力轉向機是將重力缸和控制閥組合裝在①轉向機柱②轉向機齒輪箱③轉向搖臂④直拉桿。

(　　) 3.連桿式分離型動力轉向機是將①動力缸與直拉桿組合②控制閥與橫拉桿組合③動力缸和控制閥與轉向齒輪組合④控制閥合於直拉桿內，動力缸活塞桿與橫拉桿連結。

三、填充題

1.轉向方法有 (　　　　　) 及 (　　　　　) 二種。

2.大王銷的裝置方法有 (　　　　　)、反艾勞特式 (　　　　　)、(　　　　　)。

3.轉向齒輪可分為 (　　　　　)、(　　　　　)、(　　　　　) 三種。

4.動力轉向的動力源有 (　　　　　) 及 (　　　　　) 兩種。

5.一般車子所用的轉向為 (　　　　　) 轉向。

6.轉向齒輪之減速比，普通車子約 (　　　　　)，重型車子約 (　　　　　)。

7.橫拉桿的兩端有 (　　　　　) 的齒套，用以調整 (　　　　　)。

8.小型車大多使用 (　　　　　) 最佳的 (　　　　　) 式轉向齒輪。

四、問答題

1. 試述轉向系應具備之條件。

2. 試述阿克曼轉向幾何之意義。

3. 轉向機依傳動之可逆性分為幾種？各有幾種型式？

4. 汽車為何裝用衝擊吸收式方向操縱構構？有幾種不同型式？

5. 汽車裝用動力轉向之目的何在？液壓動力轉向系有幾種類型？

6. 液壓動力轉向系所使用之油壓泵有幾種型式？

7. 液壓動力轉向系所使用之流量控制閥有何功用？

8. 液壓動力轉向系所用之壓力調整閥有何功用？

9. 試述液壓動力轉向系控制閥軸之液壓平衡。

10. 動力轉向系如何使駕駛員能感覺到輪子於轉向時阻力之變化情形？

11. 試述動力轉向系反作用彈簧之功用。

12. 試述動力轉向系控制閥體的追從動作情形。

13. 試述液壓動力轉向系安全單向閥之功用。

14. 試述壓縮空氣動力轉向系之優點及特性。

15. 轉向齒輪比之大小對汽車轉向有何影響？

16. 轉向系需具備那些性能？

17. 轉向連動機件由那些組件組成？

18. 為何現代之大型車大都採用動力轉向？

19. 液壓動力轉向有那些種類？

第十二章　煞車系統

第 一 節　概　　述

12-1-1　概　　述

　　使行駛中的汽車減速或停止，或使停駐的車輛不致產生滑動的制動裝置，俗稱煞車。通常利用摩擦力，將車子的動能變成熱能而發散於空氣中。因現代汽車性能不斷改進，引擎馬力強大，行駛速度快，載重量大；如何能使汽車在行駛中遇到情況時能在最短距離及時間內使車子停住，是確保行車安全最重要者，因此必須有性能優良的制動裝置相配合。煞車性能應具備下列各項：

一、制動力強大能有效停住車輛，但不可因此損害乘坐舒適性。

二、操作容易，不會使駕駛員產生疲勞。

三、不可以影響到轉向性能。

四、性能可靠耐用，不必經常調整、檢查。

五、修理、維護容易。

12-1-2　制動原理

一、機械煞車係利用槓桿原理，將作用力傳到制動部份，並使作用力增大。

二、液壓煞車，係利用巴斯噶原理（ Pascal's principle ）在密閉容器中的液體受到壓力作用時，此壓力會傳到液體之各部而壓力不變。將煞車踏板之踏力傳到各車輪，如圖12－1，1及圖12－1，2所示。

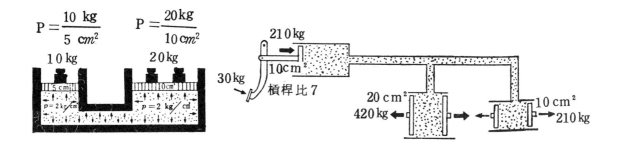

圖12－1，1　巴斯噶原理（自動車の構　圖12－1，2　油壓煞車原理（自動車の
　　　　造　圖5－1）　　　　　　　　　　構造　圖5－2）

三、空氣煞車係利用壓縮空氣之壓力，推動連桿旋轉凸輪，使煞車蹄片張開產生煞車作用。

四、倍力煞車：係利用眞空或壓縮空氣與大氣之壓力差，協助駕駛員之脚力，以產生較大之制動力之裝置。

五、引擎煞車：係汽油車利用汽油引擎進汽行程之眞空吸力，及壓縮行程活塞阻力與引擎摩擦力等，在汽車下長坡時協助煞車系統產生制動作用。

六、排汽煞車：係柴油車在柴油引擎之排汽管上裝置活門，於汽車下長坡時，關住活門，使廢汽無法排出，對活塞產生很大阻力，以協助煞車系產生制動作用。

七、渦電流減速器：利用磁力線切割導體產生渦電流，將動能變成電流，再將電能變成熱能發散於空氣中。

八、當煞車蹄片壓於煞車鼓上時，產生摩擦力 P_B（如圖 12－1，3 所示），此一摩擦力之大小隨所加之壓力的大小，及接觸面之性質而不同。輪胎與路面間摩擦力 P_F 之大小，隨車輛之重量 G（加於輪胎之壓力 P_1，車胎面之情況（胎紋完好或已磨耗）路面之情形（路面之種類，如柏油、碎石、泥路及乾、濕、結冰等）用摩擦係數 μ 代表之。車輪煞車（制動）最有效之狀況，爲車輪還能繼續轉動時（即 $P_F > P_B$）。如果煞車來令與煞車鼓之摩擦力大於輪胎與地面之摩

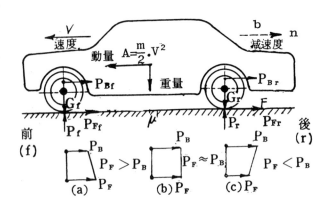

圖12－1，3　煞車鼓與來令及車輪與地面摩擦力之關係
(a) 一般制動情形　(b) 最大停車效果　(c) 車輪先煞定時

擦力（即 $P_B > P_F$），則車輪不轉動而在路面上滑溜，此時車子方向無法加以控制，煞車性能降低，輪胎發生異常磨損。在煞車時，車上之重量爲最有用之制動壓力，此壓力會向前移動（煞車時車子前部向下降）使前輪壓力增加，而後輪之壓力減輕。故爲達到有效制動，小型車輛前輪之制動作用需增加，均使用雙分缸或加大的煞車分缸。

九、煞車距離

汽車行駛中當駕駛員發現情況採取煞車動作，到車輪停止之最短時間有一定之極限；此時間包括 (a) 眼睛看到情況反應給大腦到脚採取行動所需時間，(b) 脚離開油門踏下煞車到煞車蹄片接觸到煞車鼓發生摩擦作用之時間，(c) 開始減速到停止之時間。

(a) 項稱爲反應時間隨駕駛人之眼、腦、脚等機能反應狀況而有不同，一般約 0.38～0.5秒。

(b) 項爲換脚與踏入時間，因煞車踏板的高度及油門與煞車踏板之距離不同而異約 **0.24** ～ 0.43 秒。 (a) (b) 兩項之和叫空走時間約 0.62 ～ 0.93 秒，這段時間車子所走的距離稱爲空走距離。

(c) 項稱爲實際制動時間，因車子之速度、重量、制動性能、駕駛人所施之操作力大小而異，此段時間車子所走的距離叫實制動距離。

故煞車距離＝空走距離＋實制動距離。

現代汽車制動裝置所能產生之減速度約自每秒每秒五公尺至八公尺，停止距離在交通安全上極爲重要，我國汽車肇事責任鑑定委員會對車速、反應時間、煞車距離之規定如下：（本表係在平坦柏油路面，使用脚煞車之平均值）

車　　　速 公里／小時	反　　　應 時間（秒）	反　　　應 距離（m）	煞　　　車 晴天（m）	距　　　離 雨天（m）
20	0.75	4.16	7.36	8.96
40	0.75	8.32	21.12	27.52
60	0.75	12.48	41.28	55.68
80	0.75	16.64	67.84	93.44

十、影響煞車距離之因素

　　㈠輪胎與路面間之摩擦阻力

　　　1.路面材料－如水泥、柏油、石塊、砂石路面等。

　　　2.路面情況－如凸面、凹面、斜坡面、乾面、濕面等。

　　　3.輪胎情況－如氣壓、花紋、新舊、接觸面大小等。

　　　4.加於車輪之重量－如車重、載重位置等。

　　　5.行駛速率。

　　㈡煞車鼓或盤與來令片間之摩擦阻力。

　　　1.來令片接觸面的大小。

　　　2.加於來令片上的壓力大小。

　　　3.煞車鼓或盤的平均直徑。

　　　4.煞車鼓或盤的散熱情況。

　　　5.來令片的材料及接觸面的情形。

　　㈢煞車的使用方法，如緊急煞車等。

第 二 節　煞車機構

　　汽車之煞車機構可分使用鼓式煞車裝置及盤式煞車裝置兩大類：

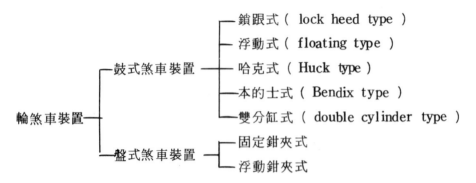

12 - 2 - 1　鼓式煞車裝置(圖12－2，1所示)

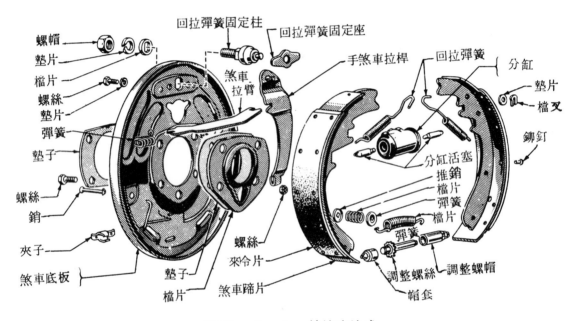

圖 12 － 2 ，1　鼓煞車總成

一、**煞車底板** 裝在後軸殼或轉向節上，用以承受煞車時的反作用力，並做為煞車分缸、
　　煞車蹄片之安裝架。

二、**煞車鼓** 裝在車軸上，與車輪共同旋轉。在煞車時，承受蹄片的外壓力，利用摩擦將
　　車子之動能變成熱能發散於空氣中。煞車鼓的種類有下列五種：

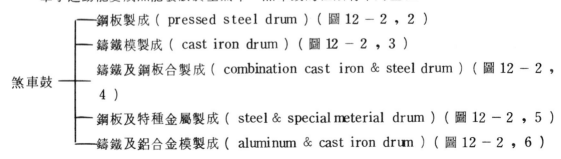

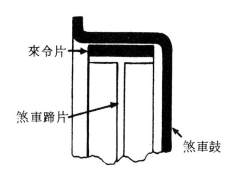

圖12-2，2　鋼板壓成之煞車鼓

圖12-2，3　鑄鐵模製成之煞車鼓

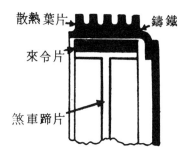

圖12-2，4　鑄鐵及鋼板混合製成之
煞車鼓

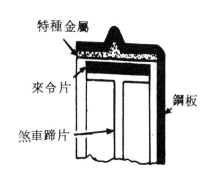

圖12-2，5　鋼板及特種金屬製成之煞
車鼓

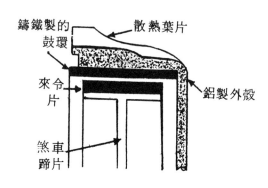

圖12-2，6　鑄鐵及鋁模製而成之煞
車鼓

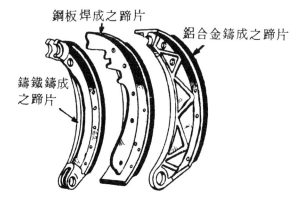

圖12-2，7　煞車蹄片之種類

三、煞車蹄片(brake shoe)

㈠煞車蹄片將煞車之作用力傳到煞車鼓，因受力很大因此必須具有很高之強度，且受力時不可變形，因此使用T形或雙T型斷面以增加強度。與煞車接觸部份以鉚或膠合上一層耐磨的來令片(lining)，亦有使用特種耐磨合金做摩擦片者。如圖12-2，7所示。

㈡煞車來令片

1.煞車來令必須摩擦係數高，能耐高溫，磨損少，價廉。

2.煞車來令之材料，由樹脂、石棉、橡膠、黃銅、鉛、乾油、焦煤、木炭、鋅等配合而成。

3.煞車來令片的製造方法

(1)編織法（woven type）以石棉、銅、鉛絲等編成後，浸以合成樹脂加熱成型，一般用在手煞車上。

(2)模製法（rigid molded type）將上述材料壓碎，烘乾後，以樹脂或橡膠爲結合劑加壓加熱製成一般用於輕小型車。

(3)乾壓法（dry-mid molded type）將上述材料混合後，用高壓在模型內壓製而成，普通用於重型車輛上。

㈢煞車來令片與煞車蹄片之接合法

1.用鉚釘或螺栓接合如圖 12－2，8所示，一般用於大型車輛。

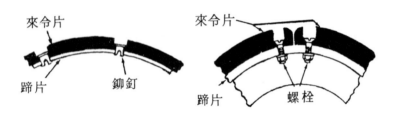

圖 12－2，8　鉚釘及螺栓接合之來令

2.膠合法（如圖12－2，9）其具有下列優點：

(1)不受溫度變化和化學物質侵蝕。

(2)比鉚合式結合堅強。

(3)因無釘孔，磨損均勻，使用壽命長。

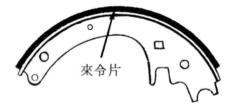

圖12－2，9　使用膠合之煞車來令

四、煞車蹄片與煞車鼓之自動煞緊作用

煞車蹄片壓緊煞車鼓後，因煞車鼓之旋轉力與摩擦力，會使煞車蹄片產生自動煞緊作用。

㈠僅有一蹄片有自動煞緊作用，如圖 12－2，10所示，當煞車鼓以反時針方向旋轉時，左側蹄片因摩擦力與煞車鼓之旋轉力有將蹄片向外張之趨勢，故壓力愈來愈大即有自動煞緊作用產生。右邊之蹄片因摩擦力與煞車鼓旋轉力將蹄片向內縮，故煞車力反而減小而無自動煞緊作用。

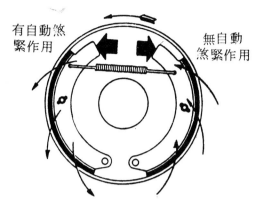

有自動煞緊作用　無自動煞緊作用

車輪轉動方向

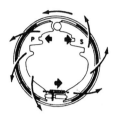

圖12－2，10　引導跟從式煞車之摩擦力與旋轉力作用情形

圖12－2，11　雙伺服式煞車之自動煞緊作用

㈡二蹄片均有自動煞緊作用如圖12－2，11所示。其左右兩蹄片皆有自動煞緊作用，其優點為煞車壓力分佈平均且效果良好，另外來令片之磨損比較平均。

五、煞車蹄片之安裝方法

㈠鎖跟式（lock heed type）（如圖12－2，10所示）

1.前進時僅前蹄片有自動煞緊作用，倒車時僅後蹄片有自動煞緊作用。

2.因前進使用較多，故二邊壽命不同，因而有二邊之來令片使用不同材料者，或前來令片較後來令片長。

3.因前進速度較高，故需要較大的煞車力量，所以前蹄片要使用較大之分泵活塞來推動。

4.因蹄片中心不易對正故調整困難。

㈡浮動式（圖12－2，12所示）

1.此式可以自行校正中心，調整容易

2.在底板下有一梯形面，其上有彈簧因而使蹄片跟部能上下移動，使煞車鼓與來令片全面接觸。

3.前進與後退均僅有一蹄片有自動煞緊作用。

㈢哈克式（Huck type）（圖12－2，13所示）

此式煞車蹄片與底板錨銷間使用連桿相接，蹄片能自由移動，使與煞車鼓能全面接觸。前進及後退時均僅有一蹄片有自動煞緊作用。

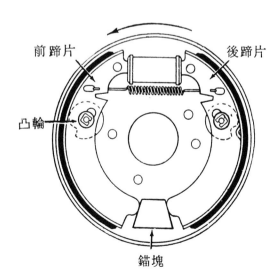

前蹄片　後蹄片

凸輪

錨塊

圖12－2，12　浮動式

㈣本的士式（Bendix type）（圖12－2，14所示）

此式在前進與後退時兩蹄片均有自動煞緊作用。作用時可自動校正中心，使二蹄片受力平均。但此式左右兩輪易造成煞車不平衡現象。

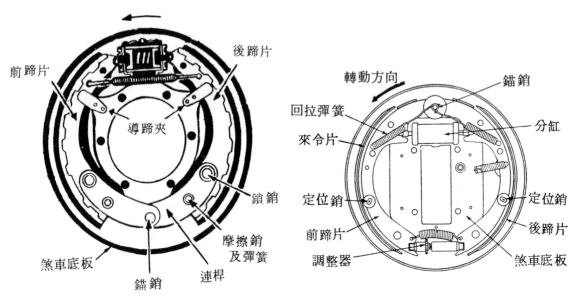

圖12－2，13　哈克式　　　　　　圖12－2，14　本的士式

㈤雙分缸式（double cylinder type）（圖
　 12－2，15所示）

前進時二蹄片均有自動煞緊作用，後退時則無。故前進時煞車效果特強。

六、自動調整間隙裝置

㈠當來令片磨薄後，其與煞車鼓的間隙變大，則煞車踏板變低，煞車不靈敏，為避免調整的麻煩，故現代汽車多裝用此種裝置。

㈡圖12－2，16所示係一連桿式利用車輛前進，踏下煞車時來調整間隙者。

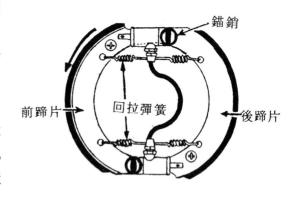

圖12－2，15　雙分缸式

㈢車輛前進時，踩下煞車踏板，則蹄片向外拉，將連桿拉緊以升高彈簧調整臂，若其提高之高度超過一齒時，則煞車放鬆時彈簧調整臂就將調整螺絲鎖緊一齒，若提高之高度不足一齒之高，則煞車放鬆時，調整臂又回到原位。

㈣圖12－2，17所示係利用車輛在倒退時，踏下煞車來自動調整間隙的裝置，其作用原理與上述者相同，惟方向相反。

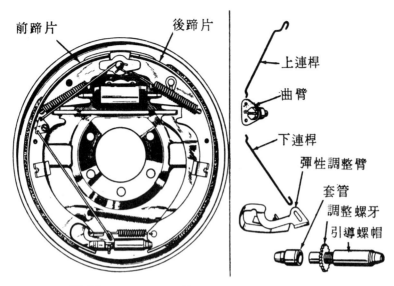

圖 12 - 2 , 16　前進式自動調整間隙裝置

12 - 2 - 2　盤式煞車裝置(圖 12 - 2 , 18 所示)

㈠盤式煞車以圓盤代替煞車鼓，與車輪共同旋
轉。從左右兩側用煞車掌(brake pad)以
油壓夾緊煞車盤產生制動作用。如圖 12 -
2 , 19 所示，其特點如下：

1. 無自動煞緊作用，故煞車單邊之現象較少
   ，方向安定性佳。

2. 散熱性能優良，不會造成煞車衰減現象，
   高速反覆使用煞車，可得到較安定之制動
   性能。

3. 煞車鼓受熱後會增大直徑，使煞車踏板行
   程變低，且散熱性不良，煞車易產生衰減
   。煞車盤受熱後會增加厚度，煞車踏板行
   程不會變更如圖 12 - 2 , 20 所示。

㈡盤式煞車的種類

盤式煞車之種類，以鉗夾安裝之方式來劃分，如圖 12 - 2 , 21 所示。

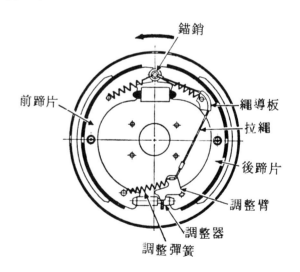

圖 12 - 2 , 17　後退調整式自動調整
間隙裝置

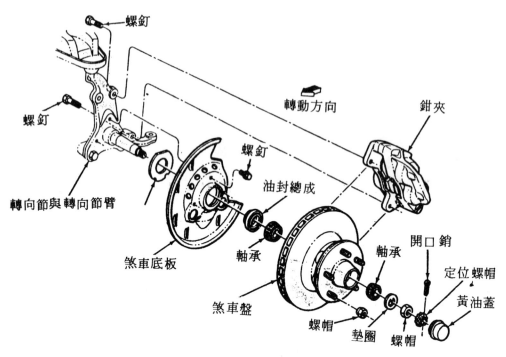

圖 12－2，18　盤式煞車總成的構造

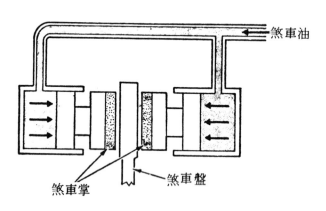

圖 12－2，19　盤式煞車作用原理（三級自動車シヤシ　圖Ⅱ－41）

圖 12－2，20　煞車鼓及盤受熱變形的比較（自動車の構造　圖 5－24）

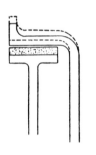

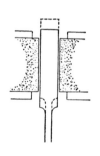

⑴熱時直徑增大　　　　⑵熱時沒有影響

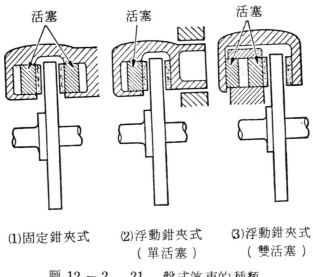

(1)固定鉗夾式　　(2)浮動鉗夾式　　(3)浮動鉗夾式
　　　　　　　　　（單活塞）　　　　（雙活塞）

圖 12－2 ，21　盤式煞車的種類

第 三 節　駐車煞車

　　駐車煞車又叫手煞車，為汽車停駐時，防止車輛滑行，或汽車停於上坡道路，起步時用以防止車輛後退之裝置。有裝在傳動軸上之中間制動式及煞住後輪制動式兩種。

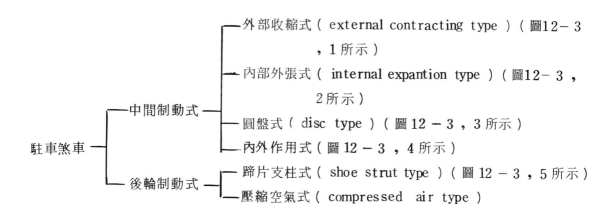

駐車煞車
├─ 中間制動式
│　├─ 外部收縮式（ external contracting type ）（圖12－3 ，1 所示）
│　├─ 內部外張式（ internal expantion type ）（圖12－3 ，2 所示）
│　├─ 圓盤式（ disc type ）（圖 12－3 ，3 所示）
│　└─ 內外作用式（圖 12－3 ，4 所示）
└─ 後輪制動式
　　├─ 蹄片支柱式（ shoe strut type ）（圖 12－3 ，5 所示）
　　└─ 壓縮空氣式（ compressed air type ）

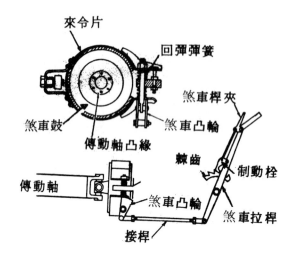

來令片

回彈彈簧

煞車桿夾

煞車凸輪

煞車鼓

傳動軸凸緣

棘齒

制動栓

傳動軸

煞車凸輪

煞車拉桿

接桿

圖 12 − 3 ， 1　外部收縮式駐車煞車

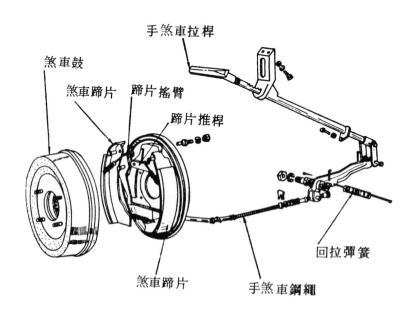

手煞車拉桿

煞車鼓

煞車蹄片　蹄片搖臂

蹄片推桿

回拉彈簧

煞車蹄片

手煞車鋼繩

圖 12 − 3 ， 2　內部外張式手煞車

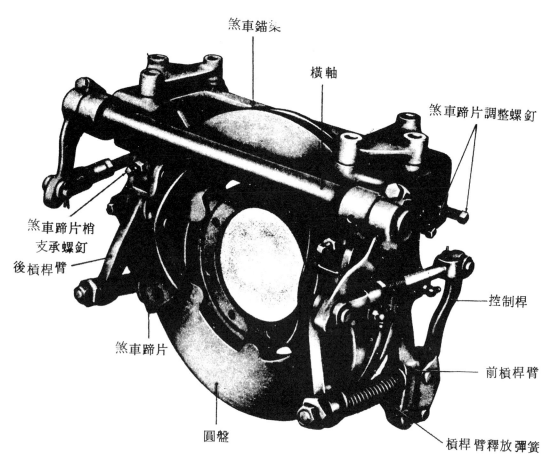

煞車錨架

橫軸

煞車蹄片調整螺釘

煞車蹄片梢
支承螺釘

後槓桿臂

煞車蹄片

圓盤

控制桿

前槓桿臂

槓桿臂釋放彈簧

圖 12 - 3 ，3　圓盤式手煞車

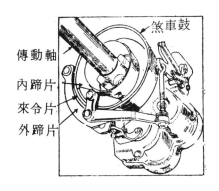

煞車鼓

傳動軸

內蹄片

來令片

外蹄片

圖 12 - 3 ，4　內外作用式駐車煞車

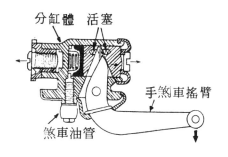

分缸體　活塞

手煞車搖臂

煞車油管

圖 12 - 3 ，5　搖臂式後輪手煞車構造
（自動車整備 [I]　圖
7 - 32 ）

第 四 節　液壓煞車

12 - 4 - 1　單迴路液壓煞車系統

一、單回路液壓煞車系統之基本構造如同 12 - 4 , 1 所示。

1. 踏下煞車踏板時

踏板推桿將活塞及第一皮碗向前推動壓縮彈簧，將活塞前室之煞車油經防止門送到各分缸，如圖 12- 4,2 所示將分缸活塞向外推。

2. 放鬆煞車踏板時

(1)煞車總泵的彈簧及油壓將活塞向後推，活塞前室發生真空，第一皮碗收縮，活塞室之煞車油經活塞周圍之孔經第一皮碗邊補充到活塞前室。如圖 12 - 4 , 3 (a) 所示。

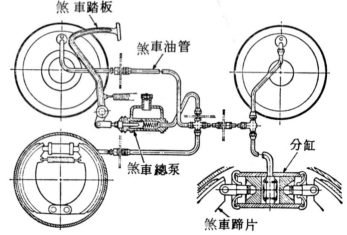

圖 12 - 4 , 1　　油壓煞車系統（三級自動車シャシ圖Ⅱ - 8 ）

(2)因煞車油管中之油壓降低，煞車分缸及油管中的煞車油因蹄片回拉彈簧的力量，推開防止門流回總泵活塞前室。如圖 12 - 4 , 3 (b) 所示。

(3)活塞回到定位後，煞車總泵活塞前室與貯油室相通之回油孔打開，煞車油流回貯油室中。

3. 總泵防止門

(1)防止門或叫單向門，裝在煞車總泵的出口處，其作用為保持煞車油泵及分缸中的油壓略高於大氣壓力，其目的有下列數項：

①防止空氣進入煞車系統中。

②防止煞車分缸皮碗漏油。

③使煞車的作用迅速。

(2)防止門的作用如圖 12 - 4 , 4 所示

煞車未踩時，防止門因彈簧壓力與防止門座密閉接合，將煞車總泵與煞車油管中之煞車油隔離。踩下煞車時，總泵煞車油推開防止門中的單向閥流到分缸去。放鬆踏板時，油管中的煞車油將防止門推離防止門座流回煞車總泵，當油壓低於彈簧壓力時，防止門即關閉，回復未踩煞車時的情形。

二、煞車油管

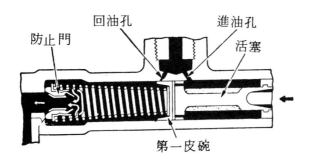

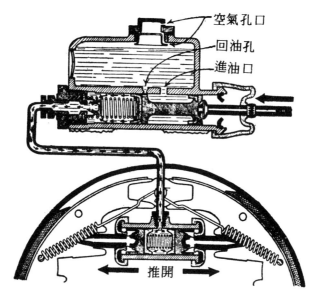

圖 12－4，2　煞車踏板踩下時

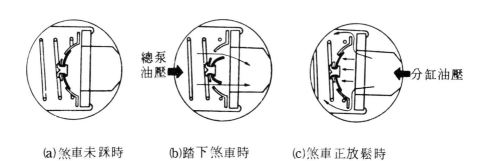

(a)煞車未踩時　　(b)踏下煞車時　　(c)煞車正放鬆時

圖 12－4，4　防止門之作用（自動車の構造　圖5－7）

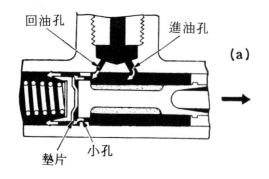

回油孔　　　進油孔

(a)

墊片　小孔

煞車油流入活塞前室

（三級自動車シャシ　圖Ⅱ－22）

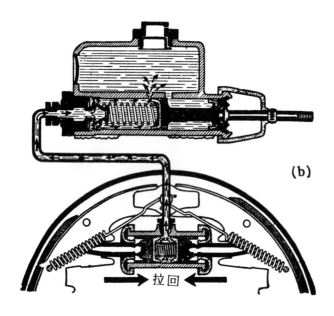

(b)

拉回

圖12－4，3　煞車踏板放鬆

　　煞車油管不活動部份係採用經防銹處理的無縫鋼管製成，其二端爲防止漏油，故壓成
單喇叭口或雙喇叭口以和接頭相配合。活動部份，採用以絲編織管及耐油橡皮製成的
撓性管。兩端有金屬管接頭以便連接。

三、煞車油

　　煞車油爲液壓煞車之動作油，必須具備下列之要求：

　　1.化學性安定，不會產生沉澱物。

　　2.具有適當的黏性及潤滑性，且溫度對黏性的變化要小。

　　3.沸點要高，以防產生汽阻（ vapor lock ）。

4.冰點低，引火點要高。

5.對金屬及橡膠，不會產生腐蝕、軟化、膨脹的影響。

四、煞車分缸

1.用來推動輪煞車裝置之煞車蹄片，有單作用及雙作用式二種，如圖12－4，5及12－4，6所示。

2.有的二端大小不同，及二端長度不同者，如圖12－4，7及12－4，8所示。普通較長及較大者對著主蹄片。

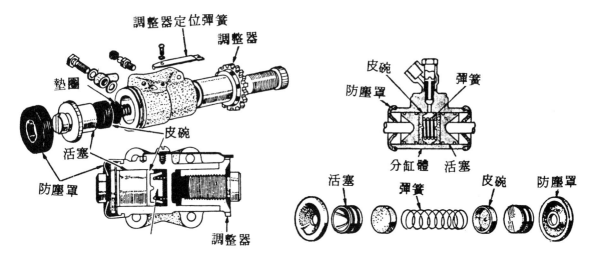

圖12－4，5　單作用分缸之構造　　　圖12－4，6　雙作用分缸之構造

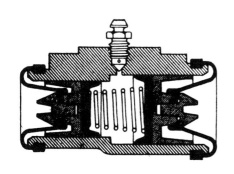

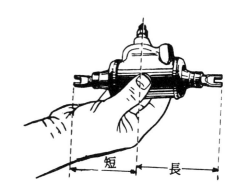

圖12－4，7　二端大小不同的分缸　　　圖12－4，8　二端長短不同的分缸

12-4-2　雙迴路液壓煞車系統

一、概　述

㈠普通液壓煞車若其中任一部份破裂漏油時，整個車子即失去煞車作用。為保障行車安全，新式車輛均使用雙迴路煞車系統，分別控制前輪及後輪的獨立液壓系統。若有一邊故障則還有另一邊煞車可使用，此時警告燈即亮可使駕駛人注意，以確保行車安全。

二、雙廻路液壓煞車系統種類

1. 並列式（如圖12－4，9所示）
   踏板中點連出一雙叉，每叉控制
   一個煞車總泵，分別獨立控制一
   個液壓系統。

2. 串列式（如圖12－4，10所示
   ）其前後輪各有其獨立的活塞、
   儲油室等，但由一根推桿操縱，
   其後輪煞車的油壓較前輪爲晚。

3. 差壓式（如圖12－4，11所示

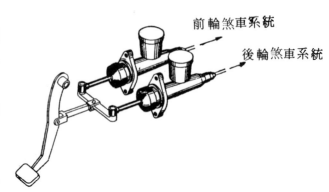

圖12－4，9　並列式總泵（自動車百科全書
圖3－193）

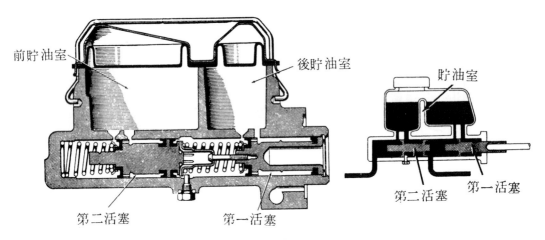

圖12－4，10　壺形煞車總泵構造

）其油壓雖由一個總泵
產生，但高壓油係通過
差壓器再分送給前、後
輪的煞車系統。此型爲
分離油壓迴路，如其中
一方的油壓降低，則平
衡活塞的二面，即產生
壓力差，並向壓力低之
一側移動，壓動活門鎖
定桿將油密活門打開，
使其緊壓於管路活門座

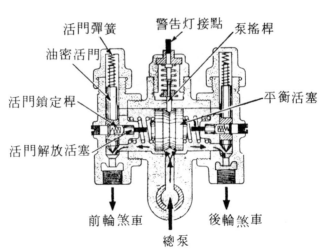

圖12－4，11　差壓閥控制閥的構造（自動車百科
全書　圖3－195）

，乃將油壓降低側的迴路阻斷，以保持另一側管路中的油壓。

第 五 節　壓縮空氣煞車

12 - 5 - 1　一般壓縮空氣煞車系統

一、構造：圖12－5，1一般壓縮空氣煞車之系統圖。

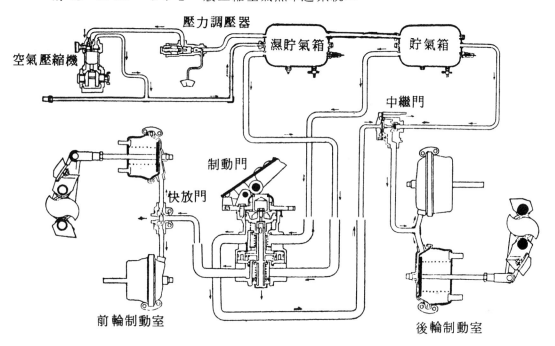

圖12－5，1　空氣煞車系之配管（自動車整備 [I]　圖7－57）

二、作用

　　㈠煞車踏板踩下時：

　　　　壓縮空氣自貯氣箱經制動門，由一條管子引至快放門，而至前輪制動室，將車輛煞住。

　　　　另一條管子將壓縮空氣引至調節門，至後輪制動室將後輪煞住。

　　㈡煞車踏板放鬆時：

　　　　貯氣箱至前後輪制動室通路均關閉。制動門至快放門及調節門管子中之壓縮空氣，由制動門的排氣孔排出。制動室中的壓縮空氣經快放門或調節門排出，煞車立即放鬆。

三、空氣壓縮機

　　㈠通常為單缸或雙缸空氣冷却式，由引擎時規齒輪或風扇皮帶傳動，用來壓縮空氣。

四、壓力調整器

　　如圖12－5，2所示。用以控制釋荷閥的作用，限制貯氣箱中的氣壓，保護空氣壓縮機，使不致過份工作，當氣壓超過規定時，高壓空氣克服彈簧彈力通過閥，至空氣壓縮機將釋荷閥打開，使其不再壓縮空氣。當貯氣箱的壓力降低時，彈簧彈力將閥向下壓，切

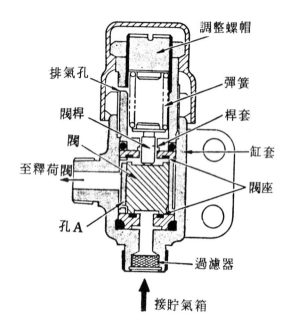

調整螺帽
排氣孔
彈簧
閥桿
桿套
閥
缸套
至釋荷閥
閥座
孔A
過濾器
接貯氣箱

圖 12 − 5 ，2　壓力調整器的構造

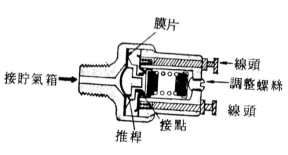

膜片
接貯氣箱
線頭
調整螺絲
線頭
推桿
接點

圖12− 5 ，3　低壓警告器之構造（自動車の
　　　　　　　　構造　圖 5 − 63 ）

斷貯氣箱來之通路，釋荷閥的壓氣從孔 B 排出，使空氣壓縮機再恢復作用。

五、貯氣箱

用以貯存空氣壓縮機送來的高壓空氣，通常使用二只。第一只稱爲濕氣箱，因空氣中之水蒸汽壓縮後會凝結，在濕氣箱中裝有排水閥，以定期排洩凝結之水並裝有安全閥以保障安全，第二只爲主貯氣箱。

六、低壓警告器

當貯氣箱的氣壓低於規定時，提出警告的裝置。圖12− 5 ，3 所示爲其構造，膜片左部接到貯氣箱，經常由壓縮空氣向右推，壓力在規定值以上時，接點分開蜂鳴器也發出聲音。提醒駕駛員注意。

七、制動門

1. 利用槓桿連於煞車踏板上，如圖12−5 ，4 所示。

2. 煞車踏板踩下時，因進氣門與排氣門的方向不同，彈簧的強度不同，故先將排氣門關閉，再打開進氣門，壓縮空氣經出氣口送往前快放門及後中繼

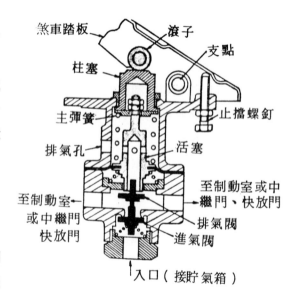

煞車踏板
滾子
支點
柱塞
止擋螺釘
主彈簧
活塞
排氣孔
至制動室或中繼門、快放門
至制動室或中繼門快放門
排氣閥
進氣閥
入口（接貯氣箱）

圖12− 5 ，4　制動門之構造（自動車の
　　　　　　　構造　圖 5 − 64 ）

門。

3.煞車踏板放鬆時，進氣門關，排氣門開，將管內的壓縮空氣排出，並使快放門及中繼門的排氣孔打開，將制動室的壓氣排出，放鬆煞車。

八、快放門

1.如圖12-5，5所示，煞車踏板踩下時，制動門來的壓氣由快放門的入口進入，作用在閥的上方，將排出孔堵住，接着閥打開，壓氣進入制動室產生煞車作用。當閥上下之壓力保持平衡時，閥與排出口均關閉。

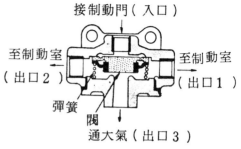

圖12-5，5　快放門之構造（自動車の構造　圖5-69）

2.煞車踏板放鬆時，閥上部的壓氣從制動門排出，壓力降低。閥下的壓力將閥上推。使排氣口打開，制動室內的壓氣經快放門迅速排出，使煞車很快放鬆。其作用如圖12-5，6所示。

九、中繼門

1.如圖12-5，7所示，煞車踏板踏下時，制動門來的壓氣，由中繼門上方的入口進入，作用在膜片的上方，將膜片向下壓使排氣閥關閉，再將進

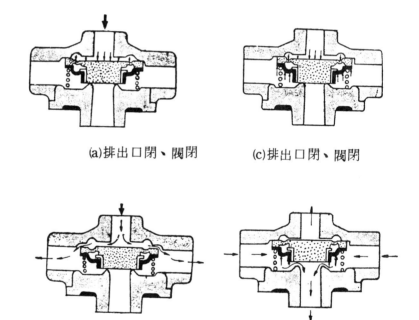

(a)排出口閉、閥閉　(c)排出口閉、閥閉

(b)排出口閉、閥開　(d)閥閉、排出口開

圖12-5，6　快放門之作用（自動車の構造　圖5-70）

氣閥打開，貯氣箱中的壓氣直接進入制動室產生制動作用。貯氣箱之壓氣同時流入反作用室，壓力上升後，將膜片向上推與制動門來的氣壓平衡時，進氣閥則關閉，阻止壓氣再繼續進入制動室。

2.煞車踏板放鬆時，膜片上方的壓氣從制動門排出，反作用室的壓力將膜片向上推，使進氣閥關閉，排氣閥打開，將制動室內的壓氣排到大氣中，使煞車放鬆。

十、制動室

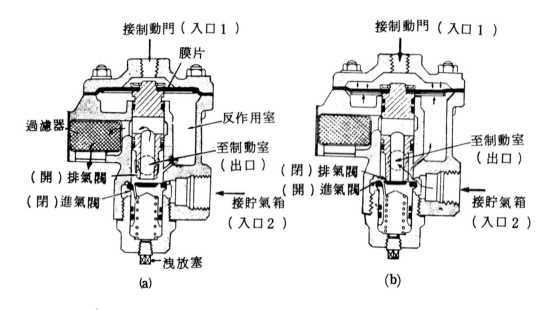

圖12-5，7　中繼門之構造及作用（自動車の構造　圖5-65）

1. 如圖12-5，8所示，煞車踏板踏下時，空氣流入制動室，空氣壓力將膜片向前推，壓縮膜片彈簧，推桿轉動凸輪使煞車蹄片張開，產生煞車作用。

2. 煞車踏板放鬆時，壓氣排出，彈簧將膜片推回，煞車放鬆。

12-5-2　單管聯結車煞車系統

一、圖12-5，9為西德波細廠（Robert Bosch Gmbh Stuttgart）出品之單管聯結車煞車系。其機件及作用情形如下所述：

二、壓力調整器

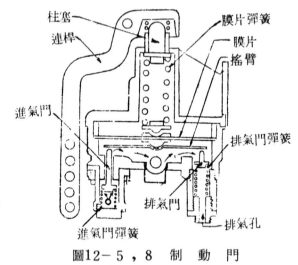

圖12-5，8　制　動　門

1. 如圖12-5，10所示，當貯氣箱之壓力達到規定壓力（5.3大氣壓）時，控制閥打開，壓氣進入活塞上方將活塞向下壓，推開停止閥，壓縮機來之空氣即經此排出。

2. 單向閥自動關閉防止貯氣箱中之空氣流失，貯氣箱中之壓力降到規定壓力（4.8大氣壓）時，控制閥關閉，彈簧將活塞向上推，停止閥關閉，壓縮空氣機來的空氣再推開單向閥送到貯氣箱。

三、制動門

圖12-5，11(1)為制動門的構造。煞車踏板踏下時，排氣閥關，進氣閥開，將貯氣箱中

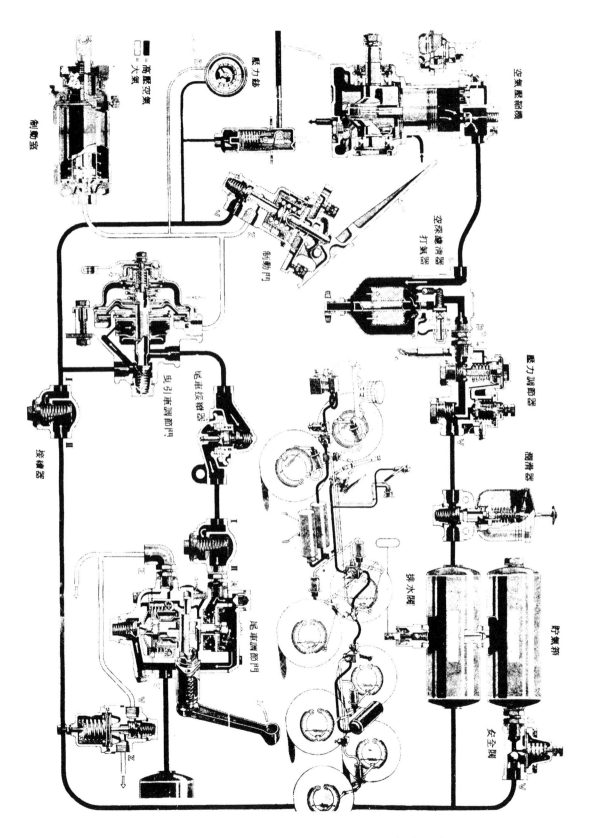

圖 12 - 5 , 9　單空氣管式聯結車煞車系構造

的壓氣送到各輪制動室，及曳
引車中繼門。進入壓氣之多少
與煞車踏板之踏力或成正比例
。

四、曳引車中繼門

圖 12 - 5 ，11 ⑵爲其構造，
以膜片分隔爲 3 室。主要功用
爲當煞車時拖車的煞車作用要
較曳引車爲早，以免拖車撞曳
引車而使方向盤控制困難，並
保持二車間之距離。其因乃爲
當Ⅲ室中之空氣壓力在0.3～
0.4大氣壓時，拖車連接管中

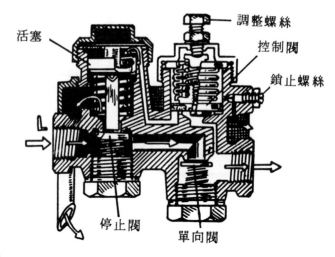

活塞　　調整螺絲　控制閥　鎖止螺絲

停止閥　單向閥

圖 12 - 5 ，10　　壓力調整器之構造

之空氣壓力下降達 1.5 大氣壓
力。當Ⅲ室中之空氣壓力增至 4 大氣壓力時，拖車連接管中已無氣壓了。

五、拖車控制門

1. 拖車因載重不同時，所需的制動力不相同，因此拖車控制門中有一調節桿，可以用來
   調節拖車煞車作用力的大小，轉動調節桿時即爲控制氣管之凸輪位置，一般有四個位
   置。
   ⑴空車－彈簧作用力最輕。
   ⑵半載－彈簧作用力次輕。
   ⑶釋放－使排氣閥打開。
   ⑷滿載－彈簧作用力最大。
2. 曳引車未使用煞車時，曳引車貯氣箱中之空氣進入控制門之Ⅱ室並經單向閥進入Ⅰ室
   進入貯氣箱中，因Ⅰ、Ⅱ室的壓力相等，主彈簧活塞向上推，使拖車控制門之進氣閥
   關閉，排氣閥打開煞車放鬆。
3. 曳引車的煞車踩下時，曳引車中繼門使曳引車與拖車聯接管中的空氣放出，則控制門
   Ⅱ室中的壓力降低，Ⅰ室的壓力將膜片下推，將至拖車制動室的排氣閥關閉，進氣閥
   打開，拖車貯氣箱中的空氣進入拖車制動室使拖車產生煞車作用。
4. 曳引車與拖車之連接管不連接時，拖車即產生制動作用，使拖車不能移動。
5. 曳引車與拖車分開而要移動拖車時，需將拖車控制門的調節桿板到釋放位置，則凸輪
   將氣門管向上拉，使進氣閥關，排氣閥開，將拖車制動室中的空氣排出，拖車煞車放
   鬆。（圖 12 - 5 ，12 所示）

六、空氣管接續器（ coupling ）

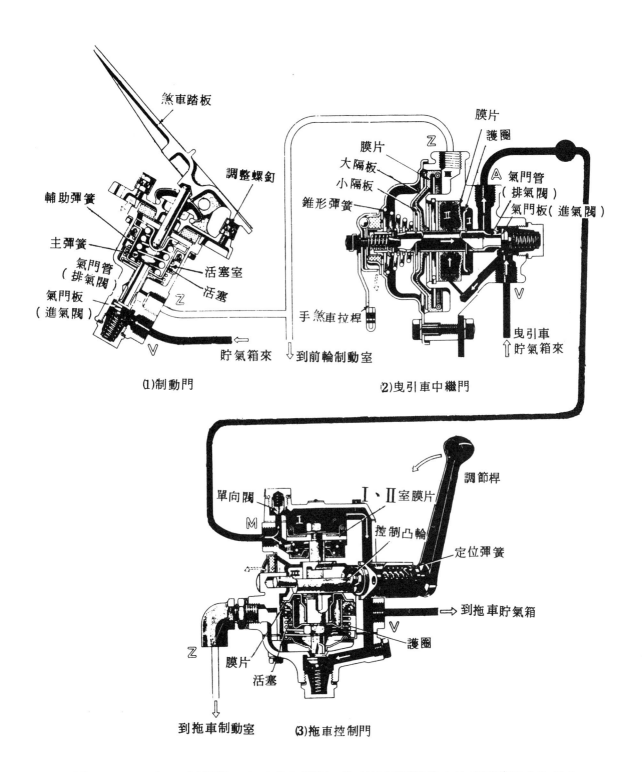

圖 12－5，11　制動門、曳引車中繼門、拖車控制門構造（煞車不踏時之作用）

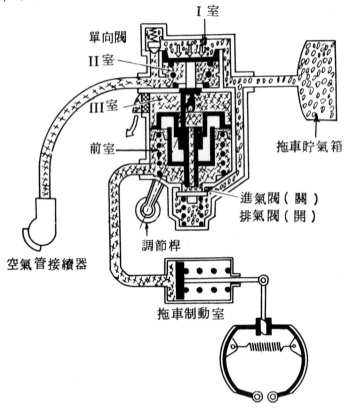

圖 12 - 5 , 12　拖車控制門在放鬆位置之作用

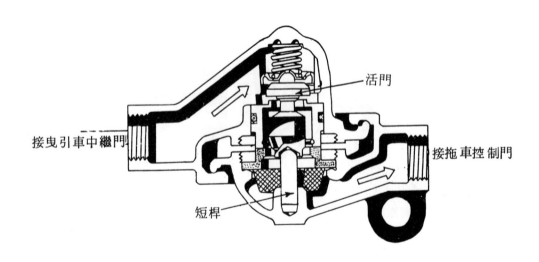

圖 12 - 5 , 13　空氣管接續器之構造

構造如圖 12－5，13 所示，接曳引車之一端爲活門，接拖車之一端爲短桿，當兩者相接時，短桿將頂開使空氣相通，拆開接頭時，活門即自動關閉，阻止曳引車的空氣流失。

七、作用情形

1. 煞車踏板未踩時：（如圖 12－5，11 所示）

　(1)制動門：主彈簧將活塞向上推使排氣閥開，進氣閥關，貯氣箱的空氣不能進入，制動室的空氣經排氣閥排出，煞車放鬆。

　(2)曳引車中繼門：錐形彈簧張力使膜片向右推，Ⅰ室之排氣口關閉，進氣閥被推開，貯氣箱中之空氣流入拖車控制門，使拖車煞車放鬆並使貯氣箱充氣，此時Ⅱ室爲高壓空氣，Ⅲ室通大氣。

　(3)拖車控制門：曳引車來的高壓空氣從Ⅲ室進入，經Ⅰ室進入拖車貯氣箱中。Ⅱ室爲大氣，彈簧將活塞上推，進氣閥關，排氣閥開，拖車的煞車放鬆。

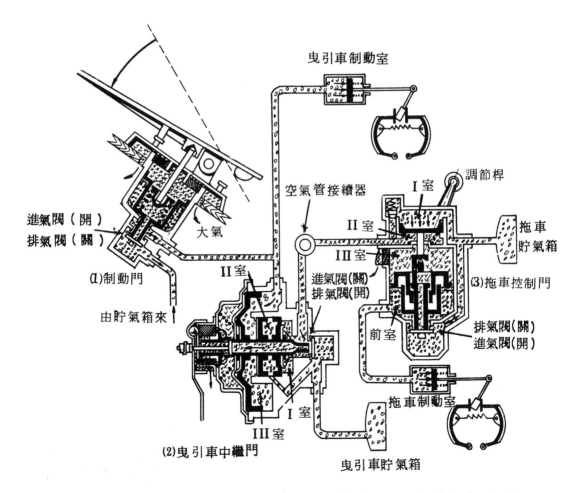

圖 12－5，14　煞車踏板踏下時之作用（拖車控制門調節桿在重載位置）

2.踩下踏板時：（如圖 12－5，14 所示）

　(1)制動門：煞車踏板→推桿→彈簧座→彈簧→活塞→關閉排氣閥→打開進氣閥。貯氣箱之空氣一方面進入制動室使曳引車產生煞車作用，另一方面進入曳引車中繼門使拖車產生煞車作用。

　(2)曳引車中繼門：制動門來的高壓空氣進入Ⅲ室，將膜片向左推。氣門管亦向左移動使氣門板關閉，貯氣箱中的空氣不能進入Ⅰ室。氣門管再左移時，排氣口打開，將Ⅰ室及連接拖車控制門之空氣管中的空氣排出，使拖車產生煞車作用。

　(3)拖車控制門：Ⅱ室中之空氣經曳引車中繼門排出後，Ⅰ室通貯氣箱，Ⅰ、Ⅱ室的壓力差，將膜片下壓，先關閉排氣口，再打開進氣門，使拖車貯氣箱之空氣進入制動室，產生煞車作用。

3.煞車踩下一半時：（如圖 12－5，15 所示）

　(1)制動門：制動室的壓力上升後，將活塞上推抵抗彈簧力，兩力平衡時，進排氣門均在關閉狀態。保持煞車力不變。

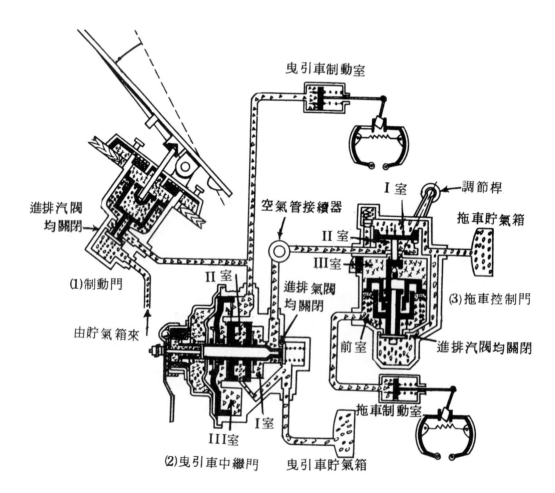

圖 12－5，15　煞車踏板踏下一半時之作用

(2)曳引車中繼門：Ⅲ室中壓力不再增加，Ⅱ室中之壓力降低後，Ⅱ室與彈簧力量將膜片向右推，使排氣口關閉，不再將Ⅰ室之空氣排出，使拖車之煞車力保持不變。

(3)拖車控制門：Ⅱ室中之壓力不再降低，故制動室之壓力增加後，將活塞上推，使進、排氣閥均關閉，保持煞車力量不變。

4.手煞車拉起時（圖12－5，16所示）

(1)拉起手煞車拉桿時，曳引車部份經由槓桿，使後輪煞車蹄片外張產生煞車作用。

(2)曳引車中繼門：手煞車臂拉動時，將氣門管向左拉動則進氣閥關、排氣閥開，Ⅰ室中之空氣排出，使拖車控制門產生作用。

(3)拖車控制門：通常使用手煞車時，將調節桿板到空車位置，以防損失過多高壓空氣。Ⅱ室中之空氣經曳引車中繼門排出，Ⅰ室之壓力將膜片及氣門管向下推，排氣閥關，進氣閥開，貯氣箱之空氣進入制動室產生煞車作用。當制動室之壓力升高後，將活塞向上推，使進氣閥也關閉，保持半煞車狀態。

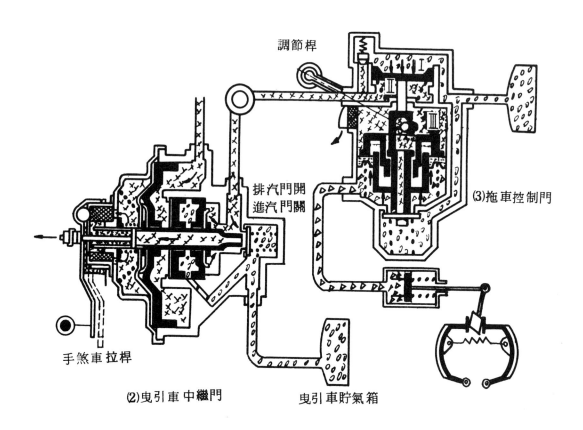

圖 12－5，16　手煞車拉起時之作用

第 六 節　電力煞車

一、由控制器與輪煞車機構二部份組成。（如圖12－6，1所示）

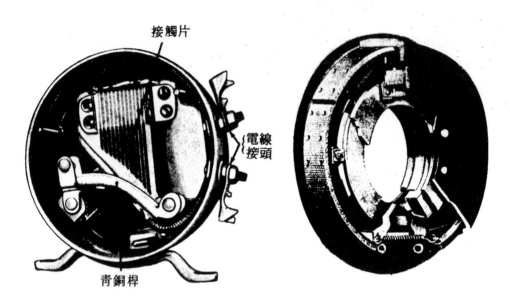

接觸片

電線
接頭

青銅桿

圖12－6，1　電力煞車的構造

二、控制器的構造及作用

㈠係由青銅桿作為變阻器開關與煞車踏板之槓桿相聯，內並有電線接頭與電力制動之線路
　相接。

㈡當煞車踏板踩下時，青銅槓桿即與長短不一之接合片接觸，完成電瓶至電磁鐵間之電路
　，電流便流到電磁鐵。

㈢電流量大小完全依接觸桿與銅片接觸之數量多寡而定。踏板完全壓下時，所有接觸片與
　青銅桿接合，流經電磁鐵的電流量最大。

三、輪煞車機構的構造及作用

㈠係由旋盤、電磁鐵、來令片等構成。

㈡旋盤與煞車鼓同時旋轉，且用平彈簧與電磁鐵始終保持接觸。

㈢當踩下煞車時，電流自電瓶流經控制器到輪煞車機構，並通過電磁鐵內銅線繞成的線圈
　，使電磁鐵內產生強力磁場吸住旋盤。踏板踩下愈多，流入電磁鐵線圈的電流亦越大，
　電磁鐵吸住旋盤之力亦越大。

㈣因電磁鐵吸住旋盤，遂有與它同時旋轉之勢，但電磁鐵能旋轉的角度有限，故電磁鐵轉
　動時，與電磁鐵相連之凸輪桿便將來令片均勻向外擴張，使來令片與煞車鼓摩擦而產生

煞車作用。

㈤當煞車踏板放鬆而使電流切斷時，輪煞車機構上電磁鐵之磁性消失，即不再與旋盤同轉，來令片上之回拉彈簧便將來令片拉回原位，就無煞車了。

㈥每個電磁鐵所需電流約為 3～3.7 安培左右。

第 七 節　動力輔助煞車

12-7-1　概　　述

　　制動力之大小與車重及車速成正比關係，重型車及高速行駛之車輛必須要比較大的制動力，這些車輛僅靠駕駛人腳之踏力無法有效煞住車輛，為使駕駛人很輕鬆而有效的產生強大之制動力，現代車輛的油壓煞車系統多裝有動力輔助設備，稱為倍力煞車裝置。

12-7-2　動力煞車的種類

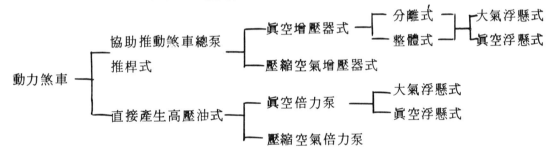

一、協助推動煞車總泵推桿式

　㈠大氣浮懸式

　　1.圖 12-7，1 所示為分離式真空倍力煞車的構造。

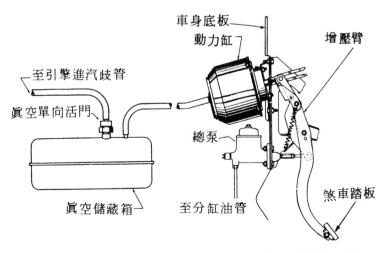

圖 12-7，1　分離式真空倍力裝置構造

(1)煞車未踩時：眞空閥關閉大氣閥打開，動力缸內爲大氣，彈簧將動力缸端板推到最右方。如圖 12 − 7 ，2 所示

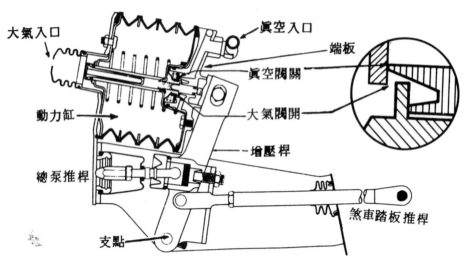

圖 12 − 7 ，2　　煞車未踩時之作用情形

(2)煞車踏板踩下時：因煞車總泵推桿有阻力，動力桿以煞車總泵推桿爲支點，下端向左推上端向右移，而使大氣閥關閉，眞空閥打開。因動力缸前室變成眞空，大氣壓力將動力缸端板向左推，協助踏板推桿推總泵推桿，如圖 12 − 7 ，3 所示。

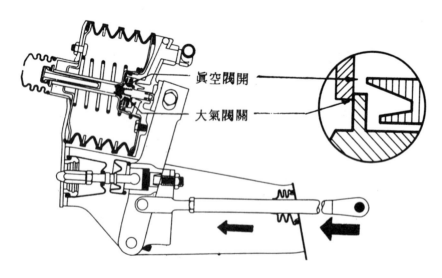

圖 12 − 7 ，3　　煞車踩下時之作用情形

(3)煞車踩下一半，踏板不動時：踏板推桿不再前進，動力缸端板再前進後則使眞空閥及大氣閥同時關閉、動力缸前後室之壓力保持相等，動力缸端板不再前進，保持煞車總泵推桿之位置不動，車子爲半煞車狀態。

(4)煞車踏板放鬆時，眞空閥關，大氣閥開，空氣進入動力缸中，彈簧將動力缸端板推回煞車放鬆，恢復圖12－7，2的情形。

2.圖12－7，4所示爲**整體眞空倍力煞車的構造**

(1)煞車未踩時：眞空閥關，大氣閥開，動力缸前後均爲大氣。彈簧將動力缸活塞推到最右側，如圖12－7，4所示。

(2)煞車踩下時：大氣閥關，眞空閥開，動力缸前室爲眞空，後室爲大氣，其壓力就將活塞向左推總泵推桿產生煞車作用。如圖12－7，5所示。

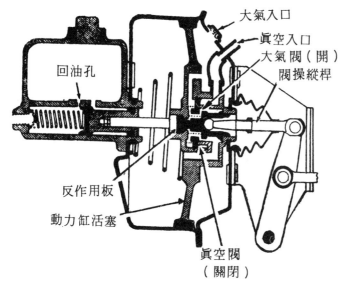

圖12－7，4　大氣浮懸式整體眞空倍力煞車構造及作用（煞車放鬆時）

㈡眞空浮懸式

構造及作用原理與大氣浮懸式大致相同，唯在未作用時，動力缸前後室均爲眞空，作用時大氣閥打開，大氣進入動力缸後室，因而將動力缸活塞往前推。

二、壓縮空氣增壓器式

㈠圖12－7，6爲大型貨車或客車用之壓縮空氣倍力煞車的構造。

㈡煞車踏板未踩時：閥門管

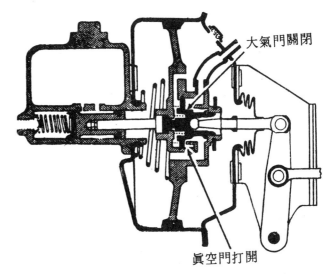

圖12－7，5　煞車踏下時，眞空倍力煞車之作用

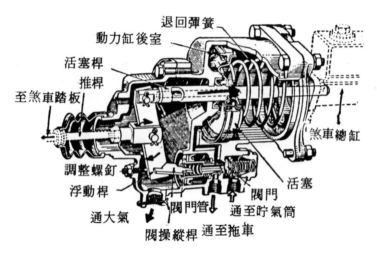

圖 12 - 7 , 6 壓縮空氣倍力煞車器

（大氣閥）開，高壓氣閥關，動力缸前後室均為大氣，動力缸前室是經過中空推桿與大氣相通，後室經氣門管與大氣相通，動力缸彈簧將活塞推到最左方，如圖12-7，7所示。

㈢踩下煞車踏板時：踏板推桿前推，因動力缸推桿阻力大，以動力缸推桿之接點為支點，槓桿將氣門管向前推動，先關閉大氣閥，再推開高壓氣閥，如圖12-7，8所示，壓縮空氣進入動力缸後室將動力缸活塞向前推，動力缸前室空氣經空心推桿排出，動力缸推桿推總泵活塞，產生高壓油。

㈣煞車踏一半不動時：如圖12-7，9所示，以煞車踏板推桿為支點，空心推桿往前

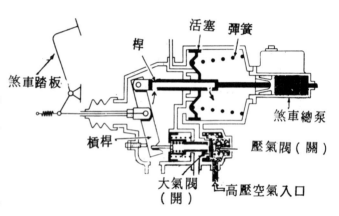

圖 12 - 7 , 7　煞車未踏時之作用

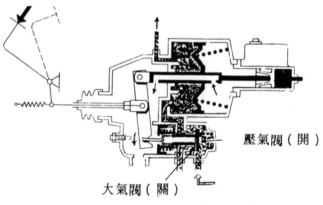

圖 12 - 7 , 8　煞車正踏下時之作用

移動；槓桿下部向左移，使大
氣閥及高壓氣閥均關閉，動力
缸前後室保持平衡。活塞不動
。

(五)煞車踏板放鬆時：彈簧將踏板
拉回，高壓氣閥關，大氣閥開
，動力缸後室之高壓空氣經氣
門管排出，動力缸彈簧將活塞
推回。

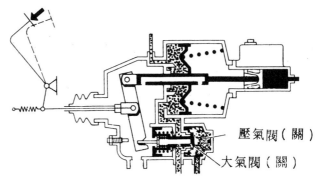

壓氣閥（關）

大氣閥（關）

圖12－7，9　煞車踏板踏住不動之作用

(六)如引擎熄火或壓縮空氣部份故

障時，總泵活塞，完全靠腳之力量亦可以推出，產生煞車作用。

(七)壓縮空氣倍力泵油壓煞車器

因真空與大氣壓力差有限，最多只一大氣壓，大型載重車倍力不足，因此大型車輛大多
採用壓縮空氣與大氣之壓力差來的倍力；通常壓縮空氣之壓力約4～6大氣壓力，因此倍力泵
之體積小，駕駛人以很小的踏力就可以產生很多的制動力，其構造、作用與真空倍力煞車泵
相似，不再贅述，如圖12-7，10所示。

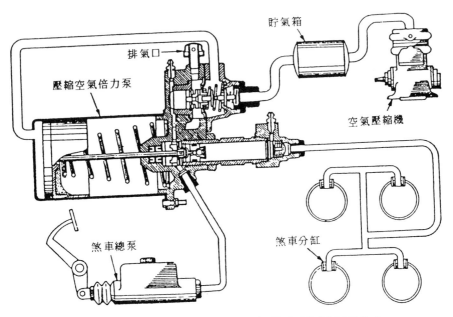

貯氣箱

排氣口

壓縮空氣倍力泵

空氣壓縮機

煞車總泵

煞車分缸

圖12－7，10　壓縮空氣倍力泵式油壓煞車

三、直接產生高壓油式

(一)眞空倍力泵

1.圖12-7，11所示爲其構造，倍力泵中有動力缸、控制閥、油壓缸、油壓活塞等組成。

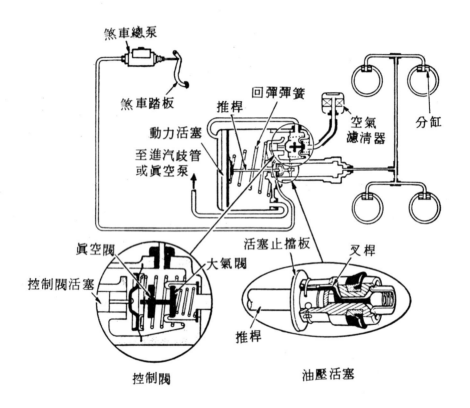

圖12-7，11　眞空倍力泵式倍力油壓煞車構造（三級自動車シヤシ　圖Ⅱ-59）

2.煞車踏板未踩時：

如圖12-7，12所示，控制閥無油壓作用，眞空閥開，大氣閥關，動力缸之A、B室相通，均爲眞空。動力缸彈簧將活塞推到最左側，此時油壓活塞鋼珠單向閥被叉桿頂開，煞車總泵來之煞車油可經油壓活塞球單向閥通過與分泵相通。

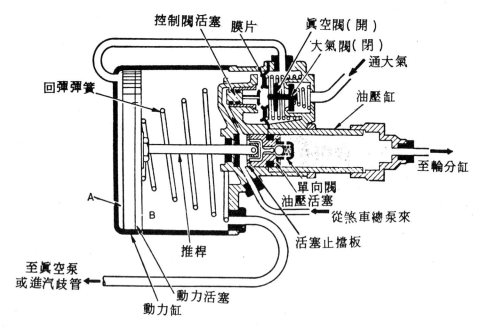

圖 12 － 7 ， 12　煞車踏板未踏時眞空倍力泵之作用（三級自動車シャシ　圖Ⅱ－60 ）

3. 踩下煞車踏板時：

　　煞車總泵來之油壓，先經油壓活塞球單向閥邊流到煞車分缸，將煞車蹄片推開，蹄片開始壓煞車鼓後油壓上升，經控制閥活塞向上推，使眞空閥關閉，切斷 A、B 室之通路。油壓再增加後就將大氣閥打開，如圖 12 － 7 ，13所示。大氣進入 A 室，則 A、B 室之壓力差將動力缸活塞向前推，活塞向右移動經推桿推動油壓活塞，油壓活塞移動後，鋼珠單向閥彈簧將其關閉。油壓活塞再向右移動時，產生高壓油送到煞車分缸、使產生煞車作用。

4. 煞車踏板放鬆時：

　　煞車總泵來的油壓消失，控制閥彈簧將控制閥活塞向下推，首先關閉大氣閥，使空氣不再流入。再使眞空閥打開，使 A、B 室相通，A 室之空氣被吸走。A、B 室均爲眞空，動力缸彈簧將活塞推回，活塞向左移動時同時將油壓活塞拉回，使煞車油管中之油壓降低，油壓活塞推回到原來位置時，叉桿又將鋼珠單向閥打開，使油壓缸中之煞車油能流回到煞車總泵。

5. 煞車踩到一半不動時：

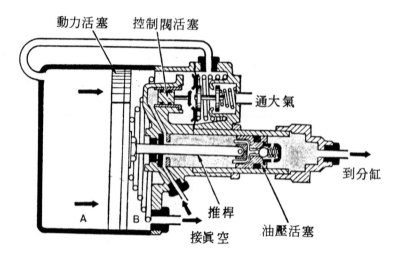

動力活塞　控制閥活塞

通大氣

到分缸

推桿

油壓活塞

接眞空

A　　B

圖 12 − 7 , 13　煞車踏板踏下時眞空倍力泵之作用（三級自動車シヤシ　圖 II − 63 ）

總泵不再有油壓送來，油壓活塞向右移動後，通到控制閥活塞之油壓降低，控制閥彈簧將大氣閥關閉。此時眞空閥仍保持關閉，空氣不再流入Ａ室，動力缸活塞左右保持平衡。動力缸活塞不動，保持半煞車狀態。

6. 引擎熄火或眞空系統故障時：

由駕駛員腳踩煞車，總泵之油直接送到各分缸，產生煞車作用，只靠腳的力量仍可煞車。

7. 上述為眞空浮懸式。大氣浮懸式其構造及作用原理亦相同，只不過煞車未作用時，動力缸Ａ、Ｂ室均為大氣，故稱大氣浮懸式。

㈡壓縮空氣倍力泵式

因眞空與大氣之壓力差有限，故大型載重車，倍力不足。因此大型車輛大多採用壓縮空氣，與大氣壓力差來倍力；通常壓縮空氣之壓力約 4～6 大氣壓力。因此倍力泵的體積小，駕駛人以很小的踏力就可以產生很強的制動力。其構造及作用與眞空倍力煞車泵相似。不再贅述

第 八 節　其他煞車裝置

12 - 8 - 1　引擎煞車

㈠汽油引擎在壓縮行程時，壓縮壓力對活塞有阻抗力。

㈡在節汽門完全關閉後，如車輪驅動引擎，則在進汽行程時，汽缸內產生很強之眞空，此吸力吸住活塞而使活塞移動亦受到阻力。

㈢引擎的摩擦力與㈠㈡項之和，其阻抗力總和較引擎產生之動力為大，故產生引擎煞車作

用。

㈣汽油引擎在使用引擎煞車時，不可將發火
開關關掉。

12 - 8 - 2　排汽煞車

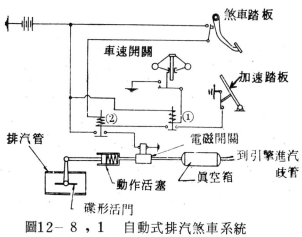

圖12－8，1　自動式排汽煞車系統
（自動車百科全書
圖3－213）

㈠柴油引擎因無節汽門（眞空調速式除外）
，故眞空吸力小，大型車子之衝力大，光
靠壓縮時對活塞之阻力，無法對下坡之車
子產生引擎煞車作用，故在排汽管上裝一
活門，於下坡時關住活門，使廢汽無法排
出，故亦能對活塞產生很大之煞車作用，
此稱排汽煞車。

㈡柴油引擎在使用排汽煞車時，可以關掉噴
油嘴的噴油。

㈢控制方法

1. 手動　在駕駛室內，由司機用手操作機件經連桿而產生作用。
2. 自動　如圖12－8，1所示，由兩組螺線管繼電器及三個控制點來操縱碟形活門的開
閉。

12 - 8 - 3　煞車防滑裝置

㈠概述

煞車時如果將車輪鎖死，則發生滑溜現象；發生滑溜時，制動距離變長，無法控制方向
。而發生交通事故。爲了行駛安全起見，現代車輛裝有防止車輪鎖死之裝置，稱爲防滑
裝置。

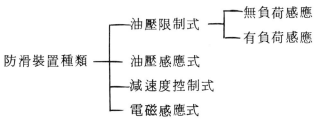

㈡其基本構造乃於煞車油壓回路中，裝
設一油壓限制閥，以改變送到前後煞
車系中之油壓。圖12－8，2所示之
壓力限制閥，係當壓力油達到50～70
$Kg／cm^2$時，即將通至後輪的油路阻斷
，以防後輪鎖死。

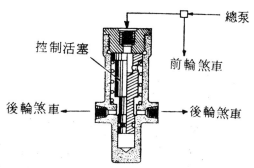

圖12－8，2　壓力限制閥之構造

㈢圖12-8，3為用在空氣懸吊之負荷感
應式限制閥的構造，限制閥的切斷點會
隨車子之負荷而改變，負荷輕時切斷點
的壓力小，負荷重時之切斷點壓力大。

㈣隨著車輛控制的電子化，新式的歐美汽
車有許多採用電磁感應式煞車防滑裝置
，因廠牌型式甚多，圖12-8，4所示
為一種較實用者。其作用情形如下：

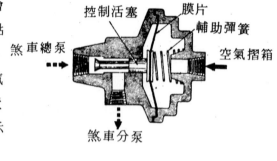

圖12-8，3　空氣懸吊用負荷感應式
　　　　　　壓力限制閥構造

1.踩下煞車，車輪無打滑時：
　此時四個車輪的轉速相同，四只車速
感知器所送出的訊號均相同。故調節器之電磁閥不通電。煞車系統的作用同普通煞車
裝置。

2.踩下煞車，車輪發生打滑時（以後輪打滑為例）
　如後輪之減速度過大，使後輪轉速趨近於零時，則後輪之車速感知器送出訊號與其他
車輪不同，因此電晶體控制器產生作用，使後輪調節器之電磁閥通電，阻止油壓再繼
續進入後輪，後輪就不會鎖死打滑。當後輪之轉速增加後，電晶體控制器又使後輪調
節器之電磁閥不通電，使油壓再進入後輪，產生煞車作用。

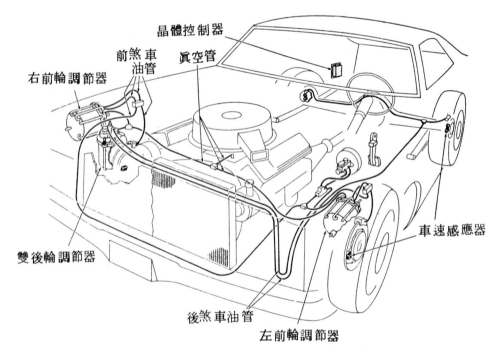

圖12-8，4　電磁感應式煞車防滑裝置安裝情形

12-8-4　ABS防滑煞車系統(Anti Brake System)

㈠ ABS電腦

如圖12-8-5所示 它 是一個封死的"黑盒子"內含二個微電腦,它有一組線束。它是裝在右前座儀錶板內。

註:當ABS電腦被切除時,ABS警告燈會亮。

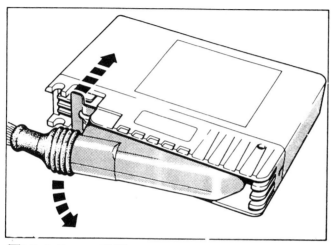

圖12-8-5　ABS電腦

㈡ 車輪感應器

每一輪皆有感應器及齒型輪,它建立各輪轉速他們傳回速度信號到ABS電腦,他們內含二個永久磁鐵及線圈。信號是靠齒輪切割磁場產生信號。他們是不可調整的,置於前後輪軸承側 如圖12-8-6,圖12-8-7所示

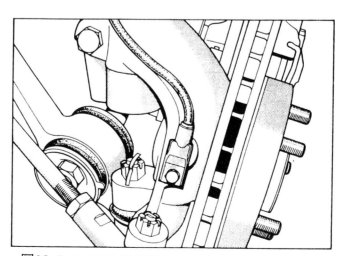

圖12-8-6　前輪感應器

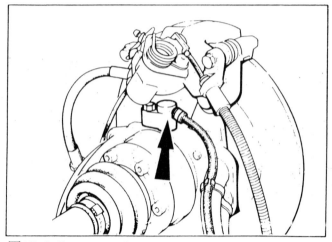

圖12-8-7 後輪感應器

㈢ 油量液面警告顯告器(FLWI)

液面警告顯示器是監示油壺的油量，它含有二個磁性開關，一個作動AWS警告燈。一個作動ABS電腦及ABS警告燈。

接到FLWI有一個三腳插頭線束(AWS)，一個二腳插頭線束 (ABS)　如圖12-8-8所示

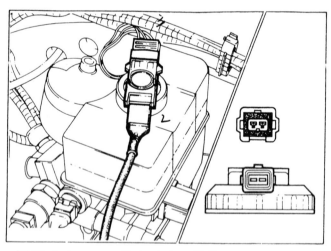

圖12-8-8　FLWI(煞車油液面警告顯示器)

㈣ 電動馬達、油壓泵蓄壓器及壓力開關

如圖12-8-9，圖12-8-10所示 電動馬達及油壓泵是ABS系統的能源。用以將貯油 的油料加壓送入蓄壓器內。蓄壓器 係直接鎖入油壓泵中，屬光氣式膜片蓄壓器，主要用以儲存加壓後的油料，蓄壓器內的油壓 由壓力開系維持140～180 bar 時將停止泵浦運轉，當壓力低於105 bar 時，壓力開關變成 安全開關，通知電子控制器使ABS停止作用，並使ABS及煞車警系

燈均點亮。

　　在油泵體內有一釋壓閥，當壓力開關失效無法切斷電動馬達的電源時，可以讓油料旁通回貯油壺，以防止油壓超過210 bar(300 psi)。

電動馬達插頭有鎖緊扣，按下列步驟拆下：

a)往後拉橡皮套。

b)拇指及中指拉出插頭。

　　此壓力開關在壓力低於140 bar時起動泵馬達，當大於180 bar 時，切斷馬達。若壓力低於105 bar 警告燈接亮。

　　壓力警示開關的四週有一層通風罩，這是保護髒物從護帶進入，護帶上有一單孔，此孔必須朝且對著泵浦馬達。

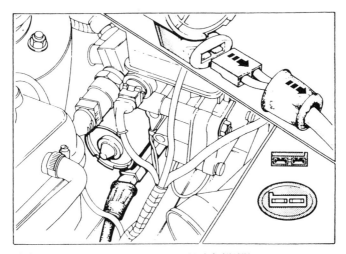

圖12-8-9　電動馬達和液壓壓力開關

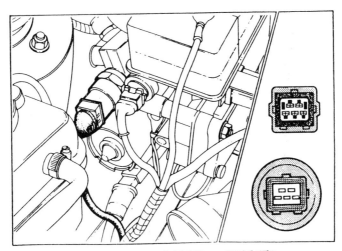

圖12-8-10 蓄壓器及壓力開關(五腳插頭)

㈤ **主控制閥和閥體** （如圖12-8-11，12-8-12所示）

　　主控制閥是一個電磁切換閥裝置在煞車總泵內，無法單獨更換，與一個二腳線束接頭連接。在正常煞車情況下，此閥的唯一功能是在煞車踏板釋放後，讓來自煞車總泵及煞車油管的油料，流回貯油壺。在ABS控制時，電力訊號將此閥開啟，讓高壓油料供應至煞車總泵前及昇壓器內，同時關閉回油油路。此一動作同時煞車踏板強逼退回"回彈"位置，並使之鎖住該位置。這時前後煞車油路均承受蓄壓器的高壓，一直到駕駛者釋放煞車踏板，高壓油才會流回貯油壺。閥體它內含三組電磁閥。二組為前輪系統用，一組為後輪。由ABS電腦電路控制。

七腳插頭聯接閥體與ABS線束。

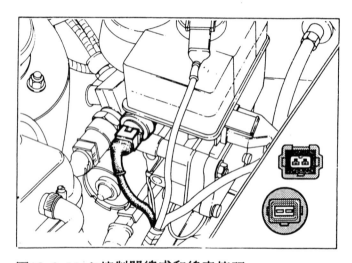

圖12-8-11 主控制閥總成和線束接頭

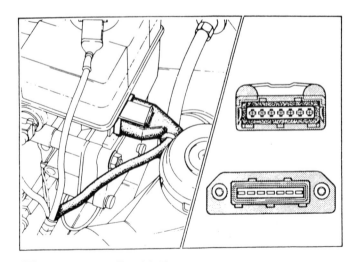

圖12-8-12 閥體及插頭

㈥ **主繼電器、泵馬達繼電器、保險絲**

　　如圖12-8-13所示　繼電器位於右前座儀錶板內。

主繼電器接受ABS電腦信號且供給電源到系統內。

泵浦馬達繼電器經由壓力警示開關來控制泵浦馬達的作用。

有二個二極體在ABS繼電器旁。

一個保護電腦，一個保護馬達繼電器，當點開關"ON"或"OFF"時產生的大電流損壞了電腦或馬達。

另外手套箱內二個保險　20A　保護電腦繼電器。30A　保護泵馬達。

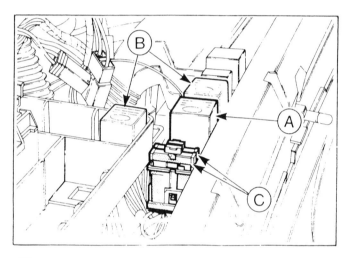

圖12-8-13　A-主繼電器
　　　　　　B-馬達繼電器
　　　　　　C-二極體

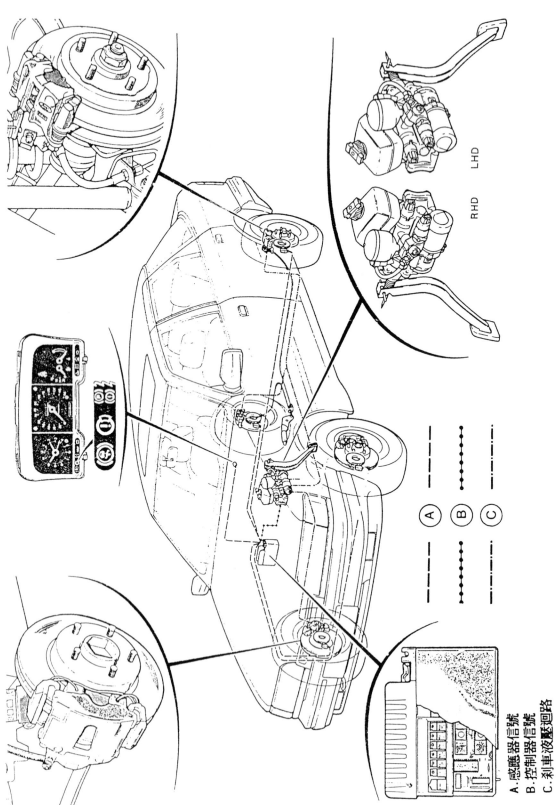

RHD   LHD

Ⓐ   Ⓑ   Ⓒ

A.感應器信號
B.控制器信號
C.刹車液壓迴路

習題十二

一、是非題

（　　）1.碟式煞車不須調整煞車間隙。

（　　）2.分泵皮碗容易翻轉的原因為油路內有空氣。

（　　）3.浮動鉗式碟式煞車，煞車掌與煞車盤之間隙，係由活塞封自動調整的。

二、選擇題

（　　）1.用以承受煞車時的反作用力的是①煞車蹄片②煞車鼓③煞車底板。

（　　）2.煞車蹄片之斷面為①T型②I型③Y型　以增強度。

（　　）3.大型車輛大都採用①機械式煞車②壓縮空氣煞車③大氣浮懸式煞車。

（　　）4.煞車踏板放鬆時，煞車油因①活塞②踏板回拉彈簧③蹄片回拉彈簧　之力量，推開防止門流回總泵。

（　　）5.一組煞車來令片磨損後，其中一片磨損特別厲害是因為①使用不當②煞車鼓不圓③因為自動煞緊之作用　的緣故。

（　　）6.煞車鼓外周製成凹凸之肋條其功用是①增加美觀②堅固耐用③散熱④拆卸容易。

（　　）7.真空增壓煞車器的真空來源自①排氣歧管②進汽歧管③文氏管④空氣壓縮機。

（　　）8.空氣煞車調節閥(Relay Valve)的功用是①加速後輪的煞車作用②防止儲氣箱壓力過高③防止儲氣箱壓力高低④調節空氣壓縮機壓縮空氣輸出量。

三、填充題

1.煞車時必須將汽車所具有的動能，變成（　　　　　　　）。

2.機械煞車係利用（　　　　　　）原理，液壓煞車係利用（　　　　　　）原理。

3.煞車距離為（　　　　　　）和（　　　　　　）之和。

4.煞車來令片之材料是由樹脂、（　　　　　　）、（　　　　　　）、黃銅、鉛、乾油、（　　　　　　）、木炭、鋅等配合而成。

5.防滑裝置有（　　　　　　）、（　　　　　　）、減速度控制式、（　　　　　　）。

四、問答題

1. 煞車系統必須具備那些性能。

2. 影響煞車距離之因素爲何？

3. 煞車鼓的種類有幾種？

4. 試說明煞車蹄片與煞車鼓之自動煞緊作用。

5. 盤式煞車的特點爲何？

6. 駐車煞車的型式有那些？

7. 煞車油需具備那些特性？

8. 動力煞車有那些種類？

第十三章　懸吊裝置

第 一 節　概　述

汽車行駛時，會受到地面的震動與衝擊，其中有一部份由輪胎吸收。絕大部份需依靠輪胎與車身間的懸吊裝置來吸收，以防止車身各部機件的損壞並使乘坐人員舒適。懸吊裝置除吸收震動與衝擊外，並使輪胎所產生的驅動力或制動力傳達到車身，並對行駛之安定性，和操縱性均有直接的影響。基本上有車軸式整體懸吊與獨立懸吊兩大類。為使車輛於不良路面行駛時，保持車身之穩定都朝著獨立懸吊方面發展。懸吊裝置主要機件有彈簧、避震器、平穩桿及有關連桿等。但其結構卻因車型、製造廠家不同而有很大的變化。

第 二 節　懸吊裝置的構造

13 - 2 - 1　懸吊彈簧

一、**功用**：裝在車輪與車架或車身之間，用來支持車架、車身、乘客、貨物等重量，當車子行駛於高低不平之路面時，吸收車輪之跳動不使傳到車身，最理想之情形為彈

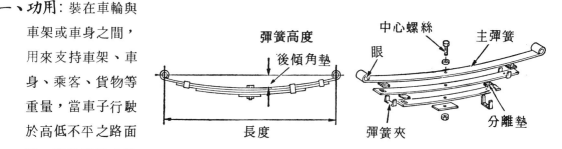

圖 13 - 2，1　片狀彈簧（三級自動車シャシ　圖Ⅳ- 1 ）

簧下部之重量要輕，彈簧上部重量要重，彈簧要軟，則路面之震動完全不致傳到車身。

二、**種類**：

㈠片狀彈簧（圖 13 - 2，1 所示）

　1.為整體式懸吊系使用最多之彈簧，為拱形之片狀彈簧鋼板組成。主彈簧兩端捲成圓形稱為眼。彈簧中央通常有孔，以中心螺栓穿通固定之；亦有用凹凸相配合而定位者。通常有 2 - 4 只彈簧夾固定，以防橫向滑動。主彈簧片兩眼中有銅或橡皮襯套，使用吊耳或吊架安裝到大樑上。如圖 13 - 2，2 所示。

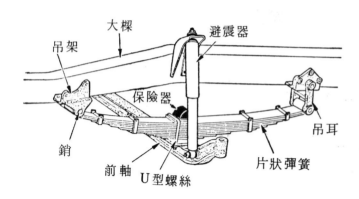

圖 13 - 2 , 2 片狀彈簧的安裝法（三級自動
車シヤシ 圖 Ⅳ - 2 ）

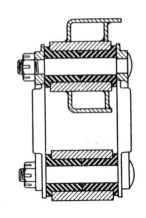

圖 13 - 2 , 3 連桿式吊耳

2. 吊耳

(1)連桿式（圖 13 - 2 , 3 ）普通大型車
使用較多。

(2)U 型式（圖 13 - 2 , 4 ）一般小型車
使用較多。

(3)吊耳或吊架銷中通常有孔，以便打黃
油潤滑，如圖 13 - 2 , 5 所示。

3. 非對稱型片狀彈簧（圖 13 - 2 , 6 ）
此型車軸之安裝位置不在彈簧之中心，
而是略偏到前段，如此可減少驅動扭矩
或煞車扭矩所產生之彎曲力矩，提高高
速行駛之安定性。

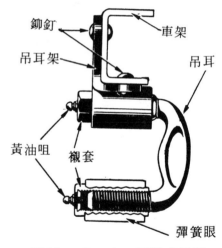

圖 13 - 2 , 4 U 型式吊耳

4. 彈簧常數
彈簧之變形量與所承載之重量成正比例
，其比值稱為彈簧常數。如圖13 - 2 ,
7 所示，硬的彈簧不易變形，常數大，
彈性差；太軟的彈簧則無法承擔大的負
載。車子的彈簧若要能在輕重負重時均
能適合，必須使用多段式彈簧。圖13 -
2 , 8 所示為多段式彈簧之特性圖。

5. 二段式片狀彈簧（圖 13 - 2 , 9 所示）

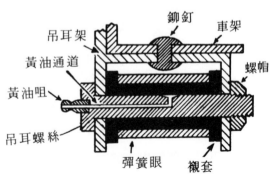

圖 13 - 2 , 5 吊架銷剖面圖（ Automo-
tive Fandamental ）

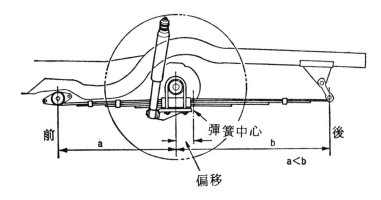

圖13－2，6　非對稱片狀彈簧（三級自動車シヤシ　圖IV－4）

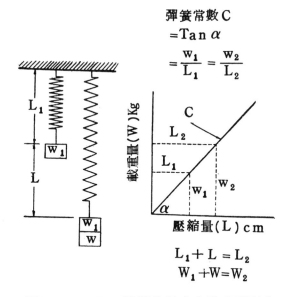

圖13－2，7　彈簧常數（自動車百科全書　圖3－145）

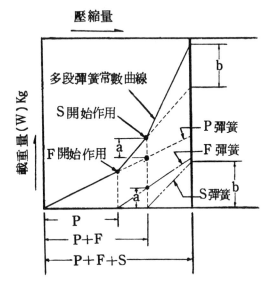

圖13－2，8　多段彈簧之特性圖（自動車百科全書　圖3－146）

　　由主彈簧及輔助彈簧組成。載重較輕時，輔助彈簧與滑動座未接觸，只有主彈簧產生減震作用，彈性較佳。載重量大時輔助彈簧壓在滑動座上，兩個彈簧同時承載車重。

6.多段式片狀彈簧（圖13－2，10所示）

　　彈簧常數隨載重之增加而增大，而得到最佳之減震效果。

7.單片式片狀彈簧（圖13－2，11所示）

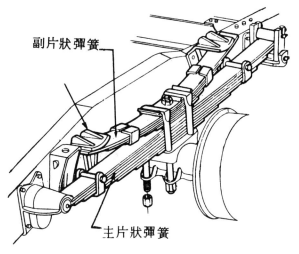

圖13－2，9　二段式片狀彈簧（Ford）

圖 13 − 2 ，10　多片式片狀彈簧（自動
車百科全書　圖 3 − 144 ）

圖 13 − 2 ，11　單片式狀彈簧

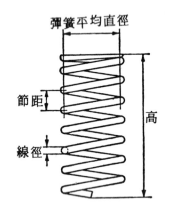

圖 13 − 2 ，12　圈狀彈簧（三級自動車
シヤシ　圖Ⅳ− 6 ）

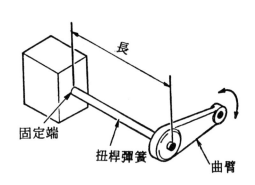

圖 13 − 2 ，13　扭桿彈簧（三級自動車
シヤシ　圖Ⅳ− 7 ）

　　該彈簧使用等強度設計，中間之斷面較厚，兩端之斷面較薄。

㈡圈狀彈簧（圖 13 − 2 ，12 所示）

　1.圈狀彈簧為獨立式懸吊裝置使用最多之彈簧，以彈簧鋼捲成螺旋狀。

　2.因無摩擦力存在，彈簧常數小，較具有彈性，變形量亦大，使乘坐較舒適。但因無法
　　傳遞驅動力，使得懸吊裝置複雜。

㈢扭桿彈簧（圖 13 − 2 ，13 所示）

　　扭桿一端固定在車架上，另一端使用臂與車輪連接。車輪上下跳動時使扭桿扭轉，以扭
　轉彈力來吸收震動。構造簡單佔位置小，適合小型車使用，但材質要佳。

㈣橡膠彈簧（圖 13 − 2 ，14 所示）

　1.橡膠係由鋼箱包住，且鋼箱固定於車架上，中間偏心桿用曲臂與懸吊系上的控制臂相
　　連接。

　2.橡膠彈簧構造簡單，且橡膠之彈簧常數並不依虎克定律，而是隨變形量之增加而增加
　　，能配合車子載重而自動變化，為相當優良之彈簧，但因強度有限，只能用在小型車。

㈤複合彈簧

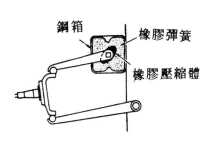

圖 13 - 2 , 14　橡膠彈簧（自動車百科
全書　圖 3 - 153 ）

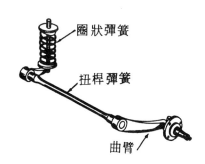

圖 13 - 2 , 15　圈狀彈簧與扭桿之複合彈
簧（自動車百科全書　圖
3 - 151 ）

1. 圈狀彈簧與扭桿組成複合
彈簧如圖 13 - 2 , 15 。
圈狀彈簧可以遠離車輪安
裝，可使懸吊裝置安排容
易。

2. 片狀彈簧與橡膠組成之複
合彈簧如圖 13 - 2 , 16
。以提高車子之載重量。

㈥液壓彈簧（圖 13 - 2 , 17
所示）

　1. 由橡膠彈簧、斜面活塞、

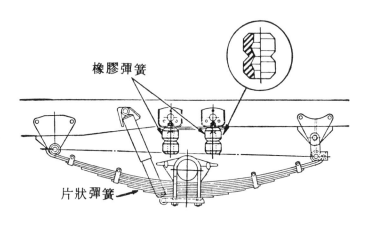

圖 13 - 2 , 16　橡膠與片狀彈簧之複合彈簧（三級
自動車シヤシ　圖Ⅳ - 9 ）

圖 13 - 2 , 17
液壓彈簧構造
圖（ citeron ）

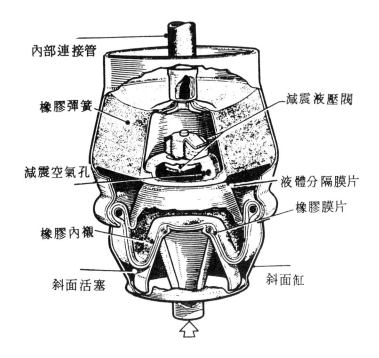

減震閥、液體分隔膜片及連接管等組成。

2. 其有二液壓室，一在橡膠彈簧及液體分隔膜片中稱上壓室，另一室在橡膠膜片與液體分隔膜片中稱下壓室。每一車輪上均裝有一只液壓彈簧，同一側之前後液壓彈簧之下壓室油管互相連通。

3. 當一輪受到壓迫時，則車輪將斜面活塞向上推，此力量作用於二液壓室，上液壓室壓縮橡膠彈簧產生減震作用，同時下壓室之液體則經過減震液壓閥流到同側之另一車輪之液壓彈簧下壓室，如此將震動分配到前後車輪上，使車身保持平衡，則簸動減到最小而達到緩衝之目的。

(七)空氣彈簧

1. 由壓縮空氣機、儲氣箱、水平活門、空氣摺箱組成。

2. 利用空氣摺箱中空氣之體積彈性，以得到緩衝之效果。

3. 作用：水平活門隨汽車載重之變化量來調節空氣摺箱中之空氣量，以得保持汽車之一定高度。當負荷大時車身降低，則進氣活門打開使壓縮空氣流入摺箱，將車升高。重量減輕時，車身升高將排氣活門打開，使壓縮空氣排出，車身稍降。為使壓縮空氣有適當之緩衝作用，

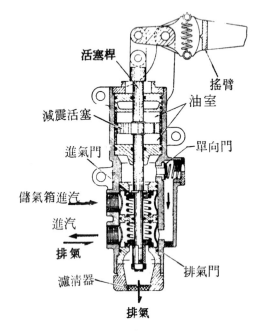

圖13－2，18　水平活門（自動車百科全書　圖3－157）

搖臂有一定範圍之移動，而不使進排氣活門產生作用，稱為不感範圍。（圖13－2，18所示）

4. 使用空氣彈簧行車非常平穩，但因彈簧本身無法承受橫向推力及傳遞動力，故懸吊裝置構造複雜，造價昂貴。

13-2-2　避震器

一、功用：用以緩和路面之衝擊，迅速減弱彈簧的震動。並提高輪胎之貼地性，提高駕駛安定性，及乘坐舒適性。

二、依作用分類：

(一)單作用式避震器：僅在彈簧回彈時發生作用，而壓縮時並無作用。

(二)雙作用式避震器：此式係當活塞於上下行程時，皆有阻力，不但能減少彈簧回彈並可幫助柔弱彈簧負擔力量。

三、依構造分類

（一）筒型避震器（direct acting model）（
如圖 13 － 2，19 所示）

　　1. 當彈簧回彈時，避震器活塞被拉向上，
活塞上方之液體經回油閥，進入油缸下
方。如此時油量不夠，則下方產生眞空
，液體即自儲油室進入補充。

　　2. 當活塞被壓向下時，活塞下方之液體被
壓向上，同時一部份油回到儲油室內。

　　3. 圖 13 － 2，20 及 13 － 2，21 為筒型
單作用式與雙作用式避震器的作用。

（二）壓縮空氣油壓式筒型避震器

　　使用空氣懸吊汽車所使用之避震器，其商
品名稱爲 super lift shock absober。
如圖 13 － 2，22 所示。壓縮空氣由水平
活門導入空氣室時避震器就會伸張，將車
身頂高，空氣若排出後車身高度便會降低
。空氣室內至少要保持 $0.5 \sim 1 \mathrm{Kg}/cm^2$ 的
壓力以防橡皮套摩擦損壞。

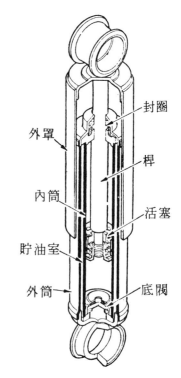

圖 13 － 2，19　筒型避震器（三級自
動車シャシ　圖 V －
1）

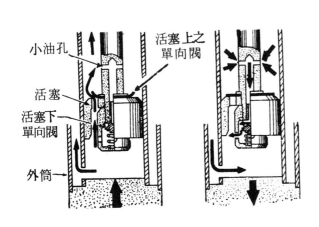

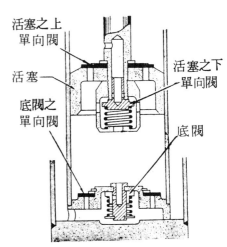

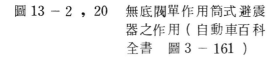

圖 13 － 2，20　無底閥單作用筒式避震
器之作用（自動車百科
全書　圖 3 － 161）

圖 13 － 2，21　雙作用筒型避震器之作
用（自動車百科全書
圖 3 － 162）

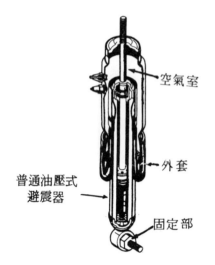

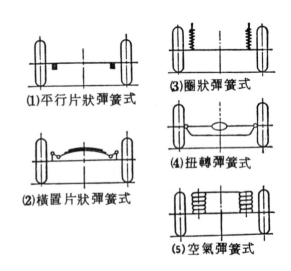

圖 13 - 2 , 22　壓縮空氣油壓式筒型　　圖 13 - 2 , 23　轉葉型避震器
　　　　　　　避震器

㈢轉葉型避震器

　圖 13 - 2 , 23為轉葉型避震器之構造，外殼分成數隔室，搖臂軸上裝有葉片以代替活
塞。當車輪跳動時，葉片可在隔室中轉動；葉片兩側之油必須由軸上之小孔進出，以產
生阻力，吸收震動能量。孔之大小可由調節桿調整之。

第 三 節　懸吊裝置的種類

13 - 3 - 1　整體式懸吊系統

一、概　述

　車軸式整體懸吊裝置，左右輪用一根軸相
連結，與車身間再以彈簧相連接之方法，
為貨車的前後軸或普通小轎車之後軸使用
最多的懸吊方法。種類如圖13- 3 , 1所
示，因使用懸吊彈簧之不同而異。

二、平行片狀彈簧整體懸吊裝置

　此式為最普遍之懸吊方式，在軸之兩端以
片狀彈簧以前後平行之方向將車軸結合於
大樑上。彈簧之一端用吊架固定於大樑上
，另一端用吊耳掛於大樑使彈簧能伸縮。

三、橫置片狀彈簧整體式懸吊裝置

(1)平行片狀彈簧式

(2)橫置片狀彈簧式

(3)圈狀彈簧式

(4)扭轉彈簧式

(5)空氣彈簧式

圖13- 3 , 1　車軸式整體懸吊之方法（
　　　　　　三級自動車シヤシ　圖Ⅲ
　　　　　　- 1 ）

圖13-3，2為使用與車軸平行之橫置片狀彈簧整體懸吊裝置法，此式只需用一付彈簧，因水平方向的剛性不足，因此需有吊臂以保持車軸之位置。

四、圈狀彈簧式整體懸吊裝置

小型乘用轎車之整體式後軸使用圈狀彈簧之懸吊方式亦使用甚廣，圖13-3，3為使用最多之圈狀彈簧整體式懸吊法。

五、空氣彈簧式整體式懸吊裝置

㈠圖13-3，4為使用空氣彈簧之整體式前懸吊的構造。

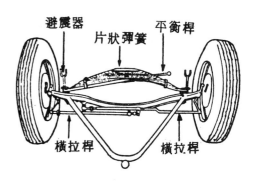

圖13-3，2　橫置片狀彈簧之整體式前懸吊裝置法（自動車の構造　圖6-13）

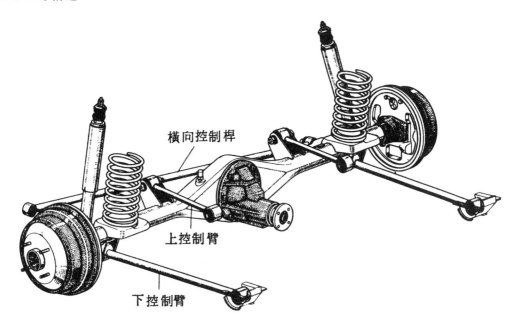

圖13-3，3　圈狀彈簧整體式懸吊裝置（シャシの構造圖　3-44）

㈡圖13-3，5為使用空氣彈簧之整體式後懸吊裝置方法。

13-3-2　獨立式懸吊系統

一、概　　述

獨立式懸吊裝置，左右輪互相無關係，為獨立動作，一般轎車及客車多採用此式。

二、雞胸骨臂式

㈠又稱梯形連桿型獨立懸吊。為小轎車使用最多之獨立懸吊方式。

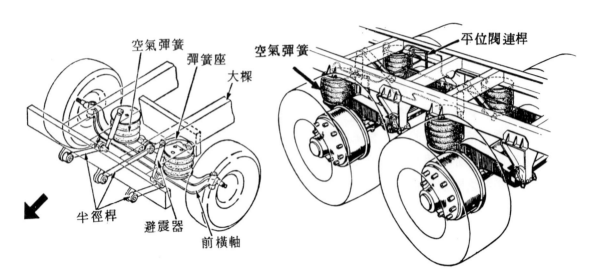

圖13-3,4　使用空氣彈簧之整體式前懸
吊（三級自動車シヤシ　圖
Ⅱ-4）

圖13-3,5　使用空氣彈簧之整體式後
懸吊（MCI）

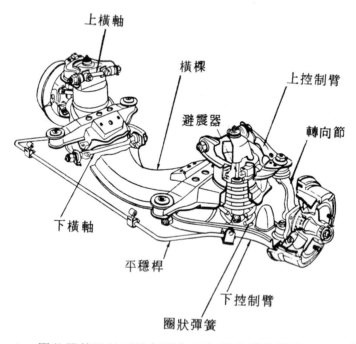

圖13-3,6　圈狀彈簧裝於下控制臂與車架間之雞胸骨臂式獨立前懸吊（自動車の構
造　圖6-16）

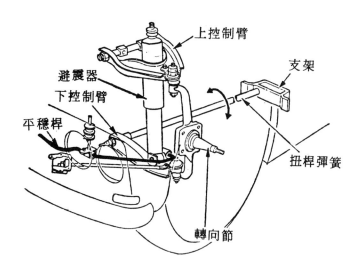

圖13－3，7　使用扭桿彈簧之雞胸骨臂式獨立前懸吊裝置（三級自動車シヤシ　圖Ⅳ
－8）

㈡圖13－3，6為使用最多之圈狀彈簧裝於下臂與車架間之雞胸骨臂式獨立懸吊。

㈢圖13－3，7為使用扭桿彈簧之雞胸骨臂式獨立懸吊裝置。

㈣圖13－3，8為使用片狀彈簧之雞胸骨臂式獨立懸吊。

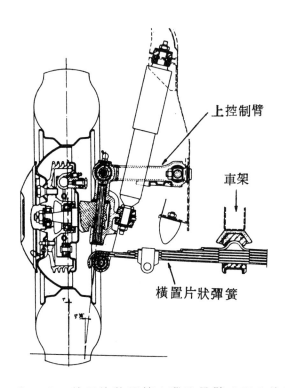

圖13－3，8　使用片狀彈簧之雞胸骨臂式獨立前懸吊

三、橫置式片狀彈簧式獨立懸吊

基本上屬於雞胸骨臂式獨立懸吊，使用一只或二只片狀彈簧，代替上下控制臂，如圖 13 − 3，9 所示。

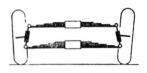

圖13 − 3，9 彈簧型獨立式前懸吊（自動車百科全書 圖3 − 130（b））

四、拖動臂式獨立懸吊裝置(如圖 13 − 3，10，13 − 3，11 及圖 13 − 3，12 所示)

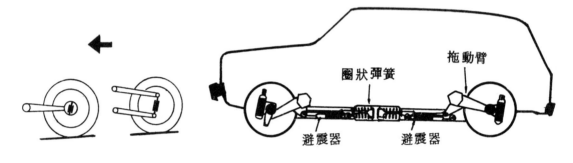

圈狀彈簧

拖動臂

避震器　避震器

圖 13 − 3，10 拖動臂型獨立式前懸吊，左為單拖動臂型，右為雙拖動臂型

圖 13 − 3，11 使用圈狀彈簧之單拖動臂式獨立懸吊（citeron）

有單拖動臂與雙拖動臂式二種。其拖動臂與車軸成直角，最大優點為左右兩輪之空間較大，適合小型車輛使用。

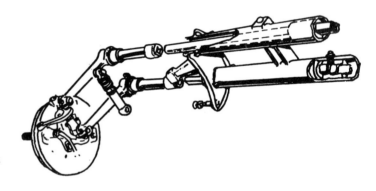

五、雙橫樑型獨立懸吊裝置

圖 13 − 2，13 為使用兩根橫樑及圈狀彈簧之獨立懸吊裝置，因強度大構造簡單多用於中型貨車及客貨兩用車上。

圖 13 − 3，12 使用扭桿之雙拖動臂之懸吊裝置

六、麥花臣式獨立懸吊系統(Mc pherson type)

此式又叫垂直導管式或滑柱式懸吊裝置，如圖 13 − 3，14 所示。為目前單體式車身小轎車中使用最多之方式。上端固定在車殼上，下端用連桿連結以定位，避震器為筒形，裝在支柱內部。支柱可在導管內上下滑動，

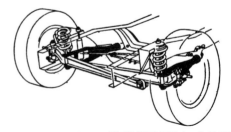

圖 13 − 2，13 雙橫樑型獨立式前懸吊（Ford）

最大優點爲構造簡單，佔位置小，前輪之後傾角不會因車輪之跳動而改變。缺點爲行駛不平路面時，車輪易自動轉向，故駕駛人需用力保持方向盤，當受到過劇烈之衝擊時，滑柱易造成彎曲，而影響轉向性能。

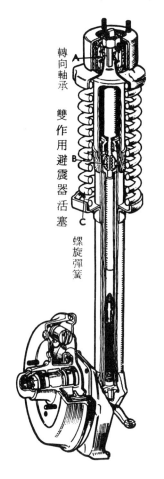

轉向軸承　雙作用避震器活塞　螺旋彈簧

$\rightarrow$

圖 13－3，14　麥花臣式懸吊系統（Nissan）

七液壓、汽壓懸吊系統

(一)液壓、汽壓懸吊系統，能自動維持車身水平的功能，並能使車子在各種不同負載下保持 一定的高度，圖13-3，15為雪鐵龍BX車型懸吊系統。

(二)圖13-3，16為車輛引駛時，輪胎遇到路面凸出時，活塞往上移動，將液壓油推向液壓球內，使氣體壓縮，當輪胎遇到路面凹下時，活塞下移，液壓油回到缸體內，氣體膨脹，氣體之壓縮與膨脹吸收了因路面不平所產生之振動力，避免車身受到振動。

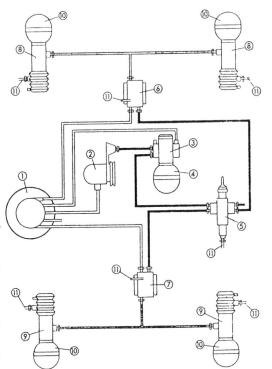

1. 貯油筒
2. 液壓油泵
3. 壓力調節器
4. 主液壓球
5. 安全閥
6. 前高度平衡器
7. 後高度平衡器
8. 前懸吊缸體
9. 後懸吊缸體
10. 懸吊液壓球
11. 溢回油管。

圖13-3，15 雪鐵龍BX車型懸吊系統之構件及迴路

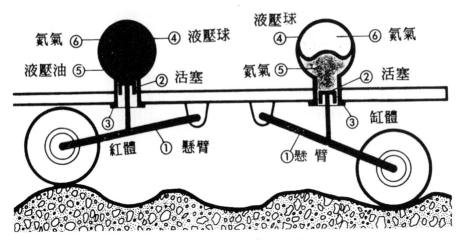

圖 1 3 － 3 ， 1 6

㈢此系統前後各裝置高度平衡器以維持車輛能在任何路面及各種負載下都有一定的高度作用情況如圖13-3，17、13-3，18、13-3，19。高度平衡器構造如圖13-3，20。

㈣此系統必要時，可用手控調整，將車身升高。

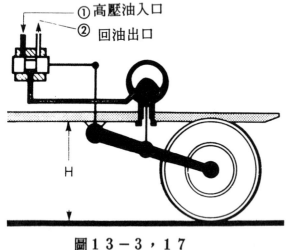

圖 1 3 － 3 ， 1 7

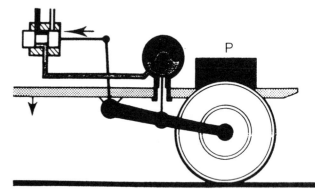

圖 1 3 － 3 ， 1 8

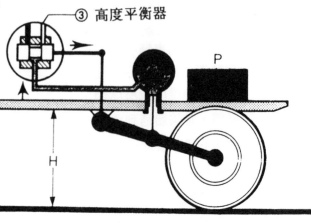

圖 1 3 － 3 ， 1 9

㈤貯油筒貯存一種稱為LHM之液壓油如圖13-3，21。液壓油泵如圖13-3，22壓力調節器與主液壓球組合在一起，如圖13-3，23其功用為藉液壓油做壓力之儲存，以調節系統之供需，可防止壓油泵不斷作動，靠壓力調節器來控制液壓油進入或排出主液壓球以控制壓力之上下限。

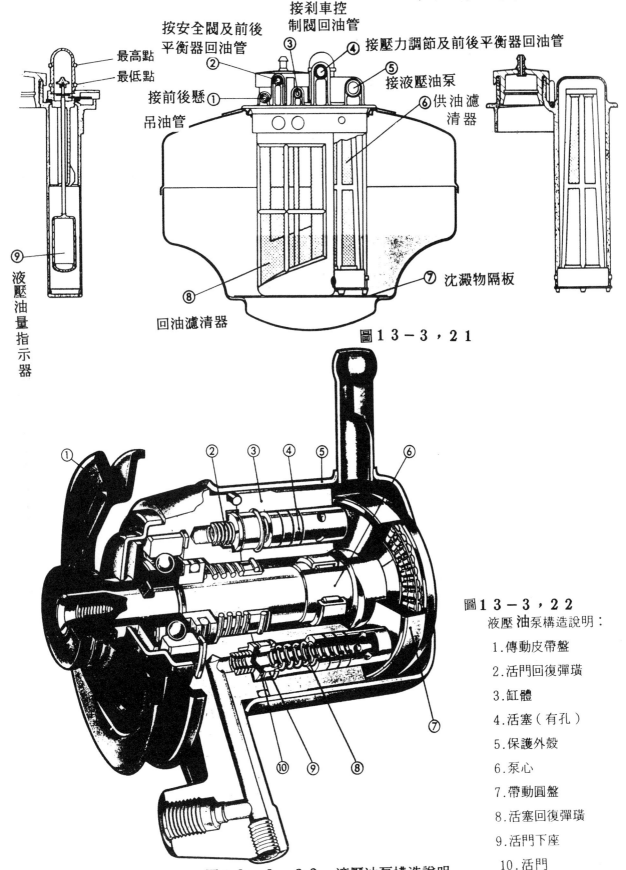

最高點
最低點

按安全閥及前後
平衡器回油管

接刹車控
制閥回油管

接壓力調節及前後平衡器回油管

③

②

④

⑤ 接液壓油泵

接前後懸 ①

⑥ 供油濾清器

吊油管

⑨

液壓油量指示器

⑧

回油濾清器

⑦ 沈澱物隔板

圖13−3，21

①
②
③
④
⑤
⑥
⑦
⑩
⑨
⑧

圖13−3，22
液壓油泵構造說明：

1.傳動皮帶盤

2.活門回復彈璜

3.缸體

4.活塞（有孔）

5.保護外殼

6.泵心

7.帶動圓盤

8.活塞回復彈璜

9.活門下座

10.活門

圖13−3，22 液壓油泵構造說明

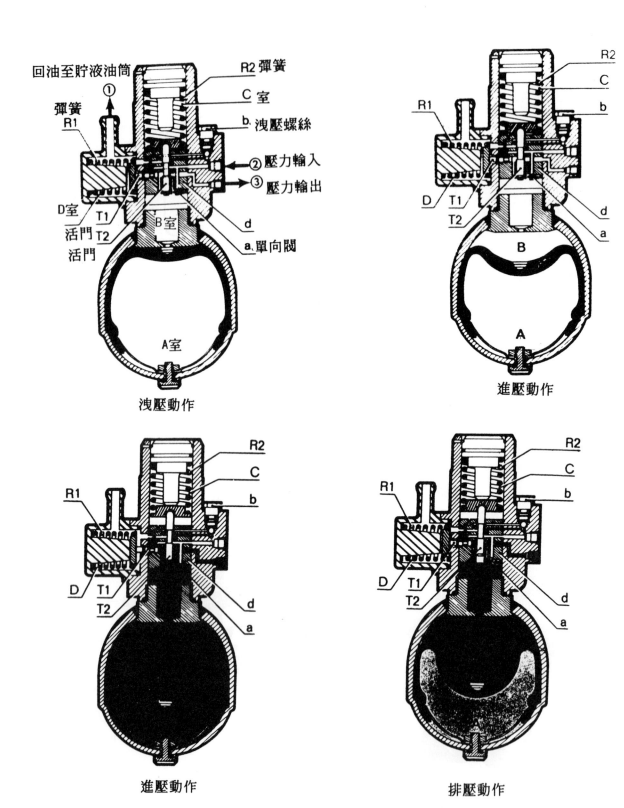

洩壓動作

進壓動作

進壓動作

排壓動作

㈥安全閥如圖13-3，24由壓力調節器來之液壓油經安全閥供應至懸吊、刹車、轉向等系統，供油以煞車轉向系統為優先，如懸吊系統迴路之管路有漏油時，煞車系統便與懸吊系統隔絕使煞車正常。

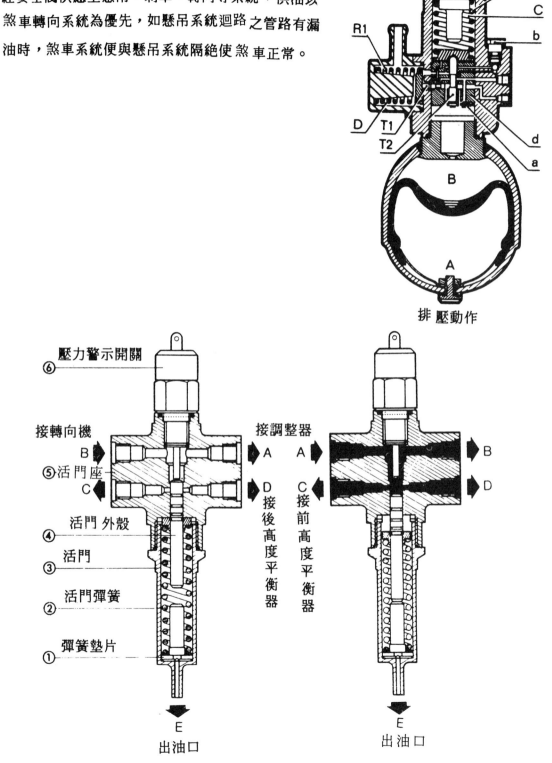

排 壓動作

圖13-3，24

㈦前懸吊組件如圖13-3，25，後懸吊組件如圖13-3，26

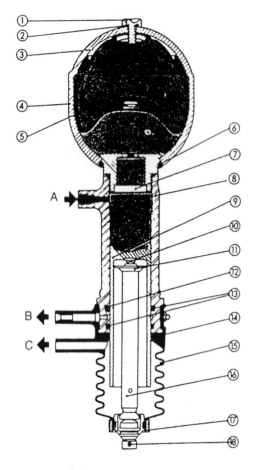

圖13-3，26

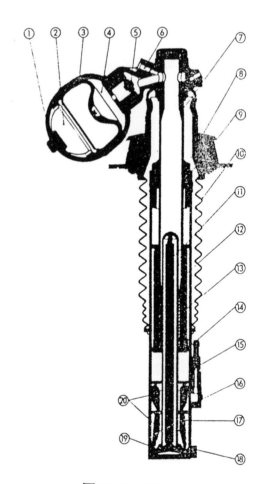

圖13-3，25

：BX車型後懸吊組件	10.支力座	：BX車型前懸吊組件	10.防塵套
1.接合螺絲	11.中心墊片	1.液壓球	11.活塞滑動導桿
2.接合彈璜	12.油封	2.氮氣	12.反彈阻擋器
3.蓋子	13.接合彈璜	3.隔膜	13.活塞
4.液壓球	14.毛質墊片	4.高壓液壓油	14.導管
5.隔膜	15.防塵套	5.緩衝器	15.回油活門
6.接合彈璜	16.懸吊推桿	6.壓力輸入端	16.滑管
7.緩衝器	17.鋼珠	7.缸體	17.液壓油儲存
8.缸體	A.壓力輸入端	8.可曲性支座	18.阻擋墊片
9.活塞	B.溢油回油口	9.軟性軸承	19.中心墊片
	C.防塵套通氣孔		20.阻擋器

第 四 節　車輛推進裝置

一、扭桿裝置(如圖 13 − 4 ，1 所示)

　　㈠利用二根鋼桿將後軸與車架相連，推進的力量，由後軸經扭桿傳到車架。

　　㈡多用於雙後軸車子。

二、扭臂裝置(如圖 13 − 4 ，2 所示)

　　用一根空管將後軸總成殼和車架橫樑相連。

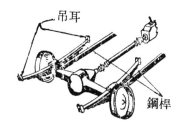

圖 13 − 4 ，1　　扭桿推進裝置

圖 13 − 4 ，2　　扭臂推進裝置

三、扭管裝置(如圖 13 − 4 ，3 所示)

　　後車軸之扭矩及推動力及制動的反作用力由包在傳動軸外之扭管來承擔，扭管後端裝在後軸殼上，前端裝在變速箱之後端或橫樑上。

四、哈其士(Hotchkiss) 裝置 (如圖 13 − 4 ，4 所示)

　　一般使用片狀彈簧整體式後懸吊之車子採用此式。車輛之推進力及制動時之反作用力都是利用彈簧鋼板之前端傳到大樑，強大的推進力常使彈簧產生變形。在車子行駛中道路不平產生之震動，亦使彈簧承受相當大之應力。

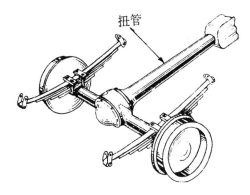

圖 13 − 4 ，3　　扭管推進裝置

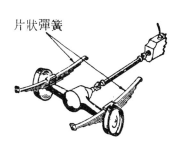

圖 13 − 4 ，4　　哈其士推進裝置

習題十三

一、是非題

(　　) 1. 片狀彈簧之中心螺絲如果斷損,該輪軸會產生移位。

(　　) 2. 避震器的功用是增加彈簧的彈性。

(　　) 3. 油壓單作用筒型避震器於彈簧回跳產生作用。

二、選擇題

(　　) 1. 整體式懸吊系使用最多的彈簧是①橡膠彈簧②片狀彈簧③圈狀彈簧。

(　　) 2. 片狀彈簧安裝到大樑是用①吊架②螺絲③鉚接。

(　　) 3. 最普遍之整體式懸吊方式是①空氣彈簧式②橫置片狀彈簧式③平行片狀彈簧式。

(　　) 4. 單體式車身之小轎車使用最多之獨立懸吊方式是①圈狀彈簧式②垂直導管式③橫置片狀彈簧式。

(　　) 5. 能緩和路面衝擊並提高輪胎之貼地性的是①懸吊彈簧②避震器③車輪軸。

(　　) 6. 空氣彈簧之彈性係數①一定②與車速成正比③隨載荷增加而減少④隨載荷增加而增加。

(　　) 7. 為適應片狀彈簧由於路而上下跳動,可改變其長度在車架部份裝有①吊耳②固定夾③固定板④吊架。

(　　) 8. 裝用空氣彈簧車輛,經常調整車身高度於一定狀態的機件是①水平閥②壓力調整閥③釋放閥④節流閥。

三、填充題

1. 懸吊裝置主要機件有(　　　　　)、(　　　　　)、(　　　　　)及有關連桿等。

2. (　　　　　)彈簧其彈簧常數隨載重之增加而增大,可得最佳之減震效果。

3. 空氣彈簧由(　　　　)、(　　　　)、(　　　　)及空氣摺箱組成。

4. 壓縮空氣油壓式筒型避震器之空氣室內至少要保持(　　　　)的壓力。

5. 車輛推進裝置有(　　　　)、(　　　　)、扭臂裝置、(　　　　)。

四、問答題

1. 懸吊彈簧有何功用?試說明之。

2. 避震器有何功用?種類為何?

3. 獨立懸吊系統有那些種類?簡述之。

第十四章　燈光系統

第 一 節 概　　述

一、汽車燈光系統為保障行車安全最重要之裝備，包括：照明、指示及警告用燈光。

二、各種不同用途燈光之亮度及顏色、安裝部位均有規定。

三、燈光裝置包括：電源、開關、燈泡、燈罩、燈座、線路安全裝置（保險絲、可熔線、斷電器等）及線束等。開關及燈之構造因用途而異。

四、圖 14－1，1 為一般燈光系統之配線圖，圖 14－1，2 為小型車燈光系統之配置。

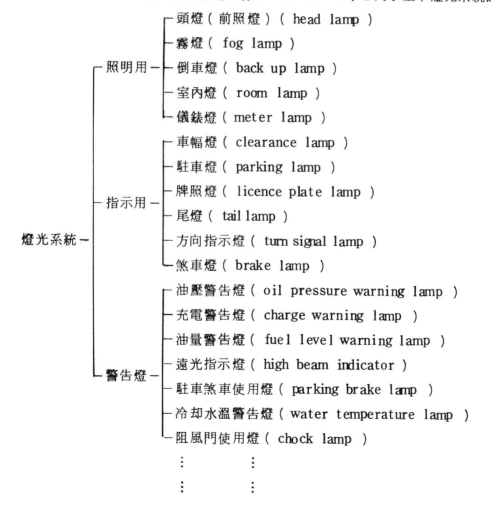

燈光系統

照明用
- 頭燈（前照燈）（head lamp）
- 霧燈（fog lamp）
- 倒車燈（back up lamp）
- 室內燈（room lamp）
- 儀錶燈（meter lamp）

指示用
- 車幅燈（clearance lamp）
- 駐車燈（parking lamp）
- 牌照燈（licence plate lamp）
- 尾燈（tail lamp）
- 方向指示燈（turn signal lamp）
- 煞車燈（brake lamp）

警告燈
- 油壓警告燈（oil pressure warning lamp）
- 充電警告燈（charge warning lamp）
- 油量警告燈（fuel level warning lamp）
- 遠光指示燈（high beam indicator）
- 駐車煞車使用燈（parking brake lamp）
- 冷却水溫警告燈（water temperature lamp）
- 阻風門使用燈（chock lamp）

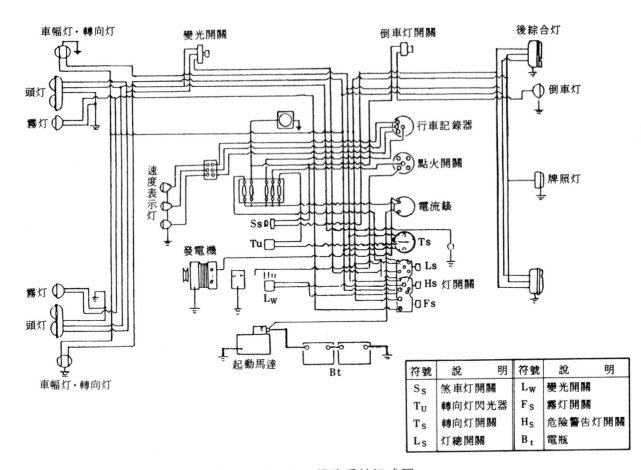

符號	說 明	符號	說 明
S_S	煞車灯開關	L_W	變光開關
T_U	轉向灯閃光器	F_S	霧灯開關
T_S	轉向灯開關	H_S	危險警告灯開關
L_S	灯總開關	B_t	電瓶

圖 14－1，1　燈路系統組成圖

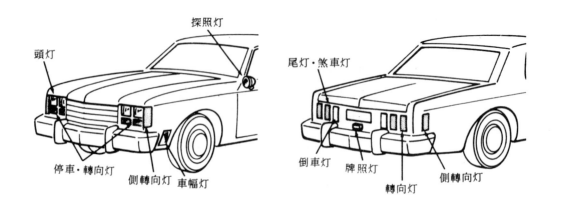

圖 14－1，2　小型車燈光配置圖

第 二 節　燈光條件

14 - 2 - 1　頭燈之條件

一、遠光燈照射時，能看清前方100 m處路面之行人及障碍物。

　　㈠主光軸在車前10 m處之高度，應低於頭燈高度之1/5。

　　㈡二燈式每燈之光度需15,000 Cd以上；四燈式每燈之光度需12,000 Cd以上。或兩燈
　　　併開時計測光度值在15,000 Cd以上亦可。

二、使用近光燈時，可以看清前方40m處路面障碍物，通常裝置高度應距地面1.2 m以下，
　　光色可為白色或淡黃色，燈數不超過3個。

三、頭燈性能檢驗時，為空車狀態乘坐駕駛員一名，引擎運轉電瓶在充電之情況下。使用集
　　光式試驗機時，試驗機之受光部與頭燈之距離1 m並應對正。使用幕式試驗機時，試驗
　　機之受光部與頭燈距離3 m對正之。四燈式之車輛將非主光燈遮蔽。遠光燈之光束一般
　　對正中心，近光燈偏向外側，以看清路邊之行人機車。左行車輛二個頭燈遠光及近光之
　　分佈如圖14－2，1所示，四個頭燈遠光及近光之分佈如圖14－2，2所示。台灣係靠
　　右行駛，故左右相反。

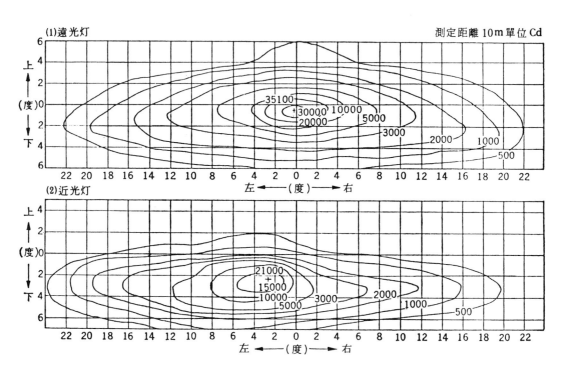

圖14－2，1　靠左行駛二頭燈車輛燈光分佈圖（三級シャシ　下圖Ⅲ－8）

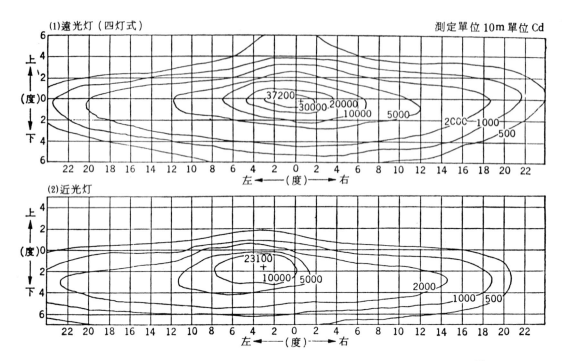

圖 14 - 2，2　靠左行駛四頭燈車輛燈光分佈圖（三級シヤシ　下圖Ⅱ - 10）

14 - 2 - 2　汽車其他燈光之規定

一、補助前照燈

補助前照燈一般爲黃色之霧燈，用在雨天及霧天有較佳之照明效果。

二、車幅燈

車幅燈當燈開關打開時即能點亮，大貨車及客車之前後四角上均需裝置；前爲黃色，後爲紅色，應在 160 m 外能看見。

三、尾　燈

尾燈爲紅色，燈開關打開時即能點亮，在 160 m 外能看見。

四、煞車燈

煞車燈爲紅色，踩煞車時即點亮，光度爲尾燈之五倍以上，在中午太陽光下，於 100 m 外應能清楚看見。

五、轉向燈

轉向燈前爲白色或黃色，後爲黃色或紅色，光度爲尾燈之五倍以上，在中午太陽光下，於 100 m 外能清楚看見。開關打開後應在 1 秒內能開始閃爍。閃爍速度 60 ～ 120 次／分之間，點滅比爲 0.30 ～ 0.75（即亮的時間若爲 1 秒時，滅的時間爲 0.30 ～ 0.75 秒之意）。

六、牌照燈

牌照燈為白色，夜間應於 20 m 外能看清牌照號碼。

七、倒車燈

倒車燈為白色，當排入倒檔時即能點亮，有些並附有音響裝置，發出聲音以提醒車後行人。

八、室內燈

普通小轎車當車門打開時即點亮，開閉時熄滅，並有手動開關可以控制ＯＮ－ＯＦＦ。大客車之室內燈常使用日光燈，需有特殊之變流變壓裝置。

九、儀錶燈

燈開關－開儀錶燈即點亮，夜間照明儀錶用，有些車子儀錶燈之亮度可以調整。

［註：美國自1986年起規定須加裝第三煞車燈於行李廂上或車廂後玻璃內。］

第 三 節 頭　　燈

14 - 3 - 1　頭燈種類

一、汽車頭燈依構造可分封閉式頭燈（ sealed beam ）、半封閉式頭燈（ semi - sealed beam ）及組合式頭燈（ combination ）三種。

二、頭燈燈泡分１型及２型兩種，１型內僅有一條燈絲，用於四個頭燈之遠光燈。２型內有二條燈絲，用於四個頭燈之外側燈或二個頭燈之汽車，供遠光及近燈光使用。電插頭有三個腳成冂型，位於上方的為近光燈絲，左方為搭鐵，右方為遠光燈。

三、封閉式頭燈

　㈠圖14－3，1 所示為封閉式頭燈之構造，其燈絲、反射鏡、玻璃鏡頭等密封鑄成一體，以防濕氣及灰塵進入，能保持良好照明度，即使燈泡接近燒壞仍保持90%以上之光度，且燈絲焦點不會變更為其優點。

　㈡燈絲之前方通常有遮光板，使上部之燈光除去，以防在雨、霧天時，產生散亂光而在車前形成光幕，使能見度降低，圖14－3，2為遮光板之效果。

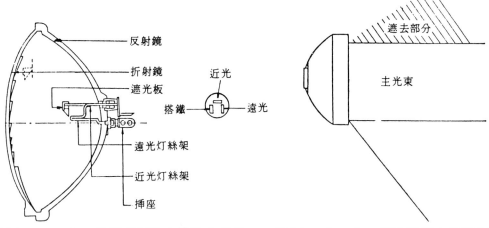

圖14－3，1　封閉式頭燈之構造（自動　　圖14－3，2　遮光板將上部燈光除去（自
　　　　　車整備［Ⅳ］　圖3－2）　　　　　　　　動車整備［Ⅳ］　圖3－5）

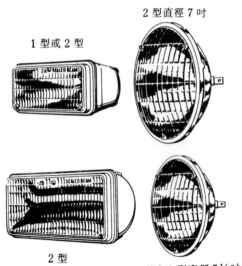

2 型直徑 7 吋

1 型或 2 型

2 型

1 型或 2 型直徑 5½吋

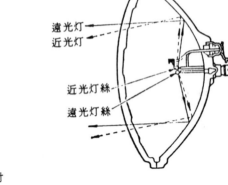

遠光灯
近光灯
近光灯絲
遠光灯絲

圖14－3，3　封閉式頭燈之形狀（Auto-
motive Electical systum
Fig 17－12）

圖14－3，4　2 型頭燈之作用（三級シ
ヤシ下　圖Ⅲ－7）

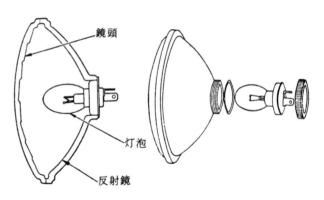

鏡頭
灯泡
反射鏡

圖14－3，5　半封閉式頭燈之構造（自
動車電氣裝置　圖3－2
）（三級シヤシ下　圖Ⅲ
－6）

㈢2 型頭燈，遠光之燈絲正好在反射鏡之焦點上，燈光平行射出，能照射到遠方，近光之燈絲在焦點上方使反射後之光線折向下，以防會車時照射到對方駕駛員之眼睛，圖14－3，3所示爲2型頭燈之構造及作用。1 型之燈泡之燈絲在反射鏡焦點上。圖14－3，4所示爲封閉式頭燈之形狀。常用的封閉式頭燈有5種型式，1型外形爲圓的直徑5 3/4 吋，1 A型外形爲方的4 × 6 ½吋，2 型外形爲圓的直徑5 3/4 吋或 7 吋。2 A型外型爲方的4 × 6 ½吋，2 B型外型爲方的公制 142 × 200 mm 。

四、半封閉式頭燈

圖14－3，5所示爲半封閉式頭燈的構造，反射鏡與玻璃罩爲一體製成，使用已對光之燈泡從後方裝入，構造簡單、成本較低，一般廉價大衆化汽車或機車普遍採用。

五、組合式頭燈

㈠歐洲之汽車常用組合式頭燈，其構造如圖14－3，6所示，使用方型燈罩。

㈡組合式頭燈採用鹵素燈泡（halogen lamp），其構造如圖14－3，7所示，此種燈泡

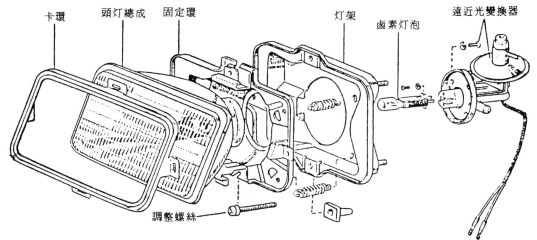

　　　　圖 14 － 3 ，6　　組合式頭燈之構造（自動車電氣裝置　圖 3 － 4 ）

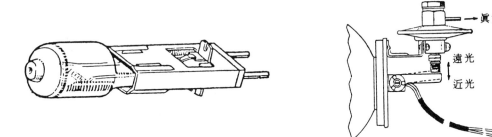

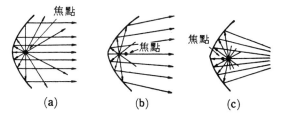

圖 14 － 3 ，7　　鹵素燈泡之構造（自動車電　　圖 14 － 3 ，8　　鹵素頭燈之遠近光動作器（
　　　　　　　　　　氣裝置　圖 3 － 5 ）　　　　　　　　　　　　　　　　自動車電氣裝置　圖 3 － 6 ）

比普通燈泡在同樣電功率下亮度高，壽命長，光度穩定。但是此種燈泡使用時溫度非常
高，因此拆裝時不可以直接用手接觸燈泡，否則手上之油脂附着在燈泡上會影響散熱而
縮短壽命。

㈢組合式頭燈遠近光之變換係使用眞空膜片，拉動燈泡座而改變燈絲位置，以改變射出之
　光線，如圖 14 － 3 ，8 所示。

六、頭燈反射鏡

㈠頭燈之反射鏡有兩種，一種用玻璃製
　造，表面鍍鋁，用在封閉式及部份半
　封閉式頭燈。另一種用鋼皮製造，表
　面鍍銀，用在組合式頭燈或半封閉式
　頭燈。

㈡反射鏡之表面高度光度，可使射出之
　光度較原燈泡增加 6,000 倍以上。

圖 14 － 3 ，9　　反射鏡之作用（自動車電氣裝
　　　　　　　　　置　圖 3 － 1 ）

㈢反射鏡均爲橢圓面，燈絲位於焦點使光反射後平行射出，如圖14－3，9所示。

七、頭燈玻璃

頭燈前面之玻璃表面有很多凹凸不平之線條。使頭燈之部份光線能折射散佈於地面，以看清路面情況，如圖14－3，10所示，同時並可使一部份光線向兩邊擴散，可增寬照射界。圖14－3，11所示爲頭燈玻璃上使光線擴散之線條。

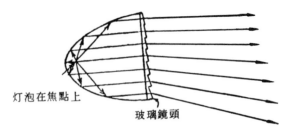

灯泡在焦點上

玻璃鏡頭

圖14－3，10　頭燈玻璃使燈光折向下

14-3-2　頭燈之裝置方法

一、世界各國對頭燈之安裝方式都有法律規定，汽車製造廠必須將頭燈裝在規定之高度及寬度。圖14－3，12所示爲頭燈安裝之規定。

二、頭燈裝在車上以後必須是可以調整的，整個燈泡裝在一個調整架內，再安裝於固定支架上，一般頭燈外面均有裝飾外框，將調整零件遮住。

三、有些車輛頭燈使用隱藏式裝置法（concealed head lamp），使用活動蓋罩住，如圖14－3，13所示。或整個頭燈座爲活動的，可以升降，如圖14－3，14所示，可以移出或藏於車身內部。頭燈隱藏機構由燈總開關操縱，使用眞空操作，如圖14－3，13所示；或電動馬達控制，如圖14－3，15所示。

14-3-3　頭燈之控制

一、圖14－3，16所示爲雙頭燈使用二

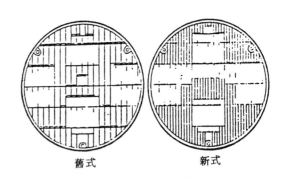

舊式　　　　新式

圖14－3，11　頭燈玻璃上之柱條

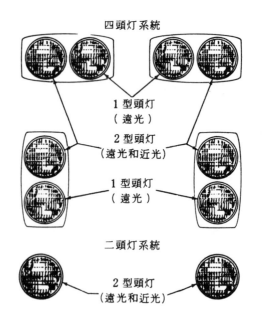

四頭灯系統

1型頭灯（遠光）

2型頭灯（遠光和近光）

1型頭灯（遠光）

二頭灯系統

2型頭灯（遠光和近光）

圖14－3，12　頭燈安裝之規定

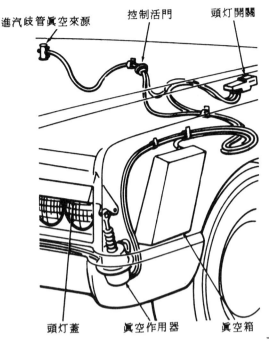

圖14－3，14　整組頭燈及蓋均能升降

個 2 型雙燈絲燈泡之配線圖，圖14－3，17所示為電路圖之例子，圖14－3，18所示為四頭燈使用二個 2 型及二個 1 型燈泡之配線圖。包括頭燈燈泡、燈開關、變燈開關、遠光指示燈等機件。

圖14－3，13　頭燈用活動蓋罩住

一、燈總開關

㈠燈總開關通常有三個位置，如圖14－3，19所示：

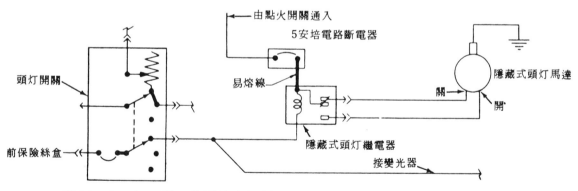

圖14－3，15　用電動馬達來控制頭燈升降之電路（Chrysler）

　第一位置－－OFF，關燈，無電流進入。

　第二位置－－電流通到駐車燈、尾燈、儀錶燈、車幅燈、牌照燈……等。

　第三位置－－電流通到第二位置和通到頭燈。

㈡燈總開關老式車輛均裝在儀錶板上；現代新式汽車均裝在方向盤下方，以一桿操縱，如圖14－3，20所示。

㈢一般燈總開關係控制各燈之電源線，如圖14－3，21所示，但亦有一部份車子之燈總開關係控制各燈之搭鐵線，如圖14－3，22所示，且左右頭燈之電路都是並聯的，有一邊之燈絲燒壞不會影響另一邊。

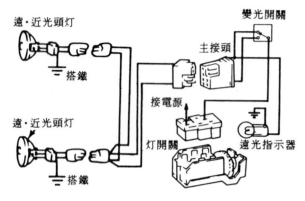

圖14－3，16　雙頭燈使用2型燈泡之配線圖

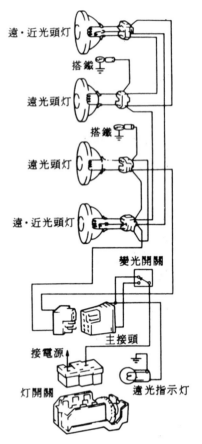

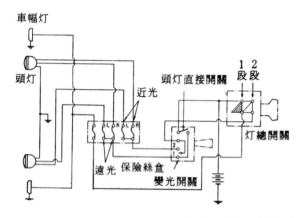

圖14－3，17　雙頭燈電路圖例（自動車用電
　　　　　　裝品の構造　圖3－10）

圖14－3，18　四頭燈使用二個2型二個
　　　　　　1型燈泡配線圖

位置	電源	儀錶灯 車幅灯 尾灯等	頭灯
第一位置	OFF		
第二位置	○————○		
第三位置	○————○————○		

圖14－3，19　燈總開關三位置（自動車用電
　　　　　　裝品の構造　圖3－11）

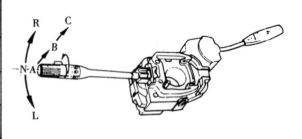

圖14－3，20　新式燈總開關

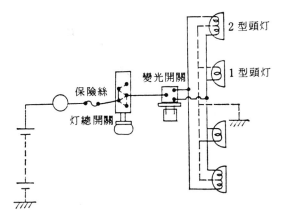

圖14－3，21　燈總開關控制電源（自動車
　　　　　電氣裝置　圖3－9）

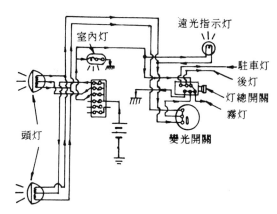

圖14－3，22　燈總開關控制搭鐵

三、變光開關

(一)頭燈必須能選擇使用遠光或近光行駛，
　　因此頭燈電路上必須有變光開關來控制
　　。

(二)一般變光開關均是絕緣，串聯在總開關
　　與頭燈之間，用來改變電源接近光或遠
　　光，如圖14－3，21及圖14－3，22所
　　示。

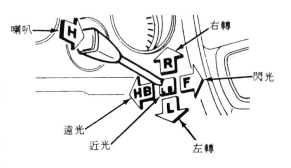

圖14－3，23　手動式變光開關

(三)老式車輛變光開關是裝於地板上，用**腳**操作。新式車子一般均裝在方向盤下方，除控制
　　變光外，有些兼控制轉向燈及喇叭等，如圖14－3，23所示。

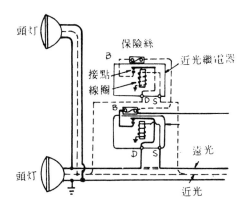

圖14－3，24　遠、近光各由一個繼電器控制

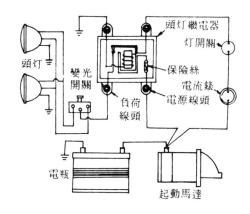

圖14－3，25　遠、近光由一個繼電器控制

四、頭燈繼電器

㈠有些車子在頭燈電路中裝置繼電器，使頭燈直接接到電瓶，以減少頭燈電路之電壓降，以提高頭燈效率。

㈡圖14－3，24所示為遠光與近光分別由一個繼電器控制之電路圖；圖14－3，25為遠近光共用一個繼電器之電路圖。

五、自動變光器

㈠駕駛人會車時若不將遠光改成近光，會使遠光之強烈光線照到來車駕駛人的眼睛，會使對方產生目眩而無法看清路況，很容易發生車禍。因此有些車子裝置有自動變光器，當對面有來車時能自動的將遠光變成近光，會車後再自動恢復遠光，如此可以減少駕駛人忙於操作變光開關之麻煩，專心開車，增進行車安全。

㈡圖14－3，26為自動變光器之基本電路，使用光敏電阻控制電晶體基極電路之ON－OFF，進而控制變光繼電器之作用，當燈開關打開，對面無來車時，電晶體OFF，繼電器無電流，遠光燈之接點閉合，遠光燈亮。當對面有來車，燈光照射到光敏電阻時，光敏電阻使電晶體ON，繼電器有電流流入，使遠光燈之接點分開，近光燈之接點閉合。

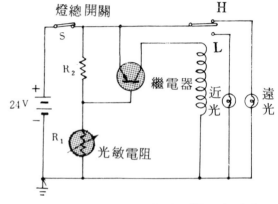

圖14－3，26　自動變光器基本電路

第 四 節　轉向燈和閃光器

14 - 4 - 1　點滅式轉向燈

一、現代大部份汽車均使用點滅式轉向燈。圖14－4，1為其系統圖，包括轉向燈開關，左右之車前與車後轉向燈（25W）、車側轉向燈（8W）及轉向指示燈（3W）、閃光器、保險絲、點火開關等。

二、當轉向燈開關向左（右）扳時，電瓶電→點火開關→保險絲→閃光器→轉向燈開關→左（右）前、後、側轉向燈搭鐵，因閃光器之作用使燈以每分鐘60～120次之速度不斷閃爍，以提高警覺性。

三、閃光器的種類：

㈠電磁熱線式閃光器（ magnetic hot wire flasher ）

　　1.圖14－4，2所示為電磁熱線式閃光器之構造，由電熱線接點A、B、電磁線圈等組成，A點控制流經電磁線圈及轉向燈之電流，由電熱線操作；B接點控制指示燈之作用，許多閃光器取消3B接點而將指示燈併入轉向燈電路中。

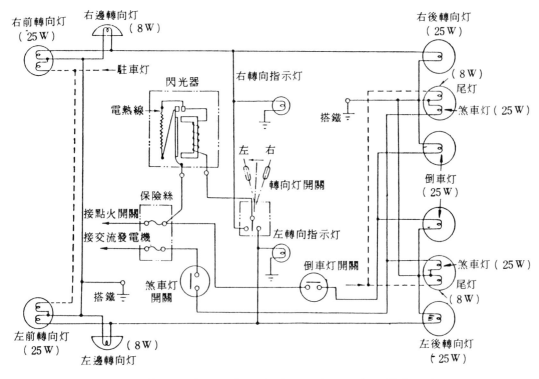

圖14－4，1 普通點滅式轉向燈路系統圖（自動車整備［Ⅳ］ 圖3－26）

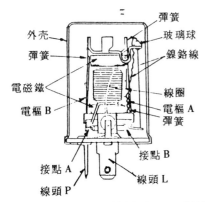

圖14－4，2 電磁熱線式閃光器構造
（自動車整備［Ⅳ］
圖3－11）

2.圖14－4，3所示說明電磁熱線
式閃光器之作用，閃光器有三線
頭；B（＋）線頭接電瓶（經點
火開關），L線頭接轉向燈開關
，P線頭接轉向指示燈（有些閃
光器無P線頭）。當轉向燈開關

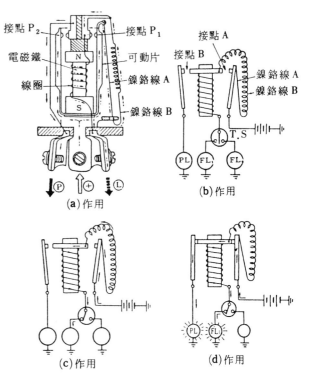

圖14－4，3 電磁熱線式閃光器作用（自
動車電氣裝置 圖3－13）

向左或向右開時，從電瓶來的電流經點火開關→電熱伸縮線Ａ→電熱線Ｂ→電磁線圈→轉向燈開關→轉向燈而搭鐵完成迴路，因電熱線電阻很大，流過之電流很小，轉向燈不能點亮，此時電熱伸縮線Ａ受熱伸長，使接點Ａ閉合，電流不再經過電熱線Ｂ，而直接由接點Ａ流過，電阻小，電流大，使轉向燈點亮，且大量電流經過電磁線圈時，產生很大磁引力，使接點Ｂ閉合，方向指示燈點亮。

3. 此時電熱線因無電流通過，逐漸冷卻收縮，拉動接點Ａ之可動片，使接點Ａ分開，Ａ分開後方向燈熄滅，接點Ｂ分開，方向燈指示燈亦熄滅。電流必須再經電熱線流入，以上動作不斷反覆而使轉向燈及指示燈不斷點滅。

(二)電磁擺動式閃光器（magnetic flasher）

1. 圖14－4，4 所示為電磁擺動式閃光器之構造圖，轉向燈開關Ｔ・Ｓ向右或向左扳時，從電瓶來之電流經接點P$_1$→電磁線圈→轉向燈開關→轉向燈→搭鐵，完成迴路，轉向燈亮。

2. 此時電磁線圈之吸引力超過迴轉板彈簧之拉力，使迴轉板向左轉動，而使接點P$_1$分離，使P$_2$接通，電瓶電流經P$_2$流到指示燈，此時指示燈亮，而流入電磁線圈之電流需經保護電阻，電流甚小，轉向燈熄滅，電磁線圈之引力消失，迴轉板因回拉彈簧之作用力而使上部向右側移動，使接點P$_2$分開，使接點P$_1$閉合，如此不斷反覆動作，使轉向燈及指示燈交互閃亮。

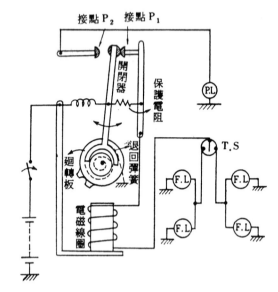

圖14－4，4　電磁擺動式閃光器（自動車電氣裝置　圖3－15）

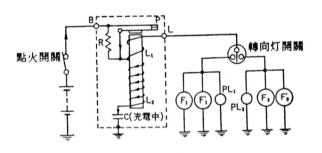

圖14－4，5　電流型電容繼電器式閃光器配線（三級シャシ下　圖Ⅲ－15

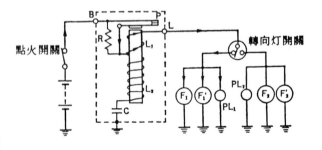

圖14－4，6　方向燈開關打開時之作用（三級シャシ下　圖Ⅲ－16）

㈢電容繼電器式（ condenser relay type ）閃光器

利用電容器之充放電作用使接點繼電器產生動作，由電磁線圈、接點、電容器等組成，有電流型及電壓型兩種。

1.電流型

(1)圖14－4，5所示為電流型電容繼電器式閃光器之配線圖，L為電流線圈，接方向燈開關及方向燈；L₂為電壓線圈，與電容器C串聯，引擎點火開關打開後，電流即經電壓線圈L₂使電容器充電。

(2)當方向燈開關向左或向右扳時，電流從電瓶→閃光器B線頭→接點P→電流線圈L₁→轉向燈開關→轉向燈→搭鐵，轉向燈亮，如圖14－4，6所示。

(3)當電流流入線圈L₁時電磁引力使接點P分開，各燈熄滅。接點P分開時，如圖14－4，7所示，電容器開始放電，此電流經L₂、L₁到轉向燈搭鐵，電流經L₂、L₁線圈時兩磁力相加，使接點P保持分開，此時因電流甚小，燈不亮。

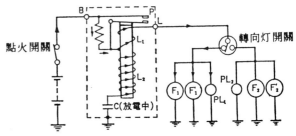

圖14－4，7　接點開啓時之作用（三級シャシ下　圖Ⅲ－17）

(4)電容器放電電流停止後，接點P因彈力而閉合，電流經接點P後分兩路，一路經L₂線圈使電容器C充電，一路經轉向燈開關到轉向燈，使燈點亮，此時L₁線圈及L₂線圈之電流方向相反，磁力互相抵消，接點不能分開。等到電容器充滿電時，L₂線圈之電流停止流動。線圈L₁之吸引力使接點P分開，燈熄，如圖14－4，8所示。以上動作反覆進行，使轉向燈發生閃爍。

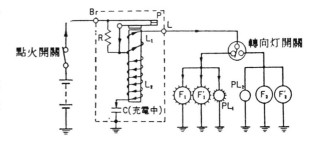

圖14－4，8　接點閉合時之作用（三級シャシ下　圖Ⅲ－18）

(5)圖14－4，9為電容繼電器之構造。

2.電壓型

(1)電壓型電容繼電器式閃光器之構造與電流型大同小異，圖14－4，10為電壓型電容繼電器式閃光器之配線圖，線圈和接點P和電

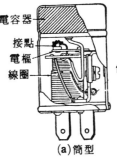

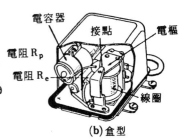

圖14－4，9　電容繼電器式閃光器構造（自動車整備入門　圖6－7　6－8）

阻並聯，當引擎點火開關打開時，電流路徑如下：

電瓶→點火開關→閃光器 B 線頭
- 接點 P → 線圈 L₂→搭鐵
- 接點 P → 線圈 L₁→電容器 C →搭鐵
- 電阻 R → 閃光器線頭 L →轉向灯開關 T.S →轉向灯→搭鐵

經線圈 L_1 流入之電流，使電容器 C 充電，此時線圈 L_1 與 L_2 之電流方向相反，磁力抵消，接點仍閉合。電容器充滿電後，L_1 線圈之電流停止流動。L_2 線圈之磁力使 P 接點分開。電流經電阻 R 後再經 L_2 線圈搭鐵，使接點 P 保持分開狀態。

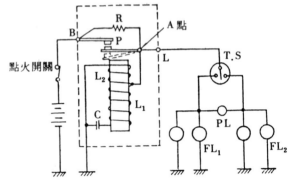

圖14-4，10　電壓型電容繼電器式閃光器配線（自動車電氣裝置　圖3-18）

(2)當轉向燈開關 T・S 向左或向右扳時，電流可以經轉向燈開關至轉向燈搭鐵，完成迴路，A點處之電壓急速降低，電容器 C 開始放電，同時流經 L_2 線圈之電流減少，而使接點 P 閉合。

(3)接點閉合後，如圖14-4，11所示，轉向燈點亮，同時 L_1 及 L_2 線圈也有電流流入。因兩線圈電流方向相反，磁力互相抵消，故接點仍保持閉合，使燈繼續亮。當電容器 C 充滿電時，L_1 線圈電流停止，L_2 線圈之電磁吸力使接點

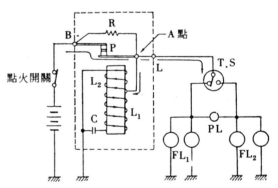

圖14-4，11　接點閉合時之作用（自動車電氣裝置　圖3-19）

P 分開，燈熄。電容器 C 繼續在放電時，接點保持分開，直到放電完了，且 L_2 線圈流入之電流減少，再使接點 P 閉合。以上動作反覆進行，使轉向燈不斷閃爍。此種閃光器之特點為閃光器瓦特數之使用範圍較廣，不會因一個燈泡燒壞而使閃爍動作停止。

㈣水銀式閃光器（mercury flasher）

1.係利用水銀的流動性及導電性製成，水銀中之柱塞上下運動時，會使水銀之液面上下移動，而使電極開閉，使轉向燈產生點滅閃爍。圖14-4，12所示為水銀式閃光器之

構造。

2. 當點火開關打開，同時把轉向燈開關T‧S向左或向右扳動時，電流從電瓶→點火開關→電磁線圈→水銀中的電極→轉向燈開關→轉向燈→搭鐵，完成迴路，轉向燈點亮，如圖14－4，13所示。

3. 當電磁線圈有電流流過時，產生磁力將柱塞向上吸引，水銀由柱塞下面之小孔中慢慢流出，如圖14－4，14所示。當水銀面低於電極時，電流切斷，轉向燈熄滅。此時電磁線圈亦無電流流入，吸引力消失，柱塞下降。柱塞下降時下方之水銀再經柱塞中之小孔流入柱塞內，

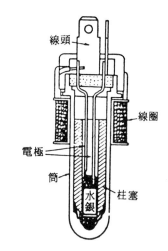

圖14－4，12　水銀式閃光器構造（自動車電氣裝置　圖3－20）

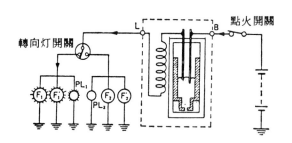

圖14－4，13　轉向燈開關打開時之作用（自動車用電裝品の構造　圖3－30）

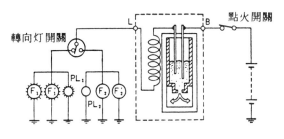

圖14－4，14　柱塞被吸向上之作用（自動車用電裝品の構造　圖3－31）

水銀面逐漸上升，直到水銀使兩電極接通，電極接通時燈亮，如圖14－4，15所示。如此水銀面不斷的與電極接觸與分離，而使電通斷，轉向燈產生閃爍。

4. 水銀在使電流斷續時會有電弧產生，而使電極氧化，所以內部需充填惰性氣體以保護之。

5. 水銀式閃光器之優點如下：

(1)電壓特性良好，閃爍次數與電壓之高低無關。只要有能將柱塞吸引上來之電流經過電磁線圈即能產生正常作用。

(2)溫度變化對閃爍次數不發生影響。

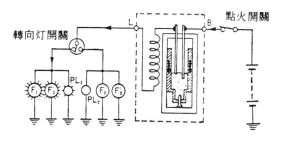

圖14－4，15　柱塞向下降之作用（自動車用電裝品の構造　圖3－32）

(3)構造簡單，不使用接點，耐久性佳，
連續使用不影響閃爍次數。

(五)電晶體式閃光器（ transistor flasher ）

1.電晶體閃光器原理

如圖14-4，16所示，當電晶體T_1OFF
時，T_2ON，此時電流經R_2流入電容器
C_2使其充電，C_2的電壓漸增，使T_1的基
極產生順向偏壓，使T_1ON。在T_1ON
之前，C_1經電阻R，充電至與電源相同
的電壓，故T_2的基極在T_1ON的同時，
得到一逆向偏壓，使T_2OFF。在T_1
ON後C_1經電阻R_1充電，C_1電壓漸增，
使T_2的基極又形成順向偏壓，使T_2ON
。T_1、T_2兩電晶體就如此的產生交互的
ON－OFF。

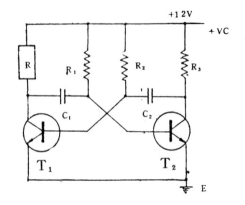

圖14-4，16 電晶體閃光器原理

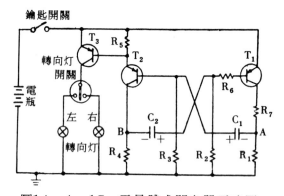

圖14-4，17 電晶體式閃光器電路圖

2.電晶體閃光器其閃光週期不受電器負荷

影響，閃光動作穩定，是其最大優點。
圖14-4，17所示爲電晶體閃光電路之
一例，電晶體T_3爲大功率晶體，供給轉
向燈所需之電流，電晶體T_1和T_2的輪流
通斷，會使T_3產生ON－OFF動作，而使轉向燈閃爍。

(1)當打開轉向燈開關時，電瓶電由大功率電晶體T_3之射極→集極→經轉向燈搭鐵，使
轉向燈點亮。此時電晶體T_2亦在通電狀態，B點獲得電壓，此電壓與電容器C_2之電
壓相串聯，使C_2之電壓漸漸升高，當T_1電晶體之基極電壓高於定值時，電晶體T_1被
關掉。

(2)電晶體T_1關掉後，電容器C_2停止充電，並開始由電阻R_4及R_2放電，使電壓逐漸降
低，直到電晶體T_1基極的電壓低於射極電壓達一定值時，電晶體T_1又恢復通電。

(3)當電晶體T_1恢復通電後，電瓶電由電晶體T_1的射極→集極經電阻R_7及R_1搭鐵。
此時A點之電壓與C_1先期充電之電壓相串聯，使電晶體T_2之基極電壓高於射極電
壓，而使電晶體T_2OFF。

(4)當電晶體T_2OFF時，大功率電晶體T_3亦OFF，使轉向燈熄滅。

(5)當電晶體T_2OFF後，電容器C_1的存電逐漸由電阻R_3和R_1放掉，電壓逐漸降低
，直到電容器C_1的電壓和A點電壓相加之值低於定值後，使電晶體T_2又恢復導通
；當電晶體T_2ON後，又使大功率電晶體T_3導通，使轉向燈又點亮。

(6)如此當電晶體T_2ＯＮ時，大功率電晶體T_3亦ＯＮ轉向燈點亮；電晶體T_1ＯＮ時，電晶體T_2ＯＦＦ，電晶體T_2ＯＦＦ時，大功率電晶體T_3亦ＯＦＦ，轉向燈熄。由電晶體T_1及T_2的交互ＯＮ－ＯＦＦ，不斷的使大功率電晶體T_3ＯＮ－ＯＦＦ，使轉向燈點滅。適當的選用電阻及電容器的容量，即可獲得所需要的點滅比。

㈥閃光器作用表示裝置

1.轉向燈必須正確使用，否則更易造成危險。爲了提醒駕駛人對轉向燈作用之確認，一般使用指示燈、打音裝置或兩者兼用等轉向燈作用表示裝置。

2.指示燈

　　指示燈之接線法如圖14－4，18所示，(a)爲指示燈有專用線頭。(b)和(c)指示燈與轉向燈同時點滅。(c)左右方向分別示知，(d)爲轉向燈和指示燈交互點滅。

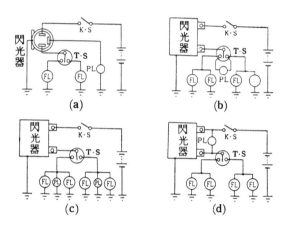

圖14－4，18　轉向指示燈之接線方法（自動車整備〔Ⅳ〕　圖3－18）

3.打音裝置

(1)罩蓋打音式

　　圖14－4，19爲罩蓋打音裝置，一般用在電容繼電器式閃光器。電容器充放電時，使活動片（amature）以相同頻率震動，打擊罩蓋而發音響聲。

(2)膜片打音式

　　圖14－4，20爲附膜片打音裝置之閃光器，圖14－4，21爲其電路圖。當接點Ｐ閉合時，打音繼電器之線圈L_8

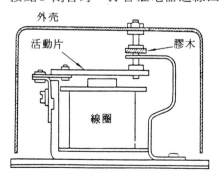

圖14－4，19　罩蓋式打音裝置（自動車整備〔Ⅳ〕　圖3－19）

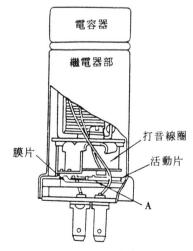

圖14－4，20　附膜片打音裝置之閃光器（自動車整備〔Ⅳ〕　圖3－21）

無電流，膜片彈向上；接點P分
開時。L₃有電流流入，將膜片
向下吸，膜片之震動就會發出響
聲。若轉向燈有一個燈絲燒斷時
，無法吸動膜片，故響聲停止。

(3)蜂鳴器式

有些汽車在轉向指示燈路上加裝
蜂鳴器，有電流流入時即會發出
聲音。

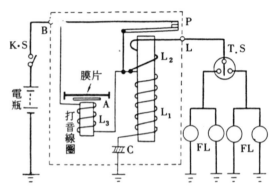

圖14-4，21 膜片打音裝置電路圖（自動
車整備[Ⅳ] 圖3-20）

(七)閃光速度

1.閃光器必須依規定的電壓及電流使
用，燈泡的大小也要合規定，閃光
的速度才能合規定。閃光器接點常開型者，開關打開後1.5秒必須閉合再開。接點常
閉型者，開關打開後1秒內接點必須分開。

2.影響閃光速度之因素：

(1)電壓太低－－不論何型閃光器，閃光速度均變慢。

(2)電壓太高－－不論何型閃光器，閃光速度均變快。

(3)轉向燈泡功率過小－－(a)電磁熱線式閃光器閃光速度變快。(b)簧片式與電晶體
式閃光器若各燈泡合起來之總電流在規定的電流範圍內時，閃光速度不變。(c)其
他各式閃光器閃光速度變慢。

(4)轉向燈泡功率過大－－與(3)功率過小相反。

(5)有燈絲燒斷（若二個或三個轉向燈中有一個燈泡之燈絲燒斷時）－－(a)電磁式閃
光器閃光速度變快，指示燈不亮。(b)簧片式閃光器指示燈仍閃亮。(c)其他閃光
器轉向燈及指示燈只亮不閃。

四、轉向燈開關

老式汽車之轉向燈開關如圖14-4，22所
示。裝在駕駛員容易操作之地方，上面有
指示燈，各線頭所接之機件如圖示，需駕
駛員自行打開及關掉。

(一)現代汽車所用者為自動復原式，裝在方向
盤下方，手柄向順時針方向扳時為右轉，
向反時針方向扳時為左轉，等車子轉彎後
，方向盤開始回轉時，方向燈開關自動復
原至OFF處，駕駛人不必於轉彎後再撥

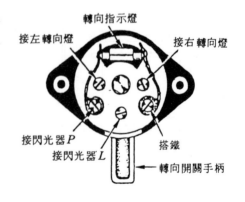

圖14-4，22 老式轉向燈開關

回（但轉彎太小時無法自動復原，須用手撥回）。

(二)圖14－4，22所示爲轉向燈自動復原機構之構造，其作用如下：

1. 手柄未扳時，底板在中央位置，方向盤轉動時，方向柱桿上凸輪之凸出部不會碰到底板上轉鈎。

2. 當汽車欲向右轉；駕駛員將手柄向順時針方向扳時，底板跟著向順時針方向轉動，直到底板上的上角被轉向燈開關外殼上之檔角擋住爲止。此時底板偏向上方，如圖14－4，23所示，此時轉向燈開關盒之推桿被撥向右方，使右側之轉向燈電路接通，如圖14－4，24所示。

3. 手柄向順時針方向扳動後，當向外轉動方向盤時，方向柱桿上凸輪之凸角會碰到底板上之下轉鈎，將鈎推開，凸角轉過後，彈簧又使轉鈎恢復原位，如圖14－4，23所示。

4. 當車子轉彎以後，方向盤會向反時針方向回到正直位置時。方向柱桿凸輪之凸角壓住下轉鈎，將底板向反時針方向推

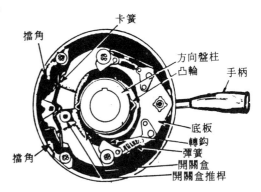

圖14－4，22　轉向燈自動復原機構構造（未扳手柄時，底板在中央）

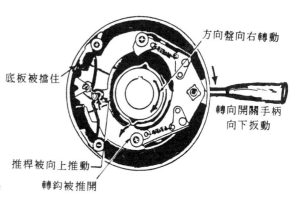

圖14－4，23　手柄向順時針扳時右轉中之作用（底板向上移動，凸輪碰到轉鈎）

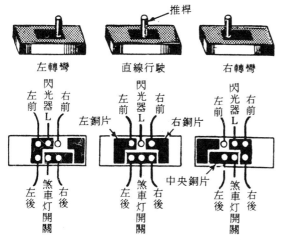

圖14－4，24　轉向燈開關盒之構造及作用（後轉向燈與煞車燈兼用）

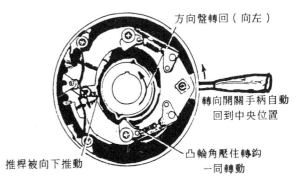

圖14－4，25　轉彎後回方向盤時，自動將底板撥回

動，如圖14－4，25所示，將底板推回
原來之中央位置（圖14－4，22所示）
。

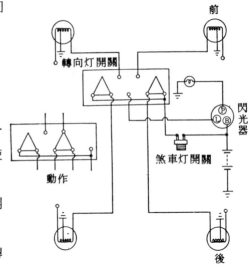

五、其他轉向燈控制電路

(一)後轉向燈與煞車燈兼用電路

1. 圖14－4，25及圖14－4，26所示為一
   般小轎車所常用之後轉向燈兼煞車燈使
   用之電路。

2. 轉向燈不使用時，後面兩燈接煞車燈開
   關做煞車燈用。

3. 當轉向燈開關向右扳時，右方之前後轉
   向燈由閃光器控制產生閃爍。左後方之
   燈仍由煞車燈開關控制。

圖14－4，26 後轉向燈與煞車燈兼用電路圖

(二)使用繼電器之轉向燈路

1. 圖14－4，27為使用繼電器之轉向燈路，後轉向燈與煞車燈兼用，前轉向燈與霧燈兼
   用。

2. 繼電器上共有12個線頭，6組接點，在不轉彎時二線圈均無電流，左右方各組接點保
   持如圖14－4，27所示之狀態。

3. 踩煞車燈時，電流之路線如下：

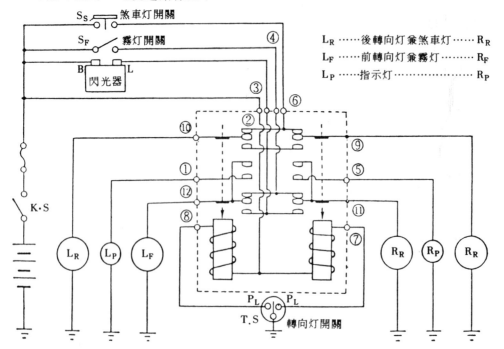

圖14－4，27 轉向燈繼電器電路圖，後轉向燈與煞車燈兼用，前轉向燈與霧燈兼用

$$電瓶 \rightarrow 煞車灯開關 \rightarrow 線頭⑥ \Big\langle \begin{array}{l} \rightarrow 右上接點 \rightarrow 線頭⑨ \rightarrow 右煞車灯（R_R）\rightarrow 搭鐵 \\ \rightarrow 左上接點 \rightarrow 線頭⑩ \rightarrow 左煞車灯（L_R）\rightarrow 搭鐵 \end{array}$$

此時後面兩個轉向及煞車兼用燈做煞車燈用，同時點亮。

4.開霧燈時，電流之路線如下：

$$電瓶 \rightarrow 霧灯開關 \rightarrow 線頭④ \Big\langle \begin{array}{l} \rightarrow 右下接點 \rightarrow 線頭⑪ \rightarrow 右霧灯（R_F）\rightarrow 搭鐵 \\ \rightarrow 左下接點 \rightarrow 線頭⑫ \rightarrow 左霧灯（L_F）\rightarrow 搭鐵 \end{array}$$

此時，前面兩個轉向及霧灯兼用灯做霧灯使用，同時點亮。

5.轉向燈向右扳時，電流之路線如下：

(1)電瓶 → 線頭② → 右繼電器線圈 → 線頭⑦ → 轉向燈開關 → 搭鐵

(2)若繼電器將右側三組接點全部向下吸

$$電瓶 \rightarrow 閃光器 \rightarrow 線頭③ \left\{ \begin{array}{l} \rightarrow 右上接點 \rightarrow 線頭⑨ \rightarrow 右後轉向灯（R_R）\rightarrow 搭鐵 \\ \rightarrow 右中接點 \rightarrow 線頭⑤ \rightarrow 轉向指示灯（R_P）\rightarrow 搭鐵 \\ \rightarrow 右下接點 \rightarrow 線頭⑪ \rightarrow 右前轉向灯（R_F）\rightarrow 搭鐵 \end{array} \right.$$

右側之前後轉向燈及指示燈同時閃亮。

6.轉向燈向右扳，同時踩煞車及開霧燈時之作用：

右側轉向燈之作用情形如前述，此時煞車燈開關之電流只能流入左後燈 L_R（此時作煞車燈用），無法流入右後燈 R_R（此時作轉向燈用）。霧燈開關之電流只能流到左前燈 L_F（此時作霧燈用），無法流入右前燈 R_F（此時作轉向燈用）。

14-4-2　點滅移光式轉向燈

一、配合車子之高速化，使轉向燈更明顯的指示欲轉之方向，現代許多汽車之後轉向燈採用點滅移光式轉向燈。

二、點滅移光式轉向燈，車後之轉向燈使用三個燈泡組合在一起，當轉向燈開關向左或向右扳時，轉向燈依序由內向外順次點亮，如圖14-4，28所示，此式全部轉向燈熄滅之時間變短，使跟在車後之駕駛員更容易確認。

三、點滅移光式閃光器

㈠點滅移光式閃光器（ sequential flasher ）有電容繼電器式及電動機式兩種。

㈡電容繼電器式

1.此種閃光器係將普通的電容繼電器式電流型閃光器三組串聯起來，裝在一個盒子中而成。關於使用轉向燈之容量由各繼電器之線圈比及電容器容量而定。由轉向燈繼電器A、B、閃光器總成、轉向燈開關、轉向燈、轉向指示燈等組成，如圖14-4，29所示，其作用原理如下：

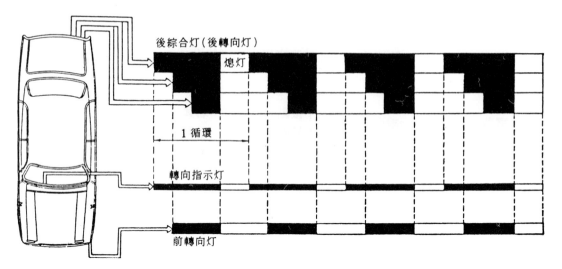

圖 14 – 4 ， 28　點滅移光式轉向燈之作用（自動車電氣裝置　圖 3 – 32 ）

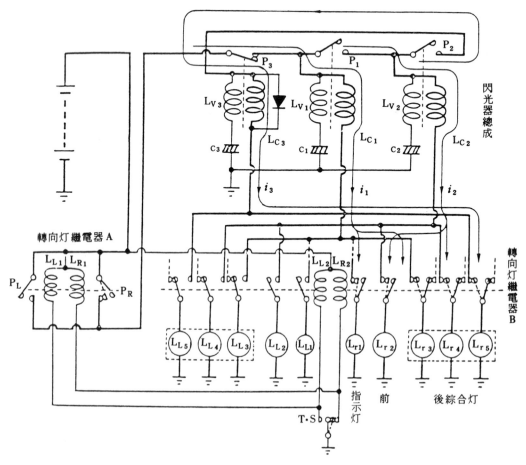

圖 14 – 4 ， 29　點滅移光式閃光器電路圖（自動車電氣裝置　圖 3 – 23 ）

2. 將轉向燈開關 T・S 向右扳時，電瓶電經轉向燈繼電器 L_{R1} 及 L_{R2} 流入到 T・S 處搭鐵，此時，接點如點線所示位置閉合。電流如下流入：

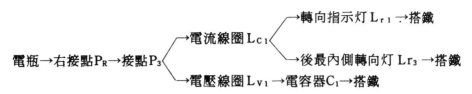

此時轉向指示燈及右後內側轉向燈點亮。

3. 由於 L_{c1} L_{v1} 的作用使接點 P_1 閉合，則電流如下流入：

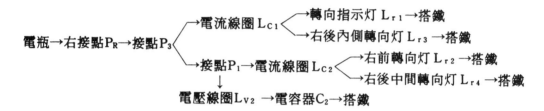

此時右前轉向燈及右後中間轉向燈開始點亮。

4. 接著因 L_{v2} 及 L_{c2} 之作用使接點 P_2 閉合，則電流則下流入：

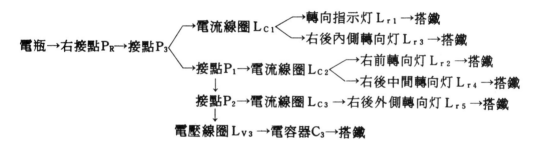

此時右後外側轉向灯開始點亮。

5. 不久，電容器 C_3 之充電完成，電流經線圈 Lc_3 的吸引力使接點 P_3 分開，各燈全部熄滅。此時，電容器 C_1、C_2、C_3 之電荷由電壓線圈→電流線圈經各燈泡之電路放掉。電流電壓兩線圈之磁力線相加，將白金接點保持分開。不久各電容器放電完畢，電磁線圈磁力減弱，一定時間後，白金接點 P_1、P_2 打開，P_3 閉合，再回到開始之狀態，有次序的使各燈點亮。

㈢電動機式

一般電動機式點滅移光裝置有兩個馬達，分別控制左邊及右邊之轉向燈的接觸。馬達的前端裝有圓筒，外周有導體圈與接點接觸，由導體與各接點接觸位置之變化，而使轉向燈有次序的閃爍。因笨重，成本高現代汽車已不採用。

第 五 節　危險警示燈

一、現代汽車均裝有危險警示燈裝置，以
　　便在夜間或能見度不良時於高速公路
　　緊急停車，或在道路中故障時，使前
　　後左右兩側之轉向燈同時閃爍，以防
　　他車衝撞之設備。

二、危險警示燈一般均與轉向燈兼用，其
　　閃光器有共同使用者，如圖14－5，
　　1所示；　有分別使用者，如圖14－
　　5，2。

三、圖14－5，2所示爲使用電容繼電器
　　式電壓型閃光器之電路圖，圖中 T_h

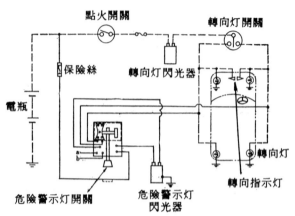

圖14－5，1　危險警示燈配線圖（自動車電氣
　　　　　　　裝置　圖3－26）

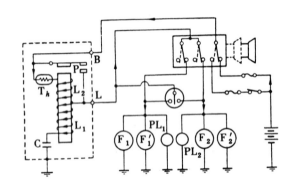

圖14－5，2　使用電容繼電器式電壓型閃
　　　　　　　光器之危險警示燈電路圖（
　　　　　　　開關ON）（自動車用電裝
　　　　　　　品の構造　圖3－4）

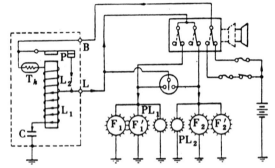

圖14－5，3　接點閉合時之作用
　　　　　　　（自動車用電裝品の構
　　　　　　　造　圖3－36）

爲半導體熱敏電阻器，以穩定閃光速度。其作用如下：

㈠當危險警示燈開關ON時，如圖14－5，1所示，將原來之轉向燈電路改變爲危險警示
　燈電路，電流由電瓶→警示燈開關→熱敏電阻 T_h →線圈 L_2 →前後警示燈（即原轉向燈
　）→搭鐵。

㈡此時因電流需經電阻，電流小，燈泡不亮，但 L_2 線圈之吸力可以使接點P閉合。接點
　P閉合後燈泡點亮。同時有一部份電經線圈 L_1 使電容器C充電，如圖14－5，3所示。

㈢此時線圈 L_1 代替 L_2 產生吸力，使接點保持閉合，則燈保持點亮，不久電容器C充滿電
　，線圈 L_1 之電流停止，無吸引力，接點P分開，燈泡熄滅，以上動作反覆作用，使燈
　泡不斷閃爍。

第 六 節　其他汽車燈光裝置

一、霧　　燈

　　霧燈為補助車子之照明用，尤其遇雨霧時，霧對白色光會產生亂反射而使照明效果大為降低。霧對黃色燈光較不會產生亂反射，照射效果較佳，普通另配電路如圖14－6，1所示。通常，使用黃色燈玻璃或黃色燈泡，燈上方之光線通常遮斷，以減少亂反射。

二、倒車燈

　　㈠汽車倒車燈與其他燈路獨立，一般裝在後保險桿或大樑上，亦有與尾燈、駐車燈組合在一起，顏色為白色。倒車燈開關係由變速箱倒檔控制，其構造如圖14－6，2所示。

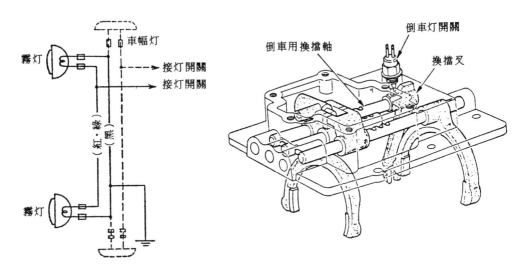

圖14－6，1　霧燈電路圖（自動車電氣裝置　圖3－10）

圖14－6，2　倒車燈開關之裝置位置（三級シャシ下　圖Ⅲ－13）

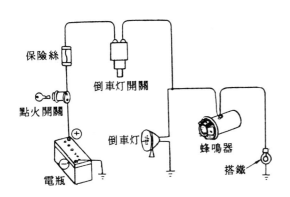

圖14－6，3　倒車燈及蜂鳴器電路圖（自動車整備［Ⅳ］　圖3－9）

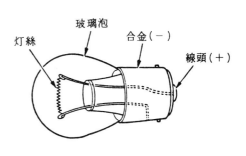

圖14－6，4　單絲燈泡（三級シヤシ下　圖Ⅲ－3⑴）

㈡倒車燈電路如圖14－6，3所示。通常倒車燈經過點火開關，只有在點火開關打開，打入倒檔時才發生作用。有很多車子在倒車燈路並聯有蜂鳴器，於倒車時發出聲音提醒車後之人車注意。

三、尾　　燈

㈠尾燈裝於汽車之後面左右兩側，以告知車之位置，顏色為紅色，有些與駐車燈共用燈殼，但瓦特數較小。尾燈和頭燈電路並聯。

㈡尾燈燈泡有使用單絲之燈泡者，如圖14－6，4所示，亦有與煞車燈或轉向燈兼用之雙燈絲燈泡，如圖14－6，5。一般汽車之後燈都是把轉向燈、煞車燈、尾燈、駐車燈等組合在一起，成一綜合燈。

四、車幅燈（小燈）

在前面左右對稱，靠車子兩側位置，有些車子在車身上亦有安裝，頭燈開關開第一段及第二段均能點亮，一般與駐車燈兼用。燈色為白色或黃色。

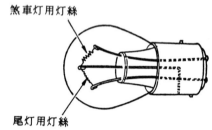

圖14－6，5　雙絲燈泡（三級シヤシ下
　　　　圖Ⅲ－3⑵）

五、煞車燈

㈠當駕駛員踩煞車踏板時，煞車燈點亮，以提醒後車注意。

㈡煞車燈開關有機械式、油壓式及壓縮空氣式三種。

1.機械式煞車燈開關如圖14－6，6所示，於踩下煞車踏板時，開關內之接點接通；放鬆踏板時，推桿使接點分開，燈熄。

2.油壓式煞車燈開關如圖14－6，7所示，壓縮空氣式如圖14－6，8所示，係當踩下煞車踏板時，煞車系之管路中有油壓或氣壓時，使接點接通，燈亮；煞車踏板放開，壓力消失，接點分開。

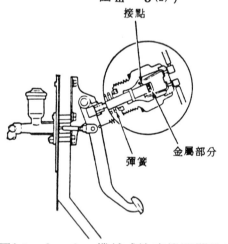

圖14－6，6　機械式煞車燈開關構造（
　　　　三級シヤシ下　圖Ⅲ－11
　　　　⑾）

3.煞車燈路之配線單獨電路如圖14－6，9所示。

六、牌照燈

汽車前後牌照燈與車幅燈或頭燈並聯，開燈後，駕駛員不能單獨關閉，燈色為白色。

七、室內燈

一般小型車之室內燈開關由車門控制，車門打開時點亮，以照明車室。同時另有開關可

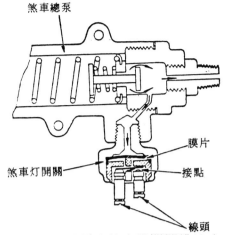

圖14－6，7　油壓式煞車燈開關構造（
　　　　　　　自動車用電裝品の構造
　　　　　　　圖3－14(b)）

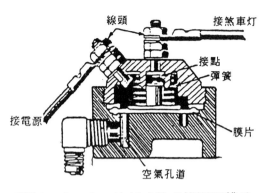

圖14－6，8　空氣式煞車燈開關構造

以直接點亮室內燈。大型客車現都使用日
光燈，必須有變流及變壓設備。

八、儀錶燈

夜間汽車上之各儀錶必須能夠讓駕駛員很
清楚的看到，但該光線必須不影響到駕駛
員之夜間視力，因此儀錶燈必須很柔和而
不刺眼，能使儀錶清楚辨讀即可。

九、汽車用電晶體日光燈

㈠因直流電無法點亮日光燈，故汽車用日光
　燈必須先將直流電變成交流電，且把電壓
　升高，通常使用之變流器有下列幾種：

圖14－6，9　煞車燈電路（三級シャシ
　　　下　圖Ⅲ－12）

1.振盪型變流器

　最初汽車上使用的日光燈用此型
　變流器將直流電變成交流電後，
　用變壓器升壓，再用來點亮日光
　燈。構造如圖14－6，10所示
　。其缺點為，因白金以很快的速
　度跳動，白金接點易生火花，而
　使接點燒壞而失去作用。

2.電晶體變流器

　(1)此式係利用電晶體的振盪作用
　　使低壓的直流電變成高壓之交

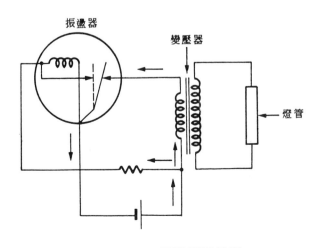

圖14－6，10　振盪型變流器

流電，以供日光燈使用之裝置。

(2)電晶體變流器之優點如下：

①使用的零件可全部裝在日光燈燈罩內，體積小，耗電少，耐震動。

②無機械運動機件，故障少壽命長。

③所產生的交流電頻率甚高可達 15,000～25,000 週／秒，因此日光燈不會閃爍，且光度可較一般60週／秒之日光燈增強 10～20％。

④電壓即使降低達20%，仍能點亮日光燈，故可以借變動電壓來調整光度。

(3)圖 14－6，11 所示為電晶體變流器基本電路，其作用如下：

①當開關 S 接上時，T_r 之基極因 R_1 與 R_2 之分壓作用使 T_r ON。

②當 T_r ON以後，如圖 14－6，12 所示，射極電流 I_e 經過線圈 L_1，因自感應作用使 L_1 線圈之上端為⊕，下端為⊖，基極電流 I_B 使 L_3 線圈之上端為⊖，下端為⊕；使 T_r 基極電壓更低，T_r 在完全ON狀態，C_2 並充電，上端為⊖，下端為⊕電壓。

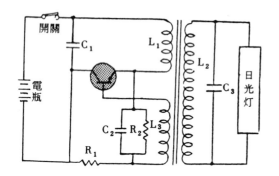

圖14－6，11 電晶體變流器基本電路

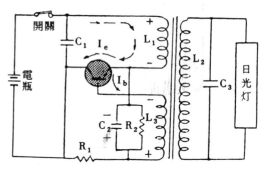

圖14－6，12 電晶體變流器作用㈠

③當電流穩定後，L_1 及 L_3 之自感應電壓消失，基極之電壓升高，使射極與基極間之電壓降減少，I_B 及 I_e 就減少。電流減少之結果，因自感應作用使線圈L_1 和 L_3 感應出相反之電壓。L_1 上端為⊖，下端為⊕，L_3 上端為⊕，下端為⊖，如圖 14－6，13所示。

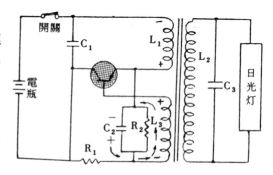

圖14－6，13 電晶體變流器作用㈡

④L_3 之電壓作用在 T_r 之基極上，使 T_r OFF，磁場完全消失，使 L_2 感應出高壓電。

⑤C_2 之電壓從 R_2 電阻放出後，整個電路又恢復到原始狀態。

⑥電晶體變流器的斷續作用非常快，每秒達 15,000 至 25,000 次，可以產生非常高頻率的交流電。電路中 C_3 為波形改善電容器，能獲得正弦波形之交流電壓。C_1 為濾波電容器，用來吸收電晶體斷續作用時之脈波，以免該脈波回授到電源，影響其他電路之作用。

(二)電晶體日光燈電路

1. 目前大客車所使用之電晶體日光燈，其構造和線路因製造廠商而異。大部分採用日本金王牌及三陽牌電晶體日光燈。

2. 金王牌電晶體日光燈

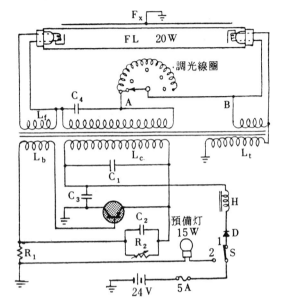

圖14- 6 ,14　金王牌電晶體日光燈電路

(1)圖 14 - 6 , 14 所示為金王牌電晶體日光燈之電路圖。

(2)當開關在 1 位置時，使 T_r 基極因 R_1 及 R_2 的分壓作用而使 T_r O N，T_r O N後電流如下：

電瓶⊕→變壓器一次線圈Lc →T_r 射極→T_r 集極→搭鐵。

(3) Lc 有電流通過時，自感應電壓使 C_1 充電，繞在變壓器上之 L_B 線圈也感應出電壓，使基極電壓更低，使 T_r 在完全O N 狀態。

(4) Lc 之電流穩定後，L_b 之感應電壓消失，T_r 基極電壓升高，使射極與基極電流減少，C_1 之存電放出，使 L_b 感應出相反電壓，與 C_2 之電壓相加，使 T_r OFF。

(5) T_r O F F 時使變壓器二次線圈感應高壓電。C_2 之存電從 R_2 放掉，又恢復原始狀態。

(6)如此變流器不斷的反覆作用，使二次線圈輸出約 170 V 之高頻交流電加於燈管之兩端，同時燈線圈 L_f 也感應一交流電壓使燈絲燒熱。

(7)變壓器上另有一觸發線圈 L_t，亦感應一電壓加到燈管上的導電板 F_x，使燈絲與導電板間有很強的電場，因此不必等待燈絲燒熱就能使日光燈點亮。

(8)在 A 、B 之間可以加裝調光線圈，利用線圈電感阻抗來控制輸出電流。在減光時，高洩漏變壓器就能增加燈絲電流，使燈絲能維持在 $950 \pm 50°C$ 之間，使日光燈能正常作用。

(9)電容器 C_3 及阻流線圈 H，用來防止脈波電壓回授到電源。整流粒 D 則防止裝錯極性時燒壞電晶體變流器。

(10)預備燈是日光燈損壞時，將開關轉到 2 位置，以備用。

3. 三陽牌電晶體日光燈

　圖 14－6，15 所示爲三陽牌電晶體日光燈電路，上面附有調光裝置，可以調三種不同光度。在變壓器之輸出端增加燈絲線圈，以補償減光時燈絲電流的減少，使燈絲溫度保持不變。使用電壓 26 VDC（20～30 V），電流 1.05 A（0.85～1.25 A），頻率 18 仟週／秒。

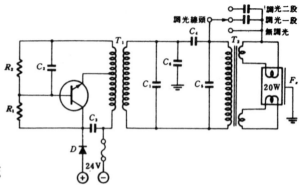

圖14－6，15　三陽牌電晶體日光燈電路

4. 金王牌延遲熄燈式電晶體日光燈

(1)延遲熄燈式電晶體日光燈用在車門上，當關掉燈開關，車門開時仍繼續點亮，等車門關好後一段時間才自動熄燈，以便利夜間收車作業。

(2)圖 14－6，16 所示爲金王牌延遲熄燈式電晶體日光燈之電路圖。

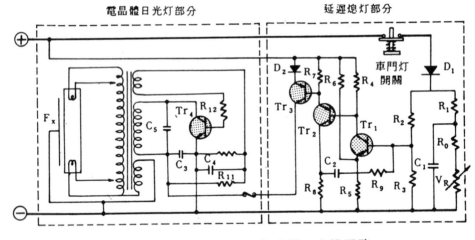

圖 14－6，16 金王牌延遲熄燈的車門日光燈電路

(3)當車門打開時，車門燈開關ＯＮ，電流如下：

$$電瓶 \oplus \rightarrow 車門灯開關 \rightarrow D_1 \begin{cases} \rightarrow R_1 \begin{cases} \rightarrow 充電 C_1 \rightarrow 搭鐵 \\ \rightarrow R_0 \rightarrow V_R \rightarrow 搭鐵 \end{cases} \\ \rightarrow R_2 \rightarrow Tr_1 基極 \rightarrow Tr_1 射極 \rightarrow R_5 \rightarrow 搭鐵 \end{cases}$$

使 Tr_1 ON，Tr_1 ON 之電流如下：

電瓶 $\oplus \rightarrow R_4 \rightarrow Tr_1$ 集極 $\rightarrow Tr_1$ 射極 $\rightarrow R_5 \rightarrow$ 搭鐵，使 Tr_2 ON。

Tr_2 ON 後之電流如下：

電瓶⊕→R_7→Tr_2 射極→ Tr_2 集極→R_8→搭鐵，使 Tr_3 ON。

④Tr_3 ON後之電流如下：

電瓶⊕→D_2→Tr_3 射極→ Tr_3 集極→日光灯電路→搭鐵，使日光灯點亮。

(4)當車門關好後，車門燈開關ＯＦＦ，電流被切斷，但電容器C_1之存電會放出，使 T_{r1}、T_{r2}、T_{r3} 能繼續維持通電數秒鐘，使日光燈能繼續點亮一短時間。待C_1 存電放完後，使T_{r1}、T_{r2}、T_{r3} ＯＦＦ，日光燈自動熄滅.。

(5)可變電阻V_R 用來調整電容器C_1 之放電時間，以控制延遲熄燈之時間。整流粒D_1 使C_1 之放電不會倒流到車門燈開關。C_2 及R_9 係當T_{r2} ＯＮ時，輸回T_{r1} 之基極 ，使通電更確保。

習題十四

一、是非題

( )　1.目前汽車頭燈普遍採用鹵素燈泡(Halogen Bulb)為防止接觸不良更換時應用手直接抓 燈泡，才能緊插在燈座上。

( )　2.一般的汽車，小燈與頭燈均使用同一保險絲。

( )　3.方向燈，燈泡的瓦特數不符合廠家規定時，則閃光器的閃滅次數會改變。

二、選擇題

( )　1.汽車頭燈之近光燈應能看清楚前方多遠處之行人及障礙物① 40 m② 60 m③ 80 m ④ 100 m。

( )　2.汽車頭燈之遠光燈應能看清前方多遠處之行人及障礙物① 40 m② 60 m③ 80 m④ 100 m。

( )　3.汽車轉向燈閃爍速度每分鐘應爲① 20 ～ 60 次② 60 ～ 120 次③ 120 ～ 160 次。

( )　4.頭燈加用反射鏡後，可使射出之光度較原燈絲亮① 6 ② 60③ 600 ④ 6000　倍。

( )　5. 2 型頭燈背後有三個插頭，其位於上方的是①近光②遠光③搭鐵④接電瓶　插頭。

( )　6.何種閃光器不因電壓高低及溫度變化而受到影響①電磁熱線式②電容繼電器③水銀 式。

( )　7.水銀式閃光器是利用①高黏度及高密度②聚合性及耐高溫性③流動性及導電性。

( )　8.電磁擺動式閃光器，若線路中有燈泡燒壞，則對轉向燈①會變快②會變慢③不亮④ 不變。

( )　9.各燈功率爲：轉向燈 A ，轉向指示燈 B ，煞車燈 C ，尾燈 D ，其功率大小順序爲① C＞D＞A＞B②C＞A＞D＞B③A＞C＞D＞B④A＞B＞C＞D。

(　　)10.在變光開關三個位置中，那一個路不經頭燈開關之控制①超車燈②近光燈③遠光門④危險警告燈。

(　　)11.夜間行車頭燈燈泡時常燒壞應檢查①電瓶樁頭是否牢固②頭燈保險絲③發電機電壓調整④頭燈搭鐵線。

(　　)12.頭燈對光時應檢查①光軸角度②光度③遠光及近光④光軸角度及光度。

三、填充題

1.汽車燈光系統，依其用途可分為（　　　　　）、（　　　　　）及（　　　　　）用燈光。

2.頭燈性能檢驗時，使用集光式試驗機時，測試距離為（　　　　　）公尺；使用幕式試驗機時，測試距離為（　　　　　）公尺。

3.轉向燈在中午太陽光下於（　　　　　）公尺外能看清楚；閃爍速度（　　　　　）次／分，點滅比為（　　　　　）。

4.頭燈依構造可分為（　　　　　）、（　　　　　）及（　　　　　）式三種。

5. 2 型頭燈中，（　　　　　）燈絲在焦點處。

6.頭燈反射鏡，一種用玻璃製造，表面鍍（　　　　　），用在（　　　　　）式頭燈。另一種用鋼皮製造，表面鍍（　　　　　），用在（　　　　　）式頭燈。

7. 自動變光器是利用（　　　　　）來感應變光信號。

8.電容繼電器式閃光器是利用電容器之（　　　　　）作用，使接點繼電器產生動作。

9.電容繼電器式閃光器的種類有（　　　　　）型及（　　　　　）型兩種。

10.點滅移光式閃光器有（　　　　　）式及（　　　　　）式兩種。

11.煞車燈開關有（　　　　　）式、（　　　　　）式及（　　　　　）式三種。

12.組合式頭燈一般使用（　　　　　）燈泡，能有很強的光度。

四、問答題

1.汽車上各種燈光顏色有何規定。

2.頭燈之燈絲前方有遮光板，其功用為何？

3.頭燈反射鏡的功用為何？

4.頭燈自動變光器有何功用？

5.水銀式閃光器如何作用？有何優點？試說明之。

6.試說明影響閃光速度之因素為何。

7.電晶體變流器的優點有那些？

第十五章　汽車儀錶

第 一 節　汽車儀錶概述

一、汽車各部的狀態駕駛人必須隨時了解，才能安全的駕駛。汽車儀錶就是汽車引擎各系統
、車速、里程、油料之監視系統。

二、早期汽車的儀錶都是使用指針的
類比式儀錶，一般將各錶組合在
一起，如圖15－1，1所示。

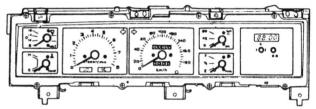

圖 15－1，1　類比式儀錶組

三、因儀錶指針的指示值駕駛人需刻
意去看，缺乏警覺性，何況駕駛
人所關心的只是車況的「好」與
「不好」，沒有必要知道確實的數字，因
此近代的汽車改採駕駛人反應快且具有警
覺性的各色警告燈來代替。圖15－1，2
所示爲類比溫度錶，燃油錶及充電、油壓
、遠光指示燈組合錶。

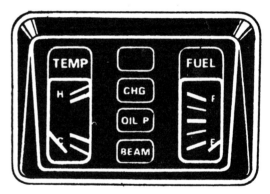

圖15－1，2　類比溫度錶、燃油錶及充
電、油壓及遠光指示燈組
合之儀錶組

四、近來有些汽車爲確保安全，使完全不懂汽
車機械構造的駕駛人也都能安全的駕駛上
路，不必顧慮汽車機件是否安全，裝置有
安全監視器。機件如有不正常現象，監視
器立刻使有關之警告燈點亮，使駕駛人知
道什麼部分需要注意，趕快將車開到保養場做適當的處理，以免發生嚴重事故。安全監
視部份包括：煞車來令片磨損達限度、引擎溫度超過、引擎機油不足、引擎冷却水不足、
電瓶電液不足、煞車油不足、檔風玻璃清洗液量不足、眞空輔助煞車之眞空度不足及頭
燈、煞車燈、牌照燈、尾燈之燈絲燒斷……等。

五、由於電子及微電腦控制技術的引進汽車，現代出廠的新車已改採用數字顯示的數位儀錶
來取代傳統以指針指示的類比儀錶。目前採用數位顯示的儀錶有車速、引擎轉速、燃油
量、冷却水溫度……等，如圖15－1，3所示。警告裝置除燈外，並採用警音裝置式會
說話的語言警告裝置。

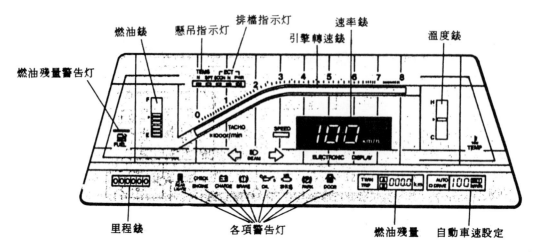

圖 15 - 1 , 3　豐田翱翔者（ Soarer ）車使用之數位儀錶及警告燈（ Toyota ）

六、因汽車儀錶非常重要，爲使世界各國的人都能看得懂，故現代汽車之儀錶、警告燈及開關上使用統一的識別圖案，如圖 15 - 1 , 4 所示。圖 15 - 1 , 5 所示爲使用世界統一識別圖案之新式電子儀錶例。

編號	名　稱	識別圖案	編號	名　稱	識別圖案	編號	名　稱	識別圖案	編號	名　稱	識別圖案
1	主灯開關		13	排汽煞車		25	喇叭		參考圖1	座椅調整	
2	遠光		14	引擎熄火		26	後行李箱蓋		參考圖2	室內鏡灯日夜開關	
3	近光		15	電瓶		27	頭灯清洗器		參考圖3	電瓶液警告灯	
4	前霧灯		16	通風扇		28	速度表示灯檢　查		參考圖4	煞車系統	
5	室內灯		17	點烟器		29	引擎控制		參考圖5	排氣系過熱	
6	小灯		18	前引擎室蓋		30	燃油		參考圖6	門半關警告	
7	擋風玻璃雨刷		19	危險警告灯		31	安全帶		參考圖7	後車門	
8	擋風玻璃雨刷及噴水		20	駐車灯		32	引擎機油		參考圖8	加熱	

9	擋 風 玻 璃清　　　洗		21	轉向指示灯		33	引擎冷却水溫　　　度		參考圖9	通風	
10	前擋風玻璃除　　　霧		22	後擋風玻璃除　　　霧		34	後擋風玻璃雨　　　刷		參考圖10	新鮮空氣	
11	阻風門		23	天線		35	後擋風玻璃清　　　洗		參考圖11	循環空氣	
12	節汽門		24	儀錶灯控制		36	後擋風玻璃雨刷及清洗		參考圖12	自動注油器	

圖 15－1 ，4　　世界統一儀錶及警告燈識別圖案 (別冊自動車工學　1－5－13)

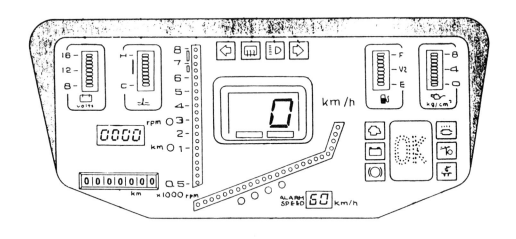

圖15－1 ，5　　使用世界統一識別圖案之新式電子儀錶例 (別冊自動車工學 1－5－C)

第 二 節　類比式儀錶

15 - 2 - 1　概　　述

一、燃油錶、機油壓力錶、溫度錶等各種儀錶都有兩部份，即錶本體或接收器 (receiver) 與送信器 (sender)，兩者使用一條電線連接使用。

二、接收器中有指針及刻度，司各測定值的指示；送信器在各部位進行測定，以提供接收器測定值。

三、一般接收器有電熱偶片式及線圈式兩種，送信器有電熱偶片式及電阻式兩種故儀錶的組成有如圖 15－2 ，1所示幾種。

　　新式之線圈式儀錶採用交差線圈置針式儀錶，舊式之線圈式儀錶有線圈串聯式及並聯式兩種。

15-2-2　電熱偶片式原理與補償

一、熱偶片原理

(一)現代汽車使用之類比儀錶大部份為
　　電熱偶片式儀錶，利用熱偶片彎曲
　　拉動儀錶的指針，以指示正確讀數
　　，因其構造簡單，故成本低。

(二)熱偶片係兩片膨脹係數相差很大的
　　金屬片〔一般使用黃銅與不變鋼（
　　invan），含鎳36％，鐵64％之
　　合金，膨脹係數非常小〕相重疊在
　　一起而成，如圖15－2，2所示
　　，將膨脹率極小之不變鋼置上側，
　　膨脹率大的黃銅置下側，當加溫後
　　，尾端即向上彎，熱偶片之彎曲量
　　A與溫度的變化成正比。

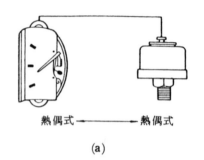

熱偶式 ←————— 熱偶式

(a)

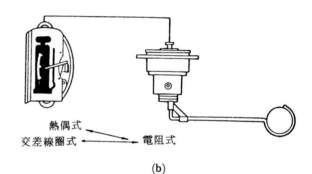

熱偶式
交差線圈式 ←————— 電阻式

(b)

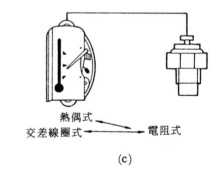

熱偶式
交差線圈式 ←————— 電阻式

(c)

圖15－2，1　儀錶送信器及接收器之組合
　　　　　　（DENSO メータ編　圖
　　　　　　3－1）

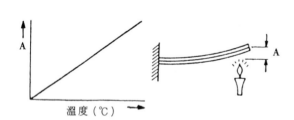

圖15－2，2　熱偶片（自動車電
　　　　　　氣裝置　圖4－2
　　　　　　）

二、熱偶片之溫度補償

(一)熱偶片若只用一片，則熱偶片會因
　　外界溫度的變化而彎曲，使錶的指
　　示失準，如圖15－2，3(a)所
　　示。

(二)為避免錶的指示受外界溫度的影響
　　，如圖15－2，3(b)所示，使用

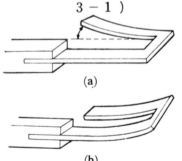

(a)

(b)

圖15－2，3　熱偶片之溫度補償（DENSO
　　　　　　メータ編　P.19）

兩片熱偶片成U字形，如此外界溫度變化時，固定端與自由端的彎曲量相同，因外界溫度變動所產生的彎曲互相抵消，因此錶的指針不會因溫度變動而發生指示誤差。

三、電壓調節器

㈠電熱偶片式儀錶利用電流流經繞在熱偶片外之電熱線產生熱量，使熱偶片彎曲，使儀錶的指針移動，指示正確讀數。

㈡當電源發生變化時，電壓高的時候流經電熱線之電流較大，產生之熱量較多，熱偶片之彎曲量大，指針之讀數會較高；電壓低時，指針之讀數會較低，使儀錶之指示失準。

㈢為使電熱偶片式儀錶之指示不受電源電壓變動的影響，所有電熱偶片式儀錶的前面一定要裝置電壓調節器，使流到儀錶的電流量保持一定，不因電壓的變化而影響錶的讀數。

㈣電壓調節器原理及構造

現代汽車使用之電壓調節器有電熱偶片式及ＩＣ式兩種：

1.電熱偶片式電壓調節器

(1)構造

①圖15－2，4所示為電熱偶片式電壓調節器之構造，串聯在電源與儀錶之間，熱偶片成U字形，一端固定，另一端有接點，固定之熱偶片上繞有電熱線，接點上並有調節螺絲。

②有些電壓調節器直接裝在儀錶體中，如圖15－2，5所示，構造如前述。

(2)作用

①圖15－2，6所示為電壓調節器串聯在電源與儀錶間之電路圖，圖15－2，7為電壓調節器裝在儀錶體內之電路圖。

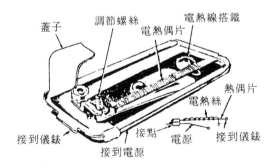

圖15－2，4　電熱偶式電壓調節器（串聯在錶外）　　圖15－2，5　電壓調節器裝在儀錶中（DENSO メータ編　圖3－20）

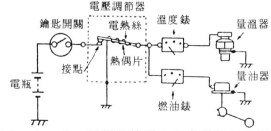

圖15－2，6　電壓調節器串聯在儀錶與電源之間

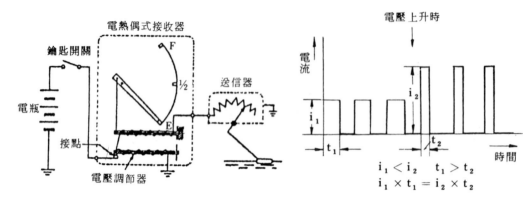

圖15－2，7 電壓調節器裝在錶中之電路（デンソー・メータ編 圖 47）

圖15－2，8 電壓調節器之作用（DENSO メータ編 圖 3－21）

②當鑰匙開關打開（ＯＮ）時，電流經電壓調節器的接點、熱偶片流到儀錶，另有部份電流經繞在電壓調節器熱偶片上的電熱線搭鐵。電流經電壓調節器之電熱線時發熱，使熱偶片彎曲，接點分開；接點分開後電流切斷，電熱線無電流，熱偶片冷却變直，又使接點閉合。如此接點不斷的開合跳動，保持流過的電流量一定。

③如圖15－2，8所示，在電壓較低時，電流流通的時間較長；電壓較高時，電流流通的時間較短，保持電流量不變。使儀錶部份受到之電流量不因電壓高低而改變，使指針之讀數不受電壓影響。

2. ＩＣ式電壓調節器

(1)構造

ＩＣ式電壓調節器係使用一比較器（ converter ）與電阻、電容等組成，ＩＣ電壓調節器安裝情形如圖15－2，9所示。

(2)作用

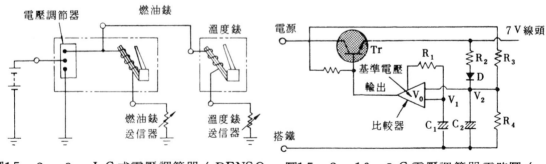

圖15－2，9 ＩＣ式電壓調節器（DENSO メータ編 圖3－22）

圖15－2，10 ＩＣ電壓調節器電路圖（DENSO メータ編 圖3－23）

①ＩＣ式電壓調節器之基本電路如圖 15 － 2 ，10 所示。

②比較器之輸入電壓為 V_1 ，V_2 比基準電壓 V_0 低時，輸出係為ＯＮ的信號，使電晶體 T_r ＯＮ；反之，若輸入電壓比基準電壓高時，輸出係為ＯＦＦ的信號，使 T_r 也ＯＦＦ。

③當鑰匙開關ＯＮ時，電流經 R_1 → C_1 →搭鐵，C_1 被充電，輸入電壓 V_1 較比較器的基準電壓 V_0 低的期間，比較器輸出為ＯＮ，使 T_r 變ＯＮ，由於 T_r ＯＮ，使在 7 Ｖ線頭上出現電瓶電壓（12Ｖ）。如此一來，電流流經 R_2 → D → C_2 →搭鐵，C_2 被充電，V_2 一旦高於 V_0，在比較器之輸出處便出現ＯＦＦ信號；使 T_r 變ＯＦＦ；當 T_r ＯＦＦ時，C_2 經 R_4 放電，使ＩＣ又回到原來狀態。如此反覆產生作用。

④當電源電壓變動時，如果電源電壓變高，C_2 的充電時間提早，而放電時間變晚使 T_r ＯＮ的時間變短；又當電源電壓變低時，使 T_r ＯＮ的時間變長，而使實效電壓維持在 7 Ｖ。圖 15 － 2 ，11 所示為ＩＣ電壓調節器的通電特性。

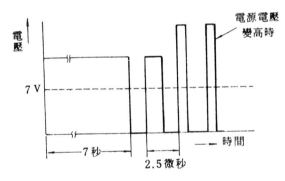

圖 15 － 2 ，11　通電特性（DENSO メータ編　圖 3 － 24 ）

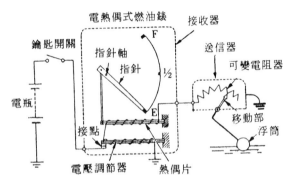

圖 15 － 2 ，12　電熱偶片－可變電阻式燃油錶（三級シャシ下圖Ⅳ － 9 ）

15 - 2 - 3　燃油錶

一、指示油箱中的存油量，提醒駕駛人適時加油，通常以Ｅ（ empty ）代表無油，以Ｆ（ full ）代表油滿，½代表半滿。

二、電熱偶片—可變電阻式燃油錶

　（一）構造如圖 15 　2 ，12 所示。

　（二）送信器裝在油箱上，構造如圖 15 － 2 ，13 所示，油箱中之浮筒隨油量的多少而升降，經由連桿送信器中之電阻值發生變化。

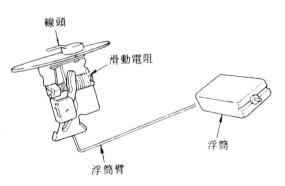

圖 15 － 2 ，13　可變電阻式油錶送信器構造（ DENSO メータ編圖 3 － 10 ）

㈢當油量少時，浮筒降到下面位置，送信器之電阻增大，電由電瓶→開關→電壓調節器→油錶接收器電熱線→送信器電阻→搭鐵。因電阻值大，通過熱偶片電熱線之電流小，產生熱量少，熱偶片彎曲量少，指針指在 E 附近。

㈣當油箱油滿時，浮筒上升到上面位置，送信器之電阻減到最小，流過熱偶片電熱線之電流增大，產生熱量多，熱偶片彎曲量大，指針指在 F 附近。

三、交差線圈—可變電阻式燃油錶

㈠交差線圈之構造如圖 15－2，14 所示，繞在鐵蕊周圍之線圈交差 90^0，因磁力線的變化使指針擺動，用在燃油錶及溫度錶。

㈡在圖中，線圈 L_1 與 L_8 在同一軸向產生 A 方向與 C 方向之磁力；線圈 L_2 與 L_4 和 L_1 及 L_3 成 90^0 方向，產生 B 方向及 D 方向的磁力。這些交差的線圈發生使回轉子動作的磁力線，為了控制回轉子的動作，在回轉子下部注入矽油（silicon oil），如圖 15－2，15 所示。

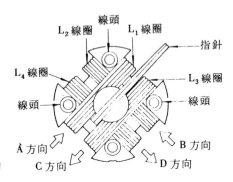

圖15－2，14 交差線圈的繞線方向（DENSO メータ編 圖 3－2）

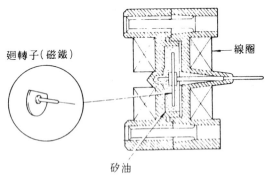

圖 15－2，15 交差線圈式儀錶斷面圖（DENSO メータ編 圖 3－3）

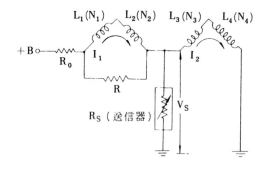

圖 15－2，16 交差線圈式燃油錶電路圖（DENSO メータ編 圖 3－4）

㈢在交差的線圈中通入電流，則迴轉子因受各線圈磁力線的影響而產生轉動，使裝在上面的指針擺動。

㈣圖 15－2，16 所示為交差線圈燃油錶之電路圖，若送信器之電阻 R_8 電阻值發生變化，則 V_8 電壓也變化，電流 I_1，I_2 的大小也變化，各線圈所產生磁力線的強度也發生變化。

1. 當 R_8 電阻值為 0 時（即油箱油滿時）

R_s 電阻值爲 0 時，V_s 電壓也是 0 電位，電路構成 $L_1 \to L_2 \to$ 搭鐵，由於只有 L_1、L_2 兩線圈通電，L_3、L_4 兩線圈不通電之關係，只有 L_1、L_2 產生磁力，因此迴轉子在與 L_1 和 L_2 合成磁力線一致的位置停止。錶中線圈 L_1 與 L_2 成 $90°$ 交差，因爲 L_1 之圈數比 L_2 之圈數多（$N_1 > N_2$），L_1 的磁力線比 L_2 的磁力線多（$N_1 I_1 > N_2 I_2$），迴轉子在接近 L_1 磁力線的位置（角度 θ_1）時停止，油錶指針指在 F 位置，如圖 15－2，17 所示。

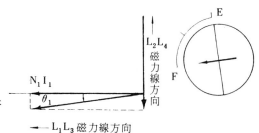

圖15－2，17　R_s 電阻零時之作用，指針指在 F（DENSO メータ編　圖3－5）

2. 當 R_s 電阻稍上升時（油箱油半滿時）

當油箱的油減少，送信器之電阻值 R_s 上升，V_s 電壓也成比例上升，其電路構成爲

$$\boxed{B+} \to L_1 \to L_2 - \begin{cases} \to R_s \to \text{搭鐵} \\ \to L_3 \to L_4 \to \text{搭鐵} \end{cases}$$

此時全部的線圈都有電流，L_1、L_2、L_3、L_4 都有磁力線產生，因 L_1 與 L_3 的方向相差 $180°$，L_3 的磁力線作用等於使 L_1 的磁力線減少；L_2 與 L_4 線圈的方向亦相差 $180°$，L_2 的磁力線作用是使 L_8 的磁力線減少。故合成磁力線的位置在刻度的一半處，指針指在 ½ 處，如圖 15－2，18 所示。

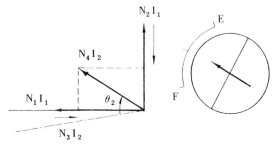

圖15－2，18　R_s 電阻稍上升時之作用，指針指在 ½（DENSO メータ編　圖3－6）

3. 當 R_s 電阻上升到最大（油箱無油時）

當油箱無油時，浮筒降到最低，送信器 R_s 電阻升到最大，V_s 電壓也升到最大，其電路構成爲

$$\boxed{B+} \to L_1 \to L_2 - \begin{cases} \to R_s（最大）\to \text{搭鐵（電流很少）} \\ \to L_3 \to L_4 \to \text{搭鐵} \end{cases}$$

此時因通過 L_3、L_4 之電流增大，使合成磁力線的位置如圖15－2，19所示，回轉子轉到 θ_3 位置，指針指在 E 位置。

㈤置針式儀錶之作用

1. 一般的儀錶是在電源 ON 時動作，

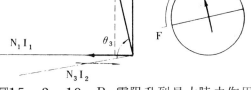

圖15－2，19　R_s 電阻升到最大時之作用，指針指在 E（DENSO メータ編　圖3－7）

　　而在電源ＯＦＦ時指針就回原位置。若電源ＯＦＦ時指針仍停留在動作位置時，稱爲置針式儀錶。

2.爲使交差線圈式儀錶成爲置針式，把迴轉子製成圓盤形，變化控制矽油的黏度與量，使指針不立刻回原位，因此置針交差線圈式儀錶的指針動作會稍慢，如圖15－2，20所示。

3.置針式儀錶之注意事項：

　(1)在鑰匙開關ＯＦＦ時，指針不回〝Ｅ〞之位置不是故障。

　(2)在鑰匙開關ＯＦＦ時之指示值，會因機械振動與經過時間產生誤差。

　(3)加滿油後，打開鑰匙開關（ＯＮ），指針需經２分鐘後才能完全指示正確值。

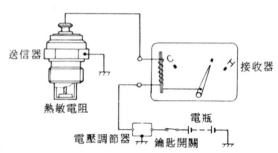

圖15－2，20　電熱偶－熱敏電阻式溫度錶（ DENSO メータ編　圖3－13 ）

15-2-4　溫度錶

一、指示引擎冷却水的溫度，使駕駛人能了解引擎的工作溫度，預防引擎過熱而損壞。溫度錶通常以Ｃ（ cold ）代表低溫，以Ｈ（ high ）代表高溫；或藍色代表低溫，紅色代表高溫。

圖15－2，21熱敏電阻構造（ DENSO メータ編　圖3－11 ）

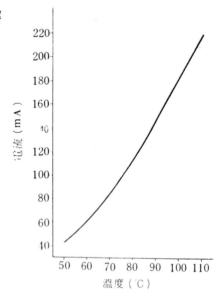

圖15－2，22　熱敏電阻之特性（ DENSO メータ編　圖3－12 ）

二、圖15－2，20所示爲使用最多之電熱偶片－熱敏電阻式溫度錶構成圖。

　㈠熱敏電阻（ thermistor ）送信器之構造如圖15－2，21所示，溫度與通過電流之變化如圖15－2，22所示。

㈡作用原理與電熱偶片－可變電阻式燃油錶相同。一般汽車正常行駛時指針應指在⅓～
½刻度間。

15-2-5　機油壓力錶

一、指示引擎機油壓力，使駕駛人能了解潤滑系統的工作狀況，如油壓過高可能係油道阻塞
　　或濾清器太髒；油壓太低可能係機油量不足或油質太稀，可提早發現問題，避免引擎、
　　軸承等因潤滑不良而損壞。目前大型車仍有裝用，小型車一般均改以警告燈代替。一般
　　引擎機油壓力約為 $4\,Kg／cm^2$。

二、電熱偶—電熱偶式機油壓力錶

　　㈠電熱偶式機油壓力錶（接收器）之構造如圖 15－2，23 所示，送信器之構造如圖 15
　　　－2，24 所示。

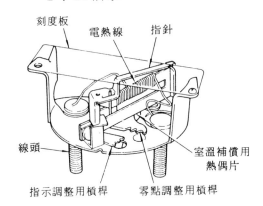

圖15－2，23　電熱偶式機油壓力錶接收器
　　　　　　　構造（DENSO メータ編
　　　　　　　圖 3－16）

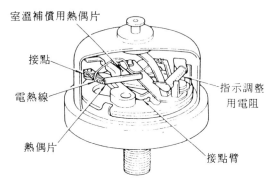

圖15－2，24　電熱偶式機油壓力錶送信
　　　　　　　器構造（DENSO メータ
　　　　　　　編　圖 3－17）

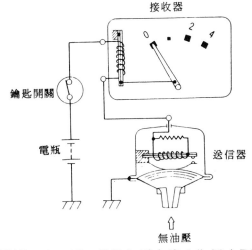

圖15－2，25　機油無壓力時之作用（DENSO
　　　　　　　メータ編　圖 3－18）

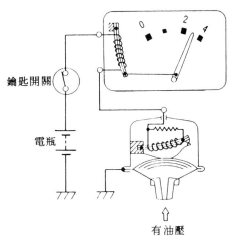

圖15－2，26　機油壓力上升時之作用（
　　　　　　　DENSO メータ編　圖
　　　　　　　3－19）

㈡當引擎未起動，鑰匙開關打開（ＯＮ）時之作用，如圖15－2，25所示，無壓力到送
信器，接點分開，接收器無電流，指針指在０的位置。

㈢引擎起動後之作用如圖15－2，26所示，油壓將送信器之膜片向上推，使接點閉合，
並依電壓大小使熱偶片產生不同程度的彎曲。電流由電瓶→開關→接收器內電熱線→導
線→送信器電熱線→接點→搭鐵。熱偶片加熱彎曲，使接點分開之時間因油壓之高低而
異，油壓低時容易跳開，接收器加熱時間短，熱偶片彎曲量少，指針指在低壓處。油壓
高時，接點不易分開，接收器加熱時間長，熱偶片彎曲量多，指針指在高壓處。

15－2－6 電流錶

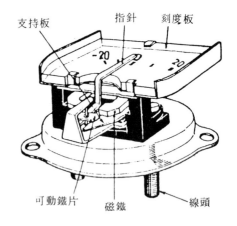

一、電流錶（ammeter）用來指示電瓶充電
或放電。電流錶中央之０字代表不充電
亦不放電，Ｄ（discharge）或（－）
代表放電，Ｃ（charge）或（＋）代表
充電。一般汽車上已不採用，而改以充電
指示燈代替，但電流錶在汽車電氣的檢驗
上仍有其用途。

二、直線式電流錶

㈠直線式電流錶之構造如圖15－2，27所
示，由Ｕ字形永久磁鐵，附有錶針的可動
鐵片放在中間，下面為電線。

圖15－2，27 直線式電流錶構造（デンソ
ー・メータ編 圖60）

㈡直線式電流錶之作用如圖15－2，28所示，可動鐵片平時受永久磁鐵南、北極之作用
保持平衡，指針指在中央之０位置上。

㈢當充電時，電線因電流流過所產生的磁場（Ｂ）與永久鐵磁場（Ａ）互相組合後，產生
偏轉之合成磁場（Ｃ）。合成磁場吸引可動鐵片，使指針指到充電方向之刻度，如圖
15－2，29所示。

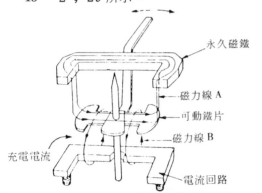

圖15－2，28 直線式電流錶作用原理（デン
ソー・メータ編 圖61）

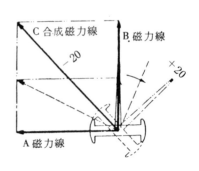

圖15－2，29 充電時之作用（デンソー
・メータ編 圖62）

㈣當放電時，電線因電流方向相反，產生之磁場（Ｂ）的方向亦相反，與永久磁鐵磁場（Ａ）組合後之合成磁場（Ｃ）如圖15－2，30所示。將可動鐵片吸引後，使指針指向放電方向之刻度。

三、固定線圈式電流錶

㈠圖15－2，31所示爲固定線圈式電流錶之構造，包括Ｕ字形永久磁鐵、附指針之可動鐵片與線圈。

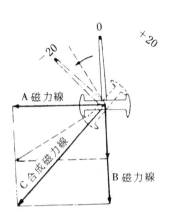

圖15－2，30　放電時之作用（デンソー・メータ編　圖63）

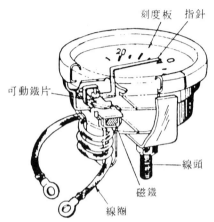

圖15－2，31　固定線圈式電流錶構造（デンソー・メータ編　圖59)

㈡圖15－2，32所示爲固定線圈式電流錶之作用。當電瓶充電時，線圈之下面成Ｓ極，與可動鐵片之相吸相斥作用將指針吸向右側充電部份。當電瓶放電時，線圈下面成Ｎ極，將指針吸向左側放電部份。

四、可動線圈式電流錶

㈠可動線圈式電流錶之構造如圖15－2，33所示，由永久磁鐵、可動線圈、螺旋彈簧等所構造。在永久磁鐵中放置可動線圈

圖15－2，32　固定線圈式電流錶作用原理

，在可動線圈的軸上裝指針及螺旋彈簧，有樞軸式及中央突出式兩種。圖15－2，34所示爲可動線圈式電流錶接線。

㈡由流過線圈的電流產生的電磁力與螺旋彈簧的控制力成平衡時指示電流值，因線圈產生之電磁力與流過線圈的電流值成正比，故可以很準確的指示電流值。

㈢可動線圈式電流錶流過線圈的電流很小，需使用分流片，故車室內不必引進大電流。

15 - 2 - 7　路碼錶

一、路碼錶包括速率錶（ speed meter ）及里程錶（ odo meter ）兩部分。里程錶有全程

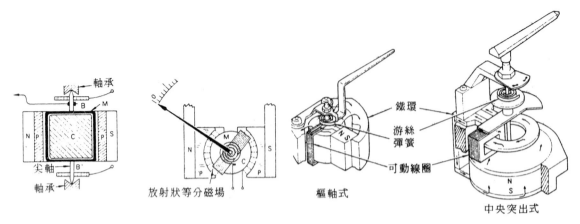

圖15－2，33 可動線圈式電流錶構造（DENSO メータ編 圖4－2）

錶及能隨時歸零的短程錶兩部份。現代
汽車之速率錶很多附有速度警報裝置，
當車速超過設定速度時會發出警報聲，
提醒駕駛人注意。

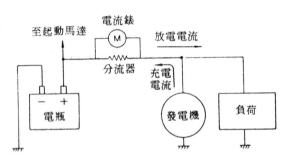

圖15－2，34 可動線圈式電流錶接線（
DENSO メータ編 圖4
－1）

二、速率錶指示車速的方法有三：

㈠錶針迴轉式－－如圖15－2，35(a)
所示，錶針裝於錶面中央，以圓弧方式
旋轉，針尖所指的刻度為車速，單位為
每小時公里（km／h）。

㈡錶針橫行式－－如圖15－2，35(b) 所示，錶針與轉盤用線連接，將轉盤的迴轉運動
轉變成直線運動。

㈢轉筒式－－如圖15－2，35(c) 所示，為指針橫行的變形，轉盤迴轉時使轉筒轉動，

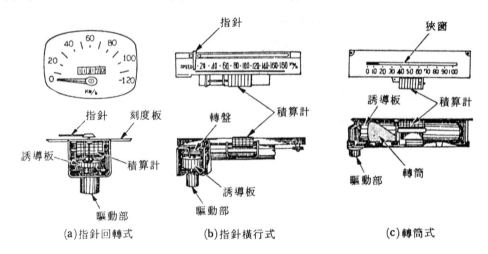

(a)指針回轉式　　　　(b)指針橫行式　　　　(c)轉筒式

圖15－2，35 速率錶指示法

轉筒上有塗紅色的螺旋部份，由速率錶上的狹窗可以看出着色的移動，如圖上所示爲車速 20 km ／ h 。

三、速率錶的構造及作用

㈠圖 15 － 2 ，36 所示爲現代汽車使用之
電磁式速率錶的構造，由迴轉磁鐵，轉
盤（或稱誘導盤）、磁場片、游絲彈簧
、指針等組成，由變速箱輸出軸驅動之
軟軸帶動迴轉磁鐵旋轉時，使轉盤亦發
生旋轉力，此迴轉力與游絲彈簧的彈力
平衡而指示。

㈡迴轉磁鐵之所以使轉盤轉動，其原理係
應用「把導體放置於迴轉磁場中，導體
便感應產生電流，而發生與迴轉磁場同
方向扭力矩之原理」。

㈢迴轉磁場係永久磁鐵產生之磁力線，由
N 極發出，切割轉盤後回到 S 極；當迴
轉磁鐵順時針旋轉時，轉盤不動，由相
對運動可假定迴轉磁鐵不轉，而轉盤以
逆時針方向切割磁力線，如圖 15 － 2
，37 所示。根據佛來銘右手定則可知，
在靠近 N 極處之電流向下流，靠近 S 極
處之電流向上流。再根據佛來銘左手定
則可知，在磁場中的轉盤，當有電流發
生後，會產生順時針方向旋轉之作用，
如圖 15 － 2 ，38 所示。所以迴轉磁鐵
旋轉時，轉盤會隨著產生同方向之旋轉
。

㈣轉盤的旋轉力與迴轉磁鐵的迴轉速度（
即車速）成正比，而游絲彈簧之力與此
迴轉力平衡，便決定了指針的指示位置
。

㈤一般速率錶指示 60 km ／ h 時，迴轉
磁鐵之轉速（即軟軸轉速）機車爲 1,400
rpm，汽車爲 637 rpm。

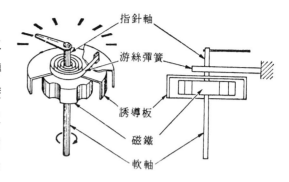

圖 15 － 2 ，36 電磁式速率錶（ DENSO ）

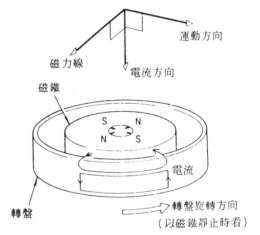

圖 15－2 ，37　速率錶作用原理㈠（ DENSO
メータ編　圖 1 － 4 ）

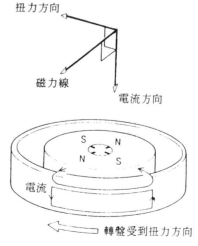

圖 15－2 ，38　速率錶作用原理㈡（ DENSO
メータ編　圖 1 － 5 ）

㈥若周圍溫度為 $20^\circ C$ 時，加大迴轉速度時，速率錶的指示誤差以日本ＪＩＳ的規定如表 15－2，1 所示。

表15－2，1　ＪＩＳ速率錶指示誤差值

標準指示km/h	20	40	60	100	120	140	160
誤差範圍km/h	±3	+5 -0	+5 -0	+5 -0	+6 -0	+7 -0	+8 -0

四、里程錶的構造及作用

㈠圖 15－2，39 所示為里程錶之構造。

㈡里程錶是以速率錶迴轉磁鐵之驅動軟軸驅動特殊的齒輪來驅動計數環而積算行駛里程。里程錶又分全程錶及短程錶兩種；全程錶通常有五個計數環，每個計數環上有黑底白字之 0～9 十個數字，末位數每轉一圈代表汽車行駛 1 公里，個位數每轉一圈，將十位數字環撥進一個字，以此類推，右側計數環每轉一圈，使左側計數環撥一字。現代汽車之全程錶最右側通常再附一組白底黑字，每一數字代表 1／10公里之計數環。

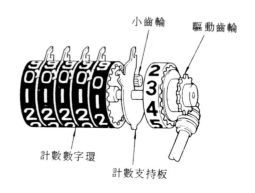

圖15－2，39　里程錶構造
（ DENSO　メータ編　圖 1 － 6 ）

㈢短程錶通常有三位數，隨時可以利用歸零裝置，使每個計數環都回到 0，以計算每一次或每天的行駛里程。

㈣計數環的作用如下

計數環的右側面通常有20齒內齒，與六齒之中間小齒輪左側面嚙合，如圖 15－2，40(a) 所示，計數環之左側面只有二齒可與中間小齒輪右側面之長三齒（六齒中有三長三短），如圖 15－2，40(c) 所示，計數環之右側面環邊有一凸緣，平時由中間小齒輪的兩長齒將計數環定位，防止因震動而自行旋轉，如圖 15－2，40(b) 所示。如圖 15－2，41所示，右側之計數環Ａ直接由驅動齒輪迴轉，計數環做順時針方向旋轉，因計數環之左側面僅有二齒，故當此二齒與中間小齒輪相嚙合時，才能驅動小齒輪，使左側的計數環進一字。

(a)數字輪右側面　(b)數字輪左側面　(c)數字輪驅動計數齒輪時

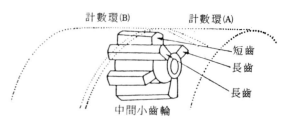

圖15－2，40　計數環之作用（自動車電氣裝置　圖 4 － 35 ）

圖15－2，41　計數環之傳動（自動車電氣裝置　圖 4 － 34 ）

㈤短程錶的歸零方法 有歸零鈕旋轉

、拉或推等三種不同方式。

1.旋轉鈕歸零的方法如圖15－2

，42所示，因計數環的鈎爪嵌

在軸的凹部，故當軸旋轉時，

就可以把全部計數環拉回0位

。

2.壓一下或拉一下歸零鈕就能使

短程錶歸零方式稱爲一觸式（

one tauch type ）。圖15－

2，43 所示爲一觸式歸零裝

置之構造，當將歸零鈕一壓或

一拉時，將中間小齒輪移開，

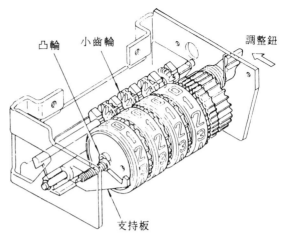

圖15－2，42 旋轉歸零裝置（DENSO メータ
　　　編 圖1－7）

利用作用鈎將凸輪轉一個角度，使計數環回到0位，如圖15－2，44之(a) (b)

(c)所示。

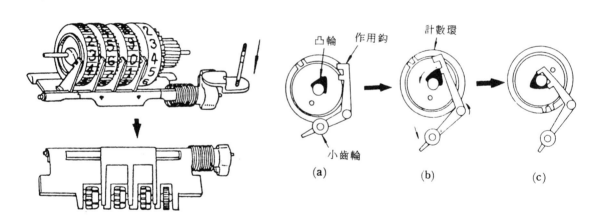

圖15－2，43 一觸式歸零裝置（デンソー
　　　・メータ編 圖11 ）

圖15－2，44 一觸式歸零裝置原理（デン
　　　ソー・メータ編 圖12 ）

㈥軟軸轉速1,400 r pm，速率錶指示60 km／h 者，個位計數環轉一圈，軸要轉1,400

次；軟軸轉速637 r pm，速率錶指示60 km／h 者，個位計數環轉一圈，軸要轉637

次，即車輛行駛1公里。前者一般用在機車，後者用在汽車。

五、車速感知器

㈠現代汽車許多均裝置自動駕駛（ auto drive ）、行駛電腦（ cruse－computer ）、車

速計算控制（ navi control ）、微電腦引擎及變速控制……等。有此項新裝備之汽車必

須有車速的檢出裝置。因此現代汽車之路碼錶中常附有車速感知器。

㈡常用之車速感知器有引導開關式及磁
阻元素式兩種。

1.引導開關 (lead switch) 式車速
感知器

如圖15－2，45所示，在迴轉四
極磁鐵的外面放置橡膠磁場 (gum

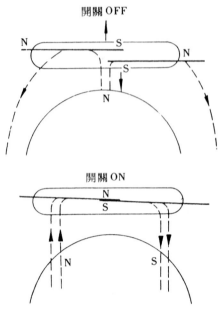

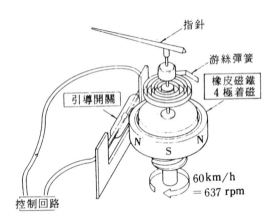

圖15－2，45 引導開關式車速感知器 (
DENSO メータ編 圖1－
8)

圖15－2，46 引導開關之作用原理 (
DENSO メータ編 圖1
－9)

magnet) ，因磁極的接近與遠離，引導開關就會產生ON－OFF的信號，軟軸每
轉一轉產生四次脈衝 (pulse) 。圖15－2，46 所示爲引導開關之作用。

2.磁阻元素式

磁阻元素式可以檢知迴轉磁鐵洩漏的
磁力線，以IC將其放大，迴轉磁鐵
轉一轉，IC能取出四次脈衝信號，
如圖15－2，47所示。

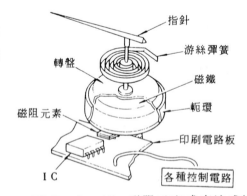

圖15－2，47 磁阻元素式車速感知器

15-2-8 引擎轉速錶

一、引擎轉速錶 (tachometer) 用來指示
引擎曲軸每分鐘迴轉數，現代許多汽車
儀錶上均有裝置。

二、磁鐵迴轉式引擎轉速錶

磁鐵迴轉式引擎轉速錶之構造及作用原理與速率錶完全相同，刻度盤之刻度爲 r.p.m
，驅動軸由引擎凸輪軸驅動。

三、發電機式引擎轉速錶

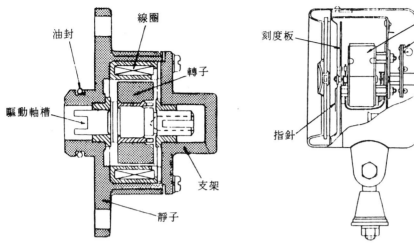

圖15- 2 ,48　發電機之構造（デンソー・　　　圖15- 2 ,49　轉速錶之構造（デンソー
　　　　　メータ編　圖23 ）　　　　　　　　　　　　　・メータ編　圖24 ）

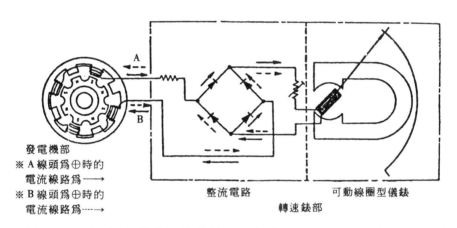

圖15- 2 ,50　發電機式轉速錶電路圖（デンソー・メータ編　圖26 ）

㈠發電機式引擎轉速錶包括儀錶部及發電部兩部份。發電機之構造如圖 15 - 2 , 48 所示
　，儀錶部之構造如圖 15 - 2 , 49 所示。

㈡圖 15 - 2 , 50 所示為其電路圖，當引擎運轉時，發電機之轉子亦跟著運轉，使靜子線
　圈感應出交流電，經四粒整流粒全波整流後成直流電，送到轉速錶的線圈，線圈因電流
　之流入而發生轉動，使指針指示正確轉數。

四、脈衝式引擎轉速錶

㈠汽油引擎用脈衝式引擎轉速錶

　1.此式轉速錶係把分電盤白金接點開合，利用電子電路轉換成直流電流的脈衝，使電容
　　器充電，再將放電電流以電流錶讀取，便知引擎的轉數，如圖15 - 2 , 51 。

　2.新式之脈衝式汽油引擎轉速錶係採用ＩＣ電路，如圖 15 - 2 , 52 所示。

　　⑴[a]信號由③線頭輸入，經波形整形後成為[b]輸出。因線頭②的電壓使線頭③的電壓

大於 0.7 V 時做 Hi 檢出。

(2) 若 b 變成 Hi ，線頭①開放使 C_1 經 R_1 放電。放電進行中①線頭降到基準電壓以下時 d 輸出由 Hi 變成 Low。又一旦 b 變成 Low ，①線頭加以定電壓（約 1.3 V ），即成滿充電。d 每 2 m sec 的一次脈衝產生與引擎轉速無關。

(3) d 的輸出為 Hi 時，儀錶部便通電流，又⑥的電壓在 d 為 Hi 時被控制成 1 V ，故只有點火發生時才有

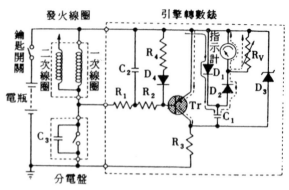

圖15-2 ,51　脈衝式引擎轉速錶電路圖（デンソー・メータ編　圖28 ）

一定的電流通過，如此即可用來指示引擎回轉數。

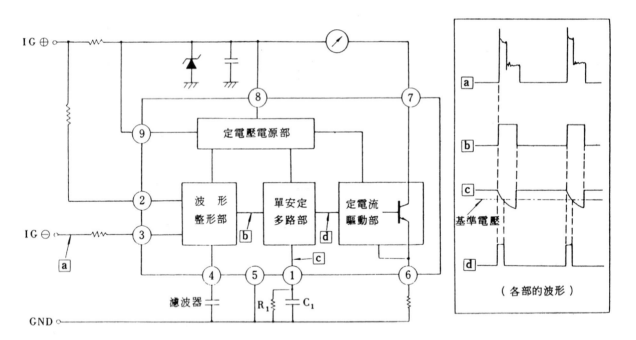

圖15-2 ,52　IC式汽油引擎轉速錶方塊圖（DENSO メータ編　圖2-1 ）

(二)柴油引擎用脈衝式引擎轉速錶

1. 圖 15-2 , 53 所示為柴油引擎用脈衝式引擎轉速錶外觀。

2. 在柴油噴射泵凸輪之下方塞子上裝置磁鐵感應裝置，如圖 15-2 , 54 所示，每當凸輪的鼻部靠近磁鐵感應器時便會產生脈衝信號，經放大裝置後就能使錶之指針指示。圖 15-2 , 55 為其方塊圖。

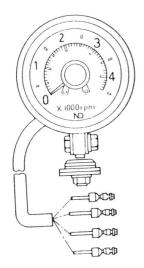

圖15－2，53　柴油引擎用脈衝式轉速錶（
　　　　　　DENSO メータ編　圖2－
　　　　　　2)

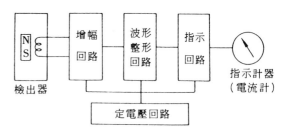

圖15－2，54　裝在噴射泵下之感應裝置（
　　　　　　DENSO メータ編　圖2－
　　　　　　3)

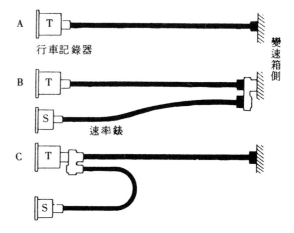

圖15－2，55　柴油引擎轉速錶電路方塊圖（
　　　　　　DENSO メータ編　圖2－4
　　　　　　)

15－2－9　行車記錄器

一、行車記錄器（ tachograph ）能將汽車
　　的駕駛狀況，如行駛的時間、各瞬間行
　　駛的速度、停車的時刻與停留的時間及
　　行駛里程、駕駛員交班的時間……等自
　　動的記錄在記錄紙上，使管理員對汽車
　　業務的管理趨向科學化，並可防止駕駛
　　不良的駕駛習性或意外事故的發生，總
　　之由記錄紙上可判斷出一切的駕駛狀況
　　。

二、行車記錄器之構造如圖15－2，56所
　　示，包括驅動裝置、電磁裝置、指示裝
　　置、時鐘裝置及記錄裝置（含瞬間速度
　　記錄裝置、行駛距離記錄裝置及駕駛員
　　交接記錄裝置等）。

圖15－2，57　行車記錄器與速率錶傳動關係
　　　　　　（ DENSO メータ編　圖12）

　㈠驅動裝置
　　行車記錄器之驅動裝置由變速箱輸出軸路碼錶驅動齒輪處，另以專用之軟軸驅動之。與
　　速率錶間驅動關係如圖15－2，57所示。
　㈡電磁裝置

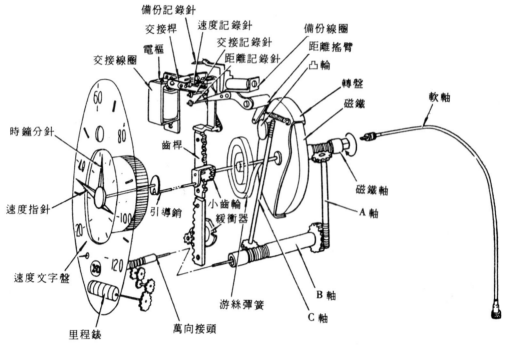

備份記錄針
交接桿
速度記錄針
交接記錄針
備份線圈
距離搖臂
電樞
距離記錄針
交接線圈
凸輪
轉盤
磁鐵
軟軸
時鐘分針
齒桿
磁鐵軸
速度指針
引導銷
小齒輪
緩衝器
A軸
速度文字盤
游絲彈簧
B軸
里程錶
萬向接頭
C軸

圖15- 2 ,56 行車記錄器構造 (DENSO メータ編 圖13)

構造同電磁式速率錶，由迴轉磁鐵，感應板，游絲彈簧等構成。

㈢指示裝置

指示裝置含有時鐘刻度盤及速率文字刻度盤。速率指針及時鐘之長短針裝置在一起。其傳動裝置如圖15－2，58所示。

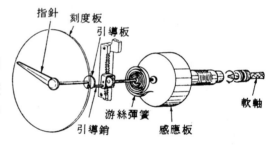

指針
刻度板
引導板
軟軸
游絲彈簧
引導銷
感應板

圖15－2 ,58 行車記錄器傳動裝置

㈣時鐘裝置

爲能了解時時刻刻變化的運轉狀況，因此記錄紙需不斷的移動，將每一時間加以記錄，故行車記錄器中裝有彈簧式時鐘，有每日需上緊一次與每週上緊一次彈簧者。

㈤瞬時速度記錄裝置

圖15－2，59所示爲瞬時速度記錄裝置之構造。由速率錶軸上之小齒輪驅動齒桿，使記錄針依車速比率而改變上下位置，因記錄針與依時間而轉動之記錄

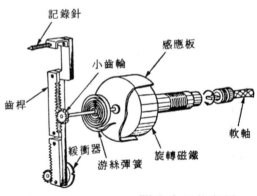

記錄針
感應板
小齒輪
齒桿
軟軸
緩衝器
游絲彈簧
旋轉磁鐵

圖15－2 ,59 瞬間速度記錄裝置

紙相接觸，而將時時刻刻之車速記錄於記錄紙上，而能得到瞬間速度。

(六)行駛里程記錄裝置

　圖15－2，60 所示爲行駛里程記錄裝置之構造。由迴轉磁鐵軸上之螺旋齒輪、驅動小齒輪，再經A→B→C軸驅動凸輪，凸輪與記錄針之臂相接觸，凸輪之設計每行駛10公里轉一圈，凸輪軸轉一圈則距離記錄針做一往復運動。因記錄紙隨時間旋轉，故距離記錄針之軌跡成爲上下起伏之山形。

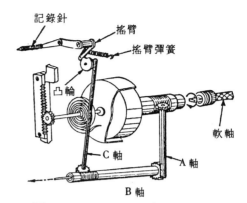

圖15－2，60　行駛里程記錄裝置

(七)駕駛員交接記錄裝置

　1.電磁式駕駛員交接記錄裝置

　　如圖15－2，61（a）所示，在可動鐵片之臂端裝置記錄針，當駕駛員交接開關未打開時，彈簧拉力使記錄針拉向下方，在記錄紙上描繪同心圓；當駕駛員交接開關打開時，線圈中有電流流入，將可動鐵片向下吸，而使交接記錄針拉向上方，在記錄紙上方描繪較大的同心圓，如圖15－2，61(a) 之下圖所示。

　2.振動式駕駛員交接記錄裝置

　　如圖15－2，61（b）所示。利用引擎運轉時使車身產生之振動，使振動子放大，而以記錄針記錄在記錄紙上。駕駛員交接開關改變振幅限制裝置而產生不同之振幅，即可在記錄紙上讀出，如圖15－2，61（b）之下圖所示。

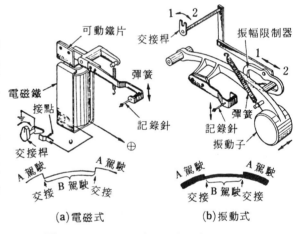

圖15－2，61　駕駛員交接記錄裝置

三、行車記錄紙之讀法

(一)圖15－2，62 所示爲行車記錄紙的例子。記錄紙爲一種耐熱不伸縮、防水之

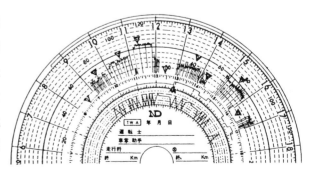

圖15－2，62　行車記錄紙（DENSO メータ編　圖8－27）

特種紙製造，直徑約123 mm，表面白色、中心打孔的圓形卡片，表上印有下列各項記

錄格線。

1. 中間有用來填寫行車有關事項之記錄；包括駕駛員姓名、代號，助手或車掌姓名、代號，行車前之里程數，車號、年月日，行駛區間，車輛號碼，開始駕駛時間，結束駕駛時間……等。

2. 記錄紙的外圈有11條同心圓虛線，線上標示有 20 ，40 ，60 ，80 ，100 ，120 之數字，此數字代表瞬間速度。每條虛線間隔為 10 km ／ h 。

3. 內圈有 6 條同心圓虛線，代表行駛里程，每條虛線間隔為 1 km，由最小虛線走到最上虛線為 5 km 。

4. 內圈與外圈之間是用來記錄駕駛員之工作時間及換班記錄。

5. 記錄紙之圓周等分為24小時，在每大格間又細分12小格，每一小格代表 5 分鐘。最外圈與中間的數字即表示時間。

㈡記錄紙讀法例，如圖 15 － 2 ，62 所示。

🔺8 時 35 分，放入記錄紙，把蓋子關上。

🔺在市區以低速行駛，經常使用煞車，此段行駛里程 24 Km (9 － 10 時)

🔺行駛速度較快，且煞車使用較少之郊區行駛，此段行駛里程 35 km (10 － 11 時)。

🔺停車次數非常少，在高速公路行駛，無紅綠燈之情形，此段行駛里程 42 km (11 － 12 時)。

🔺有停車休息、吃飯、停車時間約 45 分鐘 (12 － 13 時)。

🔺12 時 55 分駕駛員換班。

🔺低速行駛，經常使用煞車，為市區或山區行駛之情形，此段行駛 28 km (13 － 14 時)。

🔺為堵車行駛之狀態，並有一段很長的等候時間。

🔺為郊外良好道路之行駛狀態，瞬間速度 40 ～ 60 km ／ h 之間，此段行駛 44 km (自 14 時 50 分至 15 時 55 分)。

🔺蓋子打開之記錄。

第 三 節　警告裝置

15 - 3 - 1　概　　述

一、汽車儀錶指針指示之刻度對一般汽車駕駛人並不具有特別意義，因此以改警覺性高之燈光來取代儀錶，當汽車各系統有危險時紅燈亮，提醒駕駛人有不正常或不當使用時黃燈亮，提醒駕駛人。

二、現代汽車為增進安全，在儀錶板上增加了許多警告燈裝置。各種警告燈之代表圖案及內容如表 15 － 3 ，1 所示。其動作均是由專用之開關來控制，圖 15 － 3 ，1 所示為福特

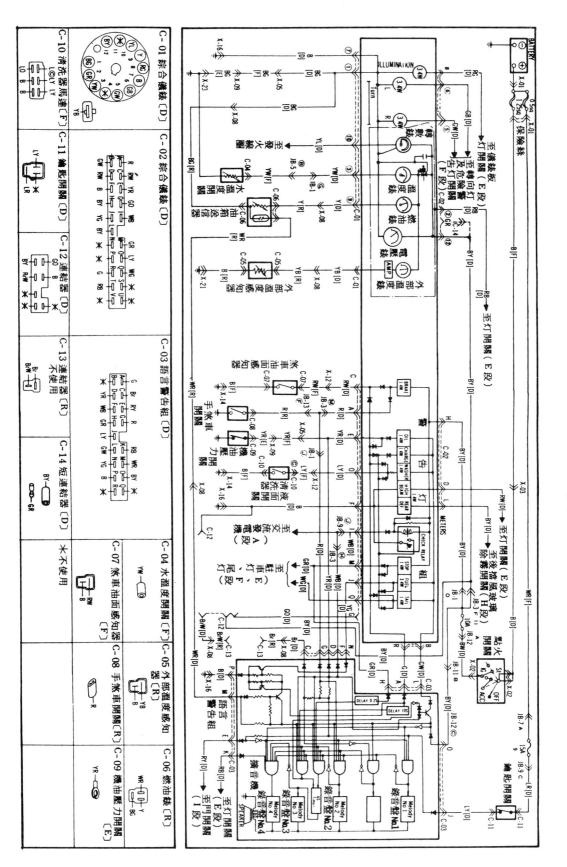

圖 15－3，1　福特 TX－5 汽車之儀錶、警告燈及語言警告電路圖

表15－3，1　各種警告燈之圖案及警告內容

編號	名　　　　稱	顏色	圖　　　案	警　　告　　內　　容
1	燃料殘量警告灯	紅	FUEL	燃料油量低於規定值時點亮
2	過熱警告灯	紅	TEMP	引擎水溫超過 120℃ 時點亮
3	後灯使用警告灯	紅	REAR LIGHT	後灯打開時點亮
4	充電警告灯	紅	CHARGE	充電系不正常時點亮
5	油壓警告灯	紅	OIL	引擎油壓低於 $0.3\,kg/cm^2$ 時點亮
6	遠光指示灯	紫	BEAM	使用遠光時點亮
7	排氣溫度警告灯	黃	排氣溫	排氣溫度超過 900℃ 以上時點亮
8	煞車油量警告灯	紅	BRAKE	煞車油量不足時點亮
9	駐車煞車使用灯	紅	PARK	手煞車拉起時點亮
10	車門半關警告灯	紅	DOOR	車門未全關時點亮
11	阻風門使用警告灯	黃	CHOKE	拉阻風門時點亮
12	除霧器警告灯	黃	DEF	使用除霧器時點亮
13	噴水器液量警告灯	黃	WASH	噴水器液量少於規定時點亮
14	安全帶警告灯	紅	BELT	安全帶未繫好時點亮
15	電瓶液量警告灯	黃	BAT	電瓶液量低於規定時點亮

ＴＸ－５汽車之儀錶，警告燈電路圖及語言警告電路圖。

15-3-2　汽車上各警告燈

一、機油壓力警告燈

㈠當駕駛人打開鑰匙開關時燈亮，當起動引擎，機油壓力達到規定值（約 0.3～0.5 Kg／cm^2）以上時，警告燈熄滅；油壓低於規定值時警告燈亮，表示機油壓力不足，須立刻停車檢查。

㈡圖15－3，2所示爲機油壓力警告燈之系統圖，由裝在儀錶上之警告燈及裝在引擎主油道之壓力開關構成。

㈢當機油壓力低於規定值時，彈簧將膜片向下推，使接點閉合警告燈亮。

㈣當機油壓力高於規定值時，油壓克服彈簧力，將膜片上推，使接點分開，警告燈熄。

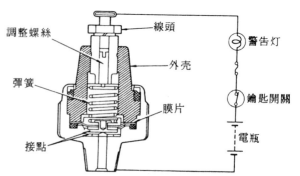

圖15－3，2　機油壓力警告燈系統圖（DENSO メータ編　圖 9－1）

二、充電指示燈

㈠當駕駛人打開鑰匙開關時燈亮；當起動引擎，發電機靜子中性點（Ｎ）之電壓產生一定值時燈熄。

㈡圖15－3，3 所示為使用靜子線圈中性點電壓來控制充電指示燈之電路圖。當Ｎ之電壓達到規定值時，充電指示燈繼電器之磁力將接點吸開，使指示燈熄滅。

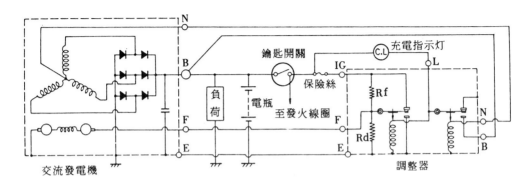

圖15－3，3　使用Ｎ點電壓控制之充電指示燈電路圖（DENSO メータ編　圖9－2）

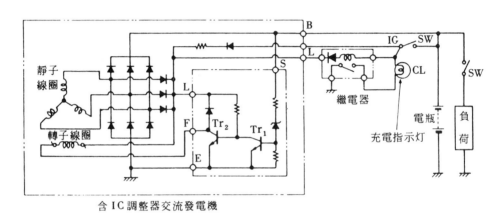

圖15－3，4　附ＩＣ調整器之交流發電機的充電指示燈控制電路圖（DENSO メータ編　圖9－4）

㈢圖15－3，4所示為附ＩＣ調整器之交流發電機之充電指示燈控制電路圖。打開鑰匙開關，引擎未起動時，充電指示燈繼電器閉合，燈亮；發電機發電後使指示燈繼電器兩邊之電壓接近，接點跳開，燈熄。

三、燃油殘量警告燈

㈠當油箱油之存量少於規定值時，打開鑰匙開關後，燈亮。

㈡圖15－3，5所示為熱敏電阻式液面開關之燃油殘量警告燈電路及構造圖。

　　1.油箱之液面開關為熱敏電阻製成，利用空氣和汽油熱傳導率及熱敏電阻的負溫度特性來控制警告燈之作用。

　　2.當開關浸在油中時，溫度低，電阻大，燈熄。

3. 當開關露出油面時，溫度高，電阻小，燈亮。

㈢圖15－3，6所示為熱偶片液面開關之燃油殘量警告燈電路圖。

1. 由一個油面開關及一個電熱偶開關組成，平時二接點均分開，故鑰匙打開時燈不亮。

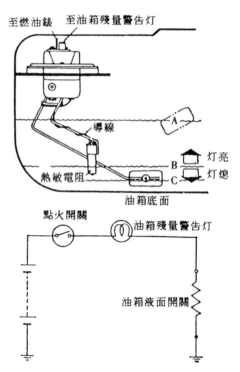

圖15－3，5　油箱液面警告燈（自動車電氣裝置　圖3－55，56）

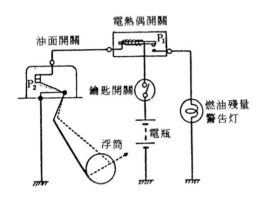

圖15－3，6　熱偶片液面開關之燃油殘量警告燈線路圖（デンソー・メータ編　圖65）

2. 如油箱中之油面低於規定值時，浮筒臂使油面開關之接點 P_2 閉合，P_2 閉合後，電經電熱偶閉關的電熱絲搭鐵，加熱使熱偶片彎曲，P_1 閉合使警告燈點亮。

四、圖15－3，7所示為使用電晶體控制之燃油殘量警告燈電路圖。

1. 此式配合線圈－－可變電阻式燃油錶使用。

2. 由一個閃光燈泡及三個電晶體組成警告燈控制器。

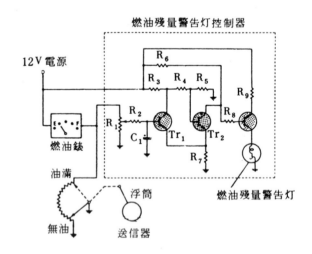

圖15－3，7　電晶體控制燃油殘量警告燈電路（デンソ技報）

3. 當油箱之存油多時，燃油警告燈控制器受到之電壓高，電經 $R_1 \rightarrow R_2 \rightarrow$ 電晶體 $T_{r1} \rightarrow R_7 \rightarrow$ 搭鐵，使 R_4 及 T_{r2} 之基極及射極短路，使 T_{r3} 不通，警告燈熄。

4. 當油箱中之油面低於限度以下時，燃油警告燈控制器受到的電壓低，因此 T_{r1} ＯＦＦ，於是電流從 $R_3 \rightarrow R_4 \rightarrow T_{r2} \rightarrow$ 搭鐵，使 T_{r2} ＯＮ，因 T_{r2} ＯＮ使 T_{r3} 也ＯＮ，使燈

泡點亮。

四、煞車油量警告燈

（一）當煞車總泵儲油室之油量低於限
　　度時，打開鑰匙開關即點亮。

（二）圖15－3，8所示爲煞車油量警
　　告燈電路及煞車油面開關之構造
　　。

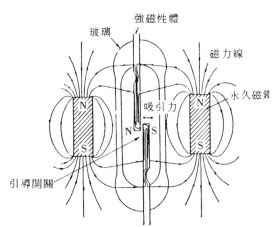

圖15－3，9　煞車液面開關之作用（自動　　圖15－3，8　煞車油量警告燈電路（自動
　　　車電氣裝置　圖3－59）　　　　　　　　　車電氣裝置　圖3－57,58）

1.煞車油面開關由環狀永久磁鐵及引導開關組成。

2.當儲油室之油面高時，浮筒上升如圖中A之位置，引導開關之接點分開，燈不亮。

3.當儲油室之油面低於規定值，如圖中B之位置，永久磁鐵之磁力使引導開關閉合，使
　警告燈點亮。作用情形，如圖15－3，9所示。

五、電瓶液量警告燈

（一）當電瓶電液在規定液面以下時，警告燈亮
　　，提醒駕駛人添加蒸餾水，以免影響電瓶壽
　　命。

（二）電瓶液面開關爲一種鉛棒電極，其構造如
　　圖15－3，10所示，裝於電瓶加水蓋上
　　，通常裝在第三分電池上，顏色爲藍色。
　　比鉛棒電極浸在電液中可產生正電壓，此
　　正電壓送到控制器可以用來控制電路的通
　　斷。

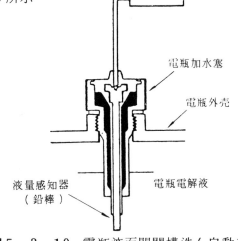

圖15－3，10　電瓶液面開關構造（自動車の
　　　　　　　電子裝置　fig 3－8－11）

㈢電液充足時之作用如**圖** 15 - 3，11 (a)
所示，鉛棒產生之正電壓送到 T_{r1} 之基
極，使 T_{r1} ON，因 T_{r1} ON 使 T_{r2} OFF
，電流中斷，警告燈熄。

㈣電液不足時之作用如圖 15 - 3，11 (b)
所示，鉛棒露出電液時無電壓產生，T_{r1}
基極無電流而成 OFF 狀態，T_{r1} OFF
使 T_{r2} ON，電瓶電經警告燈及 T_{r2} 搭鐵
，燈亮。

六、引擎過熱警告燈

㈠當引擎冷却水的溫度超過 $120^{0}C$ 時，使警
告燈點亮，提醒駕駛人注意。

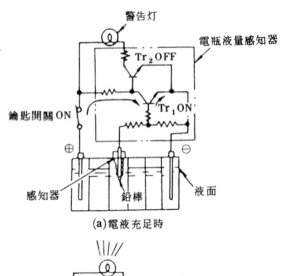

(a)電液充足時

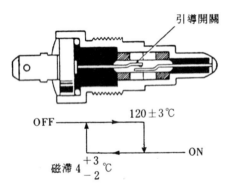

圖15- 3，12 熱感知器的構造及作用（自
動車の電子裝置 fig 3 - 8
- 7）

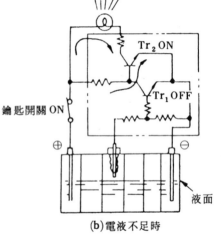

(b)電液不足時

圖15- 3，11 電瓶液面警告燈（デンソ--
技報）

㈡圖 15 - 3，12 所示為熱感知器的構造及作用。

㈢熱感知器之構造由熱陶鐵磁體（ thermoferrite ），永久磁鐵及接點組成，水溫達
$120^{0}C$ 時接點閉合，使警告燈亮。

15 - 3 - 3 安全監視器

一、今天之汽車已大眾化，許多汽車駕駛人對汽車的保養檢查均不了解，常因欠缺保養而發
生事故，因此目前很多汽車裝有安全監視器，簡稱為 OK monitor，當汽車各部與安全
有關之機件失常時提出警告，使駕駛人能採取必要措施，以免發生事故。

二、安全監視器一般利用前述之警告燈指示，當鑰匙開關 ON 時，裝在車頂上控制台（
overhead console ）的指示燈及儀錶板上之情況指示盤上的監視燈、警告燈，全部點
亮，引擎起動後，指示燈及監視燈應全部熄滅，表示汽車各部正常，引擎運轉中某部位

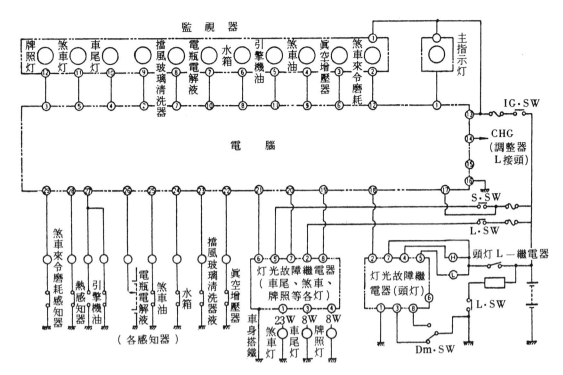

圖 15 - 3 , 13　豐田可樂娜使用之ＯＫ監視器電路圖（自動車の電子裝置　fig
3 - 8 - 3)

有不正常時，情況指示盤上該部位名稱上之燈亮，此時指示燈會以一定週期閃亮。圖15
- 3 , 13所示爲 Corona 車使用之ＯＫ監視器電路圖。

三、安全監視器的基本原理

圖 15 - 3 , 14 所示爲安全監視警告燈
的基本電路，安全監視器裝在各部份的
感知器即爲一接點，正常時接點閉合，
與搭鐵相通，電晶體T_r變ＯＦＦ，警告
燈熄。如圖 15 - 3 , 14 (a) 所示；當
不正常時接點打開，不能搭鐵，電晶體
T_r變 ＯＮ，警告燈亮，如圖 15 - 3 ,
14 (b) 所示。

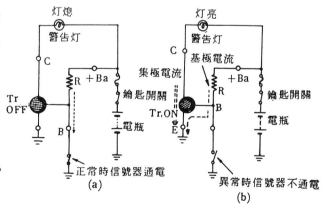

圖15- 3 ,14　安全監視警告燈的基本電路
（テンソ－技報）

四、頭燈監視器

㈠圖 15 - 3 , 15 所示爲頭燈監視器之電路圖。當頭燈正常，變光開關在Ｈ（遠光）時之
作用如圖 15 - 3 , 15 (a) 所示。電分二條路到監視器，一條經電阻R_2，電壓線圈V_1
到變光開關搭鐵，另一條經頭燈、電流線圈C_1到變光開關搭鐵。V_1及C_1兩線圈之吸

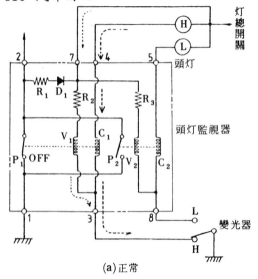

(a) 正常

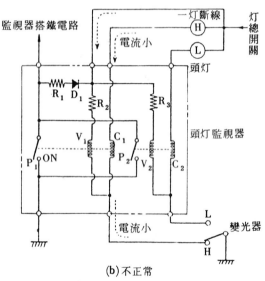

(b) 不正常

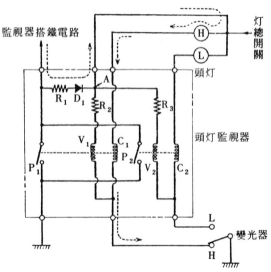

(c) 全部灯絲斷時之作用

圖15-3,15 頭燈監視器電路及作用(自
動車の電子裝置 fig 3-8,4)

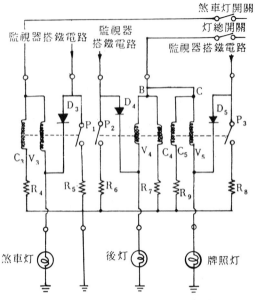

圖15-3,16 煞車燈、尾燈、牌照燈監視器
電路圖(テンソー技報)

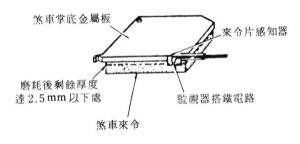

圖15-3,17 煞車來令監視器構造(自動車
の電子裝置 fig 3-8-9)

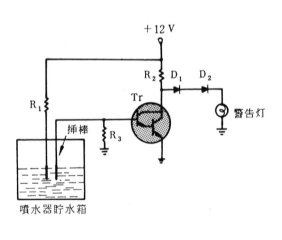

圖15-3,18 噴水器液面監視器電路圖
(テンソー技報)

力使接點 P_1 閉合，相當圖 15－3，14 (a) 之情形，警告燈熄。

㈡如果頭燈中有一個燈絲燒斷時，如圖 15－3，15 (b) 所示，經過電流線圈 C_1 之電流減少，無法使 P_1 閉合，相當圖 15－3，14 (b) 之情形，警告燈亮。

㈢當燈開關關閉時，電瓶電可以經 R_1、整流粒 D_1、頭燈兩個遠光燈絲而搭鐵，使警告燈不亮。若全部頭燈燈絲均燒斷時，則監視器之搭鐵電路不通，警告燈點亮。

㈣當變光開關在 L（近光）時，使用的線圈為 V_2 及 C_2，接點為 P_2，作用情形同遠光。

五、煞車燈、尾燈、牌照燈監視器

煞車燈、尾燈、牌照燈共同使用一個監視器，圖 15－3，16 為其電路圖。作用同頭燈監視器。

六、煞車來令監視器

碟式煞車來令厚度之感測在煞車掌（ brake pad ）之來令中埋藏有銅電線，如圖 15－3，17所示，當煞車來令之厚度少於 2.5 mm 時，電線就會磨斷，使搭鐵斷路，警告燈亮。

七、噴水器與水箱液面監視器

㈠圖 15－3，18 所示為噴水器液面監視器之電路圖，利用兩電極插於噴水器中，當液面低於電極時，警告燈點亮。

㈡圖 15－3，19 所示為水箱液面監視器之電路圖，因水箱為導體，故僅用一根電極即可，液面低於電極時，警告燈亮。

八、主指示燈的閃光電路

㈠情況指示盤中之11項警告燈中有任一燈點亮，主指示燈就發生閃光。此閃光電路是由不穩定多諧振動器所作用。

㈡圖 15－3，20 所示為主指示燈閃光電路之點燈原理。當有某一部份不正常時，感知器中之接點ＯＮ，電路如下：

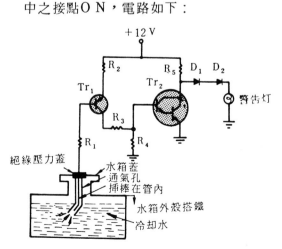

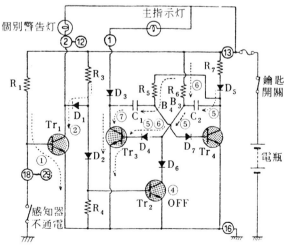

圖15－3，19　水箱液面監視器之電路圖
（テンソ－技報）

圖15－3，20　主指示燈閃光電路點亮原理
（自動車の電子裝置　fig
3－8－12）

1. 電路①之電流使T_{r1}ON，電流經警告燈及T_{r2}搭鐵，燈亮。

2. 電路②之電流經R_2、D_1、T_{r1}之集極、射極搭鐵，使T_{r2}成OFF。

3. 電路⑥之電流經R_6、D_4、T_{r3}搭鐵，而使T_{r3}ON，電經主指示燈、D_3、T_{r3}搭鐵，爲主指示燈亮。

(三)圖15－3，21所示爲主指示閃光電路之熄燈原理。當主指示燈亮後，電容器C_1被充電，左方爲（＋），右方爲（－），此（－）電壓使T_{r4}OFF，C_1之電經T_{r3}放電，同時C_2被電路⑤充電，右方成（＋），左方成（－），左方之（－）電使T_{r3}之基極電流停止，使T_{r3}OFF。T_{r3}OFF時，主指示燈也熄滅。

(四)當C_1之存電放掉後，電流可經R_5、D_7、T_{r4}之基極、射極搭鐵，使T_{r4}ON，T_{r4}ON時，C_2之存電經T_{r4}放掉，使T_{r3}又恢復通電，使指示燈再亮。如此反覆作用，使主指示燈發生閃爍。

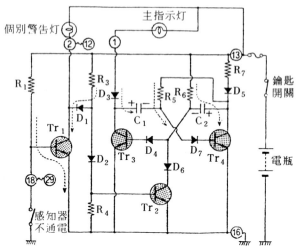

圖15－3，21　主指示燈閃光電路熄燈原理（自動車の電子裝置　fig 3－8－12）

15 - 3 - 4　超速警報器

一、爲防止駕駛人超速行駛，有些車子裝有超速警報器，當車速超過設定速度時，蜂鳴器會發生響聲，提醒駕駛人注意。

二、接點式超速警報器

(一)圖15－3，22所示爲其裝置情形，路碼表之軟軸在旋轉時，與軟軸連接之小齒輪軸也

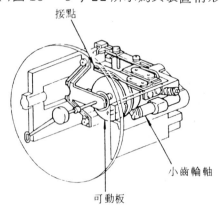

圖15－3，22　接點式超速警報器之裝置情形（DENSO メータ編　圖1－11）

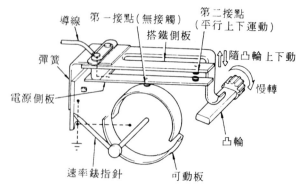

圖15－3，23　接點開關總成（DENSO メータ編　圖1－12）

隨著轉動。小齒輪軸上附有凸輪，在車速超過設定速度以上時，接點閉合，使蜂鳴器發出響聲。

㈡接點開關總成之構造如圖 15－3，23 所示。有第一接點和第二接點，以左端的板彈簧為支點，全體作上下之往復運動。

㈢速度警報器不作用時，與指針一體的可動板之大直徑部份在下，小直徑部分在上，第一接點未能閉合。接點開關總成之上部雖因凸輪軸的轉動而做上下之往復運動，但第二接點仍未能接觸，故蜂鳴器不會響。

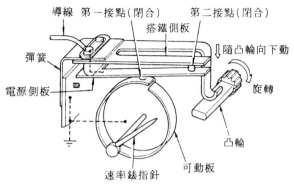

車速超過 100 km／h 以上時之作用㈠

㈣當車速超過 100 km／h 時，如圖 15－3，24 所示，可動板直徑大的部份轉到上方，使第一接點閉合。當凸輪軸低的部份與臂接觸時，第二接點閉合，電流導通，使蜂鳴器發出響聲；當凸輪軸高的部份與臂接觸時，第二接點分開，電流中斷，使蜂鳴器停止響聲。如此發出特別有警告性的斷續警報聲。

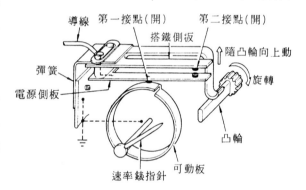

圖15－3，24　車速超過 100 km／h 以上時之作用㈡（DENSO メータ編　圖 1－13，1－14）

三、信號發電機式超速警報器

㈠構造如圖 15－3，25 所示，由超速警報組，與信號發電機（signal generator）兩部份組成。其設定速度可由調整鈕隨時改變。

㈡圖 15－3，26 為超速警報組之內部電路。當車速低時，信號發電機 S_R 在 OFF 時，電流 i_1 經過 R_1、C_1、D_2、C_2 而搭鐵，使電容器 C_1 及 C_2 被充電。此時因 C_1 及 R_1 安定時之組合常數小，貯存於 C_2 之電荷較少。當 S_R 在 ON 時，電流改為 i_2，流經 R_1、R_2 搭鐵，C_1 的存電也由 R_2 放掉。C_2 的存電則由 i_3 放掉。在低速時，因 S_R　ON－OFF 的時間長的

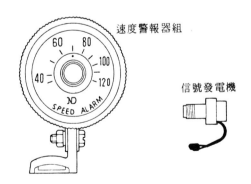

圖15－3，25　信號發電機式超速警報器（DENSO メータ編　圖 1－16）

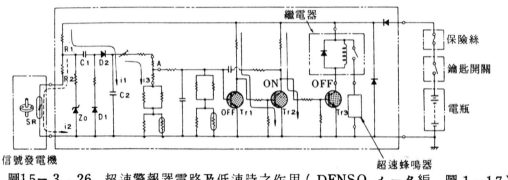

圖15-3,26 超速警報器電路及低速時之作用（DENSO メータ編 圖1-17）

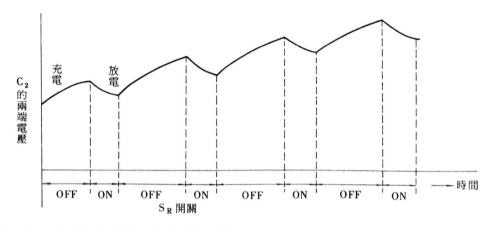

圖15-3,27 S_R之充放電使C_2之電壓逐漸升高（DENSO メータ編 圖1-19）

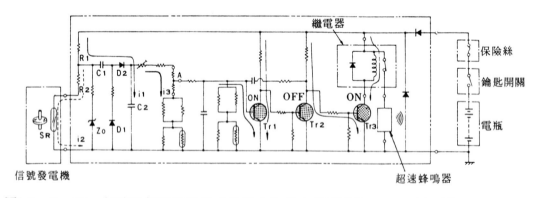

圖15-3,28 超速警報器電路及高速時之作用（DENSO メータ編 圖1-18）

關係，C_2的存電會完全放掉，而使A點無電壓，電晶體T_{r1}無基極電流而變成OFF，T_{r1} OFF時T_{r2} ON，T_{r2} ON之結果使T_{r3}為OFF，蜂鳴器無電流，不響。

㈢當車速高時，S_R的ON-OFF時間都很短，C_2的存電尚未放完又再被充電，於是電壓逐漸升高，如圖15-3,27所示，但因定壓整流粒Z_0之作用限制C_2的電壓為一定值。A點的電壓使T_{r1}之基極電流流通，T_{r1} ON，使T_{r2} OFF，T_{r3} ON，繼電器

線圈之電流經 T_{r_3} 之集極搭鐵，使接點閉合，蜂鳴器發出響聲，如圖 15-3，28 所示。

㈣信號發電機之作用

1. 信號發電機裝在變速箱後部的路碼錶驅動齒輪邊，由引導開關及永久磁鐵組成。

2. 當引導開關之接點與永久磁鐵之 N S 極遠離時，如圖 15-3，29 所示，在上下接點處出現異性磁性而產生相吸作用，使接點閉合。

3. 當引導開關之接點與永久磁鐵之 N 或 S 極靠近時，如圖 15-3，30 所示，在上下接點處出現同性磁極而互相排斥，使接點分開。

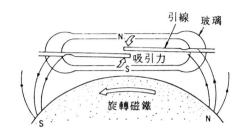

圖15-3，29　引導開關接點與 N・S 極遠離時之作用（DENSO メータ編　圖 1-20）

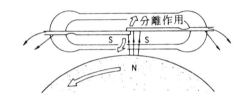

圖15-3，30　引導開關接點與 N・S 極接近時之作用（DENSO メータ編　圖 1-21）

四、發振式超速警報器

㈠發振式超速警報器之構造原理如圖 15-3，31 所示，由裝在路碼錶中的兩個線圈與發振電路及與指針一體的迴轉鋁質

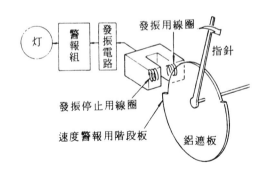

圖15-3，31　發振式超速警報器構造原理（DENSO メータ編　圖 1-22）

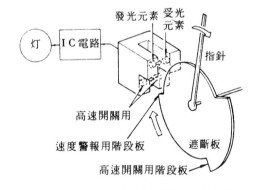

圖15-3，32　光電式超速警報器之構造原理（DENSO メータ編　圖 1-23）

遮板做為信號產生裝置，再由警報器及警告燈產生警報信號。

㈡當車速超過規定時，遮板即轉入兩個線圈之間，使發振電路產生作用，而使警告燈發生閃亮。

五、光電式超速警報器

㈠構造如圖 15-3，32 所示，在路碼錶中裝置發光二極體及受光電晶體及與指針一體的迴轉遮板來做信號控制，再利用ＩＣ電路放大，使警告燈產生作用。

㈡當車速超過規定時，遮板將光遮住，使ＩＣ電路發生作用。發光體及受光體均以樹脂模鑄而成，配合ＩＣ控制電路，體積小，堅固耐用，漸漸廣被採用。

㈢發振式與光電式超速警報器之遮板均在空氣中迴轉，不會影響速率錶的指示，沒有接點，故障少。

15-3-5　語言警告裝置

一、現代汽車有些採用語言警告裝置（ speak monitor ）來警告駕駛人，如豐田汽車以女性的聲音警告下列事項：

㈠請將車門確實關好－－當車門半開時，（ 車門鎖扣只鎖第一段時 ）。

㈡請將手煞車拉桿放下－－當汽車行駛未完全放鬆手煞車拉桿時。

㈢請將燈熄掉－－引擎熄火，燈開關未關，打開車門時。

㈣請將鑰匙取下－－鑰匙還插著，將車門打開時。

㈤請加汽油－－汽油不足時。

二、語言警告系統的構成方塊如圖15-3，33所示。警告的話以數位信號記憶在8K byte ROM記憶片中，電腦依各感知器的信號做判斷，將ＲＯＭ中所需要的聲音放出，經Ｄ／Ａ轉換器變成類比信號，經過濾波器，放大器，使擴音器發出聲音。

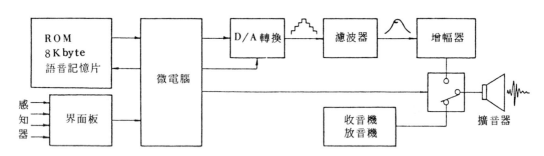

圖15-3，33　語言警告系統方塊圖

三、裕隆汽車公司 1984 年之吉利型汽車亦安裝有語言警告系統，其發聲裝置係以馬達帶動唱盤旋轉，擴音機以針尖接觸唱盤，直接振動膜片發出聲音，其電路簡圖如圖15-3，34所示，可分為控制電路及發聲裝置二部份。現以燈開關忘記關為例說明其作用原理：

㈠燈開關ＯＮ，鑰匙開關ＯＦＦ，若此刻打開車門（ 車門開關ＯＮ ），則語言警告裝置立刻發出〝請先把車燈關熄〞的警告。

㈡當前述條件成立時，使T_{r1}基極電流經車門開關搭鐵，使T_{r1}ＯＦＦ而T_{r2}ＯＮ。

㈢T_{r2}ＯＮ使T_{r3}也ＯＮ，故電流流到馬達，使馬達旋轉帶動唱盤，而發出聲音。馬達

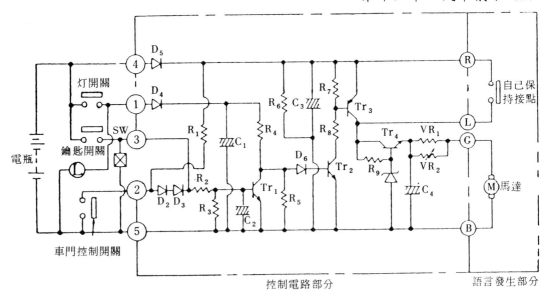

圖15- 3 ,34　裕隆吉利型汽車之語言警告電路簡圖

　　一開始轉動，因定位接點保持在ＯＮ狀態，一直回到原來之定位才能ＯＦＦ，即語言警
告裝置一動必須把話說完才會停止。

㈣若燈開關ＯＮ，鑰匙開關ＯＦＦ，但車門不打開，語言警告系統不會作用，此表示駕駛
人先關鑰匙開關後再關燈開關。

㈤若燈開關ＯＮ，鑰匙開關ＯＮ，但車門打開，語言警告系統亦不作用，此即表示駕駛人
僅暫時離開。

第 四 節　數位式儀錶

15 - 4 - 1　數位式儀錶與類比儀錶之比較

一、前述之類比儀錶均以指針及刻度表示數量，表示速度快，可直接地讀取，但精確度較差
　　。

二、數位儀錶則以數字直接表示數值，表示速度慢，但讀取不會錯誤，適於高精度要求之儀
　　錶。

三、類比儀錶的情報傳輸過程，以圖15- 4 , 1 所示之汽油錶為例說明如下：

類比量　　　　　　類比值　　　　　　類比值　　　　　　類比刻度

汽油量 → 浮筒位置 → 變換為電阻值 → 電　流 → 汽油錶指示

送信器－感測值　　　　　　　　　接收部－指示錶

四、數位儀錶的情報傳輸過程，以圖15- 4 , 2 所示之汽油錶為例說明如下：

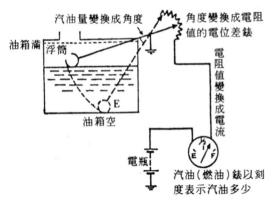

圖15-4，1　類比式儀錶之作用（自動
　　　　　　車の電子裝置　fig 2，
　　　　　　4-3）

圖15-4，2　數位儀錶之作用（自動車の
　　　　　　電子裝置 fig 2，4-5）

類比量　　　　　　　　　類比量　　數　位　　數位表示
汽油量→油箱液面高度→　送信器　→時間測定→產生脈衝→數位計算器
　　送信器-　振盪器　　　　　　感測值　A／D轉換 接收器-顯示錶

五、數位儀錶亦可將電阻值轉變成電壓，再利用類比數位轉換器（analong digital con-
verte 簡稱A／D converter ）轉變成數位信號　　　　，如 10 V 產生 10,000 脈衝，
2 V 產生 2,000 脈衝，可以將類比量的送信器之儀錶數位化。

類比量　　　類比量　　　　　　數　位　　　數位表示
汽油量→浮筒位置→電阻值變換→電　壓→產生脈衝→數位計算器
　　送信器-感測值　　　　A／D轉換 接收器-顯示錶

六、本節所介紹爲日本電裝（ DENSO ）出品之數位儀錶的構造及作用·。

15-4-2　數位速率錶

一、數位式速率錶是由光電式的速率感知器及速率顯示錶組構成。

二、速率感知器的構造如圖15-4，3所示，
　　由發光二極體與光電晶體相對組合成光聯
　　結器（ photo coupler ），與由路碼錶軟
　　軸所驅動的遮光板旋轉時產生光之斷續產
　　生脈衝信號。

三、速率顯示錶之構造如圖15-4-4，所示
　　，由螢光顯示管，微電腦ＩＣ等構成，把
　　由速率感知器送來的隨車速變化之脈衝信
　　號在螢光顯示管顯示出來。同時把其他信

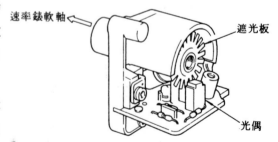

圖15-4，3　速率感知器之構造（
　　　　　　DENSO メータ編
　　　　　　圖5-1）

　　號送給引擎轉數錶、燃油錶、溫度錶等，其情報傳輸方塊，如圖15－4，5所示。

四、車速計測電路之作用

　㈠在車速感知器所產生的脈衝信號經過波形
　　整形後，與計數器計測後，由微電腦之記
　　憶電路記憶。

　㈡計時電路將計數器的計測時間及記憶電路
　　裏記憶的時間共同輸出。

　㈢記憶電路把來自車速感知器的脈衝數與時
　　間相對應之車速輸出到螢光顯示管。

圖15－4，4　速率顯示錶（DENSO メ
ータ編　圖5－2）

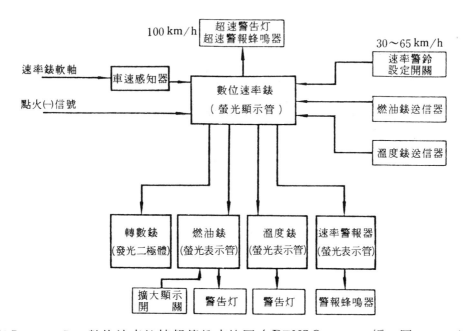

圖15－4，5　數位速率錶情報傳輸方塊圖（DENSO メータ編　圖5－2）

　㈣螢光顯示管的分解顯示能力為每1 km／h一次，比指針式的精確度高。但因螢光顯示
　　管換寫時間一定的關係，不一定1 km／h變換顯示一次。

　㈤若顯示之車速在101 km／h以上時，從速度判定電路做信號輸出，點亮超速警告燈。
　　車速在105 km／h以上時，則超速警報蜂鳴器會響。

　㈥圖15－4，6所示為速率錶作用方塊圖。

15-4-3　數位引擎轉速錶

一、圖15－4，7所示為數位引擎轉速錶，由發光二極體（LED）顯示器、微電腦及驅動
　　用IC等構成。

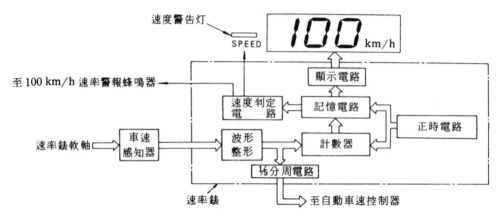

圖15-4，6　數位速率錶作用方塊圖（DENSO メータ編　圖5-3）

二、數位引擎轉速錶之作用

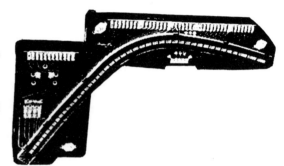

圖15-4，7　數位引擎轉數錶之構造（DENSO メータ編　圖P. 25）

　㈠因爲點火之㈠信號的脈衝與脈衝之間的時間與引擎的轉數成反比，所以微電腦（CPU）以計測點火信號的時間間隔來檢知引擎的回轉數。

　㈡點火信號在數位速率錶內被波形整形後，以CPU計測3個脈衝的時間，並以此求每一脈衝的平均時間，以檢知引擎的回轉數。

　㈢表示電路根據CPU隨回轉數多寡的輸出點亮LED。

　㈣圖15-4，8所示爲數位引擎轉速錶作用方塊圖。

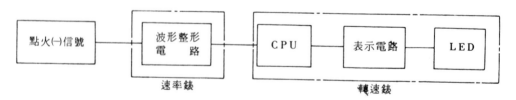

圖15-4，8　數位引擎轉速錶作用方塊圖（DENSO メータ編　圖6-1）

15-4-4　數位燃油錶

一、數位燃油錶如圖15-4，9所示，由螢光顯示管的顯示器、計算用的微電腦及IC等組成。

二、數位燃油錶的作用

　㈠從油箱中的電位錶（potential meter）可感知燃油的剩餘量，此電壓再經由A／D轉換器轉變成數位信號後送到ＣＰＵ，經計算後，再由表示用ＩＣ向顯示器輸出。

㈡顯示器顯示剩下燃油量以條或帶狀點亮。

㈢當鑰匙開關打開時，為了儘早的顯示，係以0.4秒的時間計算燃油剩餘量，約1秒後即能顯示，以後每256秒做一次剩餘量的計算，以免顯示器產生閃爍。

㈣數位燃油錶內裝有保險絲或ＰＴＣ之目的，是當油箱中的送信器失靈時，能保護速率錶內的5Ｖ電源電路。

㈤圖15－4，10為數位燃油錶之作用方塊圖。

圖15－4，9　數位燃油錶外觀（DENSO
メータ編　圖P.26）

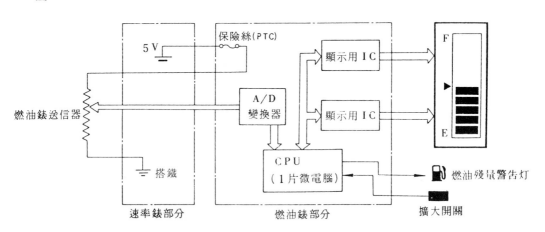

圖15－4，10　數位燃油錶之作用方塊圖（DENSO メータ編　圖7－1）

15－4－5　數位溫度錶

一、數位溫度錶如圖15－4，11所示，由包括電腦ＩＣ的比較器及螢光顯示管所構成。

二、數位溫度錶的作用

㈠顯示器各顯示條分別設有比較器、基準電壓及由溫度感知器輸入的電壓做比較。

㈡若溫度感知器輸入的電壓低於基準電壓，比較器就產生ＯＮ的信號，而使該顯示條點亮。

㈢第10顯示條點亮（120°C以上）時，同時

圖15－4，11　數位溫度錶外觀（DENSO
メータ編　P. 27）

警告燈也會點亮，以警告引擎過熱。

㈣數位溫度錶的作用方塊圖如圖15－4，12所示。

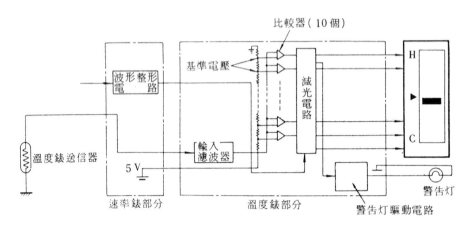

圖15－4，12　數位溫度錶之作用方塊圖（DENSO メータ編　圖8－1）

第 五 節　儀錶照明

15-5-1　概　　述

一、儀錶照明在早期是利用燈的反射光之間接照明方式。

二、近代汽車儀錶板上的刻度板改用透明的壓克力樹脂製造，除數字及刻度外，其他部份以黑色油漆塗裝，燈光由後面照射，使儀錶之刻度很明顯，如圖15－5，1所示。

三、近代汽車儀錶的指針採用壓克力樹脂導光材料製作，利用壓克力導光板將光源導至指針，使指針亦非常鮮明，如圖15－5，2所示。

四、因儀錶部位很窄不易安裝燈泡，且使燈泡照明時，燈光集中在一點，故現代汽車使用傳光線，如圖15－5，3所示，利用多股保麗壓克力（polymethyl - methacrylate）傳光導線，將燈光傳到欲照明的

圖15－5，1　透過式照明（DENSO メータ編　圖10－1）

圖15－5，2　儀錶指針之透過式照明（DENSO メータ編　圖10－2）

各儀錶去。

五、現代汽車儀錶改採用電子發光板（elec-
　　tro - luminescence panel 簡稱ＥＬ）
　　照明取代燈光。它可以使整片儀錶板表面
　　發光，全部錶面一樣均勻顯明清晰，沒有
　　刺眼光線，亦不發熱。

15 - 5 - 2　電子發光儀錶板

一、電子發光板原理

（一）當向空中拋一個石子，使石子的能量增加
　　，當石子掉落到地面時，碰撞發出響聲。
　　同理，電子受到較高的電壓，會脫離正常
　　軌道，如圖15－5，4所示，當電子返回
　　正常軌道時，亦會碰撞發出亮光，此為電
　　子發光板的基本原理。

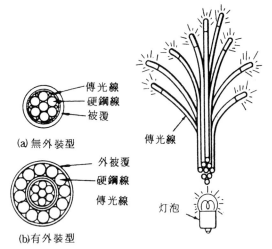

圖15－5，3　壓克力傳光線構造（Elect-
　　　　　　　rical Systems Fig 18－
　　　　　　　29）

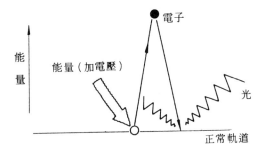

圖15－5，4　電子發光板原理（DENSO
　　　　　　　メータ編　圖10－10）

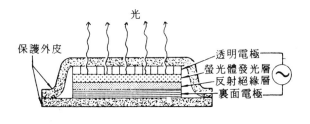

圖15－5，5　電子發光板構造（DENSO
　　　　　　　メータ編　圖10－6）

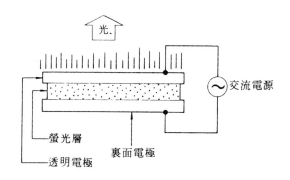

圖15－5，6　電子發光板原理（DENSO
　　　　　　　メータ編　圖10－8）

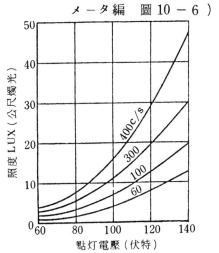

圖15－5，7　電子發光板照度與電壓及頻率
　　　　　　　關係（デンソー・メータ編
　　　　　　　圖10－8）

㈡電子發光板之構造如圖15－5，5所示
，其發光原理如圖15－5，6所示，電
子發光板之亮度與交流電源電壓及頻率
之關係如圖15－5，7所示）。

二、電子發光板的作用

㈠電子發光板需要使用300V的交流電才
能工作，故需將電瓶的直流電經變流器
變成交流電後才經變壓器升壓。圖15－
5，8所示為汽車上使用之電子發光板
電路方塊圖，圖中濾波器是將電源回路

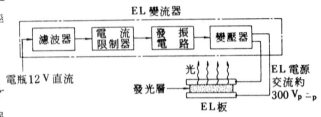

圖15－5，8 汽車用電子發光板方塊圖（
DENSO メータ編 圖10－
11）

的干擾電波除去；電流限制器係保護電器不因短路而燒毀。變流器輸出頻率約200HZ
，電壓約300V_{p-p}。

㈡圖15－5，9所示為電子發光板電路圖。變流器之作用與點火系統的發火線圈或電晶體
日光燈所使用的變流器相似，變流器的變壓器中有三組線圈繞在同一根鐵蕊上。L_1是
一次線圈，L_2是二次線圈，L_f用來控制電晶體T_r之ON－OFF。L_2之圈數最多，
L_f之圈數最少。

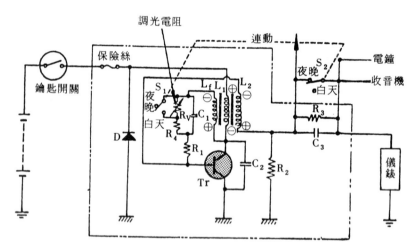

圖15－5，9 電子發光板電路圖（デンソー・メータ編圖圖89）

㈢當鑰匙開關ON時，電瓶電經L_1→T_2之射極與基極→L_2→R_2→搭鐵，使T_r之集極
大電流經L_1流通，L_1因本身之自感應上端為⊕，下端為⊖，如圖15－5，10所示。
同時，L_2及L_1都感受應而成上端為⊖，下端為⊕，L_2線圈因圈數多，能感應出300
V之電壓，供電子發光板使用。L_f之感應電同時充到C_1。L_1的電流達到某一程度時
即達飽和，不再增加。

㈣L_1之電流飽和後，磁場強度趨穩定，感應作用消失，L_1之感應電停止，T_r之基極電

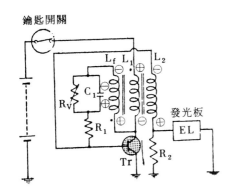

圖15-5，10　電子發光板作用㈠（デンソー・メータ編　圖90）

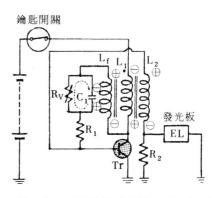

圖15-5，11　電子發光板作用㈡（デンソー・メータ編　圖91）

流減少，使集極之電流亦減少。L_1 之電流減少時，磁場感應出反方向之電壓，使 L_f 線圈成為上端⊕，下端⊖，如圖 15-5，11 所示。此電壓加上電容器 C_1 之電壓，使 T_r 之基極電流ＯＦＦ，使集極電流亦減ＯＦＦ。C_1 之存電由可變電阻 R_v 放電，磁場完全消失，電路又恢復原來狀態。

㈤如前述反覆作用，產生 200 ＨＺ，300 Ｖ之交電流供ＥＬ使用。可變電阻 R_v 連到調光鈕，改變 R_v 之值將影響 C_1 充放電速度，因而改變了交流電之頻率及電壓，使電子發光板的亮度能調整。

三、電子發光儀錶板構造

㈠圖 15-5，12 所示為ＥＬ照明速率錶之構造，圖 15-5，13 所示為組合儀錶玻璃下的ＥＬ照明供電電路。

㈡圖 15-5，14 所示為各種儀錶接收器的ＥＬ照明供電電路圖。

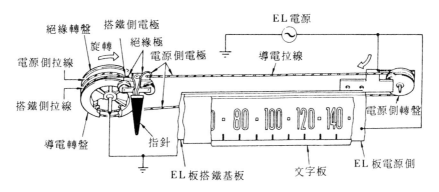

圖 15-5，12　ＥＬ照明速率錶構造（DENSO メータ編　圖10-4）

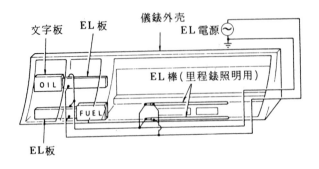

圖 15 − 5 ，13　組合儀錶玻璃下的 E L 照明（ DENSO メータ編　圖 10 − 5 ）

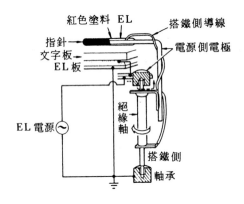

圖 15 − 5 ，14　　各種儀錶接收器的 E L 照明電路（ DENSO メータ編　圖 10 − 3 ）

習題十五

一、選擇題

(　) 1.使用指針與刻度指示的儀錶為①類比式②數位式③電阻式　儀錶。

(　) 2. 🔦 符號表示①遠光燈②近光燈③霧燈。

(　) 3.現代汽車使用最多的類比式燃油錶為①電熱偶－可變電阻式②交差線圈－可變電阻式③電熱偶片－電熱偶片式。

(　) 4.燃油油量錶油滿時以①H②C③F④E　字表示。

(　) 5.柴油引擎使用之引擎轉數錶是屬於①發電機式②脈衝式③電磁迴轉式。

(　) 6.行車記錄紙上外圈的11.條同心圓虛線係記錄①交班時間②行駛里程③工作時間④瞬間速度。

(　) 7.行車記錄紙上內圈6條同心圓虛線，代表①交班時間②行駛里程③工作時間④瞬間速度。

(　) 8.機油壓力警告燈在機油壓力達到① $0.1 \sim 0.3\,Kg/cm^2$ ② $0.3 \sim 0.5\,Kg/cm^2$ ③ $0.5 \sim 0.7\,Kg/cm^2$ ④ $0.7 \sim 1\,Kg/cm^2$ 以上時，警告燈熄滅。

(　) 9.充電指示燈的控制電源是接發電機之①N②B③F④E　線頭。

(　) 10.電瓶液面開關為一種①銅棒②鋅棒③鉛棒④鋁棒　電極。

(　)11.電熱偶式溫度錶如將於量溫器的線頭拔下，直接搭鐵，打開點火開關，則溫度錶應指示①H②C③1/2④不動。

(　)12.採用電磁式儀錶的汽車行駛中，發現指針跳躍不穩時，表示①充電電壓太高②充電電壓太低③路面不平震動影響④儀錶板搭鐵不良。

(　)13. 🔋 汽車行駛中如左圖之警告燈亮時表示①頭燈沒作用②沒充電③機油沒上來潤滑④電瓶液量不足。

二、填充題

1. 🔅 代表（　　　　　）　🚗 代表（　　　　　）　🔋 代表（　　　　　）。

　　♨ 代表（　　　　　）　🛢 代表（　　　　　）　🔋 代表（　　　　　）。

2.現代汽車常以具有**警覺性**、構造簡單的（　　　　　）取代儀錶的指示。

3.使用電熱偶式儀錶必須裝用（　　　　　），以免電壓變化時使儀錶指示失準。

4.目前採用數位顯示的儀錶有（　　　　）、（　　　　）、（　　　　）、（　　　　）等。

5.電流錶的種類有（　　　　）、（　　　　）、（　　　　）三種。

6.類比式速率錶指示車速的方法有（　　　　）、（　　　　）、（　　　　）三種

7.常用之車速感知器有(　　　　　)、(　　　　　　)兩種。

8.引擎轉數錶有(　　　　)、(　　　　　)、(　　　　　)三種。

9.行車記錄器的記錄裝置含有(　　　　)、(　　　　)及(　　　　)等。

10.超速警報器有(　　　)、(　　　　)、(　　　　)、(　　　　　)四種

11.數位儀錶是將電阻轉變成電壓，經由(　　　　)簡稱A／D轉變成數位信號。

12.電子發光板需要使用(　　　　)V的交流電才能工作。

三、問答題

1.試說明熱偶片式儀錶如何防止因溫度變化產生之指示失準？

2.何謂置針式儀錶？

3.行車記錄器能記錄那些行駛狀況？

4.電子發光板的工作原理為何？

第十六章　警告系統

第一節　喇　叭

16-1-1　概　述

一、汽車之喇叭是用來警告其他車輛或行人有汽車靠近之警告裝置。現代汽車使用高頻率喇叭和低頻率喇叭相組合，產生較和諧悅耳的聲音。

二、當喇叭的膜片振動時，空氣亦產生波動，成為聲波，傳入耳中，使耳膜振動，人們就可以聽到響聲。用來測量聲音之特性者有三：

㈠音量（loudness）—又稱響度，用來表示聲音強弱的程度，依發音體振幅之大小而定，振幅大者發音愈強。但音量與發音體距聽者間距離平方成反比，故同一聲音近聽時聲音大，遠聽時聲音就減小。一般使用分貝（decibe，符號為dB）為音量的單位。我國道路交通規則規定在距離2公尺處，音量不得超過90 dB。

㈡頻率—又稱音調（pitch），用來表示聲音的高低程度。發音體的振動頻率增多時，聲音便高；反之振動頻率減少時，聲音便低。頻率使用赫（每秒振動次數，符號為Hz）為單位。正常人可聽到的聲波頻率約20～20,000赫，人類發音之頻率約在80～1,000赫，一般男人頻率約95～142赫，女人約272～588赫。

㈢音壓—當音波碰到牆壁而反射時，牆壁受到一個壓力，此壓力即為音壓，一般使用微巴（μbar）為單位。

㈣圖16-1，1所示為聲音之頻率、音量及音壓三者之關係。

16-1-2　電磁式喇叭

一、電磁式喇叭之構成包括高低音喇叭各一只、喇叭繼電器、喇叭按鈕、電源、保險絲……等，如圖16-1，2所示，因喇叭耗電量大，故使用繼電器，以避免按鈕處產生過大的火花，延長使用壽命。

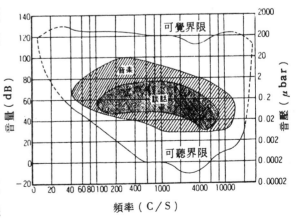

圖16-1，1　聲音之頻率、音量及音壓之關係（デンソー・ホーン・フラツシャ編　圖1）

二、作用原理

如圖16-1，3所示，將一片薄鋼板周圍固定，中央放置電磁鐵，當開關閉合時，電磁鐵產生吸力吸引鋼板，開關關去時，鋼板由本身之彈性彈回，產生振動，即可發出聲波。設法使開關連續的ON-OFF，即可使鋼板連續振動空氣而發出聲音。

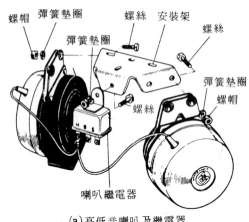

(a)高低音喇叭及繼電器

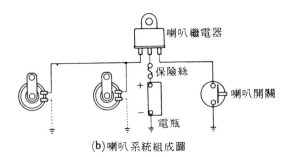

(b)喇叭系統組成圖

圖16-1，2 電磁式喇叭構造

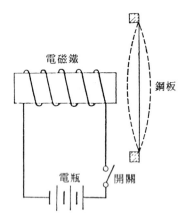

圖16-1，3 喇叭原理（デンソー・ホーン・フラッシヤ編 圖2）

三、喇叭的構造及作用

㈠如圖16-1，4所示為螺旋型共鳴管喇叭的構造，由電磁線圈、鐵蕊、活動片、調整螺帽、白金接點及電阻（或電容器）、共鳴管、罩蓋等組成。

㈡調整螺帽以絕緣片隔開，靠著白金接點底板，接點平時閉合。電阻與線圈並聯，用來吸收線圈在電流斷續時所感應之電流，以免接點因跳火燒壞，稱為消弧回路，如圖16-1，5所示。共鳴管用來使膜片的振動產生共鳴，以改變音質。

㈢圖16-1，6所示為喇叭之電路圖，其作用如下：

1.當按下喇叭按鈕時，喇叭繼電器線圈通電，將繼電器接點P_1閉合，P_1閉合後

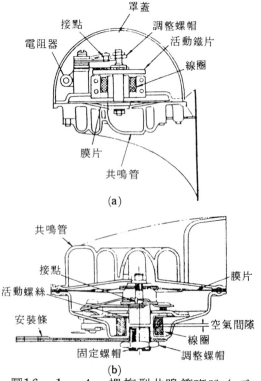

圖16-1，4 螺旋型共鳴管喇叭（デンソー・ホーン・フラッシヤ編 圖3B）

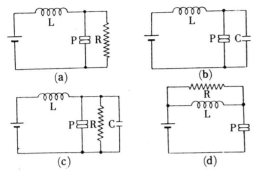

圖16－1，5　喇叭消弧回路（デンソー・ホーン・フラッシヤ編　圖9）

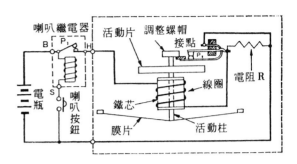

圖16－1，6　喇叭電路圖（デンソー・ホーン・フラッシヤ編　圖7）

電流進入喇叭線圈後搭鐵。

2.喇叭電磁線圈之吸力將活動片吸引，使膜片及調整螺帽一起下移，調整螺帽將接點P_2拉開。線圈電路中斷，膜片的彈性使膜片及活動片彈回。線圈電流中斷時產生之感應電流由與接點並聯的電阻或電容器吸收。

3.膜片彈回後，接點P_2又閉合，電流又接通，線圈之磁力又將活動鐵片及膜片拉下，使接點P_2又分開。如此膜片不斷的來回振動，使共鳴管中之空氣因振動而發出聲音

4.如圖16－1，7所示爲平形共鳴室之喇叭構造，以平形之空氣室取代螺旋形之共鳴管，產生共鳴作用。

四、喇叭繼電器之構造

圖16－1，8所示爲喇叭繼電器之構造，以喇叭開關之小電流控制經過接點之大電流，可以減少喇叭電路的電壓降，縮短電源與喇叭之配線長度，喇叭繼電器上有三個線頭，S接按鈕，H接喇叭，B接電源。一般12V之高低音喇叭需通過3～5A之電流。

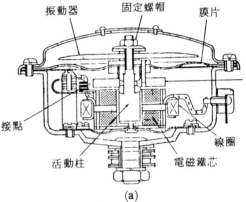

（a）

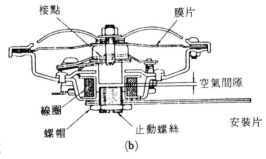

（b）

圖16－1，7　平形共鳴室喇叭構造（デンソー・ホーン・フラッシヤ編　圖4）

16-1-3　壓縮空氣喇叭

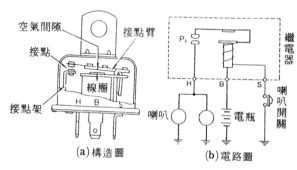

圖16-1，8 喇叭繼電器（デンソー・ホ
　　　　　ン・フラッシヤ編　圖5
　　　　　，6）

圖16-1，9　壓縮空氣喇叭（三級シヤシ
　　　　　下　圖Ⅴ-1）

一、大型車裝用空氣壓縮機者，利用壓縮空氣吹過高壓膜片，使產生振動再利用空氣管共鳴
　　以產生聲音，如圖16-1，9所示。空氣管長的爲低音，空氣管短的爲高音喇叭。

二、空氣喇叭的控制系統如圖16-1，10所示。當按下喇叭按鈕時，電流從電瓶經點火開
　　關→控制閥線圈→喇叭按鈕→搭鐵。控制閥線圈的磁力將柱塞拉開，壓縮空氣流到喇叭
　　，吹過高壓膜片，使膜片振動發出響聲。

三、小型車使用之空氣喇叭如圖16-1，11所示，由一個12Ⅴ之電動馬達驅動空氣泵，產
　　生壓縮空氣吹向喇叭之高壓膜片以產生振動，再利用空氣管共鳴以發出聲音。

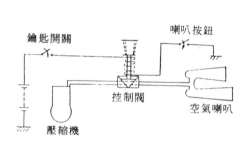

圖16-1，10　壓縮空氣喇叭控制系統

圖16-1，11　電動空氣喇叭

16-1-4　電晶體喇叭

一、普通電磁喇叭的缺點是音調、音量及韻律都是一樣的缺乏變化，同時接點的壽命有限，
　　易生故障爲缺點。

二、電晶體喇叭利用電晶體或ＩＣ電路來取代接點的ＯＮ－ＯＦＦ，而成無接點化，以延長
　　使用壽命，同時振盪電路另外裝置，故音量及音色都能產生變化。若增設發振電路的電

源電壓能緩緩降低的電路，就
能產生韻律了。

三、電晶體喇叭之構成方塊如圖16
－1，12所示。圖16－1，
13所示為電晶體喇叭電路圖之
例子。

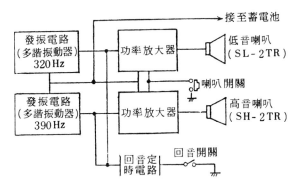

圖16－1，12　電晶體喇叭方塊圖（自動車の電子
裝置　fig 3.11－7）

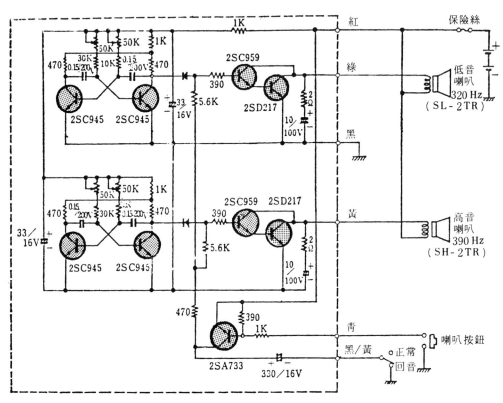

圖16－1，13　電晶體喇叭電路範例（自動車の電子裝置　fig 3.11－8）

第二節　倒車蜂鳴器

16-2-1　電容器式倒車蜂鳴器

一、構造如圖16－2，1所示，由發音部及電容器式斷續器及外殼組合而成。發音部之構造
及作用同喇叭。

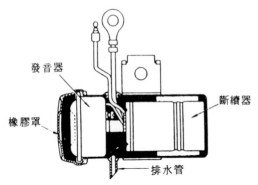

圖16－2，1　電容器式倒車蜂鳴器構造（
デンソー・バックブザー編
圖1）

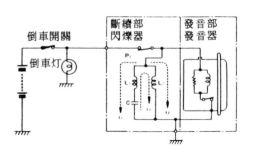

圖16－2，2　電容器式倒車蜂鳴器電路圖
（デンソー・バックザブ－
編　圖2）

二、圖16－2，2所示爲電容器式倒車蜂鳴器之電路圖，其作用如下：

㈠當倒車開關ON時，使倒車燈點亮，同時電由斷續器中之常閉接點P_1流入，分別以i_1
經L_1及i_2經L_2線圈流入。

㈡因L_1及L_2線圈之方向相反，磁力互相
抵消，接點P_1保持閉合。

㈢電容器C充電電壓漸升，電流i_1漸減
少，L_1線圈之磁力漸弱，最後L_2線圈
之磁力使P_1分開。

㈣接點P_1分開後，電容器C開始放電，放
電電流i_3流經線圈L_1及L_2，因線圈
L_1及L_2產生之磁力相同，使接點P_1
分開。

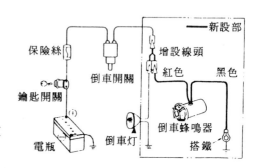

圖16－2，3　一般倒車蜂鳴器配線圖（デン
ソー・バックザブ－編　圖3）

㈤電容器放電後，電壓漸降低，i_2漸減
少，最後消失，接點P_1又閉合，恢復
到原來狀態。如此反覆作用。

三、一般倒車蜂鳴器使用電壓爲12V或24
V，音壓爲85±10dB／1m，一般
頻率有400Hz，600Hz，800Hz
等，斷續週期爲60～120回／分。

四、一般倒車蜂鳴器之配線如圖16－2，3
所示。

五、附有夜間消音機構之倒車蜂鳴器配線如
圖16－2，4所示，將蜂鳴器之搭鐵接

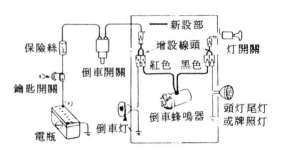

圖16－2，4　附夜間消音機構之倒車蜂鳴器
配線（デンソー・バックザブ
－編　圖4）

到頭燈或尾燈搭鐵，當開頭燈時，蜂鳴器停止使用。

16-2-2　電晶體式倒車蜂鳴器

一、電晶體式倒車蜂鳴器之構造如圖16-2，5所示，由發音部及斷續部構成，斷續部每分
　　鐘產生 85 回斷續電流。蜂鳴器之頻率為 500 Hz。

二、電晶體式倒車蜂鳴器之電路如圖16-2，6所示，其作用如下：

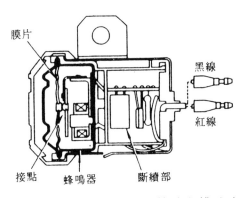

圖16-2，5　電晶體式倒車蜂鳴器構造（デ
　　　　　　ンソー・バック・ザブー編
　　　　　　圖 5 ）

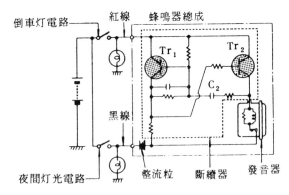

圖16-2，6　電晶體式倒車蜂鳴器電路圖
　　　　　　（デンソー・バック・ブザ
　　　　　　ー編　圖 6 ）

㈠倒車開關ON時，基極電流①流入使T_{r_1}ON，集極電流②流入後，使A點之電壓上升
　，使T_{r_2}OFF。

㈡電流經發音器搭鐵，因電流太小，發音
　器不響，如圖16-2，7所示。

㈢當電容器C_2充滿電後，①之電流停止，
　使T_{r_1}OFF。

㈣T_{r_1}OFF後，A點之電壓下降，基極
　電流③使T_{r_3}ON，如圖16-2，8所
　示。

㈤T_{r_2}之集極電流④流入發音器，使發出
　聲響。

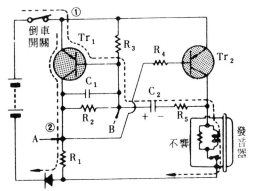

圖16-2，7　電晶體倒車蜂鳴器作用㈠（デ
　　　　　　ンソー・バック・ブザー編
　　　　　　圖 7 ）

㈥此時電容器C_2放電後，接著反方向充電，使B點之電壓下降，直到T_{r_1}之射極與基極
　　電壓差，達一定值後，T_{r_1}又導電，使T_{r_2}OFF。如此反覆作用。

三、夜間消音機構之倒車蜂鳴器配線如圖16-2，9所示。倒車開關及燈開關一起打開時，
　　倒車蜂鳴器兩個線頭同電壓，電流③不能流入，蜂鳴器不作用。白天燈開關OFF，倒
　　車開關ON時，電流③能進入蜂鳴器，故蜂鳴器能正常作用。

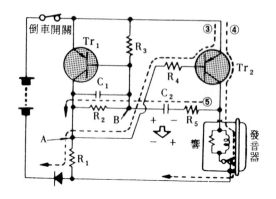

圖16- 2 ，8　電晶體倒車蜂鳴器作用㈡（ デンソー・バツク・ブザー編　圖 8 ）

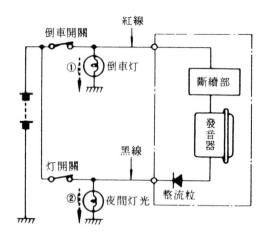

圖16- 2 ，9　夜間消音機構之倒車蜂鳴器配線（ デンソー・バツク・ブザー編　圖 9 ）

習題十六

一、是非題

（　　）1.喇叭電路上並聯一電阻器或電容器，其目的是保護白金接點。

（　　）2.喇叭調整是將耗用電流調至規定值，且使音量及音色在最佳狀態為止。

（　　）3.欲調整喇叭音量時，只要改變喇叭繼電器之白金間隙即可。

二、選擇題

（　　）1.我國道路交通規定在距離 2 公尺處，音量不得超過① 70 d B ② 80 d B ③ 90 d B ④ 100 d B。

（　　）2.電磁喇叭以電阻（或電容器）與線圈並聯，是為①避免白金接點燒壞②減少電流消耗③使音量較緩和④降低頻率。

（　　）3.電晶體式倒車蜂鳴器每分鐘產生① 70 ② 85 ③ 100 ④ 115 回斷續電流。

（　　）4.夜間有消音裝置之倒車蜂鳴器是當①倒車開關開，燈開關開時②倒車開關開，燈開關開時③倒車開關開時④點火開關開時。

三、填充題

1.音量又稱（　　　　　　），以（　　　　　　）為單位；頻率又稱（　　　　　　），以（　　　　　　）為單位。

2.正常人可聽到的聲波頻率約（　　　　　　）赫，人類發音之頻率約在（　　　　　　）赫。

3.喇叭繼電器的 S 線頭接（　　　　　　），H 線頭接（　　　　　　），B 線頭接（　　　　　　）。

4.汽車喇叭可分（　　　　　　）喇叭、（　　　　　　）喇叭及（　　　　　　）喇叭。

四、問答題

1.喇叭為什麼必須用繼電器？

2.試繪製電磁式喇叭電路圖。

3.電晶體喇叭和普通電磁式喇叭有何不同？

4.試繪圖及說明電容器式倒車蜂鳴器之作用。

第十七章　車身及車架結構特性

第　一　節　車　　架

一、概　　述

車架（frame）為汽車之骨架，是汽車行駛所必須之裝置安裝的地方，並用以承載車身之全部載重，支持前後軸傳來的反作用力。且汽車行駛中受到路面衝擊會產生很大之應力，因此車架必須有很高之強度及剛性。現代汽車發展之趨向是，減少重量，提高行駛性能、節省油料消耗；車子前後部之構造，並能吸收衝撞時之衝擊力，而不影響到乘坐空間，以保護乘坐人員之安全。

二、車架之種類及構造

汽車之車架因汽車的種類、用途、驅動方式、引擎安裝位置、懸吊裝置不同而有很大之區別，一般可分為下列數種。

```
                    ┌─ 普通車架 ─┬─ H 型車架
                    │            └─ X 型車架
                    │            ┌─ 脊椎型車架
    車　架 ─────────┼─ 特殊車架 ─┼─ 月台型車架
                    │            └─ 桁架車架
                    └─ 單體結構 ── 車身與車架結合為一整體（無車架存在）
```

(一)普通車架

　1. H 型車架

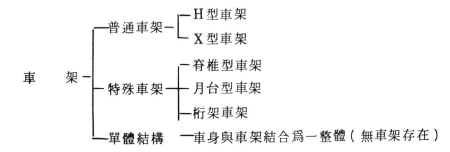

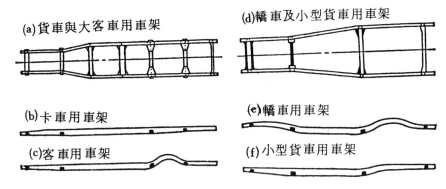

(a)貨車與大客車用車架　　(d)轎車及小型貨車用車架

(b)卡車用車架

(c)客車用車架

(e)轎車用車架

(f)小型貨車用車架

圖17-1，1　H型車架之構造（三級自動車シャシ　圖I-1）

H型車架又叫梯子形車架，構造簡單、強度大、製造容易，如圖17-1，1所示。通常以兩根側樑及數根橫樑及補強板等組成，用鉚釘或電焊。側樑之斷面成I型，由側面看，貨車之大樑為平直形，如圖17-1，1 (b) 所示。客車、轎車及低床小貨車在裝輪軸處有拱起，如圖17-1，1 (c)、(e) 所示。圖17-1，2所示為各種大樑的斷面形狀，其目的為提高抗彎曲及扭轉強度，且能減輕重量。

2. X型車架

如圖17-1，3所示，兩個側樑在中間部份相靠近，剛性大，小轎車使用較多。

(二)特殊車架

1. 脊椎型車架

圖17-1，4為脊椎型車架之構造，以一根粗鋼管為中心，安裝引擎及車身懸吊等部再焊接固定架。對彎曲及扭轉之抵抗力大，但生產不易，使用較少。

2. 月台型車架

圖17-1，5所示為大樑與車底板一體化的月台型車架，基本上與H型車架相似。

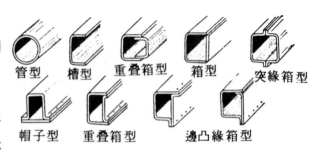

圖17-1，2　大樑的斷面形狀（自動車整備〔Ⅰ〕圖8-3）

管型　槽型　重疊箱型　箱型　突緣箱型
帽子型　重疊箱型　邊凸緣箱型

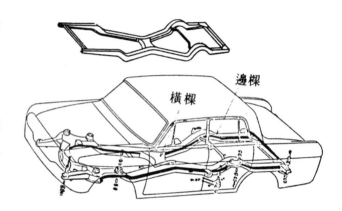

邊樑　橫樑

圖17-1，3　X型車架（自動車百科全書圖3-270）

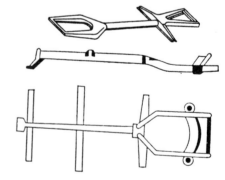

圖17-1，4　脊椎型車架（自動車百科全書圖3-270）（シャシの構造圖9-5）

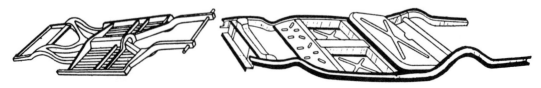

圖17-1，5　月台型車架（自動車百科全書　圖3-273）（自動車整備〔Ⅰ〕圖8-6）

強度大，通常與車身組合成大的箱型斷面，以產生很強的剛性並抵抗彎曲變形。

3.桁架車架

圖17－1，6所示爲桁架型車架之構造，整台車子以20～30ｍｍ之鋼管焊接合成，又稱太空艙型車架，整個車子重量輕、強度大，但不易大量生產，僅用於跑車上。

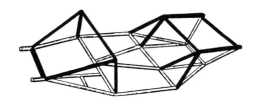

圖17－1，6　桁架型車架（シヤシの構造 圖9－7）

(三)單體結構型

近代小型車均採用無大樑（ frame·less ） 設計，將車身做得堅固能耐衝擊及承受負荷，以減輕重量並適合大量生產。整個車身成爲廂型結構，外力由全部車身分散承受，構造如圖17－1，7所示。此式在車子發生撞擊時，乘坐空間不會產生嚴重收縮，以保護乘坐人員之安全。

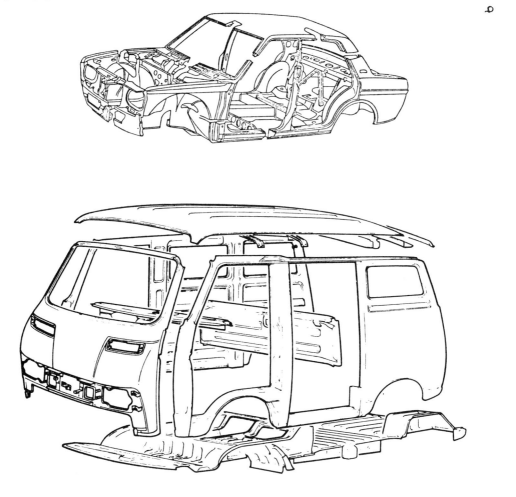

圖17－1，7　單體式結構（無大樑）（自動車整備〔Ⅰ〕 圖8－8）

第 二 節　車　　身

17 - 2 - 1　概　　述

車身為車子用以乘坐人員或裝載貨物之處。車身必須使具有最大之空間以供人員乘坐及裝載貨物之用，並要使乘坐在裏面的人員感到舒適愉快，發生撞擊時並能保護人員的安全。

17 - 2 - 2　小型車用車身

一、概　　述

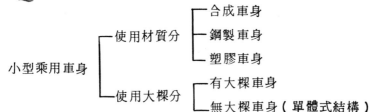

（一）合成車身－早期之汽車使用木材及鋼板混合製成，現已淘汰。

（二）鋼製車身－使用鋼板沖壓成形後，焊接而成，為現代汽車車身普通採用。

（三）塑膠車身－使用玻璃纖維強化塑膠為材料因質輕，強度大，耐蝕性強，已有很多車子部份車身採用，整個車身全部採用塑膠者正開發中。

（四）有大樑車身－主要力量由大樑承受，車身強度低，將車身製成後再用螺絲安裝在大樑上。

（五）無大樑車身－現代小型車之車身，大部份採用單體結構，無大樑，用整個車身來承受各部應力，以減輕重量，並適合大量生產。

二、車身外部機構（以單體式車身為例）

（一）車身板金

以鋼板沖壓成型後焊接組合而成，為防止水、灰塵等進入，各車身板金接合部均有密封裝置。為防止車身鋼板生銹均有塗裝處理，並增加美觀。

（二）車　門

1. 車門開閉機構

(1)圖17－ 2 ，1 所示為車門開閉機構之構造，車門鎖扣與車身上扣板或齒輪相配合，以確實保持車門之位置，並防止門自行打開。門打開須經內或外門把手才能使連鎖機構分離，使門開啟。為防止小孩在行駛中誤扳把手使門打開發生危險，車門開閉機構中有鎖住鈕，壓下鎖住鈕後拉門把手亦無法打開，以確保安全。

(2)現代中、高級汽車有裝設中央控制電動門鎖者。當駕駛座旁的車門鎖扣開或關時，其他車門鎖扣同時動作。駕駛座旁車門鎖扣不作用時，其他三個車門亦可單獨個別

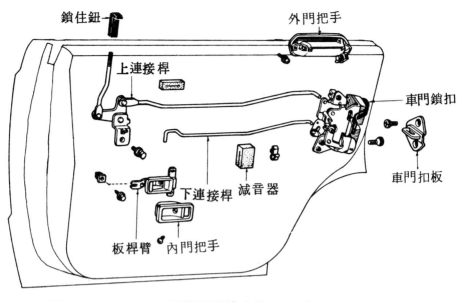

圖 17－2，1　車門開閉機構（Toyota）

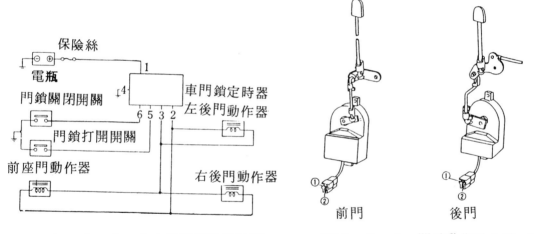

圖17－2，2　中央控制門鎖系統圖　　圖17－2，3　門鎖動作器（Honda）

　　操作。圖 17－2，2 所示爲中央控制門鎖系統圖。圖 17－2，3 所示爲門鎖動作
器之構造。

2. 玻璃升降機構

　　(1)車門玻璃升降機構之構造有幾種不同型式：

　　　①X 型雙臂式玻璃升降機構

　　　　構造如圖17－2，4 所示，使用兩根升降臂成 X 型交叉動作。

　　　②平行型雙臂式玻璃升降機構

　　　　構造如圖 17－2，5 所示，使用兩根升降臂成平行動作。

　　　③單臂式玻璃升降機構

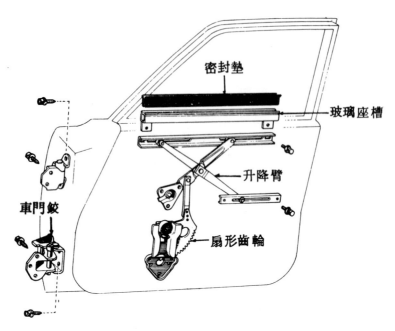

圖17－2，4　雙臂 X 型玻璃升降機構

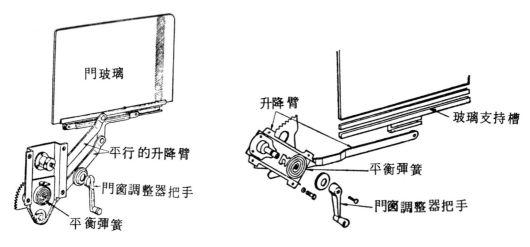

圖17－2，5　雙臂平行式玻璃升降機構（
自動車整備〔Ⅰ〕　圖8－
11）

圖17－2，6　單臂式玻璃升降機構（自動
車の構造　圖8－15）

　　　構造如圖17－2，6所示，僅使用一根來使玻璃升降。

(2)現代高級汽車車窗之開關均使用電動方式，祇需輕按開關即能加以控制。此種裝置
　　是利用左右皆可旋轉的串聯式馬達來操作，如圖17－2，7所示。圖17－2，8所
　　示爲電動機械式車窗玻璃升降裝置之構造，由左右能旋轉之馬達拉鋼絲繩來控制。

(3)圖17－2，9所示爲電動油壓式車窗玻璃升降機構之構造。利用馬達轉動油泵以產
　　生高壓油，同時電流並進入控制該窗之電磁線圈，將油閥打開，壓力油進入油壓缸
　　中，推動活塞經連桿使車窗上升。欲降低車窗時，按下按鈕，電磁線圈有電流入，

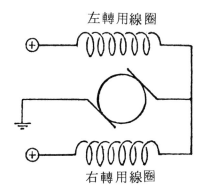

圖17-2，7 左右皆能旋轉的串聯馬達原
理（自動車の電氣裝置 圖
3－63）

左轉用線圈

右轉用線圈

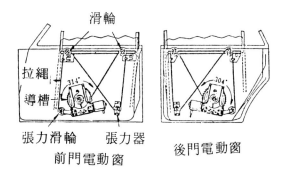

滑輪

拉繩

導槽

張力滑輪 張力器

前門電動窗 後門電動窗

圖17-2，8 電動機械式車窗玻璃升降裝
置（自動車の電氣裝置 圖
3－64）

使閥打開，但此時馬達不轉，窗子
玻璃連桿受彈簧力量作用，將油壓
缸中之油壓回貯油室使車窗下降。

3. 車門各部機件構造名稱

車門除車門開閉機構、玻璃升降機構
外，車門爲防止灰塵、水進入防止震
動減少噪音，使用很多橡皮或尼絨槽
等密封裝置。如圖17－2，10所示
。

㈢汽車玻璃

汽車玻璃在車上佔有很大面積，爲防止
發生意外事故時，對人體造成傷害，故
採用特殊處理的安全玻璃。

1. 強化玻璃

將普通玻璃加熱至700°C左右，在
空氣中急速冷却，使表面產生一種收
縮應力，其強度較普通玻璃增加5－
6倍；當受外力衝擊時，表面收縮力
會加以抵抗。若衝擊力過大時，則玻
璃破成2－3mm之小球狀，不致對
駕駛員產生傷害。一般用在前後擋風
玻璃。

2. 膠合玻璃

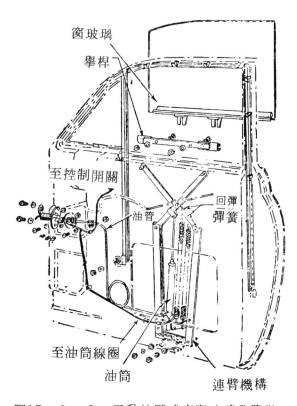

窗玻璃

擧桿

至控制開關

油管

回彈
彈簧

至油筒線圈

油筒

連臂機構

圖17-2，9 電動油壓式車窗玻璃升降裝
置（William H. Crouse
Automotive Electrical
Equipment Fig 23－5）

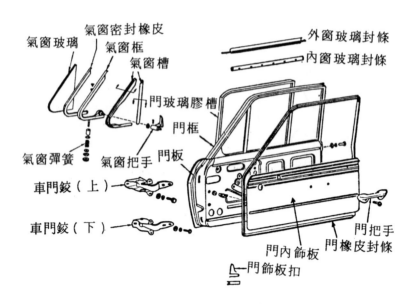

圖17－2，10　車門各部機件名稱（自動車の構造　圖 8 － 2 ）

在二塊玻璃夾以賽璐珞（ celluloid ）或維尼爾（ vingl ）加熱及加壓製成。當玻璃破碎時不會飛散傷人。一般用在車窗玻璃。

3. 熱線吸收玻璃

強化玻璃或膠合玻璃中加入鋁，可將日光之紅外線吸收，顏色爲淡青色，並具有防眩之效果。

㈣保險桿

一般汽車之前後都有安裝保險桿，在汽車輕微撞擦時，能保護車身不受傷害。新式汽車之保險桿，使用二根吸震器固定在車身上，撞擊時能吸收能量以減少損害。

㈤車身內飾板

1. 車門內飾板

車門之內側均有飾板，如圖 17 － 2 ， 10 所示。一般用三夾板或化學板做心材，先襯以海棉，外表用麻或塑膠之表皮包覆。

2. 車頂飾板

車頂飾板內部用隔熱材料與玻璃棉做襯裡，外表用革布（ 布的表面用人造樹脂或塗料塗佈具有防水性能之布 ）製成。

3. 車廂飾板

車身部份除車門外其他各部之飾板通常用革布或塑膠製成，用螺釘固定在車身板上。

4. 地　板

車身地板先用一層玻璃棉及柏油製成之隔音、隔熱板墊底，上面再覆以塑膠皮或地板而成。

㈥室內通風裝置

車身室內必須保持良好之通風，才能使乘坐人員感到舒適。以前都是利用車門上之三角窗來開閉調整。現在的車子大多廢除三角窗，而改由擋風玻璃前之通氣孔導入，由後擋風玻璃旁之排氣孔導出，此種通風裝置在下雨時也能將外面空氣導入，提高駕駛人的視線，且在高速行駛時的噪音小。

17 - 2 - 3　大型車用車身

一、大客車之車身

㈠現代之大客車均採用箱型車身。圖 17 - 2 ，11 爲箱型車身之組合圖，骨架與板金使用鋼或鋁合金製成。爲能在發生事故時，使乘客能安全迅速的離開車子，在車上均有安全門之裝置，於緊急時打開，便於乘客疏散。

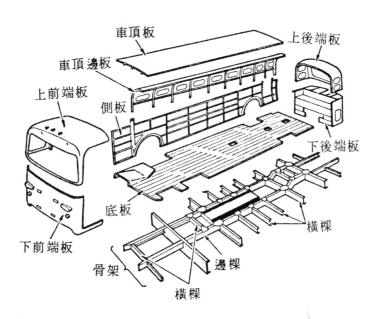

圖17- 2 ,11　箱型大客車車身之主要部分（有大樑者）(三級自動車シヤシ下　圖Ⅱ-12)

㈡新式豪華型大客車採用單體式車身，強度大而能減輕重量，使乘坐舒適。

㈢目前大客車車身之頂部及側面廂板，很多採用玻璃纖維強化塑膠（ＦＲＰ）製成。質輕、強度大，不會腐蝕爲其特點。

二、貨車之車身

貨車之車身一般駕駛台與載貨台通常均分開，分別裝於車架上。

㈠貨車駕駛台

1.平頭型貨車駕駛台

　　駕駛台位於引擎上之平頭型駕駛台,同樣之車長可增加載貨台的體積,駕駛時視界較
廣,做引擎保養時,通常將整個駕駛台向前傾斜,行駛時之振動較大。

　2.尖頭型貨車駕駛台

　　駕駛台在引擎室後方,視界較差,行駛中之震動少,載貨台體積小,但引擎之保養修
理較方便。

㈡貨車載貨台

　普通之載貨台,由床台及欄板等組成,如圖17－2,12所示。床台由兩根縱樑及數根
之橫樑組成。床板一般使用木板,亦有用鋼板者。

　欄板通常能向三個方向開啓,一般以木板、鋼板或鋁板製造。客貨兩用或箱型貨車之載
貨台多以角鋼或鋁槽為骨架,外面覆以鋼皮或鋁皮而成,低床型一般皆用鋼板製成。

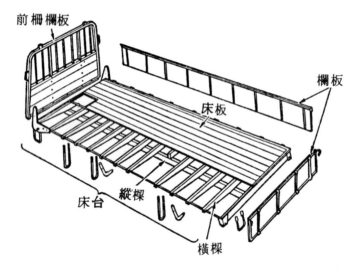

前柵欄板　欄板　床板　床台　縱樑　橫樑

圖17－2　12　普通載貨台之構造(三級自動車シヤシ下　圖Ⅱ－10)

習題十七

一、選擇題

(　　) 1. 小轎車大都採用①X型②H型③特殊型車架。

(　　) 2. 桁架大樑僅用於①轎車②貨車③跑車。

(　　) 3. 強化玻璃，係將玻璃加熱至①500°C②700°F③700°C　後，再急速冷却。

(　　) 4. 熱線吸收玻璃係將①鉛②鋁③銀　混入玻璃中製成。

二、填充題

1. 近代小型車爲適合大量生產，均將車身製成（　　　　　　　）型結構。

2. 桁架車架型車輛，整台車子以（　　　　　　　）ｍｍ之鋼管焊接而成。

3. 汽車玻璃可分爲（　　　　　　）、（　　　　　　）和（　　　　　　）等。

4. 目前大客車大都採用（　　　　　　）製成的車身。

三、問答題

1. 試述車架之類別有幾？

2. 試述單體車身之構造特點？

3. 試述車門開閉機構之構造及功用。

4. 試述強化玻璃之特性及製法。

5. 試比較平頭型貨車和尖頭型貨車之差別。

第十八章　輪及胎

第 一 節　車　輪

18‑1‑1　概　述

車輪用以支持全車重量，抵抗車輛行駛時的側應力，傳送車輛驅動扭矩及煞車時之扭矩。爲適應高速行駛，必須使用直徑小，而完全平衡之車輪（包括靜平衡及動平衡），如果車輪與輪胎有極小的不平衡存在，在車輛高速行駛時，輪胎會產生極大的跳動或擺動，使轉向困難，並使輪胎磨損加快。

18‑1‑2　車輪之構造

車輪必須重量輕強度大，其構造由密接輪胎之輪緣（ rim ）與連接輪緣與輪轂（ hub ）之車輪盤所組成。車輪計有下述三種。

一、鋼盤式（ disc type ）車輪

　如圖18－1，1所示，係以鋼板沖壓焊接而成之圓盤形車輪，適宜大量生產，爲目前使用最多之車輪。圖18－1，4所示爲小型車用之鋼盤式車輪之構造，通常輪緣爲整體式。圖18－1，5所示爲大型車用之鋼盤式車輪之構造，輪緣使用邊環及鎖環構成之組合式。

二、鋼絲式（ spoke type ）車輪

　鋼絲式車輪將輪緣與輪轂用鋼絲連接而成，重量輕、型式優美、減震作用良好、煞車鼓之冷却作用良好。因不適合大量生產，故汽車僅少數跑車及高級車使用。如圖18－1，2所示。

輪盤　　輪緣耳　　　　鋼絲

圖18－1，1　鋼盤式車輪　　圖18－1，2　鋼絲式車輪　　圖18－1，3　鋼碾式鋁合金車輪

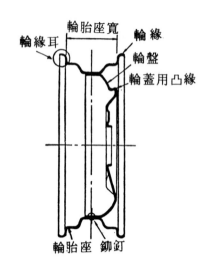

圖18-1,4　小型車用鋼盤式車輪
　　　　　（自動車の構造　圖
　　　　　6-53）

圖18-1,5　大型車之鋼盤式車輪
　　　　　（自動車の構造　圖
　　　　　6-52）

三、鋼碾式（ artillery type ）車輪

如圖18-1,3所示。高級小轎車使用輕鋁合金鑄造而成，精密度高，重量輕而強度大，大型車則很多採用錳合金鋼鍛造加工而成，以得到精密尺寸及高強度。

18-1-3　輪緣之種類

一、分離式（ separator type ）輪緣

圖18-1,6所示為小型汽車使用之分離式輪緣。車輪用鋼板壓製成兩牛，再使用螺栓組合而成。

二、深底式（ drop center type ）輪緣

如圖18-1,7所示，又稱落心式輪緣，為整片壓製而成，中央較深，為一般小型車使用最多之輪緣型式。

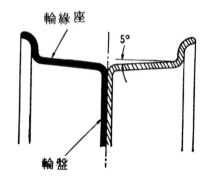

圖18-1,6　分離式輪緣（三級
　　　　　自動車シヤシ下
　　　　　圖I-1）

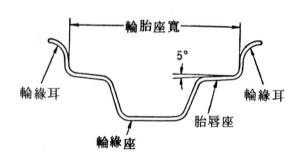

圖18-1,7　深底式輪緣（三級自動車
　　　　　シヤシ下　圖I-2）

三、寬幅深底式（ wide drop center type ）輪緣（ＨＡ型）

構造同深底式輪緣，但緣幅較寬供超低壓輪胎使用，主要用於高級小轎車，以改善行駛之安定性，而提高乘坐舒適性，構造如圖18－1，8所示，在緣座的內側有凸起以防止輪胎產生水平方向之移動，此式又稱安全落心式輪緣。

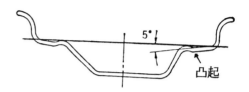

圖18－1，8　寬幅深底式輪緣（三級自動車シヤシ下　圖Ⅰ－4）

四、淺底式（ semi drop center type ）輪緣

如圖18－1，9所示，有一邊之緣可以拆下稱爲邊環，邊環之外側通常使用鎖環用以鎖定，多用於使用多層輪胎之貨車上，

五、平底式（ flat base type ）輪緣

如圖18－1，10所示，爲舊式卡車所使用，現在仍有少部份車子使用　。

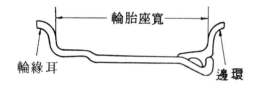

圖18－1，9　淺底式輪緣（自動車の構造圖6－57）

圖18－1，10　平底式輪緣（自動車の構造圖6－58）

六、寬幅平底式（ inter type ）輪緣

如圖18－1，11所示，係由平底式輪緣改進而成，緣座很寬，邊環之形狀改變，以能確實保持輪胎，現代大型卡車多採用此式。

七、無內胎輪胎使用之輪緣

圖18－1，12所示爲小轎車使用之ＨＢ型寬幅深底式輪緣之構造。

圖18－1，13所示爲大型車使用之15^0深底型輪緣之構造。

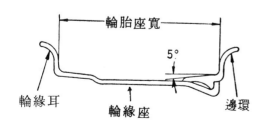

圖18－1，11　寬幅平底式輪緣（三級自動車シヤシ下　圖Ⅰ－6）

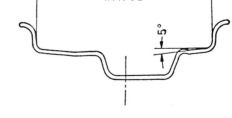

圖18－1，12　ＨＢ型無內胎輪胎用寬幅深底式輪緣（三級自動車シヤシ下　圖Ⅰ－5）

18-1-4 車輪之裝置法

車輪安裝於輪轂及煞車鼓之方法有四種不同方式，因車輪轉速甚高，且承受很大的扭矩，因此必須安裝牢固，為防止車輪螺絲因慣性而鬆脫，大型車及部份小型車之左側車輪使用左螺旋螺絲。

圖18-1,13　無內胎輪胎用15°深底式輪緣
（三級自動車シヤシ下　圖 I － 3 ）

一、第一種裝置法

圖18-1,14所示為兩輪併裝使用雙重螺帽之安裝法，內側輪以袋狀螺帽固定，外側輪再用螺帽固定在袋狀螺帽上。螺帽內側有斜面與車輪盤上孔之斜面相配合，使車輪與車軸之中心能確實對正，並防鬆脫。

二、第二種裝置法

圖18-1,15所示為兩輪併裝，使用兩個螺帽由車輪及煞車鼓之內外側同時鎖住，外側螺帽也必須有斜面。

三、第三種裝置法

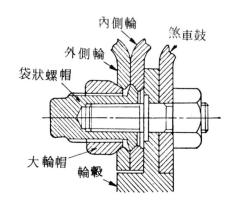

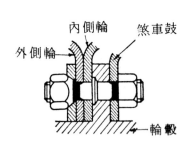

圖18-1,14　第一種裝置法（雙輪併裝）
（三級自動車シヤシ上　圖 5－8 ）

圖18-1,15　第二種裝置法（雙輪併裝）
（自動車の構造　圖6－64 ）

圖18-1,16所示為小轎車及小型貨車專用之裝置方式，螺釘與煞車鼓壓入配合，車輪板之螺帽座以沖壓加工，並與煞車鼓間有一間隙存在，當螺帽鎖緊時，有彈簧作用可以防止螺帽鬆脫。

四、第四種裝置法

圖18-1,17所示為輕小型車子使用之裝置法，煞車鼓上有凸緣，與車輪上之圓孔相配合，車子之重量由凸緣承擔，螺帽用彈簧墊鎖定，螺帽無斜邊。

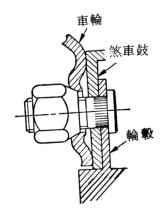

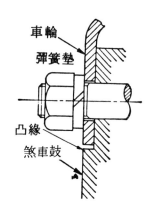

圖18-1，16 第三種裝置法（三級自動車 シヤシ上 圖5-9）

圖18-1，17 第四種裝置法（三級自動車 シヤシ上 圖5-10）

18-1-5 車輪規格表示法

一、有邊環車輪之規格表示法

有邊環車輪為一般大型車使用之車輪。如淺底式輪緣、平底式輪緣、寬幅平底式輪緣之車輪均屬之。

㈠輪胎座寬：以ＳＷ（seat width）代表。以英吋（in）為單位。

㈡輪胎內徑：以Ｄ（diameter）代表，亦以英吋（in）為單位。

㈢車輪種類：有邊環車輪以〞－〞為代表，例

車 輪 規 格	輪胎座寬(in)	車 輪 種 類	輪胎內徑 in
7.0 － 20	7.0	－（表有邊環）	20
8.0 － 20	8.0	－ 〃	20

二、無邊環車輪之規格表示法

無邊環車輪為一般小型車使用之車輪。如深底式輪緣、寬幅深底式輪緣、ＨＡ型及ＨＢ型寬幅深底式輪緣之車輪均屬之。

㈠輪胎座寬：以ＳＷ代表，以英吋（in）為單位

㈡輪緣耳形狀：輪緣耳之形狀似〞Ｊ〞字形者以〞Ｊ〞表示，似〞Ｋ〞字形者以〞Ｋ〞表示，似〞Ｌ〞字形者以〞Ｌ〞表示。

㈢車輪種類：以〞Ｘ〞表示無邊環車輪。

㈣輪胎內徑：以Ｄ表示，以in為單位，指外胎剖面，其內圈之直徑亦等於車輪直徑。例：

車 輪 規 格	輪胎座寬(in)	輪緣耳形狀	車 輪 種 類	輪胎內徑
5½Ｊ×14	5½	Ｊ	Ｘ(表無邊環)	14(in)
6Ｊ×14	6	Ｊ	〃	14
4½Ｊ×13	4½	Ｊ	〃	13

第 二 節 輪 胎

18-2-1 輪胎之構造

圖18-2，1所示爲普通小轎車及貨車、客車用輪胎斷面之構造，普通輪胎由外胎（tive）、內胎（tube）及襯帶（flap）所組成。

一、普通輪胎之構造

㈠胎　面

胎面爲與地面直接接觸之部份，用富有耐磨性及彈性之橡膠製成。輪胎與地面垂直、縱、橫三方向力之傳遞，爲防止滑動及散熱，胎面上鑄有各種不同之花紋，如圖18-2，2所示，以應不同之需要。

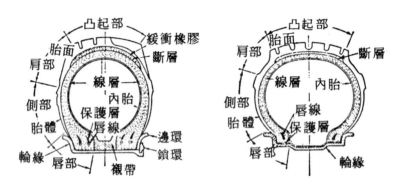

圖 18-2，1　輪胎各部名稱（自動車の構造　圖6-67）

1. 縱花紋

   高速行駛於良好舖裝路面適用之花紋，不易產生橫滑，容易操縱，乘坐舒適，行駛噪音低，爲一般客車及小轎車使用。

2. 橫花紋

   主要用於行駛不良路面之大貨車或巴士、牽引力佳，但易生橫滑及偏磨損。

3. 縱橫紋

   中央部份用縱紋，兩邊用橫紋，以提高操縱性及防止橫滑，並可以提高牽引力。可以用於舖裝及無舖裝路面，一般用於中小型卡車。

4. 塊狀紋

   用於雪地、砂地、軟質地面，具有最佳牽引力。有些花紋塊並有一定之方向以提高牽引力，此種花紋除雪路、軟質地以外不可使用，否則極易磨損。

㈡線層（又叫簾布層）

普通輪胎之線層係以僅有經線而無緯線的簾布層斜交重疊以橡膠結合而成，爲保持高壓空氣，支持車重之主要部份。現代輪胎之簾布層用尼龍（ nylon ）、耐龍（ rayon ）、鋼絲（ steel ）製成；傾斜角度甚大，故稱斜層胎（ bias ply tire ）。

㈢斷層

為胎面與線層間之保護層，可吸收外部來之衝擊，防止胎面受到傷害時損及線層。係用 2 － 4 層很疏之簾布，以接近與圓周方向之小斜角排列，用耐熱性及密封性很好的橡膠膠合而成。

㈣胎唇

胎唇為固定輪胎於輪緣上之裝置，由胎唇線、包覆布及摩擦保護橡皮等組成。胎唇線係用鋼琴絲製成，普通輪胎只用一束，卡車之輪胎則使用二束，如圖 18 － 2 ，3 所示。

二、輻射式輪胎之構造

輻射輪胎與普通輪胎之不同點在線層的簾布層之結構。普通輪胎之簾布層係互相交叉傾斜重疊，但輻射輪胎則完全向著半徑方向，故稱為輻射式，如

圖18－ 2 ，2　胎面花紋型式（三級自動車シャシ上　圖 5 － 13 ）

(1)縱花紋　(2)橫花紋　(3)縱橫紋　(4)塊狀紋

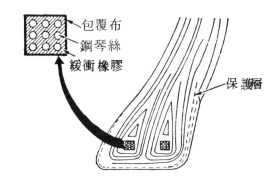

包覆布
鋼琴絲
緩衝橡膠
保護層

圖18－ 2 ，3　胎唇部構造（三級自動車シヤシ下　圖 I － 14 ）

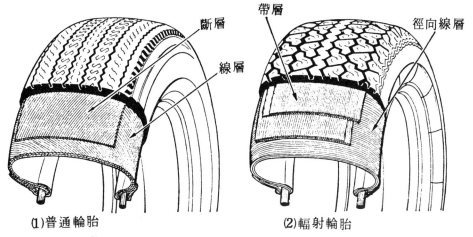

斷層　線層　帶層　徑向線層

(1)普通輪胎　(2)輻射輪胎

圖18－ 2 ，4　普通胎與輻射胎之相異點（三級自動車シヤシ上　圖 5 － 16 ）

圖18－2，4所示。輻射式輪胎之斷層部份係使用帶狀之簾布，厚度較薄，有些輻射胎之線層係使用鋼絲，以提高強度。

輻射胎比普通胎在轉彎時橫滑較少，高速行駛時之滑動亦較少，不易產生波變，滾動阻力較少，同時因胎面較薄，散熱性較佳。但因線層部份係帶狀較硬，低速時之乘坐舒適性較差。

三、無內胎輪胎之構造

無內胎輪胎之內壁有一層氣密性甚佳之合成橡膠做成之內套（liner），同時在胎唇部份亦使用氣密性甚高之保護橡膠與輪緣保持良好之氣密，如圖18－2，5所示。圖18－2，6為無內胎輪胎新改良之產品，此種輪胎在內套靠胎面處，有一層粘性甚高之密封層，如輪胎扎破時，該層能迅速封閉防止漏氣，在高速行駛時，能確保安全。

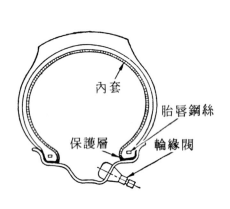

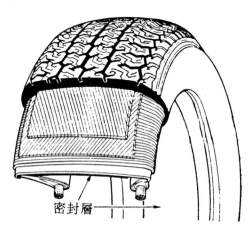

圖18－2，5　無內胎輪胎之構造（三級自車シヤシ上　圖5－17）

圖18－2，6　密封層式無內胎輪胎之構造（三級自動車シヤシ上　圖5－18）

四、襯　帶

如圖18－2，7所示，大型車之內胎與輪緣之間有一層襯帶，以保護內胎不使與鋼圈接觸以防損傷。

五、內　胎

內胎用以保持輪胎內之高壓空氣，行駛時需承受變形與高熱，故內胎需具有耐熱性、耐曲折性、彈性良好，同時也必須氣密良好，壁厚不易變化，普通之內胎係用天然橡膠或人造合成橡膠製成，合成橡膠之氣密性較佳。

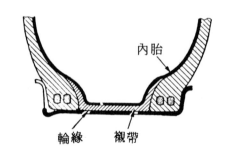

圖18－2，7　襯帶之構造（三級自動車シセシ上　圖5－19）

六、胎　閥

㈠內胎閥（tube valve）

如圖18－2，8所示，有橡皮座閥（ rubber base valve ）及橡皮被覆閥（ rubber covered valve ），前者用於大型車輪胎，後者用於小型車輪胎。

(二)輪緣閥（ rim valve ）（亦叫鋼圈閥）

無內胎輪胎之車輪使用之氣閥係裝在鋼圈上，有夾式閥（ clamp-in valve ）與塞式閥（ snap-in valve ）兩種，如圖18－2，9所示•

(三)閥蕊（ valve core ）

胎閥內裝有閥蕊，閥蕊有彈簧外露式及彈簧內藏式兩種，如圖18－2，10所示。閥座上有密封橡膠保持氣密，閥蕊上部有螺紋用以鎖在胎閥上，閥管上端裝有閥蓋以防泥砂進入，蓋上之凸耳並可以用來拆裝閥蕊。

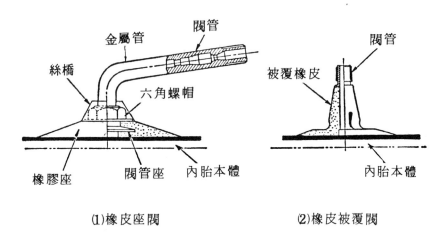

(1)橡皮座閥　　　　(2)橡皮被覆閥

圖 18－2，8　內胎閥之構造（三級自動車シヤシ上　圖 5－20 ）

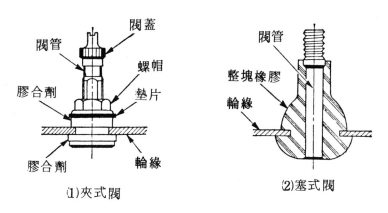

(1)夾式閥　　　　(2)塞式閥

圖 18－2，9　輪緣閥之構造（三級自動車シヤシ上　圖 5－21 ）

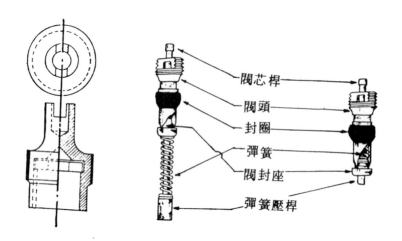

(a)閥蓋　　**(b)**彈簧外露式閥芯　　**(c)**彈簧內藏式閥芯

圖 18－2，10　閥蓋與閥蕊之構造（自動車の構造　圖 6－71）

18 - 2 - 2　輪胎規格表示法

一、普通輪胎之規格表示法

目前通用之普通輪胎表示方法有歐洲系統及美洲系統兩類。歐洲制也通用於亞洲地區，其外胎通常不使用帶層，美洲制也通用於澳洲等國家，其外胎通常有帶層。

㈠歐洲制普通輪胎規格表示法

輪　　胎　　規　　格	輪胎寬度 W(in)	輪胎內徑 D(in)	線層數 PR	用途別	使　　用　　車　　型
6.00－12－4 PR	6	12	4		裕隆速利轎車
5.50－13－8 PR－LT	5.5	13	8	LT	中華得利卡小貨車
9.00－20－14 PR	9	20	14		五十鈴大貨車
10.00－20－14 PR	10	20	14		朋馳大客車

1. 輪胎寬度－指輪胎充入標準氣壓後，外胎之近似寬度。

2. 輪胎內徑－指輪胎剖面圖，其內圈的直徑，亦等於車輪或輪緣外徑。

3. 線層數－以P（ply）表示，4 P即表示輪胎有四層帆布線圈，因線層使用材料改良後，實際不需用那麼多層數就有相同的強度，故在P之後加R（rating）字。如 4 P R表示輪胎線層強度相當於四層，但實際之層數沒有四層。

4. 用　途

一般輪胎無記號，特殊用途記號如下：

⑴輕型貨車用胎ＵＬＴ（ultra light truck）

(2)小型貨車用胎ＬＴ(light truck)

(3)工業車輛用胎Ｉ(industrial)

㈡美洲制普通輪胎規格表示法

輪　胎　規　格	輪胎尺碼	高寬比 HWR	輪胎內徑 D(in)	使　　用　　車　　型
D 78－14	D	78	14	Plymouth－Volare　轎車
E 78－14	E	78	14	Oldsmobile－Omega 轎車
A 78－13	A	78	13	Pontic－Sunbird 轎車

1.輪胎尺碼

沒有單位，以英文大寫字母Ａ、Ｂ、Ｃ、Ｄ、Ｅ、Ｆ、Ｇ、Ｈ、Ｉ、Ｊ、Ｋ、Ｌ、Ｍ、Ｎ等14個字母來表示尺碼大小，字母順序愈後面，輪胎之尺碼愈大。

2.高寬比

高寬比ＨＷＲ(height width ratio)又叫扁平比或系別，沒有單位，為輪胎高度Ｈ與輪胎寬度Ｗ之比值，ＨＷＲ＝Ｈ／Ｗ。

3.輪胎內徑

指外胎剖面內圈之直徑，即車輪或輪緣之外徑。

二、輻射輪胎之規格表示法

㈠歐洲制輻射輪胎規格表示法

輪　　胎　　規　　格	輪胎寬度 W(mm)	高寬比 HWR	速率限制	輪胎種類	輪胎內徑 D(in)
155 S R 12	155		S	R	12
175 S R 14	175		S	R	14
175/70 S R 13	175	70	S	R	13
175/70 H R 13	175	70	H	R	13
195/70 U R 14	195	70	U	R	14
215/70 U R 14	215	70	U	R	14

1.輪胎寬度

指輪胎充入標準氣壓後，外胎之近似寬度。

2.高寬比

以ＨＷＲ表示，為輪胎高度與輪胎寬度之比值，常用者為60，70，78，82等。

3.速率限制

(1)Ｓ為用在車速每小時 180 公里以下者。

(2) H 為用在車速每小時 210 公里以下者。

(3) U 為用在車速每小時 210 公里以上者。

4. 輪胎種類

輻射胎上均有 R (radial tire) 字，以便與普通輪胎區別。

5. 輪胎內徑

指外胎剖面內圈之直徑，即車輪或輪緣之外徑。

㈡美洲制輻射胎規格表示法

輪　胎　規　格	輪胎尺碼	輪胎種類	高　寬　比 HWR	輪胎內徑 D(in)
FR 78－15	F	R	78	15
JR 78－15	J	R	78	15
HR 78－15	H	R	78	15

1. 輪胎尺碼

沒有單位，以英文子母 A、B、C、D、E、F、G、H、I、J、K、L、M、N 等 14 個字母表示輪胎尺碼之大小，字母順序愈後面，輪胎之尺碼愈大。

2. 輪胎種類

輻射胎上均有 R (radial tire) 字，以便與普通輪胎區別。

3. 高寬比

以 HWR 代表，沒有單位，為輪胎高度與寬度之比值。

4. 輪胎內徑

指外胎剖面其內圈之直徑，即車輪或輪緣外徑。

18 - 2 - 3　輪胎之使用及保養

一、輪胎之充氣

㈠輪胎之負荷與充氣壓力有直接關係，充氣充太多與太少均有害於輪胎。

㈡充氣過度之害處

1. 輪胎失去彈性，減震作用不良。

2. 輪胎內部組織受張力過大，易於損壞。

圖 18－2，11　輪胎之充氣情形

3. 因充氣過度，使車胎過圓，僅胎面中間與地面接觸，使磨損加速。如圖 18－2，11 之右圖。

㈢充氣不足之害處

輪胎之負荷絕大部份由壓縮空氣負擔。如果充氣不足，車胎負荷過大時，則其重荷不得不由胎體承擔。結果使胎體曲折與地面接觸面增加，加速磨損，且往往容易爆破。如圖18－2，11之左圖。

二、車輛重負荷時對輪胎之影響

車輛載重之分佈，對行車穩定及車胎消耗均有密切關係。載重不平均使部份輪胎負荷過大，易於磨損和爆破，且於急轉彎時亦易發生危險。貨物裝載的方法如圖18－2，12所示。

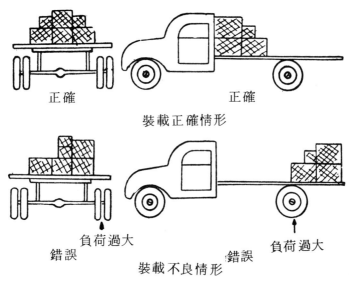

圖18－2，12　貨物裝載方法

三、輪胎發熱

㈠輪胎之溫度不得超過其本身之限度，否則車胎內部組織，熱後抗張強度減低，外部橡膠受熱脫落，輪胎壽命因而減低。

㈡影響發熱之原因

　1.輪胎氣壓太低

　2.負荷太大

　3.行駛速率太高

　4.行駛時間太長，氣壓增高，內部發熱。

　5.路面不平、受衝擊。

　6.天氣太熱，溫度因而升高。

四、輪胎換位

汽車每行駛8,000公里輪胎應換位一次，使輪胎轉動方向改變，磨損消耗較為平均延長使用壽命。輪胎換位方法如圖18－2，13所示。

五、安全輪胎

安全輪胎有兩個空氣室，當外空氣室漏氣時，內空氣室仍能支持車輛行駛，如圖18－2，14所示。

六、輪胎鏈

汽車行駛於結冰下雪之道路時，一般輪胎須加上鏈條，車子才能行駛。輪胎鏈有單輪用及雙輪用兩種，如圖18－2，15所示，由邊鏈（side chain）、橫鏈（cross chain）及連接器（hook）等組成。

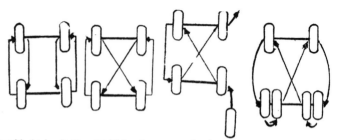

四輪有向車胎　四輪無向車胎　無向車胎掉換備胎法　六輪車胎調換法

圖 18－2，13　輪胎換位方法

單空氣室

双空氣室

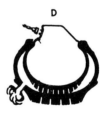

圖 18－2，14　安全式輪胎與普通輪胎比較圖

ＡＢ普通單空氣室輪胎
ＣＤ安全式雙空氣室輪胎

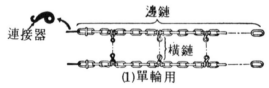

(1)單輪用

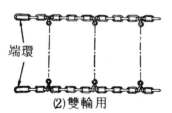

(2)雙輪用

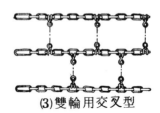

(3)雙輪用交叉型

圖 18－2，15　輪胎鏈之構造

第 三 節　車輪平衡及波變

一、車輪平衡（ wheel balance ）

車輪平衡係指輪胎、煞車鼓、車輪等車輪總和部份的平衡，包括靜平衡、動平衡二項，另外車輪偏心（ eccentricity ）也要加以考慮。

㈠偏心程度

輪胎外周發生偏心時，因車輪的回轉中心到地面之距離不同，故車輪迴轉時會發生上下跳動。

㈡靜平衡（ static balance ）

若車輪有局部重量較大時，在轉動後此重量會產生離心力。此重量到地面時會打擊地面，其反作用力使車輪抬高，又此重量轉到車輪之前方或後方時，會使車輪發生前後之擺動；因此，懸吊系統會產生振動，此種振動稱為跳動（ hopping ），車速愈高跳動愈大。

㈢動平衡（ dynamic balance ）

車輪有時靜平衡良好，但動平衡不良。因為輪胎具有寬度，前述局部之重量如不在同一直線上時，因轉動時之離心力，使產生與迴轉軸成直角之作用力，而使車輪發生振動，此種振動稱為擺動（ wobbling ）。

二、輪胎的滾動阻力

㈠輪胎的滾動阻力係數，依路面狀態、輪胎種類、輪胎氣壓，車子速度等因素而改變。

㈡輪胎氣壓比規定壓力低時，引擎的動力會消耗在輪胎的變形及輪胎的發熱等。滾動阻力係數會增加。又在高速行駛時，輪胎的變形速度會增加，在某一臨界速度時，產生波變，在輪胎的表面出現異常振動。滾動阻力係數 μr 急激增加，此時輪胎溫度急激上升，最後輪胎爆破。圖18－2，16 為輪胎在臨界速度時產生波變之情形。

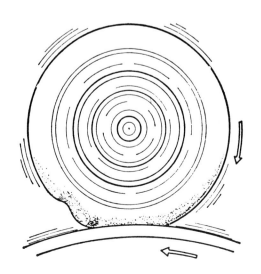

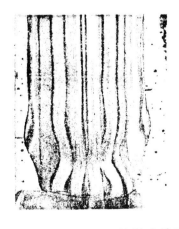

圖 18 － 2 ，16　輪胎之波變

習題十八

一、選擇題

(　　) 1.目前使用最多之車輪為①鋼碟式②鋼絲式③鋼盤式　車輪。

(　　) 2.小型車使用最多之輪圈為①落心式②淺底式③平底式。

(　　) 3.大型車，後輪併裝胎之車輛，欲換入新輪胎應裝在①外側②內側③隨便。

(　　) 4.輪胎尺寸〝175／70 H R 13 〞是表示①輪胎外徑 175 m m②輪胎寬度 13in ③輪胎寬度 175 m m。

(　　) 5.輪胎外緣磨損過劇原因是①載重太多②充氣不足③氣壓過高。

(　　) 6.輪胎氣壓因行駛升高時①必須放氣②必須充氣③不必放氣。

(　　) 7.汽車每行駛① 5000 ② 8000 ③ 10000 公里，輪胎應換位一次。

(　　) 8.輪胎靜平衡不良，汽車高速行駛會①上下震動②左右擺動③斜向運動。

二、填充題

1. (　　　　　　　　) 車輪、重量輕、減震作用最佳。(　　　　　　　　) 車輪適宜大量生產。

2.車輪是由 (　　　　　) 和 (　　　　　) 所組成。

3.輪胎是由 (　　　　　)、(　　　　　) 和 (　　　　　) 所組成。

4.輻射輪胎 155 S R 12，其中 155 表示 (　　　　　)，S 表示 (　　　　　)，R 表示 (　　　　　)，12 表示 (　　　　　)。

5.輪胎之胎閥有 (　　　　　) 與 (　　　　　)。

6.車輪平衡包括 (　　　　　) 和 (　　　　　) 二項。

三、問答題

1.車輪有幾種不同型式？

2.試述鋼絲式車輪之特點。

3.為何汽車左側車輪要用左螺旋螺絲鎖緊？

4.輪胎有何功用？

5.普通輪胎與輻射輪胎有何差別？

6.試述胎閥之種類。

7.試說明輪胎規格 6.00－12－4 P R，175 S R 14 ，175／70 HR 13 所代表之意義。

8.影響輪胎發熱之原因為何？

9.試述輪胎氣壓高、低對輪胎之影響為何？

10.車輪平衡對汽車行駛有何關係？

第十九章　空調裝置

第一節　空調基本原理

19－1－1　概　述

　　隨著時代潮流的演進，人類的生活型態亦邁向高級化，追求高品質的生活環境是人們的目標。汽車亦不例外，從以前只要跑得快的時代，進步到如今更省油、安全、快速、舒適等多條件的要求。汽車空調也就成為現代汽車不可或缺的裝備，不但創造舒適空間，更能減輕駕駛人及乘客的疲勞。

　　空調包括對空間的「溫度」、「濕度」、「氣流」、「空氣清淨度」的四個條件，以人為的方法加以調整，依其室內的使用目的，而保持在一最舒適的程度，空調裝置之主要組成機件有冷氣機、暖氣機、附帶除濕裝置及通風設備各一組；在水冷式引擎中，冷卻水約 80°C 高溫的熱量可利用為暖氣的熱源；不過在冷氣方面，因汽車並無冷却用的冷源，故需要特別裝置。

19－1－2　基本原理

　　當夏季炎熱，在庭院中灑水就較涼爽；又如預防注射時，在皮膚上塗抹消毒用的酒精，就暫時感覺涼爽，這是因為水或酒精由液體變為氣體（蒸發或汽化）時，由週圍吸收汽化所需潛熱的關係，冷氣機就是利用這個原理。如在車內裝設低溫的熱交換器，讓車內空氣經由它循環，將空氣裏的熱量吸收到熱交換器，因而車室內的溫度即可降低。

19－1－3　汽車冷氣的循環系統

一、冷氣機的構成

　　如圖 19－1.1 所示，以壓縮機（compressor）、冷凝器（condenser）、蒸發器（evaporator）、貯液筒（liguid tank or receiver）、膨脹閥（expansion valve）為主要的構成零件，這些零件以鋁管或銅管、橡膠軟管等連接，系統內則封有「冷媒」，以進行「熱」移轉的作用。

二、冷氣機的作用

　　冷氣機的作用原理如圖 19－1.2 所示，為了製造低溫度，冷媒經由壓縮機→冷凝器→貯液筒和乾燥器→膨脹閥→蒸發器，再次回到壓縮機，如此反覆的循環。冷媒在液體→

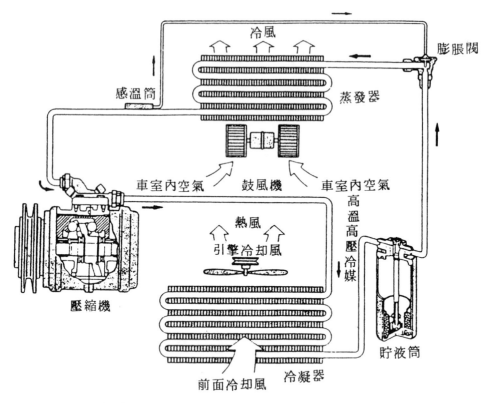

冷風

膨脹閥

感溫筒

蒸發器

車室內空氣　鼓風機　車室內空氣

高溫高壓冷媒

熱風

引擎冷却風

壓縮機

貯液筒

前面冷却風　冷凝器

圖 19－1,1　汽車冷氣的構成

（カーテクノロジイ　NO. 21　第 4 圖）

汽體→液體的物理變化間進行「熱」的移轉，稱爲冷却循環；又因冷媒在液體—汽體間不斷變化來進行吸熱、放熱的現象，故又稱「蒸汽壓縮冷却循環」汽車冷氣就是採用這種方式。如圖 19－1,3 所示，爲冷媒在冷却循環中的情形。

三、冷氣系統的主要機件及作用

冷氣系統的組成機件及其作用如表 19－1,1 所示。

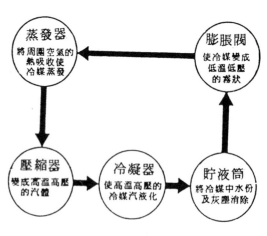

蒸發器

將周圍空氣的熱吸收使冷媒蒸發

膨脹閥

使冷媒變成低溫低壓的霧狀

壓縮器

變成高溫高壓的汽體

冷凝器

使高溫高壓的冷媒汽液化

貯液筒

將冷媒中水份及灰塵消除

圖 19－1,3　冷媒的作用情形（カーテクノロジイ　NO.21　第 8 圖）

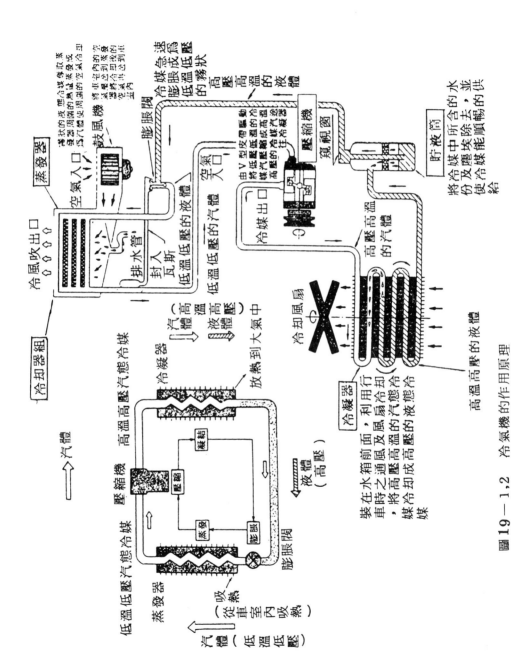

圖 19 — 1，2　冷氣機的作用原理

（カーテクノジイ　NO．21　第 7 圖）

表19－1,1　冷氣系統的組成機件及作用

項目 ＼ 機件	蒸 發 器	壓 縮 機	冷 凝 器	膨 脹 閥
裝置的位置	車 室 內	引 擎 室	水 箱 前 面	車 室 內
作 用	吸收流進車室內空氣的熱量,使其溫度降低。	壓縮從蒸發器出來之低壓冷媒汽體,使之成為高壓高溫汽體。	吸收蒸發過後冷媒氣體的熱量並排除於大氣之中。	使液態冷媒容易汽化。
冷媒的狀態	液體 → 汽體　並且將冷媒液體變成低壓（ 3.5 ～1.5 kg／cm² ）低溫 0～10°C 之冷媒汽體。	汽體 → 汽體　將低壓之冷媒汽體壓縮變成高壓之汽體〔冷媒汽體之溫度由（ 0 ～10°C ）→120°C〕。	汽體 → 汽體　將由壓縮機出來之高壓汽體（13 ～20 kg／cm² ）變成高壓液體。冷媒之溫度由120°C降至60°C以下。	液體 → 液體　將高壓力液體冷媒（ 13～20 kg／cm² ）變成低壓力（ 4.5～2 kg／cm² 之液體冷媒。將液體冷媒的溫度由60°C降至0°C～10°C。

19－1－4　冷媒在冷却系統中的作用

一、如圖20－1,4 所示,為冷媒在冷却系統中的作用情形。

㈠汽態冷媒由壓縮機壓縮到約70°C時成為15 kg／cm² 左右的高溫高壓狀態。

㈡已壓縮的高溫高壓汽態冷媒,輸送去冷凝器。

㈢在冷凝器內,因冷媒（約70°C）與外氣溫度（約30～40°C）的溫度差,冷媒會冷却到約50°C,成為液態冷媒。

㈣液態冷媒由貯液筒和乾燥器暫時貯存,並去除水分及雜質後,向膨脹閥移動。

㈤在膨脹閥內,液化的高壓冷媒會快速膨脹;在約－5°C時成為1.5 kg／cm² 左右的低溫低壓霧狀的冷媒。

㈥膨脹後成為低壓低溫霧狀的冷媒向蒸發器移動,由蒸發器週圍的高溫空氣（車室內的空氣）吸收熱量後蒸發成為汽態冷媒,再次被吸入壓縮機。

二、如此,冷却循環就是反覆進行以上㈠～㈥的動作,在第㈥項蒸發器內的低溫冷媒,吸收

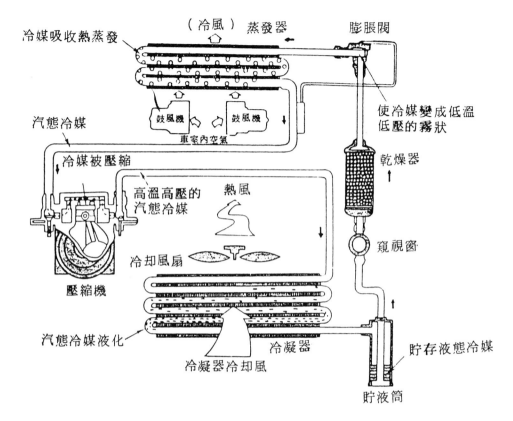

冷媒吸收熱蒸發 （冷風） 蒸發器 膨脹閥

汽態冷媒 使冷媒變成低溫低壓的霧狀

冷媒被壓縮 乾燥器

高溫高壓的汽態冷媒 熱風 窺視窗

冷却風扇

壓縮機 汽態冷媒液化 冷凝器 貯存液態冷媒

冷凝器冷却風 貯液筒

圖 19－1,4 冷媒在冷氣系統中之作用

（カーテクノロジイ NO.21 第 9 圖）

車室內的熱空氣，換言之，車室內空氣由冷媒加以冷却，以達到冷房的效果。

19－1－5 汽車空調的特性

一、冷氣負荷

車室內之溫度及濕度乃隨室外之陽光透過車頂蓬、底板、車門及車身其他結構輻射傳來的熱量Q；如在日光直射下，黑色汽車車內的溫度高過50°～60°C，及室內乘坐人員身上發散之熱與腳底板經由引擎輻射過來的熱量q而升降。因此室內如欲保持一定之溫度及濕度，其惟一途徑就是必須將外界侵入之熱量Q及室內產生之熱量q設法予以排除。

此（Q＋q）即為冷氣負荷，乃隨外界之溫度與濕度，車速及其他外界因素之變化而變化，如圖 19－1,5 所示。

二、汽車空調的特性

㈠冷氣負荷大，由前述得知，汽車之冷却能力必須要大。且夏天時，日光直射，車廂內溫度很高，需要在極短時間內迅速冷却。

㈡由於要適應車輛行駛中發生的震動及引擎本體之震動，故需要良好之耐震性。

㈢引擎轉速自 600 ～ 5000 rpm 之間，變化幅度很大，故必須在需要條件下保持快冷。

㈣必須能適應無論是在冷氣使用頻繁之炎夏季節或是冷氣極少使用的春秋天兩季裏均極具有使用價值，無論冷氣、暖氣、除霧、除濕，都能使室內空氣保持在舒適的程度內。

圖 19 - 1,5　汽車冷氣負荷之種類（和泰汽車　汽車空調系統講義 P 14 ）

㈤車用壓縮機以引擎為動力，且設計為開放型，冷氣管路長故冷卻系統必須防漏良好。

第二節　冷　　媒

19 - 2 - 1　概　說

一、在冷卻循環中，進行循環，以做為熱移動媒體的物質，稱為冷媒。

二、冷卻裝置除冷卻效果要好以外，在使用條件而言，需要安全性高。所以冷媒亦要具備滿足這些條件的性質。

三、由於冷媒是在封閉的冷氣系統中，利用物理變化，而產生吸熱、放熱的作用；把「熱」移走，而讓車室內溫度降低。故冷媒可說是一種冷的媒介物，又因其不起化學變化，故在安裝冷卻系統時，若能處理完全，運轉中亦無洩漏，即可永久不斷的使用，而無須加添或更換。

19 - 2 - 2　冷媒的必要條件

一、要容易蒸發，因冷媒係由液體變化為氣體時對外界吸收大量的熱，來進行冷卻作用。愈易蒸發，則冷卻迅速，以達到快冷的目的。

二、汽化潛熱要大，潛熱愈大，越能冷卻，而產生較高的冷凍效果，且可使冷媒量減少，及縮小裝置。

三、無燃性、無爆炸性，安全性第一。

四、無毒、無臭、無味，並且漏出時容易判別。

五、化學安定性，因冷媒必須可反覆使用，如會因時間的經過變質或分解者，則不適宜。

六、對於金屬無腐蝕性，對零件或潤滑油不會產生不良的影響。

七、臨界溫度應比凝結溫度高出很多。

八、蒸發壓力應高於大氣壓力。蒸發時的壓力如比大氣壓力低，則大氣會侵入冷卻循環內。

九、凝結壓力要低。凝結壓力越高，構成冷却循環的零件之耐壓亦要提高，結果會使整個裝
　　置變爲笨重且昂貴。

十、價廉且容易取得。

19－2－3　汽車冷氣所使用冷媒的特性

　　目前尚無一種能完全合乎理想的冷媒，過去汽車冷氣使用最多的冷媒爲二氯二氟甲烷
(CCl_2F_2)，俗稱Freon 12或Refrigerant-12簡稱F-12或R-12冷媒。因氟氯碳化物(CFC)分子中
的氯會破壞保護地球的臭氧層，1987年9月通過蒙特婁議定書開始管制CFC類冷媒的生產及消
費。並自1996年起全面禁止CFC之生產。因此，全部新汽車必須停止R-12冷媒的使用，改用
HFC-134a冷媒取代。

　　HFC-134a冷媒，其分子式爲(CH_2CHF_2)，對臭氧層之破壞係數(ODP)爲0(R-12爲1)，溫
室效果係數(GHP)爲0.24～0.29(R-12爲2.8～3.4)，無可燃性，在$-10°F(-23.3℃)$時之壓力
爲$1.37 \times 10^5 Pa$，在$130°F(54.4℃)$時之壓力爲$1.36 \times 10^6 Pa$，其他性質與R-12相類似，被選爲
取代R-12之替代冷媒。HFC-134a(R-134a)與CFC-12(R-12)冷媒是不相容的，絕不能使兩者混
合，如果混用冷媒，將導致壓縮機損壞。

　　使用R-12冷媒與R-134a冷媒之冷氣系統有許多不同之地方，絕不可混用。不同之地方共
有下列各點：

　　一、使用之冷凍油不同。

　　二、油封材料不同。

　　三、使用之橡膠管不同。

　　四、使用之乾燥劑不同。

　　五、使用之電磁離合器不同。

　　六、使用之壓力開關不同。

　　七、使用之膨脹閥不同。

　　八、使用之蒸發器壓力調整器不同。

九、使用之冷凝器不同。

十、使用之管路接頭不同。

十一、使用之工作閥不同。

十二、使之壓力釋放閥不同。

十三、使用之冷媒回收／再生／充填機不同。

十四、使用之洩漏測試器不同。

第三節　壓縮機

19-3-1　壓縮機的種類

壓縮機壓縮冷媒的方式不止一種，依壓縮方式及結構之不同分類如下：

一、往復式：

㈠立式往復式壓縮機（ reciprocating compressor ）。

㈡斜板式壓縮機（ axial type compressor ）。

㈢單斜盤式壓縮機（ scoth yoke type compressor ）。

二、廻轉式：

㈠偏心轉子式（ 軛型 ）壓縮機　　　　㈤旋渦卷軸式壓縮機

㈡同心轉子式壓縮機　　　　　　　　㈥星型壓縮機

㈢滾動活塞式壓縮機　　　　　　　　㈦搖擺式壓縮機

㈣萬克爾型廻轉活塞式壓縮機　　　　㈧貫穿葉片轉子式壓縮機

圖 19-3,1 所示，爲其主要構造之比較。

對冷氣系統而言，壓縮機的主要特質爲冷媒壓縮的效率、信賴性、耐久性、安全性；過去的主流爲立式往復式，目前，因爲對於小型輕量化，較少震動，噪音的要求迫切，多汽缸化成爲不可或缺，故以斜板式（ 6 汽缸，10 汽缸 ）或廻轉式的採用正增加中，如圖 19-3,2 爲斜板式和線列式的轉速，扭矩比較關係圖。

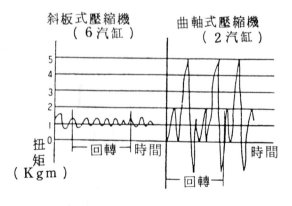

斜板式壓縮機
（ 6 汽缸 ）

曲軸式壓縮機
（ 2 汽缸 ）

扭矩（ Kgm ）

回轉　時間

時間

回轉

※條件　吐出壓力：$14.0\,Kg/Cm^2$

　　　　吸入壓力：$1.5\,Kg/Cm^2$

　　　　回轉速度＝1800 rpm

圖 19-3,2　斜板式及線列式壓縮機的扭矩變動情形比較（ カーテクノロジイ　NO.21 第 17 圖 ）

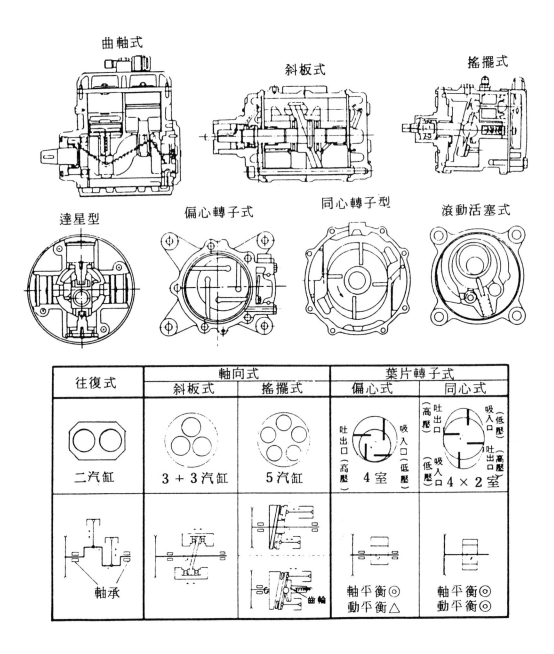

圖 19－3,1㈠　各種壓縮機的比較

（ カーテクノロジイ　NO.21　第16圖1 ）

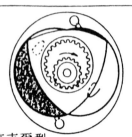

萬克爾型
構造簡單小型輕量化轉速
可以降低為磨損少，滑動
部份熱量少耐久性優良，
氣密性佳，無嗒嗒聲

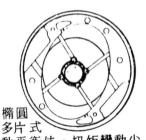

橢圓
多片式
動平衡佳，扭矩變動少，
零件少適合小型輕量化用
，但滑動部發熱，低速過
負荷時能力與高速消耗馬
力等實用上有問題

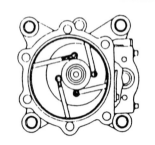

偏心多片式
零件少小型輕量容積效率
佳缺點同橢圓式

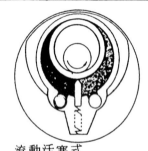

滾動活塞式
容積效率同葉片轉子式而
發揮小型輕量化威力，在速
度變化時葉片會有跳動現象

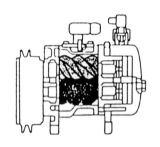

螺旋式
無閥裝置，由螺旋連續壓
縮扭矩及冷媒脈動少零件
少，小型化有可能

旋渦卷軸式
由固定及可動兩側的旋渦
形軸蕊組合產生吸入及壓
縮作用零件少，適合小型
輕量化較葉片接觸磨擦損
耗少為最大優點

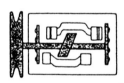

斜板式
　介於旋轉式與往復式之
間且有兩者之優點，冷却
、潤滑佳，耐久性優。由
斜板來驅動活塞往復運動
，使小型多汽缸化能達成

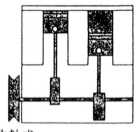

曲軸式
以曲軸回轉帶動活塞往復
運動，經久耐用，但扭矩
變動大，體積大，較不適
合汽車使用。

圖 19－3,1㈡　各種冷媒壓縮機構造特徵之比較

（カーテクノロジイ　NO.21　第16圖2）

19－3－2　斜板式壓縮機

斜板式壓縮機的特性為可裝設多汽缸，且可小型化，比線列式壓縮機振動較小，運轉較圓滑，更適合於高速迴轉，現代汽車使用甚多。

一、構造

此型壓縮機為求小型化，構造可分有附油泵（潤滑油泵及承油盤）和沒有附油泵兩種型式。如圖19－3,4為其剖面圖，基本構造包括軸、斜板、前後汽缸、活塞組、吸入吐出閥、活塞驅動球及球盤（shoe disc），前後売室等部份。圖19－3,3為活塞與斜板的構造。

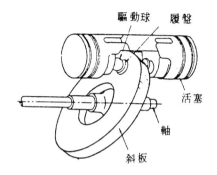

圖19－3,3　斜板與活塞的構造
（汽車冷氣　圖4－7）

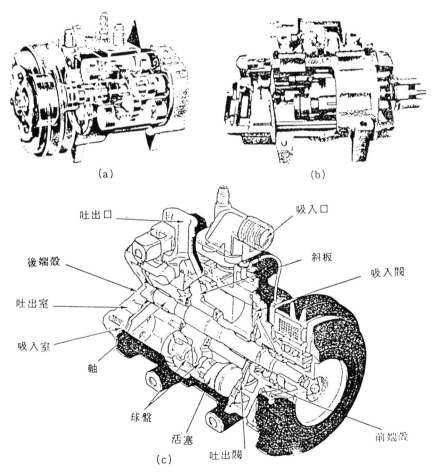

(a)　　　　　　　(b)

(c)

圖19－3,4　斜板式壓縮機構造（カーテクノロジイ　NO.21　第22圖）

二、作用

(一)斜板式壓縮機的原理如圖19－3,5
所示,當軸廻轉時,斜板亦成一體廻
轉,由於斜板的傳動,而使活塞作往
復運動。當軸做一廻轉（360°）時
,裝設於斜板的兩汽缸之一對活塞,
經由活塞驅動球及球盤的傳動,各產
生一次吸汽及壓縮排汽的作用。

(二)汽閥的構造

1.汽閥在壓縮機中,佔著很重要的地
位,在高速廻轉時,如閥的動作不
良,不但壓縮機吸入之汽體量減少
,而且,壓縮機的功能亦受影響,
故理想之閥,其應具備的條件如下
:

(1)閥口面積要大,使進、排汽迅速
。

(2)閥重量要輕,以適應高速開閉。

(3)閥對於反覆衝擊要有耐力。

(4)冷媒流道務求其短直,汽流應使
其順暢,不宜作急激的改變方向
。

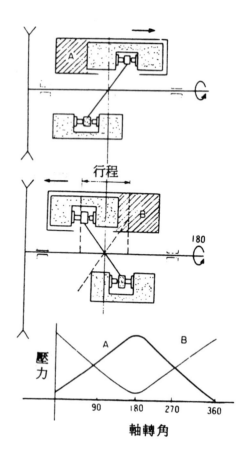

圖19－3,5　斜板式壓縮機作用原理（カ
ーテクノロジイ　NO.21
第29圖）

汽閥的材質為鉻鋼或鎳鉻合金鋼之薄鋼板,特性為耐衝擊、耐高壓、動作輕快。

2.此型壓縮機前後端各有一汽缸蓋,汽缸蓋裏的低壓室和高壓室相隔開,前後的汽缸藉
由連絡通路,而使低壓汽體能前後室相通,高壓汽體亦如此,汽缸蓋與汽缸體之間,
高壓連絡管（discharge cross over tube ）都是由"O"型環密封,以防止
漏汽。圖19－3,6 為吸入閥及吐出閥的作用。

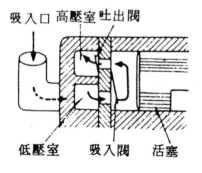

圖19－3,6　吸入閥與吐出閥之作用
（カーテクノロジイ
NO.21　第31圖）

三、潤滑

此型壓縮機有附油泵者，附設有貯油盤，結構如圖 **19－3，7** 所示，而其原理也如線列
式壓縮機強制潤滑式相同。沒有油泵者即無貯油盤，其潤滑方式爲潤滑油以一定的比例
混合在冷媒中，所以當冷媒在管路中循環時，各部機件也得到潤滑，而此式優點爲由於
壓縮機中無儲存潤滑油，因此可自由選擇安裝角度，如圖 **19－3，8** 所示。

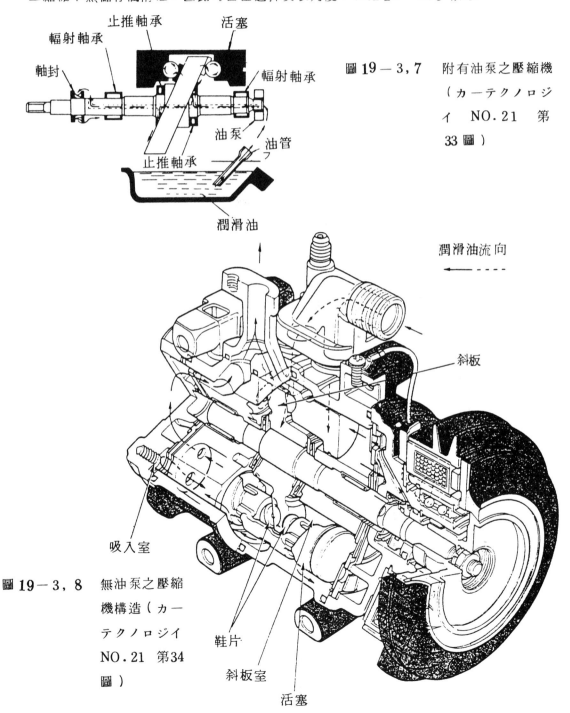

圖 **19－3，7**　附有油泵之壓縮機
（カーテクノロジ
イ　NO.21　第
33 圖）

圖 **19－3，8**　無油泵之壓縮
機構造（カー
テクノロジイ
NO.21　第34
圖）

19-3-3　葉片轉子式壓縮機

　　本式將壓縮機中的往復運動方式大部份廢除，而以廻轉方式進行吸汽排汽作用，因此有廻轉流暢，減低噪音的優點。構造可分為廻轉軸在汽缸中心的同心轉子式及中心軸偏心的偏心轉子式兩種。

一、同心轉子式

　　(一)構造：

　　　如圖19-3,9所示，在橢圓形的汽缸內包括有正圓的轉子，轉子上有相當於葉片厚度之寬度的溝依葉片數以相等間隔排列，葉片為一長方形斷面，並能滑動它的一端，是嵌入在轉子的溝槽內。此式在汽缸壁上並設有兩組吸入、吸出口，而在吐出口這邊裝設有吐汽閥。

　　(二)作用：

　　　如圖19-3,10所示，當轉子（rator）廻轉時，彈簧及離心力使葉片壓緊在汽缸壁上，由4片葉片隔開的容積發生變化，容積由小變大時為吸汽，容積由大變小時為壓縮排汽。現以一個空間來考慮，當轉子做½廻轉時，完成吸汽及壓縮的一個循環，亦就是一廻轉為兩循

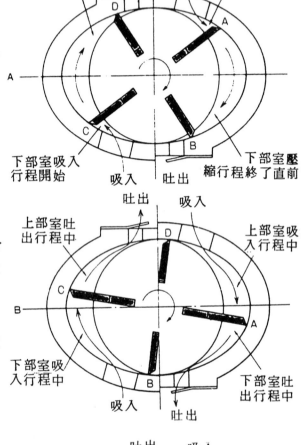

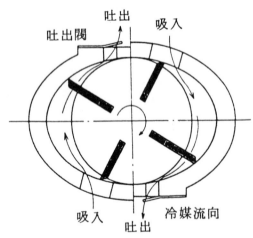

圖19-3,9　同心轉子式壓縮機構造原理
（カーテクノロジイ　NO.
21　第55圖）

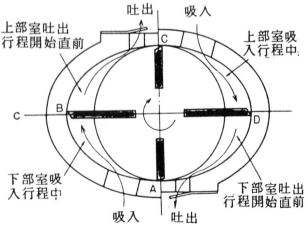

圖19-3,10　同心轉子式壓縮機之作用
（カーテクノロジイ　NO.
21　第56圖）

環，因設有四個空間（ 4 片葉片組成四個空間），因此相當於前述往復式的八汽缸，在各自空間中作用。

二、偏心轉子式

(一)構造

此式壓縮機的汽缸壁為正圓形，汽缸內有偏心安裝的正圓轉子，轉子上也有兩片（或四片）的葉片，將汽缸容積隔成數個大小不同的空間。在汽缸上只設一組進汽閥與排汽閥。

(二)作用：

作用原理如圖19— 3,11所示，因轉子廻轉，由葉片隔開的空間，將汽缸室容積由小→大→小→大的連續變化，因此，容積由小變大時為吸汽，由大變小時為壓縮排汽。故能藉著葉片將低溫低壓冷媒壓縮成高溫高壓冷媒。兩葉片式的壓縮機，當轉子一廻轉時完成兩個行程。

【註】　其他各型壓縮機之構造及作用，因篇幅關係從略，讀者可參閱筆者另一專書「汽車空調」。

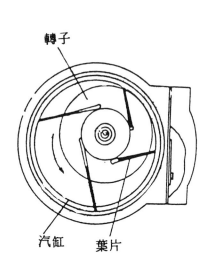 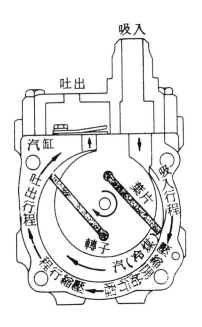

圖19— 3,11　偏心轉子式作用原理

（ カーテクノロジイ　NO.21　第 58 圖 ）

19－3－4　電磁離合器

一、概述

(一)電磁離合器的作用是連接驅動側（引擎）與被驅動側（壓縮機）經由V型皮帶把扭矩從

曲軸皮帶輪傳遞至壓縮機。如圖19－3,17所示爲壓縮機電磁離合器的分解圖。

㈡當引擎在運轉時，駕駛人不需要冷氣或蒸發器溫度太低時，或因系統中有異常狀況（如
冷媒壓力過高，冷媒洩漏壓力太低），都可能使電磁離合器分離，以減輕引擎負荷，節
省燃料，或保護壓縮機。

二、構造與作用：

㈠壓縮機所使用的電磁離合器，如圖19－3,17所示，可分爲線圈固定乾單片式及線圈轉
動乾單片式電磁離合器。如圖19－3,18，爲其作用原理圖，當儀錶板上A／C開關按
下時，電磁離合器則作用。

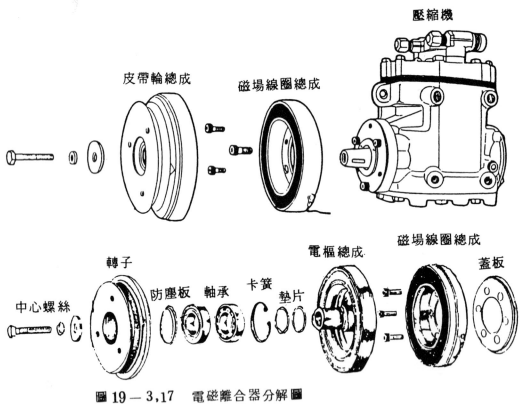

圖19－3,17　電磁離合器分解圖

（ カーテクノロジイ　　NO.21　第81圖 ）

電磁離合器上的皮帶輪，雖經皮帶由引擎驅動，但却不與壓縮機軸成爲一體，如圖19－
3,19所示。而離合器板才是與壓縮機軸用螺絲鎖住成爲一體。電磁線圈則是用軸承與
離合器軸相接，當離合器內的電磁線圈不通電流時，離合器板不被吸引，因此V型皮帶
輪在軸承上空轉，當電磁線圈通電時，由於線圈所產生的強大磁力使離合器板被吸引，
緊貼住V型皮帶輪，此時V型皮帶輪與壓縮機軸連爲一體，引擎扭矩經由V型皮帶輪→
離合器板→離合器膜片狀彈簧→壓縮機軸而傳送，使冷媒在冷氣系統中循環。電磁離合
器由於壓縮機型式不同，而有各種結構，但原理則完全相同。

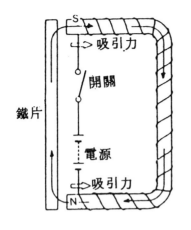

圖 19 — 3,18　電磁離合器作用原理（ヵ
ーテクノロジイ　NO.21
第 82 圖）

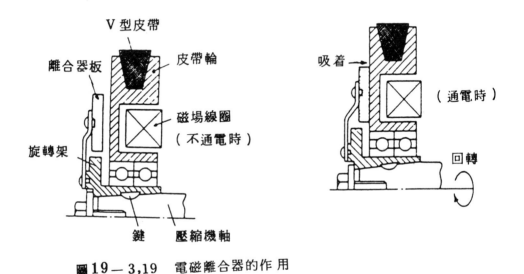

圖 19 — 3,19　電磁離合器的作用
（カーテクノロジイ　NO.21　第 83 圖）

㈡電磁離合器使用注意事項

1. 通常壓縮機所需的平均扭矩是 1.2 kg — m，而電磁離合器必須要傳達 4 kg — m 之扭矩方可。故離合器板與皮帶盤之間，如果有油料或異物沾着時，將會使離合器打滑甚至在高速廻轉時燒壞。

2. 離合器板與皮帶盤的正常間隙爲 $0.6 \sim 0.8$ mm 如果間隙不良，就會發出「擦…」的聲音，其調整方法爲拆下中心螺絲，裝設專用的墊片或拆下墊片來進行，不過有些產品不能調整，只能整套更換。

3. 當通過電磁離合器的端電壓在 10 V 以下（正常爲 12 V），磁力不夠，離合器會跳開或打滑，此時在電路中裝設繼電器，如圖 19 — 3,20 所示，或使離合器間隙較狹窄就可解決問題。

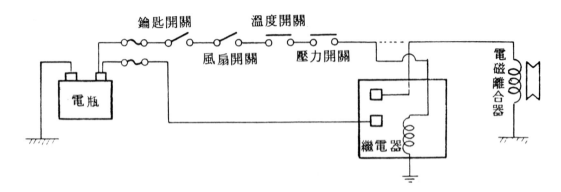

圖19－3,15　在電磁離合器電路中裝設繼電器以減少電阻

（カーテクノロジイ　NO.21　第186圖）

三、電磁離合器的控制

在冷氣循環時，通常都附設有開關來控制電磁離合器的ON，OFF作用，當然，電磁離合器的開關控制，就是冷媒壓縮機本身的控制自不待言。

㈠增幅器、安定器、繼電器

當控制板上A／C開關按下時，此時冷氣作用開始，車室溫度跟著下降，但仍應配合冷却程度或引擎轉數，及行駛條件做精密的開關控制，利用壓縮機的運轉與否來控制冷房作用。例如，當外氣溫度比設定溫度還冷時，或引擎怠速運轉時，則需要停止壓縮機。其方式則多採用偵察其條件，以控制電磁離合器的方式來進行。如圖19－3,16所示，在電磁離合器的回路中裝設增幅器、安定器、繼電器就是一個例子，其作用情形如下：

1. Tr_2 ON後，繼電器的線圈有電流通過，繼電器亦ON，此時電磁離合器有電流通過壓縮機會運轉。另外VSV（眞空開關閥）的功用爲升高怠速用，因此Tr_1ON時，VSV亦ON所以怠速加快。

2. 當送風口溫度較高，引擎廻轉數在950rpm以上時，Tr_2會由OFF→ON，相反地，溫度雖高，但引擎廻轉數在650±50rpm時，則會由ON→OFF，此時電磁離合器電路被切斷，以防止引擎怠速運轉不穩或熄火。但在1600rpm以下時，Tr_1是ON的（只在高溫時如此，低溫時則與廻轉數無關，會OFF），因此VSV在ON狀態，引擎廻轉數不會降至650±50rpm以下，所以Tr_2不會OFF。另一方面，送風口溫度較低時，Tr_2的作用與引擎廻轉數無關，成爲OFF狀態，壓縮機不轉，以防止蒸發器結霜。

3. 將以上的作用，加以整理後，如圖19－3,17所示。另外當A／C開關不作用時，Tr_1、Tr_2亦雙雙OFF。而溫度偵察的ON—OFF值，是依據溫度設定用調溫鈕所設定的溫度值來作用。怠速提升用的電晶體Tr_1，在引擎高速廻轉時會OFF，是爲了防止在減速時，燃料切斷器有不正常作用的情形發生。另外有些車種則採用由溫度、引擎廻轉、怠速提升等控制機能以獨立的繼電器來作用。

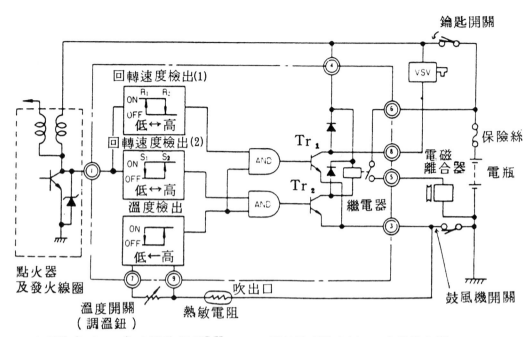

圖19－3,16　電磁離合器、增幅器、安定器及繼電器電路

（カーテクノロジイ　NO.21　第85圖）

吹出口溫度	引擎回轉速度	作　　　　用
高	怠速	Tr₁・ON－VSV・ON－怠速轉速上升（引擎回轉數950rpm以上） Tr₂－ON－電磁離合器ON（自動怠速提升作用）
高	950～ 1850rpm	Tr₁・ON－VSV ON Tr₂・ON→電磁離合器ON
高	1850rpm以上	Tr₁OFF－VSV・OFF ┐ Tr₂ON→電磁離合器ON ┘VSV　切斷作用
低	怠速及全部範圍	Tr₁OFF－VSV・OFF Tr₂・OFF→電磁離合器OFF

圖19－3,17　電磁離合器增幅器、安定器及繼電器控制情形

（カーテクノロジイ　NO.21　第86圖）

㈡壓縮機的咬住防止：

　1.冷氣系統的冷媒，有時因洩漏等原因減少時，潤滑油的循環會不均勻，若繼續運轉，
　　可能使壓縮機發生咬住現象。因此有些壓縮機以某種方法偵察冷媒的過分減少發生異
　　常時，使電磁離合器開關OFF，以保護壓縮機。

　2.現介紹以溫度感知器切斷電磁離合器以防止壓縮機咬住的方法。

　⑴如圖19－3,18所示為使用溫度感知器的例子，圖中的停止感知器安裝在壓縮機的

高壓側管路中，亦為溫度感知器的一種，其作用為當壓縮機高壓管路在140°C以上時會OFF（當系統中的冷媒量減少至正常之50％以上時，壓縮機的吐出溫度會上升至140°C以上）。

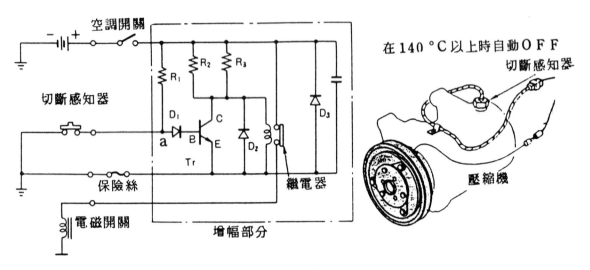

圖19－3,18　壓縮機咬住防止電路

（カーテクノロジイ　NO.21　第87圖）

(2)當系統中的冷媒正常時，此時停止感知器在ON狀態，如圖19－3,19所示，因此 (a)點電路為ON在正常狀態，所以Tr的基極電流不通過，Tr在OFF狀態。由於這個原因，繼電器的線圈有電流通過，繼電器會ON，電磁離合器電路被接通，使壓縮機運轉。

(3)溫度上升至140°C以上時，停止感知器會OFF，成為如圖19－3,20所示之回路動作；亦即ⓐ點電位上升，Tr有基極電流通過，使Tr ON，結果使繼電器的電磁線圈與Tr發生短路，此時繼電器在斷路狀態，所以電磁離合器會關閉，使壓

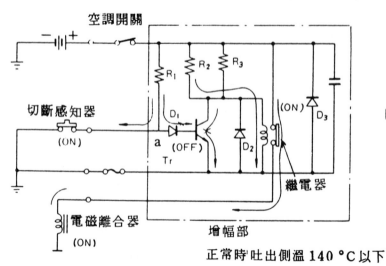

圖19－3,1 9　在正常時之作用回路（カーテクノロジイ NO.21 第88圖）

正常時吐出側溫140°C以下

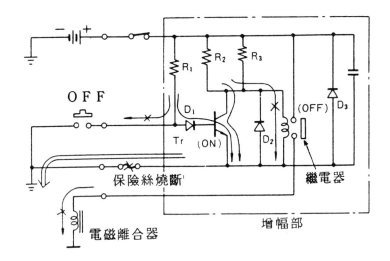

圖19－3,20　壓縮機吐出溫度140°C以上時作用回路

（カーテクノロジイ　NO.21　第89圖）

縮機停轉。同時在電路上亦設有保險絲裝置，以保護壓縮機。

(4)另外有些車種，如圖**19－3,21**所示，在電磁離合器回路上串聯裝設溫度保險絲，當溫度成為異常時，使保險絲熔斷，以切斷電磁離合器電流。

19－3－5　冷凍油

使用於冷氣壓縮機之潤滑油，一般稱為冷凍機油（refrigeration oil）簡稱為冷凍油。

一、壓縮機潤滑系統的主要功用：

圖 19－3,21　在電磁離合器線
　　　　　路串聯溫度保險
　　　　　絲之例子（カー
　　　　　テクノロジイ
　　　　　NO.21　第90
　　　　　圖）

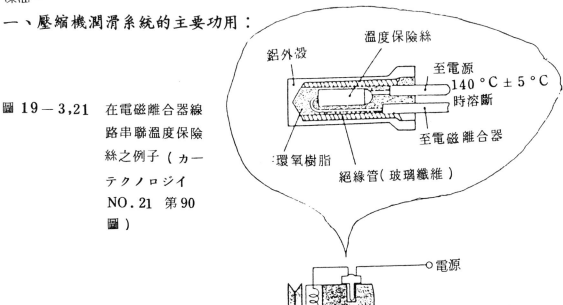

㈠防止活動部份的摩擦，或使摩擦減至最小程度。

㈡防止由高壓側向低壓側冷媒汽體之漏油作用。

㈢帶走摩擦面之熱，並幫助散熱。

二、冷凍機油的性質：

由於冷凍油與其他之潤滑油不同，它必須能與冷媒共存的特殊功用，故它必須具有下列條件：

㈠在低溫時要保持良好之流動性。

㈡在高溫不起泡沫。

㈢在低溫不起蠟狀之分離。

㈣與高溫冷媒接觸不起化學變化。

㈤與冷媒能立即分離。

㈥不含水份。

三、如前述，冷媒壓縮機可分有油泵與沒有油泵兩種型式，冷凍油是隨著冷媒在系統內一起移動，有貯油槽（有油泵型）的冷凍油約有 30 ％，沒有貯油槽（沒有油泵型）的冷凍油約有 60 ％與冷媒一起移動。

㈠冷氣壓縮機必須使用廠家規定之冷凍油，如果使用其他不合規定的冷凍油，或滲入不同廠牌的冷凍油，將會導致冷凍油產生化學變化，使冷凍油黏度降低或使膨脹閥凍結，表 19－3,1 爲冷凍油與冷媒的混合性。

㈡過量的冷凍油會影響冷房能力，過少的油量則會潤滑不良，使機件卡住。

㈢冷氣系統正常時，不必檢查冷凍油，當拆卸冷氣配管時，不得急將螺絲鬆開，因爲冷氣管路內部壓力很大（在 20 °C 時，約 6 kg／cm² ），易將冷凍油一起噴出，應徐徐放出冷媒後再拆下螺絲，當更換冷凝器時，約需補充 20 c.c. 之冷凍油，更換蒸發器時，約需補充 30 c.c. 之冷凍油。

表19－3,1　冷凍機油與冷媒之混合性

易混合者	中間者	不易混合者
R－11	R－22	氨
R－12	R－114	二氧化碳
R－13BI		二氧化硫
R－21		R－13
R－113		R－14
R－500		R－115
氯甲烷		R－152a
氯化乙烯		R－1388
碳化氫類		

第四節　蒸發器與冷凝器

在汽車冷氣系統中，蒸發器（ evaporator ）與冷凝器（ condenser ）雖極爲相似，但其功用卻不相同。蒸發器是吸收車室內空氣的熱，造成冷房；而冷凝器的功用卻是把壓縮機送來的高溫冷媒加以冷却，將熱量排於大氣中。

19-4-1　蒸發器

一、蒸發器的功用

當液態冷媒蒸發成為汽態冷媒時，需要大量的汽化熱。蒸發器就是利用此原理，將膨脹閥（expansion valve）送來的液態冷媒，在低壓低溫下，吸收週圍空氣的熱量，使車室內的溫度降低，以達到冷房的效果。

二、蒸發器的構造及作用原理

（一）構　造

1. 蒸發器的基本構造如圖19-4,1所示，是由鋁合金製的冷却管（冷媒通路管）及散熱片構成，其散熱片型式有板翼式及波翼式兩種。

2. 為使冷風迅速送到車室內各個角落，故用鼓風機加以強制循環。如圖19-4,2所示為鼓風機的構造。

鼓風機風扇依其空氣流動方式又可分為軸流式與離心式兩種，如圖19-4,3所示。

軸流式是軸上裝設螺旋槳狀葉片式的型式，而被吸入風扇的空氣與廻轉軸成平行方向吹出。至於離心式是圓筒外圍裝設許多葉片，空氣由與廻轉軸成直角的方向吹出。

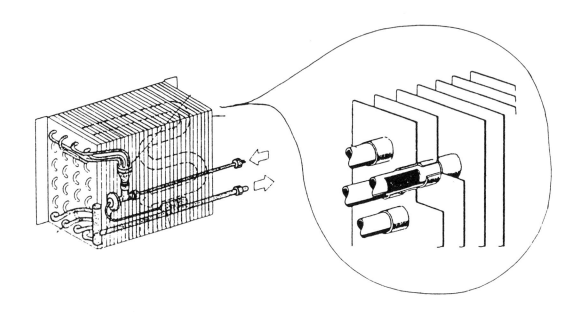

圖19-4,1　蒸發器之構造（カーテクノロジイ　No. 21　第127圖）

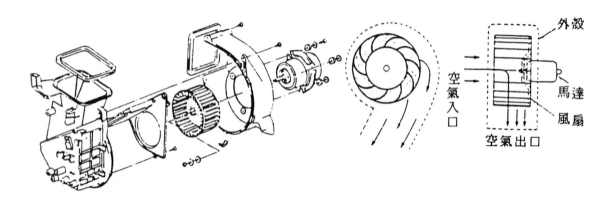

圖19－4,2　鼓風機構造（カーテクノロジイ　No. 21　第129圖）

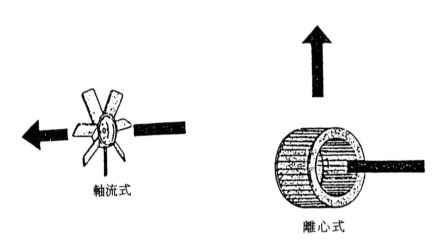

圖19－4,3　風扇的種類（カーテクノロジイ　No. 21　第130圖）

㈡作　用

1. 高溫高壓的液態冷媒，經過膨脹閥，壓力被降低，變成低壓低溫的霧狀飽和液體粒子，到達蒸發器時，它立刻能起蒸發作用，而吸收大量的熱。如圖19－4,4表示冷媒在蒸發器內蒸發的情形，此時冷媒已汽化成爲汽體，如繼續吸收熱量，則汽體的溫度就高於其飽和溫度，此蒸汽稱爲「過熱蒸汽」。在汽車冷媒R－12中，蒸發溫度爲－29.8 °C，故冷媒在蒸發器出口時，已完全變爲低溫（0～10°C）低壓（3.5～1.5 kg／cm²）的過熱蒸汽。

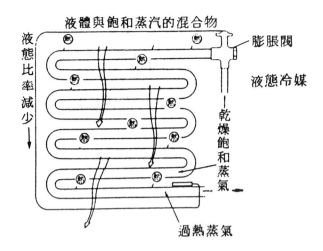

圖19－4.4　蒸發器之作用（カーテクノロジイ　No. 21　第126圖）

2. 由以上的原理得知，蒸發器吸收空氣中的熱量，使進入車室內的空氣變成冷風，這時為顧慮到使空氣充分冷却，並加以除濕，故有冷氣散熱鰭片的設計，並且蒸發器厚度亦要較大，使通過風速不能太快。

3. 由於空氣通過蒸發器表面時，空氣中的水份會凝結成水，與空氣分離就是除濕。為避免水在散熱鰭片中結成霜，通常蒸發器的出口都做成如山的形狀，以利排水。

4. 當散熱鰭片結冰時，此時應暫時切斷Ａ／Ｃ開關，使壓縮機不作用，然後再把風量開關開至最大，等到冰融解後才能再開冷氣。

19－4－2　冷凝器

一、冷凝器的功用

㈠冷凝器又被稱為凝結器，其功用係將由壓縮機送來之高溫、高壓汽態冷媒，在此由空氣冷却，使其液化成液態冷媒。

㈡經由冷凝器散熱所放出的熱量為冷媒在車室內的蒸發器汽化時所吸收的熱量，與壓縮機將低壓低溫氣態冷媒壓縮成高壓高溫氣態冷媒所需熱量之和。所以由冷凝器放出到大氣中的熱量，就是冷媒在車室內所吸收的熱量，換句話說，冷凝器的散熱效果愈強，則蒸發器冷房能力也愈佳。

二、冷凝器的構造及作用原理

㈠構　造

汽車上的冷凝器都採用氣冷式，由於是以空氣作冷却媒體，因此冷凝器的構造，依散熱片的形狀，可分板翼式及波翼式兩種。通常冷却管是使用多張薄銅皮銲合而成，散熱片則使用鋁製，如圖19－4.5所示為波翼式及板翼式冷凝器的外觀。板翼式係在冷却管上以2 mm左右的間隔裝設散熱片，但汽車上大部份使用波翼式為主，這是因為剛性雖比前者稍差，但可大量生產因此價廉，並且冷却效率較佳。

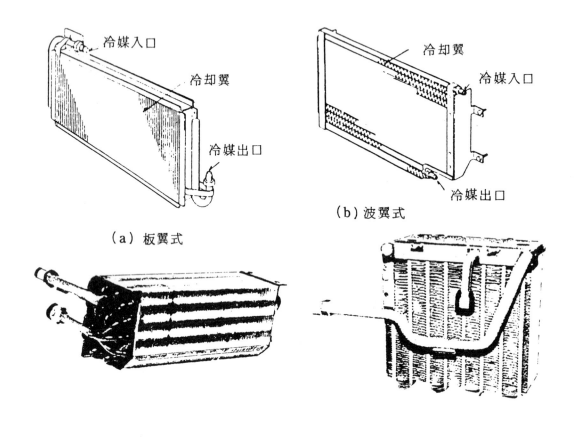

冷媒入口

冷却翼

冷媒出口

（a）板翼式

冷却翼

冷媒入口

冷媒出口

（b）波翼式

圖 19－4.5　波翼式及板翼式冷凝器外觀
（カーテクノロジイ　No.21　第 103 圖）

㈡作用原理

　　如圖 19－4.6 所示，爲波翼式冷凝器的構造，在鋁合金製的冷却管上裝設波狀的散熱
片。由壓縮機送來的高溫高壓汽態冷媒，由頂部入口進入冷凝器，由外氣冷却成爲飽和
蒸汽，更冷却爲完全的液態冷媒，從冷凝器底部出口流向貯液筒。如圖 19－4.7 爲冷
凝器的作用原理。

　　故冷凝器的作用原理爲蒸發器的反作用，將由壓縮機來的高壓汽體（ 13～20 kg／cm^2
）變成高壓液體，而冷媒之溫度則由 120°C 降至 60°C 以下。

㈢冷凝器的冷却

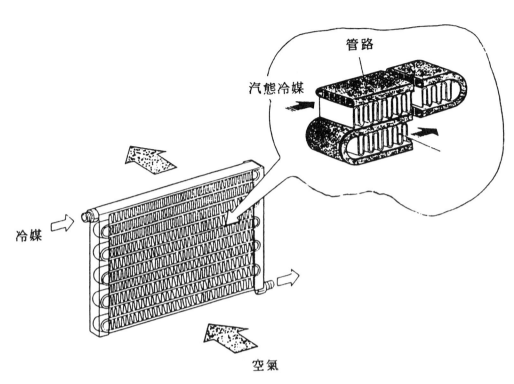

管路

汽態冷媒

冷媒

空氣

圖19－4.6　波翼式冷凝器構造（カーテクノロジイ　No.21　第104圖）

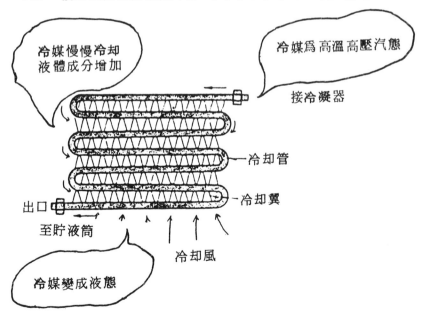

冷媒慢慢冷却液體成分增加

冷媒爲高溫高壓汽態

接冷凝器

冷却管

冷却翼

出口

至貯液筒

冷却風

冷媒變成液態

圖19－4.7　冷凝器的作用原理（カーテクノロジイ　No.21　第105圖）

冷凝器需要由空氣的對流加以冷却，所以通常裝設在車輛最前端，並且與水箱一樣，在低速行駛或由引擎的冷却風扇加以冷却，行駛速度快時則由行駛時流動之空氣來強制冷却。

另外，因車輛結構或安裝位置的關係，如ＦＦ引擎，亦有在冷凝器前裝電動風扇，以做直接冷却。

三、風　扇

㈠汽車加裝冷氣後，由於冷媒帶來的大量的熱在冷凝器發散，而冷凝器裝設於水箱前面時，致使水箱受到冷凝器排放「熱風」的影響，所以引擎的冷却效果可能減低，致使引擎溫度增高，成爲過熱狀態。因此，需採取增加冷却風扇的廻轉數或增加送風量，或改善風扇罩等對策。

㈡電動風扇兩段控制系統：

現代發展的汽車，在冷却系統上常設有兩台電動風扇，配合引擎的冷却水溫或空調的冷媒壓力，將冷凝器用電動風扇的廻轉數做兩階段控制，謀求降低噪音及增加冷却效率。如圖19—4,8所示當高壓側冷媒壓力達到15.5Ｋｇ／ｃｍ²以上時，成爲高速廻轉，此時繼電器開啓，冷凝器冷却用電動風扇轉速約2300ｒｐｍ。當冷媒壓力降至12.5ｋｇ／ｃｍ²以下時，變換爲低速廻轉，此時繼電器成斷路，電動風扇轉速約1800ｒｐｍ。

㈢此外，尚有如圖19—4,9所示，將水箱用電動風扇和冷凝器用電動風扇的電路連接變換爲並聯和串聯，以高低速來控制廻轉者。當冷却水溫高（85°C以上）或冷媒壓力高（15.5ｋｇ／ｃｍ²以上）時，電路成爲並聯連接，風扇馬達成爲高廻轉，而在冷却水溫低（85°C以下）或冷媒壓力低（12.5ｋｇ／ｃｍ²以下），電路成串聯連接，此時風扇馬達在低轉速。

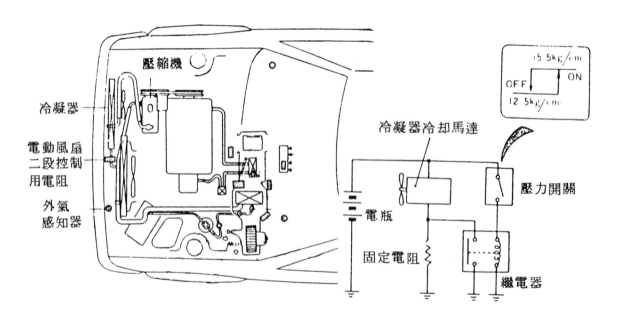

圖19—4,8　電動風扇兩段控制系統圖

（カーテクノロジイ　NO.21　第108圖）

冷却水溫高或冷媒壓力高時，
並聯電動風扇高速運轉

水箱電動風扇

冷氣電動風扇

平常時串聯電動風扇低速運轉

水箱電動風扇

冷氣電動風扇

圖 19—4,9　電動風扇利用串、並聯電路控制轉速（カーテクノロジィ　NO.21　第109圖）

第五節　貯液筒與膨脹閥

19－5－1　貯液筒

一、貯液筒的功用

貯液筒（receiver）在空調系統中，兼具有暫時儲存冷媒、濾清及除濕的功能。

㈠當汽車冷氣作用時，冷媒在系統內的需要量則依熱負荷的需要或壓縮機廻轉數的快慢而變化，所以，如能事先在膨脹閥前貯藏冷媒，則系統內冷媒量雖有急速變化時，仍能不產生過多或不足之現象，可獲得安定的性能。故貯液筒功用之一為，暫時儲藏按冷氣負荷供給蒸發器所剩餘之液態冷媒。

㈡由冷凝器來的液態冷媒，或因冷凝器負荷過大，或因冷媒冷却不完全，仍有少許的冷媒以氣泡型態殘留，因此，貯液筒要具有完全分離這些氣泡，只將液態冷媒送入膨脹閥的功能。

㈢貯液筒的上面裝有透明玻璃之窺視窗（又稱檢視窗），能觀察冷媒在系統中的流動情形，及檢查冷媒量的多寡。

㈣須具有除濕及濾清的功能。

㈤貯液筒上之可溶栓，當系統內有異常高壓（超過 28 kg／cm^2，105°C）時，能自動放洩冷媒，以保護系統內的零件。

二、貯液筒的構造及作用原理

㈠構造

貯液筒外殼是由鋼製成，如圖 19—5,1 所示為其斷面圖，由圖可瞭解，筒內裝有乾燥劑與濾清器，中央有一根吸取管接出口，筒上有檢視窗。

1. 濾清器（strainers）：其主要功用爲防止鐵銹、塵粒、炭粒以及冷媒中不純物在系統中循環。通常，氟氯烷系冷媒所用者爲銅網，或者毛氈等物。

2. 乾燥劑（descicant）：冷媒中如含有水分會使機件銹蝕，膨脹閥之噴射孔亦會因水分之凍結而發生阻塞，嚴重時蒸發器亦發生結霜現象，進而影響冷媒的流動，因此乃有裝置乾燥劑的必要。

3. 檢視窗：爲觀察流經系統管路內的冷媒狀態所用之觀察玻璃片的裝置，常位於筒頂。

4. 吸取管：是一直管由筒底直通筒頂出口，液態冷媒較重，故在筒底，未液化完全的氣泡冷媒較輕，浮在上面，液態冷媒則由此管被送至膨脹閥。如此，到膨脹閥的都是完全液態冷媒。

5. 可熔栓：當冷凝器通風不良或冷氣負荷過大時，則冷凝器與貯液筒之高壓側之壓力端呈現不正常過高現象，如果不採補救措施，則冷氣機有隨時發生爆炸之危險，因此設有放出異常壓力的放洩閥。它可分爲如圖19－5,2所示的止回閥及如圖19－5,3所示的可熔栓。可熔栓之中心爲一空心孔道，並在孔內填滿約在$100 \sim 105°$C會熔化的特種錫料。所以，當高壓側壓力達$30 kg / cm^2$時，此時溫度亦達$105°C$左右，可熔栓即發生熔解，使冷媒渲洩而出，避免冷氣機件發生爆炸。

㈡作用

冷凝器把冷媒液化後送入貯液筒，這液

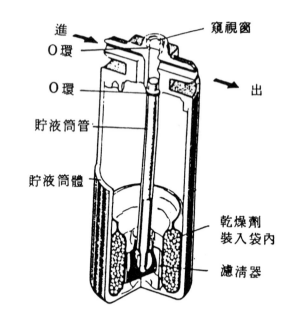

圖19－5,1　貯液筒斷面圖（カーテクノロジイ　NO.21　第111圖）

進
窺視窗
O環
出
O環
貯液筒管
貯液筒體
乾燥劑裝入袋內
濾清器

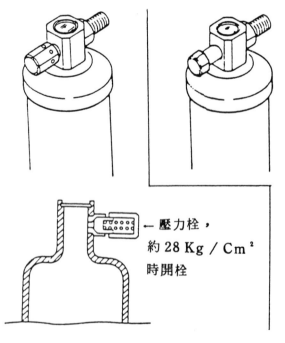

壓力栓，約$28 Kg / Cm^2$時開栓

圖19－5,2　止回閥式貯液筒（カーテクノロジイ　NO.21　第112圖）

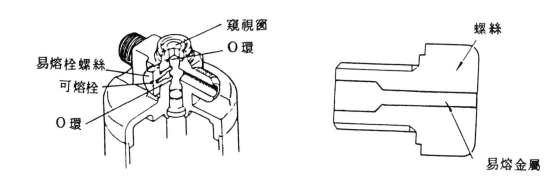

圖 19— 5,3　可熔栓式貯液筒（カー
テクノロジイ　NO.21
第 113 圖）

態冷媒中還合有殘留的汽態冷媒，而蒸發器的入口必須是液態冷媒，否則冷氣的性能會
顯著的降低。一般情況下，在貯液筒裏，汽態冷媒約 30 ～ 50 %，液態冷媒約 50 ～ 70
%，而貯液筒的作用是把系統中的冷媒濾清、除濕後，把液態冷媒送至膨脹閥。

19－5－2　膨脹閥

一、膨脹閥的功用

㈠膨脹閥與蒸發器合稱冷卻器組，裝設於車室內，部份的空調冷卻器組更把鼓風機及蒸發
　器排水設備所需的零件裝在一個冷氣罩（cooling case）內。另外亦有裝設風量調
　整開關或溫度調整開關者，如圖 19－5,4　所示爲冷卻器組的例子。

㈡膨脹閥係裝在蒸發器入口，當液態冷媒經過貯液筒出口及檢視窗後，由噴射孔噴射而出
　，使液態冷媒在突然間快速膨脹，由於汽化作用，而變成低溫，低壓的霧狀冷媒，同時
　配合冷氣負荷的需要，而將適當的冷媒量供給蒸發器，使能在蒸發器出口部份完全蒸發
　爲汽態冷媒，此即爲膨脹閥的功用。

二、膨脹閥的種類、構造及作用原理

　膨脹閥依其工作方式，可分

　　1.定壓式膨脹閥

　　2.溫度作用式膨脹閥

　　3.浮筒式膨脹閥

　不過汽車空調均採用溫度作用式膨脹閥。

㈠溫度作用式膨脹閥的構造

　圖 19－5,5 所示爲膨脹閥的構造。溫度作用式膨脹閥又可因蒸發壓力取得方式的不同

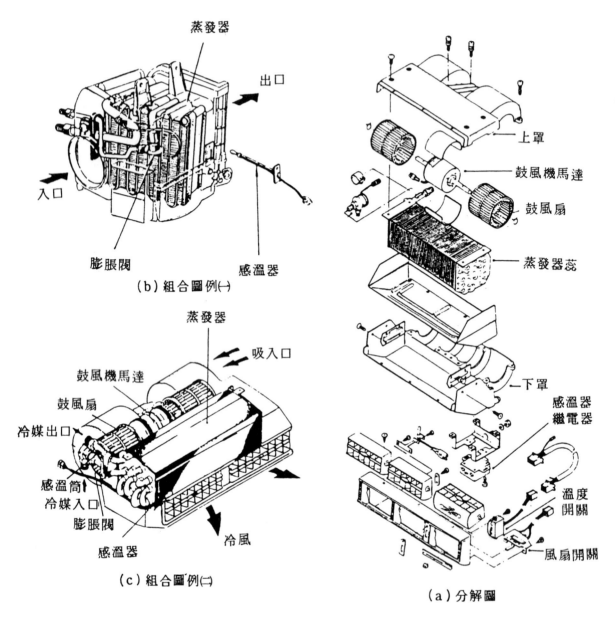

（b）組合圖例㈠

（c）組合圖例㈡

（a）分解圖

圖 19－5,4 冷却器阻的例子

（カーテクノロジイ NO.21 第114圖）

而有內部均壓式和外部均壓式之分，如圖 19－5,6 所示爲兩者之差異。其構造包括感溫筒、膜片、均壓管調整螺絲、球閥、節流閥彈簧等。在膨脹閥本體內裝有一軟靭性的金屬薄膜片，膜片（diaphragm）上部的空間連有一小型銅管（毛細管）接至感溫筒，感溫筒則與蒸發器出口的冷媒配管相接觸，在感溫筒的裏面，裝有冷媒的飽和液體。膜片下端則用閥桿與球閥相接觸，均壓管一端接於膜片上方，一端接於蒸發器出口處，整個膨脹閥本體則裝在蒸發器的入口。

1. 內部均壓式：

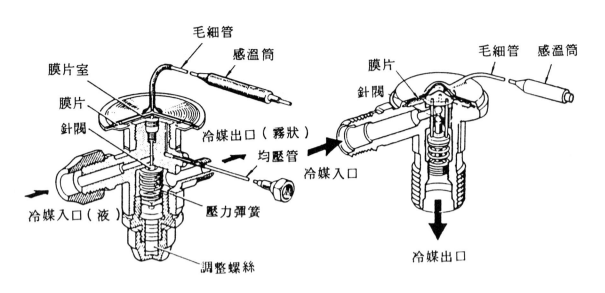

毛細管

感溫筒

膜片室

膜片

針閥

冷媒出口（霧狀）

均壓管

冷媒入口（液）

壓力彈簧

冷媒入口

調整螺絲

膜片

針閥

毛細管　感溫筒

冷媒出口

圖 19－5,5　膨脹閥構造圖

（ カーテクノロジイ　　NO.21　第116圖 ）

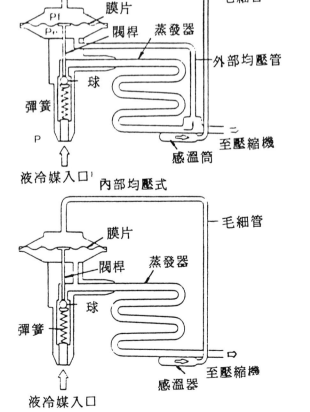

外部均壓式

膜片

P1

P0

閥桿

蒸發器

毛細管

外部均壓管

球

彈簧

P

至壓縮機

感溫筒

液冷媒入口

內部均壓式

膜片

閥桿

蒸發器

毛細管

球

彈簧

至壓縮機

感溫器

液冷媒入口

圖 19－5,6　外部均壓式與內部均壓
式的差異（ カーテクノ
ロジイ　　NO.21　第118
圖 ）

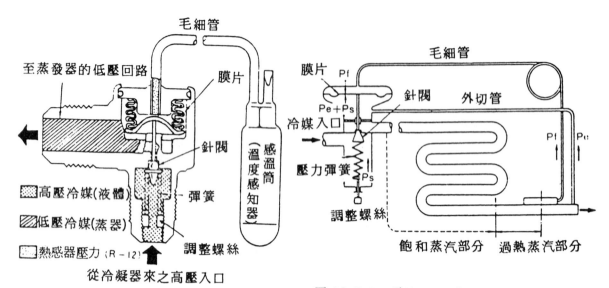

圖 19-5,8 膨脹閥冷媒之流程（カーテク
圖 19—5,7 膨脹閥之構造（カーテクノ
ロジイ NO.21 第119圖） ノロジイ NO.21 第120
圖）

內部均壓式膨脹閥（ inner egualizer type ）係由蒸發器入口處接受壓力，構造
如圖 19—5,6 或 19—5,7 所示，結構簡單，主要用於蒸發器內部阻力較小的型式。

2. 外部均壓式：

外部均壓式（ external egualizer type ），在膜片下方多了一根均壓管連接到
蒸發器的出口，而由蒸發器出口處接受壓力，因此由感溫筒感知的溫度和與之平衡的
壓力大致在同一地點，所以可提高膨脹閥操作的靈敏度，通常使用於蒸發器較大，冷
媒管路較長，內部阻力較大的型式。

㈡作用：

由膨脹閥的構造可知，球閥是受到三種力的作用，膜片上方為感溫筒內壓力（ P_f ），
膜片下方為蒸發器內（ 或出口 ）的壓力（ P_e ）及彈簧彈力（ P_s ），這三種力量的作
用自動調整球閥的開啓度，如圖 19—5,8 所示。

所以，欲使運轉中的空調機系統內冷媒的壓力穩定時，則必須有 $P_f = P_e + P_s$ 的關係
，始能成立，此時球閥的開啓度固定，冷媒保持一定的流量。

1. 冷氣負荷較小時：

當車室內溫度較低（ 冷氣負荷小 ）時，蒸發器出口的冷媒溫度會降低，因此感溫筒溫
度亦降低，筒內壓力隨之降低，其結果如圖 19—5,9 所示，$P_f < P_e + P_f$ 球閥朝
向關閉方向移動，因此冷媒流量會減少。

2. 冷氣負荷較大時

冷氣負荷較大時，蒸發器出口部份的冷媒溫度升高，同時感溫筒溫度也升高，當筒內
的蒸汽膨脹時，就會經過接連的毛細管，來充滿膜片上面的空間，因而使壓力升高，

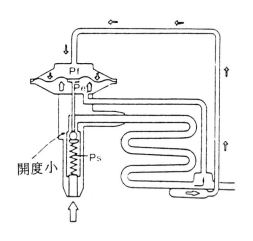

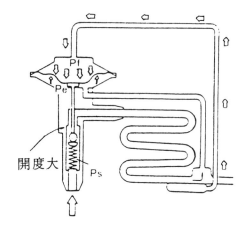

圖19－5,9　冷氣負荷小時作用（カーテ
クノロジイ　NO.21　第121
圖）

圖19－5,10　冷氣負荷大時之作用（カー
テクノロジイ　NO.21
第122圖）

當感溫筒內的壓力超過蒸發器進口的壓力，並足夠克服彈簧伸張力時，如圖19－5，
10 所示，$P_f > P_e + P_s$，球閥朝向開啓方向移動，所以冷媒流量會增加。

3. 壓縮機停止時：

壓縮機停止時，因爲蒸發器出口壓
力和感溫筒內壓力爲一定值，所以
如圖19－5,11 所示，由於彈簧作
用，使閥成爲完全關閉的狀態。

如上述，膨脹閥係按當時蒸發器出口
（或內部）的溫度，調節球閥的開啓
度，調整噴入蒸發器內的冷媒量，使
過熱度成爲一定值。

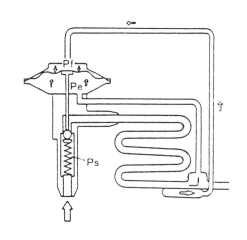

圖19－5,11　壓縮機停止時之作用（カーテク
ノロジイ　NO.21　第123圖）

第六節　控制系統

19－6－1　汽車空調的控制系統

一、汽車空調冷却能力是依駕駛人員感覺，操作設於控制盤的溫度調整桿來控制。

二、控制車室內溫度及防止空調系統受到損害的方式有兩種，一爲在壓縮機電磁離合器電路
中附設有開關控制，一爲採用蒸發器壓力調整閥（evaporator pressure regula-

tor valve）簡稱E．P．R 或吸入節流閥（suction throttle valve）簡稱
STV。一般的汽車大都採用控制壓縮機電磁離合器的ON—OFF的方式，包括有調
溫開關（thermal switch），外氣開關（ambient cut off switch），低
壓開關（low pressure switch）……等都與壓縮機電磁離合器的電路串聯，當
空調開關雖已開啓，仍應配合冷却程度或引擎迴轉數、行駛條件做精密的開關控制，而
對電磁離合器的開關控制就是壓縮機本身的控制，以防止蒸發器結霜或保護壓縮機。

三、在冷氣電路中，各開關的功用：

㈠調溫開關：

構造如圖19—6,1所示，圖19—6,2所示爲機械式調溫開關作用電路圖，熱敏電阻
式如圖19—6,3所示。當蒸發器溫度高於設定溫度時，電磁離合器ON，蒸發器溫度
低於設定溫度時，電磁離合器OFF。

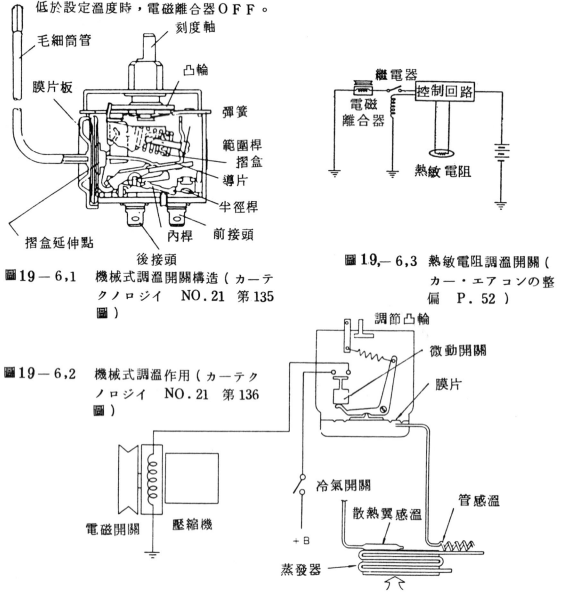

圖19—6,1　機械式調溫開關構造（カーテ
　　　　　クノロジイ　NO.21　第135
　　　　　圖）

圖19,—6,3　熱敏電阻調溫開關（
　　　　　カー・エアコンの整
　　　　　偏　P.52）

圖19—6,2　機械式調溫作用（カーテク
　　　　　ノロジイ　NO.21　第136
　　　　　圖）

㈡外氣開關：

外氣溫度低於 10 °C 時，電磁離合器ＯＦＦ，10 °C 以上時ＯＮ。

㈢壓力開關：

圖 19－6,4 所示為壓力開關的構造圖，當高壓側壓力低於 2.1 kg／cm^2 時，低壓開關ＯＦＦ。如圖 19－6,5 所示裝設有高壓和低壓開關者，高壓開關作用範圍是在系統內冷媒壓力低於 18 kg／cm^2 時ＯＮ，高於 23 kg／cm^2 時ＯＦＦ。低壓開關的作用範圍是在系統內冷媒壓力低於 2.1 kg／cm^2 時ＯＦＦ，2.3 kg／cm^2 以上時ＯＮ，使系統內冷媒的正常運轉壓力為 2.1～23 kg／cm^2。

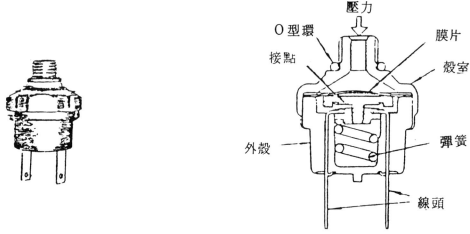

圖 19－6,4　壓力開關的構造圖
標準設定壓力：2.11 ± 0.2 kg／cm^2（30 ± 3 psi）
（和泰汽車　汽車空氣調節系統　講義　P．48）

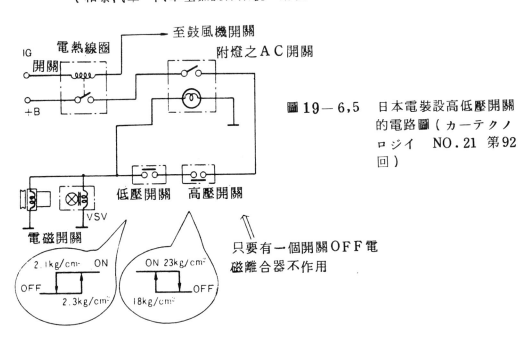

圖 19－6,5　日本電裝設高低壓開關的電路圖（カーテクノロジイ　NO.21　第 92 回）

19－6－2　空調機的組合方式

在空調系統中，車室內空調作用是由冷氣機和加熱器進行，因此冷氣機和加熱器的組合方法亦有若干種型式被採用。

一、加熱器、冷氣機獨立式

此種型式爲將加熱器與冷氣機的機能完全分開，只能單獨使用冷氣機或加熱器，所以不能進行除濕加熱，如圖 19－6，6 所示。

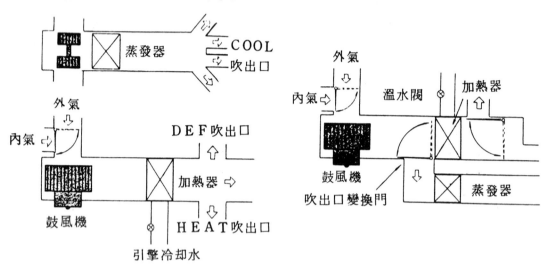

圖19－6，6　加熱器　冷氣機獨立式
（カーテクノロジイ　NO.
21　第158 圖①）

圖19－6，7　加熱器冷氣機變換式
（カーテクノロジイ　NO.
21　第158 圖②）

二、加熱器、冷氣機變換式

機能上與加熱器，冷氣機獨立方式相同，不過卻由送風口變換擋板決定使用加熱器或冷氣機，如圖 19－6，7 所示，通常使用於儀錶板內型。

三、半空調式（流量調整式）

被吸入的空氣全部通過蒸發器，在冷卻時可不經過加熱器芯直接送出；在加熱時，因可對來自蒸發器，已經冷卻除濕的空氣加熱，所以可做除濕加熱。溫度調整時，加熱器由水旋塞的開啓度控制，冷卻器則由壓縮機的ON，OFF時間控制如圖19－6，8所示。

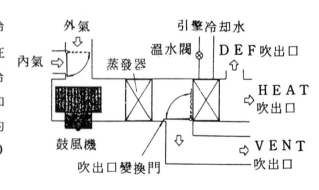

圖19－6，8　半空調式（流量調整式）
（カーテクノロジイ　NO.
21　第158 圖③）

四、全空調式（空氣混合式）

通過蒸發器後的冷空氣，分爲進入加

熱器芯與不進入加熱器芯兩種，並在送風口前面將經過加熱器芯的暖氣與不經過的冷空氣再度混合，由各送風口吹出。通過加熱器芯的空氣量由空氣混合擋板調整，亦就是說改變熱風與冷風的比例，就可進行溫度調整，這時流經加熱器芯的溫水量亦會同時改變。所以除了除濕加熱外，由冷卻到加熱的連續溫度調整亦可做到，因爲屬於熱風和冷風混合的方式，所以亦被稱爲空氣混合式，如圖 19－6,9 所示。

五、重熱式

將通過蒸發器的空氣，全部送入加熱器芯再度加熱後由各送風口吹出。調整流經加熱器芯的溫水量就可調整溫度高低，因此在蒸發器被冷卻除濕的冷空氣，配合流經加熱器芯的溫水量，加熱至設定溫度後，再由送風口吹出，如圖 19－6,10 所示。

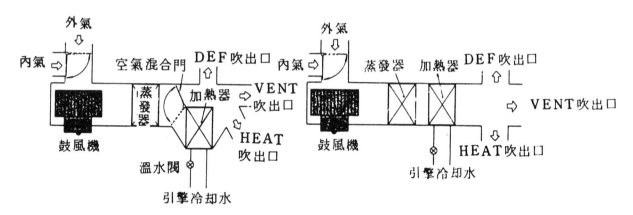

圖 19－6,9　全空調式（空氣混合式）
（カーテクノロジイ　NO.
21　第 158 圖④）

圖 19－6,10　重熱式（カーテクノロジイ
NO.21　第 158 圖⑤）

19－6－3　空調控制

空調器的組成，包括風扇馬達、冷氣蒸發器、暖氣加熱器、氣流控制門及吸入口、送風口等構成，氣流控制門通常用鋼索或眞空來操作。

一、空氣調節控制面板

是由換氣控制桿、溫度設定控制桿及風扇開關、空調開關（A／C開關）等組成，如圖 19－6,11 所示。

㈠把空氣控制桿移到“VENT”位置，此時冷氣從中央、左側與右側之出風口吹出，如圖 19－6,12 所示。

㈡把空氣控制桿移到“BI－LEVEL”位置，此爲雙管氣流位置，送風口及底板控制門打開，溫度控制桿應位於冷暖氣之間，此時從腳底部送出暖氣，而上半身則送出較涼之風，而成爲上涼下暖的暖氣房，如圖 19－6,13 所示。

㈢移動空氣控制桿至“HEAT”位置，經過暖氣機的暖氣，從底部出風口及除霧器出風口

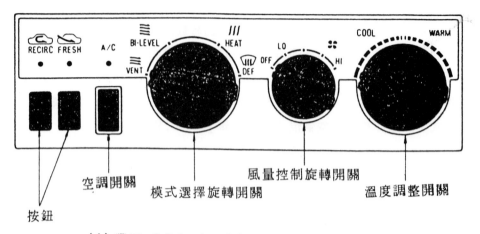

(A) 豐田 SOARA 手動式 空調控制面板

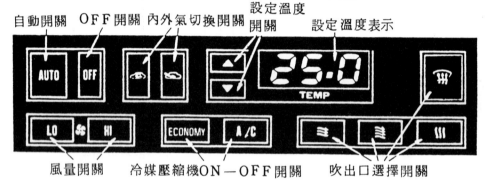

(B) 豐田50 ARA 自動式空調控制面板

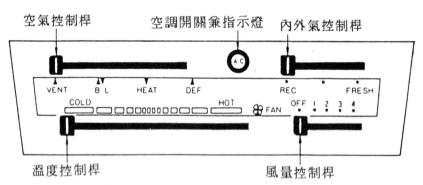

(C) 日產青鳥車用手動空調控制面板

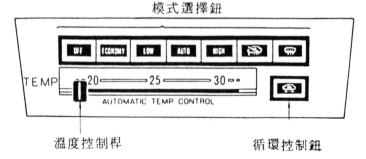

(D) 日產青鳥車用自動空調控制面板

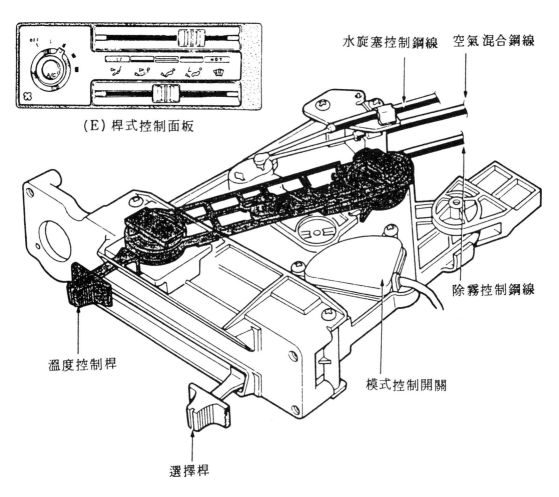

(E) 桿式控制面板

水旋塞控制鋼線　空氣混合鋼線

除霧控制鋼線

溫度控制桿

模式控制開關

選擇桿

(F) 本田 ACCORD 車用手動空調控制面板

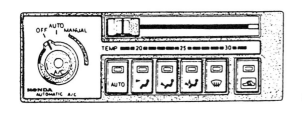

(G) 本田 ACCORD 車用自動空調控制面板

圖 19 ─ 6,11　各種空氣調節控制盤的型式

（ カーテクノロジイ　NO. 21　第 1 圖 ）

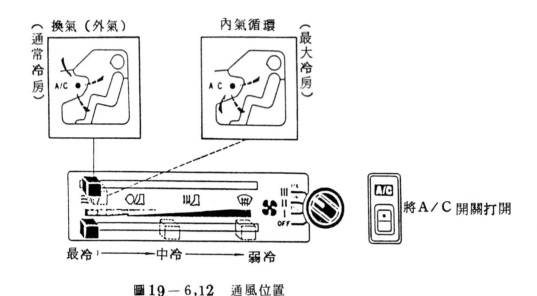

圖19-6,12　通風位置

（和泰汽車　汽車空氣調節系統講義　P.89 ）

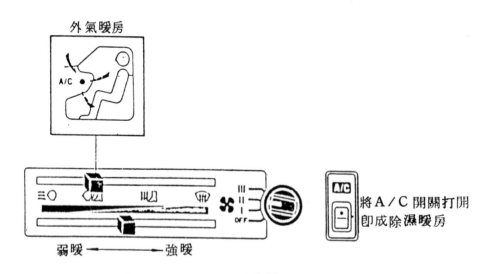

圖19-6,13　雙管氣流位置

（和泰汽車　汽車空氣調節系統講義　P.90 ）

送出，如此，即可使車內成為暖房，如圖19-6,14所示。

㈣移動空氣控制桿至"DEF"位置，經過暖氣機的暖風，從除霧送風口吹出，如此即可將前擋風玻璃之霧氣除去，如圖19-6,15所示。

二、氣流控制

氣流控制藉氣流控制門及送風口來達到控制氣流吹出方向的目的，如圖19-6,16所示為空調器的組成。由換氣控制門、空氣混合門、通風控制門及底板控制門所組成而成，

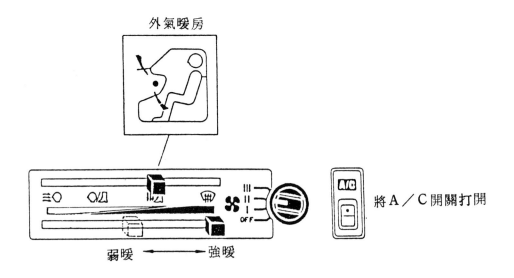

圖19—6,14　暖氣位置

（和泰汽車　汽車空氣調節系統講義　P.91）

除霧時：

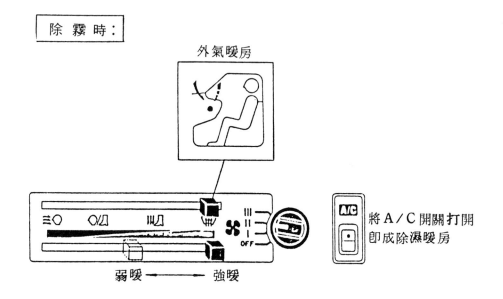

圖19—6,15　除霧位置

（和泰汽車　汽車空氣調節系統講義　P.92）

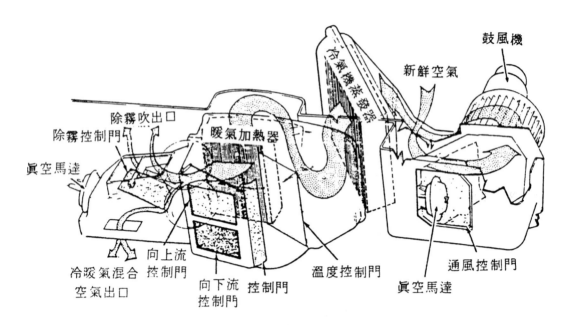

圖19－6,16　冷暖氣組及氣流控制總成

送風口則由中央及左右兩側的送風口、腳部的暖氣吹出口、前玻璃方向的除霧吹出口等組成而成。

㈠暖氣系統

1. 以引擎冷却系統循環的熱水爲熱源，經由水管引導到加熱器，加熱器後面有一個鼓風機將風吹出，空氣經加熱器時吸收冷却水的熱量，溫度增高，吹出來即爲暖氣。

2. 有些汽車裝用冷熱兩用空氣調節設備，由同一鼓風機送風，由選擇開關控制送出冷風或熱風。

㈡換氣系統

1. 要保持車室內之冷度或暖度，必須以車室內之空氣自己循環。但車室內之空氣循環過久時空氣會變污濁或氧氣不足，此時需將換氣控制門打開，利用汽車行駛時的自然風壓或鼓風機將車室外的新鮮空氣導入車內。

2. 內外氣控制桿藉鋼索或眞空控制換氣控制門，當控制桿扳於新鮮空氣（FRESH）時，換氣控制門打開，車室外新鮮空氣進入車室內。內外氣控制桿移至內氣循環位置RECIRC（簡稱REC）時，換氣控制門關閉，車室內空氣自己循環。

㈢溫度控制桿利用鋼索或眞空控制空氣混合門，利用空氣門的開啓度來調整溫度。

㈣空氣控制桿藉鋼索或眞空控制通風控制門、底板控制門及除霧控制門，使冷暖氣流得到適當的控制。

19－6－4　空氣調節與氣流控制之操作

一、僅使用冷氣時：將氣流控制桿置於 ⧼Ｏ（VENT）位置，溫度控制桿置於最左位置

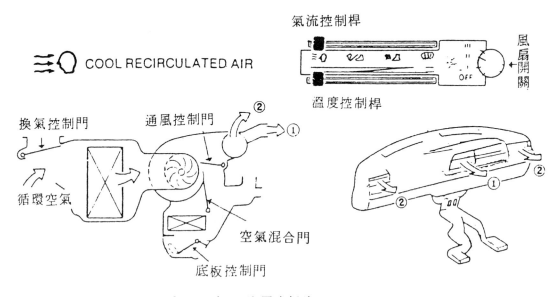

圖19－6,17　使用冷氣時

（只有冷氣）。換氣控制門關閉如圖**19－6,17**所示。

二、使用於頭冷腳暖時　將氣流控制桿置於 （BI－LEVEL　）位置，溫度控制桿置於所希望位置，此時冷暖氣均作用，如圖**19－6,18**所示。

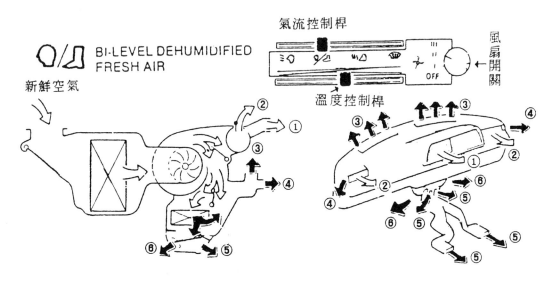

圖19－6,18　使用於頭涼腳暖時

三、使用暖氣時：將氣流控制桿置於 （HEAT）位置，溫度控制桿置於所希望位置，換氣控制門打開，如圖**19－6,19**所示。

四、除霧時：將氣流控制置於 （DEF　）位置，溫度控制桿置於暖氣位置（最右側），換氣控制門關閉。如圖**19－6,20**所示。

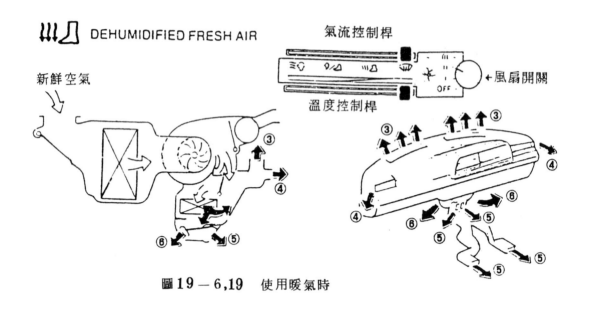

圖 19 — 6,19　使用暖氣時

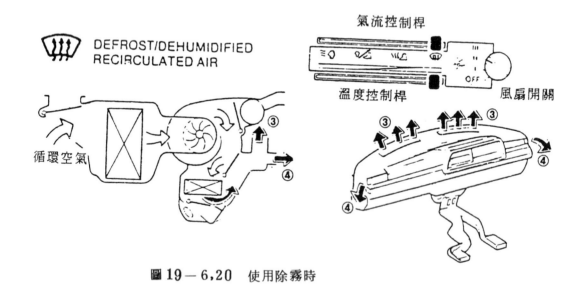

圖 19 — 6,20　使用除霧時

19 — 6 — 5　自動空調控制系統

　　汽車朝向高級化的今天，關於車廂內空氣調節，亦有創造更舒適空間的高科技化之進步，其中之一就是自動空調。

　　自動空調與手動空調在基本系統上是相同的，只是操作空調的機能不同，大多數都採用微電腦，或者機械與電氣裝置併用，一般而言，自動空調具有下列自動功能：

一、送風溫度的控制

二、送風口的控制

三、外氣吸入口的控制

四、風量（風扇的廻轉速度）的控制

五、冷媒壓縮機的動作（ＯＮ、ＯＦＦ）的控制

　　將上述條件加以組合，使汽車獲得最舒適的空間，而做綜合的控制。如圖 19─6.21 所示爲自動空調系統的例子，如圖 19─6.22 爲自動空調控制板上各控制鈕的功能，圖 19─6.23 爲日產車的自動空調系統電路圖。圖 19─6.24 爲微電腦自動空調例，圖 19─6.25 爲自動空調系統作用概要圖。圖 19─6.26 所示爲微電腦控制自動空調系統作用方塊圖。

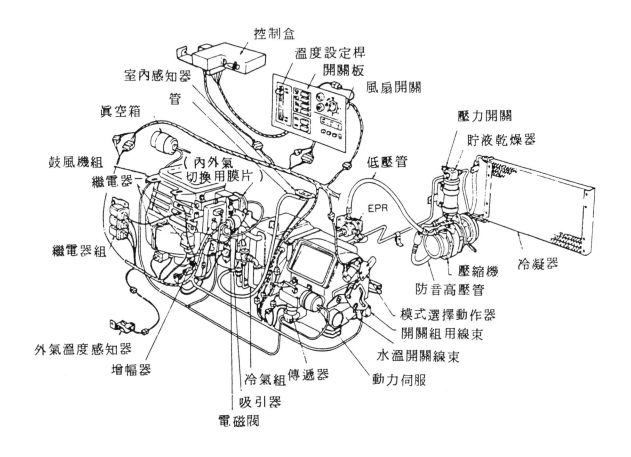

圖 19─6.21　自動空調系統例

（カーテクノロジイ　NO.22　第 4 圖）

● 模式按鈕

〳〵〳 除霧 (DEF)
按此鈕為要除去玻璃上
霧氣時之位置

三〇 一般冷房 (VENT)
冷氣不足時按此鈕

〇〵 頭冷腳熱 (BI LEVEL)
能得到頭冷腳熱的舒適
空調位置，要長時間使
用暖氣時將 A／C 開關
關掉

〵〵 暖房 (HEAT)
按此鈕為開暖氣位置各
按鈕使用中之模式指示
灯會亮，若引擎發動後
模式指示灯不亮時，再
按按鈕重新設定一次。

空調開關
按下此鈕時壓縮機開始
運轉，供應冷氣，再按
下則停止。

● 溫度控制桿
可在 18 － 32℃ 之範圍
內設定希望之溫度，外
氣溫度變化也仍會自動
調節至設定溫度。

🍃 鼓風機開關
為調整風量用，轉到
AUTO 位置時，就會隨
室溫的變化，做五段風
量自動調整。又在開暖
氣而引擎溫度仍低時，
雖在 AUTO 位置，在引
擎溫度未到正常前在低
速運轉

☁ 外氣導入 FRESA
在開暖氣時，將外氣導入
室內。

☁ 室內循環 (REC)
外氣不進入，開冷氣時
為此種狀態，開暖氣時
若以室內循環會使玻璃
上沾霧，因此要導入外
氣。

圖 19－6,22　自動空調系統控制板各控制鈕之功能
（カーテクノロジイ　NO.22　第 2 圖）

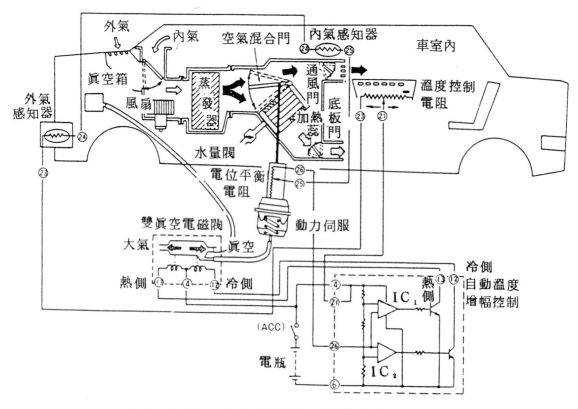

圖 19－6,23　日產車自動空調系統電路圖
（カーテクノロジイ　NO.22　第 12 圖）

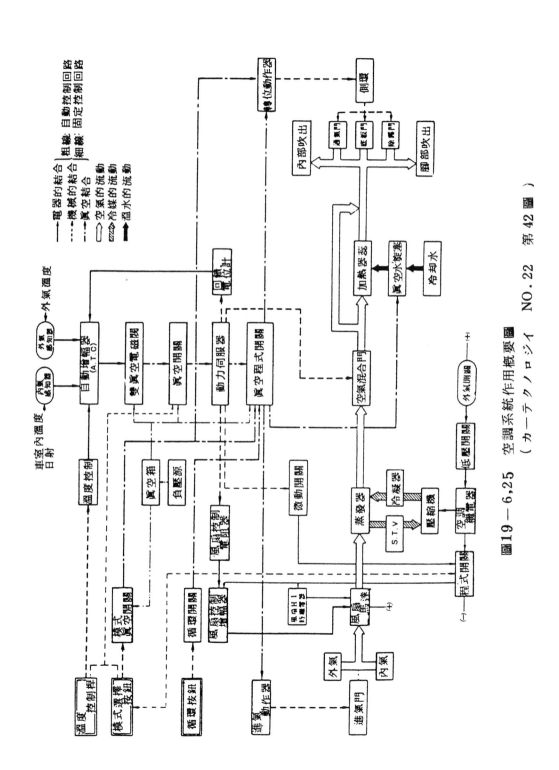

圖19—6,25　空調系統作用概要圖　NO.22　第42圖）

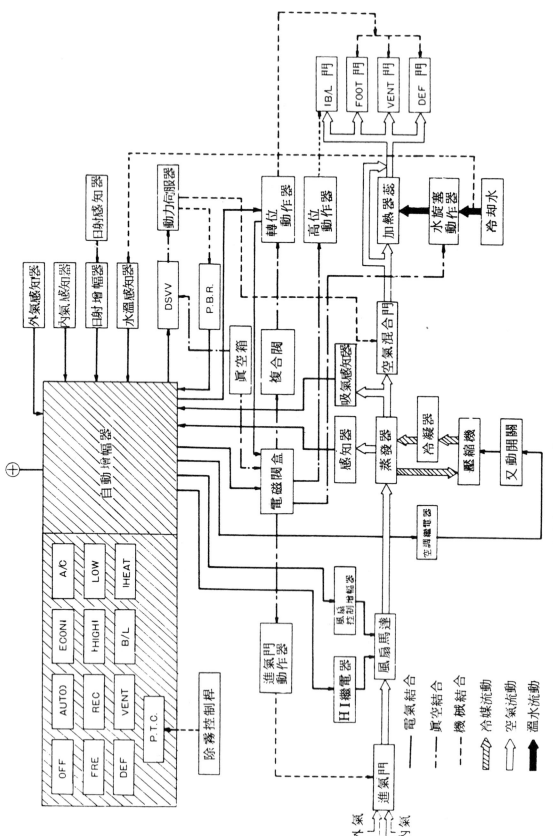

圖 19-6.26 微電腦控制自動空調系統作用方塊圖(日產 U 11 型) (カーテクノロジイ NO．22 第 85 圖)

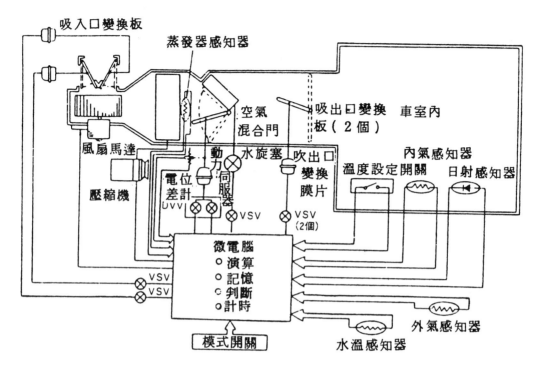

圖19－6,24 微電腦控制自動空調例

（カーテクノロジイ NO. 22 第18圖）

第七節 汽車空調的電路系統

19－7－1 空調電路

汽車冷氣電系由控制開關、風扇馬達、調溫開關、低壓開關、壓縮機電磁離合器、怠速提昇裝置等所構成，如圖20－7,1所示。

一、風扇控制開關：

汽車空調系統的電氣回路，基本上均以風扇開關（fan switch）作爲空調系統的總開關，當風扇開關關掉時空調作用即停止。

圖19－7,1 汽車冷氣電路

二、A／C開關

A／C開關爲一簡單之ON、OFF開關，包含一指示燈，其功用爲控制壓縮機電磁離合器的作用。A／C開關ON時，電流可流到壓縮機電磁離合器，使壓縮機運轉；A／C開關OFF時，壓縮機不作用，但

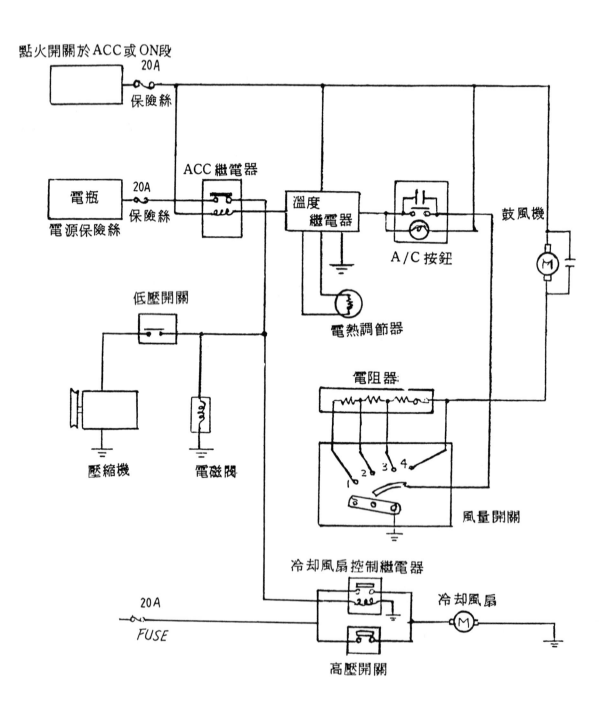

圖 19—7,2　快得利冷氣簡圖

風扇馬達可單獨操作。

三、冷度開關

㈠壓縮機電磁離合器的ＯＮ、ＯＦＦ主要是由蒸發器冷氣吹出口溫度來控制，當吹出口溫度低於調溫開關設定溫度時，電磁離合器就ＯＦＦ，防止蒸發器結霜。而冷度開關就是控制車室內的溫度，使溫度設定在一定值，依調溫開關的種類也可分爲兩種：

　1.可變電阻式——使用於熱敏電阻式調溫開關，藉電阻信號之改變而控制回路上繼電器ＯＮ、ＯＦＦ之動作溫度。

　2.凸輪式——使用於機械式調溫開關，藉凸輪及彈簧可改變接點開關之動作溫度。

㈡現今許多空氣調節的汽車沒有冷度開關，另設有溫度控制桿，利用眞空或鋼索來改變空氣混合門的開啓度，使冷氣與暖氣的配合比例來調整溫度。台灣因地處亞熱帶夏季較長，使用冷氣機會較多，故有些廠牌汽車如喜美、雷諾等，在空氣調節的控制上也裝有冷度開關，轉動時可改變調溫開關的設定溫度，以調整壓縮機電磁離合器ＯＮ、ＯＦＦ溫度之改變。

四、風扇開關及Ａ／Ｃ開關、冷度開關是裝在控制盤上，調溫開關、外氣開關、低壓開關是串聯於壓縮機電磁離合器電路上，藉蒸發器吹出口溫度，外氣溫度或冷媒壓力來控制開關的ＯＮ、ＯＦＦ，以防止蒸發器結霜或保護壓縮機。

五、圖19－7,2 所示爲裕隆快得利冷氣簡圖。圖19－7,3 所示爲福特全壘打汽車冷氣電路。

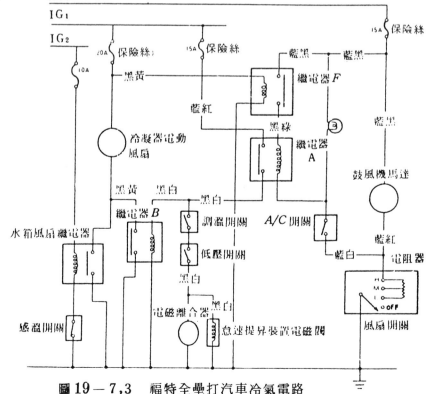

圖19－7,3　福特全壘打汽車冷氣電路

19－7－2 怠速穩定及提昇裝置

一、車輛行駛於交通擁擠或暫時停車時，引擎往往在怠速運轉；此時引擎本身馬力只夠維持
其運轉，若要同時帶動冷氣壓縮機，勢必超過引擎負荷，使引擎怠速不穩甚至熄火。其解決
方法為裝置怠速提升裝置。

二、怠速提昇裝置

在引擎慢車或怠速時，使怠速提昇裝置自動作用以提高引擎回轉數，使冷氣機正常作
用提供舒適的冷房效果。

㈠如圖19－7,4 所示為真空開關（ vacuum switching valve 簡稱V S V ）的構
造圖，由電磁閥及柱塞等組成。如圖 19－7,5 所示為其電路圖，真空開關是控制真空
的通路，一端接於進汽岐管，一端接往膜片室。空調機使用時，由冷氣A／C開關來的
電到電磁閥線圈，將柱塞上吸，使真空通路打開，進汽岐管的真空通到膜片室吸引膜片
，經由連桿使節汽門往上提，打開一個角度，使引擎怠速提高。

㈡另有一種裝置是提早點火時間，使轉速提高，真空管是接到分電盤真空提前的膜片室。
空調機使用時，進汽岐管的真空到分電盤真空提前膜片室，使點火提早引擎轉速上昇。

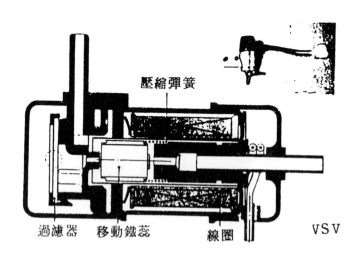

壓縮彈簧

過濾器　移動鐵蕊　　　線圈　　　　VSV

圖 19－7,4　真空開關閥的構造圖

（和泰汽車　汽車空氣調節系統講義　P.23 ）

(A) 空調未作用時

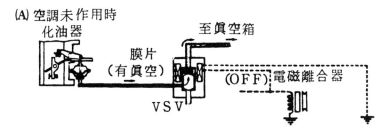

(B)空調作用時

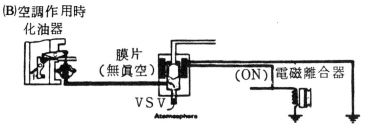

圖 19－7,5　眞空開關閥的電路圖

（和泰汽車　汽車空氣調節系統講義　P.23 ）

習題十九

一、選擇題

( ) 1.冷氣機能使汽車車廂涼爽是由於①液體冷媒變成氣體時，吸收熱量　②氣體冷媒變成液體時吸收熱量　③液體冷媒變成固體時，吸收熱量。

( ) 2.在冷氣機的那一部份中，冷媒由氣體變成液體①蒸發器　②壓縮機　③冷凝器。

( ) 3.在冷氣機的那一部份中，冷媒由液體變成氣體①蒸發器　②壓縮機　③冷凝器。

( ) 4.冷氣系統的儲液器除了儲存液體冷媒外還有一項功用是①降低壓力　②除去水份　③③升高壓力。

( ) 5.汽車冷氣系統中，壓縮機的作用是①使氣態冷媒之壓力升高　②使氣態冷媒之溫度升高③使氣態冷媒之壓力及溫度均升高。

( ) 6.一般汽車用冷媒全名為①二氟二氯甲烷　②二氟二氯甲烷　③二氧二氟乙烷。

( ) 7.F－12冷媒在大氣壓力下的沸點為①－10°F　②－20°F　③－30°F　④－32°F　⑤－42°F。

( ) 8.電磁離合器必須要傳達①0.4 kg－m　②4 kg－m　③14 kg－m　之扭矩。

( ) 9.外氣開關是在①5°C　②10°C　③20°C　以下時OFF。

( ) 10.感溫筒可依①蒸發器出口的溫度　②蒸發器進口的溫度　③冷凝器進口的溫度　而控制冷媒流通量的多少。

二、填充題

1.空調包括對空間的 _____ 、_____ 、_____ 及 _____ 的四個條件，以人為的方式加以調整。

2.壓縮機的潤滑方式有 _____ 及 _____ 兩種。

3.壓縮機的運轉是否是靠 _____ 來控制的。

4.汽閥的材料為 _____ 或 _____ 之薄鋼板。

5.電磁離合器板與皮帶盤之間隙為 _____ mm。

6.冷氣壓縮機之潤滑油，一般稱之為 _____ 。

7.汽車冷媒R－12，其蒸發溫度為 _____ °C。

8.貯液筒在空調系統中，具有 _____ 、_____ 、_____ 的功能。

9.空調器的組成，包括 _____ 、_____ 、_____ 、_____ 及吸入口、送風口等構成。

10.自動空調具有 _____ 、_____ 、_____ 、_____ 、_____ 等項之自動控制功能。

11.汽車冷氣電系由控制開關、＿＿＿＿＿＿＿、＿＿＿＿＿＿＿、低壓開關、＿＿＿＿＿＿＿ ＿＿＿＿＿＿ 及 ＿＿＿＿＿＿＿ 所構成。

12.空調系統的總開關是 ＿＿＿＿＿＿＿。

三、問答題

1.說明汽車冷氣的基本原理？

2.試繪圖表說明汽車冷氣系統之構件，及其裝置位置、作用，以及冷媒在其中之變化情形。

3.冷媒的必要條件爲何？

4.R—12 冷媒有何特徵？

5.壓縮機在汽車冷氣循環系統中的功用爲何？

6.斜板式壓縮機之作用原理爲何？試說明之。

7.電磁離合器作用原理爲何？

8.冷凍油有那些必要條件？

9.蒸發器與冷凝器有何不同？

10.貯液筒有何功用？試述之。

11.膨脹閥的功用爲何？

12.空調機的組合方式有幾？試述之。

第二十章　其他附件

第一節　安全帶

當汽車發生衝撞，或翻覆事故時，安全帶能將乘坐人員拉住，減少撞擊或被拋出車外，可以減少傷亡。

安全帶型式 ┬ 雙帶式
　　　　　　└ 叁帶式

一、雙帶式安全帶

只有繫住腰部之安全帶稱為雙帶式，身體之自由度高，但安全性較差，如圖 20－1,1 (2)所示。

二、叁帶式安全帶

身體上部用肩帶，腰部用腰帶繫住，可以防止身體向前傾，安全性較高，如圖 20－1, 1 (1)所示。

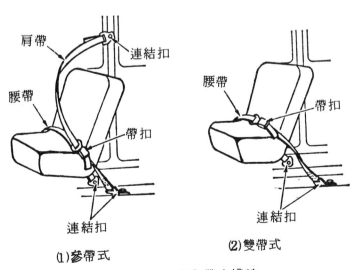

(1)叁帶式　　　　　(2)雙帶式

圖 20－1,1　安全帶之構造

第二節　空氣袋（Air Bag）

在汽車發生衝撞時，能在前座人員未碰到擋風玻璃或方向盤前，使空氣袋充氣膨脹，擋在人員前面，吸收人員向前衝之能量，就可以減少傷亡。圖 20 — 2,1 所示。

在車子發生衝撞時，有一感應器，產生信號可使空氣袋在 $\frac{1}{25}$ 秒的短暫時間內充滿氣體。充入空氣袋之氣體為事先貯存在鋼筒中之高壓氮氣（貯存壓力 2500 Lb／in^2）。

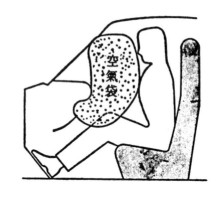

圖 20 — 2,1　空氣袋（自動車の構造 圖 8 — 22 ）

空氣袋在發生緩衝作用後，約在撞擊後 $\frac{1}{2}$ 秒，高壓氮氣即會融化活門逸出，使氣袋塌陷，讓駕駛員能操縱車子。

第三節　雨　刷

20 — 3 — 1　概　述

一、下雨或下雪時，為保持良好的視線，擋風玻璃上均裝置有雨刷，以掃除玻璃上的積水或雪。現代汽車之擋風玻璃均是弧形，雨刷性能之要求必須提高，才能有效作用。

二、近代之雨刷均使用電動馬達操作，可以保持一定速度擺動，且可以隨駕駛人需要，視雨勢大小調整動作速度。現代之電動雨刷更可以做每秒一次至 30 秒一次間歇動作的無段變速調整。

三、汽車電動雨刷總成包括雨刷馬達、雨刷臂、雨刷片及開關等。

20 — 3 — 2　雨刷馬達

一、單速複聯式馬達

㈠構造

1. 圖 20 — 3,1 所示為單速複聯式馬達之構造。

2. 電樞——電樞軸的一端使用鋼珠支持在端板上；另一端有驅動齒輪與蝸齒輪相嚙合，軸端支持在端間隙調整螺絲上，在靠近電樞處有銅套支持。

3. 磁場線圈——磁場線圈有二組，一組為電樞串聯之線圈 F，另一組為直接搭鐵之並聯線圈 F$_2$，分別固定在馬達外殼上。

4. 蝸齒輪——蝸齒輪與電樞軸嚙合，上面有自動停止之凸輪板。

5. 線頭板——蝸齒輪室之蓋板兼線頭板，上面有二個接點，使蝸齒輪上之凸輪板控制接通或切斷。

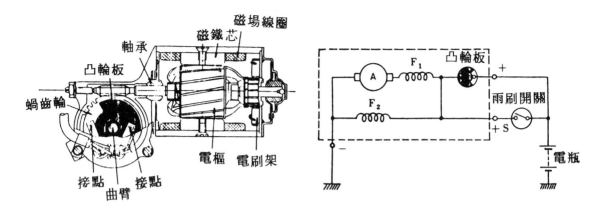

圖 20 － 3,1　單速複聯馬達之構造（デン
ソー・フイパー・ウオツシ
ヤ編　圖 49 ）

圖 20 － 3,2　單速複聯馬達電路圖（デン
ソー・ワイパー・ウオツシ
ヤ編　圖 50 ）

6.凸輪板——凸輪板與蝸齒輪嚙合在一起，上面挖有凹槽，用來控制接點之ＯＮ—ＯＦ
Ｆ，使雨刷片能停在固定位置。

㈡作用

1.圖 20 － 3,2 所示爲單速複聯式馬達之電路圖。

2.當雨刷開關（Ｗ．Ｓ）ＯＮ時，電瓶電由Ｓ⊕線頭進入馬達之磁場及電樞線圈，使馬
達開始運轉。

3.在任何位置將雨刷開關關去時，電瓶電由⊕線頭進入，經由凸輪板進入馬達，使馬達
繼續轉，直到凹槽與⊕側之接點對正時，切斷電流，使馬達停止，如此雨刷片每次都
能停在固定位置。

二、雙速複聯式馬達

㈠構造

圖 20 － 3,3 所示爲雙速複聯式馬達之構造，各部構造同單速複聯式馬達。

㈡作用

1.圖 20 － 3,4 所示爲雙速複聯馬達之電路圖。

2.低速時——雨刷開關拉出一段，馬達複聯，雨刷以低速擺動。

3.高速時——雨刷開關拉出二段，磁場線圈 F_3 無電流、磁場較弱、電樞轉速快，雨刷
擺動亦快。

4.雨刷開關關去時

(1)如果凸輪板之凹槽部份未和接點 P_1 對正時，接點 P_2 與 P_1 閉合，馬達繼續以低
速運轉。

(2)直到凸輪板上之凹槽與 P_1 相遇，接點 P_2 與 P_1 分開，電流才切斷。

(3)當電流切斷時，電樞因慣性作用保持運轉，感應生電，電流方向與原來方向相反，

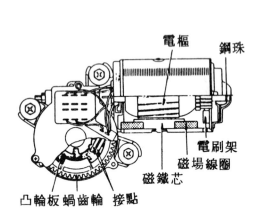

電樞　鋼珠

電刷架
磁場線圈
磁鐵芯

凸輪板　蝸齒輪　接點

圖 20 — 3,3　雙速複聯馬達之構造（デン
　　　　　　ソー・ワイパー・ウオッシ
　　　　　　ヤ編　圖51 ）

馬達部

停止
低速
高速

開關部

圖 20 — 3,4　雙速複聯馬達電路圖（デン
　　　　　　ソー・ワイパーウオッシヤ
　　　　　　編　圖52 ）

　　　　　　產生電氣制動，使電樞立刻停止。

三、永久磁鐵式雨刷馬達

㈠近年來，小型直流馬達常使用永久磁鐵（ ferrite ）之磁場代替繞有線圈之磁場。

㈡永久磁鐵式馬達的優點

　1.使用永久磁鐵取代線圈磁場可以減輕重量。

　2.磁場直接焊在外殼上，端板與外殼爲一體，組合容易。

　3.永久磁鐵無能量損失，效率高，長時間使用亦不發熱。

　4.磁場爲永久磁鐵，停止時之電氣制動性能佳。

　5.無磁場線圈斷路，短路及搭鐵之故障。

㈢構造

　1.永久磁鐵式馬達之構造如圖20 —
　　3,5所示。

　2.與線圈磁場馬達之最大不同點爲電
　　刷架裝在齒輪殼側端；端板與外殼
　　爲一體。

　3.使用三個電刷做二段變速。

㈣作用

　1.圖20 —3,6 所示爲永久磁鐵式雨
　　刷馬達電路圖。

　2.低速時——雨刷開關拉出一段，電

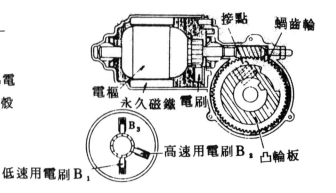

接點　蝸齒輪

電樞　永久磁鐵　電刷

低速用電刷B₁　高速用電刷B₂　凸輪板

圖 20 — 3,5　永久磁鐵雨刷馬達（デンソー
　　　　　　・ワイパー・ウオッシヤ編
　　　　　　53 ）

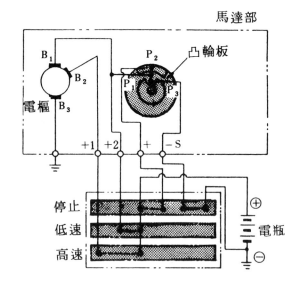

馬達部

圖20─3,6　永久磁鐵雨刷馬達電路圖

（デンソー・ワイパー・ウオッシヤ編　圖54）

　　樞以低速運轉。

3.高速時——雨刷開關拉出二段，電樞以高速運轉。

4.雨刷開關關閉時

　(1)若接點 P_1 與凸輪板接觸時——電流以下列路徑流入，使雨刷繼續以低速轉動。

　(2)直到凸輪板與接點 P_2 分離時，電瓶電流切斷。但馬達電樞因慣性繼續轉動，變成
　　發電機發電產生電氣制動，使電樞能迅速停止。

20─3─3　雨刷連桿

一、平行連動式連桿

　㈠圖20─3,7　所示為平行連動式連桿機構之構造。

　㈡雨刷馬達轉動時使蝸輪上之曲臂旋轉，經連桿使短臂以樞軸中心做扇形運動，此短臂上
　　安裝右側之雨刷臂，另一連桿與左側的短臂連接，左右兩側之雨刷臂以樞軸為中心做同
　　方向左右平行之運動。

二、對向連動式連桿

　㈠圖20─3,8所示為對向連動式連桿機構之構造。

　㈡雨刷馬達轉動時，使蝸輪上之曲臂旋轉，曲臂每轉180°，中間樞軸上的短臂以軸為中
　　心做一次往復運動（由實線位置至虛線位置）。

　㈢短臂做往復運動時，經由連桿使左右兩雨刷臂做一次對向的運動，如圖上之實線及虛線
　　所示。

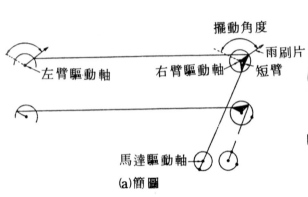

(a)簡圖

（自動車整備〔ⅠⅤ〕 圖3－38 ）

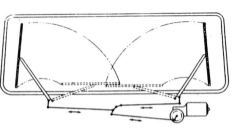

圖20－3,9 對向連動型半伸縮繪圖儀式
雨刷連桿機構（デンソー・
ワイパー・ウオッシヤ編
圖62 ）

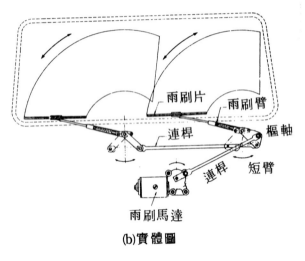

(b)實體圖

圖20－3,7 平行連動式連桿機構（デン
ソーワイパー・ウオッシヤ
編 圖61 ）

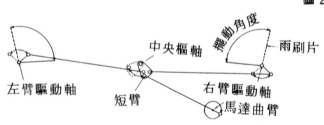

圖20－3,8 對向連動式連桿機構（デン
ソー・ワイパー・ウオッシ
ヤ編 圖60 ）

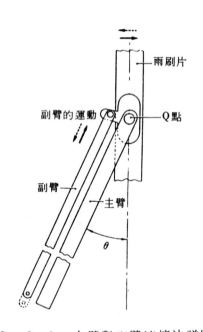

圖20－3,10 主臂與副臂連接法詳圖（
デンソー・ワイパー・ウ
オッシヤ編 圖63 ）

三、對向連動型半伸縮繪圖儀式連桿

㈠圖20－3,9所示爲半伸縮繪圖儀（pantogrash　）式雨刷連桿之構造。

㈡雨刷臂有主臂與副臂兩支，主雨刷臂與兩雨刷片之角度θ，能因臂的運動而產生變化。

㈢圖20－3,10所示爲主臂與副臂與雨刷片連接法之詳圖。

㈣圖20－3,11所示爲主臂與雨刷片角度θ之變化情形，主臂係以P點爲中心左右擺動，副臂以P′點爲中心做左右擺動，因主臂與副臂之配合使副臂以雨刷片之Q點做前後運動，而使雨刷片與主臂之角度θ產生變化。雨刷片擺動之形態如圖20－3,9所示。

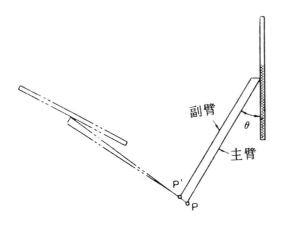

圖20－3,11　主臂與雨刷片夾角θ之變化（デンソー・ワイパー・ウオッシヤ編　圖64 ）

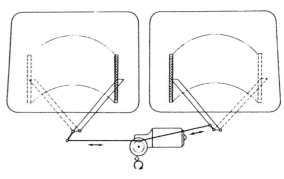

圖20－3,12　對向連動型伸縮繪圖儀式雨刷連桿機構（デンソー・ワイパーウオッシヤ縮　圖65）

四、對向連動型伸縮繪圖儀式連桿

㈠圖20－3,12所示爲伸縮繪圖儀式雨刷連桿之構造。

㈡伸縮繪圖儀式雨刷連桿之構造及動作原理同半伸縮繪圖儀式。主要不同點爲主臂的動作中心點P_1與副臂動作中心點P′之距離較長，故

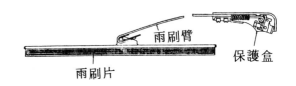

圖20－3,13　平面玻璃用雨刷臂及片（デンソー・ワイパー・ウオッシヤ編　圖66 ）

臂與雨刷片之角度θ的變化更大。雨刷片之擺動形態及範圍如圖20－3,12所示。

20－3－4　雨刷臂與雨刷片

一、要將擋風玻璃上的積水清除得很乾淨，使視線良好，雨刷臂與雨刷片必須經特殊設計才能發揮功能，平面玻璃與不同曲面之玻璃所用的雨刷臂與雨刷片之構造是不同的，使用錯誤會使積水刮除不乾淨，影響視線。

二、以下為各種雨刷臂及雨刷片之構造及適用擋風玻璃形式：

　　㈠圖 20－3,13 所示為用在平面擋風
　　　玻璃之雨刷臂與雨刷片構造。

　　㈡圖 20－3,14 所示為用在曲面擋風
　　　玻璃之雨刷臂與四點支持雨刷片構
　　　造。

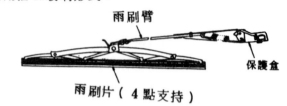

圖 20－3,14　曲面玻璃用雨刷臂與四點支持雨
　　　　　　刷片（デンソー・ワイパー・ウ
　　　　　　オッシヤ編　圖 67 ）

　　㈢圖 20－3,15 所示為曲面擋風玻璃
　　　用中央驅動型雨刷臂及雨刷片構造
　　　。

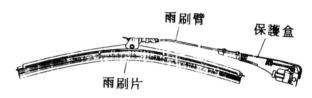

圖 20－3,15　曲面玻璃用中央驅動型雨刷臂及
　　　　　　片（デンソー・ワイパーウオッ
　　　　　　シヤ編　圖 68 ）

　　㈣圖 20－3,16 所示為曲面擋風玻璃
　　　用半伸縮繪圖儀型雨刷臂及雨刷片
　　　構造。

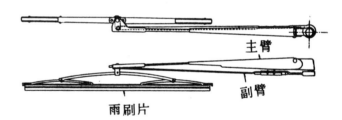

圖 20－3,16　曲面玻璃用半伸縮繪圖儀型雨刷
　　　　　　臂及片（デンソー・ワイパー・
　　　　　　ウオッシヤ編　圖 69 ）

　　㈤圖 20－3,17 所示為曲面擋風玻璃
　　　用之伸縮繪圖儀型雨刷臂及雨刷片
　　　構造。

　　㈥圖 20－3,18 所示為曲面擋風玻璃
　　　用鋼絲型雨刷臂與雨刷片構造。

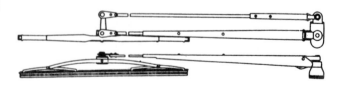

圖 20－3,17　曲面玻璃用伸縮繪圖儀型雨刷臂
　　　　　　及片（デンソー・ワイパー・ウ
　　　　　　オッシヤ編　圖 70 ）

　　㈦圖 20－3,19 所示為用在塞帶地區
　　　之防凍式雨刷構造。

　　㈧圖 20－3,20 所示為跑車用之葉片型
　　　雨刷片構造。

三、雨刷片上橡皮之斷面形狀如圖 20－
　　3,21　所示。

四、雨刷臂與驅動軸之安裝方法如圖20
　　－3,22 所示。圖(a)為螺釘固定式
　　，圖(b)為槽齒與擋片固定式，圖(c)
　　為螺帽固定式。

圖 20－3,18　曲面玻璃用鋼絲型雨刷及片
　　　　　（デンソー・ワイパー・ウオッシヤ編　圖 71 ）

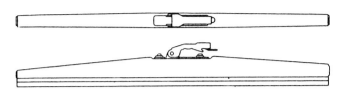

圖 20－3,19　寒帶地區用防凍型雨刷片

（デンソー・ワイパー・ウオッシヤ編　圖 72 ）

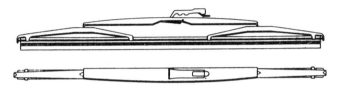

圖 20－3,20　跑車用之雨刷片

（デンソー・ワイパー・ウオッシヤ編　圖 73 ）

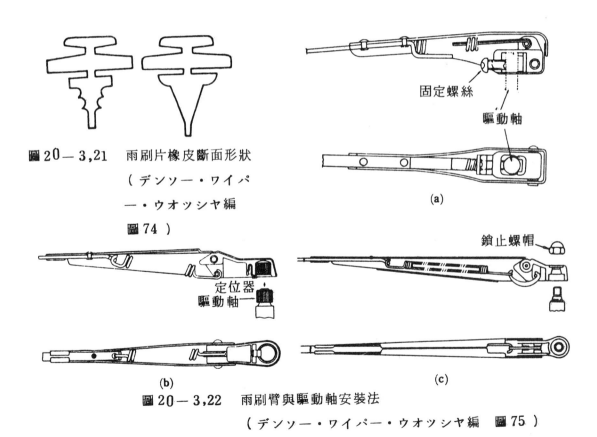

圖 20－3,21　雨刷片橡皮斷面形狀

（デンソー・ワイパ

ー・ウオッシヤ編

圖 74 ）

(a)

(b)　　　　　　　　　　　(c)

圖 20－3,22　雨刷臂與驅動軸安裝法

（デンソー・ワイパー・ウオッシヤ編　圖 75 ）

20－3－5　間歇動作式雨刷

一、圖 20－3,23 所示為一般汽車使用高低速附間歇動作的雨刷電路圖。

二、鑰匙開關打開，雨刷開關關閉時之動作如圖 20－3,24 所示。雨刷馬達位於定位停止位

置，定位停止開關之內接點S_2與C_1
連通。電容器C_1充滿電後，i_1之
電流即停止。e點之電位成為O伏特
。

三、雨刷開關在間歇（INT）時開始之
　動作如圖20－3,25所示。L線圈之
　電磁吸力使接點S，由a側吸到b側
　，故另有電流i_1經雨刷馬達，再經
　間歇開關線頭②、開關S_1、b搭鐵
　，使馬達以低速運轉。

四、雨刷開關在INT，自雨刷開始動作
　至定位停止之動作如圖20－3,26所
　示。雨刷馬達開始運轉後，馬達內之
　定位停止開關S_2移到d側搭鐵，電
　容器C_1急速放電。電容器放電電流
　i_3漸漸消失，另一電流由線頭①經
　電晶體Tr_1射極→Tr_1基極→ e
　點→電容器C_1，反方向充電。此時
　Tr_1在ON狀態，雨刷馬達繼續轉
　動。

五、雨刷開關在INT，雨刷馬達轉到自
　動停止之作用如圖20－3,27所示。
　雨刷馬達轉到自動停止位置時，自動

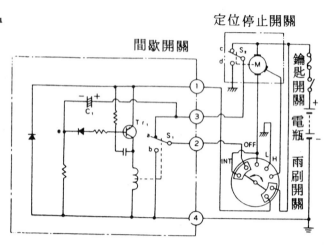

圖20－3,23　高低速附間歇動作雨刷電路
　　　　　　　（デンソー・技報　81年
　　　　　　　8月號。

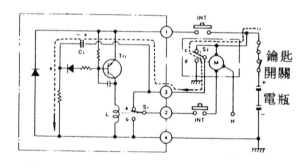

圖20－3,24　鑰匙開關ON雨刷開關OFF
　　　　　　　之作用（デンソー・技報
　　　　　　　'81年8月號

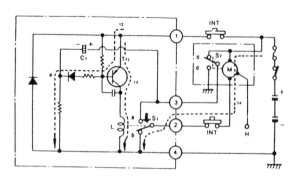

圖20－3,25　雨刷開關在間歇時之作用
　　　　　　　（デンソー・技報　'81
　　　　　　　年8月號）

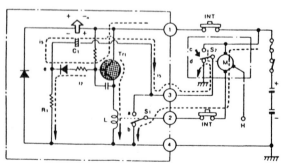

圖20－3,26　雨刷開關在間歇時，自開始動
　　　　　　　作至自動停止之作用（デンソ
　　　　　　　ー・技報　'81年8月號）

停止開關 S_2 之接點由 d 回到 C 側
。使電容器 C_1 開始放電，此時 e
點之電壓因 C_1 放電而電壓升高，
使 Tr_1 OFF。Tr_1 OFF 時，線
圈 L 無電流，控制器接點 S_1 由 b
跳回 a 側，產生 i_7 之電流，使馬
達發生很強的電氣制動作用，使馬
達很快停止。

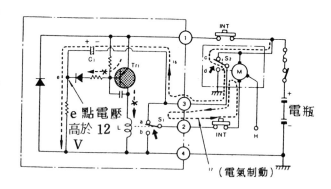

圖 20－3,27　雨刷開關在 INT，馬達轉到自
　　　　　　　動停止位置之作用（デンソー・
　　　　　　　技報 '81 年 8 月號）

六、雨刷開關在 INT，雨刷停止後再
　　動作之作用如圖 20－3,28 所示，
　　電流 i_6 使電容器 C_1 開始放電後
，e 點的電壓會慢慢降低，接著 C_1 會反方向再充電，而使 Tr_1 之射極與基極間再有
i_8 發生，使 Tr_1 ON，又回到本段第四項之作用。如此反覆動作。此項間歇動作之
間隔係決定於 Tr_1 OFF 的時間，也就是電容器 C_1 的放電時間，而 C_1 之放電時間決
定於電容量之大小，電容量大者，間隔時間較長。

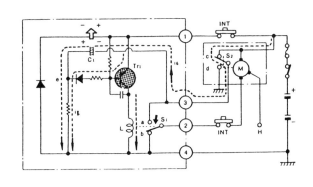

圖 20－3,28　雨刷開關在 INT，
　　　　　　　雨刷停止再動作之作
　　　　　　　用（デンソー・技報
　　　　　　　'81 年 8 月號

20－3－6　擋風玻璃清洗器

　　擋風玻璃清洗器馬達及泵。

一、擋風玻璃清洗器馬達有串聯式馬達及永久磁鐵式馬達兩種，以永久磁鐵式馬達使用較多
　　。

二、擋風玻璃清洗器之水泵有離心式及齒輪式兩種。

三、馬達與泵有分離式及組合式兩種。

四、圖 20－3,29 所示為水泵、馬達與貯水箱組合之情形。圖 20－3,30 所示為離心式水泵
　　之作用圖。

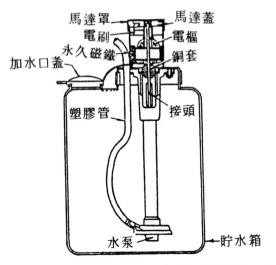

圖 20-3,29　水泵、馬達及貯水箱組合圖
（デンソー・ウインドウオ
ッシヤ編圖 3 ）

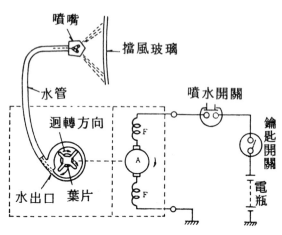

圖 20-3,30　離心式水泵作用圖（自動車
整備〔Ⅳ〕　圖 3-47 ）

第四節　座　椅

座椅對汽車之乘坐舒適性、居住性等有很大之關係，座椅因構造性能不同而分為多種。

一、連座椅（bench seat）

圖 20-4,1 所示為可供 2～3 人一起乘坐的連座椅，一般都用在後座椅較多。主要有椅架、彈簧椅墊（海棉或椰實纖維）、椅面（布、麻、塑皮）等組成，需具有彈性，使乘坐舒適。

二、單座椅（seperated seat）

單座椅一般用在前座，各人分開獨立之座椅，椅子構造同上。駕駛之座椅必須要能前後調整以適應不同體型之駕駛員需要，座椅下均有滑軌調整裝置，如圖 20-4,2 單座椅除可以前後移動後，大部份靠背也都可以調整斜度或放平，供休息時躺臥使用，此種椅子又叫安樂椅。

圖 20-4,1　連座椅之構造（自動車の構
造　圖 8-16 ）

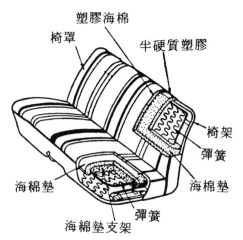

塑膠海棉
椅罩
半硬質塑膠
椅架
彈簧
海綿墊
海棉墊
彈簧
海綿墊支架

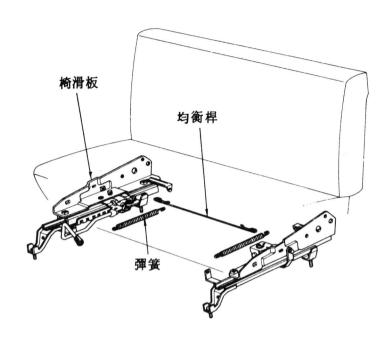

椅滑板

均衡桿

彈簧

圖 20－4,2　座椅之前後滑動調整裝置

三、座椅應具備之條件

(一)靜的性能

1.居住性良好，對車子室內空間所佔位置適當。

2.與其他相關操縱機件之相關位置恰當。

3.乘坐感覺舒適。

(二)動的性能

1.不會與車身之震動產生共振作用。

2.保持車身端正，使駕駛員能保持駕駛容易之姿勢。

3.長時間駕駛不易造成疲勞。

4.發生撞擊事故時，座椅不會發生破壞。

四、安全枕

當車子發生衝撞時，防止頭部後傾而使頸部受傷之裝置，裝在前座椅之靠背上，形狀及安裝方法有四種型式，如圖 20－4,3 所示。

五、高級汽車為使駕駛員便於調整座椅之前後、升降及靠背之斜度，使駕駛員於最舒適狀況下駕駛，以確保行車安全，裝有電動調整裝置。圖 20－4,4 為電動座椅調整器之構造。圖 20－4,5 所示為電動座椅調整器之電路。

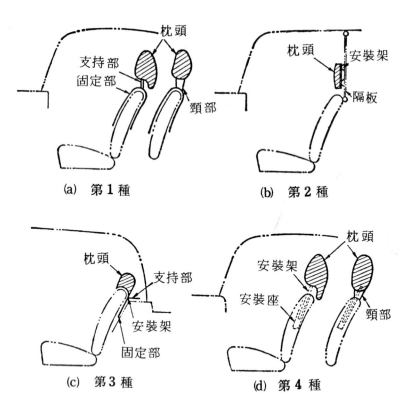

圖 20－4,3　安全枕之種類（自動車の構造　圖 8－21）

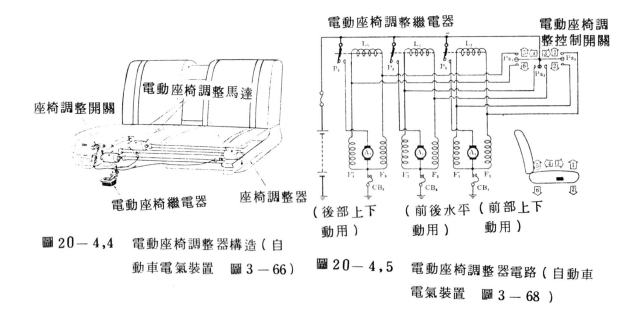

圖 20－4,4　電動座椅調整器構造（自
動車電氣裝置　圖 3－66）

圖 20－4,5　電動座椅調整器電路（自動車
電氣裝置　圖 3－68）

第五節　點煙器

一、圖20—5,1 所示爲點煙器之構造。電路圖如圖20—5,2 所示。

二、利用電熱絲的特性，當要加熱時，將點煙器按鈕往內壓，接點閉合，電源進入電熱絲，使其開始產生熱量。

三、當電熱絲達到一定溫度後，自動的彈出，此時即可取出使用。

四、點煙器之電路中有可熔線，以防止不當使用引起危險。

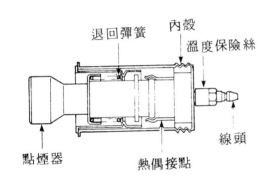

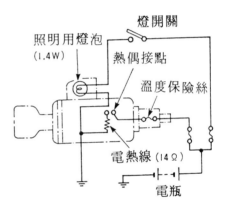

圖20－5,1　點煙器構造（日產技能
　　　　修得書　DO 123 ）

圖20－5,2　點煙器電路（日產技能
　　　　修得書　DO 124 ）

第六節　隨車工具

一、起子（ screw drivers ）

㈠螺絲起子之主要用途僅在於鬆緊螺絲。起子分爲三部份，即用以握持的手柄、桿（ shank）及刃口（ blade) 刃口用以進入螺絲槽，其兩邊平行，且經淬火及回火以承受適當的彎曲應力及腐蝕。

㈡起子之型式可分爲標準型、彎頭型、棘輪型等，一般隨車使用的爲標準型。

㈢起子之刃口除標準之平口式外，尚有許多種型式，如圖20－6,1 所示，其中以十字刃口或稱菲力蒲刃口者使用最多。

二、扳手（ wrenches ）

扳手爲施展扭轉力量之一種工具，用以旋緊或旋鬆螺帽或螺絲。

㈠開口扳手（ open end wrench ）

其開口對角線常與柄之中心線成15°。有時因機器中螺栓或螺帽以扳手轉時受空間之限制，其旋轉之角度無法達到60°時，則可每轉一次翻轉一次，如此可將螺帽在極爲有限的範圍內旋轉，如圖20－6,2 所示。

圖 20－6,1　起子之種類及刄口形狀

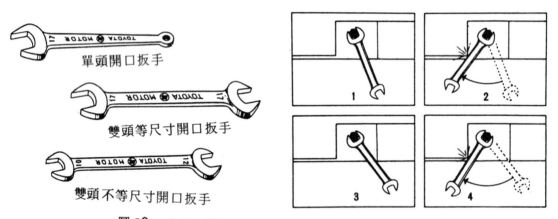

圖 20－6,2　開口扳手之形式及小範圍使用例

(二)活動扳手（ adjustable wrench ）

　此種扳手可調整鉗口，以配合各種尺寸之螺帽與螺絲頭，圖 20－6,3 所示為活動扳手之構造，圖 20－6,4 為活動扳手之正、誤使用方法。

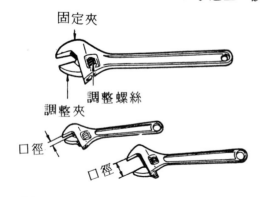

圖 20－6,3　活動扳手

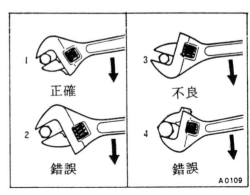

圖 20－6,4　活動扳手用法

㈢梅花扳手（ socket wrench 或 box end wrench ）

　　梅花扳手與開口扳手之功用相同，但其開口係套於螺帽或螺絲頭之四周，梅花扳手因扳
　手頭相當薄之故，可用於極爲狹窄之處。如圖20－6,5所示爲梅花扳手組。

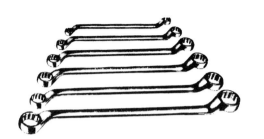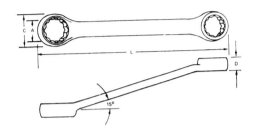

圖20－6,5　　梅花扳手組及梅花扳手之角度

㈣套筒扳手（ box wrench ）

　　此種扳手都是成套的，有若干只套筒及扳手桿；套筒可隨時裝上扳手柄使用。圖20－
　6,6所示爲套筒扳手組。

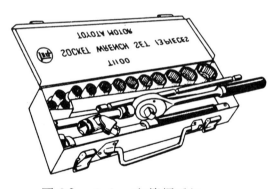

圖20－6,6　　套筒扳手組

㈤棘輪扳手（ ratchet handle ）

　　棘輪扳手，可用於擺動範圍極小之空間使用，並且借棘輪之作用在拆鬆或鎖緊螺帽時，
　不必自螺帽上下，使工作效率大爲提高，如圖20－6,7所示。

三、鉗子（ pliers ）

　　鉗子之主要用途爲挾持、剪斷、成形、固定等，其形狀及構造因用途而異。一般常用的
　爲尖嘴鉗、鯉魚鉗及斜口鉗等。

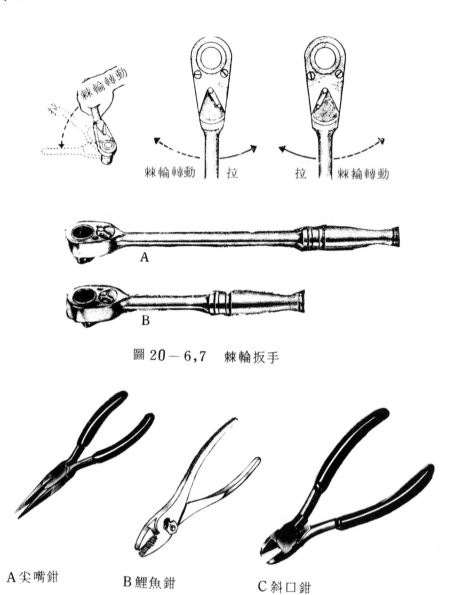

圖 20－6,7　棘輪扳手

A尖嘴鉗　　B鯉魚鉗　　C斜口鉗

圖 20－6,8　各型鉗子

習題二十

一、選擇題

（　　）1. 空氣袋在發生衝撞時，在①1／2秒　②1／5秒　③1／25秒　的短暫時間內充滿氣體，以產生緩衝作用保護人員。

（　　）2. 擋風玻璃雨刷馬達，是採用①串聯式馬達　②並聯式馬達　③複聯式馬達。

（　　）3. 單速複聯式馬達能使雨刷片停止在固定位置的是①蝸齒輪　②凸輪板　③磁場線圈。

（　　）4. 永久磁鐵式馬達當雨刷開關關閉時，電樞會迅速停在定位，是靠①開關切斷電源　②馬達之電流切斷　③電氣制動。

（　　）5. 擋風玻璃清洗器馬達，以使用①串聯式　②並聯式　③複聯式　馬達較多。

二、填充題

1. 安全帶可分為 ＿＿＿＿＿＿＿ 及 ＿＿＿＿＿＿＿ 兩種。

2. 充入空氣袋之氣體為事先貯存在鋼筒內 ＿＿＿＿＿＿＿ 1b／in² 的高壓氮氣。

3. 現代之電動雨刷可以作 ＿＿＿＿ 秒一次至 ＿＿＿＿ 秒一次間歇動作之無段變速調整。

4. 雨刷連桿有 ＿＿＿＿＿ 式、＿＿＿＿＿ 式、＿＿＿＿＿ 式、＿＿＿＿＿ 式等四種型式。

三、問答題

1. 使用永久磁鐵式馬達之優點有那些？

2. 試繪製高低速附間歇動作雨刷電路，並說明間歇時之作用。

3. 間歇雨刷最適合何種時機使用？

4. 座椅應具備有那些條件。

參考資料

一、日文部分

1. 自動車電裝品の構造　全國自動車整備學校連盟編　山海堂發行
2. 自動車電氣裝置　雇用促進事業團職業訓練部編
3. 電氣および附屬裝置　矢島一陽　新井敏正著　山海堂發行
4. 自動車の電氣裝置　小谷清隆著　山海堂發行
5. カーエレクトロニクス入門　紺谷和夫　齊藤敬三　田中誠譯　啓學出版
6. カーエレクトロニクス　林田洋一著　大河出版
7. 新自動車の電氣知識　松谷守康著　技術書院發行
8. 自動車電氣裝置詳解　自動車整備指導研究會編　永岡書店發行
9. 自動車の電氣・基礎と實際　杉浦利和著　鐵道日本社發行
10. デンソー電裝品說明書　始動裝置編　日本電裝株式會社出版
11. デンソー電裝品說明書　點火裝置編　日本電裝株式會社出版
12. デンソー電裝品說明書　マグネト編　日本電裝株式會社出版
13. デンソー電裝品說明書　充電裝置編　日本電裝株式會社出版
14. デンソー電裝品說明書　ワイパーウオッシャ編　日本電裝株式會社出版
15. デンソー電裝品說明書　メータ編　日本電裝株式會社出版
16. デンソー電裝品說明書　ターコグラフ編　日本電裝株式會社出版
17. デンソー電裝品說明書　ホンフラッシャ編　日本電裝株式會社出版
18. 自動車用バッテリ　大須賀和助著　精文館出版
19. マイコン時代の自動車工學と新しい整備技術　矢田平祐著　鐵道日本社發行
20. 高性能エンジの研究　館內端著　山海堂發行
21. カーテクノロジイ第 1 － 31 號　小堀勉編集　鐵道日本社發行
22. 自動車工學第 29 卷－ 36 卷　小堀勉編集　鐵道日本社發行
23. 自動車技術第 38 卷－ 40 卷　景三克三編集　自動車技術會發行
24. 自動車內燃機關の構造　雇用促進事業團職業訓練部編
25. ガソリン・エンジンの構造　日本全國自動車整備學校連盟編
26. ジーゼル・エンジンの構造　日本全國自動車整備學校連盟編
27. 三級自動車ガソリン・エンジン　日本自動車整備振興會聯合會編
28. 三級自動車ジーゼル・エンジン　日本自動車整備振興會聯合會編
29. 三級自動車シヤシ　日本自動車整備振興會聯合會編
30. 二級ガソリン自動車　ガソリン・エンジン編　日本自動車整備振興會聯合會編
31. 二級ジーゼル自動車　ジーゼル・エンジン編　日本自動車整備振興會聯合會編
32. 二級ガソリン・ジーゼル自動車　シヤシ編　日本自動車整備振興會聯合會編

33. 自動車整備(1)構造編　日本勞動省職業訓練局編

34. キャブレータの構造と調整　木村隆一

35. 自動車工學—エンジン編　日産自動車株式會社

36. 自動車工學　閔敏郎著

37. 自動車の排汽淨化裝置とその整備

38. 低公害車の整備・理論・構造編　小堀勉編

39. 自動車用機關の燃燒と排氣　山海堂內燃機關編集部編

40. 燃料噴射のカンところ　山岡丈夫等編

41. 自動車百科全書　永屋元靖著

42. ターボ　チャージヤの理論と實際　櫻井一郎譯

43. 日産　サービスマン技能修得書　1ステージ　日産自動車株式會社編

44. 日産　サービスマン技能修得書　2ステージ　日産自動車株式會社編

45. トヨタ　サービスマン技能修得書　第1ステップトヨタ自動車販売株式會社

46. トヨタ　サービスマン技能修得書　第2ステップトヨタ自動車販売株式會社

47. トヨタ　サービスマン技能修得書　第3ステップトヨタ自動車販売株式會社

48. トヨタ　サービスマン技能修得書　第4ステップトヨタ自動車販売株式會社

49. トヨタ　サービスマン技能修得書　第5ステップトヨタ自動車販売株式會社

50. 自動車の構造　雇用促進事業團職業訓練部編

51. 燃料噴射ポンプ説書　A型ポンプ編　日本電裝株式會社編

52. 燃料噴射ポンプ説書　P型ポンプ編　日本電裝株式會社編

53. 燃料噴射ポンプ説書　NB型ポンプ編　日本電裝株式會社編

54. 燃料噴射ポンプ説書　RSV型ガバナ編　日本電裝株式會社編

55. 燃料噴射ポンプ説書　RSQ型ガバナ編　日本電裝株式會社編

56. 燃料噴射ポンプ説書　RU．RUV型ガバナ編　日本電裝株式會社編

57. 燃料噴射ポンプ説書　コンバインド型ガバナ編　日本電裝株式會社編

58. 燃料噴射ポンプ説書　RQ型ガバナ編　日本電裝株式會社編

59. 燃料噴射ポンプ説書　ニューマチックガバナ編　日本電裝株式會社編

60. 燃料噴射ポンプ説書　VE型　ポンプ編　日本電裝株式會社編

61. 自動車排出ガス對策　日本自動車整備振興會連合會編

62. 自動車の檢査基準　岩田雄作著

63. 自動變速箱の理論と實際　櫻井一郎著

64. ニューテクノロジイ　'85—'86　日本鐵道日本社出版

65. 自動車と整備　第34卷—40卷　日整連出版社

二、英文部份

1. Automotive Electrical System by **Chek-chart. Harper & Row** Publisher.
2. Understanding Automotive Electronics by William B. Ribben Ph. D. Norman P. Mansour, MSEE. Developed by Texas Instruments Learning Center.
3. Automotive Mechanics 9th ed. by William H. Crouse. Donald L. anglin. by McGraw Hill, Inc.
4. Bosch Technical Instruction--Graphical Symbols and Circuit Diagrams for Automotive Electrics by Robert Bosch Gmb H.
5. Bosch Technical Instruction--Battery Ignition System by Robert Bosch Gmb H.
6. Bosch Technical Instruction--Electric Starting Motors by Robert Bosch Gmb H.
7. Bosch Technical Instruction--Alternator and B. C. Generator by Robert Bosch Gmb H.
8. Bosch Technical Instruction--Magnetos by Robert Bosch Gmb H.
9. Bosch Technical Instruction--Storage Batteries by Robert Bosch Gmb H.
10. Bosch Technical Instruction--Spark plug by Robert Bosch Gmb H.
11. Automotive Handbook 18th ed. by Bosch.
12. Automotive Engineering Monthly Volume 90-93 by S. A. E.
13. Auto Repair Manual 1977-1982 by Motor.
14. Auto Mechanic S Fundamentals 1978 by Stockel.
15. Automotive Encyclopedia 1978 by Goodhert, Willcox.
16. Diesel Engineering Hand Book 11thed. by Diesel Publication.
17. The Automotive Engine by Newnes-Butter Worths.
18. Engine Repair Manual (B. 2B. 12R. 18R) by Toyota.
19. DATSUN Service Manual (B310) by Datsun.
20. Automotive Exhaust Emission. Crankcase Emission and Fuel Evaporation Emission Control Service Manual by Michell Manuals.
21. Toyota Emission Control Repair Manual by Toyota Motor.
22. TRUCK REPAIR MANUAL 30th ed. by Motor.
23. Bosch Technical Instruction-K-Jetronic by Robert Bosch Gmb H.
24. Bosch Technical Instruction-D-Jetronic by Robert Bosch Gmb H.
25. Bosch Technical Instruction-L-Jetronic by Robeit Bosch Gmb H.
26. Bosch Technical Instruction Fuel Injection Equipment For Diesel Engine by Robert Bosch Gmb H.
27. Bosch Technical Instruction Fuel Injection Pump PE and PF by Robert Bosch Gmb H.
28. Bosch Technical Instruction Governor for In-Line Pump by Robert Bosch Gmb H.
29. DIESEL FUNDAMENTALS SERVICE, REPAIR by Bill Toboldt.
30. DPA Fuel Injection Pump by CAV and Simms parts.
31. DIESEL Mcchanics by Erich J. Schuli.
32. Detroit Diesel Engines Series 53 by Detroit Diesel.
33. Detroit Diesel Engines Series V-71 by Detroit Diesel.
34. TELSTAR TX5 REPAIR MANUAL by Ford.

三、中文部份

1. 汽車學　黃靖雄編著　正工出版社
2. 汽車柴油引擎　楊思裕編著　全華科技圖書公司出版
3. 現代柴油引擎燃料系統　宋建勤編著　天人出版社
4. 燃料系統和排汽淨化控制　徐仁濟譯
5. 高級汽車電學　陸昌壽編著
6. 基本電學　陳文良編著　東大圖書公司出版
7. 基本電子學　陳本源編著　全華科技圖書公司出版
8. 實用數位電子學　施純協編譯　文笙書局出版
9. 工業電子學　林繁勝、陳本源編著　全華科技圖書公司出版
10. 積體電子學　謝芳生譯　東華書局出版
11. E 引擎修護手冊　裕隆汽車製造股份有限公司出版
12. YLN－303 系修護手冊　裕隆汽車製造股份有限公司出版
13. 勝利車系修護手冊　裕隆汽車製造股份有限公司出版
14. CA－16 引擎修護手冊　裕隆汽車製造股份有限公司出版
15. A 引擎修護手冊　裕隆汽車製造股份有限公司出版
16. 921 吉利引擎修護手冊　裕隆汽車製造股份有限公司出版
17. 921 CB 車身底盤修護手冊　裕隆汽車製造股份有限公司出版
18. RENAULT 9 修護手冊　三富汽車工業股份有限公司出版
19. 全壘打及 TX 3 修護手冊　福特六和汽車股份有限公司出版
20. 天王星及 TX 5 修護手冊　福特六和汽車股份有限公司出版

汽車原理(精裝本)(修訂版)

作者 / 黃靖雄

執行編輯 / 蔡承晏

發行人 / 陳本源

出版者 / 全華圖書股份有限公司

郵政帳號 / 0100836-1 號

印刷者 / 宏懋打字印刷股份有限公司

圖書編號 / 0277571

二版八刷 / 2013 年 08 月

定價 / 新台幣 590 元

ISBN / 978-957-21-2072-9 (平裝附光碟)

全華圖書 / www.chwa.com.tw

全華網路書店 Open Tech / www.opentech.com.tw

若您對書籍內容、排版印刷有任何問題,歡迎來信指導 book@chwa.com.tw

臺北總公司(北區營業處)
地址:23671 新北市土城區忠義路 21 號
電話:(02) 2262-5666
傳真:(02) 6637-3695、6637-3696

南區營業處
地址:80769 高雄市三民區應安街 12 號
電話:(07) 381-1377
傳真:(07) 862-5562

中區營業處
地址:40256 臺中市南區樹義一巷 26-1 號
電話:(04) 2261-8485
傳真:(04) 3600-9806

讀者回函卡

2011.03 修訂

填寫日期： ／ ／

姓名：　　　　　　　　　　　　生日：西元　　　年　　　月　　　日　性別：□男 □女

電話：（　　）　　　　　　　傳真：（　　）　　　　　　　手機：

e-mail：　　　　　　　　　（必填）

通訊處：□□□□□

學歷：□博士 □碩士 □大學 □專科 □高中·職

職業：□工程師 □教師 □學生 □軍·公 □其他

學校／公司：　　　　　　　　　　　　　科系／部門：

· 需求書類：

□A.電子 □B.電機 □C.計算機工程 □D.資訊 □E.機械 □F.汽車 □I.工管 □J.土木

□K.化工 □L.設計 □M.商管 □N.日文 □O.美容 □P.休閒 □Q.餐飲 □B.其他

· 本次購買圖書為：　　　　　　　　　　　　　　　　書號：

· 您對本書的評價：

封面設計：□非常滿意 □滿意 □尚可 □需改善，請說明

內容表達：□非常滿意 □滿意 □尚可 □需改善，請說明

版面編排：□非常滿意 □滿意 □尚可 □需改善，請說明

印刷品質：□非常滿意 □滿意 □尚可 □需改善，請說明

書籍定價：□非常滿意 □滿意 □尚可 □需改善，請說明

整體評價：請說明

· 您在何處購買本書？

□書局 □網路書店 □書展 □團購 □其他

· 您購買本書的原因？（可複選）

□個人需要 □幫公司採購 □親友推薦 □老師指定之課本 □其他

· 您希望全華以何種方式提供出版訊息及特惠活動？

□電子報 □DM □廣告（媒體名稱　　　　　　　　　　）

· 您是否上過全華網路書店？（www.opentech.com.tw）

□是 □否 您的建議

· 您希望全華出版那方面書籍？

· 您希望全華加強那些服務？

～感謝您提供寶貴意見，全華將秉持服務的熱忱，出版更多好書，以饗讀者。

全華網路書店 http://www.opentech.com.tw 客服信箱 service@chwa.com.tw

勘 誤 表

親愛的讀者：

感謝您對全華圖書的支持與愛護，雖然我們很慎重的處理每一本書，但恐仍有疏漏之處，若您發現本書有任何錯誤，請填寫於勘誤表內寄回，我們將於再版時修正，您的批評與指教是我們進步的原動力，謝謝！

全華圖書 敬上

書 號		書 名			作 者
頁 數	行 數	錯誤或不當之詞句			建議修改之詞句

我有話要說： （其它之批評與建議，如封面、編排、內容、印刷品質等‧‧‧）